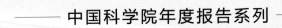

中国科学院年度报告系列

2020
高技术发展报告
High Technology Development Report

中国科学院

科学出版社

北京

图书在版编目（CIP）数据

2020高技术发展报告 / 中国科学院编. —北京：科学出版社，2021.4

（中国科学院年度报告系列）

ISBN 978-7-03-067888-1

Ⅰ.①2… Ⅱ.①中… Ⅲ.①高技术发展–研究报告–中国–2020 Ⅳ.①N12

中国版本图书馆 CIP 数据核字（2020）第270837号

责任编辑：杨婵娟 陈晶晶 / 责任校对：韩 杨
责任印制：师艳茹 / 封面设计：有道文化

科 学 出 版 社 出版
北京东黄城根北街 16 号
邮政编码：100717
http://www.sciencep.com
新科印刷有限公司 印刷
科学出版社发行 各地新华书店经销

*

2021 年 4 月第 一 版 开本：787×1092 1/16
2021 年 4 月第一次印刷 印张：32 1/2 插页：2
字数：638 000
定价：198.00元
（如有印装质量问题，我社负责调换）

把科技自立自强作为国家发展的战略支撑

（代序）

侯建国

党的十八大以来，习近平总书记关于科技创新发表一系列重要讲话、作出一系列战略部署，为我国科技事业发展把舵领航。在开启全面建设社会主义现代化国家新征程的关键时期，以习近平同志为核心的党中央统筹国内国际两个大局，在党的十九届五中全会上提出"把科技自立自强作为国家发展的战略支撑"，既强调立足当前的现实性、紧迫性，也体现着眼长远的前瞻性、战略性，为我国科技事业未来一个时期的发展指明了前进方向、提供了根本遵循。我们要深入学习领会、认真贯彻落实，自觉担负起科技自立自强的时代使命。

一、深刻领会科技自立自强的重大意义

习近平总书记深刻指出，"自力更生是中华民族自立于世界民族之林的奋斗基点，自主创新是我们攀登世界科技高峰的必由之路"。立足新发展阶段、贯彻新发展理念、构建新发展格局，我们比任何时候都更加需要创新这个第一动力，都更加需要把科技自立自强作为战略支撑。在全面建设社会主义现代化国家新征程中，加快实现科技自立自强，形成强大的科技实力，既是关键之举，也是决胜之要。

科技自立自强是进入新发展阶段的必然选择。经过新中国成立70余年来的不懈奋斗，我国综合国力和人民生活水平实现历史性跨越。特别是党的十八大以来，在以习近平同志为核心的党中央坚强领导下，党和国家事

业取得历史性成就、发生历史性变革。进入新发展阶段，根本任务就是要乘势而上全面建设社会主义现代化国家、向第二个百年奋斗目标进军。当前，随着我国经济由高速增长阶段转向高质量发展阶段，劳动力成本逐步上升，资源环境承载能力达到瓶颈，科技创新的重要性、紧迫性日益凸显。只有加快实现科技自立自强，推动科技创新整体能力和水平实现质的跃升，才能在新一轮科技革命和产业变革中抢占制高点，有效解决事关国家全局的现实迫切需求和长远战略需求，引领和带动经济社会更多依靠创新驱动发展。把科技自立自强作为国家发展的战略支撑，是我们党在长期理论创新和实践发展基础上，主动应对国际竞争格局新变化、新挑战，准确把握我国新发展阶段的新特征、新要求，坚持和发展中国特色自主创新道路提出的重大战略，是新时代我国创新发展的战略方向和战略任务。

科技自立自强是贯彻新发展理念的内在要求。新发展理念系统回答了关于新时代我国发展的目的、动力、方式、路径等一系列理论和实践问题，是我们必须长期坚持和全面贯彻的基本方略。贯彻新发展理念，着力解决好发展动力不足、发展不平衡不充分、人与自然不协调不和谐等问题，实现更高质量、更有效率、更加公平、更可持续、更为安全的发展，这些都需要依靠科技自立自强提供更加强有力的支撑保障。比如，建设健康中国，保障人民生命健康，迫切需要更多生命科学和生物技术等领域的创新突破；建设美丽中国，实现碳达峰、碳中和，迫切需要更多资源生态环境、清洁高效能源等绿色科技领域的创新突破。此外，科学技术特别是人工智能等新一代信息技术的推广应用，可以大大促进优质公共资源的开放共享，更好满足广大人民群众对美好生活的新期待。

科技自立自强是构建新发展格局的本质特征。加快构建以国内大循环为主体、国内国际双循环相互促进的新发展格局，最根本的是要依靠高水平科技自立自强这个战略基点，一方面通过加快突破产业技术瓶颈，打通堵点、补齐短板，保障国内产业链、供应链全面安全可控，为畅通国内大循环提供科技支撑；另一方面，通过抢占科技创新制高点，在联通国内国际双循环和开展全球竞争合作中，塑造更多新优势，掌握更大主动权。比如，在关键核心技术和装备方面，改革开放以来，我国经历了从主要依靠引进、到引进消化吸收再创新、再到自主创新的发展过程。近年来，经济

被誉为"中国天眼"的国家重大科技基础设施——500米口径球面射电望远镜（FAST）于2020年1月通过国家验收。"中国天眼"是目前世界上口径最大、灵敏度最高的单口径射电望远镜，投入运行以来已取得发现逾240颗脉冲星等一系列重大科学成果。2021年4月，"中国天眼"将对全球科学界开放使用

全球化遭遇逆流，新冠肺炎疫情加剧了逆全球化趋势，以美国为首的一些西方国家对我国产业和技术进行全方位打压，全球产业链、供应链发生局部断裂。面对这一严峻形势，我们不仅要加速"国产替代"，在关系经济社会发展和国家安全的主要领域全面实现自主国产可控；更要勇于跨越跟踪式创新，突破颠覆性技术创新，加快推进关键核心技术和装备"国产化"的去"化"进程，重塑产业链、供应链竞争格局，不断增强生存力、竞争力、发展力、持续力。

二、准确把握科技自立自强的战略要求

实现科技自立自强是事关国家全局和长远发展的系统工程。要坚持系统观念、树牢底线思维，在战略上做好前瞻性谋划，明确战略方向和路径选择，统筹确定近中远期重大科技任务部署；在战术上要坚持求真务实，充分认识我国的客观实际和发展基础，找准重点关键，制定针对性策略，

强化优势长板，狠抓基础短板，一体化推进部署。

遵循科学技术发展规律，树立质量和效率优先的科技发展理念。习近平总书记深刻指出，"理念是行动的先导"，"发展理念是否对头，从根本上决定着发展成效乃至成败"。我国科技创新目前正处于从量的积累向质的飞跃、从点的突破向系统能力提升的关键时期，大而不强、质量效率不高等问题依然突出，必须强化高质量、高效率科技创新，下决心挤掉低水平重复、低效率产出的水分和泡沫，把科技创新的规模优势更好更快地转化为质量优势。当前，科学、技术、工程各领域相互交叉渗透、深度融合发展的趋势正在加速演进。早在20世纪50年代，钱学森同志曾提出"技术科学"思想，认为不断改进生产方法"需要自然科学、技术科学和工程技术三者齐头并进，相互影响，相互提携，决不能有一面偏废"。我们要自觉遵循这一规律，破除从基础研究、应用研究到试验发展的线性思维模式，打破科技创新活动组织中的封闭与割裂，使科技创新建立在更加坚实的质量和效率基础之上，构建适应科技发展规律、能够有力支撑科技自立自强的科技创新模式。

加强基础研究和"无人区"前沿探索，强化原始创新能力。习近平总书记指出，"我国面临的很多卡脖子技术问题，根子是基础理论研究跟不上，源头和底层的东西没有搞清楚"。科技自立自强必须建立在基础研究和原始创新的深厚根基上，要把基础研究和原始创新能力建设摆在更加突出的位置，坚持"两条腿走路"，既瞄准科技前沿的重大科学问题，更要从卡脖子问题清单和国家重大需求中提炼和找准基础科学问题，以应用倒逼基础研究，以基础研究支撑应用，为关键核心技术突破提供知识和技术基础。同时，要强化原创引领导向，支持和激励科研人员增强创新自信，改变长期跟踪、追赶的科研惯性，甘坐"冷板凳"，勇闯"无人区"，挑战科学和技术难题，"宁要光荣的失败，也不要平庸的成功"，实现更多"从0到1"的原创突破，努力提出新理论、开辟新方向，为我国科技自立自强和人类文明进步提供持久丰沛的创新源泉。

加快突破关键核心技术，既着力解决"燃眉之急"，也努力消除"心腹之患"。习近平总书记反复强调，"关键核心技术是要不来、买不来、讨不来的"。目前，我国很多关键领域和产业核心技术严重依赖进口，如高端芯片、操作系统、高端光刻机、高档数控机床、高端仪器装备、关键基础材料等，一旦受到管制断供，就会面临生存困境。对这些"燃眉之急"，应充分发挥新型举国体制优势，迅速集中优势力量，采取"揭榜挂帅"等方式，打好关键核心技术攻坚战，尽快打通关键领域技术的堵点、断点，努力实现技术体系自主可控，有效解决产业链供应链面临的严重威胁。同时，针对事关国家安全和长远发展的"心腹之患"，如能源安全、种业安全、生物安全等，要未雨绸缪，下好"先手棋"，加快部署实施一批前瞻性、战略性重大科技任务，积极组织开展变革性、颠覆性技术研发，努力在重大战略领域建立科技优势，在全球创新链条中做到"你中有我、我中有你"，为未来彻底解决卡脖子问题提供战略性技术储备。

转变人才观念，强化价值导向，加快建设高水平创新人才队伍。习近平总书记指出，"人才是第一资源"，"国家科技创新力的根本源泉在于人"。目前，我国已拥有世界上规模最大的创新人才队伍，研发人员全时当量达到480万人年以上，但高水平人才不足、结构不合理、评价制度不科学、激励机制不健全等问题依然突出。人才的本质在"能"和"绩"上，只要能作出突出贡献者都应是人才。要从根本上转变人才观念，树立人人努力成才、人人皆可成才、人人尽展其才的大人才观，让各类人才都能施展才干、脱颖而出。深化人才评价制度改革，强化质量、贡献、绩效的价值导向，在人才培养引进、发现使用、评价激励等方面下更大功夫，营造风清气正、安心致研的优良创新生态。抓住和用好当前有利窗口期，广开渠道、多措并举，加快引进和吸引一批战略科学家和"高精尖缺"关键人才，重视和加强应用研究和工程技术人才，为科技领军人才、拔尖人才、优秀青年人才搭建更大创新舞台、拓展更大发展空间。加强基础教育，注重培养中小学生科学素养和创新意识，吸引更多优秀学生投身科技创新事业，为科技自立自强不断提供高水平、可持续的人才支撑。

全面深化科技体制改革，加快构建高效能国家创新体系。习近平总书记强调，"推进自主创新，最紧迫的是要破除体制机制障碍，最大限度解放和激发科技作为第一生产力所蕴藏的巨大潜能"。当前，我国科技体制中依然存在分散、重复、低效等突出问题，影响了创新体系的整体效能。合作创新、协同创新的前提是合理有序分工。要进一步明确国家创新体系各单元的功能定位，避免同质化竞争和打乱仗。统筹科研院所、高校、企业研发机构力量，加快构建分工合理、梯次接续、协同有序的创新体系，形成优质创新力量集聚引领、重点区域辐射带动的协同创新效应。进一步深化科技体制改革，畅通创新链、产业链，大幅提高科技成果转移转化成效，充分激发各类创新主体的活力潜力，为科技自立自强提供战略支撑。

加强党的全面领导，为科技自立自强提供强大政治和组织保证。要坚持以习近平新时代中国特色社会主义思想为指导，增强"四个意识"、坚定"四个自信"、做到"两个维护"，自觉主动用习近平总书记关于科技创新的重要论述，武装科研人员头脑、指导科技创新实践、推动科技自立自强。结合庆祝建党 100 周年和党史学习教育，认真总结党领导我国科技事业发展的辉煌成就和宝贵经验，更好地指导和促进新时代科技创新发展，加快实现科技自立自强。充分发挥基层党组织的战斗堡垒作用和党员的先锋模范作用，将党建工作与科技创新工作同谋划、同部署、同推进、同考核，做到深度融合、同频共振，把党的组织优势转化为科技创新的巨大力量。

开展青藏高原科学考察研究，揭示青藏高原环境变化机理，优化生态安全屏障体系，对推动青藏高原可持续发展、推进国家生态文明建设、促进全球生态环境保护将产生十分重要的影响。图为中国科学院青藏高原综合科学考察研究队利用现代化高新技术装备开展科学考察工作

大力弘扬科学家精神，加强科研作风和学风建设，教育和激励科研人员坚守初心使命，秉持国家利益和人民利益至上，主动担负起时代和历史赋予的科技自立自强使命。

三、积极发挥国家战略科技力量的骨干引领作用

强化国家战略科技力量，是加快实现科技自立自强、推动现代化国家建设的关键途径。回顾新中国科技事业发展历程，我们之所以能够在"一穷二白"的基础上，用短短 70 余年的时间，就取得"两弹一星"、载人航天与探月、北斗导航、载人深潜、量子科技等一系列举世瞩目的重大成就，一个重要原因就在于我们打造了一支党领导下的国家战略科技力量，在党和国家最需要的时候能够挺身而出、迎难而上，发挥不可替代的核心骨干和引领带动作用。面对新时代科技自立自强的战略要求，国家战略科技力量必须始终牢记初心使命，更加勇于担当作为，切实发挥好体现国家意志、服务国家需求、代表国家水平的作用。

围绕国家重大战略需求攻坚克难。想国家之所想、急国家之所急，敢于担当、快速响应、冲锋在前、能打硬仗，是国家战略科技力量的使命职责所在。面对世界百年未有之大变局和我国经济社会发展转型升级的关键时期，国家战略科技力量要充分发挥建制化、体系化优势，打好关键核心技术攻坚战，着力解决一批影响和制约国家发展全局和长远利益的重大科技问题。比如，围绕中央经济工作会议提出的黑土地保护重大战略任务，近期中国科学院与相关部门和地方政府合作，紧急动员、迅速整合全院农业科技创新和相关高新技术研发力量，组织开展"黑土粮仓"科技会战，努力为黑土地农业现代化发展提供科技支撑。

面向国家长远发展筑牢科技根基。从近代历史看，德国、法国、美国、日本等发达国家都以高水平国家科研机构和研究型大学作为战略科技力量的核心骨干，为科技创新和国家发展提供强大基石和关键支柱。我国要建设世界科技强国和现代化国家，必须强化国家战略科技力量，加快推进国家实验室建设和国家重点实验室体系重组，加快打造一批高水平国家科研机构、研究型大学和创新型企业。强化目标导向和问题导向，以建制化、

中国科学院正在发挥建制化、体系化优势，联合有关部门和地方政府组织开展"黑土粮仓"科技会战，以科技支撑实施国家黑土地保护工程。图为 2021 年 3 月 9 日，中国科学院计算技术研究所智能农机团队在吉林省四平市梨树县为四平东风农机公司免耕播种机提供智能化升级技术支持，指导开展春耕备耕

定向性基础研究和前沿技术研发为主，在原始创新和学科体系建设中填补空白、开疆拓土。合理布局、统筹建设一批集聚集约、开放共享的重大科技基础设施、科学数据中心等国际一流创新平台，加快打造一批国之重器，为科技自立自强提供强大的物质技术基础和条件支撑。

在深化科技体制改革中持续引领带动。国家战略科技力量在科技体制改革中起着龙头带动和引领示范作用。改革开放初期，我国科技体制改革主要依靠政策驱动，激发和释放科研人员的创新活力；在深化改革和建设国家创新体系阶段，主要依靠增量资源驱动，改善科研条件，提升创新能力。当前，科技体制改革进入深水区，国家战略科技力量要更多强化责任和使命驱动，坚持刀刃向内，聚焦主责主业，敢于涉险滩、啃硬骨头，将改革的重心放在聚焦重点、内涵发展、做强长板上来，紧扣制约科技创新发展的重点领域、难点问题、关键环节，大胆改革、积极探索，持续激发科技创新活力，巩固和强化核心竞争力，引领带动科技体制改革全面深化。

中国科学院作为国家战略科技力量的重要组成部分，在 70 余年的发展历程中，始终与祖国同行、与科学共进，为我国科技事业发展作出了重大贡献。面向未来，中国科学院将深入贯彻落实习近平总书记提出的"四个率先"和"两加快一努力"要求，恪守国家战略科技力量的使命定位，知重负重、勇于担当，作为科技"国家队"，始终心系"国家事"，肩扛"国家责"，把精锐力量整合集结到原始创新和关键核心技术攻关上来，勇立改革潮头，勇攀科技高峰，努力在科技自立自强和科技强国建设中作出更大创新贡献。

（本文刊发于 2021 年 3 月 16 日出版的《求是》杂志）

前　言

2019 年，面对发展的诸多困难和挑战，中国继续全面贯彻党的十九大精神，在习近平新时代中国特色社会主义思想指导下，加快建设社会主义现代化。创新驱动发展战略进一步实施，稳定支持基础研究和应用基础研究，重组国家重点实验室体系，加强关键核心技术的攻关。高技术领域聚焦关键核心技术、前沿引领技术、现代工程技术、颠覆性技术的创新，取得了"嫦娥四号"在人类历史上第一次登陆月球背面，"长征五号"遥三运载火箭成功发射，"雪龙 2 号"首航南极，北斗导航全球组网进入最后冲刺期，5G 商用加速推出等一系列重大突破，有力支撑了产业新动能的培育及现代化产业体系的构建。

《高技术发展报告》是中国科学院面向决策、面向公众的系列年度报告之一，每年聚焦一个主题，四年一个周期。《2020 高技术发展报告》以"信息技术"为主题，共分六章。第一章"2019 年高技术发展综述"，系统回顾 2019 年国内外高技术发展最新进展。第二章"信息技术新进展"，介绍红外半导体激光材料与器件、集成电路、微处理器、高性能计算机、传感器、工业软件、移动通信、信息安全、人工智能、大数据、云计算和边缘计算、混合现实与人机交互、量子信息、区块链、物联网等方面技术的最新进展。第三章"信息技术产业化新进展"，介绍云计算、5G、物联网、机器人、显示、集成电路、高性能数控系统、高性能计算、软件、医疗电子、可穿戴设备等方面技术的产业化进展情况。第四章"高技术产业国际竞争力与创新能力评价"，关注我国高技术产业国际竞争力和创新能力的演化。第五章"高技术与社会"，探讨了大数据的伦理挑战及其应对路径、大数据时代下的科技融合及其社会后果、公众对人工智能的认知和态度、风险社会视域中的生物安全治理、新兴生物技术中的专家角色与伦理治理等社会公众普遍关心的热点问题。第六章"专家论坛",邀请知名专家就新时代国家创新生态与系统能力建设的战略思考、新形势下我国数字化转型重在实现高质量发展、后疫情时代中国产业全面数字化转型发展的思考、开源芯片发展趋势与建议、"十四五"时期战略性新兴产业发展思路等重大问题发表见解和观点。

《2020 高技术发展报告》是在中国科学院侯建国院长的指导和众多两院院士及有关专家的热情参与下完成的。中国科学院发展规划局、学部工作局、科技战略咨询研究院的有关领导和专家对报告的提纲和内容提出了许多宝贵意见,李喜先、封松林、李国杰、高志前、王昌林、段伟文、胡志坚等专家对报告进行了审阅并提出了宝贵的修改意见,在此一并表示感谢。报告的组织、研究和编撰工作由中国科学院科技战略咨询研究院承担。课题组组长是穆荣平,成员有张久春、杜鹏、蔺洁、苏娜、王婷、赵超和王孝炯。

中国科学院《高技术发展报告》课题组

2020 年 12 月 5 日

目　录

CONTENTS

第一章

2019 年高技术
发展综述

Overview of High
Technology
Development
in 2019

2019年高技术发展综述

张久春 杨 捷

（中国科学院科技战略咨询研究院）

2019年，面对世界经济低迷的不利局面和贸易保护主义、逆全球化等不利因素的影响，主要国家高度重视对科技创新的投入，围绕战略高技术领域和新一轮科技革命与产业变革可能的突破方向展开激烈竞争。美国发布《联邦数据战略》（*Federal Data Strategy*）、《联邦云计算战略》（*Federal Cloud Computing Strategy*）、《国防部数字现代化战略》（*DoD Digital Modernization Strategy*）、《科技战略：加强2030年及之后的美国空军科技》（*Science and Technology Strategy: Strengthening USAF Science and Technology for 2030 and Beyond*）、《国家空间天气战略和行动计划》（*National Space Weather Strategy and Action Plan*）等一系列战略计划，重点发展人工智能（AI）、量子技术、网络与安全等战略高技术，强化美国在高技术领域的世界领先地位。欧盟加大高技术领域战略布局力度，启动欧洲联盟人工智能（AI4EU）项目和量子科技计划，加大在高性能超级计算领域的投资，发布《加强面向未来欧洲产业的战略性价值链》（*Strengthening Strategic Value Chains for a Future-ready EU Industry*）报告，提出将在清洁型互联自动驾驶汽车、氢技术和能源系统、智能健康、工业互联网、低碳产业及网络安全等6个关键科技领域提高全球竞争力。英国发布《清洁空气战略》（*Clean Air Strategy*）、《数字市场战略》（*Digital Markets Strategy*）、《国防技术框架》（*Defense Technology Framework*）、《国防创新重点》（*Defense Innovation Priorities*）、《国际研究与创新战略》（*International Research and Innovation Strategy*）以及2019～2020年度研究计划，并在《国际研究与创新战略》中提出将英国研发投入占GDP的比例提高到2.4%。德国发布《国家工业战略2030》（*National Industrial Strategy 2030*），重点聚焦钢铁铜铝、化工、机械、汽车、光学、医疗器械、绿色科技、国防、航空航天和3D打印等十大重点工业领域，提升德国先进工业制造的全球核心竞争力。俄罗斯发布2019～2030年《俄联邦国家科技发展纲要》（*Scientific and Technological Development of the Russian Federation*）和2030年前的《国家人工智能发展战略》（*National Strategy for the Development of Artificial Intelligence*），提出加速发展基础科研、教育、智能社会等领域，重点构建一个支持创新周期所有阶段的平衡体系，明确优先发展人工智能战略领域。日本发布《创新综合战略 2019》（統合イノベーション戦略 2019），提出在人工智能、生物技术、量子技术、环境能源等关键领域的发展目标。中国持续深入实施创新驱动发展战略，继续推进重大科技计划的实施，加快推进国家实验室建设和重组国家重点实验室体系，稳定支持基础研究和应用基础研究，加强关键核心技术攻关、知识产权保护和科技成果转化，取得了一批重大成果，高技术领域创新能力稳步提升，创新型国家建设取得重大进展。

一、信息和通信技术

2019 年，以 5G、人工智能、量子技术等为代表的信息和通信技术领域取得众多重大突破。在集成电路方面，开发出可编程的光子分子系统、5nm 工艺、含有上万亿晶体管的芯片、微光电子机械开关、三维晶体管阵列及新型铁电场效应晶体管。在先进计算方面，出现了新的计算机处理器架构、全球首款异构融合类脑芯片、高速高带宽存储芯片、在活细胞中处理和存储信息的系统、新存储架构"万物 DNA"及新型自动驾驶处理器，美国"顶点"保持超级计算机 TOP 500 的第一。在人工智能方面，商用 L2+ 自动驾驶系统、面向边缘设备的超级计算平台、新高保真图像生成 GAN、Google Assistant 的新功能、视听触三维模拟显示器相继诞生，自动驾驶重建了行人 3D 姿态，新型麻将 AI 系统荣升十段。在云计算和大数据方面，新型加密技术、产品级可扩展的超大规模移动端分布式机器学习系统、点云数据分析新技术、边缘 AI 超级计算模块值得关注。在网络与通信方面，主要围绕速度、通量、动力与安全，涌现出 5G 数据高速回传新技术、高速海量数据的无线传输技术、高传输容量的无线多路传输技术、不需要电源的水下通信传感器件、不可克隆的物理密钥和新型通信安全系统；中国开发出全球首款 5G 基站核心芯片"天罡"，发放了 5G 商用牌照。瞄准开发量子计算机和实现安全的量子通信，构建出硅量子芯片架构和 3 层原子厚度的光波导，成功测量了硅的双量子比特操作的准确性，演示了天-地卫星链路条件下的日间量子通信和新的"量子优势"，首次实现新的玻色取样量子计算，在常用电子设备中集成并控制了量子态。在传感器方面，制备出高灵敏度的新型传感器、世界上最小的商用图像传感器、固态 3D 闪光激光雷达、新型电子传感器及柔性全色量子点光电探测器。

1. 集成电路

1 月，美国哈佛大学和斯坦福大学等机构合作，开发出以电子方式控制的可编程的光子分子（photonic molecule）系统[1]。许多光量子和经典光学的应用都需要改变光的频率，但此前一直无法实现，原因是微波信号与光子的相互作用太弱。研究人员利用一对耦合的铌酸锂（$LiNbO_3$）微环谐振器制造出一个类分子的系统，成功在集成电路中存储和检索光，并首次用微波以可编程的方式来精确地控制光的频率和相位。新系统可用于制造量子设备的基本器件，为光量子信息处理、微波信号处理打开了新的大门。下一步的研究将采用相同的架构，开发更低损耗的光波导和微波电路，进一步提高效率，并最终实现微波和光子之间的量子链接。

4 月，韩国三星公司开发出 5nm 鳍式场效应晶体管（FinFET）工艺[2]。该 5nm 工艺以极紫外（EUV）光刻技术为基础，进一步提高了保真度，是当前业界最先进的芯片制造技术，可为芯片带来更低的功耗和更优异的性能。相较于 7nm 工艺，在面积相同的情况下，5nm 工艺的晶体管数目增加了 25%，芯片的功耗降低了 20%，晶体管的性能提高了 10%，从而可用于创新更多的标准单元架构；此外，该 5nm 工艺可重用 7nm 工艺的知识产权核模块，这样可缩短相应产品的开发时间。

8 月，美国 Cerebras Systems 公司开发出主要用于训练深度学习模型的首个含有上万亿（trillion）晶体管的芯片 "Wafer Scale Engine"[3]。训练深度学习模型需要强大的芯片，现有的 Nvidia 芯片不能满足需求。该芯片面积为 46 225mm²（面积最大），有 1.2 万亿个晶体管（晶体管数目最多），以及 18GB（Nvidia 的 3000 倍）的片上存储器和 400 000 个处理核心，其裸片的面积比 MAC 的键盘大，基本上充分利用了整个晶圆的面积。研究人员没有采用传统平面供电和导热的布置方式，而是纵向布置电路和热传导路径，从而解决了芯片的供电和冷却问题。此外，其他一些问题（如设计和封装）也得到了解决。该芯片具有 15kW 的单片芯片峰值功率，其计算能力、功耗和发热量与传统芯片集群相当，满足了训练深度学习模型的需要。

11 月，美国国家标准与技术研究院（National Institute of Standards and Technology, NIST）和马里兰大学、瑞士苏黎世联邦理工学院等机构合作，开发出一种能工作在 CMOS 电压下的微光电子机械开关[4]。依靠光子在计算机内传输数据比依靠电子拥有更多的优势。研究人员采用紧凑型设计，成功将纳米级金薄膜、硅光子、电子和机械元件紧密集成在一起，从而开发出一款可在微型通道内快速引导光并改变其速度和行进方向的开关。该装置是首个能在足够低电压下运行的开关，使光改变移动方向的时间远少于其他类似的装置，同时确保光信号的损失远小于其他开关。新技术向制造用光而不是电来处理信息的计算机迈出重要一步，为未来开发基于 CMOS 集成的、可编程的光学系统开辟了一条道路，有望应用在自动驾驶、神经网络和量子计算机等领域。

11 月，美国密歇根大学（University of Michigan）采用非晶态金属氧化物半导体技术，将不同类型的器件和硅集成电路以三维堆叠的方式集成在一起，成功开发出可在高工作电压下运行的三维晶体管阵列[5]。目前硅集成电路的晶体管密度在二维阵列中已接近极限。为了解决硅晶体管尺寸变小带来的芯片与触摸板、显示驱动器等高电压接口组件不兼容的问题，研究人员利用一层 75nm 厚的氧化锌锡制成比硅芯片承受更高工作电压的薄膜晶体管；同时用肖特基栅晶体管和垂直薄膜二极管组成换流器，解决了器件层间的电压失配问题。新技术有助于开发更紧凑、功能更多的芯片，有望打破摩尔定律。

12 月，美国普渡大学（Purdue University）成功开发出新型铁电场效应晶体管（FeS-FET）[6]。计算机处理和存储信息分别由两个装置完成，如果把两个装置集成为一个功能装置，就可以提高计算机芯片的性能。以往的铁电场效应晶体管采用的铁电材料是绝缘体，这使处理和存储装置无法集成为一个功能装置。研究人员通过在铁电材料中加入 α-硒化铟（In_2Se_3），使材料具有半导体特性，从而制成新型铁电场效应晶体管。性能测试表明，该晶体管具有高速、低功耗、高集成密度等优点，其性能与现有铁电场效应晶体管相当。利用这种新型铁电场效应晶体管构建的铁电存储器，可在单个芯片中同时实现数据的存储和处理，从而大幅提升计算效率，未来可用于模拟人脑神经网络。

2. 先进计算

5 月，美国密歇根大学与普林斯顿大学等机构合作，开发出一种新的计算机处理器架构"MORPHEUS"[7]。该架构可实现每秒 20 次加密和随机重组自身的关键代码及数据，其加密速度比此前最快的黑客破解速度快 5000 倍，使黑客几乎无法锁定或利用漏洞。即使黑客发现漏洞，漏洞信息也会在 50ms 后消失。模拟攻击实验表明，该处理器原型机成功抵御了所有已知的控制流攻击。新处理器的速率可调整，以便在安全性和资源消耗之间保持适当的平衡；此外，还配备了一个攻击检测器，可查找潜在的威胁，并在感知到即将到来的攻击时提高加密的速率。

6 月，国际超算大会（ISC）在德国法兰克福公布了第 53 届全球超算 TOP 500 名单，美国能源部橡树岭国家实验室（ORNL）及劳伦斯利弗莫尔国家实验室（Lawrence Livermore National Laboratory，LLNL）的"顶点"和"山脊"分别获得第一名和第二名，中国超算"神威·太湖之光"和"天河二号"分列第三、第四名[8]。其中，"顶点"以每秒 14.86 亿亿次的浮点运算速度再次登顶，创下新的超算世界纪录；"山脊"的浮点运算速度为每秒 9.464 亿亿次。"神威·太湖之光"的浮点运算速度为每秒 9.301 亿亿次，"天河二号"的浮点运算速度为每秒 6.144 亿亿次。在总的计算能力上，美国占全部超算算力的 38.4%，中国占 29.9%。

8 月，中国清华大学与北京师范大学以及国外的大学合作，开发出全球首款异构融合类脑芯片"天机"[9]。发展人工智能的方法主要有两种：一是以神经科学为基础，尽量模拟人类大脑；二是以计算机科学为导向，由计算机运行机器学习算法。两者融合效果更佳。新芯片结合类脑架构和高性能算法，含多个高度可重构的功能核，可支持机器学习和现有的类脑计算。新芯片已在无人自行车的控制系统中进行验证，实现了自行车的自平衡、动态感知、目标探测、跟踪、自动避障、过障、语音理解、自主决策等执行复杂指令的功能。该芯片有助于通用型人工智能计算平台的发展。

8 月，韩国电信巨头 SK 海力士公司（SK hynix Inc.）开发出业界处理速度最快的高带宽存储芯片"HBM2E"[10]。与采用模块封装形式并安装在系统板上的传统动态随机存取存储器（DRAM）不同，HBM 芯片可以与 GPU 和逻辑芯片等处理器紧密相连，而间距仅为几微米，数据传输速度更快。HBM2E 采用硅穿孔（through-silicon-via）技术制造，与此前的 HBM2 相比，数据处理速度提高了 50%，达到每秒 460GB；容量提高一倍，单颗芯片容量提高至 16GB。HBM2E 将用在数据吞吐量极大的高端GPU、超级计算机、机器学习和人工智能等尖端领域。

8 月，美国麻省理工学院和哈佛大学等机构合作，利用 CRISPR 技术，创建出可在活细胞中处理和存储信息的"DOMINO"（DNA-based Ordered Memory and Iteration Network Operator）系统[11]。以往的 CRISPR 基因编辑系统依赖细胞自身的 DNA 修复机制，可能产生不确定的突变，从而限制了可存储的信息量。新系统利用含 CRISPR-Cas9 酶变体的碱基编辑器，使 DNA 胞嘧啶突变为胸腺嘧啶而不破坏双链 DNA，从而将基因组 DNA 转换为可寻、可读和可写的介质，用于活细胞中的信息处理和存储。利用 DOMINO，还可以创建出执行逻辑计算的电路，以及可记录以某种次序发生级联事件的电路。DOMINO 可用于设计电路，以检测与癌症有关的基因活动，未来将扩展到高度并行的计算和记录，以处理和查询更复杂的生物事件。

12 月，瑞士苏黎世联邦理工学院和以色列 Erlich Lab 公司合作，开发出可在几乎任何物体中存储信息的新存储架构"万物 DNA"（DNA-of-Things）[12]。研究人员将计算机图形测试模型"斯坦福兔子"（Stanford bunny）的蓝图编码为 DNA 的兼容格式，然后将其存储在 DNA 分子中，再把 DNA 分子封装到嵌在塑料中的玻璃小球内，最后用该塑料 3D 打印"兔子"；之后，再解码从 3D 打印"兔子"上截取的小块中包含的 DNA 分子。这样可以连续复制五代"兔子"，且无信息的损失。新技术可用于多代复制和长时间保存信息、在日常物品中隐藏信息、标记药物和构建材料等方面。

12 月，美国英伟达（NVIDIA）公司开发出新型自动驾驶处理器"NVIDIA DRIVE AGX Orin"[13]。处理器的速度是智能汽车的关键性能指标之一。新处理器是一个高度先进的软件定义平台，由新型系统芯片 Orin（含 170 亿个晶体管）驱动，是当时性能最强的自动驾驶处理器。其中，Orin 每秒可执行 200 万亿次计算，是英伟达公司系统芯片 Xavier 的 7 倍。它的高速处理能力将满足无人驾驶汽车对环境图像数据进行快速处理分析的需求，支持将自动驾驶从 L2 级别拓展到 L5 级别。

3. 人工智能

1 月，美国英伟达公司在 2019 年国际消费类电子产品展览会（International Consumer Electronics Show 2019）上推出了全球首款商用 L2+ 自动驾驶系统 NVIDIA DRIVE AutoPilot[14]。该驾驶系统首次集成了高性能 NVIDIA Xavier 系统芯片处理器（处理性能高达每秒 30 万亿次且能耗低）以及最新的 NVIDIA DRIVE AV 和 NVIDIA DRIVE IX 软件，能够对大量深度神经网络进行处理并获取世界一流的感知；同时通过整合来自车身内外传感器的数据，实现全面的自动驾驶功能（包括在高速公路并道、换道、分道和个性化制图）。采用 NVIDIA DRIVE AutoPilot，复杂的自动驾驶功能以及智能驾驶舱辅助及可视化功能将走向市场，它在性能、功能和道路安全方面优于当时的先进驾驶辅助系统产品。

2 月，美国密歇根大学的自动驾驶技术实现了行人 3D 姿态的重建[15]。行人姿态预测一直是自动驾驶领域的难题，此前的行人姿态重建均基于 2D 情况，这样很难做到对行人动作的高精度预测。密歇根大学是自动驾驶汽车技术研发的全球领先机构，此次通过改进原有算法，利用汽车搜集到的各种数据，在距离汽车 50 码（约 45.72m）的情况下，实现了行人 3D 姿态的重建。新技术的预测准确度明显高于此前的技术，它可以检测三维状态下的人体移动趋势，帮助自动驾驶汽车高精度预测行人的动作。

3 月，美国"谷歌大脑"与苏黎世联邦理工学院合作，开发出一种新高保真图像生成对抗网络（Generative Adversarial Networks，GAN）[16]。基于自监督和半监督学习模型，研究人员利用高保真自然图像合成技术与最先进的条件 GAN，开发出新图像生成方法，使图像生成所需标记数据量降低 90%，而生成图像的质量比现有全监督最优模型 BigGAN 高 20%。新技术是 GAN 和计算机视觉的研究热点，可以大幅提升图像生成的效率，有望缓解图像生成和识别领域标记数据量严重不足的问题。

5 月，美国英伟达公司发布了首款面向边缘设备的超级计算平台 Nvidia EGX[17]。随着人工智能、物联网和 5G 基础设施的融合，数据处理从中心走向边缘的时机已经成熟。实现这个目标的平台面临许多需要解决的问题。开发新平台就是为了帮助解决这些问题。新平台 Nvidia EGX 是一种软件定义的原生云平台，具备高性能和可扩展性，实现了大规模的混合云和边缘计算，并提高了效率。利用 Nvidia EGX，可以实时感知、理解和处理数据，而无须将数据发送到云端或数据中心。

5 月，美国谷歌公司在谷歌开发者年会 Google I/O 上，展示了谷歌助手（Google Assistant）瞬间执行用户个性化语音命令的新功能[18]。基于循环神经网络的进步，谷歌公司开发出全新的语音识别和语言理解模型，并应用在新的 Google Assistant 中。在谷歌公司的演示中，新的 Google Assistant 在用户发出语音指令后，立刻做到连续打开应用，连续执行命令，帮助用户完成任务，反应速度比上一代 Google Assistant 快10倍，几乎是零延迟。新的 Google Assistant 可以安装在手机上，也可应用在自动驾驶汽车中。新成果是 Google Assistant 发展的一个里程碑。

6 月，美国微软亚洲研究院（Microsoft Research Asia）开发的新型麻将 AI 系统"Suphx"在日本专业麻将平台"天凤"（Tenhou）的公开房间竞赛中，成为首次荣升为十段的 AI 系统[19]。与象棋、围棋、德州扑克等棋牌类游戏相比，麻将有更高的复杂度，包含更丰富的隐藏信息。"Suphx"可有效处理麻将的高度不确定性，并在牌局中表现出类似人类的直觉、预测、推理、模糊决策能力以及大局意识，其实力已超越世界顶级的麻将选手。"Suphx"荣升为十段是博弈类人工智能发展的新里程碑。

11 月，英国萨塞克斯大学开发出具备视听触感官体验的多模态声阱显示器（multimodal acoustic trap display，MATD）[20]。该显示器由超声换能器阵列、若干微小塑料珠和投影仪组成。当显示器系统运行时，超声换能器发出超声波来驱动微小的塑料珠，从而形成投影环境；之后投影仪会把图案投射到形成的环境中，并形成三维立体图像。当检测到人手靠近，系统就会用超声换能器把超声波聚集在人手附近，以模拟触感；同时，部分超声换能器会播放人耳可闻的音频。新技术不需要虚拟现实或增强现实耳机，有可能颠覆现有的屏幕显示方式，重塑人机交互的模式。

4. 云计算和大数据

2 月，美国谷歌公司正式发布一项新型加密技术 Adiantum[21]。对在手机上存储个人数据的用户来说，确保信息安全非常重要。Android 系统的存储加密功能可以保护存储在手机上的用户个人数据，提升数据的安全性，然而处理能力较低的其他移动设备则无法使用存储加密的功能。谷歌公司的 Adiantum 不仅可以在低端移动设备上运行以保护数据，也可用于智能手表和联网的医疗设备等任何基于 Linux 操作系统的低功耗设备。

2 月，美国谷歌公司基于端到端开源机器学习平台 TensorFlow，开发出全球首个产品级可扩展的超大规模移动端分布式机器学习系统[22]。该系统使用的是谷歌公司自己开发的联合学习方法，可对保存在移动电话等设备上的大量分散数据进行训练，并使所有的训练数据都保留在设备端，从而确保了个人数据的安全。新系统是在解决了很多关键问题后开发出来的产品级的联合学习系统，可使训练模型更智能、延迟更低、更节能，当时已在数千万部手机上运行。随着问题的不断解决，新系统未来有望运行在几十亿部手机上，助力智能云计算行业的进步。

10 月，美国麻省理工学院与加利福尼亚大学伯克利分校、英国帝国理工学院合作，开发出点云数据分析新技术[23]。理解原始点云数据（raw point-cloud data）通常很困难，传统上由受过高强度训练的工程师从中获取重要的信息，而计算机视觉和机器学习此前据此仅能建立起二维图像。研究人员采用基于"动态图卷积神经网络"的 EdgeConv 方法，使机器对单个目标进行分类；同时，利用创建出的合并多个点云图像的方法，使机器通过多次扫描建立物体的完整三维模型。采用新技术的自动驾驶汽车和机器人，可分类识别出不同的物体，并利用激光雷达传感器获取的多视角数据生成三维模型，从而形成识别环境的能力。

11 月，美国英伟达公司发布了全球最小的边缘 AI 超级计算模块 Jetson Xavier NX[24]。Jetson Xavier NX 的上一款产品是 3 月发布的 Jetson Nano。Jetson Nano 可提供 472 GFLOPS 的计算性能，功率可低至 5W。Jetson Xavier NX 在与 Jetson Nano 尺寸相同（45mm×70mm）的情况下，在功耗为 10W 的模式下可提供 14 TOPS 的性能，在功耗为 15W 的模式下可提供 21 TOPS 的性能。此外，Jetson Xavier NX 可并行运行多个神经网络，同时处理来自多个高分辨率传感器的数据。Jetson Xavier NX 大小与常规信用卡相当，主要面向对性能要求高，但受到尺寸、重量、功耗以及预算限制的嵌入式边缘计算设备，在现有软件架构下运行，具备较好的用户延续性。

5. 网络与通信

1 月，瑞典电信设备制造商爱立信（Ericsson）和德国最大通信运营商德国电信（Deutsche Telekom）合作，在雅典的德国电信中心成功将毫米波段的 5G 数据回传速率提升至 40Gbps[25]。商用 5G 网络发展面临的难题之一是数据的回传。本次数据传输试验在半径 1.4km 的范围内进行。在试验中，毫米波段的 5G 网络在 40Gbps 的数据传输速度下稳定运行，比现有系统快 4 倍，而数据往返延迟时间不到 100ms，满足了特定网络的延迟时间要求。此次试验的成功是迈向 100Gbps 5G 网络的重要一步。

1 月，中国华为技术有限公司在北京发布全球首款 5G 基站核心芯片"天罡"[26]。芯片"天罡"在集成度、算力、频谱带宽等方面，取得如下进展：在极低的天面尺寸规格下，首次支持大规模集成有源功效和无源阵子，使运算能力提高 2.5 倍；搭载最新的算法及波束赋形，使单芯片达到业界最高的 64 路通道；支持 200MHz 高光谱带宽，满足未来网络的部署需求。此外，"天罡"使现有基站的尺寸缩小超过 50%，重量减轻 23%，安装时间比标准的 4G 基站节省一半。"天罡"将助推全球 5G 的大规模快速部署。

6 月，中国工业和信息化部向中国电信、中国移动、中国联通、中国广电等机构发放 5G 商用牌照[27]。5G 网络具有大带宽、低时延、高可靠、广覆盖等优势，与人工智能、移动边缘计算、端到端网络切片、无人机等技术相结合，可广泛应用在虚拟现实、超高清视频、车联网、无人机及智能制造、电力、医疗、智慧城市等领域。目前 5G 技术和产品日趋成熟,具备商用部署的条件。中国发放 5G 牌照有利于推动全球 5G 产业的进一步发展。

7 月,德国卡尔斯鲁厄理工学院与德国弗朗霍夫应用固体物理研究所合作,提出一种超高速无线传输方法,实现了高速海量数据的传输[28]。未来的无线数据传输需要比 5G 更高的传输速率和更低的时延。研究人员使用超快速电光调制器,将太赫兹频谱的数据信号直接转换为光信号,同时把接收器天线直接耦合到玻璃光纤上,从而使载波频率高达 0.29THz,数据传输速率达到 50Gbit/s。新方法未来将大大降低无线电基站的技术复杂性,实现更先进的低时延高速数据传输。

8 月,美国麻省理工学院开发出不需要电源的水下通信传感器件[29]。水下传感网的能源供应一直难以解决。新器件利用声波获取能量和传递信息,先用压电谐振器将外源声波能量转换为电力以实现供能,在获取传感数据后,再发射声波回传二进制信号 0 和 1,从而解决了能源供应的问题。新器件因无须电源而易于参加组网,同时降低了污染海洋的可能性,可用于海水温度和海洋生物的实时监测,建立水下物联网体系,未来可在遥远星球的海洋下用于建立水下传感网。

10 月,荷兰特文特大学(University of Twente)和丹麦哥本哈根大学等机构合作,开发出不可克隆的物理密钥 PEAC(PUK-Enabled Asymmetric Communication)[30]。大部分数据信息安全都使用加密密码,防止密码被窃取一直是个难点。研究人员用白色油漆笔创建图案并作为物理密钥,当图案被激光照射后,凹凸不平的油漆图案对光线产生散射,从而形成特殊的光斑;如果把该光斑作为验证方式,因其具有不可复制性,将避免密码被破解。新技术将大幅提升密码安全性。下一步将研究如何利用玻璃纤维实现信息的安全传输。

12 月,沙特阿拉伯阿卜杜拉国王科技大学(King Abdullah University of Science and Technology)与英国圣安德鲁斯大学(University of St. Andrews)等机构合作,开发出用一次性密钥保护数据安全的新型通信安全系统[31]。研究人员开发出的加密光学芯片,采用一次性的不可破解密钥,实现了用户间的信息传输。在这样的信息传输中,用于解锁信息的密钥不会被存储,也不会与信息发生关联,甚至无法被用户重新创建,因而不可破解。此外,此类密钥可利用现有通信网络传输信息,且占用空间更少。新方法优于以往的信息安全系统,可在公共通信渠道中更安全地保护机密数据。

12 月,日本 NTT 公司开发出具有世界最高无线传输容量的无线多路传输技术[32]。新技术采用同心排列的多个圆形阵列天线,利用不同起始角动量模式来传输无线电波,实现了同时多路传输多个信号,从而大大增加了空间多路复用的数量。新技术实现了现有 5G 小型基站 10 倍的传输容量,可用于无线移动回传与前传、光纤传输的替代与补充,以及非压缩的高清晰视频传输等方面。

6. 量子计算与量子通信

1月,澳大利亚新南威尔士大学成功在多层硅晶体中构建出量子芯片架构[33]。为了不断修正量子计算中的错误,需要同时控制多个量子位,而达到这个目的的唯一方法就是采用3D架构。研究人员通过逐层生长具有量子位的单硅层,成功将原子级量子位制造技术扩展到多层硅晶体,从而构建出3D量子芯片架构。这是首次在3D设备中构建出原子级的量子比特。利用这种3D架构,可在单次测量中读出保真度很高的量子位态,并以纳米级的精度对齐不同的单硅层。新技术是通用量子计算机的又一重大进展。

5月,澳大利亚新南威尔士大学与英国伦敦大学等机构合作,成功测量了硅的双量子比特操作的准确性[34]。所有的量子计算可由一个量子比特或双量子比特的运算来组成,而量子保真度决定量子运算的准确性,然而,此前并不知道双量子比特逻辑门的保真度。研究人员通过实施基于"Clifford"的随机基准测试,证明双量子比特逻辑门的平均保真度为98%。这是科研人员首次验证硅的双量子比特逻辑运算的保真度。这表明,硅非常适合扩展到通用量子计算机上。

5月,美国空军研究实验室(Air Force Research Laboratory,AFRL)在"星火"光学试验场(Starfire Optical Range,SOR)首次成功演示了典型的天-地卫星链路条件下的日间量子通信[35]。由于经常受到背景光的影响,日间进行自由空间量子通信面临着很大的困难。研究人员把量子通信技术与利用自适应光学原理开发的新颖滤波技术结合起来,开发出紧凑的自适应光学系统,并在日间的空中成功进行了量子通信。AFRL下一步将进行一系列多种量子通信协议的演示实验,以推进自适应光学技术支撑的其他量子通信技术的发展。

8月,美国加利福尼亚大学与纽约市立学院(City College of New York)等机构合作,开发出世界上最薄的光学器件——3层原子厚度的光波导[36]。新光波导由悬浮在硅框架上的单层二硫化钨构成;在单层二硫化钨上绘有纳米大小的孔阵列,构成光子晶体;光线在其内部以全反射的方式沿平面传播。该光波导的厚度小于普通光纤直径的万分之一,大约是集成光子电路芯片中光波导厚度的五百分之一。这项成果证明光学器件可缩小到比现有器件小几个数量级,将促进开发更高密度、更高容量的光子芯片。

10月,美国谷歌公司推出新型54bit量子处理器"Sycamore",成功演示了"量子优势"(quantum supremacy)[37]。"Sycamore"具有二维的网格结构,由快速、高保真的量子逻辑门组成,以执行基准测试。采用"Sycamore"构建的量子计算机完全可编程，运行通用的量子算法，能在 200s 内完成现有最先进的超级计算机需要 1 万年时间完成的特定计算。新成果是计算机领域里使量子计算成为现实的重要"里程碑"。

12 月，中国科学技术大学与国内外机构合作，首次实现了 20 光子输入、60×60 模式干涉线路的玻色取样量子计算[38]。利用超导量子比特实现随机线路取样以及利用光子实现玻色取样是当今演示"量子优势"的两大途径。研究人员利用国际最高效率和最高品质的单光子源以及最大规模和最高透过率的多通道光学干涉仪，成功实现了 20 光子输入、60×60 模式干涉线路的玻色取样实验。新成果在光子数、模式数、计算复杂度和态空间等 4 个关键指标上创造了新的世界纪录。其中，态空间维数比此前的光量子计算实验提高百亿倍。这说明，量子计算已接近经典计算机无法模拟的程度。

12 月，美国芝加哥大学与匈牙利科学院等机构合作，成功在用碳化硅材料制造的常用电子设备中集成并控制了量子态[39, 40]。量子技术发生在原子水平，一般认为无法用在常用的电子产品中。研究人员在碳化硅材料制成的半导体器件中加入二极管，消除了杂质引起的信号噪声，使量子信息变得稳定可用。此外，研究人员还发现碳化硅中的量子态具有接近光通信频段的发射频率，这说明量子信息有望通过光纤实现超远距离的传输。新技术也表明，将量子力学原理和经典半导体技术结合，量子信息技术有望取得更大的突破。

7. 传感器

1 月，英国巴斯大学与美国西北大学合作，利用金纳米粒子开发出灵敏度是目前类似传感器 100 倍的新型传感器[41]。新型传感器由玻璃载片上的圆盘形金纳米粒子组成的阵列构成；当红外激光照射时，金纳米粒子阵列会发射出数量异常的紫外线，而紫外线的强度随纳米粒子表面结合分子的不同而变化。因此，这种传感器在检测微量分子方面有很大的潜力，未来有望用于生物标记物检测和疾病早期筛查诊断等领域。

10 月，美国豪威科技（OmniVision）公司研发出世界上最小的商用图像传感器 OV6948 以及相应的相机模块 OVM6948 CameraCubeChip ™[42]。医疗领域需要发展微型图像传感器。新开发的传感器 OV6948 尺寸为 0.575mm×0.575mm，可提供高质量的图像。基于 OV6948 开发的相机模块 OVM6948 CameraCubeChip™可提供 120 度视野，在 3～30mm 范围内拍摄 200×200 分辨率的图像和 30 帧/s 的视频，其模拟输出可以最小噪声传输 4m 远。此外，这种相机模块功耗仅为 25mW，产生的热量更少，用于医疗内窥设备可减轻患者的痛苦，未来可用于医疗领域及其他行业。

10 月，德国大陆集团（Continental）为商用汽车开发出世界首款固态 3D 闪光激光雷达 HFL110[43]。HFL110 具有多重精确测量距离的功能，不受振动或速度变化的影响，在 120 度的视野范围内，在任何时间和天气条件下，都可提供详细而准确的 3D 图像（速率达 330 帧/ns）。此外，HFL110 还集成了加热器和可配选自动清洗系统，与其雷达和 2D 摄像头相结合，可对目前的环境传感器起到补充的作用，有助于全自动驾驶技术的实现。与其他雷达系统相比，HFL110 可提供更精细的光学角度分辨率和更高的精度，用于汽车、农业、建筑、采矿、无人机、精密基础设施检查等领域。

10 月，德国亥姆霍兹德累斯顿·罗森多夫研究中心（HZDR）和奥地利林茨大学合作，开发出首款可同时处理非接触和直接接触刺激的电子传感器[44]。皮肤是人体最大的器官，可在几秒钟内区分不同的刺激，并在很宽的范围内对信号强度进行分类。此前的传感器由于存在各种信号的重叠而只能采用实际触摸或非接触技术手段跟踪对象，如今研究人员采用聚合物膜、巨磁电阻和永磁体等材料，首次把实际接触和非接触途径在传感器上集成在一起，开发出"磁性微机电系统"（m-MEMS）。m-MEMS 中的电子传感器可处理不同区域非接触和接触刺激的电信号，并实时辨识出刺激源，同时隐藏其他来源的影响。新型传感器可方便地用于制造人体皮肤，极大地简化了人机之间的交互，未来可用于虚拟现实、远程医疗等领域。

11 月，美国西北大学与韩国中央大学（Chung-Ang University）等机构合作，开发出柔性全色量子点光电探测器[45]。全色量子点光电探测器不需要彩色滤光片和光学干涉器件，就可以把光转换为电信号；放在皮肤上，可从人体和周围环境中收集有用的信息。然而，技术上的困难阻碍这种高性能光电器件的开发。研究人员在低温条件下（<150℃）在电路上将量子点结构与非晶铟镓锌氧化物薄膜晶体管集成在一起，再把电路整合到聚酰亚胺基板上，从而制造出柔性全色量子点光电探测器。新探测器可检测出不同波长的光线，进而区分出光线的颜色，未来有望用于开发宽光谱图像传感器和制造可穿戴电子设备。

二、健康和医药技术

2019 年，健康和医药技术领域取得丰硕成果。在基因与干细胞方面，成功创建出两对新碱基（S 和 B、P 和 Z），开发出高效的 CRISPR 基因编辑新技术、调控活细胞功能的蛋白开关、推断病毒蛋白质与人类蛋白质间相互作用的计算框架、实时观测基因组动态变化的多功能成像方法、多功能基因组编辑技术"先导编辑"、3.0 版的 CRISPR 基因编辑小猪及控制基因疗法剂量的分子开关技术。在个性化诊疗方面，开发出最全面的乳腺癌风险监测在线计算工具、预测肿瘤的"连续个体化风险指标"模型、准确预测癫痫发作的 AI 工具、检查和诊断癌症的反向图像搜索工具、精确描绘器官内部结构的"透视"技术、研究人体肠道微生物的器官芯片，鉴定出数以千计的微生物宏基因组，在实验室成功培养出"微型肾脏"。在重大新药方面，新型艾滋病疫苗、提供 100% 防护的疟疾疫苗、提高 CAR-T 疗法对抗实体瘤效果的新方法、提高药物研发速度的 AI 系统诞生，抗衰老药物首次在人体实验中成功清除衰老细胞，筛选出治疗亨廷顿病的小分子化合物，埃博拉病毒疫苗在欧洲获批。在重大疾病的诊疗方面，全球第二例很可能被治愈的艾滋病患者，用噬菌体成功杀死体内细菌，治疗脊髓性肌萎缩的基因疗法上市，iPS 细胞培养角膜的移植手术成功，首次逆转人体的"生理年龄"，患者进入"假死状态"并在完成急救手术后复苏。在医疗器械方面，检测仪器 Tbit ™ System 获美国食品药品监督管理局（FDA）突破性医疗疗法认定，研制出打印双层皮肤的 3D 生物打印机、根据心跳特征识别身份的新设备、帮助盲人恢复部分视觉感知的实验装置、让四肢瘫痪患者同时控制两个义肢的双侧大脑植入系统。

1. 基因与干细胞

2 月，美国应用分子进化基金会（Foundation for Applied Molecular Evolution）与美国得克萨斯大学（University of Texas）等机构合作，通过调整普通碱基（G、C、A、T）的分子结构，成功创建出两对新碱基——S 和 B、P 和 Z，进而合成由 8 个碱基组成的新型 DNA——Hachimoji DNA[46]。新型 DNA 序列与天然 DNA 拥有相同特性：采用相同的方式可靠地进行碱基配对；具有稳定的双螺旋结构；可忠实地转录成 RNA，进行蛋白质合成或调节基因表达。此外，新型 DNA 还大大增加了遗传密码的潜在信息密度。新成果是合成生物学领域发展的重要一步，可应用于数据存储和寻找外星生命。

4 月，美国杜克大学与北卡罗来纳大学（University of North Carolina）合作，开发出可将多种 CRISPR 基因编辑系统的特异性提高几个数量级的新技术[47]。CRISPR 基因编辑系统常存在一定程度的脱靶效应，因此提高其核酸酶的精确度和特异性，降低脱靶效应就显得十分重要。提高 CRISPR 系统特异性的方案主要有两种：一是改造或优化 Cas9 酶，二是改造 sgRNA。第二种方案不需要增加基因编辑组件的数量，更简便。根据第二种方案，研究人员创造性地在 sgRNA 的间隔区设计出二级发卡结构（hp-sgRNA），从而有效地提高了基因编辑的特异性。新技术有助于解决 CRISPR 基因编辑技术的脱靶问题，提高临床基因治疗的安全性。

7 月，美国华盛顿大学和加利福尼亚大学等机构合作，构建出首个可放在活细胞中并调控细胞功能的蛋白开关"LOCKR"[48, 49]。这种利用计算机设计的 LOCKR 可被"编程"并用于调控基因表达，改变细胞转变的方向，降解特定蛋白质，调节蛋白质的相互作用，还可用于构建像自主传感器一样的生物电路。"LOCKR"为细胞编程开辟了一个全新的领域，使生物学进入新时代，同时也可能为癌症、自身免疫性疾病等带来新疗法。

9月，美国哥伦比亚大学开发出用于推断病毒蛋白质和人类蛋白质间相互作用的计算框架 P-HIPSTer[50]。人类对病毒在细胞中如何发挥作用了解有限，已有的对病毒进行分析的方法对疾病治疗有一定的指导意义，但在可扩展性、效率甚至访问方面受到了限制。研究人员利用 P-HIPSTer 研究了已知的 1001 种可感染人类的病毒及其编码的大约 13 000 种蛋白质，通过蛋白质结构信息推测出病毒蛋白与人类蛋白之间的相互作用，并据此绘制出这些已知的可感染人类的病毒与其感染细胞间蛋白质相互作用的图谱。

9月，美国斯坦福大学与浙江大学等机构合作，开发出可在活细胞中实时观测基因组动态变化的多功能成像方法 CRISPR LiveFISH[51]。在基因编辑领域，此前没有一种有效的技术可以在对基因组编辑过程进行监测的同时，不改变或损坏 DNA。研究人员先把不具有核酸酶活性的 dead Cas9 和 gRNA 分别标记上荧光蛋白和荧光染料，然后将两者组装起来，用于靶向并标记活细胞中的基因组序列，从而实现了活细胞中基因组成像和细胞遗传学的检测。新技术可实时监测 CRISPR-Cas9 引起的 DNA 双链断裂的动态，观察活细胞中基因组 DNA 和 RNA 的转录，并准确发现染色体异常。此外，该方法为基因编辑工具库增添了新成员。

10月，美国博德研究所（Broad Institute）等机构开发出可精确地编辑基因而不造成 DNA 双链断裂的新型多功能基因组编辑技术"先导编辑"（prime editing）[52]。治疗基因突变导致的人类遗传病，需要开发更加高效且广谱的精准基因编辑工具。研究人员将分子生物学中最重要的两种蛋白质——CRISPR-Cas9 和一种逆转录酶——结合，形成了一种新工具"先导编辑"。与传统基因编辑工具相比，"先导编辑"具有效率更高、副产物更少、脱靶率更低等优势，且无须额外的 DNA 模板便可实现 ATCG 四种碱基间所有 12 种单碱基的自由转换及多碱基的精准增删。这种功能强大的"先导编辑"有望纠正已知致病性人类遗传变异中近 90% 的突变，未来将为基因编辑领域带来重大变革。

12月，中国杭州启函生物科技有限公司和美国 eGenesis 公司等机构合作，培育出 12 只 3.0 版的 CRISPR 基因编辑小猪[53]。目前，世界器官移植供体依然严重短缺，而异种移植是值得期待的方法之一，相关研究也取得重要进展。在此次研究中，研究人员首次把猪内源性逆转录病毒（PERV）敲除与其他一系列变化结合，解决了移植排异和病毒安全隐患两大问题，最终培育出新一代的基因编辑小猪 3.0。小猪 3.0 的器官组织特征满足安全、可移植到人体内的要求，是目前猪来源的人体器官移植供体"全世界最好的候选者"。

12月，美国斯克利普斯研究所（The Scripps Research Institute）与中国哈尔滨医科大学等机构合作，开发出一种可以控制基因疗法剂量的分子开关技术[54]。基因疗法在治疗因基因缺陷引起的疾病上具有巨大潜力，但也存在输入体内后无法关闭或调节的风险，因此，很难获得美国 FDA 的批准。锤头状核酶（hammerhead ribozyme）是一类具有自我剪切活性的 RNA，其剪切活性可被注入的 RNA 样吗啉代（RNA-like morpholinos）阻断；核酶相当于"OFF"开关，吗啉代相当于"ON"开关。新技术在小鼠试验中取得了成功，是目前调节基因疗法剂量的唯一实用方法，有望解决基因疗法在体内无法关闭或调节的问题，推动基因疗法的发展。

2. 个性化诊疗

1 月，英国剑桥大学与英国癌症研究院等机构合作，开发出当时最全面的乳腺癌风险监测在线计算工具"BOADICEA"[55]。研究人员首次考虑了 300 多个乳腺癌遗传指标，通过将有关家族史和遗传学信息与其他因素（诸如体重、绝经年龄、饮酒和使用激素替代疗法等）相结合，开发出预测患病风险的新工具"BOADICEA"。"BOADICEA"可辨识出患乳腺癌风险不同的女性群体，而以往的工具只能辨识出高风险的女性患者。"BOADICEA"可针对不同患者定制个性化的筛查方法，识别出患病风险，并做出预防性治疗的决定等，目前已进入临床试验阶段。

1 月，意大利特伦托大学（University of Trento）与美国哈佛大学等机构合作，通过分析不同年龄、地域和生活方式的人的不同部位（如口腔、肠道等）的微生物宏基因组样本，揭示了广泛的未探索的人类微生物群落的多样性[56]。人体微生物群落对健康有重要影响，但人类还不了解其完整多样性的特征。研究人员此次在这方面作出了努力，从尚未命名的物种中鉴定出数以千计的微生物基因组，扩展了人类相关微生物基因组的种类，为基于微生物组学的个体化医疗和诊断提供了新途径。

4 月，德国慕尼黑大学开发出能够精确描绘器官内部结构的"透视"新技术[57]。3D 打印出逼真的人体器官在医疗领域具有重要意义，但此前的技术无法做到。在新技术中，研究人员先用一种溶剂使器官变得透明，然后用激光扫描器官后就可获知包括血管和特定位置单细胞在内的整个结构，再以此为蓝图打印出器官的支架，最后将干细胞注入器官的支架，培养出活器官。此前没有其他方法能够获得整个大脑所有血管分布的三维图像，而新技术可以做到。利用新技术，未来将打印出来更多种类的器官，为医疗领域带来颠覆性变革。

5 月，美国哈佛大学与葡萄牙里斯本大学等机构合作，开发出可用于研究人体肠道微生物的器官芯片[58]。人体微生物群与人的健康和疾病密切相关，但在体外研究微生物组与肠组织的直接互动关系很困难。新开发的器官芯片是一种微流控培养技术，在数天内可稳定地保持与人粪便相似的微生物多样性，且支持在厌氧条件下监测复杂的肠道微生物群。新技术有助于直接研究与健康和疾病相关的人体微生物群的相互作用，也可用于个性化药物的研发和测试等。

6月，美国谷歌公司与美国田纳西大学健康科学中心和 Avoneaux 医学研究所合作，创建出可用于检查和诊断癌症的反向图像搜索工具"SMILY"（Similar Medical Images Like Yours）[59]。发现和诊断癌症是一个复杂和困难的过程，而人工智能有助于解决这个问题。研究人员基于深度学习构建出反向图像搜索工具 SMILY，以提高检查和诊断癌症的能力。在新工具 SMILY 的试验中，研究人员先将生物组织样本的显微图像上传到系统，然后在计算机上与癌症基因组图谱数据库进行比对，再根据比对的结果判断组织是否存在癌症病变。新工具正在进行广泛试验，未来有望正式投入临床诊断应用中。

7月，美国斯坦福大学与德国、意大利、瑞士、荷兰等国家的一些机构合作，开发出"连续个体化风险指标"模型[60]。准确预测重病患者长期可能出现的结果，是精准医疗的意义所在。个性化治疗至少需有一个适用于大多数患者的通用预测工具。已有的预测工具基于单个风险因子进行构建，有很大的局限性。把单个风险因子联合起来使用是一种不错的选择。研究人员收集患者的数据，选取几个此前预测效果好的风险因子，利用贝叶斯公式，建立了一个"连续个体化风险指标"模型。新模型可以根据预测的结果不断进行修正，最后得到一个修正好的模型。实验结果表明，新模型可准确预测某些肿瘤 1~5 年的进展风险，还可用于指导用药，随着未来其预测的准确率不断提高，将推动癌症精准医疗的发展。

7月，新加坡南洋理工大学（NTU）与日本大阪大学等机构合作，在实验室成功培养出"微型肾脏"[61]。已有的通过药物筛选来检验潜在治疗方案的方法没有考虑到个性化的区别。科研人员首先从多囊性肾病患者的皮肤中提取细胞，然后重新编程，获得了该患者的特异性多能干细胞，最后用 3~6 个月把这些干细胞培养成类似于胎儿肾脏的肾脏类器官"微型肾脏"。"微型肾脏"可用于药物分子功效的测试，并确定各种肾病患者个体的最佳治疗方案。

7月，美国路易斯安那大学拉斐特分校（University of Louisiana at Lafayette）开发出可准确预测癫痫发作的 AI 工具[62]。癫痫发作前通常没有任何征兆。如果能提前准确预测癫痫的发作，将有助于提前采取干预措施，使 70% 的患者能够用药及时控制疾病的发作，这将极大提高患者的生活质量。新 AI 工具利用脑电图分析方法，通过脑电图测试分析患者脑电图的异常来预测癫痫发作。新方法优于以往的方法，且准确率更高，可在发病前 1h 内以 99.6% 的准确率进行预测。

3. 重大新药

1 月，美国斯克利普斯研究所与哈佛大学医学院等机构合作，开发出新型艾滋病疫苗并用于临床试验[63]。猿猴－人类免疫缺陷病毒（simian-human immunodeficiency virus，SHIV）是一种工程化的猿猴病毒，含有与人类免疫缺陷病毒（HIV）相同的不稳定包膜三聚体。与人类 HIV 一样，其很难中和。然而中和抗体是阻止 HIV 感染的关键。研究人员利用基因工程设计出更稳定的三聚体，从而开发出包含稳定三聚体的实验性 HIV 疫苗。新疫苗已成功使恒河猴产生针对 SHIV 的中和抗体，使恒河猴免受 SHIV 的感染。新疫苗的临床试验已在非洲南部对 2600 名有患艾滋病风险的女性展开，有望于 2021 年取得成果。

4 月，美国 Sanaria 公司与其他机构合作，开发出能够对疟疾提供 100% 防护的疟疾疫苗 PfSPZ[64]。利用寄生虫蛋白激发的免疫反应可以预防疟疾，而大多数候选疟疾疫苗只含少量的寄生虫蛋白。PfSPZ 疫苗用整个寄生虫作为其有效成分，因而含有大量的寄生虫蛋白。PfSPZ 疫苗采用静脉注射接种，已被证明是至今最有效的疟疾疫苗，在西非赤道几内亚的比奥科岛（Bioko Island）将实施大规模临床测试，以提供监管机构批准该疫苗所需的有效性和安全性数据。

7 月，美国麻省理工学院开发出通过疫苗提高 CAR-T 细胞疗法对抗实体瘤效果的新方法[65]。CAR-T 细胞疗法已成功用于治疗某些类型的白血病，但不能有效治疗实体瘤。实体瘤周围可能会形成抑制免疫细胞的封闭环境，从而使 CAR-T 细胞无法发挥作用。新开发的疫苗可让药物直接进入淋巴结，并在癌症发生后将 T 细胞送出。新疫苗在小鼠对照实验中清除了 60% 的实体瘤，并刺激免疫系统产生了防止肿瘤复发的记忆 T 细胞。新方法为对抗实体瘤提供了新思路，下一步将进行人体临床试验。

9 月，美国梅奥医学中心（Mayo Clinic）在一项小型安全性和可行性临床试验中，首次用抗衰老药物 senolytic 清除了人体内的衰老细胞[66]。衰老细胞是功能失常的细胞，在体内的积累会导致人类出现多种疾病（如心脏病和阿尔茨海默病）和衰老的特征。抗衰老药物 senolytic 并不干预衰老细胞的产生，但此前的小鼠试验证明，它可以清除衰老细胞，延缓、预防或治疗多种疾病，并改善余生的健康状况。此次 9 名与糖尿病相关的肾病患者参加的临床试验表明，senolytic 在血液、皮肤和脂肪组织中可显著减少人体衰老细胞。新成果是发展 senolytic 疗法的重要一步。

9 月，中国香港英联医药有限公司（Insilico Medicine Hong Kong Ltd.）与加拿大多伦多大学等机构合作，开发出将药物研发过程加快 15 倍的新 AI 系统——"生成性张力强化学习"（Generative Tensorial Reinforcement Learning，GENTRL）[67]。为了寻找与疤痕相关的蛋白 DDR1 的潜在抑制剂，研究人员利用生成对抗网络（GAN）和生成强化学习（RL）构建出 AI 系统 GENTRL，并用于设计候选药物的分子结构，在 21 天内完成了候选药物的分子设计和筛选，得到 6 种新的 DDR1 抑制剂，随后完成了临床前生物学验证，全部过程耗时 46 天。小鼠试验证明，新药分子的药代动力学特征符合预期。与传统方法开发药物通常耗时数十年、耗费数十亿美元相比，GENTRL 耗时很短、成本很低，有助于解决药物研发投入大、时间长的难题。

10 月，中国复旦大学利用化合物芯片和前沿光学方法，筛选出降低亨廷顿病致病蛋白水平的小分子化合物[68]。亨廷顿病是四大神经退行性疾病之一，由变异亨廷顿蛋白（mHTT）引起，传统阻断剂不适用于治疗亨廷顿病。研究人员提出"自噬小体绑定化合物"的新概念，着眼于调控细胞自噬（细胞内蛋白降解）以有效降低 mHTT 水平，最终筛选出 4 个符合要求的理想化合物。这些化合物不仅对亨廷顿病的治疗有效，为亨廷顿病的临床治疗带来新曙光，也有望用于其他无法靶向的致病蛋白甚至非蛋白的致病物质。

11 月，欧洲药品管理局（EMA）批准了一款已成功控制埃博拉病毒暴发的疫苗 Ervebo[69]。埃博拉病毒是一种烈性传染病病毒，主要通过体液传播。以往的埃博拉疫苗大多停留在临床试验阶段，而由美国默克公司研制的疫苗 Ervebo 则成为首个正式获批并用于人类预防感染埃博拉病毒的疫苗，已用于应对刚果民主共和国暴发的埃博拉疫情。未来，默克公司将继续开发第二代和第三代这种预防埃博拉病毒感染的疫苗。

4. 重大疾病的诊疗

3 月，英国伦敦大学领导的国际团队采用干细胞移植的方法治疗艾滋病取得积极疗效，使接受治疗的患者很可能成为全球第二例艾滋病治愈者[70]。一名对 HIV 具有基因耐药性的捐赠者捐赠了干细胞，捐献的干细胞被移植给伦敦一名已连续 18 个月停用抗病毒逆转录药物的男性艾滋病患者，成功清除了该患者体内的全部 HIV。此前全球唯一被治愈的艾滋病患者是一名德国柏林的男性患者，该患者接受过两次来自艾滋病天然免疫者的骨髓移植。

5 月，美国匹兹堡大学与英国大奥蒙德街医院等机构合作，开发出用噬菌体杀死体内细菌的新"鸡尾酒疗法"[71]。囊性纤维化患者经常感染非结核分枝杆菌，且具有抗生素耐药性，在临床上很难治愈。噬菌体是一种能够杀死病菌的病毒。科研人员从匹兹堡大学保存的大量噬菌体中筛选出 3 个特定噬菌体，然后对其中两个进行基因工程改造，使其具有更好地攻击细菌的能力，从而开发出新的"鸡尾酒疗法"。新方法用于救治一名患有抗生素耐药菌（分枝杆菌）感染的 15 岁英国少女，很好地控制住她的病情，且基本没有产生副作用。新疗法是世界首次使用噬菌体（且是基因工程噬菌体）治疗人类分枝杆菌，将来有可能用于对抗超级细菌的侵害。

5 月，美国食品药品监督管理局批准了跨国公司诺华（Novartis）一次性治疗脊髓性肌萎缩（SMA）的基因疗法 Zolgensma 上市[72]。SMA 是最常见的致死性神经肌肉疾病之一，由单基因运动神经元存活基因 SMN1 的缺陷引发。该病虽病因明确，但此前无药可医。基因疗法的发展给该病的治疗带来了希望。FDA 曾批准百健（Biogen）的基因疗法 Spinraza 用于治疗婴儿与成人 I 型 SMA。创业公司 AveXis 则开发出治疗效果更好的新疗法 AVXS-101。AVXS-101 可通过静脉注射，在临床 I 期试验中表现出色。之后，诺华公司收购 AveXis 并向 FDA 申请上市。该基因疗法可根本性解决 I 型 SMA 遗传病，遗憾的是，它也是目前世界上最昂贵的药物。

8 月，日本大阪大学成功完成全球首例 iPS 细胞培养角膜的移植手术，使患者的视力得到显著改善[73]。手术移植捐赠的角膜容易引发强烈的排异反应，导致患者出现移植角膜的脱落。研究人员先把 iPS 细胞培养成角膜细胞组织，然后把它制成不易发生排斥反应的直径 3.5cm、厚度 0.03 ～ 0.05mm 的圆形透明角膜片状组织，再通过手术移植到一名患有重度"角膜上皮干细胞衰竭症"且几乎失明的女性患者左眼上，从而显著改善了患者的视力，且在手术后未观察到排异反应。

9 月，美国加利福尼亚大学洛杉矶分校与斯坦福大学等机构合作，在小型临床试验中首次逆转了人体的"生理年龄"[74]。胸腺对人体免疫功能至关重要，但人到成年后胸腺就开始萎缩。一些临床试验表明，生长激素可刺激胸腺的再生，但也会促进糖尿病的发生。研究人员利用生长激素和两种广泛使用的抗糖尿病药物——脱氢表雄酮（DHEA）和二甲双胍，形成一种鸡尾酒疗法。在为期一年的试验中，通过分析 9 名健康志愿者基因组上的表观遗传标记，发现参与者平均减少了 2.5 岁的"生理年龄"，即出现了表观遗传老化的逆转，且志愿者免疫系统有恢复活力的表现。新发现有待开展更多实验，以证实"生理年龄逆转"，未来可用于提高人的免疫系统功能。

11 月，美国马里兰大学医学院开发出"紧急保存和复苏"（emergency preservation and resuscitation，EPR）技术，首次让一名患者进入"假死状态"并在完成急救手术后使其复苏[75]。在正常情况下，大脑没有氧气 5min 后会发生不可逆转的损伤。然而降低身体和大脑的温度会减少氧气的消耗。EPR 技术用冰冷的生理盐水代替血液，先将患者的体温迅速降到 10 ～ 15℃，使其大脑几乎完全停止活动，然后停止冷却并把患者转移到手术室进行抢救，术后升温患者的身体，使其复苏的同时让心脏重新进入工作状态。在此期间，手术时间可达 2h。动物试验表明，急性创伤下的猪可冷却 3h，手术缝合后可复苏。

5. 医疗器械

2 月，美国 BioDirection 公司先进的纳米检测仪器 Tbit ™ System 获美国 FDA 突

破性医疗疗法认定[76]。脑震荡和其他创伤性脑损伤（traumatic brain injury，TBI）的发生频率超过中风和心脏病之和。目前对脑震荡的诊断方式是使用主观的、基于症状的检测，因此，存在误诊的情况。CT 扫描成像需 3～4h 才可检测出 TBI，但同时也让不需要进一步治疗的患者接受大量辐射。新产品基于以下原理：TBI 发生后，人体中分泌的 S100β 蛋白和 GFAP 蛋白会进入血液；Tbit ™ System 的纳米线附着可检测血液中这两种蛋白的抗体，当蛋白与抗体结合后，会改变纳米线的导电性。通过检测电信号的变化，仅用一滴血就可在 2min 内检测到人体对 TBI 的反应。新系统大幅度加快了脑震荡的诊断速度并提高了诊断的准确性，同时避免了患者遭受辐射。

2 月，美国维克森林再生医学研究所（Wake Forest Institute for Regenerative Medicine，WFIRM）与维克森林大学医学院等机构合作，研制出可将双层皮肤（表皮角质形成细胞和真皮成纤维细胞）直接"打印"在伤口上的首个 3D 生物打印机[77]。皮肤移植有很多缺点，新生物打印机有助于弥补这些缺点，是同类产品中第一个可将双层皮肤直接"印"在伤口上的生物打印机。在打印过程中，先用人体自身皮肤细胞来培养新皮肤；再用 3D 激光扫描仪扫描患者伤口，构建出伤口的拓扑图；最后利用软件控制设备把新皮肤打印在伤口上，构建出角质层，形成新皮肤。新打印机由于用的是患者自身细胞组成的"墨水"，可将排斥反应的风险降到最低，具有较大的医疗和军事价值。新技术已在小鼠试验中取得成功，下一步将进行人体临床试验。

6 月，美国霍华德·休斯医学研究所与博德研究所合作，开发出利用自身的遗传物质观察细胞的"DNA 显微镜"[78]。"DNA 显微镜"是一种全新的细胞可视化技术，利用化学手段获取细胞内部信息，绘制出反映细胞内生物分子的基因序列和相对位置的图像。DNA 显微镜不能取代光学显微镜，但可以完成一些光学显微镜做不到的事情，如识别光学显微镜无法区分的含有 DNA 差异的细胞。

6 月，美国国防部开发出通过红外激光远程探测目标人员的心跳特征，以识别目标人员身份的新设备"杰特森"（Jetson）[79]。心跳特征是一种比指纹和虹膜更难以伪造的独特的生物特征。Jetson 利用激光振动测量法（laser vibrometry），探测目标人员胸部因为心跳而产生的微弱振动，并根据心跳差异识别目标人员。新设备具备比面部识别系统更安全的人员身份验证能力，可穿透目标人员衣物进行检测。与已有的基于心跳特征的身份识别系统相比，Jetson 具有远程识别和作用距离较远的优势，作用距离最远可达 200m。

10 月，美国加利福尼亚大学洛杉矶分校开发出一种可植入盲人大脑并使其恢复部分视觉感知的实验装置 Orion[80]。Orion 利用无线的方式，把安装在太阳镜设备上的微型摄像机捕获的图像转换为一系列电脉冲，电脉冲刺激植入大脑视觉皮层顶部的一套（60 个）电极，再由电极将电脉冲变为视觉信号。Orion 适用后天失明的患者，虽然不能提供正常的视觉感知，但可以使患者探测到运动，区分明和暗，从而提高独立生活的能力。Orion 能帮助患者识别物体的位置，借助 Orion，患者可以独立过马路，甚至自己洗衣服等。

10 月，美国约翰斯·霍普金斯大学开发出首个双侧大脑植入系统，让四肢瘫痪患者只通过思想就能同时控制两个义肢并接收触觉反馈[81]。相比于大多数"脑－机接口"只聚焦在单一大脑半球，新系统用两个大脑半球来控制两条腿。研究人员为四肢瘫痪但脊髓没有完全切断的患者在大脑两侧植入 6 个电极（一侧 4 个，另一侧 2 个），而以前的研究只植入一侧大脑；植入的电极与计算机系统连接，可记录、发送电脉冲并"刺激"负责运动控制和触觉的大脑区域。在试验中，患者能够控制四肢做简单的伸手动作，并以 100% 的准确率从带有传感器的全部手指辨别出感觉。下一步的研究是测试更复杂的两侧运动，并改善触觉和运动控制之间的联系。

三、新材料技术

2019 年，新材料继续向结构功能一体化、器件智能化、制备过程绿色化方向发展。在纳米材料方面，开发出新的分子纳米管、可净化液体放射性废物的纳米材料、新型纳米磁性复合材料、两个原子层厚的金箔，以及与光束方向保持完美一致的智能材料、具备导电性的新型纳米片。在二维材料方面，制备出超级碳纤维复合材料、碳纤维增强复合材料的新型预浸料、二维异质结构材料、铅烯，揭示了石墨烯超导材料的原子排列。在金属及合金材料方面，耐热的高强度铝硅镍铁合金、室温强化铝合金新工艺、电导率高的半金属砷化铌纳米带、新型超硬合金、修复金属的新方法、高性能 3D 打印钢和混合材料 infused CMF 相继问世。在半导体材料方面，涌现出"双重掺杂"技术、预测和设计半导体材料性能的机器学习方法、新的"混合"半导体材料、新型铜配合物、碳环 C_{18}、雪崩光电二极管等半导体技术、材料和器件，在高分子半导体中实现了离子交换。在先进储能材料方面，涌现出通过捕获或释放热量来控制温度的新型材料、太阳能电池和 LED 用的新材料、新材料 KMH-1、室温低成本热电材料、最黑的新材料、新型电解质混合物。在生物医用材料方面，制造出细胞尺度的晶格结构、具有复杂结构的血管网络、破坏斑块动脉粥样硬化的复合纳米材料、治疗疾病的"人工淋巴结"、快速高效止血的仿生水凝胶材料，另外，StrataGraft 在治疗二度烧伤的关键 3 期试验中取得非常好的效果。同时，其他材料也值得重视，出现了接近室温的新型超导材料、高效率除冰涂层、耐极端温度的超轻陶瓷气凝胶、超高速催化技术、实时监测材料微观结构变化的显微技术、厘米尺寸的碳酸钙晶体、海水中使用的新型黏合剂。

1. 纳米材料

1月，日本东京大学与日本东北大学、中国天津大学等机构合作，成功制备出具有周期性空位缺陷的分子纳米管 pNT（phenine nanotube）[82]。纳米管的化学合成非常困难。为研制一种在纳米尺寸的圆柱形结构中可以控制住缺陷的简单纳米管，研究人员先利用化学反应将六个苯结成一个更大的六边形环，即环间苯（cyclo-meta-phenylenes，CMP）；然后用铂原子使四个 CMP 形成一个开放的立体；铂原子被移除后，立体变成一个厚圆环，再由桥接分子连接厚圆环的两端形成纳米管。该种结构新颖的纳米管因存在刻意设计的周期性空位缺陷而具有半导体性质。新技术除用于开发新型半导体材料外，还可用于封装富勒烯等多种物质，具有十分广泛的应用前景。

2月，俄罗斯科学院科拉科学中心（Kola Scientific Center）发现可净化液体放射性废物的新型纳米材料[83]。近些年的发现证明，一些含有放射性核素的天然吸附材料可从放射性废物中提取放射性物质。新型纳米材料主要由钛硅酸盐合成，与具有吸附性的天然矿物相似，可从放射性废物中高效提取放射性物质，从而达到净化环境的目的；吸附到放射性物质后，经加热可转化为耐水、耐酸、耐碱、耐高温的陶瓷材料。未来将对该材料展开大规模测试，以检测其净化放射性废物、有色金属工业废物及其他工业废物的能力。

3月，俄罗斯科学院西伯利亚分院与西伯利亚联邦大学等机构合作，开发出新型纳米磁性复合材料[84]。纳米磁性材料主要应用于纳米电子、催化技术、环保和生物医学等领域。研究人员通过研究纳米磁性材料的迟滞现象，构建出纳米磁性复合材料的微磁理论及模型。新模型能够描述纳米磁性复合材料的性能。在此基础上，研究人员制备出新型纳米磁性复合材料。新材料可用于电力工程、信息技术等领域及制造新型功能元器件。

8月，英国利兹大学制造出两个原子层厚的金箔[85]。制造不含固体基质的超薄二维金属纳米材料是一个重大挑战，而此前最薄的这种金属纳米材料的最小厚度为3.6nm。研究人员开发出一种新技术，以氯金酸为原料，采用"约束剂"将氯金酸无机物还原为厚度为 0.47nm 的二维金属纳米薄片。新材料的厚度创造了新的世界纪录。这种超薄的纳米材料具有独特的结构特征，可用于开发可折叠电子设备、医学诊断设备等。

11月，美国加利福尼亚大学开发出可完美地与光束方向保持一致的新型智能材料[86]。研究人员使可实现光热转换的光敏纳米材料与受热会收缩的热敏聚合物相结合，成功制备出圆柱状的新型智能材料。新型智能材料可捕获约90%的可用阳光，并把光转换成热，使材料在受热后沿光照方向收缩和弯曲，且可持续地随着光束大幅度转动，从而解决了长期以来"人工向光性"的难题。与固定方向的材料相比，这款新材料可吸收更多的太阳能，未来可用于提高光捕获材料的效率，优化太阳能电池板。

12 月，日本物质材料研究机构（NIMS）和日本筑波大学（University of Tsukuba）等机构合作，开发出具备导电性的新型纳米片[87]。硼的缺电子特性使硼化氢可以具有多种结构。研究人员通过一种软化学途径，确定了层状硼化氢的结构，再利用成对分布函数进行分析，发现这种层状硼化氢主要由 B-H-B 桥键和 B-H 端键构成，且其局部具有宏观非晶态性质，可以极大改变材料的导电性。新材料具有重量轻、柔韧性好、导电性可控等优势，有望应用于可穿戴电子器件、新型传感器和催化剂等领域。

2. 二维材料

3 月，美国初创公司 Boston Materials 采用 Z 轴强化技术，开发出具有突破性的超级碳纤维复合材料[88]。在新技术中，取向一致的短切碳纤维铺放于 Z 轴方向上，保证了材料具有超凡的强度。与传统预浸料相比，新材料增加了 300% 的压缩韧性和 35% 的抗压强度，同时在导电和导热性能上也有较大提高。新材料解决了此前碳纤维材料在性能、成本和可持续使用等方面存在的一些问题，未来可用在压力容器、风能、体育用品、汽车、航空航天等领域。

4 月，日本东丽公司（Toray Industries, Inc.）成功开发出适用于真空成型技术的航空用碳纤维增强复合材料（CFRP）的新型预浸料[89]。民用飞机制造中的热压罐成型工艺的优点是可制造各类复杂构件，同时使构件具有优异的质量和很高的成型精度；其缺点是初期投资大、生产效率低，不利于 CFRP 的推广应用。为此，研究人员于 2018 年开发出更先进的仅用大气加压的 CFRP 真空成型制造技术；此次成功开发出适用于 CFRP 真空成型技术的预浸料。与使用传统预浸料的热压罐成型工艺制造的部件相比，采用新型预浸料制成的飞机一级结构部件，不仅具有同等的冲击后压缩强度和拉伸强度等性能，而且具有极低的孔隙率。未来，东丽公司将在飞机、汽车及一般工业等领域深化新技术的应用，以降低制造成本，满足不断扩大的高性能 CFRP 部件的生产需求。

5 月，日本名古屋大学与法国艾克斯－马赛大学（Aix-Marseille Université）等机构合作，制备出石墨烯的最新"表亲"铅烯（plumbene）[90]。石墨烯是一种性能优异的二维材料，而其"表亲"——二维材料铅烯可产生最大的自旋轨道作用，有望成为一种坚固耐用的二维拓扑绝缘体。寻找可靠且低成本的铅烯合成方法，一直是材料科学研究的重要目标。研究人员通过在钯（Pd）上退火处理超薄铅膜，低成本制造出二维材料铅烯。新材料未来有望用于制备价格低廉、坚固耐用的拓扑绝缘体，在触摸屏、超级电容等电子产品中有应用潜力。

10月，美国西北大学利用石墨烯和硼苯两种材料，创建出可用于制造半导体组件和电路的新型二维异质结构材料[91]。通常很难将二维材料整合在一起。研究人员首先在衬底上沉积石墨烯的薄膜，然后将硼沉积在同一衬底上，使两种材料在原子尺度上结合，从而制造出新的二维异质结构材料。利用扫描隧道显微镜对新型二维异质结构进行扫描，发现接触面上的电子跃迁突然变得异常，这说明这种新型材料是制造微型电子设备的理想选择。新技术为纳米电子学领域的发展开辟了新的可能性，未来可用于制备超高密度的存储器件。

12月，日本东京大学与早稻田大学、日本原子能研究开发机构等合作，首次揭示了石墨烯超导材料的原子排列[92]。研究人员先在碳化硅衬底上将钙插入石墨烯，形成二维材料，然后利用"全反射高速正电子衍射法"（total-reflection high-energy positron diffraction，TRHEPD），首次明确了这种二维材料的原子排列。实验表明，这种材料的原子排列显示出电阻为零的超导现象。新成果为利用石墨烯开发零能耗的超高速信息处理纳米器件等开辟了新的途径。

3. 金属及合金材料

2月，俄罗斯莫斯科国立钢铁合金学院（NUST MISIS）与俄罗斯铝业联合公司（UC RUSAL）等机构合作，利用新方法制造出耐热的高强度铝硅镍铁合金[93]。采用选择性激光熔融（selective laser melting，SLM）技术合成的铝硅合金，在室温下有很高的强度，但在200℃以上的温度无法保持高强度。其原因是SLM技术在生产铝硅合金零配件过程中易产生热裂缝、粉末粒子不熔等缺陷。研究人员通过在铝硅合金中加入镍铁，利用SLM技术开发出新合金，使合金材料的体密度高达99.86%，最大程度上消除了铝硅合金中的缺陷，使材料在高温条件下依然具有高强度。新型合金材料可用于制造形状复杂的汽车、航空航天设备零配件。

3月，澳大利亚莫纳什大学（Monash University）和迪肯大学（Deakin University）合作，开发出室温强化铝合金新工艺——循环强化（cyclic strengthening，CS）[94]。高强度铝合金广泛用于制造飞机和轻型汽车。高强度的铝合金需要经过一系列高温（120～200℃）的"烘烤"，并通过固态沉淀以形成高密度的纳米颗粒。新方法CS通过控制铝合金的室温循环形变，连续充足地将空位引入材料中，并调控超细（1～2nm）溶质团的动态析出，从而达到强化铝合金的目的。与传统热处理手段相比，新型强化方法可以更快、更低成本获得强度更高、塑性更好的铝合金材料。

3月，我国复旦大学等国内机构与美国加利福尼亚大学等国外机构合作，开发出具有最高电导率的Weyl半金属砷化铌纳米带[95]。导电材料目前最主要的是铜，随着计算机和智能设备体积变小，采用铜做导电材料已开始制约芯片等集成电路的进一步发展。研究人员把氯化铌、砷和氢放在一起，利用化学反应制备出 Weyl 半金属砷化铌纳米带。这种砷化铌纳米带在室温下仍可正常工作，其电导率是铜薄膜的 100 倍、石墨烯的 1000 倍。新材料在降低电子器件能耗方面具有重大应用前景。

6 月，美国理海大学（Lehigh University）基于筛选多种主要元素和高熵合金的材料信息学，成功开发出新型超硬合金[96]。含有多种主要元素的高熵合金发展很快，代表合金发展范式的转变。部分这类合金有独特的结构和优越的机械性能。然而，鉴别具有优异热和机械性能的这类合金是一个不小的挑战。研究人员利用电子显微镜等工具，采用遗传算法、典型相关分析和监督学习策略等方法，深入分析合金材料性能优异的物理机制，从而筛选出具有良好应用前景的高熵合金，制备出一类新型超硬合金。

8 月，美国宾夕法尼亚大学开发出在室温下可像骨骼一样修复金属的"愈合"方法[97]。金属受损后进行修复一般采用焊接的方法熔化金属，工艺温度可达 6300° F；有的金属甚至不能采用这种熔化的方法进行修复。现在研究人员首次开发出室温修复金属的方法。他们采用化学气相沉积法，将具有化学惰性的弹性聚合物 Parylene D 均匀涂覆在镍金属泡沫组成的支柱上；Parylene D 具有低于镍金属的损伤容限，服役时会先于镍金属发生断裂，从而暴露出后断裂的镍金属基体；Parylene D 类似"光刻掩模"，在采用电镀法（低能耗的室温技术）将断裂的镍金属进行连接时，它只允许电镀发生在断裂处的金属上，从而实现类似骨骼的"修复"。实验表明，断裂处 4h 后愈合，且愈合处的强度胜过基体。

8 月，美国空军研究实验室开发出用于武器制造的高性能 3D 打印钢"AF-9628"[98]。采用 AF-9628 制造的部件具有比采用传统 AM 合金制造的部件更高的强度，而成本也低于其他一些高性能钢合金。在 3D 打印中使用的粉末熔融成型技术对合金材料有很高的要求。以 AF-9628 为材料，采用粉末熔融成型技术，3D 打印出来的部件具有优异的性能，增加强度的同时又保持了良好的韧性。新材料适合采用 3D 打印技术制造武器的零部件，下一步将努力提高生产效率。

10 月，美国北卡罗来纳州立大学（North Carolina State University）与美国国家航空航天局（NASA）兰利研究中心（Langley Research Center）合作，采用混合材料"infused CMF"制备出性能超过铝合金材料的飞机机翼[99]。飞机机翼的前缘必须满足非常高的特性要求。在航空工业中，一般采用铝合金材料制造飞机机翼。航空界一直在探索用更好的材料代替铝合金，用于制造飞机机翼。在新研究中，科研人员把不锈钢复合泡沫金属（SS CMF）注入疏水性环氧树脂中，制备出混合物 infused CM。Infused CMF 密度与铝合金相当，但综合性能全面优于航空级铝合金，可使飞机更坚固、更安全、性能更好、燃油效率更高，是制造飞机机翼的优秀候选材料之一。

4. 半导体材料

1月，瑞典查尔姆斯理工大学与英国帝国理工学院等机构合作，开发出使有机电子产品效率翻倍的"双重掺杂"技术[100]。半导体实现功能的关键是杂质的掺杂过程。在有机（即碳基）半导体的掺杂过程中，掺杂剂分子从半导体接收电子，以增加电导率。掺杂剂分子越多，电导率越高，但达到一定限度后，电导率开始下降，其原因是掺杂剂一个分子只能交换一个电子。研究人员开发出"双重掺杂"技术，使掺杂剂一个分子在反应时每次交换2个电子，把有机半导体的效率提高到传统技术的2倍。新技术可显著提高有机太阳能电池的光捕获效率、柔性电子纺织品的功率密度，具有很高的市场价值。

1月，美国佐治亚理工学院与比利时蒙斯大学（Universite de Mons）和意大利理工学院（Istituto Italiano di Tecnologia）等机构合作，开发出"混合"半导体材料——卤化物有机 - 无机钙钛矿（halide organic-inorganic perovskite，HOIP）[101]。研究人员在有机 - 无机杂化半导体复杂的晶格动力学特征方面作出了新发现，并据此制备出新型半导体材料——卤化物有机 - 无机钙钛矿材料。新半导体材料为三明治结构：两侧为无机钙钛矿晶格层，中间为卤化物有机层。新材料在室温下具有良好的激子特性，能够高效率地实现光电转换；可在低温下低成本制备和在溶液中加工。新材料可喷涂在 LED、激光器和窗户玻璃上，以极低的能耗发出任意颜色的光，未来有望变革照明和光伏技术。

2月，美国南加利福尼亚大学与加利福尼亚大学合作，开发出可在有机发光二极管（OLED）的制造中替代铱配合物的新型铜配合物[102]。目前，智能手机和电视屏幕的显示器均采用铱配合物制造。贵金属铱稀缺且很难有效发出蓝色光，因此急需找到产量更高的铱替代元素。此前曾尝试制造铜基 OLED，但因铜配合物具有较弱的结构而失败。此次研究人员开发出的新型铜配合物，实现了光致发光效率高于99%和微秒级寿命，可以高效率激发蓝色光，同时不影响视觉质量。新技术有望大大降低OLED 的制造成本。

2月，新加坡南洋理工大学、美国麻省理工学院与俄罗斯斯科尔科沃科学技术研究所（Skolkovo Institute of Science and Technology）合作，开发出一种能够预测和设计半导体材料性能的机器学习方法[103]。半导体材料发生变形时，性能随之改变，这种特点称为"应变工程"；以往对此进行研究通常采用试错的实验方法，以及小规模的计算机模型进行模拟。新方法是一种机器学习算法，可准确地预测出应变对半导体材料性能的影响，以及半导体材料的电学、光学和磁学行为，未来将应用在通信、信息处理和能源等领域。

7月，英国卡迪夫大学、谢菲尔德大学与美国加利福尼亚大学洛杉矶分校合作，采用一种分子束外延（MBE）方法，成功开发出由化合物半导体组成的雪崩光电二极管（avalanche photodiode，APD）[104]。APD是高度敏感的半导体设备，利用"光电效应"把光转化为电能。高速数据通信和自动驾驶车辆需要更快、超灵敏的APD。新型APD具有超高的灵敏度、更快的数据传输速度和更低的噪声，可在弱信号和低温环境下运行，且与大多数通信供应商的光电平台兼容，可用于高速数据通信、自动驾驶、3D激光测绘以及地震预测等领域。

8月，英国牛津大学与瑞士苏黎世IBM实验室合作，成功制备出由sp杂化碳原子构成的碳环C_{18}[105]。以往的观点认为，单三键交替的碳环结构仅在理论上有存在的可能性，原因是其自身结构不稳定。研究人员先通过复杂的有机合成过程得到C_{18}氧化物，然后把样品放到含有单层氯化钠的高真空腔体中；再用扫描隧道显微镜（STM）和原子力显微镜（AFM），通过调节探针的微电流与微电压去除开环和羧基，最后获得纯碳环C_{18}。这是全球首例人工合成的单三键交替C_{18}碳环。新成果打开了制备新型环形结构碳化学物的大门，为碳的同素异形体的分子-原子级别设计提供了思路，未来有望用于制备分子尺度的晶体管以及电子和其他纳米器件。

8月，日本东京大学与日本国立材料科学研究所（National Institute for Materials Science，NIMS）等机构合作，首次发现在半导体塑料（高分子半导体）中可进行离子交换[106]。离子交换技术广泛用于净水、蛋白质分离纯化和工业污水处理等领域，是生活中不可或缺的技术。科研人员利用阴离子交换技术，精确控制了半导体塑料的电子状态，使塑料具备金属性质。然而这种离子交换在过去50年的有机电子学研究中一直没有实现。新方法在大面积、室温溶液的工序中很容易实现，可极大提高半导体塑料的掺杂量和传导特性等。选择各种不同的离子化合物，可进一步控制材料的传导特性和物理化学特性，从而制造出离子电子器件。

5. 先进储能材料

4月，美国加利福尼亚大学与安德玛公司（Under Armour，Inc.）合作，开发出可通过捕获或释放热量来控制温度的新型材料[107]。鱿鱼、章鱼和墨鱼含有色素细胞，能够快速改变皮肤的颜色。基于该原理，研究人员发明一种新型材料，可通过变形来捕捉或释放热量。新材料包含一层彼此相邻的微小金属"岛"，在松弛状态下，这些金属"岛"收缩在一起，捕获热量；当处在拉伸状态时，"岛"分开，释放热量。新材料具有调控温度的功能，以及重量轻、制造方便、成本低和耐久性好等优点，未来可用在宇航、服装、建筑等领域。

5 月，美国加利福尼亚大学开发出高通量计算方法，用于设计下一代太阳能电池和 LED 应用所需的新材料[108]。混合卤化物钙钛矿具有优异的光电性能和低廉的制造成本，很适合作为下一代太阳能电池和 LED 器件的材料。然而，混合卤化物钙钛矿不够稳定且含铅，不适用于商业制造。为了寻找钙钛矿的替代品，研究人员基于计算工具、数据挖掘和数据筛选技术，开发出一种高通量的计算方法并把它用于寻找稳定和无铅的新型混合卤化物材料，最终发现 13 种可用于制作太阳能电池的新材料和 23 种可用于制作 LED 的新材料。该技术有助于发现更多的新型太阳能电池和 LED 材料，并大幅降低开发成本。

5 月，英国兰卡斯特大学与英国南威尔士大学等机构合作，开发出由氢化锰制成的新材料 KMH-1，使氢动力车续航里程增加到原来的 4 倍[109]。氢能可为电动汽车提供动力，但因氢燃料系统在规模、复杂性和费用上存在的问题，无法获得大规模应用。研究人员利用库巴斯结合（Kubas binding）化学过程，让氢分子中的氢原子在室温下保持一定距离，从而实现氢存储并消除了分裂。新材料用于制造燃料箱中的分子筛（molecular sieve），使燃料箱比现有的设计更小、更便宜、更方便，并具有更高的能量密度。此外，新材料还可吸收和储存多余的能量，因此不再需要外部的加热和冷却，在无人机等便携式设备或者移动充电器、汽车和重型卡车中具有应用前景，还可用于燃料电池并为房屋或偏远地区供电。

7 月，美国休斯敦大学与麻省理工学院合作，开发出可在室温下工作的低成本热电材料[110]。此前碲化铋基合金的热制冷效果最好，但成本过高，限制了其推广应用。研究人员用镁和少量铋制备出室温用新型热电材料，其性能不低于传统的碲化铋基合金，且大幅降低了成本。下一步的研究将集中在缩小新热电材料与碲化铋基合金之间细微的性能差距上。新材料有望广泛用于热电制冷器，以防止电子设备、车辆和其他设备过热。

9 月，美国麻省理工学院开发出一种比之前最黑材料还要黑 10 倍的新材料[111]。研究人员原计划在铝等导电材料上生长碳纳米管，以提高材料的电学和热学性能。他们先将铝箔浸泡在盐水中以去除氧化层，然后在无氧条件下采用化学气相沉积法，在氯蚀刻过的铝箔表面成功生长碳纳米管。实验证明，碳纳米管与铝结合，可以显著提高材料的热学和电学性能。新材料可捕获超过 99.995% 的入射光，是至今最黑的材料，可用于艺术作品中，也可用在遮光罩、太空望远镜上。下一步的研究是弄清新材料如此黑的原因。

10 月，美国阿贡国家实验室（Argonne National Laboratory）开发出新型电解质混合物 "MESA"（mixed-salt electrolytes for silicon anodes），可有效解决下一代锂离子电池寿命短的难题[112]。新一代锂离子电池需要新型电极材料和电解质。在循环过程中，目前锂离子电池的硅基负极与电解液反应剧烈，这会导致电池循环寿命的缩短。锂离子电池电解液中的溶剂混合物，包括一种溶解的锂盐，以及 1～3 种有机添加剂。研究人员通过重新设计电解液添加剂，在一种少量的盐中增加二价或三价金属阳离子（如 Mg^{2+}、Ca^{2+}、Zn^{2+}、Al^{3+}），从而制备出增强型电解质混合物"MESA"。实验证明，"MESA"可以增加硅负极的表面和整体稳定性，延长电池的寿命，有望用于下一代锂离子电池。

6. 生物医用材料

3 月，美国麻省理工学院与史蒂文斯理工学院（Stevens Institute of Technology）合作，利用新的 3D 打印方法制造出细胞尺度的晶格结构[113]。细胞的许多功能都受微环境的影响，因此，制造出可以精确控制微环境的支架，有助于培养出特殊功能细胞并最终用于医疗领域。研究人员采用非常精细的 3D 打印技术——熔融直写技术（melt electrowriting）——控制特定的生物材料基底，从而制造出细胞尺度的晶格结构，并在此基础上培养出大小和形状均匀的特定功能细胞。新技术可为移植人造器官提供所需的材料，进一步的研究将促进其实现产业化。

4 月，俄罗斯托木斯克理工大学（Tomsk Polytechnic University，TPU）与其他俄罗斯机构合作，成功合成出一种可破坏斑块动脉粥样硬化的复合纳米材料[114]。粥样硬化是导致心脏病发作和中风的主因，以往支架上添加的药物通常有副作用，导致需 5～6 年更换一次支架。新开发的纳米材料喷涂在冠状动脉的支架上，可防止心脏病发作和中风，且无副作用，使患者不必更换支架。

4 月，美国约翰斯·霍普金斯大学与位于美国巴尔的摩的许多机构合作，利用水凝胶开发出治疗癌症和其他疾病的"人工淋巴结"[115]。近年来，CAR-T 疗法广泛用于治疗癌症，但需要在体外修饰并扩增 T 细胞，因而价格非常高，同时疗效短。研究人员开发出一种专门的水凝胶，在实验中该水凝胶像淋巴结一样成功地在短时间内激活和繁殖了大量 T 细胞。试验表明，新技术生产 T 细胞的效率是常规方法的 7 倍多，未来有望提高癌症治愈率。

5 月，美国莱斯大学与华盛顿大学等机构合作，利用具有生物相容性的水凝胶，在几分钟内 3D 打印出具有复杂结构的血管网络[116]。在构建具有功能的组织替代品时，打印输送营养给组织的血管是一个挑战。此外，人体器官还有血管以外的独立管道系统。因此，3D 打印器官的过程如何兼顾多种不同的管道系统，已成为研究的重点。研究人员采用全新的 3D 打印技术，先根据电脑的设计，把三维的复杂结构分解为多层二维打印的蓝图；然后以水凝胶溶液为材料，根据蓝图打印，并利用特殊的蓝光逐层固化，最终形成一个三维的凝胶结构。利用这种方法，在几分钟内就打印出来结构性质柔软、生物可兼容且内部有精细结构的血管网。该血管网络具有足够的硬度，与人体血管、气管结构相同；在模拟测试中，可像肺部一样朝周围的血管输送氧气，完成了"呼吸"过程。新技术是 3D 打印可植入器官的新突破，有望为器官移植带来重大的变化。

5 月，中国浙江大学与华东理工大学等机构合作，开发出能够在数秒内完全止住大动脉损伤和心脏穿透伤大出血的仿生水凝胶材料[117]。快速止血和伤口缝合在临床有巨大的需求，而常用的止血技术止血速度较慢，不能满足有效快速止血的需求。研究人员采用人体软骨的主要胶原和多糖成分，结合交联技术，制备出在数秒内利用紫外光线照射可有效止住大出血的仿生水凝胶。实验证明，新水凝胶可承受最高290mmHg 的血压（明显高于大多数临床中的血压）。新水凝胶完全无毒，具有良好的生物相容性和降解性，可注射，无须缝合，是理想的医用材料。

9 月，英国生物医药公司 Mallinckrodt 的皮肤再生组织制品 StrataGraft 在治疗二度烧伤的关键 3 期试验中取得非常好的效果[118]。皮肤移植的缺点是导致新的创伤，引起极度疼痛、感染和 / 或形成疤痕，还可能无法完全覆盖伤口。因此，临床上迫切需要替代的皮肤再生组织疗法。StrataGraft 是一款模仿自然人体皮肤制备出来的具有生物活性的皮肤制品，具有无毒及批次间遗传一致性等优点，可缝合、固定并保持创伤面的完整性，同时提供关键的屏障功能，在临床试验中将需要自体移植的面积减少了 98%。StrataGraft 已获得美国 FDA 颁发的再生医学先进疗法认定，可用于皮肤移植治疗，未来很有可能成为一种治疗新范式。

7. 其他材料

1 月，美国乔治·华盛顿大学与华盛顿卡内基研究所（Carnegie Institution of Washington）和阿贡国家实验室合作，开发出在接近室温条件下具有超导特性的新型富氢化合物[119]。超导材料有两个基本特征——零电阻和完全抗磁性——通常只有在极低的温度下才有可能表现出超导特性。室温超导材料有非常重要的应用，如提高发电效率、制造强大的计算机，一直是人类期待发现的"圣杯"。研究人员通过将金属镧和氢放在 200 个大气压的高压装置中，成功制备出富氢化合物 LaH_{10}。测试结果证明，LaH_{10} 在 180～200GPa 压力和 -13℃时表现出超导特性。新成果推动了超导研究的发展，对探索超导新材料乃至室温超导体具有重要意义。

1 月，美国休斯敦大学与美国约翰斯·霍普金斯大学合作，用有机硅聚合物材料，开发出一种高效率除冰涂层[120]。在材料设计中，应力定位（stress-localization）理论可用于调整和预测材料的性能；只要确定所需材料的性能，就可知道需要合成什么材料，可大大节省时间和人力。研究人员基于该理论创造出一种性能更优的新防冰聚合物。新材料解决了以往这类材料在机械和环境耐久性方面存在的问题，仅需要很小的力就可产生裂缝并使冰层脱落，因此有很强的防冰作用；同时不怕紫外线的照射，这对飞机非常重要。此外，这种材料耐用期长达10年，具有良好的机械性能、优秀的化学性能和环境耐久性，可用于任意物体表面。

2月，美国加利福尼亚大学与中国哈尔滨工业大学等机构合作，开发出可承受极端温度的超轻陶瓷气凝胶[121]。陶瓷气凝胶具有耐受极高温、密度超低、耐火、耐腐蚀等特点，常用于工业设备和NASA的火星探测器中。此前的陶瓷气凝胶非常易碎，在反复暴露于极端高温和经历剧烈的温度波动后极易破裂。新陶瓷气凝胶用氮化硼薄层制成，内部原子以六边形网格相连接，可在几秒钟内经受 $-198 \sim 900\,℃$ 的温度变化，在遭受激烈的热冲击后不会被破坏。新材料可广泛用于制造航天器、汽车和其他设备的隔热部件，还可用在热能储存、催化及过滤等领域。

5月，美国明尼苏达大学与马萨诸塞大学合作，开发出比此前化学反应的催化速度高万倍的新技术[122]。提高化学反应速度非常有利于开发肥料、食品、燃料、塑料等数千种化学品和材料。催化剂的催化速度有一定的极限（萨巴蒂尔最大值）。研究人员通过向催化剂表面施加波，制造出振荡催化剂。当施加的波与化学反应的固有频率匹配时，产生的"共振"会导致催化速率显著提高，从而超过萨巴蒂尔最大值。新技术有望大大提高数千种化学过程的速度，显著降低成本。

7月，美国北卡罗来纳州立大学与英国伯明翰大学合作，开发出能实时跟踪高温和高负荷条件下金属或其他材料微观结构变化的新显微技术[123]。任何固体材料在应力的长期作用下会产生蠕变，特别是在长时间处于加热或高负载状态下，会产生更剧烈的蠕变。因此，蠕变研究对开发极端环境中新型高性能材料尤为重要。为此，研究人员开发出原位扫描电子显微镜（*in situ* scanning electron microscopy）加热加载装置，可用于实时观测在高至1000℃的温度和2GPa的应力条件下材料发生的微观结构变化。新技术可极大节省评估材料性能所需的时间以及需要设计的材料的数量，对设计极端条件下的高性能材料来说是一个重大进步。

10月，中国浙江大学与厦门大学合作，在实验室里成功快速制备出厘米尺寸的碳酸钙晶体大块材料[124]。在自然界碳酸钙晶体的形成需要千万年的地质沉积，而此前人工制造碳酸钙，通常只得到微米大小的粉末。研究人员把传统有机聚合的方法运用在传统无机材料的制备上，提出新颖的"无机离子聚合"（inorganic ionic polymerization）概念，并据此成功制备出具有胶状特征的碳酸钙寡聚体，把碳酸钙寡聚体晾晒后即可获得结构连续、完全致密的碳酸钙大晶体。胶状碳酸钙无机寡聚体还可利用模具制造出各种形状的碳酸钙材料，从而彻底克服了传统无机材料可加工性差的缺点。新材料可广泛应用在3D打印和物质修复等领域。

11 月，日本北海道大学开发出在海水中可快速牢固黏合且能重复使用的新型黏合剂[125]。一些海洋生物（如贻贝）可分泌"黏附蛋白"并牢固地黏附在海水中的岩石上。人造黏合剂一般很难在离子浓度高的环境（如海水）中发挥黏合作用。研究人员利用一种具有高扩展性且经济有效的方法，生产出阳离子位点与苯环相邻排列的高分子化合物，然后使它在水中交联并固化，从而制备出具有伸缩性能的凝胶状黏合剂。试验表明，新人工黏合剂利用静电作用在海水中可快速、牢固地黏结在金属、石头、玻璃、塑料等带负电的固体上，具有最高 60kPa 的黏结强度，且可反复剥离和重新使用。新材料可在海水中用作临时固定剂和破损修补剂，还可用于在海水中制造混凝土。

四、先进制造技术

2019 年，先进制造领域加快向数字化、绿色化和智能化发展。增材制造技术与设备持续创新，开发出一次性打印完整物体的新系统、螺杆挤出增材制造系统、可降低 90% 残余应力的金属 3D 打印技术、去除缺陷层的 3D 打印新系统、飞秒投影双光子光刻技术、延长轻质结构疲劳寿命的新方法、4D 打印新材料和低成本的用于 3D 打印的新型铁粉，实现了多种材料的 3D 打印。机器人技术迭代加快，主要围绕人工智能和仿生结构展开，开发出训练四足机器人的新方法、外骨骼机器人开放平台、制造出新型智能机械臂、逼真的仿生双臂机器人、模拟生物细胞集体迁移的机器人、可制作简单工具的新型智能机器人、软质机器人用的微型泵、机器人 3D 视觉新型传感器。微纳加工方面也取得新进展，研发出二维图形转换为"DNA 折纸"的计算机程序、铝合金焊接新技术、超快速柔性电子制造技术、高性能紫外发光二极管、超小 U 形纳米线场效应晶体管探针阵列、10nm 结构的四氧化三铁。5G、物联网、边缘计算和云平台等赋能智能制造也取得新成就，出现了"智能 +5G"大规模定制测试验证平台、智能制造方案——Factory Talk Innovation Suite、自适应模块化柔性制造解决方案。高端装备制造取得很好的成就，制造出回收塑料并用于 3D 打印零部件的新设备、将玻璃焊接到金属的超高速激光系统、新型"张力活塞"、印刷金属触点的过冷金属技术、世界上推力最大的碳氢燃料超燃冲压发动机首次测试获得成功、世界首条智能高铁——京张高铁正式运营。在生物制造方面，用乌贼环形齿的蛋白制造出坚韧、柔软和可生物降解的塑料，在一个细胞内成功生产出大麻素，开发出人工珍珠母涂层、新一代海水微生物燃料、芳香族化学品高效生产技术，培育出以 CO_2 为食的大肠杆菌。

1. 增材制造

1 月，美国加利福尼亚大学与劳伦斯利弗莫尔国家实验室合作，研发出一次性打印完整物体的3D打印系统[126]。用这种装置进行打印类似采用CT技术做反向扫描。研究人员首先确定物体结构的计算机模型，再把其2D图像输入幻灯片放映机，并将图像投射到填充有丙烯酸酯的圆柱形容器中；当利用光照射时，树脂中的化学物质在吸收光子达到一定阈值后聚合成固态物体。新方法比传统的3D打印更灵活，无须像常规设备那样逐层打印，打印出来的结构表面也比常规3D打印更光滑。新型打印系统可用于打印医疗器械的部件。

3月，德国弗劳恩霍夫加工机械和加工技术研究所（Fraunhofer Institute for Machine Tools and Forming Technology，IWU）开发出螺杆挤出增材制造（screw extrusion additive manufacturing，SEAM）系统[127]。新制造系统把增材制造技术与先进机床结合起来，配备一个专门设计的可将树脂原材料熔融并以高速率喷射的装置，该装置放在一个六轴可旋转的平台上；树脂熔化后会在平台上逐层沉积，从而形成程序设定的形状。新制造系统拥有8倍于传统3D打印技术的成型速度，还可在没有支撑结构的情况下打印复杂的几何图形，适用于打印从热塑性弹性体到含有50%碳纤维的高性能树脂等多种材料，而这些广泛应用在工业中的材料通常很难采用传统的3D打印技术进行制造。

3月，美国新泽西州立大学（The State University of New Jersey）与韩国高丽大学（Korea University）合作，开发出一种新型4D打印材料[128]。4D打印基于3D打印，但有一个很大的区别，即在触发器的作用下材料会随时间的变化改变形状。以往材料的形状和性质一旦形成就不再可逆。新技术通过热量调整材料的特性，使材料在被击打时保持刚性，或者像海绵一样吸收震动。新材料还可变成任何形状，并在加热后根据需要恢复原始形状，可用于制造飞机和无人机的机翼、太空板、柔性机器人以及微型植入式生物医疗设备。

5月，美国劳伦斯利弗莫尔国家实验室和美国加利福尼亚大学合作，开发出可降低90%残余应力的金属3D打印新技术[129]。在采用SLM技术进行金属3D打印时，材料快速而剧烈的热胀和冷缩会产生残余应力，从而导致零部件变形甚至产生裂纹。研究人员在加工316L不锈钢的SLM工艺中，利用激光二极管快速地逐层加热打印，从而大大降低了金属3D打印过程中的残余应力。新技术打开了发展SLM工艺的新途径，未来经深入研究后将尝试用于加工更复杂的零部件。

7月，德国弗劳恩霍夫生产技术和应用材料研究所（Fraunhofer Institute for Manufacturing Technology and Advanced Materials，IFAM）开发出一种低成本的用于3D打印的新型铁粉[130]。采用选择性电子束熔融（SEBM）和SLM工艺进行3D打印，此前可用的原料只有利用惰性气体雾化法制备的球形粉末，但生产成本很高。新型铁粉的制备成本只有上述球形粉末成本的10%。以新型铁粉为原料的SEBM技术，具有能量利用率高、扫描速度快、无污染等优点。新型铁粉的研制成功，有助于解决金属 3D 打印工艺的高成本问题。此外，新技术还可用于生产其他低成本的 3D 打印原料。

7 月，意大利米兰理工大学开发出可去除 3D 打印中有缺陷层的 SLM 新系统 PENELOPE[131]。在 3D 打印过程中，金属内部的孔隙、残余应力、几何变形和微观结构不连续等因素会造成表面误差和产品缺陷，进而降低产品的质量和性能。新系统 PENELOPE 将 SLM 与移除系统相结合，配备红外传感器和图像传感器，可实时识别制造缺陷，并利用可移动的砂轮移除缺陷层，然后重新打印，以制造无缺陷的产品。新系统为完善 3D 打印的整个生产链提供了新的解决方案。

10 月，中国香港中文大学和美国劳伦斯利弗莫尔国家实验室合作，开发出新的比双光子光刻（TPL）技术快 1000 倍的高分辨率纳米级 3D 打印技术——飞秒投影双光子光刻（FP-TPL）技术[132]。此前的 TPL 需要逐点扫描物体的整个结构，不能满足一些快速打印的需求。利用 FP-TPL 进行 3D 打印，不通过聚焦一个点，而是通过聚焦一个被图案化为任意结构的平面来实现。新技术可在不牺牲分辨率的情况下实现微小结构的高速制造，且能实现此前技术难以完成的 90° 悬垂结构。FP-TPL 可用于规模化生产微小零部件，在生物支架、柔性电子器件、微光学元件、机械和光学超材料以及其他功能性微结构和纳米结构零部件的制造中有应用潜力。

11 月，美国哈佛大学开发出带有多喷头并可使用多种材料的 3D 打印技术 MM3D（Multimaterial Multinozzle 3D）[133]。常见的 3D 打印机只有一个喷头，如果打印多种材料，很难在精确的位置更换材料，主因是不同材料的切换速度太慢，而喷头的数量在打印机中又很难增加。新技术采用立体的三维流道结构设计，把多个材料入口和出口集成到单个喷头上，再用高速电磁阀精准控制每个流道内的压力，使不同材料在喷头处可连续快速切换，从而在 3D 打印中实现了单个喷嘴对多种材料的精准控制。MM3D 最多可并排 128 个喷头，极大拓展了 3D 打印复杂功能结构的能力。

12 月，美国普渡大学和康奈尔大学等机构合作，开发出延长 3D 打印轻质结构疲劳寿命的新方法[134]。泡沫、点阵类微结构材料因几何形状而获得了卓越的机械性能（如高刚度、高强度和极轻），但用于制造耐用设备的零件时，仍需设法在循环载荷下延长使用寿命。研究人员基于骨骼中水平支撑结构抵抗磨损的原理，设计出与骨小梁相似的 3D 打印聚合物结构。实验证明，小幅度增加水平支撑结构的单元厚度，可使疲劳寿命延长 10 ～ 100 倍，同时不会显著增加 3D 打印聚合物的重量。新技术有助于生产更轻、更具弹性的结构，可应用在建筑及航空航天领域。

2. 机器人

1 月，瑞士苏黎世联邦理工学院与英特尔公司合作，开发出训练四足机器人

ANYmal 的新方法[135]。以往的四足机器人主要采用仿真的方法强化学习，很少应用人工智能技术。研究人员用深度学习的方法，先为系统设定目标，然后测试实现这些目标的方法，并在达到基准前不断改进，最终实现了预定目标。为节省试验时间，研究人员利用在电脑里仿真出的 ANYmal 虚拟版，同时训练多个 ANYmal，然后把结果下载到真实机器人 ANYmal 上，这样做非常显著地提升了学习效果。新方法使 ANYmal 的移动速度瞬间提高了 25%，且以非常类似真实动物的方式行走。

1 月，美国哥伦比亚大学利用人工智能算法，开发出一款可认识自己的智能机械臂[136]。自我想象是人类独有的一种高级认知能力，目前机器人可利用人类提供的模型和模拟器费时费力地通过试错来"理解"自身，还做不到自我想象。新型智能机械臂是一种具有 4 自由度的铰接机械臂，在没有获得任何物理学、几何学和运动动力学先验知识的情况下，利用自行随机移动收集到的约 1000 条移动轨迹数据，经过不到 35h 的训练后，自行建立了模型，从而认识到自己的形状，并做出较高水平的运动决策以及检测和修复自身损伤等行为。该机械臂的自行建模能力虽然比不上人类，但新成果的确是向开发具有自我意识的机器人迈出了重要一步。

1 月，韩国互联网公司 NAVER 的子公司 NAVER LABS 正式推出逼真的仿生双臂机器人 Ambidex[137]。Ambidex 重 2.6kg，可承受 3kg 的负载，运行速度高达 5m/s；采用新的电缆驱动机制，可安全地与人类进行任何交互；7 个关节都可实现精确控制，再采用 5G 技术和云计算，可实现远程高速、无线、实时控制。Ambidex 没有重型内置处理器，因此更轻、更节能，在工业领域有巨大的应用潜力。

1 月，中国上海傅利叶智能科技有限公司（Fourier Intelligence）与美国国家仪器有限公司（National Instruments，NI）、墨尔本大学等合作，开发出类似手机安卓系统的外骨骼机器人开放平台 EXOPS[138]。开发外骨骼机器人由于时间和成本的问题一直进展缓慢。研究人员希望创建一个可访问和价格可承受的平台，来改变外骨骼研发的方式。EXOPS 类似手机安卓系统，包含 Fourier Intelligence 发布的新一代 Fourier X2 下肢外骨骼机器人、数据采集系统、运动控制系统等，适配多个外接设备。它等于为开发人员构建了一个以软件为中心，可搭载模块化硬件的外骨骼机器人生态系统；学校、研究机构、临床中心可利用它对外骨骼机器人进行二次开发。EXOPS 将加快外骨骼机器人的产业化进程。

3 月，美国麻省理工学院与哥伦比亚大学等机构合作，开发出一种能模拟生物细胞集体迁移的机器人[139]。模块化或成群机器人系统，可模拟自组装、修复和搬运等生物学行为，但因大部分系统需要集中控制或因设计复杂限制了系统的能力提高和可扩展性。为突破这种限制，研究人员设计出一款由简单的盘状"粒子"组成的机器人系统。在这种机器人系统中，单个"粒子"机器人不能移动，但会像相机光圈一样伸缩。当这些"粒子"聚集在一起后，借助光线的刺激，整个机器人系统就会做出响应，并按偏移模式产生振荡，从而一起向刺激源移动。新成果为开发具有可预见行为的大规模群体机器人系统提供了新途径。新机器人系统比此前的传统机器人和仿生系统具有更高的可扩展性，未来可应用在环境、医疗甚至军事等领域。

8 月，美国佐治亚理工学院开发出可自己评估材料的形式和功能进而制作出简单工具的智能机器人 MacGyver[140]。机器人在新技术和相关算法的帮助下正变得越来越智能。为了制造一台能够深入灾区进行救援的机器人，研究人员设计出 MacGyver，并利用机器学习模型训练 MacGyver 对物体的形状和功能进行匹配，使其能够处理之前从没见过的物体，再借助日常用品组合出可用的简单工具。目前 MacGyver 已学会利用机械臂制作锤子、刮刀、铲子和螺丝刀等实用工具，下一步的研究将让MacGyver 掌握不同材料的特性（如硬度、刚度等），并在此基础上创造出更可靠的工具。

8 月，瑞士洛桑联邦理工学院（École Polytechnique Fédérale de Lausanne）和日本芝浦工业大学（Shibaura Institute of Technology）等机构合作，开发出全球第一款完全采用柔性材料制成的微型泵[141]。软质机器人比常规刚性机器人更容易适应复杂环境、处理易碎的物品并与人类进行安全的互动。大多数软质机器人由刚性、有噪声的泵驱动，并需要管子与笨重的泵相连，因而自主性有限且较重。完全采用柔性材料的新微型泵重量只有 1g，完全静音且耗电量极低，可几台泵连接在一起为更大的机器人提供动力。新微型泵有望替代此前的刚性、噪声高、笨重的泵，摆脱束缚，为软质机器人领域带来新范式。

11 月，日本欧姆龙公司（OMRON Corporation）开发出业内最快的机器人 3D 视觉传感技术[142]。在自动化装配过程中，机器人需要能立即识别零件位置和方向的高速 3D 视觉传感技术。为此，研究人员开发出两种技术：一种是 3D 测量技术，可在一次拍摄中生成目标物体的 3D 图像；另一种是算法，通过将图像处理领域的高速 2D 搜索技术扩展到 3D 领域，高速确定目标物体的位置和方向。集成这两种技术的小巧轻便的视觉传感器，可三维识别目标物体的位置和方向，高速（大约 0.5s 内）识别流体部件；与机器人结合，可把传统的人工密集型流程改为自动化流程，做到快速、准确地组装零件。

3. 微纳加工

1 月，美国麻省理工学院和亚利桑那州立大学合作，开发出可将任何自由形式的二维图形转换为"DNA 折纸"的计算机程序 PERDIX[143]。此前设计这样的结构需要专业人员来完成。PERDIX 允许任何人绘制任何二维图形并自动将其转换为 DNA 序列，再由用户发出指令，使之变成指定形状。实验表明，采用PERDIX程序获得的二维DNA结构拥有10～100nm的尺寸，可悬浮在溶液中稳定数周到数月。新技术有望用于细胞生物学、光子学、量子传感等领域。

1月，美国加利福尼亚大学成功开发出可焊接铝合金AA 7075的纳米技术[144]。用在飞机上的合金AA 7075此前很难焊接，从而限制了其扩大应用。新技术将碳化钛纳米颗粒注入AA 7075的焊丝内，让这些纳米颗粒作为连接件之间的填充材料，从而使焊接接头的抗拉强度高达392MPa，比目前广泛使用的AA 6061铝合金焊接接头高206MPa，如果再进一步做热处理，可将抗拉强度提高到551MPa，足以与钢材的焊接接头媲美。此外，注入纳米粒子的填充焊丝，更容易连接其他难焊接的金属或合金。新技术有望用于汽车制造等领域，在保持零件坚固程度不变的同时，使零件更轻便、更节能。

2月，中国清华大学与中国科学院理化技术研究所合作，开发出具有普适意义的超快速柔性电子制造技术[145]。柔性电路板在可穿戴设备、便携式医疗、电子皮肤等领域有重大应用价值。研究人员首先利用激光打印方法将碳粉图案沉积到涂覆有PU胶膜的纸上，再根据半液态金属材料在不同基底上存在的显著黏附性差异，采用滚动涂覆的方式，在数秒内将半液态金属材料选择性印制到A4纸的目标位置，从而瞬间印制出所需电路。新技术印制电路的速度远超此前的各种电子加工技术，可使制备的柔性电路的精度达到50μm，且在基底弯曲过程中仍保持电路连接的稳定性。

3月，美国国家标准与技术研究院与科罗拉多大学合作，利用氮化镓（GaN）纳米线制备出高性能紫外发光二极管（UV LED）[146]。UV LED具有非常广泛的应用。研究人员先设计出具有异质结构的纳米线，纳米线的芯部为硅掺杂的GaN，壳部为镁掺杂的GaN；然后向壳部添加铝元素，从而制造出新型UV LED。加入的少量杂质可显著减少电子溢出和光重吸收造成的损失，从而使新型UV LED的光强度比同类产品高5倍。新型UV LED可用于聚合物的3D打印、水净化和医疗消毒等领域。

7月，英国萨里大学、美国哈佛大学与韩国延世大学（Yonsei University）合作，开发出超小U形纳米线场效应晶体管探针阵列[147]。从细胞中读取电子活动的能力是开展许多生物医学研究的基础。开发用于探查细胞内电生理信息的新工具，有助于深入了解细胞及组织的网络结构。新研制的超小U形纳米线场效应晶体管探针阵列，具有多通道记录能力，可清晰地记录初级神经元的内部活动，同时不会给细胞带来致命的损害。新设备具有可伸缩的特点，置入体内不会使人感到比较大的不适。新成果有助于开发先进的高分辨率脑机接口，使半机器人成为现实。

7月，日本大阪大学与日本产业技术综合研究所等机构合作，制备出10nm结构的四氧化三铁（Fe_3O_4）[148]。Fe_3O_4是一种磁铁材料，在高温电阻器中有应用潜力。以往在制造纳米尺寸的 Fe_3O_4 时，会出现缺陷密度升高且相变随之消失的现象，这会降低材料的电导率。研究人员利用高品质纳米结构制作技术和 10nm 微间隙电极制作技术，成功制造出三维方向全部为 10nm 尺寸的 Fe_3O_4。新纳米尺寸的 Fe_3O_4 因包含很低的缺陷密度而具有优异的相变特性，有望用于制造 10nm 以下尺寸的纳米电子器件。

4. 智能制造

4 月，中国海尔工业智能研究院开发出全球首创的"智能 +5G"大规模定制测试验证平台[149]。近几年，在工业制造的全面智能化过程中，4G 技术的速度无法满足虚实融合所要求的无缝衔接，而 5G 技术的速度可满足无缝衔接等要求。"智能 +5G 大规模定制测试验证平台"是海尔 COSMOPlat 工业互联网平台的大规模定制示范线的 4.0 版。新版验证平台以 5G+MEC 边缘计算为网络基础，以增强现实、智慧物流、数字化产品、虚实融合及机器视觉等为主要上层应用场景，智能分析工业大数据，可提供适应 5G 技术环境的端到端的智能制造升级方案，推动制造业的转型升级。

6 月，美国的罗克韦尔自动化公司（Rockwell Automation，Inc.）与美国参数技术公司（PTC）合作，开发出由 PTC 提供支持的智能制造方案 Factory Talk Innovation Suite[150]。制造商一直致力于改变操作流程、提高生产能力和生产效率。新开发的智能制造方案 Factory Talk Innovation Suite 将物联网平台、机器学习、MES 系统及增强现实等整合到一个工作平台中，使企业可以实现实时生产和性能监控、实施预测性和措施性的维护、完成数字工作指令、集成设备 / 机器的分析，从而简化企业的信息收集及分析流程。下一步的研究将提供数字、物理和人文元素融合的解决方案，以帮助客户实现数字化转型。

10 月，中国科学院沈阳自动化研究所与德国思爱普（SAP）中国研究院合作，提出自适应模块化柔性制造解决方案[151]。研究人员基于先进的边缘计算与云平台协同制造以及模块化生产的理念，提出了包含柔性制造、车间仓储管理和云端销售管理等三个环节的新方案。该方案在柔性制造环节构建遥操作工作单元和变工序作业单元，在生产组织形式上，依据边云协同和模块化生产的概念，把传统生产线解耦为模块化的生产单元。新方案成功打通了包括设计、制造、交付、运维等环节的全流程，实现了真正意义上的端到端全程数字化智连，极大提高了大规模个性化定制产品的生产效率。

5. 高端装备制造

2 月，美国 NASA 在国际空间站成功安装了世界首台可将回收塑料变成原料并 3D 打印出零部件的设备 Refabricator[152]。在长期的太空探索中，拥有可重复利用塑料的能力至关重要。新设备 Refabricator 大小相当于一台室内小冰箱，可将各种尺寸和形状的塑料转化为用于 3D 打印的原料，并把这些原料 3D 打印出太空所需的零部件。新设备可提高太空制造能力，助力实现太空制造、回收和再利用零部件及废料，降低未来载人登月和登陆火星的成本和风险。

3 月，英国赫瑞 – 瓦特大学（Heriot-Watt University）开发出一种可将玻璃焊接到金属上的新技术——超高速激光系统[153]。传统上两种完全不同的材料因热特性的不同很难焊接在一起。此前，玻璃和金属设备常采用黏合剂连接在一起，结果出现了导致产品寿命变短的两种现象：黏合的部件逐渐出现移动以至于裂开；黏合剂不断释放有机化学物质。新技术在极短时间内将百万瓦特的脉冲聚焦到玻璃和金属的接触区域，在界面处形成微等离子体区，从而使两种材料融合在一起。利用新技术，研究人员已成功把玻璃、石英与蓝宝石紧密焊接到铝、钛和不锈钢等材料上；焊接点结合紧密，在 -50℃到 90℃中保持稳定。新技术可用于航空航天、国防、光学技术以及医疗保健等领域。

6 月，美国麻省理工学院和哈佛大学合作，开发出新型"张力活塞"[154]。在传统的活塞结构中，刚性的活塞紧贴在缸体内壁做前后运动，而活塞与缸体间的摩擦力常带来密闭性变差等问题，进而影响能耗和反应速度。新型"张力活塞"用密封在柔性膜中的可压缩折叠活塞替代传统的刚性活塞，避免活塞与缸体直接接触，从而消除了大量摩擦力，在低压条件下可使能量转化效率提高近 40%，同时可产生传统活塞 3 倍以上的力。新技术可用到发动机里，可显著提高汽车等交通工具的动力和经济性。

7 月，美国艾奥瓦州立大学（Iowa State University）和艾姆斯实验室（Ames Laboratory）合作，开发出可在几乎任何物体上印刷金属触点的过冷金属技术[155]。过冷是液态金属凝固过程中的一种现象。当温度低于凝固点时仍不凝固或结晶的液体是过冷液体。研究人员把处在熔点下的由铋、铟和锡组成的液态金属，放在抛光的氧化物壳体内；再用机械压力破坏或用化学方法溶解壳体，使液态金属流出并凝固，从而实现无热焊接。这种新技术无须加热金属引线，因此可在非常精细的表面上进行印刷。未来新技术可用于制造测量建筑物结构完整性以及农作物生长情况的传感器，也可用于制作太阳能电池等的金属触点。

8 月，美国空军研究实验室与空军测试中心（Air Force Test Center）等机构合作，在空气动力和推进测试中，成功完成了世界上推力最大的碳氢燃料超燃冲压发动机的首次测试[156]。新发动机在超过 4 马赫①的条件下成功运行半小时，推力超过 13 000 磅②（约 5896.7kg），刷新了吸气式高超声速发动机最大推力的世界纪录。此次试验表明，新发动机在高超声速下运行的问题得到解决，将为未来高超声速飞行器的发展提供新路径。

---

① 1 马赫 =340.3m/s。

② 1 磅≈ 0.453 592kg。

12 月，世界首条智能高铁——京张高铁正式运营[157]。此前时速达 300～350km 的高铁的自动驾驶技术在世界上尚属空白。中国铁路总公司研制的高铁智能动车组实现了车站自动发车、区间自动运行、车站自动停车、列车自动开门、车门站台门联动等功能，自动驾驶时速高达 350km。此外，新高铁智能动车组借助我国的北斗导航系统，实现了实时精准定位。京张高铁起自北京北站，终到张家口站，正线全长 174km。这条线路的高铁实现了智能建造、智能装备和智能运营，是世界首条智能铁路，未来将利用区块链、5G 等信息新技术进行升级。

6. 生物制造

2 月，美国宾夕法尼亚州立大学成功将乌贼环形齿（SRT）中的一种蛋白转化为纤维和薄膜，并用于制造坚韧、柔软和可生物降解的塑料[158]。大量的塑料进入海洋后，可杀死海洋生物并破坏海洋生态系统。乌贼吸盘的环形齿中的 SRT 蛋白，有良好的弹性、柔韧性和强度，是一种理想的塑料替代品；同时有自愈合、导热和导电等特性，受到损伤后可依靠微小的热量和压力自我修复。研究人员采用基因工程技术，利用大肠杆菌生产出 SRT 蛋白。新 SRT 蛋白可用于制造塑料的环保替代品，以及开发生物传感器或可穿戴设备等。未来的研究将进一步降低生产成本。

3 月，美国加利福尼亚大学与瑞士苏黎世联邦理工学院等机构合作，通过改造酿酒酵母细胞成功生产出大麻素[159]。大麻素是大麻中具有药用特性，有时还能改变心智的化学物质（抗焦虑和缓解疼痛）。研究人员通过改造酿酒酵母中的基因，以及引入 5 种细菌和大麻植物的其他基因，成功生产出含量大约为 8mg/L 的四氢大麻酚和少量的大麻二酚。此前的研究只涉及在酵母细胞中构建生产大麻素的部分过程，新成果是首次在一个细胞内完成生产大麻素的全过程。与传统方法相比，新技术可降低大麻素等物质的生产成本，同时使生产过程变得更高效和更可靠。

4 月，美国罗彻斯特大学（University of Rochester）与荷兰代尔夫特理工大学（Delft University of Technology）等机构合作，利用细菌成功开发出人工珍珠母涂层[160]。珍珠母具有独特的特性，是制造合成材料的理想选择，但目前大多数制造人造珍珠母的方法既复杂又耗能。研究人员先将尿素与巴氏芽孢杆菌（*Sporosarcina pasteurii*）混合放入烧杯中，然后将载玻片浸入烧杯中；一天后，尿素与巴氏芽孢杆菌发生反应并在载玻片上结晶碳酸钙和聚合物，从而生产出 5μm 厚的人工珍珠母。新技术具有环保和成本低廉的优点。利用新技术生产的人工珍珠母具有良好的生物兼容性，可用在人造骨、其他植入物以及轻型飞机和车辆中。

10 月，英国曼彻斯特大学与美国的一家海军机构合作，采用合成生物学技术，利用海水中的微生物成功制造出新一代生物燃料[161]。现在化工技术因其对环境产生的负面影响而更多地被工业生物技术取代。工业生物技术急需开发一系列可高效、经济地生产各类产品的菌种。高盐环境或海洋中的盐单胞菌等嗜盐微生物是工业生物技术的研究热点。研究人员利用合成生物学技术，改变海水中生长的盐单胞菌的新陈代谢过程，从而制造出可替代原油的高质量生物燃料。新技术可缓解燃料与粮食生产争夺资源的矛盾，未来可用于制造与现有燃料品质基本相同，现有交通工具无须改装发动机就可使用的高性能生物燃料。

11月，瑞士查尔姆斯理工大学（Chalmers University of Technology）与丹麦技术大学（Technical University of Denmark）合作，利用工程面包酵母高效生产出芳香族化学品[162]。植物天然产物（如类黄酮和生物碱）有广泛的用途（如用作食品和饲料添加剂、药物），但面临着自然来源稀缺和难以化合等发展劣势，因此，利用微生物进行安全、稳定、低成本的合成是很有潜力的发展方向。研究人员利用合成生物学技术，成功重新编程了酵母的碳代谢途径，从而高效生产出芳香族化学品香豆酸（最大滴度12.5g/L）。新成果标志着利用工业生物技术生产芳香族化学品取得重要突破。

11月，以色列魏茨曼科学研究所（Weizmann Institute of Science）与美国洛克菲勒大学等机构合作，培育出以CO_2为食的大肠杆菌[163]。世界上的生物可分为两类：将有机碳转化为生物能量的自养生物和消耗有机化合物的异养生物。自养生物为人类提供许多食物和燃料。利用合成生物学技术，把以往的异养生物变成自养生物是研究人员面临的一个挑战。此前曾有几种大肠杆菌被用来制造生物燃料，但通常以糖为食。研究人员改造大肠杆菌，使其更加依赖改造后形成的自养途径生长，从而得到突变的新型菌株。新型大肠杆菌在生产可用于制造生物燃料的物质的同时，可将CO_2转化为自身的能量。新成果首次实现了细菌生长方式的转变，展示了细菌新陈代谢的惊人可塑性，为未来的碳中立的生物制造奠定了基础。

五、能源和环保技术

2019年，能源和环保技术领域围绕低碳、清洁、高效、智能、安全等发展目标取得多项新成果。在可再生能源方面，成功设计出缩短农作物"光呼吸"路径的基因工程方法、从海水中制造氢气的新方法、海上风电无人化智能运维解决方案，制造出跟踪太阳光的太阳能电站、太阳能烤箱、百万千瓦水轮发电机组核心部件。在核能及安全方面，开发出全新安全显示和指示系统、三层钢-钒-钢材料、第四代核电站用的核燃料钍，浮动式核电站"罗蒙诺索夫院士号"（Akademik Lomonosov）试运行。在先进储能方面，高分辨率解析了硅藻主要捕光天线蛋白的结构，研制出"松果结构"的新型铂金属催化剂、能量密度更高且更稳定的新型锂电池、总续航里程达100万英里①的新型锂离子电池、新型聚合物薄膜电容器，通过添加细菌视紫红质（bR）蛋白显著提高了电池效率。在节能环保方面，利用废弃的塑料成功制备出高性能、长寿命的复合材料，以及化学工业过滤膜和氢燃料电池，开发出制冷设备用的新型绿色材料、生产甲醇的绿色新工艺、提取永磁体中稀土元素的新工艺、吸收大气污染物的新型石墨复合材料。在传统能源方面，制备甲基丙烯酸甲酯的成套技术、新一代"抽油井"自动控制系统、高效的智能电缆地层测试平台、高耐用性新型氧载体问世，最大浮式液化天然气装置 Prelude FLNG 投产。

1. 可再生能源

1 月，美国伊利诺伊大学与美国农业部合作，利用基因工程手段缩短农作物的"光呼吸"路径，使部分农作物增产达 40%[164]。在富氧环境中，植物的光合作用会发生"小故障"，产生有毒有害的中间物质；有毒有害的中间物质需要通过耗能的"光呼吸"来降解，阻碍了产量的提高。为解决这个问题，研究人员采用基因编辑技术，设计出 3 种不同的"光呼吸"的替代路径，并利用多种植物筛选出最优的基因，然后持续不断优化"光呼吸"的替代路径。实验证明，经基因改造实现"光呼吸"路径缩短的作物，生长得更快、更高，增大了茎部，可产出比普通作物多 40% 的生物质能。新技术有助于使大豆、豇豆、大米、马铃薯、西红柿、茄子等农作物增产，有望用于解决粮食短缺的问题。

1 月，中国东方电气集团东方电机有限公司制造的白鹤滩水电站首台百万千瓦水轮发电机组核心部件完工并交付[165]。川滇交界的白鹤滩水电站是目前世界上最大的在建水电项目，其中的百万千瓦水电机组是当今世界单机容量最大的机组。转轮是整个机组的"心脏"，也是最核心、研制难度最大的部件，总重 353t。它的完工有助于确保白鹤滩水电站在 2021 年如期实现首台机组的投产发电，这也是我国重大水电装备国产化的一次突破。

1 月，俄罗斯农业科学院全俄农业机械化研究所制造出可自动使用聚光器和太阳跟踪系统的太阳能电站[166]。新的太阳能电站由能量转换组件、水流系统和太阳跟踪系统组成。当太阳光进入有特殊涂层、采用弯曲铝板制成的聚光器后，会集中到顶部有小型硅太阳能电池的光敏接收器进行发电，同时加热水流系统中的水，进而提高太阳能的利用效率。与同类系统相比，新的太阳能电站具有更高的太阳能转换效率，可多产生 50% ～ 70% 的热能及 30% 的电能。新的太阳能电站不仅可以发电，还可用于提供饮水、洗浴或供暖。下一步的研究将集中在如何提高聚光器的效率上。

---

① 1 英里 ≈ 1.609km。

3 月，美国斯坦福大学与北京化工大学等多家中国大学合作，开发出利用电力从海水中制取氢气的新方法[167]。海水中的氯化物在电解时会腐蚀阳极，因而降低了利用海水制氢的可行性。研究人员在镍阳极上涂覆带有负电荷的镍硫化物涂层，极大程度防止了氯化物腐蚀阳极，从而保护了阳极。其中，镍铁氢氧化物作为催化剂将水分离为氢气和氧气。实验表明，有涂层的阳极在海水中的工作时间超过 1000h，远超普通阳极的 12h。新方法与用纯净水的设备兼容，不需要重新设计制氢装置，可促进太阳能和风能制氢的发展，有望大幅降低制氢成本。

10 月，中国云洲智能科技有限公司推出海上风电无人化智能运维解决方案[168]。在该方案中，无人艇利用搭载的高精度实时三维声呐、浅地层剖面仪等仪器，自动探测风电机组的周边区域，对风电机组桩基的冲刷、风电机组周边水下地形地貌、风电海底电缆冲刷与掩埋、海上升压站基础冲刷等进行检测；在此基础上，评估桩基与线缆的安全性和可靠性，进而为海上风场后续的检测和维护提供依据，有力支撑海上风电的日常运维。新方案在业界尚属首次推出，破解了传统海上依靠人工探测、巡检周期长、风电运维成本高、风险大及效率低等难题，把无人船应用场景延伸到海上风电领域。

11 月，美国清洁能源公司 Heliogen 利用人工智能，开发出新型太阳能技术[169]。新型太阳能技术是一个"太阳能烤箱"，利用电脑视觉软件、自动边缘检测和其他复杂技术，将太阳光反射集中到一个点，从而产生 1000℃以上的高温。这是人类首次让太阳光聚焦获得如此高的温度。这意味着，人类首次把太阳能用于水泥、钢铁等需要极高热量的行业中，即在清洁能源未涉及的高碳排放领域，太阳能未来可替代化石燃料，使生产过程更经济和环保。下一步的研究将集中在该技术的大规模场景应用上。

2. 核能及安全

1 月，美国纽斯凯尔电力公司（NuScale Power）和超级电子能源公司（Ultra Electronics Energy）合作，开发出适用于 NuScale Power 的小型模块化反应堆（SMR）的全新安全显示和指示系统[170]。新系统首次采用现场可编程门阵列（FPGA）技术，同时采用高清和高保真图像技术，不用借助微处理器、操作系统或软件即可实时显示反应堆安全相关数据，将一段时间内的历史数据趋势图形化。与此前的其他数字显示系统相比，新技术可改善退化容差，减少网络安全攻击，满足技术、安全、监管的标准。

3 月，俄罗斯莫斯科国立钢铁合金学院为下一代核反应堆开发出独特的三层钢 - 钒 - 钢材料[171]。从乏燃料中回收的铀，可作为燃料重复使用。燃料棒是核反应堆的关键功能部件。新一代快堆的燃料棒需要承受 550 ～ 700℃的高温等一系列载荷环境。

在新的三层钢－钒－钢材料中，铁素体不锈钢可提供良好的耐腐蚀性，钒合金可保证耐热性和抗辐射性，因此，新材料可长时间承受700℃的服役温度、强烈的辐射、机械应力和化学腐蚀等恶劣环境，未来可用于制造核反应堆堆芯的壳体。

8月，俄罗斯托木斯克理工大学开发出一种合成技术，进而制备出可用于第四代核电站的钍基核燃料[172]。钍在全球探明的储量非常大。钍可作未来的核原料，也可用在目前普遍存在的核反应堆中。研究人员开发出一种合成技术，可用于制备不同类型的、附加内部安全屏障的核燃料，使裂变同位素的燃耗达到最大，同时把乏燃料中的危险同位素的含量降到最低。新核燃料具有的特性使建设新一代核电站成为可能。

12月，俄罗斯最大的发电公司Rosatom研制的浮动式核电站"罗蒙诺索夫院士号"，在俄罗斯远东的佩斯韦克市（Pevek）开始试运行[173]。海上浮式小型核电站具有安全性高、身型小、灵活等特点。"罗蒙诺索夫院士号"是世界首座浮式核电站，设计寿命约40年，船长144m、宽30m，采用小型模块化反应堆技术，拥有两台KLT-40S反应堆（共70MW的电功率），可满足一个10万人口地区的能源需求。这座浮式核电站可为难以获得传统燃料、气候恶劣的地区提供能源，正式运营后可替代当地一座陆上核电站和火力电站发电。

3. 先进储能

2月，中国科学院植物研究所成功解析了硅藻的主要捕光天线蛋白（FCP）的高分辨率结构[174]。硅藻含有独特的FCP，每年通过光合作用可吸收全球生态系统1/5左右的CO_2，超过热带雨林的贡献。其中，FCP具有出色的蓝绿光捕获能力和极强的光保护能力，但其结构长期没有得到解析，这在很大程度上阻碍了对硅藻光合作用的研究。研究人员采用单颗粒冷冻电镜技术，首次高分辨率解析了FCP的结构，为硅藻的光捕获、利用和保护机制的研究奠定了重要的结构基础。新成果有助于开发可利用绿光波段、具有高效捕捉和保护光能力的新型作物。

6月，中国科学技术大学开发出可显著降低水制氢成本的具有"松果结构"的新型铂金属催化剂[175]。电解水制备氢能是国际研究的热点，但常用的铂金属催化剂仅有表面原子参加催化反应，从而造成铂金属的浪费和成本的增加。为此，研究人员把扁平形的催化剂做成立体球形的"松果"，使铂原子全部处在"松果"的表面，即使以前的二维平面反应变为三维立体反应，以保证铂原子全部参加催化反应。实验证明，当电解溶液中的反应物穿过"松果"形铂金属催化剂时，产氢的效率得到大幅提高。采用新结构，在制氢效果不变的情况下，铂金属的用量可降低到传统商业催化剂的约1/75，从而大幅降低了制氢成本。

7月，特斯拉加拿大研发中心与加拿大达尔豪斯大学（Dalhousie University）等机构合作，开发出比固态电池能量密度更高且更稳定的新型锂电池[176]。固态锂电池因易产生锂枝晶而不够稳定。研究人员发现，采用 LiDFOB/LiBF$_4$ 液态电解质的无阳极锂金属电池在 90 次充放电后，仍有 80% 的电池容量和较高的稳定性，同时在能量密度上不低于固态电池。新型电池满足了安全、密度以及寿命的要求，可利用现有的制造设备快速商业化量产，未来也许会改变下一阶段电池技术的发展路线。

7月，美国宾夕法尼亚大学和美国东北大学等机构合作，通过向钙钛矿太阳能电池添加 bR，显著提高了电池效率[177]。钙钛矿太阳能电池是一种高效的新型太阳能电池，受到世界的关注。研究人员发现，bR 与钙钛矿材料具有相似的电性能和带隙；前者添加到后者里，可通过福斯特共振能量转移（Förster resonance energy transfer，FRET）机制，提高钙钛矿太阳能电池的光电转换效率。实验表明，加入 bR 后，钙钛矿太阳能电池的光电转换效率从 14.5% 提高到 17%。新成果为开发更环保的生物钙钛矿太阳能电池奠定了基础。

9月，加拿大达尔豪斯大学与特斯拉公司合作，成功开发出可为电动汽车提供超过 100 万英里总续航里程的新型锂离子电池[178]。由锂离子电池提供动力的长途电动卡车和自动驾驶出租车需要电池寿命达到 100 万英里，而每天完全充放电会加快锂离子电池组件的性能退化。研究人员用较大的锂镍锰钴氧化物（NMC）晶体作为电池正极，用人造石墨作为负极，用锂盐和其他化合物的混合物作为电解质；经过优化混合物的组分及调整正极的纳米结构，制造出新型高性能锂离子电池。新型锂离子电池可承受 4000 次充放电，非常适合为长途自动驾驶汽车和卡车车队提供动力。

10月，英国伦敦玛丽女王大学（Queen Mary University of London）开发出一种新型聚合物薄膜电容器[179]。更好地利用具有间歇性的可再生能源，需要开发高效、低成本和环境友好的储能系统。具有超高功率密度的介质电容器适合储能，但此前只能储存很低的能量。新型聚合物薄膜电容器是一种介电电容器，采用压榨和折叠工艺制成，可存储比性能最佳的商用电容器高 30 倍以上的能量，创造了聚合物薄膜电容器的最高能量密度的世界纪录。新电容器有较大的工业应用潜力，可用于储存大量的可再生能源。

4. 节能环保

2月，美国能源部国家可再生能源实验室（NREL）开发出新型塑料回收工艺，可将废弃的聚对苯二甲酸乙二醇酯（PET）塑料转化为高性能、长寿命的复合材料[180]。PET 常用于制作饮料瓶、衣物和地毯等，虽然可回收，但大部分被填埋在垃圾场，小部分被降解回收。研究人员利用新型回收工艺，把 PET 塑料和生物质材料结合，生产出高性能的纤维增强塑料（FRP）。采用新工艺生产 FRP 需要的能源比传统 PET 回收工艺低 57%，排放的温室气体量比石油基 FRP 低 40%。新回收工艺在实现循环材料经济方面具有重要意义。

4 月，英国剑桥大学和西班牙加泰罗尼亚理工大学（Universitat Politècnica de Catalunya）等机构合作，开发出可替代制冷设备中高污染材料的新型绿色材料[181]。冰箱和空调不仅消耗了全球 1/5 的电力，而且常用有毒和易燃的氢氟碳化物（HFCs）和氢碳化合物（HCs）制冷，降低了制冷效率。研究人员发现，基于分子重构的"新戊二醇"晶体，在受到压力时能够产生与传统制冷剂相同的制冷效果。新材料具有价格低、易获取、接近室温可用等优点，可替代现有的制冷剂，在制冷设备领域拥有良好的应用前景。

5 月，德国化学巨头巴斯夫公司（BASF）开发出不用排放温室气体 CO_2 就可生产甲醇的新工艺 OASE®[182]。在化学工业中，最重要的基本化学品的生产过程排放出的温室气体量很大。甲醇一般用合成气生产，主要通过蒸汽和自然重整从天然气中获取，在生产过程中会排放温室气体 CO_2。在测试中发现，新工艺 OASE® 在生产甲醇的过程中不会向环境排放 CO_2。新工艺 OASE® 将为基础化工的发展开辟新篇章。

7 月，沙特阿拉伯阿卜杜拉国王科技大学开发出将废弃塑料瓶制成化学工业过滤膜的新方法[183]。在化学工业中，约有 40% 的能源用于分离和提纯化学物质，如果用多孔膜将分子从液体中分离，可显著减少能耗。但大多数传统的膜易受工业溶剂的侵蚀，如果换用陶瓷膜，价格又非常昂贵。研究人员先溶解回收的 PET，再换另一种溶剂使 PET 成为膜状的固体；同时将聚乙二醇（PEG）用作添加剂，通过改变 PEG 分子的大小和浓度，使 PET 具有多孔结构并控制孔径的大小和数量，以实现膜过滤性能的微调。新过滤膜具有机械和化学强度，可耐受刺激性的化合物，生产成本低。新成果为 PET 塑料提供了一条高价值的回收路径。

8 月，美国橡树岭国家实验室开发出从永磁体中提取稀土元素的新工艺[184]。随着资源消耗的加速，回收稀土元素将变得非常重要。采用传统工艺从废旧永磁体中提取稀土元素具有能耗大、效率低、污染物量大的缺点。新工艺先用硝酸溶解废弃的永磁体，然后用膜萃取技术选择性回收钕、镝和镨等稀土元素。实验表明，采用新工艺处理富含稀土元素的滤液，可回收约 97% 的稀土元素。新工艺具有节能、高效、污染物少的优点，已实现规模化和产业化。

10 月，新加坡南洋理工大学开发出可将暴露在阳光下的塑料垃圾制成氢燃料电池的新型钒基光催化剂[185]。目前人类面临非常严峻的塑料垃圾问题，需要找到将塑料垃圾转化为有用化学物质的新方法，但多数塑料因含惰性的碳－碳键而很难自然降解。金属钒具有经济性高、生物相容性等特点。研究人员先将钒基光催化剂添加到含有塑料垃圾的溶液中，然后把溶液加热到 85℃并暴露在人造阳光下，6 天后成功打破了塑料中关键结构的碳－碳键（此前打破这些碳－碳键需要高温），并把塑料转换为甲酸。甲酸是一种天然抗菌剂，也是燃料电池汽车中液态氢载体的候选材料。新催化剂具有价格低、环境友好的优点，在塑料回收和燃料电池领域具有良好的应用前景。

11 月，英国剑桥大学与意大利、以色列和德国等国家的大学合作，开发出可有效吸收大气污染物的新型石墨复合材料[186]。减少大气污染的一个方法是从大气中清除污染物。利用暴露在阳光下的二氧化钛等光催化剂，可降解大气附着在催化剂表面的氮氧化物和挥发性有机化合物等污染物，并将其氧化为惰性或无害的物质。但目前广泛使用的二氧化钛的催化效率相对较低。研究人员先把二氧化钛纳米颗粒添加到石墨中，然后在水和大气压下对石墨进行液相剥离，从而制备出新的石墨烯－二氧化钛纳米复合材料。新材料具有催化效率高、环境友好以及阳光照射即可发生作用等优点，可降解空气中 70% 以上的氮氧化物，在治理空气污染方面具有良好的应用前景。

5. 传统能源

3 月，中国科学院开发出离子液体催化乙烯合成气制备甲基丙烯酸甲酯（MMA）的成套技术[187]。MMA 是航空航天、电子信息、光导纤维、光学镜片、机器人等领域高端材料的基础原料。MMA 主要采用丙酮氰醇法生产，具有安全风险大、污染重等缺点。中国 MMA 用量全球第一，对外依存度高于 60%；近年来，以石油副产异丁烯为原料进行生产，部分缓解了短缺的局面。但我国资源以煤为主，发展煤基 MMA 技术具有天然优势。新技术以煤化工下游产品为原料，解决了氢甲酰化、轻醛缩合、醛氧化、酯化四步反应的催化剂及工艺开发中的难题，开辟了煤基原料合成 MMA 的新路线，掌握了具有自主知识产权的成套技术，支撑了我国现代煤化工的高端化、差异化、绿色化发展。

5 月，总部位于瑞士的威德福公司（Weatherford）公布了新一代"抽油井"自动控制系统 ForeSite®Edge[188]。ForeSite®Edge 系统属于油田智能油气开采技术的 4.0 版，在世界上首次把油气开采的人工举升、生产优化与物联网基础设施结合起来。该系统基于物联网 CygNet 以及 SCADA 平台构建，可通过获取实时数据和建模，调整举升参数，自主管理机械采油系统，还可运用预测技术防范风险，减少故障停机时间，持续优化自主生产过程，大幅提高油井的生产效率，降低开采成本。利用该系统，用户可快速评估每口油气井的生产状况，跟踪变化趋势，以及预判发生故障的可能性。ForeSite®Edge 系统已用于监测和优化全球 460 000 口井，为油气行业的发展提供了主要推动力。

6 月，荷兰皇家壳牌石油公司（Shell Global）运营的位于西澳大利亚的全球最大浮式液化天然气（FLNG）装置 Prelude FLNG 投产[189]。与常见的岸基式液化天然气

（LNG）装置相比，浮式液化天然气装置具有建设难度大、技术要求高、占用陆域资源少、建设周期长等特点，但适合深海边际气田和小气田使用，在调峰灵活性和投资成本上有较大优势。Prelude FLNG 装置①由韩国三星重工业公司建造，于 2017 年 6 月下旬离开韩国造船厂，7 月底到达澳大利亚海域，用于分离和液化井中产生的气体，以生产 LNG、液化石油气（LPG）和凝析油，最后将生产的产品直接装到油船上按顺序装运。Prelude FLNG 装置的年生产能力为 360 万 t LNG、130 万 t 凝析油和 40 万 t LPG。它的投产标志着澳大利亚成为 FLNG 技术的全球领先者。

9 月，美国斯伦贝谢（Schlumberger）公司在 SIS 全球论坛上，正式推出可大幅度提高测试效率与效益的 Ora* 智能电缆地层测试平台[190]。随着油气钻探环境的不断复杂化，描述储层动态特性变得越来越重要和困难。此外，以往分析数据并做出商业决策所需时间可能是数周甚至数月。Ora* 平台采用新型数字化架构，有效地实现了软件与硬件的结合，可自动完成复杂的工作流程，在多种复杂条件下获得高质量的油藏描述，同时减少 50% 以上的作业时间；采用新的测量方法，在井下实现了实验室级测量；配有同类设备中排量最高的泵。在作业过程中，Ora* 平台可根据用户需求调整数据的采集，实时提供具有可操作性的决策建议。新技术已在北海、墨西哥湾、西非、中东、北非和中美洲等多地成功完成 30 多次现场试验，未来应用前景广阔。

9 月，美国国家能源技术实验室（NETL）开发出用于化学链燃烧（chemical looping combustion，CLC）的高耐用性新型氧载体[191]。CLC 是一种先进的化石能源利用技术，在提高电厂的发电效率的同时，可减少 CO_2 的排放量，且成本比传统技术低 25% 左右。在 CLC 技术中，化石燃料是在接近纯氧的环境中燃烧。氧载体是 CLC 的关键组成部分，可就地生成氧气，而不需要从空气中分离氧气。氧载体的耐用性则是制约 CLC 商业化应用的主要技术障碍。新型氧载体基于低成本的天然矿物原料制成，其耐用性比此前的材料增加了 10 倍，同时将磨损的损失从 30 ~ 1700 美元 /（MW·h）降低为 1 美元 /（MW·h）。新成果是 CLC 迈向商业化应用的关键一步。

六、航空航天和海洋技术

2019 年，空天海洋领域发展迅速，取得多项重大成就。在先进飞机方面，远程高亚声速新型隐身无人攻击机 XQ-58A 取得重要进展，出现依靠氢燃料电池驱动的飞行交通工具，正式推出性能优异的 G700 公务机。太空是全球战略竞争的焦点。在空间探测方面，中国"嫦娥四号"探测器成功着陆在月球背面并通过"鹊桥"中继卫星与地球取得联系，"磁层多尺度任务"（MMS）卫星在太空成功利用全球定位系统（GPS）

---

① https://www.shell.com/about-us/major-projects/prelude-flng.html。

进行导航，"隼鸟 2 号"降落在小行星"龙宫"上并采集到样本，第一张黑洞照片发布，首次发现"一次性"快速射电暴的准确来源，研制出尺寸仅有芯片大小的微型原子钟，利用 NASA 的太阳探测器"帕克"完成了当时最佳的研究成果。在运载技术方面，美国"猎鹰重型"（Falcon Heavy）火箭首次成功回收三个助推器、芯级火箭以及整流罩，利用飞机进行高空发射火箭取得进展，中国"长征五号"运载火箭成功将实践卫星送入预定轨道。在人造地球卫星方面，制造出完全由软件定义的新型量子卫星及生命终结时可自毁的卫星，两颗立方星之间在太空实现了激光通信，"星链"低轨宽带星座的两批 120 颗卫星和全球首颗太空软件实验卫星 OPS-SAT 发射成功，三体立方星"光帆 2"成功利用太阳帆改变了轨道。在海洋探测与开发方面，使海底电缆通信速度提高 3 成的新技术、海底资源广域分布可视化综合技术问世，中国研制出具有极强作业能力、绿色环保的工作级电驱动水下机器人、适用于 3000m 水深的多功能海洋地球物理调查装备、万米级全海深载人潜水器的载人舱。在先进船舶方面，制造出"海鸥"地效飞行器，全球"有人自动航行船舶"系统的首次海上试验及"北极号"核动力破冰船的首次航行试验成功完成；中国制造出全球首艘 30.8 万 t 超大型智能原油船、远洋无人机磁测平台系统，提出的"智慧海洋概述及其信息通信技术应用需求"在国际电信联盟第 20 研究组（ITU-T SG20）全体会议上成功立项。

1. 先进飞机

3 月，美国空军研究实验室（Air Force Research Laboratory，AFRL）和克拉托斯无人机系统公司（Kratos Unmanned Aerial Systems）联合研发的新型隐身无人攻击机 XQ-58A 首飞成功[192, 193]。XQ-58A 是一种远程高亚声速战斗无人机，翼展达 8.2m，机体长 9.1m，具备优异的隐身设计外形，航程是 MQ-9"死神"无人机的 2 倍，达到 2000 英里。XQ-58A 的优势包括两方面：采用内置武器舱，作为 F-22 或 F-35 战斗机的僚机，可增加战斗机单次出击所携带的弹药数量；作为诱饵，在飞行员的指挥下，可吸引对方防空系统或隐形战机暴露位置，且在必要时与对方同归于尽。XQ-58A 具备高隐身、低成本、长续航等特点。首次飞行试验完成了所有预定试验目标，后续将进行系统性能评估、气动性能评估、发射、回收等试验。

5 月，美国 Alaka'i Technologies 公司推出依靠氢燃料电池驱动的飞行交通工具 Skai[194]。Skai 利用电动进行垂直起降，采用六旋翼推进系统，目标飞行时间为 4h，支持 400 英里的续航里程，拥有 1000 磅的载货能力，一次最多可搭载 5 人。氢燃料帮助 Skai 克服了传统系统充电时间过长、续航里程有限的困难。初版 Skai 围绕人类飞行员进行设计，未来可能采用地面操控或完全自主驾驶的方式。

8 月，俄罗斯首款重型长航时攻击无人机"猎人"（Okhotnik-B）成功完成首次飞行[195, 196]。该无人机重约20t，飞行时速达1000km，配备多用途主动相控阵雷达，可跟踪并打击数十个空中、海上和地面目标；采用特殊材料和涂层，具备良好的隐身性能，可躲避雷达探测。随后这款无人机进行了升级。9月，这款无人机与苏-57战斗机首次进行了协同飞行测试。在测试中，"猎人"无人机先在目标空域自动飞行，苏-57战斗机随后起飞；先进行了协同雷达探测测试，证明两机协作可大幅扩大雷达探测范围；然后"猎人"无人机为苏-57战斗机提供远距离攻击目标的信息，使苏-57战斗机在不飞入敌方防空区的情况下完成了超视距打击。这款"猎人"无人机有可能成为俄罗斯第六代战机的原型机。

10月，美国湾流宇航公司（Gulfstream）正式推出G700公务机[197]。G700飞机长33.48m，高7.75m，翼展31.39m，由罗尔斯·罗伊斯（Rolls-Royce）公司的两台大推力的珍珠-700发动机提供动力，起飞重量为107 600磅，采用新的翼梢小翼设计，保证了飞机的高性能；最大飞行速度为0.925马赫，最大巡航速度为0.9马赫，具备超长航程；拥有业内最高、最宽、最长的客舱，可为客户提供优质的飞行服务和体验。此外，G700飞机采用先进技术，具有优良的起飞和降落性能，已在2019年2月首飞，未来交付使用后将成为公务机行业最宽敞豪华、性能最好、价格最高的飞机。

2. 空间探测

1月，中国"嫦娥四号"探测器成功着陆在月球背面东经177.6°、南纬45.5°附近的预选着陆区，并通过"鹊桥"中继卫星与地球取得联系[198]。月球背面屏蔽了来自地球的无线电信号，若在月球背面开展低频射电天文观测，有助于研究太阳、行星及太阳系外天体，以及恒星的起源和星云的演化。"嫦娥四号"探测器包括着陆器和巡视器，配置8台有效载荷（其中2台为国际合作载荷）。着陆器上安装了地形地貌相机、降落相机、低频射电频谱仪、与德国合作的月表中子及辐射剂量探测仪等4台载荷，巡视器上装有全景相机、测月雷达、红外成像光谱仪和与瑞典合作的中性原子探测仪。此次任务实现了人类探测器首次月背的软着陆、首次月背与地球的中继通信，开启了人类月球探测新篇章。

2月，美国NASA发射的"磁层多尺度任务"（MMS）卫星系统中的4颗卫星在约18.72万km的轨道高度上，成功利用GPS进行了导航[199]。MMS卫星系统由4颗直径3m、高1m的卫星组成，以高灵敏度探测太阳和地球的磁场变化。这4颗卫星为了在太空保持一定的队形，需要接收精确的定位数据。此前GPS被认为太空导航的高度上限约为3.5万km。此次卫星的工作高度约为地月之间距离的一半，在这个高度，MMS的卫星仍可接收到足够强度的GPS信号。这说明GPS信号比预想中的覆盖范围更高更远，有望为未来的探月任务提供导航定位服务。

2 月，日本小行星探测器"隼鸟 2 号"（Hayabusa 2）成功降落在小行星"龙宫"上并采集样本[200, 201]。"龙宫"直径大约 1km，运行在地球和火星之间的轨道上，被认为与约 46 亿年前地球诞生时的状态相似；分析从"龙宫"获取的样本，有助于解答太阳系形成和生命起源的若干疑问。4 月 5 日，"隼鸟 2 号"向"龙宫"表面发射了一枚金属撞击器，通过撞击出的大约 10m 宽的陨石坑，首次把小行星表面下的物质暴露出来。7 月 11 日，"隼鸟 2 号"再次着陆，首次成功采集到小行星表面下的样本。11 月 12 日，"隼鸟 2 号"离开龙宫小行星，开始返回地球，已于 2020 年底返回地球。

4 月，国际合作项目"事件视界望远镜"（Event Horizon Telescope，EHT）在全球多地同时发布拍到的第一张黑洞照片[202]。EHT 是一项以观测星系中心超大质量黑洞为主的行星级观测网，以甚长基线干涉测量（VLBI）技术结合世界各地的 8 台射电望远镜，形成口径等效于地球直径的虚拟望远镜，以观测黑洞。照片"主角"是位于室女座椭圆星系 M87 中心的超大质量黑洞，其质量约是太阳的 65 亿倍，距离地球大约 5500 万光年。照片展示了一个中心为黑色的明亮环状结构，黑色部分是黑洞投下的"阴影"，明亮部分是绕黑洞高速旋转的吸积盘。黑洞的照片有助于了解黑洞对宇宙中的天体产生深刻影响的原因。

6 月，澳大利亚的国家望远镜中心等多个机构与美国、日本等国家的机构合作，首次发现"一次性"快速射电暴的准确来源[203]。快速射电暴是指在宇宙中突然出现的无线电波短暂且猛烈爆发的现象，持续时间虽然只有几毫秒，却能释放出巨大的能量，其形成原因一直不清楚。研究人员开发出一种可以重放爆发发生时的数据的新技术，根据快速射电暴抵达"澳大利亚平方公里阵列探路者"射电望远镜不同天线之间的微小时间差，制作出一幅"一次性"快速射电暴 FRB 180924 的高清来源图，确定了它来源于距离地球 36 亿光年外一个大小类似于银河系的星系的边缘地带，距该星系中心约 1.3 万光年。新成果是快速射电暴领域的重大突破。

8 月，美国国防部高级研究计划局（DARPA）开发出尺寸仅有芯片大小的微型原子钟[204]。美国军方一直在开发新系统，以便在 GPS 无法利用时提供定位服务，但获取精确时间数据的问题一直都很难解决。开发极小的原子钟是解决这个问题的关键。研究人员通过改进真空泵、光隔离器，以及采用新方法集成组件，开发出低功率、高精度的微型原子钟。新成果为新型定位系统的研发开辟了新途径。

12 月，美国加利福尼亚大学等机构与英国、法国、瑞士等国家的大学合作，利用 NASA 的太阳探测器"帕克"完成了此前最佳的研究成果[205]。太阳风是从太阳向外喷涌出的带电粒子流，可与地球磁场发生相互作用，并对宇航员安全、无线电通信、GPS 信号和地面电网等产生影响，但目前还不清楚太阳风中的粒子是如何获得加速度的。利用"帕克"对太阳风的诞生地进行的最佳观测发现，粒子在日冕中进行加速并改变了太阳风的磁场方向。"帕克"还观测到环绕太阳旋转的太阳风的速度比预期的要快，这个发现有助于改进预测危险的太阳风到达地球的时间的方法，同时说明恒星的自转速度可能比预期的要慢，因而关于宇宙中其他恒星年龄的观点可能需要修正。

3. 运载技术

4月，美国 SpaceX 公司利用"猎鹰重型"运载火箭，在佛罗里达州卡纳维拉尔角（Cape Canaveral），成功将阿拉伯卫星通信组织的 Arabsat-6A 通信卫星送入预定轨道，并首次成功回收三个助推器、芯级火箭以及整流罩[206]。"猎鹰重型"是目前运载能力最强的重型火箭，其极限运载能力为 63.8t，是现役"德尔塔"重型火箭极限运力的两倍多。此次"猎鹰重型"首次正式执行商业发射任务，为其未来承担军、民、商等发射任务奠定了重要基础。

4月，美国平流层发射系统（Stratolaunch Systems）公司制造的世界最大的飞机——巨型双体飞机 Roc 在加利福尼亚州的莫哈韦航空航天港（Mojave Air and Space Port）完成升空飞行[207]。该飞机拥有 117m 的翼展，采用双机身布局，装备 6 台发动机，可将重约 227t 的火箭和卫星送至 1 万 m 高空；然后火箭在高空点火、发射、脱离大气层，将卫星送入近地轨道。作为空中发射台的 Roc，未来有望提供更经济的火箭及卫星发射服务。

7月，美国维珍轨道公司（Virgin Orbit）利用一架改装的波音 747-400 飞机，成功在 1.07 万 m 的高空发射一枚模型火箭 LauncherOne[208]。这枚火箭为全尺寸版，内部装有水和防冻剂，以模拟携带燃料的火箭。在试验过程中，该火箭与飞机在高空按计划分离后成功坠落在预定区域——加利福尼亚州爱德华兹空军基地的测试区，成功模拟了真实火箭的实际发射。在这次测试中，整个火箭不再从传统的发射台进行垂直发射，而是从飞机上采用水平发射的方法发射。这种空中发射的方法可节省燃料和成本。此次发射是检验该公司高空卫星发射系统的重要一步。

12月，中国"长征五号"遥三运载火箭在文昌航天发射场成功将"实践二十号"卫星送入预定轨道[209]。这是长征系列运载火箭的第 323 次发射。"长征五号"（也称"胖五"）是我国首款大推力无毒无污染液体火箭，采用全新 5m 芯级直径箭体结构，捆绑 4 个 3.35m 直径的助推器，高约 57m，起飞重量约 870t，近地轨道运载能力为 25t，地球同步转移轨道运载能力为 14t，地月转移轨道运载能力为 8t，整体性能和总体技术已达到国际先进水平。本次发射的成功，表明我国可以发射更重的航天器或将航天器送往更遥远的太空，为未来航天事业的发展提供更坚实的保障。

4. 人造地球卫星

1 月，欧洲大型电信运营商 Eutelsat 与欧洲航天局（ESA）合作研发的 3.5t 重的新型量子卫星 Quantum 由欧洲空中客车公司制造完成[210, 211]。传统大型卫星在发射后无法改变在地面上就已经配置好的特定任务。新型量子卫星是第一个完全由软件定义的航天器，它的覆盖范围、带宽、功率和频率都可在轨进行调整，这是传统卫星无法比拟的。新型量子卫星可用于传送电视信号、手机呼叫、宽带信号等数据信息，今后人类将进入多任务卫星的时代。

4 月，美国 NASA 成功进行了两颗立方星之间的激光通信试验[212]。参加试验的卫星为光通信与传感演示项目（Optical Communications and Sensor Demonstration，OCSD）的卫星与太阳能电池板与反射阵列集成天线项目（Integrated Solar Array and Reflectarray Antenna，ISARA）的卫星，轨道高度为 451km，相距 2414km。通常 OCSD 卫星的激光器和 ISARA 卫星的摄像机都指向地球，在本次试验中做了一定的偏转调整，以面向对方；当 OCSD 卫星上的激光通信系统发出激光闪光时，激光闪光被 ISARA 卫星上的短波红外摄像机成功记录下来。新技术经过改进，未来可用于小卫星星座的建设，实现地球轨道甚至月球轨道小卫星间的海量数据传送。

5 月，美国 SpaceX 公司在卡纳维拉尔角空军基地利用"猎鹰 9 号"（Falcon 9）运载火箭，成功将全球卫星互联网"星链"（Star Link）的首批 60 颗卫星送入轨道[213]。根据 SpaceX 公司创始人马斯克提出的构建全球卫星互联网的计划，SpaceX 公司将在 2019～2024 年在太空搭建由约 1.2 万颗卫星组成的低轨宽带"星链"网络，用于从太空向地面任何地方提供高速互联网服务。此次发射的卫星重量和支架等超过 18t，是当时"猎鹰 9 号"发射过的最大载荷。11 月，在卡纳维拉尔角空军基地成功用"猎鹰 9 号"（B1048）运载火箭将第二批 60 颗"星链"卫星发射[214]。本次"星链"卫星总重约 15.6t，所用"猎鹰 9 号"的一级火箭是第四次复用，整流罩是此前回收的二手整流罩。

7 月，美国非营利航天机构行星学会（The Planetary Society）的三体立方星"光帆 2"（LightSail 2）成功利用太阳帆改变了轨道[215]。"猎鹰重型"火箭发射的"光帆 2"小卫星由多家机构合作设计制造，利用展开的 $32m^2$ 的聚酯薄膜帆接受太阳光压产生的推力完成了升轨验证。"光帆 2"是人类历史上第一枚运行在地球轨道并可人为控制的太阳帆卫星。随着技术的不断发展，未来的卫星将在不用火箭燃料的情况下只靠阳光推动就可前往更高的轨道。

8 月，俄罗斯联邦航天局（Russian Federal Space Agency）开发出在生命终结时可自毁的卫星，用于应对太空垃圾问题[216]。迅速增长的"太空垃圾"一直困扰着科研人员，若得不到解决，将严重影响未来的太空探索活动。新卫星采用升华材料建造，具有巧妙的构造，在收到地面发出的自毁信号后可由固体转化为气体，实现自我分解的目的。

12 月，欧洲航天局发射全球首颗太空软件实验卫星 OPS-SAT[217]。由于成本的原因，卫星任务控制系统很难进行在轨测试，因此，需要开发在轨测试时也能保障安全的卫星。OPS-SAT 是一颗低成本的卫星，由三个最先进的 CubeSat 单元组成，装有 ESA 航天器最强大的太空计算机，其有效载荷包括处理平台、精密姿态确定控制系统、GPS 接收器、S 波段转发器、X 波段发射器、高分辨率地球观测相机、光接收机，以及软件定义的无线电前端和接口。在实验软件出现故障后，OPS-SAT 上的计算机可辨识故障并接管卫星；实验软件在地面修复后，再上传到卫星继续进行实验，这样就保障了在轨测试卫星的安全。OPS-SAT 可为新型操作软件、工具和技术提供太空测试服务。

5. 海洋探测与开发

1 月，日本电气股份有限公司（NEC）开发出可使海底电缆通信速度提高 3 成的新技术[218]。海底通信电缆利用光纤输送光的明暗信号来传输信息。光经过长距离传输后会扩散变弱，因此，每隔几十千米需要设置一个光增幅器。NEC 通过抑制光增幅器的用电量改善了光增幅器的性能，从而使光信号在传输大量数据的情况下也不发生衰减。新技术将使 NEC 的海底电缆通信速度超过美国 TESubCom 和芬兰诺基亚子公司的产品。

9 月，中国中车集团有限公司旗下的 SDM 公司推出一款具有极强作业能力、绿色环保的工作级电驱动 QUANTUM/EV 型水下机器人（ROV）[219]。QUANTUM/EV 型水下机器人耗时 4 年研制成功，长约 3.3m，宽 1.8m，高 1.9m，自重 4t，功率 400kW，可下潜至 6000m 的海底，是当时世界下潜最深、功率最大的作业级电动 ROV。与传统的液压动力 ROV 相比，电驱动的 ROV 具有体积更小、重量更低、灵活性更强、环境适应能力更好、对海洋环境更环保等优点。新款 ROV 应用范围广，可用在海底油气工程、海洋科考、海上救援打捞、水下钻井等多个领域，完成水下机械手抓取、水下结构物拆装施工、井口打磨清洗以及沉船沉物打捞等各种作业。

10 月，由中国地质调查局青岛海洋地质研究所牵头研制出我国首套适用于 3000m 水深、集测深、侧扫、浅地层剖面探测功能于一体的海洋地球物理调查装备[220]。与此前的探测设备相比，新装备有一些新的优势：首先，形态更小巧、功能更紧凑，方便携带；其次，采用 PHINS+DVL+USBL 的组合导航技术，提高了定位精度；最后，采用独创的舵机操作系统，姿态更稳定。新装备适用于调查多金属结核、富钴结壳、热液硫化物等海底矿产资源，已完成海试，正式投入使用后将进一步丰富我国深海探测的手段，为我国矿产资源的探测做出更大贡献。

10月，中国自主研制的万米级全海深载人潜水器的载人舱建造完成并通过验收，其性能和指标满足总体要求[221]。万米级全海深载人潜水器是我国自主研发的全新一代载人潜水器，最大下潜深度将超过10 000m，具备覆盖全球100%海域的作业能力。载人舱是该潜水器的核心部件，代表我国载人潜水器发展的技术水平。这款载人舱也是全球空间最大、搭载人数最多的载人舱，可搭乘3人，有3个观察窗。该潜水器配有母船和科学保障船，其中科学保障船在福建马尾船厂已完成总段吊装。下一步潜水器进入全面总装阶段。

12月，日本产业技术综合研究所等机构开发出可用于探测海底资源的广域分布可视化综合技术[222]。传统机械采样技术用于海底资源的采样往往花费高，同时获得的结果可靠性低，因而不适合大面积海域的调查。为此，需要开发成本更低和更先进的探测和采样技术，利用声学信号获知海底地质类型及其分布的技术就是其中之一。研究人员在实施海底矿产资源声波探测项目中，利用新技术成功绘制出南鸟岛周围日本专属经济区的海底锰结核分布图，发现锰结核密集区域面积有近6.1万km^2。新成果是下一代海洋资源探查和开发历史上的重要一步。

6. 先进船舶

6月，中国船舶重工集团公司下属的大连船舶集团与国内其他机构合作开发的全球首艘30.8万t超大型智能原油船（VLCC）"凯征"在大连交付[223]。作为智能船舶1.0专项中的VLCC示范船，"凯征"率先应用"平台+N个应用"的理念，利用构建的智能系统的网络信息平台，在船舶航行的辅助自动驾驶、液货智能管理、综合能效管理、设备运行维护、船岸一体通信等五方面具备了智能系统的功能，获得了中国船级社i-SHIP（I，N，M，Et，C）及OMBO一人驾驶船级符号，为船企拓展制造+服务积累了宝贵的经验。"凯征"是大连船舶集团自主研发的第六代VLCC，也是全球第一艘获得智能货运管理符号（C）的智能船舶，它的成功建造在世界大型远洋智能船舶发展中具有重要意义。

7月，俄罗斯阿列克谢耶夫中央水翼船设计局成功开发出"海鸥"地效飞行器[224]。"海鸥"飞行器重54t，有效载荷为15t，最大飞行距离为3000km。为帮助飞行员避开障碍物，"海鸥"装备了合成视觉系统，可发现、辨识几千米外的物体，并分析周围的天气情况，最终确定通过的方式。与直升机相比，"海鸥"地效飞行器受天气的影响要小很多，可部署在水面、坡度不大的岸边甚至机场的运输通道上，也可用于开发北极。

9 月，航运巨头日本邮船公司（Nippon Yusen Kaisha Line Ltd，NYK）完成了全球首次"有人自动航行船舶"的自主航行系统的海上试验[225]。大部分船舶事故由人为因素导致，而船舶自主航行能够减少对人为因素的依赖，大大提高船舶航行的安全性和可靠性。在试验期间，大型汽车运输船"Iris Leader"利用日本邮船公司与日本海洋科学公司（Japan Marine Science Inc.）共同开发的船舶导航系统——Sherpa System for Real（SSR），先从现有的导航设备中收集到船舶周围环境的相关信息，再根据环境条件计算出安全经济的最佳航线和航速，最后通过雷达和自动识别系统来实现避碰。试验取得的成果有助于进一步确定 SSR 系统的可用性，提供安全性和优化操作。本次试验是全球首次基于国际法规进行的演示试验，也是 NYK 实现载人自主船舶的关键一步。未来，SSR 系统将应用到人手严重不足的沿海船舶中。

11 月，中国南方科技大学与国内其他机构合作，首次研发出远洋无人机磁测平台系统[226]。高效高分辨率的海洋探测是海洋技术发展的关键之一。传统的海洋磁测主要有卫星磁测和船载拖曳式测量两种，存在分辨率不高或测量效率太低的缺点，无法满足海洋探测发展的需要，因此，需要更好的海洋探测技术。新技术解决了一些技术难题，实现了多种磁力仪系统的集成数据采集；与传统的船载磁测技术相比，测量效率提高了一个数量级。该系统是我国海洋物理探测领域的重大突破，将全面改善海洋磁测模式，大力推动海洋相关科研领域的发展，为我国占领国际海洋资源制高点提供新的技术保障。

12 月，由中国船舶工业系统工程研究院牵头提出的提案"智慧海洋概述及其信息通信技术应用需求"在国际电信联盟第 20 研究组全体会议上成功立项[227]。信息时代、智能时代的技术正在加速发展，标准引领着技术的发展方向。新提案是全球第一个"智慧海洋"的国际标准，也是船舶行业在国际电信联盟立项的首个标准；它定义了"智慧海洋"的概念、范围，规范化描述了海洋各领域信息通信技术应用的技术需求，为后续制定海洋信息通信技术领域的标准提供了指导。新提案是我国对全球海洋技术标准发展的一个重要贡献，有助于引领船舶和海洋产业转型的发展。

12 月，俄罗斯"北极号"（Arktika）核动力破冰船成功完成为期两天的首次航行试验[228, 229]。"北极号"是 22220 型核动力破冰船项目的第一艘，长 173.3m，高 15m，宽 34m，排水量为 3.35 万 t。"北极号"配备两座核反应堆，功率为 60MW，是世界上体积和功率最大的破冰船，可破除 2.8m 厚的冰层。俄罗斯开发 22220 型核动力破冰船，目的是更新其核动力破冰船队，确保在北极地区的全年航行。

参考文献

［1］ Zhang M，Wang C，Hu Y W，et al. Electronically programmable photonic molecule. Nature Photonics，2019，13：36-40.

［2］ Samsung. Scaling and ultra-low power benefits. https：//news.samsung.com/global/samsung-successfully-completes-5nm-euv-development-to-allow-greater-area-scaling-and-ultra-low-power-benefits［2019-04-16］.

［3］ Crichton D. The five technical challenges Cerebras overcame in building the first trillion-transistor chip. https：//techcrunch.com/2019/08/19/the-five-technical-challenges-cerebras-overcame-in-building-the-first-trillion-transistor-chip/［2019-08-20］.

［4］ Haffner C，Joerg A，Doderer M，et al. Nano-opto-electro-mechanical switches operated at CMOS-level voltages. Science，2019，366（6467）：860-864.

［5］ Son Y，Frost B，Zhao Y K，et al. Monolithic integration of high-voltage thin-film electronics on low-voltage integrated circuits using a solution process. Nature Electronics，2019，2（11）：540-548.

［6］ Si M W，Saha A K，Gao S J，et al. A ferroelectric semiconductor field-effect transistor. Nature Electronics，2019，2：580-586.

［7］ Gallagher M，Biernacki L，Chen S B，et al. Morpheus：a vulnerability-tolerant secure architecture based on ensembles of moving target defenses with churn. ASPLOS '19：Proceedings of the Twenty-Fourth International Conference on Architectural Support for Programming Languages and Operating Systems，Providence, Rhode Island, USA，2019：469-484.

［8］ 赵广立. 全球超算 TOP500 名单公布. 中国科学报，2019-06-18（1 版）.

［9］ Zhao R，Xie Y，Shi L P，et al. Towards artificial general intelligence with hybrid Tianjic chip architecture. Nature，2019，572：106-111

［10］ SK hynix Inc. SK hynix develops world's fastest high bandwidth memory，HBM2E. https：//news.skhynix.com/sk-hynix-develops-worlds-fastest-high-bandwidth-memory-hbm2e/［2019-08-12］.

［11］ Farzadfard F，Gharaei N，Higashikuni Y，ct al. Single-nucleotide-resolution computing and memory in living cells. Molecular Cell，2019，75（4）：769-780.

［12］ Koch J，Gantenbein S，Masania K，et al. A DNA-of-things storage architecture to create materials with embedded memory. Nature Biotechnology，2019，38：39-43.

［13］ Shapiro D. Introducing NVIDIA DRIVE AGX Orin：vehicle performance for the AI era. https：//blogs.nvidia.com/blog/2019/12/17/orin-soc/［2019-12-17］.

［14］ Shapiro D. Introducing NVIDIA DRIVE AutoPilot：AI-powered system delivers safer vehicles today，autonomous driving tomorrow. https：//blogs.nvidia.com/blog/2019/01/07/nvidia-driveautopilot/［2019-01-07］.

［15］ Du X X, Vasudevan R, Johnson-Roberson M. Bio-LSTM: a biomechanically inspired recurrent neural network for 3-D pedestrian pose and gait prediction. IEEE Robotics and Automation Letters, 2019, 4（2）: 1501-1508.

［16］ Lucic M, Tschannen M, Ritter M, et al. High-fidelity image generation with fewer labels. https: // arxiv.org/pdf/1903.02271.pdf［2020-06-20］.

［17］ Hallak A E. Platform simplifies AI deployments to the edge with enterprise Kubernetes. https: // blogs.nvidia.com/blog/2019/10/21/ai-edge-deployments-kubernetes/［2019-10-21］.

［18］ Bronstein M. Bringing you the next-generation Google assistant. https: //blog.google/products/ assistant/next-generation-google-assistant-io/［2019-05-07］.

［19］ Spencer G. More than a game: mastering Mahjong with AI and machine learning. https: //news. microsoft.com/apac/features/mastering-mahjong-with-ai-and-machine-learning/［2019-08-29］.

［20］ Hirayama R, Plasencia D M, Masuda N, et al. A volumetric display for visual, tactile and audio presentation using acoustic trapping. Nature, 2019, 575: 320-323.

［21］ Anon J. Adiantum is Google's encryption solution for entry-level Android Phones. https: //www. androidheadlines.com/2019/02/google-adiantum-android-encryption.html ［2019-02-07］.

［22］ Bonawitz K, Eichner H, Grieskamp W, et al. Towards federated learning at scale: system design. https: //arxiv.org/pdf/1902.01046.pdf［2020-06-20］.

［23］ Conner-Simons A. Deep learning with point clouds. https: //news.mit.edu/2019/deep-learning-point-clouds-1021［2019-10-21］.

［24］ Smith R. NVIDIA gives Jetson AGX Xavier a trim, announces nano-sized Jetson Xavier NX. https: //www.anandtech.com/show/15070/nvidia-gives-jetson-xavier-a-trim-announces-nanosized-jetson-xavier-nx［2019-11-06］.

［25］ Ericsson. Deutsche Telekom and Ericsson achieve fiber-like results with wireless backhaul. https: //www.ericsson.com/en/press-releases/2019/1/deutsche-telekom-and-ericsson-achieve-fiber-like-results-with-wireless-backhaul［2019-01-11］.

［26］ Huawei. Huawei launches world's first 5G base station core chip for simplified 5G. https: //www. huawei.com/en/news/2019/1/huawei-first-5g-base-station-core-chip-5g［2019-01-24］.

［27］ 毕磊, 董思睿. 5G 商用牌照正式发放 中国孕育更强新动能. http: //tc.people.com.cn/n1/2019/ 0606/c183008-31123849.html［2019-06-06］.

［28］ Ummethala S, Harter T, Koehnle K, et al. THz-to-optical conversion in wireless communications using an ultra-broadband plasmonic modulator. Nature Photonics, 2019, 13: 519-524.

［29］ Matheson R. A battery-free sensor for underwater exploration. https: //news.mit.edu/2019/battery-free-sensor-underwater-exploration-0820［2019-08-20］.

［30］ Ravitej U，Wolterink T A W，Goorden S A，et al. Asymmetric cryptography with physical unclonable keys. Quantum Science and Technology，2019，4（4）：045011.

［31］ Di Falco A，Mazzone V，Cruz A，et al. Perfect secrecy cryptography via correlated mixing of chaotic waves in irreversible time-varying silicon chips. Nature Communications，2019，10：5827.

［32］ 陈超. 日本 NTT 公司研发出无线多路传输技术 . http：//digitalpaper.stdaily.com/http_www.kjrb. com/kjrb/html/2019-12/27/content_437613.htm?div=-1［2019-12-27］.

［33］ Koch M，Keizer J G，Pakkiam P，et al. Spin read-out in atomic qubits in an all-epitaxial three-dimensional transistor. Nature Nanotechnology，2019，14：137-140.

［34］ Huang W，Yang C H，Chan K W，et al. Fidelity benchmarks for two-qubit gates in silicon. Nature，2019，569：532-536.

［35］ AFRL. AFRL demonstrates world's first daytime free-space quantum communication enabled by adaptive optics. https：//afresearchlab.com/news/afrl-demonstrates-worlds-first-daytime-free-space-quantum-communication-enabled-by-adaptive-optics/［2019-05-23］.

［36］ Zhang X W，De-Eknamkul C，Gu J，et al. Guiding of visible photons at the ångström thickness limit. Nature Nanotechnology，2019，14：844-850.

［37］ Arute F，Arya K，Babbush R，et al. Quantum supremacy using a programmable superconducting processor. Nature，2019，574（7779）：505-510.

［38］ Wang H，Qin J，Ding X，et al. Boson sampling with 20 input photons and a 60-mode interferometer in a 10^{14}-dimensional Hilbert space. Physical Review Letters，2019，123（25）：250503.

［39］ Miao K C，Bourassa A，Anderson C P，et al. Electrically driven optical interferometry with spins in silicon carbide. Science Advances，2019，5（11）：eaay0527.

［40］ Anderson C P，Bourassa A，Miao K C，et al. Electrical and optical control of single spins integrated in scalable semiconductor devices. Science，2019，366（6470）：1225-1230.

［41］ Hooper D C，Kuppe C，Wang D Q，et al. Second harmonic spectroscopy of surface lattice resonances. Nano Letters，2019，19（1）：165-172.

［42］ OmniVision. OmniVision announces Guinness World Record for smallest image sensor and new miniature camera module for disposable medical applications. https：//www.ovt.com/news-events/product-releases/omnivision-announces-guinness-world-record-for-smallest-image-sensor-and-new-miniature-camera-module-for-disposable-medical-applications［2019-10-22］.

［43］ Punjabi. Continental delivers world's 1st solid-state 3D flash LIDAR HFL110 B for commercial vehicles. https：//punjabitruckingusa.com/2019/11/05/continental-delivers-worlds-1st-solid-state-3d-flash-lidar-hfl110-b-for-commercial-vehicles/［2019-10-28］.

［44］Ge J，Wang X，Drack M，et al. A bimodal soft electronic skin for tactile and touchless interaction in real time. Nature Communications，2019，10（1）：4405.

［45］Kim J，Kwon S-M，Kang Y K，et al. A skin-like two-dimensionally pixelized full-color quantum dot photodetector. Science Advances，2019，5（11）：eaax8801.

［46］Hoshika S，Leal N A，Kim M J，et al. Hachimoji DNA and RNA：a genetic system with eight building blocks. Science，2019，363（6429）：884-887.

［47］Kocak D D，Josephs E A，Bhandarkar V，et al. Increasing the specificity of CRISPR systems with engineered RNA secondary structures. Nature Biotechnology，2019，37（6）：657-666.

［48］Langan R A，Boyken S E，Ng A H，et al. *De novo* design of bioactive protein switches. Nature，2019，572（7768）：205-210.

［49］Ng A H，Nguyen T H，Gómez-Schiavon M，et al. Modular and tunable biological feedback control using a *de novo* protein switch. Nature，2019，572（7768）：265-269.

［50］Lasso G，Mayer S V，Winkelmann E R，et al. A structure-informed Atlas of human-virus interactions. Cell，2019，178（6）：1526-1541.

［51］Wang H，Nakamura M，Abbott T R，et al. CRISPR-mediated live imaging of genome editing and transcription. Science，2019，365（6459）：1301-1305.

［52］Anzalone A V，Randolph P B，Davis J R，et al. Search-and-replace genome editing without double-strand breaks or donor DNA. Nature，2019，576（7785）：149-157.

［53］Servick K. Eyeing organs for human transplants，companies unveil the most extensively gene-edited pigs yet. https：//www.sciencemag.org/news/2019/12/eyeing-organs-human-transplants-companies-unveil-most-extensively-gene-edited-pigs-yet［2019-12-19］.

［54］Zhong G C，Diao H T，Farzan M，et al. A reversible RNA on-switch that controls gene expression of AAV-delivered therapeutics in vivo. Nature Biotechnology，2020，38：169-175.

［55］Lee A，Mavaddat N，Wilcox A N，et al. BOADICEA：a comprehensive breast cancer risk prediction model incorporating genetic and nongenetic risk factors. Genetics in Medicine，2019，21（8）：1708-1718.

［56］Pasolli E，Asnicar F，Manara S，et al. Extensive unexplored human microbiome diversity revealed by over 150,000 genomes from metagenomes spanning age，geography，and lifestyle. Cell，2019，176（3）：649-662.

［57］胡定坤. "透视"技术为精确打印人体器官带来曙光. http：//digitalpaper.stdaily.com/http_www.kjrb.com/kjrb/html/2019-04-26/content_420202.htm［2019-04-26］.

［58］Jalili-Firoozinezhad S，Gazzaniga F S，Calamari E L，et al. A complex human gut microbiome cultured in an anaerobic intestine-on-a-chip. Nature Biomedical Engineering，2019，3（7）：520-531.

［59］Hegde N，Hipp J D，Liu Y，et al. Similar image search for histopathology：SMILY. npj Digital Medicine，2019（56）. https：//www.nature.com/articles/s41746-019-0131-z [2019-06-21].

［60］Kurtz D M，Esfahani M S，Scherer F，et al. Dynamic risk profiling using serial tumor biomarkers for personalized outcome prediction. Cell，2019，178（3）：699-713.

［61］Low J H，Li P，Chew E G Y，et al. Generation of human PSC-derived kidney organoids with patterned nephron segments and a *de novo* vascular network. Cell Stem Cell，2019，25（3）：373-387.

［62］Daoud H，Bayoumi M A. Efficient Epileptic Seizure prediction based on deep learning. IEEE Transactions on Biomedical Circuits and Systems，2019，13（5）：804-813.

［63］Pauthner M G，Nkolola J P，Havenar-Daughton C，et al. Vaccine-induced protection from homologous tier 2 SHIV challenge in nonhuman primates depends on serum-neutralizing antibody titers. Immunity，2019，50（1）：241-252.

［64］Butler D. Promising malaria vaccine to be tested in first large field trial. https：//www.nature.com/articles/d41586-019-01232-4[2019-04-16].

［65］Ma L，Dichwalkar T，Chang J Y H，et al. Enhanced CAR-T cell activity against solid tumors by vaccine boosting through the chimeric receptor. Science，2019，365（6449）：162-168.

［66］Hickson L J，Prata L G P L，Bobart S A，et al. Senolytics decrease senescent cells in humans：preliminary report from a clinical trial of Dasatinib plus Quercetin in individuals with diabetic kidney disease. EBioMedicine，2019，47：446-456.

［67］Zhavoronkov A，Ivanenkov Y A，Aliper A，et al. Deep learning enables rapid identification of potent DDR1 kinase inhibitors. Nature Biotechnology，2019，37：1038-1040.

［68］Li Z Y，Wang C，Wang Z Y，et al. Allele-selective lowering of mutant HTT protein by HTT-LC3 linker compounds. Nature，2019，575：203-209.

［69］赵熙熙. 全球首支埃博拉疫苗获批. http：//news.sciencenet.cn/htmlnews/2019/11/432609.shtm [2019-11-13].

［70］Gupta R K，Abdul-Jawad S，McCoy L E，et al. HIV-1 remission following CCR5 Δ32/Δ32 haematopoietic stem-cell transplantation. Nature，2019，568：244-248.

［71］Dedrick R M，Guerrero-Bustamante C A，Garlena R A，et al. Engineered bacteriophages for treatment of a patient with a disseminated drug-resistant *Mycobacterium abscessus*. Nature medicine，2019，25（5）：730-733.

［72］Lopes J M. FDA approves Zolgensma，1st gene therapy to treat SMA in children up to age 2. https：//smanewstoday.com/news-posts/2019/05/24/fda-approves-zolgensma-gene-therapy-newborns-toddlers-with-any-sma-type/[2019-05-24].

［73］刘霞. 全球首例 iPS 细胞培养角膜移植成功. http：//digitalpaper.stdaily.com/http_www.kjrb.com/
kjrb/html/2019-09/03/content_429824.htm［2019-09-03］.

［74］Fahy G M，Brooke R T，Watson J P，et al. Reversal of epigenetic aging and immunosenescent
trends in humans. Aging Cell，2019，18（6）：e13028.

［75］Thomson H. Exclusive：Humans placed in suspended animation for the first time. https：//www.
newscientist.com/article/2224004-exclusive-humans-placed-in-suspended-animation-for-the-first-
time/［2019-11-20］.

［76］BioDirection. BioDirection receives breakthrough device designation from FDA for Tbit ™ System.
https：//nanodiagnostics.com/2019/02/11/biodirection-receives-breakthrough-device-designation-
from-fda-for-tbit-system/［2019-02-11］.

［77］Albanna M，Binder K W，Murphy S V，et al. *In Situ* bioprinting of autologous skin cells
accelerates wound healing of extensive excisional full-thickness wounds. Scientific Reports，2019，
9（1）：1856.

［78］Weinstein J A，Regev A，Zhang F，et al. DNA microscopy：optics-free spatio-genetic imaging by
a stand-alone chemical reaction. Cell，2019，178（1）：229-241.

［79］Hamblin D. The Pentagon has a laser that can identify people from a distance—by their heartbeat.
https：//www.technologyreview.com/2019/06/27/238884/the-pentagon-has-a-laser-that-can-identify-
people-from-a-distanceby-their-heartbeat/［2019-06-27］.

［80］Schmidt E. Brain implant restores visual perception to the blind. https：//newsroom.ucla.edu/releases/
brain-implant-restores-visual-perception-to-the-blind［2019-09-18］.

［81］Johns Hopkins Medicine. Proof-of-concept experiments：electrical brain implants enable man to
control prosthetic limbs with 'thoughts'. https：//www.hopkinsmedicine.org/news/newsroom/news-
releases/proof-of-concept-experiments-electrical-brain-implants-enable-man-to-control-prosthetic-
limbs-with-thoughts［2019-10-15］.

［82］Sun Z，Ikemoto K，Fukunaga T M，et al. Finite phenine nanotubes with periodic vacancy defects.
Science，2019，363（6423）：151-155.

［83］TASS. Scientists offer new technology to absorb liquid radioactive waste.https：//tass.com/
science/1045664［2019-02-20］.

［84］中华人民共和国科学技术部. 俄罗斯研发出新型纳米磁性复合材料. http：//most.gov.cn/
gnwkjdt/201902/t20190201_145025.htm［2020-09-06］.

［85］Ye S J，Brown A P，Stammers A C，et al. Sub-nanometer thick gold nanosheets as highly efficient
catalysts. https：//www.ncbi.nlm.nih.gov/pmc/articles/PMC6839621/［2019-08-06］.

［86］Qian X，Zhao Y，Alsaid Y，et al. Artificial phototropism for omnidirectional tracking and harvesting of light. Nature Nature Nanotechnology，2019，14：1048-1055.

［87］Tominaka S，Ishibiki R，Fujino A，et al. Geometrical frustration of B-H bonds in layered hydrogen borides accessible by soft chemistry. Chem，2020，6（2）：406-418.

［88］Composites World. JEC World 2019：Boston Materials. https：//www.compositesworld.com/ articles/jec-world-2019-boston-materials［2019-03-27］.

［89］Toray Industries，Inc. Toray develops vacuum pressure molded prepreg for aircraft. https：//cs2. toray.co.jp/news/toray/en/newsrrs02.nsf/0/038164483F01E567492583E800087339［2019-04-18］.

［90］Yuhara J J，He B J，Matsunami N，et al. Graphene's latest cousin：plumbene epitaxial growth on a 'Nano WaterCube'. Advanced Materials，2019，31（21）：1901017.

［91］Liu X L，Hersam M C. Borophene-graphene heterostructures. Science Advances，2019，5（10）：eaax6444.

［92］Endo Y，Fukaya Y，Mochizuki I，et al. Structure of superconducting Ca-intercalated bilayer Graphene/SiC studied using total-reflection high-energy positron diffraction. http：//www.surface. phys.s.u-tokyo.ac.jp/papers/2019/201912-Endo-Carbon-Positron%20dffraction.pdf［2020-06-20］.

［93］Manca D R，Churyumov A Y，Pozdniakov A V，et al. Novel heat-resistant Al-Si-Ni-Fe alloy manufactured by selective laser melting. Materials Letters，2019，236：676-679.

［94］Sun W，Zhu Y，Marceau R，et al. Precipitation strengthening of aluminum alloys by room-temperature cyclic plasticity. Science，2019，363（6430）：972-975.

［95］Zhang C，Ni Z，Zhang J，et al. Ultrahigh conductivity in Weyl semimetal NbAs nanobelts. Nature Materials，2019，18（5）：482-488.

［96］Rickman J M，Chan H M，Harmer M P，et al. Materials informatics for the screening of multi-principal elements and high-entropy alloys. Nature Communications，2019，10（1）：2618.

［97］Hsain Z，Pikul J H. Low-energy room-temperature healing of cellular metals. Advanced Functional Materials，2019，29（43）：1-7.

［98］Air Force Office of Scientific Research. Additive manufacturing promising with AF-9628，a high-strength，low cost steel. https：//techxplore.com/news/2019-08-additive-af-high-strength-steel.html ［2019-08-22］.

［99］Marx J C，Robbins S J，Grady Z A，et al. Polymer infused composite metal foam as a potential aircraft leading edge material. Applied Surface Science，2019，505：144114.

［100］Kiefer D，Kroon R，Hofmann A I，et al. Double doping of conjugated polymers with monomer molecular dopants. Nature Materials，2019，18：149-155.

［101］Thouin F，Valverde-Chávez D A，Quarti C，et al. Phonon coherences reveal the polaronic character of excitons in two-dimensional lead halide perovskites. Nature Materials，2019，18：

349-356.

[102] Hamze R, Peltier J L, Sylvinson D, et al. Eliminating nonradiative decay in Cu（I）emitters：>99% quantum efficiency and microsecond lifetime. Science, 2019, 363（6427）: 601-606.

[103] Shi Z, Tsymbalov E, Dao M, et al. Deep elastic strain engineering of bandgap through machine learning. Proceedings of the National Academy of Sciences, 2019, 116（10）: 4117-4122.

[104] Yi X, Xie S, Liang B, et al. Extremely low excess noise and high sensitivity AlAs$_{0.56}$Sb$_{0.44}$ avalanche photodiodes. Nature Photonics, 2019, 13: 683-686.

[105] Kaiser K, Scriven L M, Schulz F, et al. An sp-hybridized molecular carbon allotrope, cyclo[18] carbon. Science, 2019, 365（6459）: 1299-1301.

[106] Yamashita Y, Tsurumi J, Ohno M, et al. Efficient molecular doping of polymeric semiconductors driven by anion exchange. Nature, 2019, 572: 634-638.

[107] Leung E M, Escobar M C, Stiubianu G T, et al. A dynamic thermoregulatory material inspired by squid skin. Nature Communications, 2019, 10: 1947.

[108] Li Y H, Yang K S. High-throughput computational design of organic–inorganic hybrid halide semiconductors beyond perovskites for optoelectronics. Energy & Environmental Science, 2019, 7: 2233-2243. doi: 10.1039/C9EE01371G.

[109] Morris L, Hales J J, Trudeau M L, et al. A manganese hydride molecular sieve for practical hydrogen storage under ambient conditions. https: //pubs.rsc.org/en/content/articlelanding/2019/EE/C8EE02499E#fn1[2020-06-30].

[110] Mao J, Zhu H, Ding Z, et al. High thermoelectric cooling performance of n-type Mg$_3$Bi$_2$-based materials. Science, 2019, 365（6452）: 495-498.

[111] Cui K H, Wardle B L. Breakdown of native oxide enables multifunctional, free-form carbon nanotube-metal hierarchical architectures. ACS Applied Materials & Interfaces, 2019, 11（38）: 35212-35220.

[112] Han B H, Liao C, Dogan F, et al. Using mixed salt electrolytes to stabilize silicon anodes for lithium-ion batteries via *in situ* formation of Li-M-Si ternaries（M = Mg, Zn, Al, Ca）. ACS Applied Materials & Interfaces, 2019, 11（33）: 29780.

[113] Tourlomousis F, Jia C, Karydis T, et al. Machine learning metrology of cell confinement in melt electrowritten three-dimensional biomaterial substrates. Microsystems & Nanoengineering, 2019, 5: 15.

[114] 董映璧. 心脏支架喷涂复合纳米材料可防中风. http: //digitalpaper.stdaily.com/http_www.kjrb.com/kjrb/html/2019-04/16/content_419267.htm?div=-1[2019-04-16].

[115] Hickey J W, Dong Y, Chung J W, et al. Engineering an artificial T-cell stimulating matrix for

immunotherapy. Advanced Materials，2019，31（23）：e1807359.

［116］Grigoryan B，Paulsen S J，Corbett D C，et al. Multivascular networks and functional intravascular topologies within biocompatible hydrogels. Science，2019，364：458-464.

［117］Hong Y，Zhou F，Hua Y，et al. A strongly adhesive hemostatic hydrogel for the repair of arterial and heart bleeds. Nature Communications，2019，10：2060.

［118］Mallinckrodt plc. Mallinckrodt announces positive top-line results from pivotal phase 3 clinical trial of StrataGraft® regenerative tissue in patients with deep partial-thickness thermal burns. https：// www.prnewswire.com/news-releases/mallinckrodt-announces-positive-top-line-results-from-pivotal-phase-3-clinical-trial-of-stratagraft-regenerative-tissue-in-patients-with-deep-partial-thickness-thermal-burns-300922858.html［2019-09-23］.

［119］Somayazulu M，Ahart M，Mishra A K，et al. Evidence for superconductivity above 260 K in lanthanum superhydride at megabar pressures. Physical Review Letters，2019，122（2）：027001.

［120］Irajizad P，Al-Bayati A，Eslami B，et al. Stress-localized durable icephobic surfaces. Materials Horizons，2019，6：758-766.

［121］Xu X，Zhang Q Q，Hao M L，et al. Double-negative-index ceramic aerogels for thermal superinsulation. Science，2019，363（6428）：723-727.

［122］Ardagh M A，Abdelrahman O，Dauenhauer P J. Principles of dynamic heterogeneous catalysis：surface resonance and turnover frequency response. ACS Catalysis，2019，9（8）：6929-6937.

［123］Lall A，Sarkar S，Ding R G，et al. Performance of Alloy 709 under creep-fatigue at various dwell times. Materials Science and Engineering：A，2019，761：138028.

［124］Liu Z，Shao C，Jin B，et al. Crosslinking ionic oligomers as conformable precursors to calcium carbonate. Nature Volume，2019，574：394-398.

［125］Fan H，Wang J，Tao Z，et al. Adjacent cationic–aromatic sequences yield strong electrostatic adhesion of hydrogels in seawater. Nature Communications，2019，10：5127.

［126］Castelvecchi D. Forget everything you know about 3D printing: the 'replicator' is here. https：// www.nature.com/articles/d41586-018-07798-9#ref-CR1［2019-01-31］.

［127］Thomas. Fraunhofer IWU develops high-speed screw extrusion AM system for high-performance plastics. http：//www.3ders.org/articles/20190304-fraunhofer-iwu-develops-high-speed-screw-extrusion-am-system-for-high-performance-plastics.html［2019-03-04］.

［128］Yang C，Boorugu M，Dopp A，et al. 4D printing reconfigurable，deployable and mechanically tunable metamaterials. Materials Horizons，2019，6：1244-1250.

［129］Roehling J D，Smith W L，Roehling T T，et al. Reducing residual stress by selective large-area diode surface heating during laser powder bed fusion additive manufacturing. Additive

Manufacturing，2019，28：228-235.

［130］Dresden. Versatile and inexpensive：alternative powders developed for the additive manufacturing of steels. https：//www.ifam.fraunhofer.de/en/Press_Releases/Alternative_powders_developed_for_the_additive_manufacturing_of_steels.html［2019-07-11］.

［131］Vialva T. Researchers from Politecnico di Milano develop and patent self-correcting SLM 3d printer. https：//3dprintingindustry.com/news/researchers-from-politecnico-di-milano-develop-and-patent-self-correcting-slm-3d-printer-158919/［2019-07-23］.

［132］Saha S K，Wang D，Nguyen V H，et al. Scalable submicrometer additive manufacturing. Science，2019，366（6461）：105-109.

［133］Skylar-Scott M A，Mueller J，Visser C W，et al. Voxelated soft matter via multimaterial multinozzle 3D printing. Nature，2019，575（7782）：330-335.

［134］Torres A M，Trikanad A A，Aubin C A，et al. Bone-inspired microarchitectures achieve enhanced fatigue life. Proceedings of the National Academy of Sciences，2019，116（49）：24457-24462.

［135］Hwangbo J，Lee J，Dosovitskiy A，et al. Learning agile and dynamic motor skills for legged robots. Science Robotics，2019，4（26）：eaau5872.

［136］Kwiatkowski R，Lipson H. Task-agnostic self-modeling machines. Science Robotics，2019，4（26）：eaau9354.

［137］Naver Labs. 네이버랩스，CES 2019 전시물 소개. https：//www.naverlabs.com/storyDetail/106［2019-01-07］.

［138］Marinov B. Fourier strengthens the hand of exoskeleton developers with new open platform. https：//exoskeletonreport.com/2019/01/fourier-intelligence-announces-the-fourier-exoskeleton-robotics-open-platform-system-exops/［2019-01-21］.

［139］Li S G，Batra R，Brown D，et al. Particle robotics based on statistical mechanics of loosely coupled components. Nature，2019，567：361-365.

［140］Mitchell D. 'MacGyver'-like robot can build own tools by assessing form，function of supplies. https：//techxplore.com/news/2019-08-macgyver-like-robot-tools-function.html［2019-08-13］.

［141］Cacucciolo V，Shintake J，Kuwajima Y，et al. Stretchable pumps for soft machines. Nature，2019，572：516-519.

［142］OMRON Corporation. OMRON develops industry's fastest 3D vision sensing technology for robot hands-realizing a picking system for human-independent，automated bulk parts assembly. https：//www.omron.com/global/en/media/2019/11/c1111.html［2019-11-11］.

［143］Jun H，Zhang F，Shepherd T，et al. Autonomously designed free-form 2D DNA origami. Science Advances，2019，5（1）：eaav0655.

［144］Cao C Z，Pan S H，Li X C，et al. Nanoparticle-enabled phase control for arc welding of unweldable aluminum alloy 7075. Nature Communications，2019，10：98.

［145］Guo R，Yao S Y，Sun X Y，et al. Semi-liquid metal and adhesion-selection enabled rolling and transfer（SMART）printing：a general method towards fast fabrication of flexible electronics . Science China Materials，2019，62：982-994.

［146］Brubaker M D，Genter K L，Roshko A，et al. UV LEDs based on p-i-n core-shell AlGaN/GaN nanowire heterostructures grown by N-polar selective area epitaxy. Nanotechnology，2019，30（23）：234001.

［147］Zhao Y，You S S，Zhang A，et al. Scalable ultrasmall three-dimensional nanowire transistor probes for intracellular recording. Nature Nanotechnology，2019，14：783-790.

［148］Rakshit R，Hattori A N，Naitoh Y，et al.Three-dimensional nanoconfinement supports verwey transition in Fe_3O_4 nanowire at 10 nm length scale. Nano Letters.，2019，19（8）：5003-5010.

［149］宋晓华 . 海尔"智能＋5G大规模定制验证平台"亮相汉诺威工业博览会 . http：//paper. people.com.cn/rmrbhwb/html/2019-04/11/content_1918999.htm［2019-04-11］.

［150］Rockwell Automation. PTC and Rockwell Automation solve manufacturing's most frequent challenges with combined offerings. https：//ir.rockwellautomation.com/press-releases/press-releases-details/2019/PTC-and-Rockwell-Automation-Solve-Manufacturings-Most-Frequent-Challenges-with-Combined-Offerings/default.aspx［2019-06-11］.

［151］郝晓明 . 中德合作柔性制造解决方案亮相 . http：//digitalpaper.stdaily.com/http_www.kjrb.com/kjrb/html/2019-10/31/content_433826.htm?div=-1［2019-10-31］.

［152］NASA. Refabricator to Recycle，reuse plastic installed on space station. https：//gameon.nasa.gov/2019/02/11/refabricator-to-recycle-reuse-plastic-installed-on-space-station/［2019-02-11］.

［153］Graham K. Changing manufacturing: scientists weld glass and metal together. http：//www.digitaljournal.com/tech-and-science/technology/changing-manufacturing-scientists-weld-glass-and-metal-together/article/544637［2019-03-05］.

［154］Li S G，Vogt D M，Bartlett N W，et al. Tension pistons：amplifying piston force using fluid - induced tension in flexible, aterials. Advanced Functional Materials，2019，29（30）：1901419.

［155］Martin A，Chang B S，Martin Z，et al. Heat-free fabrication of metallic interconnects for flexible/wearable devices. Advanced Functional Materials，2019，29（40）：1903687.

［156］Grossman D. Air Force sets new thrust record in experimental scramjet test. https：//www.popularmechanics.com/military/aviation/a28650397/air-force-scramjet-test/［2019-08-09］.

［157］矫阳 . 世界首条智能高铁"京张线"开张了 . http：//digitalpaper.stdaily.com/http_www.kjrb.com/kjrb/html/2019-12/31/content_437747.htm［2019-12-30］.

［158］Pena-Francesch A，Demirel M C. Squid-inspired tandem repeat proteins：functional fibers and films. Frontiers in Chemistry，2019，7：69.

［159］Luo X，Reiter M A，d'Espaux L，et al. Complete biosynthesis of cannabinoids and their unnatural analogues in yeast. Nature，2019，567：123-126.

［160］Spiesz E M，Schmieden D T，Grande A M，et al. Bacterially produced，nacre-inspired composite materials. Small，2019，15（22）：1805312.

［161］University of Manchester. Biofuels could be made from bacteria that grow in seawater rather than from crude oil. https：//www.manchester.ac.uk/discover/news/breakthrough-for-biofuels-that-could-be-made--from-seawater-rather-than-crude-oil/［2019-10-17］.

［162］Liu Q，Yu T，Li X，et al. Rewiring carbon metabolism in yeast for high level production of aromatic chemicals . Nature Communications，2019，10：4976.

［163］Gleizer S，Ben-Nissan R，Bar-On Y M，et al. Conversion of *Escherichia coli* to generate all biomass carbon from CO_2. Cell，2019，179（6）：1255-1263.

［164］South P F，Cavanagh A P，Liu H W，et al. Synthetic glycolate metabolism pathways stimulate crop growth and productivity in the field. Science，2019，363（6422）：eaat9077.

［165］宋岩 . 世界首台百万千瓦水电机组核心部件完工交付 . http：//www.gov.cn/xinwen/2019-01/12/content_5357333.htm［2019-01-14］.

［166］俄罗斯卫星通讯社 . 俄罗斯制造出最高效太阳能电站 . http：//sputniknews.cn/society/2019 01141027346709/［2019-01-14］.

［167］Kuang Y，Kenney M J，Meng Y T，et al. Solar-driven，highly sustained splitting of seawater into hydrogen and oxygen fuels. PNAS，2019，116(14)：6624-6629.

［168］云洲 . 中国海洋经济博览会展会介绍 . http：//yunzhoucn2.gz7.hostadm.net/News/detail/id/426.html［2019-10-15］.

［169］Julian Spector. CSP startup heliogen cranks up solar thermal to 1,000 degrees. https：//www.greentechmedia.com/articles/read/heliogen-cranks-solar-thermal-up-to-1000-degrees-cel［2019-11-19］.

［170］World Nuclear News. Innovative technology enhances NuScale SMR safety.https：//world-nuclear-news.org/Articles/Innovative-technology-enhances-NuScale-SMR-safety［2019-01-11］.

［171］National University of Science and Technology MISIS. Material for new-generation atomic reactors developed. https：//phys.org/news/2019-03-material-new-generation-atomic-reactors.html［2019-03-19］.

［172］Sputnik. Russian scientists create fuel for next generation nuclear power reactors. https：//sputniknews.com/science/201908191076558685-nuclear-power-reactor-russian-scietists/［2019-08-19］.

［173］Rapoza K. Russia's first floating nuclear power plant turns on，set to replace coal. https：//www.

forbes.com/sites/kenrapoza/2019/12/19/russia-first-floating-nuclear-power-plant-turns-on-set-to-replace-coal/#1478d171e3da［2019-12-19］.

［174］ Wang W，Yu L J，Xu C，et al. Structural basis for blue-green light harvesting and energy dissipation in diatoms. Science，2019，363（6427）：598-598.

［175］ Liu D，Li X，Chen S，et al. Atomically dispersed platinum supported on curved carbon supports for efficient electrocatalytic hydrogen evolution. Nature Energy，2019，4：512-518.

［176］ Weber R，Genovese M，Louli A J，et al. Long cycle life and dendrite-free lithium morphology in anode-free lithium pouch cells enabled by a dual-salt liquid electrolyte. Nature Energy，2019，4：683-689.

［177］ Das S，Wu C，Song Z，et al. Bacteriorhodopsin enhances efficiency of perovskite solar cells. ACS Applied Materials & Interfaces，2019，11（34）：30728.

［178］ Harlow J E，Ma X，Li J，et al. A wide range of testing results on an excellent lithium-ion cell chemistry to be used as benchmarks for new battery technologies. Journal of the Electrochemical Society，2019，166（13）：A3031-3044.

［179］ Meng N，Ren X，Santagiuliana G，et al. Ultrahigh β-phase content poly（vinylidene fluoride）with relaxor-like ferroelectricity for high energy density capacitors. Nature Communications，2019，10：4535.

［180］ Rorrer N A，Nicholson S，Carpenter A，et al. Combining reclaimed PET with bio-based monomers enables plastics upcycling. Joule，2019，3（4）：1006-1027.

［181］ Lloveras P，Aznar A，Barrio M，et al. Colossal barocaloric effects near room temperature in plastic crystals of neopentylglycol. Nature Communications，2019，10：1803.

［182］ Böhme C. BASF develops process for climate-friendly methanol. https：//www.basf.com/global/en/media/news-releases/2019/05/p-19-218.html［2019-05-24］.

［183］ Pulido B A，Habboub O S，Aristizabal S L，et al. Recycled poly（ethylene terephthalate）for high temperature solvent resistant membranes. ACS Applied Polymer Materials，2019，1（9）：2379-2387.

［184］ Levy D M. Electronic waste is mined for rare earth elements. https：//phys.org/news/2019-08-electronic-rare-earth-elements.html[2019-08-14].

［185］ Gazi S，Đokić M，Chin K F，et al. Visible light-driven cascade carbon-carbon bond scission for organic transformations and plastics recycling. Advanced Science，2019，6（24）：1902020.

［186］ Guidetti G，Pogna E A A，Lucia L，et al. Photocatalytic activity of exfoliated graphite–TiO$_2$ nanoparticle composites. Nanoscale，2019，11（41）：19301.

［187］ 中国科学院过程工程研究所. 离子液体催化乙烯－合成气制 MMA 成套技术研发成功. http://www.ipe.cas.cn/xwdt/kyjz/201903/t20190311_5252429.html［2019-03-11］.

［188］ Weatherford. Weatherford Releases ForeSite® Edge delivers production 4.0 intelligence and autonomous well management. https：//www.weatherford.com/en/about-us/newsroom/media-releases/weatherford-releases-foresite-edge-delivers-production-4-0-intelligence-and-autonomous-well-managem/［2019-05-01］.

［189］ Pereira-Neto L. First LNG cargo shipped from Prelude FLNG. https：//www.technipfmc.com/en/media/news/2019/07/First-LNG-cargo-shipped-from-Prelude-FLNG［2019-06-04］.

［190］ Schlumberger. Schlumberger introduces cutting-edge intelligent wireline formation testing platform. https：//www.slb.com/newsroom/press-release/2019/pr-2019-0918-slb-ora［2019-09-18］.

［191］ National Energy Technology Laboratory. Netl-developed oxygen carrier exhibits unparalleled durability in test. https：//netl.doe.gov/node/9220［2019-09-26］.

［192］ Rogoway T. Air Force's secretive XQ-58A Valkyrie experimental combat drone emerges after first flight. https：//www.thedrive.com/the-war-zone/26825/air-forces-secretive-xq-58a-valkyrie-experimental-combat-drone-emerges-after-first-flight［2019-03-06］.

［193］ Pawlyk O. Air Force conducts flight tests with Subsonic，autonomous drones. https：//www.military.com/defensetech/2019/03/08/air-force-conducts-flight-tests-subsonic-autonomous-drones.html［2019-03-08］.

［194］ Gavin C. A local startup has unveiled a flying vehicle that runs on hydrogen fuel. https：//www.boston.com/news/technology/2019/06/03/alakai-technologies-skai［2019-06-03］.

［195］ TASS. Russian heavy strike drone Okhotnik makes first flight. https：//tass.com/defense/1071784［2019-08-03］.

［196］ 栾海. 俄重型攻击无人机首次与苏–57 战机协同飞行测试. http://www.xinhuanet.com/world/2019-09/28/c_1125051977.htm［2019-09-29］.

［197］ Horne T A. Gulfstream G700 debuts. https：//www.aopa.org/news-and-media/all-news/2019/october/22/gulfstream-g700-debuts［2019-10-22］.

［198］ 冯华，刘诗瑶. 首次！嫦娥四号实现人类探测器月背软着陆 首张！近距离拍摄了月背影像图并传回地面. http://world.people.com.cn/n1/2019/0104/c1002-30503239.html［2019-01-04］.

［199］ NASA. Record-breaking satellite advances NASA's exploration of high-altitude GPS. https：//www.nasa.gov/feature/goddard/2019/record-breaking-satellite-advances-nasa-s-exploration-of-high-altitude-gps［2019-04-04］.

［200］ Hasegawa K. Touchdown：Japan probe Hayabusa2 lands on distant asteroid. https：//phys.org/news/2019-02-touchdown-japan-probe-hayabusa2-distant.html［2019-02-22］.

［201］ Meghan Bartels. Farewell，Ryugu! Japan's Hayabusa2 probe leaves asteroid for journey home. https：//www.space.com/hayabusa2-spacecraft-leaves-asteroid-ryugu.html［2019-11-13］.

[202] Parks J. The nature of M87：EHT's look at a supermassive black hole. https：//astronomy.com/
news/2019/04/the-nature-of-m87-a-look-at-a-supermassive-black-hole[2019-04-10].

[203] Bannister K W，Deller A T，Phillips C，et al. A single fast radio burst localized to a massive
galaxy at cosmological distance. Science，2019，365（6453）：565-570.

[204] Newman Z L，Maurice V N，Drake T E，et al. Architecture for the photonic integration of an
optical atomic clock. Optica，2019，6（5）：680-685.

[205] Bale S D，Badman S T，Bonnell J W，et al. Highly structured slow solar wind emerging from an
equatorial coronal hole. Nature，2019，576：237-242.

[206] Killian M. Falcon Heavy's Launch with Arabsat 6A in Spectacular Imagery. https：//www.americaspace.
com/2019/04/15/falcon-heavys-launch-with-arabsat-6a-in-spectacular-imagery/[2019-04-15].

[207] Malik T. Stratolaunch flies world's largest plane for the first time. https：//www.space.com/
stratolaunch-flies-worlds-largest-plane-first-time.html[2019-04-13].

[208] Foust J. Virgin Orbit carries out successful LauncherOne drop test. https：//spacenews.com/virgin-
orbit-carries-out-successful-launcherone-drop-test/[2019-07-10].

[209] 杨璐. 长征五号遥三运载火箭发射飞行试验任务取得圆满成功. http：//www.gov.cn/
xinwen/2019/12/27/content_5464606.htm[2019-12-27].

[210] SSTL. SSTL completes small geostationary platform build for EUTELSAT QUANTUM. https：
//www.sstl.co.uk/media-hub/latest-news/2019/sstl-completes-small-geostationary-platform-
build-[2019-01-09].

[211] eoPortal. Eutelsat Quantum: a new generation communication satellite. https：//directory.eoportal.
org/web/eoportal/satellite-missions/e/eutelsat-quantum[2020-06-20].

[212] Kundaliya D. NASA tests laser communications in space between two CubeSat satellites. https：//
www.computing.co.uk/news/3073994/nasa-tests-laser-Communications-in-space-between-two-
cubesat-craft[2019-04-10].

[213] Sheetz M. SpaceX launches dozens of 'Starlink' internet satellites into space-its heaviest payload
ever. https：//www.cnbc.com/2019/05/24/spacex-starlink-launch-60-internet-satellites-on-heaviest-
mission.html[2019-05-24].

[214] Henry C. SpaceX launches second batch of Starlink broadband satellites. https：//spacenews.com/
spacex-launches-second-batch-of-starlink-broadband-satellites/[2019-11-11].

[215] Gohd C. Solar sail success! LightSail 2 is officially soaring on sunlight. https：//www.space.com/
lightsail-2-solar-sail-mission-success.html[2019-07-31].

[216] RT. Russia invents self-destroying satellite to solve burgeoning 'space junk' problem. https：//www.
rt.com/news/466218-russia-invents-self-destroying-satellite/[2019-08-10].

[217] ESA. OPS-SAT. https：//www.esa.int/Enabling_Support/Operations/OPS-SAT[2020-06-20].

[218] 王欢. NEC 新技术可使海底电缆通信速度提高 3 成. https：//tech.huanqiu.com/article/9CaKrnKgJHw[2019-01-07].

[219] 姜杨敏，李芸. 新型超级水下机器人首发.http：//news.sciencenet.cn/htmlnews/2019/9/430184.shtm[2019-09-04].

[220] 刘惟真. 3000 米级声学深拖系统现身矿业大会 最快年内投入使用. http：//www.xinhuanet.com/tech/2019-10/11/c_1125092988.htm[2019-10-11].

[221] 林迪. 我国研制出世界最大万米级载人舱 可达海洋最深处. https：//tech.huanqiu.com/article/9CaKrnKnu1B[2019-10-29].

[222] 华义. 日本开发海底资源分布可视化技术. http：//www.xinhuanet.com/world/2019/12/13/c_1125343420.htm[2019-12-13].

[223] 张泉. 全球首艘超大型智能原油船成功交付. http：//www.xinhuanet.com/politics/2019/06/22/c_1124658452.htm[2019-06-22].

[224] NONE. "海鸥"地效飞行器可部署水面或机场. http：//digitalpaper.stdaily.com/http_www.kjrb.com/kjrb/html/2019-07/16/content_425726.htm[2019-07-16].

[225] NYK. NYK Conducts World's First Maritime Autonomous Surface Ships Trial. https：//www.nyk.com/english/news/2019/20190930_01.html[2019-09-30].

[226] 程雯璟. 我校海洋系远洋无人机磁测平台系统研制成功. https：//newshub.sustech.edu.cn/zh/html/201911/29877.html[2019-11-26].

[227] 海洋研究院. 全球首个"智慧海洋"国际标准在"ITU"成功立项. http：//www.hellosea.net/Institute/3/71948.html[2019-12-10].

[228] 柳玉鹏. 世界最强破冰船完成首航 配两座核反应堆可破 2.8 米厚冰层. https：//mil.huanqiu.com/article/3wDqEtYpKSf[2019-12-16].

[229] Tech Xplore. Russian nuclear-powered giant icebreaker completes test run. https：//techxplore.com/news/2019-12-russian-nuclear-powered-giant-icebreaker.html[2019-12-14].

Overview of High Technology Development in 2019

Zhang Jiuchun, Yang Jie

（ Institutes of Science and Development, Chinese Academy of Sciences ）

In 2019, facing the adverse situation of the world economic downturn, trade protectionism and anti-globalization, major countries in the world attached great importance to investment in scientific and technological innovation, and competed fiercely in strategic high-tech fields and possible breakthroughs in the new scientific and technological revolution and industrial transformation. The United States published a series of strategic plans including *Federal Data Strategies*, *Federal Cloud Computing Strategies*, *DoD Digital Modernization, Strategies and Technology Strategies: Strengthening USAF Science and Technology Strategy for 2030 and Beyond* and *National Space Weather Strategy and Action Plan* and focused on developing strategic high technologies such as artificial intelligence, quantum technology, cyberspace and security in order to strengthen its role as a world leader in high technology. The EU strengthened its strategic layout in high technology, launched the artificial intelligence program *AI4EU* and the program of quantum science and technology, increased investment in high-performance supercomputing, and published *Strengthening Strategic Value Chains for a Future-ready EU Industry Report* proposing to enhance global competitiveness in six key areas of science and technology including clean, connected and autonomous vehicles, hydrogen technologies and systems, smart health, industrial IoT, low CO_2 emission industry and cybersecurity. The UK has published *Clean Air Strategy*, *Digital Markets Strategy*, *Defense Technology Framework*, *Defense Innovation Priorities*, and *International Research and Innovation Strategy* and the research plan （ 2019-2020 ）. *International Research and Innovation Strategy* proposes to increase R&D input to 2.4% of GDP in UK. Germany released its *National Industrial Strategy 2030*, which focuses on ten key industrial areas including steel, copper and aluminum industry, chemicals industry, mechanical engineering and plant construction, automotive industry, optical industry, medical device industry, Green Tech sector, armaments industry, aerospace industry and 3D printing, in order to enhance the Germany's core competitiveness in global advanced industrial manufacturing. Russia has released *New Version of the Scientific and Technological Development of the Russian Federation (2019-2030)* and *National Strategy for the Development of Artificial Intelligence (NSDAI)* for the period until 2030. Russia would accelerate the development of basic scientific research, education, and intelligent society, focus on building a balanced system that supports all stages of the innovation cycle, and give priority to area of artificial intelligence. Japan issued *Integrated Innovation Strategy 2019* putting forward the development goals of key areas such as biological technology, quantum, artificial intelligence, environment and energy. China continued to further implement the innovation-driven development strategy, implement major science and technology plan, accelerate the construction of national laboratories and the reorganization of national key laboratory system, steadily support basic research and applied basic research, strengthen efforts to tackle key and core technologies, protect intellectual property and commercialize scientific and technological achievements. China has made a series of major achievements, steadily improved its innovation capacity in high-tech fields, and made major progress in construction of an innovation-originated nation.

2020 High Technology Development Report summarizes and presents the major achievements and progress of high technologies in both China and the world in 2019 from the following 6 parts.

Information and communication technologies (ICT). Major breakthroughs have been made in the field of ICT which is represented by 5G, artificial intelligence and quantum technology and so on. In the field of integrated circuits, an electronically programmable photonic molecule, 5nm process, a trillion-transistor chip, a nano-opto-electro-mechanical switch, a 3D transistor array and a new type of ferroelectric semiconductor field-effect transistor have been developed. In the field of advanced computing, there are a new processor architecture, the world's first hybrid AI chip, the fastest high bandwidth memory, a system for processing and storing information in living cells, a new storage architecture "DNA of everything" and a new autonomous driving processor. The US "Summit" holds the first place in the TOP 500 supercomputers. In the field of artificial intelligence, a commercial L2+ automatic driving platform, a supercomputing platform for edge devices, a new high-fidelity image generation GAN, some new functions of Google Assistant, a recurrent neural network for 3D pedestrian pose and gait prediction, and multimodal acoustic trap display have been born one after another, and a new mahjong AI system has been upgraded to the world's top players. In the field of cloud computing and big data, a new encryption technology, a scalable production system for Federated Learning, a new point-cloud data analysis technology, and an edge AI supercomputing module are worthy of attention. Network and communication mainly focus on speed, flux, power and security. A new technology of 5G data high-speed wireless backhaul, a new high-speed wircless communication of mass data, a high-capacity wireless multi-channel transmission, an underwater communication sensor without power supply, an new type of unclonable physical keys and a new communication security system have emerged. China has developed the world's first core chip for a 5G base station and issued commercial licenses for 5G. Aimed to develop and implement security of quantum communication, a silicon quantum chip architecture and an optical waveguide that is three layers of atoms have been built, the accuracy of silicon two-qubit operations have been measured successfully for the first time, the daytime free-space quantum communication and the new "quantum advantage" have been illustrated; for the first time a new bose sampling quantum computation is realized and the quantum state is integrated and controlled in common electronic devices. In the field of sensors, a new sensors with high sensitivity, the world's smallest commercial image sensor, a solid state 3D flash Lidar, a new electronic sensor and a flexible full-color quantum dot photodetector have been made.

Health care and biotech. Fruitful results have been achieved in the fields of health and medical technology. In the field of gene and stem cells, two new base pairs（S and B, P and Z）have been successfully created; an efficient CRISPR gene editing technology, a protein switch regulating the function of living cells, a computing framework for inferring interactions between viral proteins and human proteins, a multifunctional imaging method for real-time observation of genomic dynamic changes, a versatile and precise genome editing method "Prime Editing", the version 3.0 of the CRISPR gene editing pig, and a molecular switch controlling the dose of gene therapy have been developed. In the field of individualized diagnosis and treatment, a comprehensive breast cancer risk prediction model, an AI tools to accurately predict seizures, the "continuous individual risk indicator" model for predicting cancer, a deep-learning-based reverse image search tool, a technique of perspective to accurately depict the internal structure of an organ, and a chip for studying the human gut microbes have been designed successfully, thousands of microbial genomes have been identified, and the "miniature kidney" has successfully grown in laboratory. In the field of major new drugs, a new AIDS vaccine, a vaccine providing 100% protection against malaria, a new methods to improve the efficacy of CAR-T therapy against solid tumors and an AI system to speed up drug development were born: an anti-aging medicine has cleared senescent cells in the body, a small molecular compound for Huntington's disease has been selected, and a vaccine against Ebola has been approved in Europe. In the field of diagnosis and treatment of major diseases, the second AIDS patient has been cured in the world, the bacteria was successfully killed by phage in the body, a gene therapy for spinal muscular atrophy is on the market, a corneal cultured by iPS cells has been successfully transplanted; for the first time the "biological age" of human body has been reversed, and a patient went into "suspended animation" and was resuscitated after emergency surgery. In the field of medical equipment, Tbit™ System has been recognized by the FDA as a breakthrough medical treatment; a 3D bio-printer that prints two layers of skin, a new device that identifies people based on their heartbeat, an experiment device that helps blind people recover part of their visual perception, and a bilateral brain implant that allows quadriplegic patients to control both prosthetics at the same time have been developed.

New material technologies. New materials continue to develop towards integration of structure and function, intellectualization of devices and greener manufacturing process. In the field of nanomaterials, a new molecular nanotube, a nanomaterials for purifying liquid radioactive waste, a new nanometer magnetic composite, a gold foil with two atomic layers thick, a smart material that is perfectly aligned with the direction of the beam, and a new conductive nanocrystal have been developed. In the field of 2D materials, a super carbon fiber composite, an innovative prepreg for primary structural components of aircraft, a 2D heterostructure and plumbene have been made; the atomic arrangement of superconducting graphene has been revealed. In the field of metal and alloy material, a new high strength Al-Si-Ni alloy with heat resisting, a new technology strengthening aluminum alloy at room temperature, a semi-metal niobium arsenide nanoribbon with high conductivity, a superhard alloy, a new method of repairing metal, a high-performance 3D printing steel, and the composite "infused CMF" appeared. The "Double doping" technology, a machine learning methods for predicting and designing material properties, a new hybrid semiconductor material, a new copper complex, the carbon-ring C_{18}, an avalanche photodiode and other semiconductor technologies, materials and devices have emerged, and the ion exchange was realized in semiconductor plastics. In the field of energy storage, there are some new materials including a material that controls temperature by capturing or releasing heat, a new materials for solar cells and LEDs, a new material named "KMH-1", a room temperature low-cost thermoelectric material, the blackest materials, and a new electrolyte mixture. In the field of biomedical materials, the cell-size lattice structure, a network of blood vessels with complex structure, a nanomaterial destroying atherosclerotic plaques, the "artificial lymph node" for treating disease, a fast and efficient hemostatic material of bionic hydrogels have been produced. StrataGraft has been shown to be very effective in stage 3 of treating second-degree burns. Other materials are also worthy of attention including a new superconducting material close to room temperature, a high efficient deicing coatings, an ultra-light ceramic aerogels resistant to extreme temperatures, an ultra-high speed catalysis technology, a microscopic technology for real-time monitoring changes in the microstructure of materials, a cm-sized calcium carbonate crystal, and a new adhesive used in seawater.

Advanced manufacturing technologies. The advanced manufacturing sector is accelerating its development to digitalzation, green and intelligence. The increasing material manufacturing technology and equipment continue to innovate. A new system printing an entire object at once, a screw extrusion additive manufacturing system, a metal 3D printing technology to reduce the residual stress by 90%, a 3D printing system to remove the defect layer, the FP-TPL, a new method to prolong the fatigue life of lightweight structures, a new material for 4D print and a low cost iron powder for 3D printing have been developed. A method of multimaterial multinozzle 3D printing was realized. Robotics iterations are accelerated and focuses on artificial intelligence and bionic structure. A new method for training quadruped robots and an exoskeleton robot open platform were designed. A new type of intelligent mechanical arm, a realistic bionic two-armed robot, a robot simulating the collective migration of biological cells, a new intelligent robot that can make simple tools, a micro pump for soft robot, and a 3D visual sensor for robot have been created. New progress has also been made in micro-nano processing, including a computer program for converting 2D graphics into DNA origami, a new aluminum alloy welding technology, an ultra-fast flexible electronic manufacturing technology, an UV LEDs, an ultra-small U-shaped field effect transistor probe array, and the Fe_3O_4 at 10 nm length scale. 5G, Internet of Things, edge computing and cloud platform enable intelligent manufacturing. The "Intelligent +5G" mass customization test and verification platform, the intelligent manufacturing solution "Factory Talk Innovation Suite", and an adaptive modular flexible manufacturing solution have emerged. Great achievements have been made in high-end equipment manufacturing, including a new equipment to recycle plastic and use it to 3D-print parts, an ultra-fast laser system welding glass to metal, a new tension piston, a heat-free technology for fabricating metallic interconnects. The world's most powerful hydrocarbon-fueled scramjet has been tested successfully for the first time. The Beijing-Zhangjiakou high-speed railway, the world's first intelligent high-speed railway, has been put into operation. In the field of biological manufacturing, the protein of squid ring teeth was used to produce tough, soft and biodegradable plastics. Cannabinoids were successfully produced in one cell. An artificial mother-of-pearl coating, a new generation of marine microbial fuel, an efficient technology for producing aromatic chemicals have been developed. CO_2-eating bacillus coli was cultivated in laboratory.

Energy and environmental protection technologies. Many new achievements have been made focusing on the goals of low-carbon, clean, efficiency, intelligence and safety. In the field of renewable energy, a genetic engineering method of shortening the path of light respiration for crops, a new method to produce hydrogen from seawater, an unmanned intelligent operation and maintenance solution for offshore wind power have been successfully designed. A solar power station that tracks sunlight, a new type of solar oven, and the core components of a million-kilowatt hydro-turbine generator unit have been made. In the field of nuclear energy and safety, a new display and indication system for safety, a unique sandwich steel-vanadium-steel material, and the thorium fuel of the fourth generation nuclear power plant have been developed. The floating nuclear power plant "Akademik Lomonosov" has been put into trial operation. In the field of advanced energy storage, the structure of the main optical antenna proteins of diatoms was analyzed with high resolution. A platinum catalyst with "pinecone structure", a new type of lithium battery with higher energy density and more stability, a new type lithium ion battery with a total range of one million miles, and a new polymer film capacitor have been developed. The efficiency of the battery has been significantly improved by adding protein bacteriorhodopsin. In the field of energy conservation and environmental protection, a composite membrane with high performance and long life, a chemical industry filtration membrane and a hydrogen fuel cell have been successfully prepared from waste plastic. A new green material for refrigeration equipment, a green process for producing methanol, a new technology of extracting rare earth elements in permanent magnet and a new graphite composite material absorbing atmospheric pollutants have been developed. In the field of traditional energy, the Prelude FLNG, the largest floating LNG installation, was commissioned. A complete technology for preparing methyl methacrylate, a new generation of automatic control system of pumping well, an intelligent wireline formation testing platform, and a new oxygen carrier with high durability appeared.

Aeronautics, space and marine technologies. The field of space, space and ocean has developed rapidly and made many important achievements. In the field of advanced aircraft, a new long-range, high-subsonic, stealth-operated, unmanned XQ-58A has made important progress. A flying vehicle powered by hydrogen fuel cells appeared. The G700 business jet with excellent performance has been officially launched. Space is the focus of global strategic competition. In the field of space exploration, China's Chang'e-4 probe landed on the far side of the moon and made contact with the Earth by the Queqiao Relay satellite. MMS satellites successfully used GPS for navigation in space. Hayabusa 2 has landed on an asteroid "Ryugu" and collected samples successfully. The first pictures of a black hole have been released. The precise source of one-off rapid radio burst has been identified for the first time. A tiny atomic clock with the size of a chip has been developed. The best research achievements have been completed by using NASA's solar probe "Parker". In the field of delivery technology, a Falcon Heavy successfully recovered three boosters, the center core and fairing for the first time. Progress was made in high-altitude launch by aircraft. China's Long March 5 carrier rocket successfully put Shijian-20 satellite into orbit. In the field of satellite, a completely new quantum satellite defined by the software and a self-destruction satellite at the end of life have been created. The laser communication between two cubic stars in space is achieved. Two batches of 120 "star chain" satellites of broadband constellation that orbit earth and the world's first space software experiment satellite OPS-SAT launched successfully. The solar-powered spacecraft "LightSail 2" have successfully changed orbit by solar sail. In the field of ocean exploration and development, a new technology that increases the speed of undersea cable communications by 30% and a visualization and synthesis technology for wide area distribution of seabed resources appeared. China has developed a working grade electrically driving underwater robot with strong operational capability and environmental protection, a multi-function marine geophysical survey equipment for water depth of 3000 meters, and the manned capsule of a 10,000-meter deep-sea manned underwater vehicle. In the field of advanced ships, the "Seagull" ground-effect aircraft was manufactured. The World's first sea trial of the manned automatic navigation ship system and the first sea trial of the nuclear-powered icebreaker "Arktika" have successfully completed. China has finished the world's first super-large smart ship with 308,000 ton crude oil and a magnetic measurement platform system for ocean-going unmanned aircraft. The project "Overview of Smart Ocean and its ICT implementations" was successfully approved at ITU-T SG20.

第二章

信息技术新进展

Progress in Information Technology

2.1　红外半导体激光材料与器件技术新进展

刘峰奇

（中国科学院半导体研究所）

半导体激光器具有广泛的应用，光通信是半导体激光器最典型的应用实例。不同波长的半导体激光器具有不同的技术成熟度和应用范围，其中红外半导体激光可用于环境、医学、工业、智能感知、国防安全等领域，在提高人们生活质量、推动国家发展方面起着至关重要的作用。红外半导体激光材料与器件技术是国家核心竞争力的重要体现。下面将介绍红外半导体激光材料与器件技术的研究现状并展望其未来。

一、国际重大进展

绝大多数分子的振动和转动能量对应于中远红外波段的光子能量，因此大部分物质在中远红外波段均有特征吸收峰，用波长大于 3μm 的小型、可集成红外半导体激光器可对绝大多数物质进行灵敏检测，从而实现万物智能感知。红外激光雷达、生化战剂的遥测、定向红外对抗、自由空间光通信等前沿关键技术也由高性能红外半导体激光器支撑。近年来，国际上红外半导体激光材料与器件领域主要在以下几个方面取得了重大进展。

1. 大功率红外半导体激光材料与器件

激光的产生需要特定的能级结构。量子级联激光器是一种基于半导体耦合量子阱子带间电子跃迁的单极性半导体激光器。耦合量子阱内因存在量子限制效应而产生分立的电子态，在一定的偏压下，特定耦合量子阱内分立的电子态之间可产生粒子数反转，从而形成激光。量子级联激光器的特点是：工作波长由耦合量子阱子带间距决定，可实现波长的大范围（几微米到上百微米）剪裁；有源区由多级耦合量子阱模块串接组成，可实现单电子注入的多光子输出而获得大功率。

要提高量子级联激光器的功率，一方面是在能级结构方面提高电光转化效率的理论预期，另一方面需要掌握千层结构材料的协同制备技术。美国西北大学采用浅量子阱有源区和高势垒注入区的组合设计，在提高注入效率的同时，减少了高能态电子的泄漏，减小了低能态电子的热回填效应，从原理上提高输出功率，并通过完美的材料制备技术将材料的界面粗糙度降至最低，使波长 4.9μm 的激光器单管功率提高到 5.6W[1]，室温连续和脉冲工作模式下电光转化效率分别为 22% 和 29.3%，这是迄今量子级联激光器的世界最高输出功率。在单管输出功率一定的情况下，可用合束的方法进一步提高输出功率。美国西北大学采用多模干涉耦合器树状结构，巧妙地实现了激光器的片上相干合束，创造了将波长 8μm 的量子级联激光器的单纵模室温连续输出功率提高到 8.2W 的惊人纪录[2]。这种片上相干合束技术是未来提高功率输出的最有效技术。

2. 宽调谐红外半导体激光材料与器件

单模可调谐的红外半导体激光器应用场景广泛。中远红外波段范围内包含了众多物质分子的特征吸收峰，这些物质包括 CO_2、CH_4、N_2O 等温室效应气体，SO_2（形成酸雨）以及一些爆炸物、毒气、与疾病诊断有关的特征气体，与工业污染排放、矿物勘探相关的特征物质等，其检测与人们的生活质量息息相关。中远红外量子级联激光器对这些物质的检测灵敏度高达 10^{-9} 量级，比近红外波段的激光器高 2 ~ 4 个数量级。实现多种物质、相似物质等的灵敏检测，既要求激光器的单模可调谐范围要宽，又要求是连续可调，这就需要具有宽增益谱的量子级联激光器。

德国弗劳恩霍夫研究所与美国西北大学详细研究了最大限度实现宽调谐量子级联激光器的可行性，通过叠加中心波长不同的有源区结构，使不同的增益谱能够有效串接在一起，由此激光器的波长可覆盖 6 ~ 10μm 的范围[3, 4]。这种激光器以宽增益谱结构为基础，采用阵列波导光栅结构将单模调谐范围覆盖，也可采用取样光栅或者外腔调谐技术充分覆盖调谐范围。外腔调谐技术更方便，是目前最常用的单模宽调谐技术。

3. 多谱段红外半导体激光材料与器件

因检测不同物质需要不同波长的激光器，红外波段全谱覆盖对半导体激光器提出了更高的要求。量子级联激光器的工作波长由耦合量子阱子带间距决定，材料体系的能带结构决定了短波的波长极限，通过组分/应力调节可使工作波长进一步缩短。目前最成熟的 InGaAs/InAlAs 材料体系量子级联激光器的最佳工作波长在 3.8μm 以上。与量子级联激光器工作机理不同的带间级联激光器，采用第二类异质结半导体 InAs/GaSb/AlSb 材料体系，最佳工作波长在 3 ~ 5μm[5]。将量子级联激光器向长波拓展面临 4 个挑战：因长波激光跃迁能态间距减小，光学声子散射的加剧会导致粒子数反转效率降低；注入的电子向低能态的泄漏增加；光子能量减小导致电压效率降低；自由载流子的吸收损耗加剧。以上原因导致 InGaAs/InAlAs 材料体系量子级联激光器在波长大于 13μm 后性能急剧劣化。

进一步提高长波量子级联激光器的性能，需要采用电子有效质量比 InGaAs 更小的量子阱材料，而 InAs 或 InSb 虽然是更好的选择，但仍需解决材料设计和制备上的多重瓶颈问题。法国 Baranov 和 Teissier 领导的课题组初步解决了 InAs/AlSb 材料体系的设计问题和千层异质材料制备的技术问题，2016 年实现了波长 15μm 的室温连续工作，2019 年实现了波长 17μm 的室温连续工作[6]。

4. 低功耗红外半导体激光材料与器件

单模可调谐量子级联激光器在不同的应用领域对性能有不同的要求。一些物质检测精度较高的应用场景，要求红外半导体激光器的波长既要精准又要稳定。低功耗可以保证器件服役的稳定性。便携式气体传感、宇宙探测等应用场景，希望量子级联激光器有尽可能低的功耗。这样不仅能够降低激光器的能耗，增加电池的持续供电时间，而且能够免去复杂的散热装置，减小整个系统的体积和重量，使系统实现便携。

由于工作原理的限制，量子级联激光器的电光转化效率不理想，导致研制低功耗器件的难度加大。2016 年瑞士的 Faist 等领导的课题组利用遗传算法优化材料设计，采用应变补偿技术提高材料质量，将中心波长 3.36μm 的单模可调谐量子级联激光器低占空比（2%）脉冲条件下的阈值功耗降低至 0.23W，这是目前在低功耗方面取得的最好结果之一[7]，遗憾的是不能室温连续工作。最佳工作波长在 3 ~ 5μm 的带间级联激光器虽然无法实现大功率，但在低功耗方面有明显优势，2019 年带间级联激光器的发明人杨瑞青解决了 InAs/InGaSb/AlSb 带间级联激光器的材料制备的关键技术问题，将波长 4.58μm 的室温连续工作的激光器的阈值电流密度降至 290 A/cm^2，这大概相当于对应波长的量子级联激光器的三分之一[5]。

二、国内研发现状

国内红外半导体激光材料与器件研究在近几年也取得了长足的发展，主要体现在以下几个方面。

1. 大功率红外半导体激光材料与器件

温室气体的广域遥测、工业过程的远距离监控、生化危险制品的遥测、战略石油 / 天然气储备罐微量泄漏的远程实时监测等，需要大功率、波长可调谐的量子级联激光器提供技术支撑。自动驾驶、无人机、机器人等需要小型灵敏、作用距离长的激光雷达，波长处于大气窗口的大功率红外半导体激光器是最佳选择。城市天然气管网的实时监控、高压变电站的远程监控等也需要大功率可调谐半导体激光器。大功率红外半导体激光器在上述代表性领域具有广阔的市场前景。代表性的工作由中国科学院半导体研究所完成。该所的相关团队发展了量子级联激光器的双声子共振有源区结构设计，深入研究应变补偿、非完全应变补偿 InGaAs/InAlAs 材料体系的量子级联激光器性能的演化特征，解决了材料的层厚、界面、组分、应力的协同控制以及千层异质结构的外延生长技术问题，提高了有源区结构的电光转化效率和容错能力，将波长 4.8μm 的量子级联激光器室温连续输出功率提高到 2W，使单模可调谐稳定输出功率大于 1.2W、连续工作温度超过 100℃；将波长 8μm 的量子级联激光器室温连续输出功率提高到 1.3W，能够满足多种应用场景。中国大功率量子级联激光器的研究水平与美国相比有较大的差距。

2. 宽调谐红外半导体激光材料与器件

国内在这方面进行研究的机构极少。中国科学院半导体研究所采用"束缚态－连续态"的有源区设计思路，结合应变补偿技术，在提高量子级联激光器的增益谱宽度的基础上，又适当提高了电子的注入效率，为宽调谐量子级联激光器提供了理论与材料保障。该所科研人员详细研究了电子在激光发射的高能态的注入效率、高能态电子的热泄漏、电子在激光发射的低能态的隧穿抽取效率与注入势垒的厚度和有源区结构的关系，以及能级对准和偏压的关系，确定了工作窗口与器件性能的演化趋势，实现了多波长宽调谐的验证和应用。例如，温室气体的主要构成 N_2O、CO_2、CH_4 的"指纹"特征吸收分别为 4.3xμm、4.5xμm、7.5xμm，该所研制出的对应的宽调谐的外腔量子级联激光器，波长覆盖范围分别为 4.225～4.565μm、4.376～4.796μm、7.136～8.268μm，波长调谐范围分别为 340nm、420nm、1132nm；此外，还研制出一系列其他波段的宽调谐器件。这些宽调谐器件已成功应用于温室气体检测、汽车尾气超标检测、水污染检测、同位素检测、基础物质科学研究等多种场景。

3. 多谱段红外半导体激光材料与器件

我国已实现红外波段的全谱段覆盖。国内主要从事这方面研究的中国科学院半导体研究所团队详细研究了 InAs/InGaSb/AlSb 多量子阱／超晶格材料的界面质量、应变调节、界面组分混杂、界面插入层、能带结构等，研制出室温连续输出波长 3.4～4μm 的带间级联激光器[8]；深入研究了 InGaAs/InAlAs 量子级联激光材料的电子散射过程及其量子输运机理，对不同波长量子级联激光材料的应力、缺陷、界面粗糙度影响载流子输运的特征有了更清晰的认识，在激射跃迁区采用浅量子阱和在抽运区采用高势垒的组合模式，实现了电光转换效率的提高，研制出波长为 4.2 ～ 5.2μm、5.5μm、5.7μm、6.6 ～ 7.7μm、8.0 ～ 9.3μm、9.8 ～ 10.4μm、12μm、14μm、15μm、16μm 的覆盖中长波及甚长波红外的高性能激光器[9, 10]。这些激光器已分别应用于同位素检测、脑科学、基础物质科学研究等多个领域。

4. 低功耗红外半导体激光材料与器件

我国在低功耗红外半导体激光材料与器件方面处于国际领先地位。国内仍从事这方面研究的中国科学院半导体研究所团队，在量子级联激光材料的研制过程中，采用应变补偿、调制掺杂、界面控制等组合技术，在提高电光转化效率的前提下最大限度降低了自由载流子的吸收损耗，发明了微纳结构复合光栅技术，实现了光场耦合强度、光学模式损耗、增益谱位置分布的多参量联动调控，在提高波长选取范围和调谐范围的基础上，有效抑制了损耗，降低了阈值功耗，提高了光束质量和波长稳定性。研制的中心波长 4.9μm 的室温连续工作的面发射单模可调谐激光器的远场发散角为 2.9°×0.12°（接近衍射极限），阈值功耗仅 0.43W[11]，这两个分立的关键指标均为国际最好结果。中国科学院半导体研究所已在极低功耗可调谐量子级联激光器方面形成系列产品并具备小批量生产能力，国内外用户达 30 多家。

三、发 展 趋 势

根据目前的技术发展状况判断，未来红外半导体激光材料与器件的发展将呈现出如下趋势。

1. 甚长波红外半导体激光材料与器件

社会需求是推动科技进步的原动力，甚长波红外波段（13 ～ 25μm）的激光器能够检测的物质更丰富，在国家安全方面的重要性更加突出。但这个波段范围目前还有一些问题亟待解决。对于 InGaAs/InAlAs 材料体系而言，应采用应变补偿技术适当减小量子阱材料 InGaAs 的电子有效质量，或者采用 InGaAsSb 量子阱材料来减小电子有效质量，从而达到提高光学增益的效果；发展以 InAs、InSb 及其组合为量子阱材料的量子级联激光材料体系，是解决甚长波激光器面临挑战的可行途径。

2. 红外半导体激光集成芯片材料

实现量子级联激光器芯片内的合束集成，可达到功率倍增的效果，用于一些超远距离的遥测或特殊场景；将不同中心波长的量子级联激光器集成在单一芯片上，可实现广谱调谐；将量子级联激光器和同一材料体系的探测器集成在单一芯片上，可开发芯片雷达。

参考文献

[1] Wang F H，Slivken S，Razeghi M，et al. Room temperature quantum cascade lasers with 22% wall plug efficiency in continuous-wave operation. Optics Express，2020，28（12）：17532-17538.

[2] Zhou W J，Lu Q Y，Razeghi M，et al. High-power，continuous-wave，phase-locked quantum cascade laser arrays emitting at 8 μm. Optics Express，2019，27（11）：15776-15785.

[3] Yang Q K，Hugger S，Aidam R，et al. Broadly tunable hetero-cascading quantum cascade lasers：design，growth，and external cavity operation. Journal of Crystal Growth，2019，513：1-5.

[4] Razeghi M，Zhou W J，Slivken S，et al. Recent progress of quantum cascade laser research from 3 to 12 μm at the Center for Quantum Devices. Applied Optics，2017，56（31）：H30-H44.

[5] Yang R Q，Li L，Huang W X，et al. InAs-based interband cascade lasers. IEEE Journal of Selected Topics in Quantum Electronics，2019，25（6）：1200108.

[6] van H N，Baranov A N，Teissier R，et al. Long wavelength（$\lambda > 17$ μm）distributed feedback quantum cascade lasers operating in a continuous wave at room temperature. Photonics，2019，6（1）：31.

[7] Wolf J M，Riedi S，Süess M J，et al. 3.36 μm single-mode quantum cascade laser with a dissipation below 250 mW. Optics Express，2016，24（1）：662-671.

[8] Yu T，Liu S M，Zhang J C，et al. InAs-based interband cascade lasers at 4.0 μm operating at room temperature. Journal of Semiconductors，2018，39（11）：114003.

[9] Zhao Y，Zhang J C，Liu C W，et al. Chirped coupled ridge waveguide quantum cascade laser arrays with stable singlelobe far-filed patterns. Photonics Research，2018，6（8）：821-825.

[10] Zhao Y，Zhang J C，Zhuo N，et al. Low voltage-defect quantum cascade lasers based on excited-states injection at $\lambda \sim 8.5$ μm. Applied Optics，2018，57（26）：7579-7583.

[11] Liu C W，Zhang J C，Jia Z W，et al. Low power consumption substrate-emitting DFB quantum cascade lasers. Nanoscale Research Letters，2017，12：517.

2.1 Infrared Semiconductor Laser Materials and Devices

Liu Fengqi
（Institute of Semiconductors, Chinese Academy of Sciences）

Semiconductor lasers possess extensive applications. Optical communication is just a typical application example. Semiconductor lasers with different wavelength has unique technology maturity and distinct application scopes. Infrared semiconductor lasers have found many applications in environmental monitoring, medical diagnosis, intelligent sensing, security, and defense. It will play important roles in improving the quality of life of people and promoting national development. Consequently, technology of infrared semiconductor laser materials and devices is the embodiment of core competence of national state. In this paper, we review the current situation and development trend of infrared semiconductor laser materials and devices in the future.

2.2 集成电路技术新进展

叶甜春 王文武
（中国科学院微电子研究所）

集成电路是电子信息产业的基础，自20世纪50年代诞生以来，已成为衡量一个国家或地区综合竞争力的重要标志。以人工智能、移动通信、大数据、物联网等为代表的新一代信息技术正引领信息产业乃至全球经济的未来发展。基于新型材料与器件的集成电路技术，仍是全球未来数十年支撑信息技术和产业创新发展不可或缺的强大基石。下面将从逻辑制造工艺、存储技术、3D大规模集成、特色工艺、关键材料等几个方面，介绍集成电路技术的国内外重要新进展并展望其未来。

一、国际重要进展

近60年来，集成电路主要按照摩尔定律（Moore's law），以微缩的方式实现晶体管集成数量大约每两年翻一番[1]。更多晶体管可实现更强的信息处理能力与更大的存储容量。2016年后，为适应主要信息产品从桌面计算机向移动智能电子发展的趋势，集成电路的产业模式发生了巨大的变化，从过去自下而上（指由基本器件性能决定系统产品设计）的发展理念，向以应用需求为导向的自上而下的理念转变。此外，在发展传统逻辑和存储器件的同时，集成电路技术正向3D大规模集成方向发展（图1），从而推动特色工艺技术、关键核心材料等领域的协同创新和技术进步。

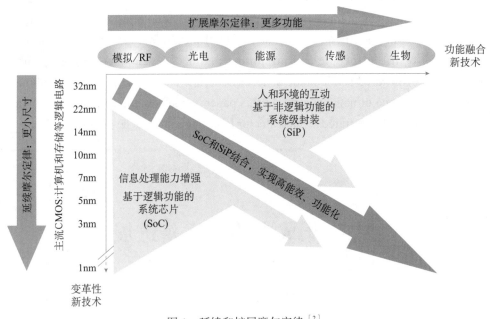

图 1 延续和扩展摩尔定律[2]

注：CMOS 即互补金属－氧化物－半导体

1. 先进逻辑制造工艺与创新技术

先进逻辑制造工艺是集成电路发展的代表性技术。在2002年达到130nm技术节点以前，先进逻辑制造工艺基本处在传统的"尺寸微缩"时期；在2003年达到90nm节点后，为了抑制尺寸微缩导致的器件和电路特性的退化与寄生效应，通过采用应变

硅等新工艺和高 κ 金属栅等新材料，以及鳍式场效应晶体管（FinFET）和全耗尽型绝缘体上硅（FDSOI）等新结构技术，实现了集成电路的"等效微缩"。近年来全球主要制造公司的先进逻辑制造工艺技术发展见图 2，当前主要技术节点已达到 5nm。

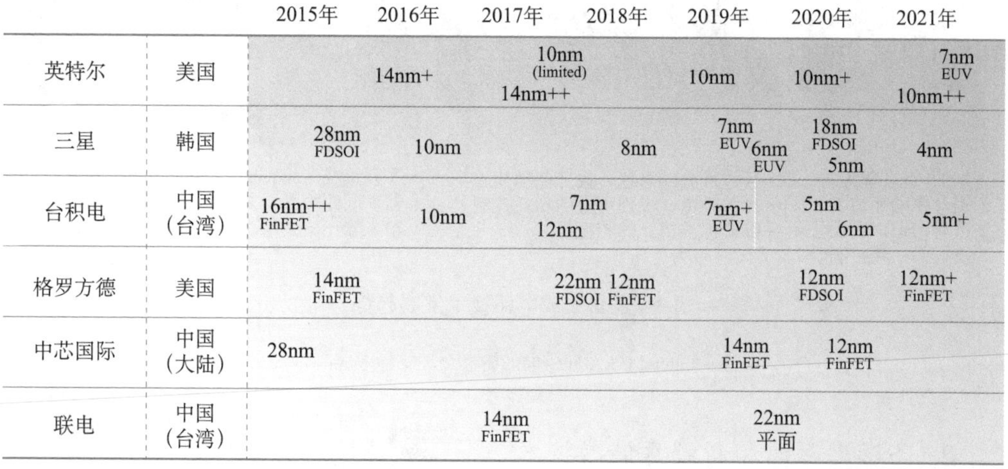

		2015年	2016年	2017年	2018年	2019年	2020年	2021年
英特尔	美国		14nm+	10nm (limited) 14nm++		10nm	10nm+	7nm EUV 10nm++
三星	韩国	28nm FDSOI	10nm		8nm	7nm EUV 6nm EUV	18nm FDSOI 5nm	4nm
台积电	中国（台湾）	16nm++ FinFET	10nm	7nm 12nm		7nm+ EUV	5nm 6nm	5nm+
格罗方德	美国	14nm FinFET		22nm FDSOI	12nm FinFET		12nm FDSOI	12nm+ FinFET
中芯国际	中国（大陆）	28nm				14nm FinFET	12nm FinFET	
联电	中国（台湾）			14nm FinFET		22nm 平面		

图 2 先进逻辑制造工艺技术节点进展[2]

注：背底颜色越深表示技术节点越小；各公司技术节点定义标准可能存在差异

在达到 3nm 节点后，现有 2.5D 结构的 FinFET 将在栅控和微缩上面临越来越严重的挑战，完全 3D 的纳米栅极全环绕场效应晶体管（GAA）器件将成为制造工艺的基础结构[3]（图 3）。首先，GAA 器件因具有完全包住的栅极结构，将使栅极对沟道的静电控制能力发挥到极致，可有效改善器件开关的性能。其次，垂直方向的晶体管级 3D 集成，可形成层叠互补晶体管或垂直堆叠晶体管，从而更高效地提高集成度。再次，不同类型器件的进一步 3D 堆叠，可实现芯片内部逻辑－逻辑或逻辑－存储之间的高效集成，进而实现 3D 极大规模集成电路（3D-VLSI）。此外，GAA 器件与锗硅等高迁移率沟道材料的结合，可实现更高能效，从而延伸技术的生命力[4, 5]。

在新型信息处理技术方面，面向低功耗、实现特定问题求解等应用场景，传统逻辑器件和电路架构的计算时间、能耗将超出可承受范围，因此，需要在新原理、新材料器件等方面持续创新和突破。国际上围绕铁电负电容晶体管、隧穿晶体管等低功耗器件[6]，以及硅基自旋量子等新原理器件[7]开展了大量的前瞻研究。在新型材料方面，碳纳米管[8]等低维纳米材料具有与传统材料相异的新奇性质，在高性能处理芯片、信息感知、毫米波和射频集成电路等领域具有重要的应用潜力。

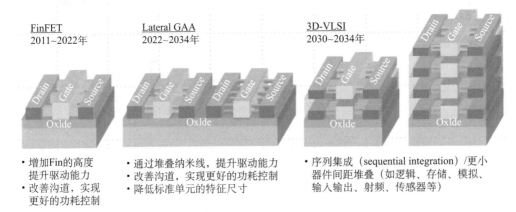

FinFET
2011~2022年

Lateral GAA
2022~2034年

3D-VLSI
2030~2034年

- 增加Fin的高度
  提升驱动能力
- 改善沟道，实现
  更好的功耗控制

- 通过堆叠纳米线，提升驱动能力
- 改善沟道，实现更好的功耗控制
- 降低标准单元的特征尺寸

- 序列集成（sequential integration）/更小
  器件间距堆叠（如逻辑、存储、模拟、
  输入输出、射频、传感器等）

图 3　逻辑集成电路技术发展趋势[2]

注：Lateral GAA 即横向的栅极全环绕场效应晶体管

2. 高密度存储和新型存储器技术

在集成电路存储器方面，主流的动态随机存储器（DRAM）、非挥发性存储器（主要指计算机闪存设备 3D-NAND）将通过器件微缩、垂直堆叠层数增加等方法，进一步提高存储密度和存储容量[2]。DRAM 目前已微缩到 16nm 工艺节点附近，存储容量达到 16Gb 以上；随着晶体管和存储电容技术的不断进步，DRAM 将沿着摩尔定律持续发展。3D-NAND 采用电荷陷阱存储和 3D 垂直堆叠技术，已把存储容量推进至 1Tb 以上，使堆叠层数达到 128 层。同时，为了避免由物理尺寸减小引起的电荷随机起伏，基于非电荷控制的新兴存储技术得到快速发展。铁电存储器（FeRAM）[9, 10]具有高速、低功耗、高可靠性的优点，有望在人工智能等领域得到应用。自旋转移矩磁随机存储器（STT-MRAM）[11]将发展出新的工作机制，有望取代传统嵌入式闪存和逻辑电路三级静态缓存等。相变存储器（PCRAM）[12]、阻变存储器（RRAM）[13]等因具有结构简单等优点，在 X-Point 等新架构中得到了更好的应用。此外，面向高性能计算、人工智能等的未来需求，新存储技术将结合 3D-VLSI 方案，发展存算一体等非冯·诺依曼的新型计算架构[14, 15]。

3. 3D 大规模集成和先进封装技术

3D 集成是集成电路发展的创新路径，将在各个层次得到广泛应用。在芯片内部，以晶体管为基本单元，结合不同基础材料和不同功能器件，在垂直方向进行器件-器件 3D 堆叠的集成方案，是突破尺寸微缩的必行之路[2]。除晶体管的 3D 集成外，采用序列集成工艺发展的单片 3D 集成电路（3D-IC）或单片 3D 异质集成电路（图 4）等，将集成逻辑-逻辑、逻辑-存储、逻辑-模拟等不同功能，以实现更低的系统功耗和复杂电路功能，最终实现 3D 的器件、设计与系统的融合。

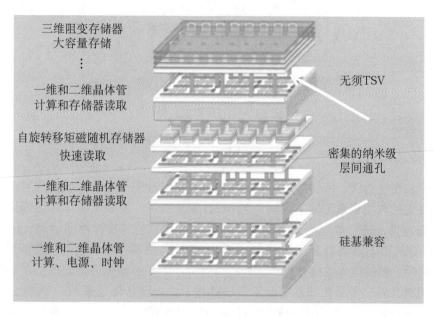

图 4　单片异质集成方案规划图[2]

在先进封装技术方面，功能化/高密度封装基板、高密度凸点制造、晶圆级封装（WLCSP）、系统级封装（SiP）与异质集成等关键技术得到发展（图 5）。集成电路持续在引脚密度、再布线层（RDL）层数与布线节距、芯片堆叠层数、硅通孔尺寸、带宽、功能密度等特征方面微缩，并向 3D 化方向发展，而且已从微米尺度跨入纳米尺度，并在主要发展方向上已实现系统功能的集成。先进封装技术的未来发展包括两个方面：一方面，先进的 3D 异质集成技术与不同类型的功能电路结合，可以构建出新的产业生态系统，即将供应商的不同工艺和功能不同的元器件加以集成，以封装为载体，以满足功能集成化、封装系统化、体积小型化、性价比高的产品需求；另一方面，系统级高度集成、信号连线距离的缩短、功能复杂度的增加，需要更大灵活度的设计和系统的全局优化，这样才能利用常规工艺实现更先进的系统性能。

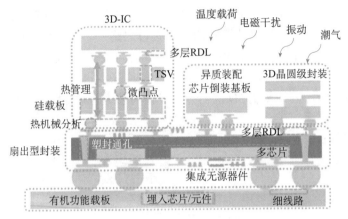

图 5　封装技术发展趋势

4. 特色工艺技术

模拟和功率器件、传感器、硅基光电子器件等功能电子器件的创新空间正在不断扩大。首先,利用成熟的硅基逻辑工艺和 3D 集成技术,发展微型化、集成化、智能化的功能器件,进一步提高器件性能,降低成本[16-18]。其次,面向运动、压力、环境气氛、医疗和健康等智能感知需求,进一步提高传感器件的敏感度、选择性、重复性、可靠性、精确度等关键指标;面向边缘计算、人工智能等特定需求,在考虑降低功耗的同时,发展量子传感器等新原理器件技术,提高计算效率[19]。再次,发展碳化硅、氮化镓以及新一代的宽禁带半导体(β-氧化镓、氮化铝、金刚石等)功率器件技术,开发材料生长、刻蚀等新材料、新器件的特色工艺技术,利用界面工程降低器件漏电,减小界面处和体内的缺陷态密度,提升器件可靠性[20]。

5. 关键核心材料

在衬底材料方面,硅材料依然是市场的主流,碳基材料和二维材料也是研究热点。硅片生产的成套技术水平不断提高,对硅片金属杂质、原生颗粒缺陷、表面粗糙度等的控制更加严格。绝缘体上硅(SOI)产业完整的设计—制造—应用的生态系统已形成,12 英寸① SOI 将大批量应用。利用碳纳米管逻辑集成电路和光电器件的无掺杂制备新技术,在 8 ～ 12 英寸的晶圆上将制备出高纯度、高密度的平行阵列薄膜。在二维材料方面,半导体衬底上生长出晶圆级二维碳基材料石墨烯并实现量产,用二

---

① 　1 英寸 =2.54cm。

维碳基材料石墨烯、二维过渡金属材料制备出高性能超薄半导体器件；实现变形非晶氮化硼在400℃低温下的晶圆级生长，用于大规模服务器的下一代存储解决方案中。面向大功率、高频率等特色应用需求，发展碳化硅、氮化镓的多种生长技术，逐步增大衬底晶圆的尺寸。

伴随着器件结构的变化和器件尺寸的缩小，工艺材料必须满足新的技术要求。极紫外光刻胶将在7nm以下技术节点实现工业应用；氟化氪、氟化氩等光刻胶的分辨率、线条边缘粗糙度和光敏性等指标将持续改善，并适应互连层负显影工艺，以满足3D-NAND不断增加器件堆叠层数的光刻工艺等要求。新器件、新材料、新工艺的引入，需要更多的新型前驱体（如高κ、低κ、金属前驱体），以及针对新型金属薄膜、电介质的刻蚀气体等。用于硅基器件及互连等工艺的化学机械抛光液将从90nm时的五六种增加到20种以上，同时要满足更精确的工艺控制以及用户定制化要求。10nm及以下技术节点的应用，增加了对高纯贵金属钌靶材的开发需求；为提高芯片制造效率和降低制造成本，需要将铝、钛、铜、钽等成熟靶材的寿命提高50%甚至更高；此外，发展新型存储增加了对相变材料靶材，以及双向阈值开关（OTS）选通管材料靶材的需求。

在封装材料方面，专用封装材料需满足高速、高频，以及微型化、3D异质集成等在热、光、电、机械特性和可靠性方面的需要，一些新型介电材料、固晶材料、导体材料将应运而生。近年国际封装材料已达到200亿美元的市场体量，包含载板、引线框架、键合线、塑封料等，具有极强的多元化特点。云计算、物联网、大数据等新兴行业的发展使集成电路产品下游的缺口急剧扩大，而封装行业为满足系统级封装／异质集成的需求，在产品形式上发生了剧变，已从传统的单芯封装扩展为多芯、叠芯、晶粒封装等；在技术方面，基板、扇出型晶圆级封装（FOWLP）、扇出型面板级封装（FOPLP）、2.5D/3D的硅通孔技术（TSV）等的发展也要求封装材料的快速革新。

二、国内研发进展

"十三五"时期，在国家科技重大专项和产业基金的"双轮驱动"下，我国集成电路产业已从打基础、建体系发展到提升实力、解决产品供给的新阶段，已初步形成涵盖产品设计、制造和供应链的产业体系。同时，关键行业芯片的自主可控、传统产业升级、战略高技术产业的发展，为我国集成电路的产业发展和技术进步提供了巨大空间。在各级政府的高度重视下，随着我国技术创新环境与产业投资环境的不断改善，集成电路技术和产业化取得了重要进展。

1. 通用逻辑产品制造工艺和创新技术

中芯国际集成电路制造有限公司的 14nm FinFET 制造工艺已成功量产，工艺水平获得北京紫光展锐科技有限公司等国内主要设计公司的认可，达到世界一流水平，2019 年四个季度销售突破 2000 万美元。同时，面向市场需求，纵向上完成了 12nm 平台（进一步增强器件性能），实现了 14/12nm 技术系列的开发及各项应用，为后续高性能专用处理器平台的研发打下了基础；横向上 14/12nm 产品平台已快速展开（满足射频等多种应用）。上海华力微电子有限公司的 22nm FDSOI 完成了面向客户产品需求的可复用设计模块的开发，并通过客户测试验证，为产品的量产奠定了基础。

在研发方面，中国科学院联合国内优势单位在 5nm 及以下先导技术的研究中取得重要突破，完成了面向 5～3nm 技术节点的多项重要工艺模块的研发，实现了新结构原型器件的初步研制，并建立了初步的自主知识产权保护，为下一步全面先导工艺研发奠定了关键技术基础；面向 3nm 及以下技术的 GAA 器件的性能达到国际水平，新原理铁电负电容 FinFET 器件的性能达到当时业界报道的最高水平，晶体管级单片 3D 集成已取得初步成果。

2. 高密度存储产品和新存储器件

国内 3D-NAND 闪存技术取得重要突破。长江存储科技有限责任公司 64 层 3D-NAND 制造工艺实现量产。128 层 3D-NAND 制造工艺产品芯片流片完成，并顺利通过功能和性能测试；该芯片采用自主知识产权的 Xtacking 2.0 创新架构，存储密度达到 512Gb，输入输出速度达到 1.6Gbps。128 层 3D-NAND 流片的成功，标志着我国自主知识产权的 3D-NAND 存储器芯片跨上一个新台阶。

2019 年底，长鑫存储技术有限公司实现了面向服务器、台式机应用的第一代 19nm DRAM（8Gb DDR4）制造工艺的量产，完成了面向手机应用的第一代 19nm DRAM（8Gb LPDDR4x）的大客户验证。同时，该公司还开展了 17nm 工艺的流片和 15nm 工艺的开发，已开始 12nm 及以下工艺项目的论证和预研。

在研发方面，中国科学院、清华大学、北京航空航天大学等院所和高校在 RRAM、MRAM、PCRAM 上均取得重要进展，初步实现了高性能器件和原型芯片的研制。

3. 先进封装和 3D 集成技术

我国集成电路封装测试产业技术创新取得长足进步，创新体系已基本形成。第一，突破了一批先进封装技术，3D 高密度集成封装技术已达到国际先进水平；

WLCSP 工艺、再布线层工艺技术与高密度 / 窄节距凸点（pillar）等核心技术，全面实现了自主创新并量产应用。第二，培育了一批初具国际竞争力的封测企业，显著提升了产业规模。江苏长电科技股份有限公司、天水华天科技股份有限公司、通富微电子股份有限公司的年销售额平均实现了 6 ～ 8 倍的大幅增长，2019 年分别位列全球封测企业的第三、第六和第七名。第三，牵引并加速高端封装成套设备和系列材料的技术创新与产业化。先进封装关键装备品种的覆盖率和国产化率达到 80%。整体而言，我国集成电路封装测试行业已实现从低端走向高端、从传统劳动密集型向自动化与智能化的跨越式发展，初步具备与全球封测产业同步发展的能力。

在研发方面，中国科学院、华进半导体封装先导技术研发中心有限公司在国内率先实现了 12 英寸 TSV 转接板的制造，开发出新的 TSV 制造工序（如 via-last 等）、3D 的 SiP 等新技术。但在单片 3D-IC 及晶体管级 3D 集成方面，国内尚处于初步研发的阶段，与国际先进水平有较大差距。

4. 特色工艺技术

我国在特色工艺技术方面取得了一些成果。第一，已成功开发出 0.13μm 嵌入式闪存工艺，关键技术指标如存储单元面积（$0.197μm^2$）、连续擦写次数（10 万次）和数据保持（100 年）等均已达到世界领先水平；该工艺主要应用于各种智能卡（包括 SIM 卡）、微处理器、智能电网等领域，提高了国内多家设计企业在嵌入式闪存工艺领域的竞争力，在国内外市场取得了较大的市场份额。第二，成功建立了从区熔硅单晶、工艺制造到模块封装的绝缘栅双极型晶体管（IGBT）的产业链，奠定了国内 IGBT 的发展基础，实现了 IGBT 芯片国产化的突破，并在小家电、轨道交通、电力等领域实现了批量应用。第三，基于自主开发的功率集成电路主流高压混合工艺，成功研制出汽车电子芯片和高压高功率电力电子芯片与模块，推动了我国功率集成技术的发展。第四，布局研发硅基射频大功率芯片、高可靠高性能图像传感芯片、逻辑与传感的集成制造等特色产品与工艺平台，并大规模应用在相应产品的产业化中。

5. 关键核心材料

国内集成电路材料的主体应用水平已达到 8 英寸 250 ～ 180nm 工艺节点，部分高端材料产品满足 12 英寸 40 ～ 28nm 的要求，个别材料在 12 英寸 14nm 节点已通过应用评估。钴靶材、三氟化氮、六氟化钨等个别产品在全球具有竞争优势，12 英寸硅片、光刻胶、抛光液等系列关键材料已成功研发并销售。约有 100 种材料在国内 8 ～ 12 英寸晶圆制造和先进封装中实现批量供应，其中芯片制造企业的单场采购比例超过 50% 的材料品种已超过 60 种。结合产业投资支持，上海新昇半导体科技有限公司等一批企业已发展成为国内重要材料的供应商，显著增强了集成电路材料的创新能力。在封装材料方面，目前国内在柔性基板、覆铜板材、陶瓷基板、引线框架等材料市场占有一定份额，但在先进封装所需的高密基板、功能基板、晶圆/大板塑封料、贴片胶等技术与市场上和国际相比存在较大差距。

三、发展趋势及展望

面向未来15年信息技术的深入发展，集成电路技术将呈现出独特的发展趋势。首先，主要制造技术预计将继续向着1nm及以下技术节点演进，以实现集成度的持续攀升和低功耗、低成本、高集成度、高性能的综合发展。其次，通过核心器件的结构创新、3D集成等技术突破，逐步向完全3D的新结构、新技术和新系统过渡，以实现系统与工艺的协同优化，以及模拟、功率、感知、光电等混合信号器件的多功能扩展。最后，关键材料将继续在集成电路技术发展中发挥重要的支柱作用，并在衬底材料、关键工艺材料、先进封装材料等领域取得突破。

面向未来的技术发展，我国集成电路技术将迎来新的发展机遇，同时面临着巨大的挑战。首先，我国虽然拥有巨大的市场，但在基础材料、器件、先进工艺等方面的自给能力仍然不足，主要逻辑制造工艺落后国际先进水平2～3个技术代，高端材料品种进口占比高，关键设备、电子设计自动化（EDA）等领域面临着国际封锁。其次，应用牵引不足，协同创新不强。面对大数据、云计算、物联网和人工智能等新一代信息技术应用的重大机遇，需要充分发挥市场的主体作用，建立企业和科研院校的协同机制，创新发展路径，以打破不断升级的行业垄断。最后，集成电路创新及验证平台仍然缺乏，领域人才缺口巨大。目前我国缺乏可快速实现技术转移转化的高水平专业化创新及验证平台，创新投入、专业技术人员规模与国际大型企业的投入及我国发展的实际需求相比有显著差距。

为了进一步强化集成电路技术对国家经济发展的重要支撑作用，有效打破集成电路领域关键核心技术受制于人的困境，我国应做好以下几方面的工作。

第一，加大支持基础材料和器件技术原始创新的力度。应聚焦关键核心技术领域，鼓励开展新材料和新原理器件、新架构芯片等领域的基础研究和应用基础研究，优先发展基础材料、芯片制造、设计工具等"卡脖子"技术。在此基础上，加大支持力度，完善激励机制和保障条件，营造良好的创新环境，激发创新活力。

第二，以系统为牵引，全产业链协同，强化路径创新。充分发挥应用的牵引作用，优先在网络通信、电力、轨道交通、工业控制和信息安全等自主可控、需求迫切又能有效发挥新型举国体制优势的领域，充分发挥市场机制在配置创新资源中的决定性作用，以企业为创新主体，加强技术创新和国产装备、材料及工具的协同发展。应坚持逻辑工艺和特色工艺两条技术路线并重发展，以关键材料、3D 集成等先进技术为创新源动力，形成自主创新的良性发展态势，力争在新一轮的信息技术革新中有所突破，实现"弯道超车"。

第三，加强人才队伍和高水平创新及验证平台的建设。应创新人才培养的模式，完善高端人才的引进政策，构建合理的人才梯队布局。通过建设科技创新中心、国家实验室等平台，加大对集成电路技术研发、国产装备和材料的协同创新及验证的支持力度，坚持龙头企业与区域产业集群结合，全方位进行技术创新、应用创新、模式创新和体制机制创新，做大做强我国集成电路产业。

参考文献

［1］ Moore G E. Cramming more components onto integrated circuits. Electronics，1965，38（8）：114.

［2］ IEEE. International roadmap for devices and systems（IRDS™）2020 edition. https：//irds.ieee.org/editions/2020［2020-08-05］.

［3］ Veloso A，Huynh-Bao T，Rosseel E，et al. Challenges and opportunities of vertical FET devices using 3D circuit design layouts//2016 IEEE SOI-3D-Subthreshold Microelectronics Technology Unified Conference（S3S）. Burlingame：IEEE，2016：1-3.

［4］ Skotnicki T，Boeuf F. How can high mobility channel materials boost or degrade performance in advanced CMOS//2010 Symposium on VLSI Technology. Honolulu：IEEE，2010：153-154.

［5］ Liang J，Todri-Sanial A. Importance of interconnects：a technology-system-level design perspective//2019 IEEE International Electron Devices Meeting（IEDM）. San Francisco：IEEE，2019：23.1.1-23.1.4.

［6］ Krivokapic Z，Rana U，Galatage R，et al. 14nm ferroelectric FinFET technology with steep subthreshold slope for ultra low power applications//2017 IEEE International Electron Devices Meeting（IEDM）. San Francisco：IEEE，2017：15.1. 1-15.1. 4.

［7］ Bechstein S，Köhn C，Drung D，et al. Investigation of nanoSQUID designs for practical applications. Superconductor Science and Technology，2017，30（3）：034007.

［8］ Qiu C，Zhang Z，Xiao M，et al. Scaling carbon nanotube complementary transistors to 5-nm gate lengths. Science，2017，355（6322）：271-276.

［9］ Luo J，Yu L，Liu T，et al. Capacitor-less stochastic leaky-FeFET neuron of both excitatory and inhibitory connections for SNN with reduced hardware cost//2019 IEEE International Electron Devices Meeting（IEDM）. San Francisco：IEEE，2019：6.4.1-6.4.4.

［10］ Mikolajick T，Schroeder U，Lomenzo P D，et al. Next generation ferroelectric memories enabled by Hafnium Oxide//2019 IEEE International Electron Devices Meeting（IEDM）. San Francisco：IEEE，2019：15.5.1-15.5.4.

[11] Lu Y，Zhong T，Hsu W，et al. Fully functional perpendicular STT-MRAM macro embedded in 40 nm logic for energy-efficient IOT applications// 2015 IEEE International Electron Devices Meeting（IEDM）. Washington：IEEE，2015：26.1.1-26.1.4.

[12] Liang J，Jeyasingh R G D，Chen H Y，et al. A 1.4 μA reset current phase change memory cell with integrated carbon nanotube electrodes for cross-point memory application//2011 Symposium on VLSI Technology-Digest of Technical Papers. Honolulu：IEEE，2011：100-101.

[13] Chen H Y，Yu S，Gao B，et al. HfO_x based vertical resistive random access memory for cost-effective 3D cross-point architecture without cell selector//2012 International Electron Devices Meeting. San Francisco：IEEE，2012：20.7.1-20.7.4.

[14] Deguchi J，Miyashita D，Maki A，et al. Can in-memory/analog accelerators be a silver bullet for energy-efficient inference//2019 IEEE International Electron Devices Meeting（IEDM）. San Francisco：IEEE，2019：22.4.1-22.4.4.

[15] Hsu T-H，Chiu Y-C，Wei W-C，et al. AI edge devices using computing-in-memory and processing-in-sensor: from system to device//2019 IEEE International Electron Devices Meeting（IEDM）. San Francisco：IEEE，2019：22.5.1-22.5.4.

[16] Kotecha R，Moreno G，Mather B，et al. Modeling needs for power semiconductor devices and power electronics systems//2019 IEEE International Electron Devices Meeting（IEDM）. San Francisco：IEEE，2019：12.1.1-12.1.4.

[17] Yokogawa S. Nanophotonics contributions to state-of-the-art CMOS image sensors//2019 IEEE International Electron Devices Meeting（IEDM）. San Francisco：IEEE，2019：16.1.1-16.1.4.

[18] Lopez C M，Andrei A，Wang S，et al. Design and fabrication of CMOS-based neural probes for large-scale electrophysiology//2019 IEEE International Electron Devices Meeting（IEDM）. San Francisco：IEEE，2019：18.4.1-18.4.4.

[19] Hatano M，Iwasaki T. Device engineering for diamond quantum sensors//2019 IEEE International Electron Devices Meeting（IEDM）. San Francisco：IEEE，2019：26.3.1-26.3.4.

[20] Xu W，Wang Y，You T，et al. First demonstration of waferscale heterogeneous integration of Ga_2O_3 MOSFETs on SiC and Si substrates by ion-cutting process//2019 IEEE International Electron Devices Meeting（IEDM）. San Francisco：IEEE，2019：12.5.1-12.5.4.

2.2　Integrated Circuit Technology

Ye Tianchun, Wang Wenwu

（Institute of Microelectronics of the Chinese Academy of Sciences）

Since its invention in the 1950s, integrated circuit has become the foundation of electronic information industry and an important indicator of the comprehensive competitiveness of a country. In this paper, recent progress in integrated circuit technology is overviewed. Since 2016, integrated circuit manufacturing technology has continued to evolve towards 10 nm and beyond technology nodes. Through the introduction of core devices with new architectures and 3D integration, further breakthroughs and innovations will be accomplished in the fields of logic, memory, analog circuit, packaging and materials. Based on the discussion above, the outlook for technology trend, historical opportunities and challenges for the development of integrated circuit technology in China is analyzed and corresponding suggestions are also provided.

2.3　微处理器技术新进展

胡伟武

（龙芯中科技术有限公司，中国科学院计算技术研究所）

微处理器是由一片或少数几片大规模集成电路构成的中央处理器（central processing unit，CPU），具有体积小、重量轻和容易模块化等特点。微处理器无处不在，是个人计算机和服务器的核心部件以及各种数字化智能设备的关键部件，并广泛用在录像机、智能洗衣机、移动电话等家电产品，汽车以及数控机床、超高速巨型计算机、大型计算机、精确制导等领域。下面将重点介绍国际通用微处理器的发展现状以及国内新进展并展望其未来。

一、国际新进展

处理器通用处理性能包括单核性能和多核性能两方面，一般由一组 SPEC CPU 基准测试程序来衡量。SPEC CPU 基准测试程序强调多种计算能力的平衡以及计算与访存的平衡，目前 SPEC CPU 2006 和 SPEC CPU 2017 用得较多。国际上处理器单核通用处理性能的提高已接近极限，具体表现为以下几个方面。第一，晶体管尺寸的缩小趋于物理极限，连线延迟而非晶体管开关速度已成为影响主频的主要因素。第二，微结构已足够复杂，通过微结构优化挖掘指令级并行性以提高指令流水线性能的空间已很小。Intel（英特尔）最新的架构 Sunny Cove 具有更深和更宽的流水线架构，重排序队列的项数达到 352 项，Store 队列和 Load 队列的项数分别达到 128 项和 72 项[1]，比其上一代架构 Skylake 增加了 57% 的项数，但是指令级并行性的有限性限制了其通过增大处理器框架来进一步提高性能的可能性。第三，晶体管密度增加导致单位面积功耗过大，从而制约了处理器性能的进一步提高。以 SPEC CPU 定点分值为标准，1985 ~ 2005 年，微处理器的通用处理性能每年提高 52%，每 1.5 年提高 1 倍；2005 ~ 2010 年，每年提高 23%，每 3.5 年提高 1 倍；2010 ~ 2015 年，每年提高 12%，每 6 年提高 1 倍；2015 年后，每年提高 3%，预计每 20 年提高 1 倍[2]。

随着处理器单核高主频设计逼近极限，2005 年后多核 CPU 开始成为市场主流。2010 年后，面向桌面应用的处理器核数在达到 4 核后趋于稳定，面向服务器应用的处理器中的核数继续增长，但受到了接口性能和功耗的制约。当前 Intel 采用 Cascade Lake 架构的服务器的处理器 Xeon 拥有的核数最多为 56 核[1]，AMD 采用 Zen 2 架构的服务器的处理器 EPYC 拥有的核数最多为 64 核[3]，最大功耗已达 400W。计算机结构设计有一个经验原则，即计算性能与访存带宽性能之比（GFLOPS/Gbps）保持在 1 左右；当此比例远大于 1 时，处理器核数的增加并不会显著提高通用处理性能。处理器的核数随着工艺进步还有一定的提升空间，但处理器内存及 IO 接口的数量受到芯片引脚个数的物理限制，无法保持线性增长，使计算与访存的比例进一步缩小，最终形成一个多核性能的天花板。服务器 CPU 中的核数会很快趋近极限。

随着国际上微处理器的通用处理性能趋于极限，把专用加速器集成到通用微处理器中是国际通用 CPU 的主要发展趋势[1]。例如，Intel 的 Ice Lake 处理器在片上集成了 Iris Plus 图形处理单元（GPU）、图像处理单元（IPU）、高斯网络加速器（GNA）等专用硬件加速器；AMD 的处理器将 Radeon GPU 集成到片内，用于加速图像和视频的处理，同时开放 AMD 的 Infinity Fabric（IF）互连接口并用于连接第三方的硬件加速器[3]。

二、国内新进展

国际微处理器稳定发展，中国微处理器经过努力发展，也形成了自己的特色。

1. 多条路线同时高速发展

通用 CPU 芯片是信息产业的基础部件，是武器装备的核心器件。我国由于缺少自主的 CPU 技术和产业，信息产业的发展严重受制于人，国家安全也面临着威胁。在"十五"期间，中国科学院知识创新工程和国家高技术研究发展计划（863 计划）开始支持自主研发 CPU，以进行技术积累。在"十一五"期间，国家科技重大专项"核心电子器件、高端通用芯片及基础软件产品"（"核高基"重大专项）把 863 计划的 CPU 成果导入产业，并上升为国家战略。自"十二五"开始，我国在多个领域部署自主 CPU 的应用和试点。在"十三五"期间，党政军和能源、交通、金融等涉及国家安全和国民经济安全的领域形成了使用自主 CPU 的共识，把建立自主可控的信息技术体系和产业生态上升为国家战略，形成了包括数千家企业的自主信息产业生态。目前，我国发展 CPU 形成了自主研发、集成创新、引进技术三条典型的技术路线。

所谓自主研发，就是基于自主编写的 CPU 源代码研制芯片，就像是基于自己设计的图纸盖楼，以中国科学院计算技术研究所的龙芯 CPU 和江南计算技术研究所的申威 CPU 为代表。所谓集成创新，就是基于买来的 CPU 源代码研制芯片，就像是基于买来的图纸盖楼，主要是购买英国 ARM 公司的 CPU 核设计芯片。所谓引进技术，就是通过企业合资等方式直接购买国外设计，就像是买别人盖好的楼然后进行装修改造，主要是与原 X86 体系的境外企业成立合资公司。

上述三条技术路线的多款 CPU 各具特色，在党政军、关键行业的基础设施、开放市场应用中开展合作竞争，这类似于美国 20 世纪 90 年代多款 CPU 群雄逐鹿的局面。然而，国外 CPU 已形成很强的垄断，国内力量依然比较薄弱，自主 CPU 的发展壮大仍需一定的时间。预计在"十四五"期间，我国会形成 1 ~ 2 家拥有自主 CPU 的龙头企业。

2. 国内微处理器通用处理性能迅速提高

微处理器性能包括通用性能和面向特定应用的专用性能。我国部分面向特定应用的专用处理器的性能处在世界领先行列。例如，2014 年研制成功的异构众核处理器"申威 26010"，集成了 4 个控制核心和 256 个计算核心，使峰值速度突破每秒 3 万亿次浮点运算，并于 2015 年应用于"神威·太湖之光"超级计算机，使该计算机连续多次蝉联国际高性能计算机 TOP500 的榜首。华为技术有限公司研制的"昇腾"系列人工智能专用处理器的性能也处于世界领先行列。

在处理器的通用处理性能方面，我国与国际先进水平有一倍左右的差距。然而，国际上处理器通用处理性能已逼近"天花板"，这为我国通用处理器的发展提供了迎头赶上的机遇。经过多年的努力，我国自主研发的 CPU 的通用处理性能已达到国际主流产品的 50% 以上，预计未来 3～5 年可以逼近国际主流微处理器的水平。

"十三五"以来，龙芯中科技术有限公司一直坚持走自主研发"先提高单核性能再增加核数、先通过优化设计提高性能再通过工艺提高性能"的发展道路，在产品性能方面不断取得突破。2019 年底，龙芯中科技术有限公司发布了最新型号 4 核 3A4000/3B4000 芯片，该芯片采用与上一代的 3A3000/3B3000 相同的 28nm 工艺，其主频为 1.8～2.0GHz，通用处理性能比 3A3000/3B3000 提高 1 倍，单核 SPEC CPU 2006 定点分值达到 20 分以上。2020 年底，龙芯中科技术有限公司研制成功 4 核 3A5000 芯片，该芯片采用 14nm 工艺节点，主频为 2.5GHz，单核 SPEC CPU 2006 定点分值达到 30 分左右[①]。2021 年，龙芯中科技术有限公司将推出 16 核 3C5000。

成都申威科技有限责任公司目前已研制出三代 10 余款申威系列处理器芯片。2016 年，申威公司完成第二代通用 16 核 CPU"申威 1621"的研发，该芯片实测主频 1.8GHz 以上，单核 SPEC CPU 2006 分值达到 13 分。2017 年，"申威 421"和"申威 221"流片的工作频率提高到 2GHz。2020 年，申威系列第一款 32 核多路 CPU"申威 3231"定型量产，其最高核心工作频率可达 2.3GHz。

天津飞腾信息技术有限公司于 2018 年推出的 64 核 FT-2000+/64CPU 采用 16nm 工艺，工作频率为 2.2～2.4GHz，典型功耗为 100W；2019 年推出的 4 核 FT-2000/4 CPU 采用 16nm 工艺，工作频率为 2.6～3.0GHz，典型功耗为 10W。

华为技术有限公司在 2019 年 1 月发布了面向数据中心的鲲鹏处理器。其中鲲鹏 916 处理器采用 16nm 工艺，支持 24 个 ARM 处理器核，主频为 2.4GHz；鲲鹏 920-3226 和鲲鹏 920-4826 处理器采用 7nm 工艺，支持 32 个和 48 个 ARM 处理器核，主频为 2.6GHz。

海光 CPU 由成都海光微电子技术有限公司和成都海光集成电路设计有限公司与美国 AMD 半导体公司合资的企业联合设计生产。海光 CPU 引进 AMD 的 Zen 设计，最新产品采用 14nm 工艺。

兆芯 CPU 由上海兆芯集成电路有限公司研制。新产品——面向桌面的开先 KX-6000 和面向服务器的开胜 KH-30000 处理器采用 16nm 工艺，最高主频为 3.0GHz。

---

① "十三五"期间使用 GCC（GNU Compiler Collection）编译的市场主流桌面和服务器 CPU 单核 SPEC CPU 2006 分值在 20～40 分。

3. 自主化应用带动自主 CPU 生态体系初步形成

CPU 的价值在于承载生态。虽然全球计算机的 80% 左右在中国生产，但 2011 年我国电子信息产业 100 强企业的利润总和是美国苹果公司的 40%[4]。2012 年苹果公司和三星公司占手机利润的 97%，2016 年为 94%[5]。同样是卖整机，主导手机生态的苹果公司 2018 年的销售收入为 2656 亿美元，净利润为 595 亿美元[6]，而没有自主生态的联想集团有限公司 2018 年的销售收入为 510 亿美元，净利润为 6 亿美元[7]。同样是卖芯片，主导计算机生态的 Intel 公司 2018 年的销售收入为 708 亿美元，净利润为 233 亿美元[8]，没有自主生态的紫光展锐公司 2018 年的销售收入为 16 亿美元，利润是亏损的（展锐手机芯片销售数量不少于 Intel 电脑芯片销售数量）。我国信息产业的根本出路在于基于自主 CPU 和操作系统建立独立于 Wintel 体系（Intel CPU+ 微软 Windows 操作系统）和 AA 体系（ARM CPU+Android 操作系统）的自主技术体系，而不是在已有的 Wintel 体系和 AA 体系中开发产品。

操作系统是 CPU 软件生态的核心。近几年，我国操作系统取得长足的进展。以龙芯 CPU 为例。龙芯中科技术有限公司的团队基于开源社区的 Linux 操作系统，形成了龙芯基础版操作系统 Loongnix，该系统统一了包括 CPU、桥片、BIOS 操作系统在内的系统架构，实现了不同整机和操作系统品牌的二进制兼容；对其中的核心模块如编译器、Java 虚拟机、浏览器、媒体播放、OpenGL 和 QT 图形库、KVM 虚拟机等进行系统优化，是国际开源相关社区的积极参与者和维护者；联合基础软件合作伙伴，对流式文件、版式文件、数据库等进行系统优化，以提升用户体验；支持麒麟软件、统信 UOS 等基于 Loongnix 基础版操作系统形成产品操作系统，支持整机企业及集成商基于 Loongnix 系统开发专用操作系统。经过市场的不断试错迭代，龙芯 CPU 软件生态已初步实现功能丰富、架构稳定、性能优化、问题收敛；操作系统成熟度基本达到 Windows XP 水平（指微软的 Windows 操作系统经过 Windows 95、Windows 98、Windows 2000 等快速升级到 Windows XP，然后达到十几年的稳定）。我国微处理器发展的主要瓶颈正在从 CPU 性能不足和操作系统成熟度不够，转向产业链不够完善和应用不够丰富。

党的十八大以来，在能源、交通、金融、通信等涉及国家安全和国民经济安全的领域使用基于自主 CPU 的控制、通信、信息化产品，构建安全可控的信息技术体系和产业生态已成为国家战略，产业界也积极参与其中。以龙芯 CPU 为例。龙芯中科技术有限公司的合作伙伴已有 2000 多家，CPU 销售达到百万片规模。CPU、操作系统、数据库、整机、应用、集成商等紧密配合，协同解决用户试点过程中发现的问题，形成了"应用试点、发现问题、解决问题并完善平台、在试点中检验"的良性循环，走出了一条"应用牵引、系统优化、软硬结合、规范适用"的技术道路。通过系统优化，我国可以做到在每个部分都不如国外的情况下使整个系统的性能超过国外系统。例如，某数据库应用，如使用 X86 服务器需要 50min，而使用基于龙芯 CPU 的服务器，经过软硬件磨合后只需要 80s。预计到 2030 年前后，我国能够建立起独立于 Wintel 体系和 AA 体系的安全可控的信息技术体系和产业生态。

三、未来展望

经过 20 年的积累，我国自主 CPU 的性能不断提高，基于自主 CPU 的产业链和软件生态正在形成，但仍存在两大发展瓶颈，即指令系统和生产工艺。

第一，指令系统。在国产 CPU 方面，兆芯 CPU 和海光 CPU 分别通过与威盛和 AMD 合资的方式实现了 X86 架构，飞腾 CPU 和鲲鹏 CPU 则通过授权的方式得到了 ARM 的指令系统授权，龙芯 CPU 在 MIPS 授权的基础上进行了自主扩展，申威 CPU 参考 Alpha 实现了自主指令集。

建设自主可控的信息技术体系和产业生态需要自主指令系统。为此，从龙芯 3A5000 开始，龙芯 CPU 实现了全新设计的自主龙芯架构 LoongArch（Loongson Architecture）。龙芯架构摒弃了传统指令系统中部分不适应当前软硬件技术发展趋势的陈旧内容，吸纳了近年来指令系统设计领域诸多先进的技术成果；与原有基于 MIPS 扩展的指令系统相比，在硬件方面更易于实现高性能、低功耗的设计，在软件方面更易于编译优化和操作系统、虚拟机的开发。龙芯架构在设计时充分考虑到兼容生态的需求，融合了国际主流各指令系统的主要功能特性，同时依托龙芯中科技术有限公司团队在二进制翻译方面十余年的技术积累[9]，不仅确保现有龙芯电脑上应用的二进制无损迁移，而且实现了多种国际主流指令系统的高效二进制翻译。

第二，生产工艺。集成电路的生产包括流片、封装、测试等主要环节。经过长期的努力，我国在集成电路的流片、封装、测试等主要环节不断提高工艺水平，满足了多数微处理器研制的需求。例如，中芯国际集成电路制造有限公司 14nm 生产工艺正在成熟，江苏长电科技股份有限公司和通富微电子股份有限公司的封装水平也在不断提高。摩尔定律趋于终结，境外工艺升级变慢，给我国集成电路生产工艺创造了追赶的机会。同时，纳米级集成电路的制造复杂性、片上波动、功耗密度、漏电、大连线延迟等问题，导致工艺升级带来的性能、成本、功耗的"油水"越来越小。在 14nm 工艺之后，通用微处理器对工艺升级的迫切程度开始降低，我国境内工艺基本可以满足通用微处理器的流片、封装、测试要求，但对国外设备和材料已形成很强的依赖。境内工艺厂进口境外生产设备（如光刻机）和材料（如光刻胶、晶圆）受西方出口管制，不能用于军品及高性能 CPU、FPGA、数模/模数转换等高端芯片。预计我国还需要 3～5 年的时间才能初步缓解集成电路生产材料受制于人的问题，而集成电路生产装备自主化则需要更长时间。

此外，高性能 CPU 设计需要与工艺技术紧密融合。如果 CPU 设计能够和自主工艺紧密融合、互相调整，就可以提升处理器 10%～20% 的性能。我国 CPU 企业规模较小，没有能力建设 CPU 专用生产线；而集成电路产业主要采用代工的生产方式，不容易实现设计与工艺的磨合。我国 CPU 企业未来在有一定规模的情况下，应建立或部分建立类似于 Intel 的整合设备生产（integrated device manufacture，IDM）模式。

我国信息产业发展很不平衡，应用发达，但基础薄弱。除上述两大瓶颈外，对应到人才培养方面的问题是：应用型人才过剩，基础软硬件人才极度缺乏。例如，我国用 Java 和 JavaScript 语言编写电商、办公软件等应用的工程师数以百万计，但运行 Java 和 JavaScript 应用的 Java 虚拟机和 JavaScript 虚拟机人才在全国不过百人。国产微处理器只能在实践中培养人才，一边培养一边发展。

对应到信息化教育，我国存在两大"痛点"：一是高校计算机专业主要教授学生"用"计算机而不是"造"计算机；二是中小学信息化教育成为"微软培训班"。2017 年龙芯中科技术有限公司正式发布大学计划，该计划包括重新编写涵盖本科生、硕士研究生、博士研究生的计算机体系结构教材，开展"龙芯杯"大学生体系结构能力大赛，在中小学进行基于自主处理器的信息课程教学试点等，已取得一定的效果。

总之，发展自主 CPU，构建自主可控的信息技术体系是国家和时代的需要，中国已经初步具备了条件。只要我们克服急躁情绪和崇洋情绪，发扬实事求是的作风和愚公移山的精神，在自主创新实践中不断发现问题，在解决问题过程中不断提高能力，在成绩面前保持清醒的头脑，在困难面前坚定必胜的信心，就一定会达到我们的目的。

参考文献

[1] Arafa M，Bahaa F，Sailesh K，et al. Cascade Lake：next generation Intel Xeon scalable processor. IEEE Micro，2019，39（2）：29-36.

[2] Hennessy J，Patterson D. A new golden age for computer architecture. Communication of the ACM，2019，62（2）：48-60.

[3] Suggs D，Subramony M，Bouvier D. The AMD "Zen 2" processor. IEEE Micro，2019，40（2）：45-52.

[4] OFweek 电子工程师网 . 我国电子信息百强利润总额 884 亿元 不抵苹果一半 . http：//ee.ofweek.

com/2012-08/ART-8100-2800-28631174.html[2018-08-09].

[5] 王媛媛.苹果独占全球智能手机利润近八成. http：//finance.china.com.cn/industry/20170310/
4130374.shtml[2017-03-09].

[6] Apple Inc. Form 10-K. https：//www.sec.gov/Archives/edgar/data/320193/000032019318000145/
a10-k20189292018.htm[2018-09-29].

[7] 联想集团有限公司 .2018/19 年报 . https：//www1.hkexnews.hk/listedco/listconews/sehk/2019/0605/
ltn201906051255_c.pdf[2019-06-05].

[8] Intel Corporation. Form 10-K annual report. https：//www.sec.gov/Archives/edgar/data/50863/00000
5086319000007/a12292018q4-10kdocument.htm[2018-09-29].

[9] Hu W W，Wang J，Gao X, et al. Godson-3：a scalable multicore RISC processor with X86
emulation. IEEE Micro，2009，29：17-29.

2.3　Microprocessor Technology

Hu Weiwu

（ Loongson Technology Limited Corporation；Institute of Computing Technology,
Chinese Academy of Sciences ）

After 20 years development, the CPU technology of China has been improved rapidly. CPUs with domestic designed technology and with introduced foreign technology have been developed in parallel. While the performance increment of world-leading general purpose CPU slowed down in 2010's, the performance of domestically designed CPU has improved rapidly. Driven by the national strategic applications in government, energy, finance, etc., a new ecosystem based on self-design besides Wintel （ Intel CPU + Microsoft Windows ） and AA（ ARM CPU + Google Android ）CPU is emerging. Instruction set architecture and producing process are two bottlenecks of domestic designed CPU.

2.4 高性能计算机技术新进展

陈左宁[*]

（中国工程院）

高性能计算（HPC）位于计算技术的金字塔顶端，是国家战略高技术，是解决国家安全、经济建设、社会发展等一系列重大挑战性问题的重要手段，被喻为引领科技创新发展的"国之重器"，已成为信息时代世界高科技竞争和大国博弈的技术主战场。伴随着大数据与人工智能（AI）时代的到来，各行业、各领域对计算能力提出新的需求，牵引国际高性能计算机进入新的发展阶段。下面将重点介绍该技术的国内外发展现状并展望其未来。

一、国外高性能计算机发展现状

1. 快速迈向 E 级计算时代

E 级（百亿亿次）性能是国际高性能计算机发展的下一个里程碑。目前，美国、日本、欧洲都已制定 E 级计算机计划并加速推进研制。

（1）美国 E 级计算机

美国 E 级计算机主要由"百亿亿次计算项目"（ECP）[1]投资支持，目前明确研制的有三台："极光"（Aurora）、"前线"（Frontier）和"酉长岩"（El Capitan）。

"极光"系统由 Intel 和 Cray 公司联合研发，投资超过 5 亿美元，目标性能超过 1EFLOPS，计划于 2021 年交付，部署在美国能源部的阿贡国家实验室，将是美国第一台 E 级计算机。"极光"将使用 Intel 下一代至强可扩展处理器、Xe GPU、Optane DC 存储器以及 One API 软件；采用 Cray 面向 E 级计算的"沙斯塔"（Shasta）体系结构和"弹弓"（Slingshot）互连系统。"极光"将传统 HPC 与 AI 深度结合，其应用领域为宇宙模拟、新药研发、气候建模、医疗健康等[2]。

"前线"计算机由 Cray 与 AMD 公司联合研发，投资超过 6 亿美元，目标性能达 1.5EFLOPS 以上，计划于 2021 年底完成研制，部署于美国能源部的橡树岭国家实验

---

* 中国工程院院士。

室。该系统基于 Cray "沙斯塔" 架构和 "弹弓" 互连，采用 AMD 新一代 EPYC CPU 和 CDNA-1 GPU，CPU 和 GPU 之间通过高带宽、低延迟的第二代 Infinity Fabric 连接，系统功耗预期低于 40 MW [3]。"前线" 计算机将用于核能系统、聚变反应堆和精密药物的应用模拟等。

"酋长岩" 计算机由 Cray 与 AMD 公司联合研制，投资 6 亿美元以上，峰值性能为 2EFLOPS，计划于 2023 年投入运行，部署于美国能源部的劳伦斯利弗莫尔国家实验室，主要任务是核武器模拟。该系统同样基于 "沙斯塔" 架构和 "弹弓" 互连，功耗预计在 40 MW 左右。"酋长岩" 将使用 AMD 下一代 EPYC CPU 和 CDNA-2 GPU，由第三代 Infinity Fabric 连接。Cray 正在探索把光学技术集成到 "弹弓" 互连上，以更高效地传输数据，提高系统能效和可靠性 [4]。

（2）日本 E 级计算机

日本在其文部科学省的 "旗舰 2020" 计划的支持下，投资约 10 亿美元，由富士通公司和理化学研究所联合承研 E 级计算机 "富岳"（Fugaku）[最初称后京（Post-K）]，目标性能为 1EFLOPS [5]。2020 年 6 月，"富岳" 系统正式对外发布，落户于理化学研究所计算科学中心，但目前只是一台预 E 级机器，双精度浮点运算峰值性能为 513.85PFLOPS，Linpack 测试性能为 415.53PFLOPS，在全球超级计算机 TOP500 中排名第一。

"富岳" 采用富士通自主研发的 ARMv8 SVE 处理器，集成 48 个专用计算核心和 4 个辅助核心，用台积电 7nm 工艺生产，包含 87.86 亿个晶体管，配备 HBM2 内存，含有 16 条 PCIe 3.0 通道；全机包含 396 个运算机仓（每个机仓有 384 节点），总存储容量为 4.85PB；采用 6D Mesh/Torus 互连网络；系统运行功耗为 28.34MW，占地面积为 1920m^2 [6]。

据称，"富岳" 具备最大可扩展到峰值 1.328EFLOPS 的能力，但基于功耗和经费等因素考虑，该系统是否会扩展成为真正 E 级机尚有待观察。目前，在 "富岳" 上已开展包括 COVID-19 病毒和 SARS 病毒等的药物研究。

（3）欧洲 E 级计算机

2018 年，欧洲先后有 25 个国家联合签署了 "EuroHPC 宣言"，共同推进欧洲高性能计算机的研制与应用 [7]，计划研制 2 台预 E 级机器和 2 台 E 级系统，要求至少有 1 台 E 级机完全采用欧洲自己的技术（主要指处理器），将于 2023 年左右部署。

欧洲 E 级机的主要研发项目是动态 E 级入门平台——超大规模技术（Dynamical Exascale Entry Platform - Extreme Scale Technologies，DEEP-EST），由德国于利希（Jülich）超级计算中心牵头，受欧盟 "地平线 2020" 计划资助，德国 MEGWARE 公司负责系统集成。DEEP-EST 原型机采用模块化超级计算架构，包括一个通用集群模块、一个数据分析模块和一个超大规模推进器模块，所有模块利用"网络联盟"实现高速连接。2020年5月，随着三个模块中最后一个模块的交付和安装，DEEP-EST原型系统构建完成，目前可通过"早期访问计划"向外部用户开放，包括开展COVID-19药物研究[8]。

2. HPC 与 AI 加速融合发展

新一代人工智能的兴起，为高性能计算机发展带来新的契机。HPC与AI融合成为当前热点，两者正在形成强大的协同效应。HPC可为AI应用提供强大的算力支撑，目前已大量用于深度学习的研究领域和工程实践。AI技术则有助于解决HPC发展面临的诸多问题，在系统故障处理、资源调度使用、在线优化决策方面有良好的应用前景。

目前，国际TOP500中面向人工智能应用的高性能计算机比例快速增长。在最新TOP500中，采用具有强大张量运算性能的Nvidia GPU作为加速器而构建的高性能计算机已达到135台。2018年6月，富士通公司专门为日本产业技术综合研究所研制出一台称为"人工智能桥接云基础设施"（ABCI）的高性能计算机，该系统在当年TOP500中排名第五[9]。2020年6月，日本Preferred Networks公司自主研制出一台MN-3人工智能专用高性能计算机，该系统是当前TOP500中最节能的机器，在"绿色500强"（Green500）中排名第一[10]。

近年来，国际上新研制的尖端高性能计算机都将AI性能作为重要指标。IBM在2018年6月推出"顶点"（Summit）计算机时，宣称其16位和32位混合精度浮点运算峰值性能达到3.3Exaops，是当年全球最快、最智能的高性能计算机；依托"顶点"运行的"利用E级规模深度学习进行气候分析"[11]获得当年的戈登·贝尔奖。富士通在2020年6月推出"富岳"系统时，宣称其32位浮点/16位浮点/8位整数运算的峰值性能分别达到1.07ExaFLOPS/2.15ExaFLOPS/4.30ExaFLOPS。在执行HPL-AI测试（TOP500组织专为测试高性能计算机AI性能而开发的一套基准程序）时，"富岳"的HPL-AI性能达到1.42EFLOPS。此外，业界正在研发Deep500测试基准，以更精确地衡量高性能计算机的深度学习性能[12]。

美国能源部正主导研发的3台E级计算机在发布招标公告时都将AI性能作为必备选项，把人工智能作为未来E级高性能计算机的重要应用方向。阿贡国家实验室预计，未来3～5年在"极光"系统上运行的高性能计算作业中有高达40%是机器学习应用。欧盟DEEP-EST计划明确将HPC、HPDA（高性能数据分析）和AI融合并重作为欧洲E级计算机的研发目标[13]。

未来人工智能应用将向更高维度和更复杂模型方向发展，需要设计开发新型高性能计算体系结构和核心芯片，探索应对大规模复杂人工智能应用的新途径。在即将到来的 E 级时代，HPC 与 AI 将进一步融合，从而更好地赋能科技创新。

3. 量子计算研究掀起热潮

量子计算凭借独有的物理特性而表现出超强的计算能力，有望成为打破经典计算规则的颠覆性技术，这事关一个国家未来的先进计算能力，受到各国政府高度关注，从而使其竞相布局并开展研究，以抢占未来量子信息时代的战略制高点。

全球主要发达国家已将量子计算提升到国家战略高度，纷纷发布量子信息科技战略，斥巨资进行布局。美国于 2018 年 6 月发布《国家量子倡议法案》[14]，计划 5 年内投入 13 亿美元以推动量子科学的发展，制造量子计算机是其重要目标；2020 年 2 月，发布《美国量子网络战略愿景》报告[15]，提出将量子计算机和其他量子设备连接成庞大的量子互联网。俄罗斯宣布从 2019 年 12 月开始，5 年内投资 7.9 亿美元以打造一台实用量子计算机。德国于 2019 年 8 月宣布了投资 6.5 亿欧元的国家量子计划。英国于 2018 年 9 月针对"国家量子技术计划"投资 3.15 亿英镑，支持建设多个量子计算中心。日本于 2018 年发布"量子飞跃旗舰计划"，10 年总投资 200 亿日元支持量子信息科学研究[16]。印度于 2020 年 2 月宣布投资 11.2 亿美元，用于未来 5 年的国家量子发展战略。

量子计算具有巨大的应用潜能和商业价值，除引发政府关注和学术界兴趣外，还激起了产业界的投资热情。Google、IBM、Intel、微软、霍尼韦尔等信息科技巨头基于雄厚的资金投入、工程实现和软件能力，联合学术界积极开发原型产品，推动量子计算成果转化和加速发展。Google 于 2018 年 3 月研制出 72 位超导量子比特，2019 年 10 月利用 53 量子比特的计算系统在随机线路采样问题上实现了"量子优势"[17]。IBM 于 2019 年 1 月推出具有 20 量子比特的超导量子计算机，9 月将量子比特数更新到 53 位，并支持云端在线访问。Intel 在 2020 年 2 月推出采用 22nm CMOS 工艺制造的低温量子控制芯片，支持经典计算机与量子计算机在低温环境中高效协同。微软于 2019 年 11 月宣布推出量子计算云服务 Azure Quantum，可与多种类型量子硬件配合使用。霍尼韦尔于 2020 年 6 月推出"量子体积"（IBM 提出的一种量子计算机测试基准）达到 64 的全球最强离子阱量子计算机。

尽管国际上量子计算研究已取得众多成果，特别是超导电路和离子阱技术路线发展相对较快，但量子计算的技术体系仍未固定，在基础理论、物理实现、核心硬件、算法软件等诸多环节未达到统一，总体上仍处于探索试验阶段。现有量子计算原型产品的核心指标（比特数、保真度、相干时间、连通性、错误率等）远未达到实用要求，可容错逻辑量子比特仍未实现，研制开发全功能、实用化量子计算机仍将面临艰巨挑战。

二、中国高性能计算新进展

近年来，我国通过部署多个国家级科技项目和资助计划来推动高性能计算的发展，成功研制出多台尖端高性能计算机，"神威""天河""曙光"等系列高性能计算机迈入世界领先行列。我国高性能计算机保有量跃升世界第一，联想、浪潮、曙光等公司在国际高性能计算机研制厂商中名列前茅。

（1）中国顶尖系统跨入世界领先行列

从近几年 TOP 500 顶尖系统来看（每年 6 月和 11 月发布一次）[18]，从 2016 年 6 月起，中国国家并行计算机工程技术研究中心研制的"神威·太湖之光"计算机连续四次排名世界第一；从 2018 年 6 月起，美国 IBM 公司的"顶点"计算机连续四次获得 TOP 500 冠军；2020 年 6 月，日本"富岳"计算机居 TOP 500 榜首。可见，国际高性能计算领域呈现出中、美、日三国交替领跑的态势。表 1 列出了 2016 年 6 月、2018 年 6 月和 2020 年 6 月 TOP 5 高性能计算机。

表 1 2016 年 6 月、2018 年 6 月和 2020 年 6 月 TOP 5 高性能计算机（性能：峰值 / 实测）

排名	2016 年 6 月	2018 年 6 月	2020 年 6 月
1	国家并行计算机工程技术研究中心的神威·太湖之光：125.44/93.01PFLOPS	IBM 公司的顶点（Summit）：187.65/122.3PFLOPS	富士通公司的富岳（Fugaku）：513.85/415.53PFLOPS
2	国防科技大学的天河 -2A：54.90/33.86PFLOPS	国家并行计算机工程技术研究中心的神威·太湖之光：125.44/93.01PFLOPS	IBM 公司的顶点（Summit）：200.79/148.6PFLOPS
3	Cray 公司的泰坦（Titan）：27.11/17.59PFLOPS	IBM 公司的山脊（Sierra）：119.19/71.61PFLOPS	IBM 公司的山脊（Sierra）：125.71/94.64PFLOPS
4	IBM 公司的红杉（Sequoia）：20.13/17.17PFLOPS	国防科技大学的天河 -2A：100.68/61.44PFLOPS	国家并行计算机工程技术研究中心的神威·太湖之光：125.44/93.01PFLOPS
5	富士通公司的京（K Computer）：11.28/10.51PFLOPS	富士通公司的 ABCI：32.58/19.88PFLOPS	国防科技大学的天河 -2A：100.68/61.44PFLOPS

值得一提的是，"神威·太湖之光"是我国第一台全部采用国产众核处理器构建并且夺得世界第一的高性能计算机[19]，在其上运行的"千万核可扩展全球大气动力学全隐式模拟"[20]和"非线性地震模拟"[21]两项应用分别获得 2016 年度和 2017 年度国际高性能计算应用最高奖——戈登·贝尔奖，实现了我国在此奖项上零的突破，打破了西方发达国家长达 30 年的垄断，标志着国产高性能计算机的速度优势已转化为应用优势。

（2）中国高性能计算机保有量世界第一

TOP500 机器保有量（装机台数）可反映一个国家高性能计算机系统的使用广度。美国的 TOP500 高性能计算机安装使用量曾长期稳居世界第一。2017 年 6 月，中国高性能计算机保有量首次以 160 台逼近美国 169 台，随后大幅度攀升并超过美国；截至 2020 年 6 月，我国高性能计算机保有量一直稳居世界第一。这表明我国在创新战略驱动下各行业对高性能计算能力的需求旺盛。表 2 列出了 2017～2020 年每年 6 月 TOP500 高性能计算机保有量排名前五的国家。

表 2　2017～2020 年每年 6 月 TOP500 高性能计算机保有量排名前五的国家

排名	2017 年 6 月		2018 年 6 月		2019 年 6 月		2020 年 6 月	
	国家	台数	国家	台数	国家	台数	国家	台数
1	美国	169	中国	206	中国	219	中国	226
2	中国	160	美国	124	美国	116	美国	113
3	日本	33	日本	36	日本	29	日本	29
4	德国	28	英国	22	法国	19	法国	19
5	英国	17	德国	21	英国	18	德国	16

（3）中国高性能计算机研制厂商实力强劲

美国 IBM、Cray、HP 等公司在高性能计算机制造领域曾长期处于垄断地位，但近年来我国联想、浪潮、曙光等公司制造的高性能计算机数量迅猛增加。2018 年 6 月，联想首次超越 HP 成为 TOP500 中研制机器台数最多的公司；2019 年 6 月，联想、浪潮和曙光位列国际高性能计算机制造商前三名。2020 年 6 月，中国公司制造的高性能计算机总数达 324 台，占比为 64.8%。然而，除"神威·太湖之光"外，我国研制的绝大多数机器仍全部或部分采用进口 CPU。表 3 列出了 2017～2020 年每年 6 月 TOP500 中研制高性能计算机数量排名前五的制造商。

表 3　2017～2020 年每年 6 月 TOP500 中研制高性能计算机数量排名前五的厂商

排名	2017 年 6 月		2018 年 6 月		2019 年 6 月		2020 年 6 月	
	厂商	台数	厂商	台数	厂商	台数	厂商	台数
1	HP	143	联想	119	联想	173	联想	180
2	联想	85	HP	79	浪潮	71	曙光	68
3	Cray	57	浪潮	68	曙光	63	浪潮	64
4	曙光	46	曙光	55	HP	40	HP	38
5	IBM	27	Cray	53	Cray	39	Cray	36

（4）科学技术部统筹部署 E 级计算机研制

科学技术部于 2016 年启动"十三五"高性能计算重点研发专项，实施周期 5 年，围绕 E 级高性能计算机系统研制、高性能计算应用软件研发、高性能计算环境研发等三个创新链（技术方向），共部署 20 余项重点任务[22]。在该专项支持下，国家并行计算机工程技术研究中心、国防科技大学和曙光公司获批 E 级原型机的研制，以探索实现 E 级计算机的技术路线。到 2018 年 10 月，神威 E 级原型机、"天河三号" E 级原型机和曙光 E 级原型机已按计划研制完成并投入使用。在"十四五"期间，科学技术部将继续支持 E 级高性能计算机系统的研发与应用。

（5）国内量子计算技术研发成果丰硕

我国对量子计算研发与应用也高度重视。"十三五"国家基础研究专项规划将量子计算机列为事关我国未来发展的重大科技战略任务首位[23]。2017 年，中国科学技术大学研发出全球首台光量子计算机；2018 年，实现了 64 量子比特的量子电路模拟，打破了 IBM Q 纪录。华为发布 HiQ 量子计算模拟云服务平台，可模拟全振幅 42 量子比特。2019 年，浙江大学开发出 20 量子比特的超导量子芯片，刷新了固态量子器件中生成纠缠态量子比特数世界纪录。同年，中国科学技术大学首次实现 20 光子输入玻色取样量子计算，逼近"量子优势"目标。2020 年 5 月，百度公司发布国内首个量子机器学习开发工具"量桨"；6 月，合肥本源量子计算科技有限责任公司开发出 Qurator 一站式量子程序集成开发环境；同月，中国科学技术大学首次实现 1250 对原子高保真度纠缠态的同步制备，为基于超冷原子光晶格的规模化量子计算奠定了基础[24]。

三、未 来 展 望

高性能计算机的发展除了面临传统的"存储墙""通信墙""规模墙"等阻碍外，还面临动态性、不确定性更强的人工智能应用和"计算密集型 + 数据密集型"应用的挑战。近期，需要通过创新计算形态和计算模式，继续提升高性能计算机解决实际问题的能力；远期，需要探索颠覆性替代计算技术，推动后摩尔时代高性能计算机的发展。

在计算理论上，应重点关注复杂多尺度、多模式、多精度应用。"第三范式（计算科学）+ 第四范式（数据科学）"的研究范式催生出新型复杂应用，在宏观上呈现多模式、多尺度特征，在微观上呈现多精度特征。不同物理过程由计算特征完全不同的数学物理方程描述，随着时间发生动态变化，在不同阶段呈现出不同的计算形态，需要用新型计算模型和并行模型来描述。深度学习训练和推理应用利用降低神经网络数值精度的方法进行加速，已被证明非常有效，因此很多传统高性能计算应用也发展出混合精度计算方法。

在体系结构上，算、存、传深度融合以突破"存储墙"和"通信墙"。高性能计算机将重点发展融合计算、存储和传输的体系结构。采用光互连技术、2.5D/3D 堆叠等技术实现高带宽数据通信；采用多级存储架构、高密度片上存储实现近存储计算；采用 DRAM 上逻辑层和存储层的堆叠、存储器颗粒本身的算法嵌入实现"存算一体"（In-Memory Computing）[25]；采用智能交换机、智能网卡等技术实现"传算一体"（In-Network Computing）[26]，以满足数据密集型应用和人工智能应用需求。同时，深入研究通专结合、软件定义、领域定制的体系结构，增强高性能计算机系统的灵活性、可伸缩性、可重构性和开放性。

在使能技术上，应通过工艺材料创新促进数据和计算深度融合发展。在量子、生物等非传统计算机实用化前，业界仍可采用新材料（如石墨烯、碳纳米管、自旋电子材料等）和创新工艺（如三维晶体管、chiplet/ 芯粒、系统级封装等）来扩展摩尔定律，推动经典高性能计算机向前发展。应重点研究阻变随机存储器、相变存储器以及热敏电阻、金属－绝缘体转变记忆器件、自旋电子记忆器件等新型存储器件，以支撑计算 / 存储融合架构计算和神经形态计算[27]。同时，利用新材料特性和集成技术，研发低功耗的人工神经网络突触，实现混沌电路，推动未来存算融合芯片的大规模应用。

在软件生态上，向动态、柔性、智能软件栈方向发展。受复杂应用的驱动，高性能计算软件生态将引入更多复杂流程控制，以支持完整的机器学习工作流和云边端协同、人在环路的数据分析工作流。高性能计算软件栈将结合体系结构的发展趋势重新划分[28]，硬件、基础软件、应用软件将垂直融合并支持柔性的边界调整。基础软件关注精细化资源管理、多目标平衡调度、动态精准调度等功能，应用软件重点发展面向领域应用、适应复杂体系结构特点的框架软件。同时，借助人工智能技术为高性能计算机的系统设计、管理和调优赋能。

在颠覆性技术方面，以量子计算为代表的新形态计算技术将快速发展。随着传统计算技术的物理极限将至，业界试图在"超越 CMOS"（beyond CMOS）方向上寻找提升计算能力的新方法，包括量子计算、类脑计算、生物计算、光计算等。其中，量子计算受重视程度最高、发展最快，部分技术已从理论研究向工程化实现过渡。在特定领域，量子计算机正朝着实现超越经典计算机的目标快速前进。虽然距离实现通用可编程量子计算机还很遥远，但将量子计算技术与传统高性能计算技术有效结合，形成经典＋量子混合计算模型，发挥各自优势，实现解决复杂问题的整体性能超线性增长，是未来高性能计算机的重要发展趋势。

尽管我国在高性能计算的研究和工程方面已跻身世界领先行列，但还存在许多短板，需要持续长期的投入。在即将到来的 E 级计算时代，除研制尖端高性能计算机系统外（包括量子计算机），还应努力构建一个涵盖系统硬件（尤其是高端 CPU）、系统软件、开发工具、应用软件，甚至包括人才队伍的高性能计算生态链，使成果及时转化和利用，以确保我国高性能计算的可持续发展。

参考文献

［1］ Argonne National Laboratory. The U.S. Exascale Computing Project. http：//www.exascaleproject.org/wp-content/uploads/2017/03/Messina_ECP-IC-Mar2017-compressed.pdf［2020-06-22］.

［2］ US Department of Energy. U.S. Department of Energy and Intel to build first exascale supercomputer. http：//www.energy.gov/articles/us-department-energy-and-intel-build-first-exascale-supercomputer［2020-06-22］.

［3］ Oak Ridge Leadership Computing Facility. Frontier spec sheet. http：//www.olcf.ornl.gov/wp-content/uploads/2019/05/frontier_specsheet_pdf［2020-06-22］.

［4］ LLNL.GOV. LLNL and HPE to partner with AMD on El Capitan projected as world's fastest supercomputer. https：//www.llnl.gov/news/llnl-and-hpe-partner-amd-el-capitan-projected-worlds-fastest-supercomputer［2020-06-22］.

［5］ RIKEN Center for Computational Science. About the project. http：//www.r-ccs.riken.jp/en/postk/project［2020-06-22］.

［6］ The University of Tennessee. Report on the Fujitsu Fugaku system. http：//www.icl.utk.edu/files/publications/2020/icl-utk-1379-2020.pdf［2020-06-22］.

［7］ European Commission. The European declaration on high-performance computing. https：//ec.europa.eu/digital-single-market/en/news/european-declaration-high-performance-computing［2020-06-22］.

［8］ HPC Wire. DEEP-EST project reaches major milestone. http：//www.hpcwire.com/off-the-wire/deep-est-project-reaches-major-milestone/［2020-06-22］.

［9］ TOP500 Organization. June 2018. http：//www.top500.org/lists/top500/2018/06［2020-06-26］.

［10］ TOP500 Organization. June 2020. http：//www.top500.org/lists/green500/2020/06［2020-06-26］.

［11］ Kurth T，Treicher S，Romera J，et al. Exascale deep learning for climate analytics. http：//www.arxiv.org/pdf/1810.01993.pdf［2020-06-26］.

［12］ Deep500. Deep500：an HPC deep learning benchmark and competition. http：//www.deep500.org［2020-06-26］.

［13］ DEEP Projects. Objectives. https：//www.deep-est.eu/project/objectives.html［2020-06-26］.

［14］ The US House of Representatives. National Quantum Initiative Act. http：//uscode.house.gov/

statutes/pl/115/368.pdf［2020-06-26］.

[15] The White House. A Strategic Vision for America's Quantum Networks. https：//www.whitehouse. gov/wp-content/uploads/2017/12/A-Strategic-Vision-for-Americas-Quantum-Networks-Feb-2020.pdf ［2020-06-26］.

[16] 田倩飞，唐川，王立娜. 国际量子计算战略布局分析比较. 世界科技研究与发展，2020，42（1）：38-46.

[17] Arute F，Arya K，Babbush R，et al. Quantum supremacy using a programmable superconducting processor. Nature，2019，574：505-510.

[18] TOP500 Organization. Introduction and objectives. https：//www.top500.org/project/introduction/ ［2020-06-30］.

[19] 漆锋滨. "神威·太湖之光" 超级计算机. 中国计算机学会通讯，2017，13（10）：16-22.

[20] Yang C，Xue W，Fu H，et al. 10M-core scalable fully-implicit solver for nonhydrostatic atmospheric dynamics//Proceedings of the International Conference for high performance computing, networking，storage and analysis. Salt Lake City，2016：57-68. https：//ieeexplore.ieee.org/ document/7877004［2020-06-30］.

[21] Fu H，Yin W，Yang G，et al. 18.9-Pflops nonlinear earthquake simulation on Sunway TaihuLight： enabling depiction of 18-Hz and 8-meter scenarios//Proceedings of the International Conference for high performance computing，networking，storage and analysis. Denver，2017：1-12. https：//ess. sustech.edu.cn/attached/file/20191101/20191101163506_94138.pdf［2020-06-30］.

[22] 中华人民共和国科学技术部. 科技部关于发布国家重点研发计划高性能计算等重点专项 2016 年 度 项 目 申 报 指 南 的 通 知. http：//www.most.gov.cn/xxgk/xinxifenlei/fdzdgknr/qtwj/ qtwj2016/201602/t20160218_124155.html［2020-06-30］.

[23] 中华人民共和国科学技术部. 一图读懂 "十三五" 国家基础研究专项规划. http：//www.most. gov.cn/kjbgz/201706/t20170616_133594.htm［2020-06-30］.

[24] 量子客. 量子计算新闻. https：//www.qtumist.com/post/special/quantum-computing［2020-06-30].

[25] Verma N，Jia H，Valavi H，et al. In-memory computing：advances and prospects. IEEE Solid-State Circuits Magazine，2019，11（3）：43-55.

[26] MVAPICH User Group. In-network computing：paving the road to exascale. http：//mug.mvapich. cse.ohio-state.edu/static/media/mug/presentations/17/shainer-mug-17.pdf［2020-07-02］.

[27] 半导体行业观察. 忆阻器会成为 "存储墙" 的破局者么. http：//www.semiinsights.com/s/ electronic_components/23/37242.shtml［2020-07-02］.

[28] Allen B S，Ezell M A，Peltz P，et al. Modernizing the HPC system software stack. https：//arxiv. org/pdf/2007.10290.pdf［2020-07-02］.

2.4　High Performance Computers Technology

Chen Zuoning
（Chinese Academy of Engineering）

High performance computing is a national strategic high-tech and an important means to solve various challenging problems such as national security, economic construction, and social development and so on. High performance computer is regarded as "the pillar of the nation" that leads the development of scientific and technological innovations. This paper outlines the development of the Exa-scale computers in the United States, Japan and Europe, analyzes the speed-up convergence trend of high performance computing and artificial intelligence, and describes the R&D upsurge of international quantum computing technologies. Based on the landscape of the world TOP500 high performance computers in recent years, the latest progress of high performance computing in China is presented from the points of the most advanced systems, the number of installed machines and the manufacturers. Also, we briefly introduce the development of Exa-scale computers and quantum computing technologies in China. Finally, from the five aspects of computational theory, architecture, enabling technologies, software ecology and disruptive computing patterns, we discuss the future development trend of international high performance computers.

2.5　传感器技术新进展

褚君浩[1,2]*　吴　幸[3]

（1. 中国科学院上海技术物理研究所；2. 复旦大学；3. 华东师范大学）

传感器技术，尤其是智能化传感器技术，是国际上信息高端器件领域的研究前

---

* 中国科学院院士。

沿，在 5G 通信、航空航天、关键元器件等国防领域及现代工业、智能硬件、医疗等民生领域均有重大需求，是推进信息化进程和智能化进程的重要核心技术。下面介绍近几年来传感器技术在国际和国内的若干新进展，并展望其未来发展趋势。

一、国际重大进展

近年来，国际上智能传感技术呈现出蓬勃发展的趋势，在以下几个方面取得了重大进展。

1. 柔性传感器

越来越多的特殊信号和特殊环境对传感器提出了更高的要求，如要求具有透明、柔韧、延展、可自由弯曲甚至折叠、便于携带、可穿戴等特点。随着柔性基质材料的发展，满足上述特点的柔性传感器应运而生。目前制备柔性传感器的常用传感材料有：碳基材料[1,2]（炭黑、碳纳米管和石墨烯等）、金属纳米材料[3,4]（金属纳米线、金属纳米颗粒等）、高分子聚合物[5]和蛋白纤维[6]等。在现有的材料体系中，需要柔性传感材料同时具有高可压缩性和高灵敏度，能够解决低杨氏模量柔性材料与高杨氏模量纳米材料之间界面处的材料不匹配问题，同时可以提高输出信号的准确度。将多功能集成的柔性传感器与柔性印制电路结合，可以制成"智能带"；将它穿戴在身体的不同部位，可实时监测与分析生理信息，分析出佩戴者的实时生理状态。汗液中包含很多人体健康信息，检测汗液得到的健康指标与检测血液得到的指标几乎同样丰富。柔性表皮微流控系统（skin-interfaced lab on a chip），可用在运动监测和临床医学等领域，实现对人体汗液相关化学成分的分析。美国两院院士 John Rogers 课题组开发出柔性生物化学传感器[7]，该传感器主要包括两个可互相分离的部分，其中接触皮肤的部分采用低杨氏模量材料，利用像头发丝一样粗细的微型导管实现取液、输液和储藏液体样本的功能；设备的电子部分采用高杨氏模量材料，可检测汗液等体液，通过对收集到的体液进行电离子和比色法分析，实现体液中化学成分的无损检测。美国加州理工大学采用激光雕刻制造出可穿戴汗液传感器，从而可以对汗液中的尿酸和酪氨酸进行精确检测[8]，见图 1。此外，美国斯坦福大学发明了一种柔性传感器假肢，可将柔软的传感器与较软的电子电路结合，模仿皮肤感受压力和神经控制[9]。

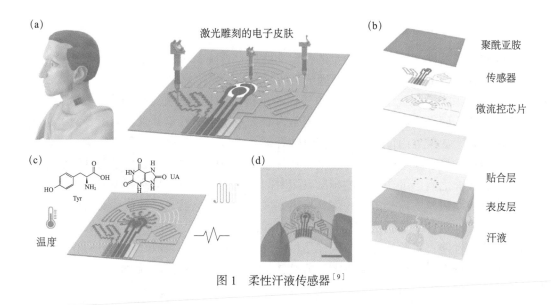

(a)　激光雕刻的电子皮肤　(b)　聚酰亚胺　传感器　微流控芯片　贴合层　表皮层　汗液

(c)　Tyr　UA　温度

(d)

图 1　柔性汗液传感器[9]

2. 智能传感器

　　智能传感技术利用材料工程、机械工程、电子工程、化学工程等领域的交叉融合，设计制造出各种传感单元及微系统；可用于开发多种无创或微创健康监测器件，以及人体生理信息和化学信息实时监测器件；除了与生物医学工程以及临床医学等领域结合，还可以广泛应用在机器人、人体健康、运动定量监测等方面。智能传感器带有微处理机，具有采集、处理、交换信息的功能，是传感器集成化与微处理机相结合的产物。与一般传感器相比，智能传感器具有以下三个优点：第一，通过软件技术可低成本实现高精度的信息采集；第二，具有一定的编程自动化能力；第三，功能多样化。新加坡南洋理工大学开发出一种具有可拉伸、抗撕裂和自我修复能力的交联超分子聚合物薄膜电极材料，可用于制造下一代可穿戴和植入式柔性电子器件[10]。例如，把这种超分子聚合物薄膜电极材料用在柔性传感器上，可多维度地采集初步的数据信息，然后利用设计的功能电路对采集的数据信息进行传输与处理，再把完成初步分析处理的数据输入人工智能算法中，最终完成数据的智能分析与处理，使用户即刻获得想要的信息。美国钛深科技公司首创柔性离电式触觉传感技术，并把该技术与信息处理技术融合，从而可无感、精准监测人体的健康数据，其相关应用模组已获 FDA认证。

3. 瞬态电子器件

瞬态电子器件能够在完成预设的特定功能后自行降解于环境中，可避免处理、回收电子废弃物所带来的困难以及处理不当所导致的后果。

如今电子产品迭代十分迅速，电子设备的淘汰与损坏产生了大量的电子废弃物。这些废弃物不同于一般的生活垃圾，通常含有大量重金属元素并且含有氟、氯、硫等非金属元素，如果采用传统填埋、焚烧的处理方法势必造成严重的环境污染，因此瞬态电子器件的概念应运而生。瞬态电子器件全部由可降解材料组成，当器件完成指定功能或被废弃之后，可在外界的刺激下短时间内部分消失或全部降解。苏黎世联邦理工学院已成功研发出完全由生物降解材料制成的温度传感器。这种传感器对温度的响应快速准确；被揉皱、折叠和拉伸形变 10% 时，其电阻变化小于 0.7%，展现了极好的柔性应用性能；将此传感器与同样是可降解的微流体器件集成在一起，可在一定区域内同时监测不同位点的温度变化，实现温度区域化的测量[11]，见图 2。

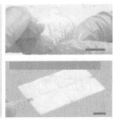

图 2　瞬态电子皮肤的制备和温度检测实例[11]

二、国内研发现状

国内智能传感技术在近几年也取得了长足的发展，在以下几个方面取得了突破。

1. 双模态传感器的制备与融合

压力传感器可将触觉信号转换成电信号，电信号被传递到"中枢神经"进行识别。机器人的四肢就是执行器，可根据电信号指令来使机械变形，从而完成仿生移动或抓举动作。然而，由于工作机理不同，制备具有相同结构的双模态传感和执行双模器件仍然面临挑战。为应对以上挑战，研究人员开发出灵敏度高、高频响应好的双模传感薄膜[12]，见图 3；把它套在手指上，可识别"石头""剪刀""布"等手势，使分类精度达 99.4%；同样，利用电信号可使双模执行器弯曲变形，以模仿人手抓举物体的动作，这为智能传感技术的集成提供了新思路。

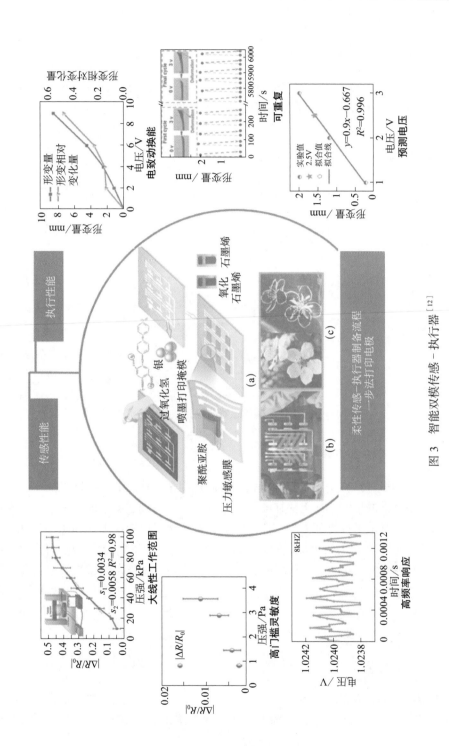

图 3 智能双模传感－执行器[12]

2. 传感 - 计算融合，实现交互式设备中的应用

国内在构筑整个智能系统方面也取得了进展[13]，使传感器不再是单个的器件，而是与电路算法相结合，最终具备智能复杂的功能，见图4。

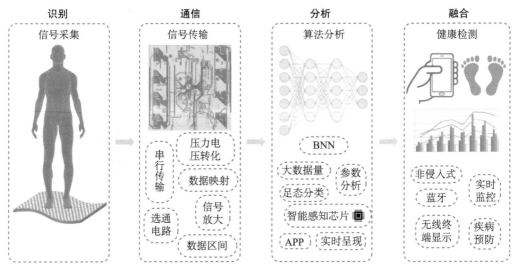

图 4　基于柔性压阻传感器的智能系统构筑流程图[13]

3. 原位感知集成系统

传感器的微观结构是决定其性能的主要调控因素。传统的传感器表征测试方法只能静态地测量器件的性能，却无法在器件工作状态下实时地、动态地监测材料结构和化学成分的变化对其电学性能的影响。原位表征测量技术可以解决上述问题，为进一步提升传感器的性能提供了直观的实验支持。同时，单一传感器不能满足信息时代的技术需求，阵列化、智能集成系统是未来传感器技术发展的主流。智能传感系统不仅具备柔性压阻传感器采集信号的功能，还可通过电路对采集到的数据信息进行传输与处理，使用人工智能神经网络算法进行计算，完成数据的智能分析与处理，并将数据传输到显示终端，从而给出人体生理健康信息监测所需要的信息与智能化分析结果[14]，见图5。

4. 无线电子皮肤

使用电子器件模拟人体皮肤已成为一个新兴的研究领域。无线电子皮肤可以实现人体心电图（ECG）、光电容积描记（PPG）等生理信息的测量。传统的刚性电子器件

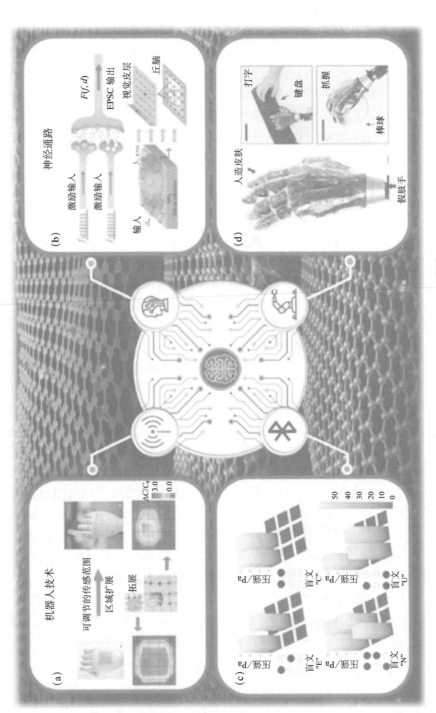

图 5 原位感知系统的集成示意图[14]

具有硬而脆的特点，不适合在柔软的非平面上集成。因此，柔性电子器件成为研究者关注的焦点。电子皮肤中的柔性电子器件通过探测压力、温度及湿度来监测物体的状态，主要用于人体信号监测、假肢皮肤、机器人等领域。清华大学在 2019 年成功制成银纳米线（AgNWs）桥接激光刻划氧化石墨烯电子皮肤（GES）[15]。与纯 GES 相比，等离子体状态的 AgNWs 桥接 GES 有更好的机械灵敏度和测量范围，可以检测诸如脉搏、呼吸和关节运动信号，同时可实时监测心电图（ECG）和脑电图（EEG）信号。这项成果在可穿戴和多功能实时生理监测系统中具有巨大的应用潜力。

5. 新原理太赫兹探测器

研究人员发现了一种新的光电导现象，并基于此发明了室温工作的高性能太赫兹探测器。太赫兹（THz）是电磁波波谱中非常宽阔的波段，1THz 振动频率相当于 300μm 波长。太赫兹波段一般指波长从 30μm 到 3mm 左右的电磁波波段。在这个波段的电磁波有许多物质振动的特征光谱，对水分特别敏感，在安全检测和特殊物质检测方面有重要应用。然而，这个波段的探测器主要工作在深低温，在室温工作时灵敏度很低。研究人员发现，当太赫兹光照射到金属 – 半导体 – 金属结构上时，半导体的电导率会增加。发生这种现象的原因是太赫兹电磁波的电场在金属 – 半导体界面的半导体侧诱发势阱，使电荷从金属侧流向半导体侧，从而导致半导体的电导率增加。于是，这种金属 – 半导体 – 金属的结构就是一个太赫兹探测器，一旦感受到太赫兹电磁波，就会出现电导率增加（图 6）。这种太赫兹探测器拥有比现有的室温工作太赫兹器件高 3 个数量级的灵敏度，可采用的半导体材料有碲化镉、锑化铟（InSb）、铟镓砷（InGaAs）、硅（Si）等。这项成果[①] 在国际上引起重视，被认为"提出实现优异光电效应的独特原理，并从实验上证明其对室温太赫兹探测的极高灵敏性"[16, 17]。

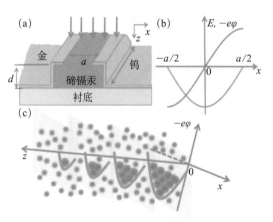

（a）结构示意图，（b）&（c）电磁场与电导率关系示意图

图 6 新原理太赫兹探测器[16]

---

① 新成果获得了专利，专利号为 CN100443631C，CN106769994A。

6. 开辟极化场调控半导体光电器件新方向

在铁电极化场调控的半导体方面，研究人员开辟了新型高灵敏宽光谱红外探测器方向。他们对新型铁电薄膜极化翻转机理有了新认识，设计出具有极陡峭亚阈值摆幅的场效应晶体管，阐明了极化局域场及负电容效应对光电响应的影响规律，制备了高灵敏光电探测器件，使器件的探测率等关键指标达到同期国际同类器件报道的最高水平；提出利用铁电极化场调控低维半导体载流子的新方法，阐明了极化诱导局域电场操控载流子的机制，构建出多种高性能光电／电子功能原型器件，实现了高速高灵敏结型光电探测器，使器件指标达到国际同类器件报道的最高水平；提出了基于热释电和光电导效应协同作用的光电探测器，利用低维半导体沟道读出放大热释电电流和极化局域场抑制低维半导体光电导效应的暗电流，实现了紫外至长波红外（375 ～ 10 000 nm）超宽谱段响应室温红外探测器。利用新成果研制的高灵敏热释电红外探测器，已应用于"风云三号"（FY-3）04 卫星高光谱扫描仪载荷的光学校准系统和其他重要方面。新成果[①]在科学上很有意义，也为在光电器件中拓展铁电极化材料和低维半导体的应用提供了科学依据和技术基础[18, 19]，见图7。

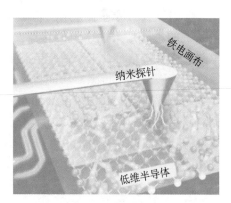

图 7　铁电极化场调控半导体光电器件的示意图[18]

7. 探索传感材料器件研究新方法

在传感材料器件研究新方法方面，研究人员发展了宽禁带铁电和半导体氧化物的凝聚态光谱新技术新理论，构建出强磁场、深低温、高压等极端条件下从深紫外至太赫兹波段的透射／反射／偏振／荧光／拉曼／磁光等光谱测量平台；提出了高灵敏椭圆偏振光谱方法，首次实现了单分子薄膜等纳米结构的光谱学探测，并获得 20 余种重要氧化物功能材料的光学常数，广泛用于器件的设计中；发展了固态光谱方法和理论，开辟了材料相变的光谱学研究新方向，发现了多种氧化物功能材料以及它们在多相共存的准同型相界的光电跃迁和结构相变的关联性规律，建立了理论模型；发现若干新型二维材料的多场耦合新效应，提出了电解液下纳米尺度成像的新方法，发明了原子级大尺寸高性能超薄膜的制备方法，研制出国际上最高性能的 SnS_2 基场效应晶体管，开辟了发展压光电多场耦合新材料新器件的新方向。在实用化扫描探针显微技

---

① 新成果获得了专利，专利号为 CN201811226478.0，CN110808309A。

术中，电解液溶液下的电学成像领域取得一系列进展[①]，在高空间分辨率、高灵敏度压电力显微镜下实现了稳定可靠的成像[20, 21]。

三、发展趋势

在过去的发展中，传感器尽管已经取得巨大的进步，但也面临着巨大的挑战。根据目前的技术发展状况判断，未来智能传感器的发展将呈现出如下趋势。

1. 传感器的灵敏化、智能化、集成化、柔性化

新兴领域的传感器应用已朝小型化、集成化和阵列化方向发展，大面积的电子设备系统的集成是柔性压阻传感器发展中具有挑战性的研究课题，需要传感器与集成电路的进一步结合，未来传统传感器技术继续提高水平。同时，随着新材料新结构新原理的突破，新型传感器功能将更加强大、灵敏度更高、响应速度更快。随着云端计算、人工智能的发展，数据处理能力将有极大的提升，这意味着需要传感器传输的数据可以更加复杂多样，因此，未来多种类传感器将集成在一起，以实现更强的智能和更多的功能。此外，传统的柔性传感器会进一步发展。许多可穿戴设备已经开始做柔性化改进，柔性传感器会是现在以及未来很长一段时间研究的一个重点。

2. 传感器更加绿色环保

电子产品垃圾是日常垃圾中对环境影响最大的垃圾，数量巨大。随着人类环保意识的提升，未来传感器会向着环保、可降解的方向发展。如何找出合适的器件材料将是关键之一。尽管许多具有超高灵敏度的柔性传感器已被报道，但研究者仍应不断优化并探索新型材料和新型传感机制来制备性能更加优异的柔性传感器，以解决如短迟滞、高灵敏度和大检测范围参数之间的矛盾，克服高频振动测试的困难，同时兼顾生物不易降解等性能。可降解传感器可以在有效使用期结束后自然降解。在医疗领域，该类传感器不仅可以穿戴在人体的皮肤表面，还可以在完成功能后完全溶解在人体内。可降解传感器可用于实时监测受损软组织所受的应力，不需要通过二次手术取出来，有助于为患者设计个性化的康复方案。绿色环保的传感器需要在不同的外部环境中实现更智能的控制，并在复杂恶劣的工作环境中具备高稳定性，环境抗干扰以及自适应、自补偿调节等能力。未来各种智能新型的应用需求将进一步增大，随着传感器不断趋向灵敏化、智能化、集成化和柔性化，其将在泛在物联网、家庭医疗、柔性机器人、人机交互、人工智能等领域中具有广阔的发展潜力。

---

① 新成果获得了专利，专利号为 CN110265548A，CN110137355A。

参考文献

［1］ Pham V P，Nguyenm M T，Park J W，et al. Chlorine-trapped CVD bilayer graphene for resistive pressure sensor with high detection limit and high sensitivity. 2D Materials，2017，4（2）：025049.

［2］ Nag S，Sachan A，Castro M，et al. Spray layer-by-layer assembly of POSS functionalized CNT quantum chemo-resistive sensors with tuneable selectivity and ppm resolution to VOC biomarkers. Sensors & Actuators B：Chemical，2016，222：362-373.

［3］ Phan H P，Dowling K M，Nguyen T K，et al. Highly sensitive pressure sensors employing 3C-SiC nanowires fabricated on a free standing structure. Materials & Design，2018，156：16-21.

［4］ Ko Y，Kim D，Kwon G，et al. High-performance resistive pressure sensor based on elastic composite hydrogel of silver nanowires and psoly（ethylene glycol）. Micromachines，2018，9（9）：438.

［5］ Scaffaro R，Maio A，Lo Re G，et al. Advanced piezoresistive sensor achieved by amphiphilic nanointerfaces of graphene oxide and biodegradable polymer blends. Composites Science and Technology，2018，156：166-176.

［6］ Wang C，Xia K，Zhang M，et al. An all silk-derived dual-mode e-skin for simultaneous temperature-pressure detection. ACS Applied Materials & Interfaces，2017，9（45）：39484.

［7］ Chung H U，Rwei A Y，Hourlier-Fargette A，et al. Skin-interfaced biosensors for advanced wireless physiological monitoring in neonatal and pediatric intensive-care units. Nature Medicine，2020，26：418-429 .

［8］ Yang Y R，Song Y，Bo X G，et al. A laser-engraved wearable sensor for sensitive detection of uric acid and tyrosine in sweat. Nature Biotechnology，2020，38：92-93 .

［9］ Kim Y，Chortos A，Xu W，et al. A bioinspired flexible organic artificial afferent nerve. Science，2018，360：998-1003.

［10］ Niu S，Matsuhisa N，Beker L，et al. A wireless body area sensor network based on stretchable passive tags. Nature Electronics，2019，2：361-368.

［11］ Salvatore G A，Sülzle J，Valle F D，et al. Biodegradable and highly deformable temperature sensors for the internet of things. Advanced Functional Materials，2017，27（35）：1702390.

［12］ Tian X Y，Liu Z Y，Luo Z W，et al. Dual-mode sensor and actuator to learn human-hand tracking and grasping. IEEE Transactions on Electron Devices，2019，66（12）：5407-5410.

［13］ 骆泽纬，田希悦，范基辰，等 . 智能时代下的新型柔性压阻传感器 . 材料导报，2020，34（1）：1069-1079.

［14］ Luo Z W，Hu X T，Tian X Y，et al. Structure-property relationships in graphene-based strain and pressure sensors for potential artificial intelligence applications. Sensors，2019，19（5）：1250 .

［15］ Qiao Y，Wang Y，Jian J M，et al. Multifunctional and high-performance electronic skin based on silver nanowires bridging graphene. Carbon，2020，156：253-260.

［16］ Huang Z，Zhou W，Tong J C，et al. Extreme sensitivity of room-temperature photoelectric effect for terahertz detection. Advanced Materials，2016，28（1）：112-117.

［17］ Huang Z，Tong J，Huang J，et al. Room-temperature photoconductivity far below the semiconductor bandgap. Advanced Materials，2014，26（38）：6594-6598.

［18］ Wu G，Tian B，Liu L，et al. Programmable transition metal dichalcogenide homojunctions controlled by nonvolatile ferroelectric domains. Nature Electronics ，2020，3（1）：43-50.

［19］ Wang X，Wang P，Wang J L，et al. Ultrasensitive and broadband MoS_2 photodetector driven by ferroelectrics. Advanced Materials，2015，27（42）：6575.

［20］ Wang J Y，Deng Q L，Li M J，et al. Facile fabrication of 3D porous MnO@GS/CNT architecture as advanced anode materials for high-performance lithium-ion battery. Nanotechnology，2018，29（31）：315403.

［21］ Li C Q，Wang F，Sun Y Y，et al. Lattice dynamics，phase transition，and tunable fundamental band gap of photovoltaic（K，Ba）（Ni，Nb）$O_{3-\delta}$ ceramics from spectral measurements and first-principles calculations. Physical Review B，2018，97（9）：094109 .

2.5   Sensor Technology

Chu Junhao[1,2]*, Wu Xing*[3]

（1.Shanghai Institute of Technical Physics, Chinese Academy of Sciences；
2.Fudan University；3.East China Normal University）

Sensing units and micro-system with intelligent sensor technology have attracted intense attentions in recent years. Artificial intelligent technology covers materials engineering, mechanical engineering, electronic engineering, chemical engineering and so on. It can be assembled into a variety of non-invasive or minimally invasive health monitoring devices, as well as real-time monitoring devices for human physiological and chemical information. Combined with clinical medicine, biomedical engineering, and other fields, intelligent sensor technology will be widely used in the fields such as robots, human health, and quantitative movement monitoring. Some recent development and the future trend of sensor technology have been reported in this paper.

2.6 工业软件技术新进展

黄 罡

（北京大学）

工业软件指专用于或主要用于工业领域，有助于提高工业企业研发、制造、生产管理水平和工业装备性能的软件[1]。工业软件的内涵丰富，面向不同领域的工业软件各不相同。当前世界正处于从工业社会向信息社会加速转型的阶段，信息技术正深度影响和改造工业体系，工业软件的发展加速了工业模式向数字化、网络化、智能化的方向转型。工业软件在基础架构、开发方法和运行维护方面呈现出新的技术特点，软件定义、云端融合、数据智能、虚实融合、安全可信、自适应自演化等特征日趋明显。下面重点介绍该技术的国内外新进展并展望其未来。

一、国际主要进展

1. 软件定义成为软件开发的新范型

随着信息技术（information technology，IT）与操作技术（operation technology，OT）的发展与融合，工业设备已从以往单一机械设备，逐步转变为涉及机械、电子、嵌入式软件等多领域并具有自动控制、智能控制功能的新型工业设备。在工业系统中，相对于工业硬件设备漫长的使用寿命，软件的生命周期通常要短得多，系统所有者往往会遇到系统功能过时的情况。因此，工业系统中的硬件与软件需要以一种更灵活、更便于扩展的架构进行设计与协作。

从软件定义网络（software-defined network，SDN）发展来的软件定义系统（software-defined systems，SDS），旨在提供一种新型的信息系统资源分配和管理的方式，主要通过对各种子系统（如传感、通信、联网和计算）中控制平面与数据平面的分离，将系统的各种资源虚拟化，从以更加友好和灵活的方式对系统进行管理[2]。在工业领域，软件定义系统的概念为工业系统提供了一种重要的设计原则，即将物理设备提供的底层能力与管理这些能力的控制律分离，并将控制律放置在独立的软件控制层中，从而可以实现对工业系统的"软件定义"。在软件定义的工业系统中，开发人员可以通过调整控制层的软件来改善系统功能，甚至赋予系统新功能，使得系统具有更好的场景适应能力。例如，在 GE 公司提出的软件定义机器（software-defined machine，SDM）的概念中[3]，机器功能的定义更多在于其不断改进的软件，而不是严格地取决于设备硬件。

2. 云端融合成为软件架构的新形态

近年来，物联网技术高速发展。工业终端感知设备的感知、通信、计算能力不断增强，使大量数据聚集在端侧。同时，工业终端感知设备具有的数量众多、种类繁杂、位置松散和资源异构等特点，使相关工业软件的复杂性越来越高。工业界提出的"工业云＋终端"的工业互联网解决方案，可以连接端侧的资源，从而在一定程度上保证了异构工业系统的无缝衔接、终端设备的高效管理和工业数据的安全可靠。然而，由于云端设备采用标准化软硬件模块并以预置固定的方式来实现协同的目标，因此，以数据中心化处理为代表的云计算模式越来越难以满足工业场景的需求。

"云端融合"是一种新的软件应用架构，其主要技术思想是软件自身根据设备特性、用户偏好、使用场景、资源现状等情况，动态/在线地调整自身计算和数据在云端、网络、边缘和终端的分布，进而按需使用终端和云端的计算、存储、网络、平台、应用、数据，甚至用户等资源[4]。具体来说，业界提出的边缘计算、雾计算、分散计算等分布式计算架构都是云端融合架构的探索和发展。区别于传统云计算对资源的集中式处理，"云端融合"可将云端、网络、边缘和终端设备上各类被服务化的资源灵活互联并按需"组装"成新系统，从而更多呈现"去中心化"（decentralized）的"泛连接"特征。例如，由美国卡内基梅隆大学提出、美国国家标准与技术研究院（NIST）主推的移动容器体系 Cloudlet[5]，由美国加利福尼亚大学伯克利分校提出、谷歌云计算主推的容器集群及微服务管理平台 Kubernetes①与 Istio②，由美国普渡大学提出的去中心、去聚合的服务组装式操作系统并获 OSDI 2018"最佳论文奖"的 LegoOS[6]等。

3. 数据智能成为软件系统的新能力

市场竞争的全球化、顾客和市场需求的多样化和不确定性，以及价格竞争的加剧，使工业企业面临的经营环境不断变化，这是前所未有的挑战。同时，在数字化技术的推动下，工业领域中的大数据环境正在逐渐形成，数据从以往制造过程中的副产品转变为具有巨大潜在价值的战略资源。以工业大数据为基础的智能制造模式有望成为工业企业转型升级和应对挑战的核心手段。

狭义来说，工业大数据是指与工业企业运营管理相关的业务数据、制造过程数据及外部跨产业链数据；广义来说，工业大数据是指针对特定工业场景，以上述大数据集为

---

① The Linux Foundation. Kubernetes. https：//kubernetes.io[2020-07-24].

② Istio Authors. Istio. https：//istio.io[2020-07-24].

基础，集成工业大数据系列技术与方法，获得有价值信息的过程[7]。工业大数据的目标是从复杂的数据集里发现新的模式与知识，挖掘得到有价值的信息，从而促进工业企业的产品创新、运营提质和管理增效，在产品全生命周期的各个环节实现"数据智能"。例如，半导体制造行业一直在利用工业大数据相关技术来支撑各种功能（如故障检测、预测性维护）[8]；西门子推出了基于工业大数据分析的预测性维护系统 SiePA①。

4. 虚实融合成为软件建模的新要素

相对于通用软件而言，工业软件建模更注重对相关实体颜色、气味、熔点、硬度、密度等物理属性，尤其是时空属性的抽象。随着物联网技术的全面发展，物理实体空间的数据采集技术已趋于成熟，工业软件建模的重点逐步转向对信息空间和物理空间的依赖关系（包括交互性、一致性与同步性）的构建，即虚实融合。在工业环境中提供离散计算过程的软件需要与连续演化的物理世界以反馈回路的方式进行交互，这种交互需要基于实体的物理属性进行动态建模。

信息物理融合系统（cyber-physical systems，CPS）和数字孪生（digital twins，DT）是实现上述目标的两项关键技术。CPS 被定义为用于管理互连系统中物理资产和计算能力的转换技术[9]，强调的是物理世界和信息世界之间实时的、动态的信息回馈和循环过程；DT 则重点关注对实体物理属性的抽象[10]，在工业领域主要为各类工业组件、产品或系统提供全面的物理和功能描述。CPS 通过增强智能制造实体（传感器、执行器、控制等）与网络计算资源之间的通信，以促进对制造资源的监视、数据收集、感知、分析和实时控制；DT 则将从物理系统中获得的历史和实时数据与基于物理实体的模型和高级分析集成，以创建具有高度完整性和适应性的数字化对等物[11]。DT 提高了 CPS 中功能的透明度和可行性，并促进了对信息物理元素的实时监视、模拟、优化和控制[12]。CPS 与 DT 的具体应用包括设备运行状况管理、生产工艺优化、产品性能改善等。例如，由西门子与 Bentley Systems 联合开发的流程行业解决方案 PlantSight②，通过将与工厂运营相关的所有数据和信息汇总在一起，建立场景、验证并可视化，从而将原始数据转换为一个不断更新的完整的数字孪生，不仅可帮助客户提高产品性能，而且还可以降低生产成本。

---

① 西门子中国 . SIEPA——工厂预测维护系统 . https：//new.siemens.com/cn/zh/company/innovation/artificial-intelligence/unlock-predictive-services.html[2020-07-24].

② SIEMENS. PlantSight: Gain invaluable insights. https://new.siemens.com/global/en/products/automation/industry-software/plantsight.html[2020-07-24].

5. 安全可信成为软件质量的新核心

相对于通用软件而言，工业软件中的错误带来的不仅是数据错误，还有可能是严重的生命和财产损失，因此，工业软件对安全具有更高的要求。航空、汽车和医疗等领域的工业软件系统对安全性的要求会高于其他属性。工业软件中会使用大量智能化方法来识别危险情况并基于规定执行动作把系统导入安全状态，从而将风险控制在允许的范围内。工业领域的智能算法通常需要可验证。2018 年 3 月，Uber 自动驾驶汽车因机器视觉系统未及时识别出路上突然出现的行人，导致与行人相撞并致人死亡，人工智能算法的安全性自此开始引起重视[①]。随着人工智能技术的进步，数据驱动的机器学习算法越来越多地应用到工业领域中，但现阶段类似深度学习这样的算法仍具有"黑盒性"，因而存在不可解释性和受训练数据影响大等问题。美国 NIST 提出必须采用严格科学的测试以确保 AI 系统的安全可信。在学术界，美国卡内基梅隆大学成立了专门从事此领域研究的 Safe AI 实验室，并从 2015 年起开始针对智能驾驶设备的风险评估方法进行研究[13]。

6. 自适应自演化成为软件运行的新机制

软件在开发时通常会围绕其周围的生态系统（第三方开发库、托管服务、协议、设备等）做出许多假设。现代软件生命周期相对较短，很多时候并不是由于存在缺陷代码，而是因为软件的运行环境以无法预料的方式发生了变化，打破了其开发时的假设，使得软件无法正确和安全地运行。尤其是对于工业软件来说，其运行环境较通用软件而言通常更为复杂，更加需要对运行环境变化的感知与适应能力。

要适应不断发展变化的生态系统，工业软件就必须具有发现和推断环境变化对自身行为和性能的影响，并自动触发对应的转换策略以适应这些变化的能力。自适应（self-adaptation）是指软件系统基于对自身、运行环境以及目标的感知而修改自身的行为或结构以更好地完成预期目标[14]。自适应已成为工业软件长期正确和安全运行的必要特征。例如，美国国防高级研究计划局（DARPA）于 2015 年启动为期四年的"构建资源自适应软件系统"（BRASS）项目[②]，希望通过将自适应推理原则性地集成到软件设计周期的各个阶段，增强软件对所处生态系统变化的适应能力，从而提高复杂软件系统的弹性和寿命；2019 年，启动了后续的"意图定义自适应软件"（IDAS）项

---

① FOX News. Self-driving Uber car kills Arizona pedestrian, police say. https：//www.foxnews.com/us/self-driving-uber-car-kills-arizona-pedestrian-police-say[2020-07-24].

② Raymond Richards. Building Resource Adaptive Software Systems （BRASS）. https：//www.darpa.mil/program/building-resource-adaptive-software-systems[2020-07-24].

目[①]，旨在通过在软件设计、开发或构建过程中捕获、学习和注释程序员意图与约束，并将其与生成软件系统特定实例的过程解耦，来降低软件的开发与维护成本。

二、国内研发现状

工业软件是"十三五"时期我国信息产业发展的重点领域[15]，尤其是高端工业软件。近年来，国内工业软件研究在国家重点研发计划等国家级科技项目的持续支持下，在以下方面取得了重要进展。

在软件定义方面，北京大学黄罡等[16]提出了基于"应用资源反射化+资源使用可编程"的新型软件定义方法，将硬件资源的软件定义方法在纵向上扩展到软件和应用资源，在横向上从云中心延伸到网络和终端。新方法针对资源与应用紧耦合的现状，以应用程序编程接口（API）的形式对现有应用中的资源进行解构，并从使用场景出发对资源进行重构。据此，过去封闭的制造、物流、销售等资源能够被充分释放并按需组合，从而更好地适应各种规模的定制生产等。

在软件架构方面，东南大学罗军舟等[17]针对工业互联网中云端高度协作与有机融合的需求，结合工业互联网的云端融合规律，提出以"感、联、知、控"为核心要素、层次化与对象化相结合的新型体系结构，以实现"智感、效联、迅知、谐控"的目标，保障工业决策控制的实时、安全、准确，为实现网络化的智能生产、制造、管理等提供支撑。

在数据智能方面，清华大学王建民等[18]研发出聚焦工业物联网场景的时序数据管理系统 Apache IoTDB[②]。该系统可无缝对接基于 Hadoop 与 Spark 的现有大数据生态，并支持物联网海量时序数据的高速写入和复杂分析查询。基准测试显示，新系统性能优于其他时序数据库 InfluxDB、OpenTSDB、Cassandra 以及 GE 的工业大数据平台 Predix。2018 年，该项目成为 Apache 软件基金会的孵化器项目，并应用在上海地铁等实际场景中。在工业界，阿里云工业大脑[③]将人工智能与大数据技术接入到传统的生产线中，帮助生产企业实现数据流、生产流与控制流的协同，提高生产效率，降低生产成本，以自主可控的路径实现自主可控的智能制造。

在软件建模方面，北京航空航天大学张霖等[19]提出了一种新的面向复杂产品的多领域统一建模语言。该框架克服了复杂产品研发过程中设计与仿真割裂的难题，支持高效的多学科、全流程的协作设计及跨领域的协作仿真优化，可实现全流程的标准

---

① Raymond Richards. Intent-Defined Adaptive Software（IDAS）. https://www.darpa.mil/program/intent-defined-adaptive-software[2020-07-24].

② The Apache Software Foundation. Apache IoTDB. https：//iotdb.apache.org[2020-07-24].

③ 阿里云. 什么是工业大脑开放平台. https：//help.aliyun.com/document_detail/127211.html?spm=a2c4g.11186623.3.2.286e54bfVaQyAh[2020-12-24].

化和协作建模。

在软件安全可信方面，华东师范大学何积丰等研发出国内首款并通过国际上公认标准 TUV 功能安全认证的测试工具 SmartRocket Unit[①]。新测试工具成功支撑了"神舟八号与天宫一号对接"等多项重要航天任务以及中国第一套"走出去"的自主信号系统解决方案——TRANAVI 城市轨道交通信号系统解决方案。

在软件自适应方面，南京大学吕建等[20]研究了可持续演化的 CPS 架构模型、构造方法、运行机理和服务质量等基础理论。在"人－机－物"三元融合模式下，CPS 可持续感知外部环境变化，并根据预设逻辑进行决策和执行，进而影响外部环境。依照新的理论和方法，CPS 软件在自动驾驶汽车、无人飞行器等极具挑战的新环境、新平台下，能够可持续、更高质量地支撑 CPS 与其运行环境、平台交互。

在工业软件系统方面，东北大学柴天佑等[21]提出了生产全流程多目标动态优化决策与控制一体化理论与方法。新方法已成功应用于巴布亚新几内亚镍钴生产线和越南氧化铝生产线等冶金工业并取得显著成效。北京电子工程总体研究所李伯虎等[22]研发出云制造系统 3.0 的雏形——"航天云网 2.0"，已应用在工业机器人监控管理、航天复杂产品协同制造等领域。浙江蓝卓[23]supOS 工业操作系统是我国首个具有自主知识产权的工业操作系统，可以实现生产管理全过程的互联互通，提供自助式的工业应用程序开发。和利时[24]攻关实现了国内首个微内核工业操作系统，其整体性能与国际主流微内核工业操作系统相当，适用于工业高可靠实时控制应用，能够满足 PLC、PAC、DCS、运动控制器、机器人控制器等工业控制系统的要求。

三、发展趋势

综合国内外研发情况，未来工业软件技术需关注以下两个方面的发展趋势。

1. 复杂自适应工业软件系统

随着工业领域中智能制造、智能供应链等相关技术与应用的快速发展，各类不同的设备、系统、用户之间的相互关联得以加强，由大量局部自治系统持续集成、相互耦合而形成的复杂自适应工业软件系统正成为一种新型工业软件形态。这种工业软件系统具有边界开放、行为涌现、持续演化等新性质，其要素之间的耦合交互关系呈现动态变化且日趋复杂化，使整个系统的行为难以通过子系统特征的简单叠加进行刻画。借鉴互联网、经济系统、社会系统等复杂系统的形成和演进模式，如何使复杂自

---

① 上海控安. SmartRocket Unit 工业嵌入式系统单元测试工具. https://www.ticpsh.com/tech/gnaqgj/cspg/dycsgj [2020-07-24].

适应工业软件系统稳定、可靠、持续地运行，是有待解决的重大科学问题。

2. 面向人－机－物融合的泛在系统软件

随着工业互联网的发展，工业软件的内涵和外延正在不断延伸。工业互联网作为连接人、机器等各类工业要素，实现上下游企业间的实时连接与智能交互的一种新型网络基础设施，面临的是典型的人－机－物融合的计算环境。在人－机－物融合的环境下，资源的泛在可编程性逐渐成为系统软件的核心要求。如何融合人－机－物三元空间中云端、网络、边缘、终端的软硬件及数据与服务资源，实现全网全栈资源的多维度多层次可编程和按需融合使用，并根据应用场景来开发和定制出可动态适应和演化的泛在软件系统，是工业软件亟须突破的重要问题。

参考文献

[1] 中国电子技术标准化研究院，全国信息技术标准化技术委员会大数据标准工作组 . 工业大数据白皮书 . 2017.

[2] Zeng D，Gu L，Pan S，et al. Software Defined Systems：Sensing，Communication and Computation. Springer Briefs in Computer Science，2020：1-103.

[3] GE Intelligent Platforms. The Virtualization of Control in the Era of Software Defined Machines. 2014.

[4] 黄罡，梅宏 . 云－端融合：一种云计算新模式 . 中国计算机学会通讯，2016，12（11）：20-22.

[5] Satyanarayanan M，Bahl P，Cáceres R，et al. The case for VM-Based Cloudlets in mobile computing. IEEE Pervasive Computing，2009，8（4）：14-23.

[6] Shan Y，Huang Y，Chen Y，et al. LegoOS: a disseminated，distributed OS for hardware resource disaggregation//13th USENIX Symposium on Operating Systems Design and Implementation. 2018：69-87.

[7] 中国电子技术标准化研究院，全国信息技术标准化技术委员会大数据标准工作组 . 工业大数据白皮书 . 2019.

[8] Moyne J，Iskandar J. Big data analytics for smart manufacturing：case studies in semiconductor manufacturing. Processes，2017，5（3）：39.

[9] Baheti R，Gill H. Cyber-physical systems. Impact Control Technology，2011，2（1）：161-166.

[10] Grieves M. Digital twin：manufacturing excellence through virtual factory replication. 2014.

[11] Lee J，Azamfar M，Singh J，et al. Integration of digital twin and deep learning in cyber-physical systems：towards smart manufacturing. IET Collaborative Intelligent Manufacturing，2020，2（1）：34-36.

[12] Tao F，Qi Q，Wang L，et al. Digital twins and cyber-physical systems toward smart manufacturing

and industry 4.0: correlation and comparison. Engineering, 2019, 5（4）: 653-661.

[13] Zhao D, Peng H, Lam H, et al. Accelerated evaluation of automated vehicles in Lane Change Scenarios//ASME 2015 Dynamic Systems and Control Conference, 2015.

[14] de Lemos R, Giese H, Müller H A, et al. Software engineering for self-adaptive systems: a second research roadmap（Draft Version of May 20, 2011）. Software Engineering for Self-Adaptive Systems, 2011.

[15] 国务院. 中华人民共和国国民经济和社会发展第十三个五年规划纲要. http://www.gov.cn/xinwen/2016-03/17/content_5054992.htm[2016-03-17].

[16] Huang G, Luo C, Wu K, et al. Software-defined infrastructure for decentralized data lifecycle governance: principled design and open challenges//2019 IEEE 39th International Conference on Distributed Computing Systems（ICDCS）, 2019: 1674-1683.

[17] 罗军舟, 何源, 张兰, 等. 云端融合的工业互联网体系结构及关键技术. 中国科学（信息科学）, 2020, 50（2）: 195-220.

[18] 李天安, 黄向东, 王建民, 等. Apache IoTDB 的分布式框架设计. 中国科学（信息科学）, 2020, 50（5）: 621-636.

[19] Zhang L, Lai L Y, Ye F. Research on new generation of multi-domain unified modeling language for complex products//Methods and Applications for Modeling and Simulation of Complex Systems. AsiaSim 2019. Communications in Computer and Information Science, 2019, 1094: 237-242.

[20] Qin Y, Xie T, Xu C, et al. CoMID: context-based multi-invariant detection for monitoring cyber-physical software. IEEE Transactions on Reliability（TR）, 2020, 69（1）: 106-123.

[21] Jiang Y, Fan J, Chai T, et al. Data-driven flotation industrial process operational optimal control based on reinforcement learning, IEEE Transactions on Industrial Informatics, 2018, 14（5）: 1974-1989.

[22] 李伯虎, 柴旭东, 侯宝存, 等. 云制造系统 3.0———一种"智能+"时代的新智能制造系统. 计算机集成制造系统, 2019, 25（12）: 2997-3012.

[23] 浙江蓝卓. supOS. 工业操作系统. https://www.supos.com/product-platform.html[2020-12-24].

[24] 和利时. 信息与动态. 中国仪器仪表, 2020（7）: 17-20.

2.6　Industrial Software Technology

Huang Gang
（Peking University）

Industrial software is a collection of programs which are specialized or mainly used in industrial sectors, such as designing, manufacturing, production, to improve efficiency of management and performance of equipment. The rapid development of industrial software has accelerated the industrial transformation towards digitalization, cyberization and intelligence. The recent progress in industrial software technology has exhibited new characteristics on architecture, development, operation and maintenance, such as SDx（software-defined everything）, cloud-client convergence, data intelligence, and secure & trusted hardware/software. The current progress and the future trends of industrial software are discussed in this paper.

2.7　移动通信技术新进展

牛　凯

（北京邮电大学）

移动通信是人类社会不可或缺的基础设施，正在广泛而深刻地塑造着信息时代的新面貌。移动通信技术近五年的标志性进展是第五代移动通信（5G）的标准化与商用，以及第六代移动通信（6G）研发的启动。世界各强国在 5G 和 6G 技术方面展开了激烈的竞争。下面将重点介绍这方面的国内外新进展并展望其未来。

一、从 5G 到 6G

1. 5G 应用场景

2019 年 6 月 6 日，中国工业和信息化部发放 5G 移动通信牌照，标志着中国移动通信产业进入新时代。5G 大幅度扩展了移动应用场景，开始逐渐渗透到垂直行业，从传统的增强移动宽带（eMBB）场景扩展至大规模机器类型通信（mMTC）场景和超高可靠低时延通信（URLLC）场景，其服务对象包括人、机、物。采用极化码（Polar Code）/ 低密度校验码（LDPC）等信道编码、大规模 MIMO、毫米波（mmWave）传输、网络切片（Network Slicing）等技术，5G 达到了 $10 \sim 20$Gbit/s 的峰值速率、$10^{-4} \sim 10^{-5}$ 的差错率、1ms 的端到端时延，实现了移动性管理、连接密度、网络能效、区域业务容量性能的全方位提升。

截至 2019 年底，中国共有 841 万个基站，其中 4G 基站 544 万个，5G 基站 19 万个，占全球基站总数的 60% 以上。中国已建成全世界规模最大、技术最先进的移动通信网络，以华为、中国移动为代表的中国移动通信设备商与运营商，已成为全球 5G 标准化与产业化的领导者，实现了"3G 跟跑、4G 并跑、5G 领先"的通信产业发展目标。

2. 6G 应用展望

2019 年 11 月 3 日在北京召开的 6G 技术研发工作启动会，标志着我国 6G 研发正式提上日程。芬兰奥卢大学的 6G 白皮书[1]，列出了 6G 的主要性能指标：峰值传输速率达到 100Gbps $\sim$ 1Tbps；通信时延为 $50 \sim 100\mu s$；超高可靠性（中断概率小于 10^{-6}）；超高密度（连接设备密度达到每立方米大于 100 个连接）；超大容量（采用 THz 频段，大幅度提高网络容量）。

在未来 6G 中，网络与用户将被看作一个整体。用户的智能需求将被进一步挖掘和实现，并以此为基准进行技术规划与演进布局。6G 的早期阶段将是 5G 的扩展和深入，以 AI、边缘计算和物联网为基础，实现智能应用与网络的深度融合，以及虚拟现实、虚拟用户、智能网络等功能。进而在人工智能理论、新兴材料和集成天线相关技术的驱动下，6G 的长期演进将产生新突破，甚至构建新世界。

6G 不仅包含 5G 涉及的人、机、物，还引入新的服务对象——灵（Genie）[2]。作为人类用户的智能代理，灵存在于虚拟世界，基于海量数据和机器学习技术，获取用户意图或者制定决策。例如，不同用户的灵通过信息交互与协作，可为用户的择偶与婚恋提供深度咨询，辅助实现虚拟亲人陪护，帮助用户构建、维护和发展更好的社交关系。

北京邮电大学张平等[3]提出，未来6G移动通信需要构建Ubiquitous-X网络架构，服务人－机－物－灵4类对象，同时满足低时延、高可靠、高频谱效率、高密度大连接的性能要求。为了应对这些艰巨的挑战，移动通信的基础理论与关键技术亟须取得新的突破，产生新的飞跃。

二、国际重大进展

逼近信道容量极限[4]，提高频谱效率与系统容量，是5G/6G移动通信的中心目标。为此，近年来国际学术界在物理层与网络层技术领域加大研究力度，已取得重大进展。

1. 信道编码技术

2009年，土耳其学者Arıkan发明了极化码，首次以构造性方法证明信道容量渐近可达[5]，这是信道编码理论近年来最重大的理论突破。但在有限码长下，采用经典的极化编码以及串行抵消（SC）译码的系统，性能远逊于采用LDPC/Turbo码的4G系统。

Tal与Vardy提出的列表译码算法[6]，显著改善了极化码的译码性能；他们提出的构造算法[7]，为极化码的精确构造提供了完善的理论框架。Trifonov提出的高斯近似构造算法针对加性高斯白噪声（AWGN）信道设计了编码构造方案。有学者[8]探索了极化码的代数编码性质，提出新的部分序构造方法。IEEE通信学会发布的极化码最佳读物[9]，展示了极化码研究的全貌。

极化传输是方法论的突破，为优化移动通信系统提供了统一的理论框架，是满足6G移动通信的高可靠与高频谱效率传输需求的重要候选技术。

2. 多址接入技术

多址接入是区分各代移动通信的标志性技术。非正交多址接入（NOMA）是5G移动通信的新型技术，相比1G～4G的正交多址接入，可显著倍增系统容量[10]。

Polyanskiy提出了巨址接入（Massive Access）的新理论[11]，不再关注系统总容量，转而研究有限码长条件下，如何保证单个用户的可靠性问题。后续研究[12]表明，新型的巨址接入技术的性能远超传统的Slotted-ALOHA方案，是满足6G海量机器接入需求的重要候选技术。

3. 大规模 MIMO 技术

大规模MIMO技术最早由Marzetta与Larsson提出[13]，是保障5G高速数据传输的重要技术。它在基站端装配几十到上百根天线，将时变衰落信道改造为近似理想信道，产生信道硬化现象，从而充分利用空间维度，实现数据速率的量级提升。无定形小区（Cell-free）分布式大规模 MIMO 技术[14]，相比于集中式配置，有更显著的容量增益，在 6G 超高速率通信场景有重要的应用前景。大规模 MIMO 技术主要关注特定场景的容量分析、波束成形设计、低复杂度检测、导频污染解决方案等[15]。

4. 毫米波与太赫兹技术

毫米波与太赫兹频段是 5G/6G 高频通信的候选频段，是支持超高速数据传输的重要手段。毫米波频段在 30 ～ 300GHz，是 5G 支持短距离高速通信（10Gbit/s）的关键技术[16]。太赫兹频段（0.1 ～ 10THz）比毫米波高出一个量级，在高速数据传输能力上具有更大的潜力[17]。毫米波与太赫兹技术共同的问题是信号在空中传播衰减大，传播距离短，为此，需要深入研究信道建模、信道测量与估计、高频器件小型化等。

另外，轨道角动量（OAM）也是高频电磁波领域一个新兴的研究方向[18]。利用电磁辐射的不同角动量模式承载信息，可为移动通信提供新的信号维度。然而，OAM 还面临诸多挑战，需要开展深入的研究。

5. 智能信号处理技术

随着人工智能的兴起，将机器学习与深度学习应用于通信信号处理成为近年来一个研究热点。一些重要成果不断出现，如基于自动编码器架构的通信系统框架[19]，应用条件生成对抗网络对通信系统进行端到端的建模与优化[20]，在大规模 MIMO 系统中可显著提升性能的基于残差神经网络的检测框架[21]，具有开创性的高性能神经网络信道译码算法[22]。基于学习理论的信号处理技术是一个快速发展的研究方向[23]。

6. 无人机网络

无人机（unmanned aerial vehicle，UAV）网络灵活机动，是骨干接入网的有益补充，可以应用于抢险救灾等特定应用场景。UAV 网络的特点是：网络拓扑高度动态变化，通信机制与运动轨迹相互作用。有学者深入研究了 UAV 网络的协作机制[24]。

7. 物联网

物联网（Internet of Things，IoT）是 6G 移动通信网络的重要形态，涉及物联网安全、能耗管理、复杂事件处理以及社交网络应用等诸方面[25]。有学者分析了物联网的应用场景，并归纳总结了其面临的技术挑战[26]。

8. 终端直联网络

终端直联（Device to Device，D2D）网络可通过终端缓存与直接转发，增大网络容量，是蜂窝网络的重要补充。有学者研究了缓存机制的理论性能界，指出 D2D 网络中缓存的重要性[27]，提出了缓存编码的新概念[28]，使缓存效率提高 10 倍以上，这是一项重要的开创性工作。

三、国内研究现状

近年来，国内学者在移动通信的物理层与网络层技术方向取得了众多进展，特别是 5G 移动通信的信道编码、多址接入等技术。

1. 信道编码技术

北京邮电大学牛凯等提出的循环冗余校验码（Cyclic Redundancy Check，CRC）级联极化码以及多种高性能译码算法，包括了串行抵消列表 / 堆栈（Successive Cancellation List，SCL/ Successive Cancellation Stack，SCS）译码，相对 Turbo/LDPC 码有显著的性能增益，使平均复杂度降低为 $1/5 \sim 1/10$[29, 30]。此外，他们提出了准均匀凿孔（QUP）速率适配方案[31]，这种方案可以针对任意码长进行编码，突破了极化码原始编码的码长限制。上述两点是极化码应用于 5G 移动通信的关键。

2016 年 11 月 17 日，在美国召开的 3GPP RAN1 87 次会议上，围绕 5G 短码的技术方案，美国的 LDPC/TBCC（咬尾卷积码）方案、法国的 Turbo2.0 编码方案以及中国华为公司的 Polar Code 方案展开了激烈竞争。以牛凯的极化码理论工作[29-31]为基础，华为公司设计的极化码方案，在 2018 年最终入选 5G 控制信道编码标准。信道编码是移动通信最核心的基础技术，历经 3G、4G 标准，已 20 多年没有变动。这次 5G 编码标准的突破，是中国学者的基础理论研究与中国公司的应用技术相互促进的成果。

为了探索极化码的极限性能，牛凯等设计了短码（码长 $N=128\text{bit}$，码率 $R=1/2$）条件下的高性能极化码编译码方案[32]，距离有限码长容量极限[33]仅 0.025dB。极化思想可进一步推广到各种通信处理单元（如多进制调制、MIMO、多载波、多中继以及多用户系统）。理论上可以证明，这些系统都具有广义极化现象，采用极化编码传输，可逼近相应的容量极限[34, 35]。

2. 多址接入技术

在非正交多址接入技术方面，中国企业做出了突出贡献。华为公司提出的稀疏码多址接入（SCMA）技术[36]、大唐移动提出的图样分割多址接入（PDMA）技术[37]是代表性的方案，丁志国等[38]对NOMA技术进行了全面回顾与总结。上海交通大学吴泳彭等对巨址接入技术进行归纳与分析，指出了未来研究的方向[39]。

3. 大规模 MIMO 技术

清华大学高飞飞与东南大学金石等，针对多用户场景下的大规模MIMO系统，分析了时分双工（TDD）或频分双工（FDD）模式下，统一的信号传输理论与调度策略，建立了大规模MIMO优化的理论框架[40]。华为公司在5G大规模MIMO产品化方面，具有领先的技术优势。

4. 毫米波与太赫兹技术

电子科技大学李少谦等对太赫兹通信的关键技术进行了全面总结，并指出可行的研究方向[41]。上海交通大学团队在OAM共轴多模式发射天线设计方面有重要贡献[42]，提出了基于涡旋电磁波馈源的反射面天线设计方法，为长距离共轴接收提供了巨大帮助。2016年12月，清华大学张超等完成了世界首次27.5km长距离OAM电磁波传输实验[43]。

5. 天地一体化网络

为了满足6G无缝广域覆盖的需求，将卫星与地面蜂窝网络集成为一体的天地一体化通信网络受到普遍关注。清华大学陆建华等[44]研究了天地一体化网络中的非正交多址接入，提出了天地一体化网络中的协作多播机制[45]。这种网络有望成为6G移动通信的新型广域网架构。

6. 云接入网/雾接入网

移动通信的接入骨干网架构也发生了显著变化。中国移动研究院提出的云接入网（Cloud Radio Access Network，C-RAN）[46]受到了业界普遍关注。C-RAN将基带处理集中到云端，可获得提升网络容量，降低运维成本的显著优势。北京邮电大学彭木根等归纳雾接入网（Fog Radio Access Network，F-RAN）架构的技术特点[47]，指出这种网络带来大容量、低成本、灵活性等诸多好处，但需要解决各种技术挑战。

四、未来发展趋势

在传输领域，未来移动通信将构建融合人工智能的新型信息与通信理论，扩展现有信号维度并引入新维度，突破经典意义上的信道容量限制。在网络领域，未来移动通信将打破传统蜂窝网架构，实现天地一体化组网、云-端智能互联、高速无缝全球覆盖。可以预见，移动通信将迎来改变人类社会的新时代。

参考文献

［1］ Matti L，Kari L，Federico V，et al. Key drivers and research challenges for 6G ubiquitous wireless intelligence. 6G Flagship，Oulu University，2019.

［2］ 张平，牛凯，田辉，等 . 6G 移动通信技术展望 . 通信学报，2019，40（1）：141-148.

［3］ 张平，张建华，戚琦，等 . Ubiquitous-X：构建未来 6G 网络 . 中国科学：信息科学，2020，50（6）：913-930.

［4］ Shannon C E. A mathematical theory of communication. The Bell System Technical Journal，1948，27（3）：379-423，623-656.

［5］ Arikan E. Channel polarization：a method for constructing capacity-achieving codes for symmetric binary-input memoryless channels. IEEE Transactions on Information Theory，2009，55（7）：3051-3073.

［6］ Tal I，Vardy A. List decoding of polar codes. 2011 IEEE International Symposium on Information Theory Proceedings，2011：1-5.

［7］ Tal I，Vardy A. How to construct polar codes. IEEE Transactions on Information Theory，2013，59（10）：6562-6582.

［8］ Schürch C. A partial order for the synthesized channels of a polar code. IEEE International Symposium on Information Theory（ISIT），2016：220-224.

［9］ Balatsoukas-Stimming A，Land I，Tal I. Best readings in polar coding. https：//www.comsoc.org/publications/best-readings/polar-coding［2020-06-20］.

［10］ Liu Y，Ding Z，Dobre O A，et al. Best readings in non-orthogonal multiple access. https：//www.comsoc.org/publications/best-readings/non-orthogonal-multiple-access［2020-06-20］.

［11］ Polyanskiy Y. A perspective on massive random-access. IEEE International Symposium on Information Theory，2017：2523-2527.

［12］ Vem A，Narayanan K R，Chamberland J-F，et al. A user-independent successive interference cancellation based coding scheme for the unsourced random access Gaussian channel. IEEE Transactions on Communications，2019，67（12）：8258-8272.

［13］ Larsson E G，Tufvesson F，Edfors O，et al. Massive MIMO for next generation wireless systems. IEEE Communications Magazine，2014，52（2）：186-195.

［14］ Ngo H Q，Ashikhmin A，Yang H，et al. Cell-free massive MIMO versus small cells. IEEE

Transaction on Wireless Communications，2017，16（3）：1834-1850.

[15] Larsson E G，Valenti M C，Heath R. Best readings in massive MIMO. https：//www.comsoc.org/ publications/best-readings/massive-mimo［2020-06-20］.

[16] Rangan S，Rappaport T S，Erkip E. Millimeter-wave cellular wireless networks：potentials and challenges. Proceedings of the IEEE，2014，102（3）：366-385.

[17] Akylidiz I F，Jornet J M，Han C. TeraNets：ultra-broadband communication networks in the terahertz band. IEEE Wireless Communications，2014，21（4）：130-135.

[18] Yan Y，Xie G，Lavery M P，et al. High-capacity millimeter-wave communications with orbital angular momentum multiplexing. Nature Communications，2014，5：4876-4876.

[19] O'Shea T J，Karra K，Clancy T C. Learning to communicate：channel auto-encoders，domain specific regularizers，and attention. IEEE International Symposium on Signal Processing and Information Technology（ISSPIT），2016：223-228.

[20] Ye H，Li G Y，Juang B-H F，et al. Channel agnostic End-to-End learning based communication systems with conditional GAN. IEEE Globecom Workshops(GC Wkshps)，2018.

[21] Samuel N，Diskin T，Wiesel A. Deep MIMO detection.IEEE 18th International Workshop on Signal Processing Advances in Wireless Communications (SPAWC)，2017：1-5.

[22] Nachmani E，Marciano E，Burshtein D，et al. Deep learning methods for improved decoding of linear codes. IEEE Journal of Selected Topics in Signal Processing，2018，12(1)：119-131.

[23] Li G Y，Hoydis J，de Carvalho E，et al. Best readings in machine learning in communications. https：//www.comsoc.org/publications/best-readings/machine-learning-communications［2020-06-20］.

[24] Zhang H，Song L，Han Z，et al. Cooperation techniques for a cellular internet of unmanned aerial vehicles. IEEE Wireless Communications，2019，26(5)：167-173.

[25] Jara A J，Ladid L，Doukas C，et al. Best readings in internet of things. https：//www.comsoc.org/ publications/best-readings/internet-things［2020-06-20］.

[26] Miorandi D，Sicari S，de Pellegrini F，et al. Internet of things：vision，applications and research challenges. Ad Hoc Networks，2012，10(7)：1497-1516.

[27] Ji M，Caire G，Molisch A F. Fundamental limits of caching in wireless D2D networks. IEEE Transactions on Information Theory，2015，62(2)：849-869.

[28] Maddah-Ali M A，Niesen U，Fundamental limits of caching. IEEE Transactions on Information Theory，2014，60(5)：2856-2867.

[29] Niu K，Chen K，Lin J R，et al. Polar codes：primary concepts and practical decoding algorithms. IEEE Communications Magazine，2014，52(7)：192-203.

[30] Niu K，Chen K. CRC-aided decoding of polar codes. IEEE Communications. Letters，2012，

16(10)：1668-1671.

[31] Niu K，Chen K，Lin J R. Beyond turbo codes：rate-compatible punctured polar codes. IEEE International Conference on Communications(ICC)，2013：3423-3427.

[32] Piao J N，Niu K，Dai J C，et al. Approaching the normal approximation of the finite blocklength capacity within 0.025 dB by short polar codes. IEEE Wireless Communications Letters，2020，9(7)：1089-1092.

[33] Polyanskiy Y，Poor H V，Verdu S. Channel coding rate in the finite blocklength regime. IEEE Transactions on Information Theory，2010，56(5)：2307-2359.

[34] Dai J C，Niu K，Si Z W，et al. Polar-coded non-orthogonal multiple access. IEEE Transactions on Signal Processing，2018，66(5)：1374-1389.

[35] Dai J C，Niu K，Lin J，Polar-coded MIMO systems. IEEE Transactions on Vehicular Technology，2018，67(7)：6170-6184.

[36] Nikopour H，Baligh H. Sparse code multiple access. IEEE International Symposium on Personal，Indoor and Mobile Radio Communications，2013：332-336.

[37] Chen S，Ren B，Gao Q B，et al. Pattern division multiple access (PDMA)：A novel non-orthogonal multiple access for 5G radio networks. IEEE Transactions on Vehicular Technology，2017，66(4)：3185-3196.

[38] Ding Z，Lei X，Karagiannidis G K，et al. A survey on non-orthogonal multiple access for 5G networks：research challenges and future trends. IEEE Journal of Selected Areas in Communications，2017，35(10)：2181-2195.

[39] Wu Y，Gao X，Zhou S，et al. Massive access for future wireless communication systems. IEEE Wireless Communications，2020：1-9.

[40] Xie H，Gao F，Zhang S，et al. A unified transmission strategy for TDD/FDD massive MIMO systems with spatial basis expansion model. IEEE Transactions on Vehicular Technology，2016，66(4)：3170-3184.

[41] 谢莎，李浩然，李玲香，等．太赫兹通信技术综述．通信学报，2020，41(5)：168-186.

[42] Yao Y，Liang X L，Zhu M H. Analysis and experiments on reflection and refraction of orbital angular momentum waves. IEEE Transactions on Antennas and Propagation，2019，67(4)：2085-2094.

[43] Zhang C，Ma L. Detecting the orbital angular momentum of the electro-magnetic waves with orbital angular momentum. Scientific Reports，2017，7(1)：4585.

[44] Zhu X，Jiang C，Kuang L，et al. Non-orthogonal multiple access based integrated terrestrial-satellite networks. IEEE Journal on Selected Areas in Communications，2017，35(10)：2253-2267.

[45] Zhu X，Jiang C，Yin L，et al. Cooperative multigroup multicast transmission in integrated terrestrial-

satellite networks. IEEE Journal on Selected Areas in Communications，2018，36(5)：981-992.

[46] China Mobile Research Institute. C-RAN the road towards Green Ran(version 2.5). https：//docplayer.net/1232431-C-ran-the-road-towards-green-ran.html［2020-06-20］.

[47] Peng M，Yan S，Zhang K，et al. Fog-computing-based radio access networks：issues and challenges. IEEE Network，2016，30(4)：46-53.

2.7 Wireless Communications

Niu Kai

（Beijing University of Posts and Telecommunications）

As a key technology of the information field, wireless communications reshape human behavior and social organization substantially. This paper firstly analyzed the application scenarios and requirements in 5G/6G wireless communication systems, then summarized the advancement of the physical layer techniques and the frontier of the network layer techniques for 5G/6G systems, and finally forecasted the trend and prospect of wireless communication technology.

2.8 信息安全技术新进展

苏璞睿　冯登国[*]

（中国科学院软件研究所）

　　5G、区块链、大数据、人工智能（AI）等各种新技术的发展和应用，引发了各种网络安全问题，催生了一批信息安全新技术。无论是从深度还是从广度上来说，信息安全技术发展迅速，得到了各主要国家的重视。下面将重点介绍信息安全技术的重要新进展并展望其未来。

_____

[*] 中国科学院院士。

一、国际新进展

近几年，国际上在信息安全技术方面取得系列突破，主要包括以下几个代表性方向。

1. 5G 安全

5G 作为新一代通信技术，是实现人与人、人与物、物与物之间互联的关键信息基础设施。5G 支持的三大应用场景包括增强移动宽带（eMBB）、大规模机器类型通信（mMTC）和超高可靠低时延通信（URLLC）。5G 将凭借其大带宽、低时延、大连接、高可靠等特性服务于 AI、物联网、工业互联网等行业。

5G 安全是支撑 5G 健康发展的关键要素。3GPP SA3（隐私与安全）工作组从安全架构、接入认证、安全上下文和密钥管理等 17 个方面对 5G 安全的威胁和风险做了系统性分析[1]，并于 2017 年发布了《5G 系统安全架构和流程》[2]，描述了 5G 安全框架。5G 安全问题可归纳为接入安全、网络安全、用户安全、应用安全、可信安全、安全管理和密码算法等 7 个方面[3]，涉及网络功能虚拟化（NFV）、软件定义网络（SDN）、边缘计算（MEC）等关键技术问题。

协议是信息系统的核心。在 5G 协议安全性方面，Hussain 等[4] 开发出 5GReasoner，系统分析了 5G 的 NAS 层协议与 RRC 层协议的安全性；Basin 等[5] 形式化地分析了 5G 的认证协议。针对协议实现过程中的缺陷，Yang 等[6] 基于用户设备优先解析强信号的捕获效应，提出一种新的信号注入攻击方式；Hussain 等[7] 利用侧信道信息，提出一种新的隐私攻击方式，对完善 5G 协议的安全性具有重要意义。为了更好地测试设计和实现之间的不一致，Kim 等[8] 开发出 LTEFuzz 工具，对 LTE 控制平面进行测试，发现了"重放消息的处理不当"等问题，并把该工具扩展到 5G 代码分析。

5G 安全标准的制定采用与通信技术同步演进的方式，由国际标准化组织和企业共同制定。5G 标准 R15 已完成，定义了安全基础架构和 eMBB 场景的安全标准；R16 于 2020 年 7 月 3 日冻结，面向 mMTC 和 URLLC 场景进行安全优化。5G 网络设备的安全评估标准的制定也在推进中。

2. 区块链安全

区块链作为一种去中心化、防篡改的分布式数据账本，除可用于数字货币等金融领域外，还可用在政务服务、物联网、物流、医疗等方面，已形成公有链、私有链和联盟链等应用模式。目前区块链即将成为新的安全基础设施，安全是区块链应用的关键。

在区块链设计方面，共识机制主要解决区块链如何在分布式场景下达成一致的问题。Kiayias 等[9]针对基于工作量的共识协议的能量资源浪费问题，提出了基于权益证明的共识协议 Ouroboros；Pass 等[10]将快速的传统拜占庭共识协议与区块链共识协议（基于工作量证明、基于权益证明等）组合起来，提出了一个优化的、快速确认的混合共识协议。跨链技术是实现区块链互联互通、提高可扩展性的重要技术。Zindros 等[11]和 Gaži 等[12]分别提出基于工作量证明共识的侧链协议和基于权益证明共识的侧链协议，实现了不同 POW 区块链、不同 POS 区块链之间的通信；Zamyatin 等[13]提出了通过原子交换实现不同区块链之间资产转移的 XCLAIM 协议。

在区块链安全性分析方面，Kiffer 等[14]提出利用马尔可夫链（Markov Chain）分析区块链共识协议满足一致性的方法；Luu 等[15]开发出基于符号执行的智能合约分析器 Oyente，发现了 4 种潜在的安全漏洞；Kalra 等[16]开发出基于模型检测的工具 ZEUS，对智能合约的安全性和公平性进行了验证。

隐私保护是区块链面临的关键问题之一。Ben-Sasson 等[17]提出可扩展的透明零知识证明，实现了 Aurora 方案保护交易信息的隐私；Kosba 等[18]针对智能合约隐私，提出 Hawk 框架；微软在 2019 年开源了基于可信计算的 CCF 框架，兼顾隐私保护和性能提升。

区块链技术的良好性质被应用于多个领域中的认证、访问控制、数据保护等方面，如基于区块链技术的物联网认证技术[19]、基于区块链技术的电子投票系统[20]等。

3. 大数据与 AI 安全

大数据与 AI 是信息时代的新阶段，大数据推动了 AI 技术的高速发展，AI 提高了可利用数据的广度和数据的分析处理能力。基于大数据的 AI 技术将服务于社会的各个方面。

如何在保护信息秘密的情况下完成数据的相关操作，是当前众多大数据应用场景的重要需求之一。为此，研究者提出了在保留数据格式的前提下进行加密的方法，并支持对密文进行检索查询。例如，2016 年 Chen 等[21]提出双服务器的公钥可搜索加密机制方案，Lewi 等[22]提出区间搜索的顺序可见加密方法 ORE。针对加密算法的安全性分析，Bellare 等[23]提出小域（small domain）上针对保留格式加密的已知明文攻击方法；Durak 等[24]提出针对 4 轮 Feistel 网络的一般性已知明文攻击方法，之后 Hoang 等[25]进一步改进了这个攻击方法。Ning 等[26]对可搜索加密的安全性进行了分析并提出针对性的攻击方法，Lacharité 等[27]和 Kornaropoulos 等[28]分别针对区间检索和 K 近邻（KNN）检索的访问模式实现了攻击。

隐私保护是大数据和 AI 技术应用中亟待解决的问题。差分隐私保护模型通过注入定量噪声，提供可通过严格数学证明的隐私保证，是实现深度学习中数据隐私保护的重要手段。例如，在随机梯度下降算法中，利用梯度裁剪来限制单个样例对梯度的影响，同时注入适当梯度噪声，可使训练过程满足差分隐私模型[29]。当面对大规模参数时，由于收敛慢、迭代次数多、全局隐私预算开销过大，隐私保护可采用统一分析多个操作步骤的集中差分隐私模型，以降低注入噪声规模[30]。此外，Gilad-Bachrach 等[31] 提出基于同态密文的神经网络学习方法，Mohassel 等[32] 提出基于多方安全计算的机器学习方法，Lee 等[33] 基于可信计算实现了远程深度学习。谷歌公司于 2016 年提出的联邦学习也已成为隐私保护方面的研究热点[34]。

AI 技术还面临数据投毒、对抗样本、软硬件安全等安全问题。攻击者可通过注入精心设计的样本对训练数据进行污染，破坏 AI 系统正常功能并造成分类逃逸等[35]；攻击者还可通过人类无法感知的对抗样本，使模型得到错误的输出，威胁图片语音识别、自然语言处理、自动驾驶等应用场景安全[36]。软硬件安全是指实现的代码、平台和芯片存在软件层面或硬件层面的漏洞，如代码漏洞[37]、侧信道攻击[38] 等。相关研究对全面认识 AI 技术价值、完善 AI 技术方案发挥了重要作用。

二、国内新进展

近几年，国内在信息安全技术的 5G 安全、区块链安全、大数据与 AI 安全等方面也取得若干重要进展。

1. 5G 安全

随着新基建的持续开展，中国 5G 网络覆盖范围将不断扩大，目前已应用于汽车、交通、医疗、教育等多个领域。2019 年 6 月，中国工业和信息化部向中国电信、中国移动、中国联通、中国广电发放 5G 牌照，我国正式迈入 5G 时代。

我国积极参与 5G 设计和标准制定的工作，于 2013 年 2 月成立了 IMT-2020（5G）推进组。推进组由工业和信息化部、科学技术部、国家发展和改革委员会三部委联合成立，先后发表了《5G 网络架构设计》《5G 网络安全需求与架构白皮书》等。2020 年 1 月，中国通信标准化协会（CCSA）发布我国首批 14 项 5G 标准。德国专利数据库公司 IPLytics 的数据[39] 显示，在 5G 关键专利方面，华为、中兴等中国企业获批或申请的专利数量占全球的 32.97%，位居全球一流阵营。

围绕 5G 中各个环节面临的安全问题，国内学者开展了系列研究。在边缘计算方面, Li 等[40]将 MEC 引入 M2M 通信的虚拟蜂窝网络中, 降低了能耗并提高了计算能力; Xiao 等[41]对 MEC 的攻击进行了建模, 并应用强化学习技术提高了边缘学习的安全性。在软件定义网络方面, Zhang 等[42]提出基于 SDN/NFV 的 DDoS 防御方案, Cao 等[43]针对 SDN 网络提出利用控制流量和数据流量路径中的共享链接来破坏 SDN 控制通道的跨路径攻击。在网络攻击防御方面, 邬江兴院士团队[44]提出网络空间拟态防御 (Cyber Mimic Defense, CMD) 思想与理论。相关研究对完善 5G 方案、提升 5G 安全能力具有重要意义。

2. 区块链安全

我国高度重视并积极布局区块链技术。2016 年, 国务院发布《"十三五"国家信息化规划》, 首次将区块链纳入新技术范畴并作前沿布局, 标志着我国开始推动区块链技术和应用的发展。工业和信息化部发布《中国区块链技术和应用发展白皮书 (2016)》, 明确指出了区块链技术面临的安全挑战与应对策略, 针对当前区块链技术的安全特性和缺陷, 从物理安全、数据安全、应用系统安全、密钥安全、风控机制 5 个方面描绘了区块链安全体系的构建。同时, 我国积极推动和参与区块链标准化工作, 在 ISO 标准制定中承担了分类和本体的编辑以及参考架构的联合编辑任务。

国内在区块链安全研究方面也取得了系列突破。Guo 等[45]优化了异步共识协议的理论设计, 实现了基于实用拜占庭容错算法的 Dumbo 协议, 大幅提升了实现性能; Li 等[46]针对区块链协议存在的密钥泄露造成的长程攻击及其防御方法进行了建模和分析; Hong 等[47]设计出更快更简单的公开可验证的安全两方计算方案。在区块链的应用设计方面, 学者提出了基于区块链的车载网络应用[48]、基于区块链技术的现代电力系统网络攻击防御方案[49]、基于区块链的不可抵赖性工业物联网计算服务方案[50]等。

我国的区块链研究紧密地与实际应用相结合。由图灵奖获得者姚期智担任首席科学家的 Conflux 项目, 在不牺牲任何去中心化程度及安全性的情况下, 以 POW 共识机制, 实现了 3000 以上高 TPS 的公有链。中国科学院软件研究所与京东联合成立了区块链安全联合实验室, 共同推动区块链在电子商务等场景中的应用。根据《中国区块链金融应用与发展研究报告 (2020)》, 在调研的 47 家机构中, 近 40% 明确表示采用了自主研发的区块链底层平台。

3. 大数据与 AI 安全

我国政府高度重视大数据与 AI 安全问题。对于数据安全, 政府逐步加强相关政策法规建设, 鼓励科研机构针对数据安全与隐私保护技术进行技术攻关。2020 年 6

月，十三届全国人大常委会审议通过了《中华人民共和国数据安全法（草案）》。该草案确立了数据安全保护管理各项基本制度，明确了对数据实行分级分类保护，规定了数据活动主体的安全保护义务与责任，该草案将有助于进一步提升国家数据安全保证能力以及用户隐私数据保障水平。

在 AI 安全方面，中国信息通信研究院于 2019 年发布了《人工智能数据安全白皮书（2019）》，提出人工智能数据安全的体系架构。全国信息安全标准化技术委员会也发布了《人工智能安全标准化白皮书（2019 版）》《大数据安全标准化白皮书》。

国内学者在大数据安全方面也取得系列关键突破。在数据加密方面，Wu 等[51]提出一种安全、可扩展的加密数据多维范围查询方法；Cui 等[52]分析并设计了具有隐私保护的空间关键词查询方法。在隐私保护方面，Xu 等[53]提出基于差分隐私的生成对抗网络（GAN）；Wu 等[54]设计并实现了基于差分隐私保护的病理图像分类训练；Shen 等[55]设计出基于 LibOS 的 SGX 实现方案，提高了可信计算在隐私保护等方面的效率和能力。

三、未 来 展 望

随着未来我国信息技术的深度应用和新的应用场景的出现，可以预见，将出现一系列的安全问题和安全技术，如无人驾驶、金融科技等。除了和具体应用场景相关的安全问题和安全技术之外，未来信息安全技术有以下几个方面值得重点关注。

（1）软硬件协同安全问题将受到广泛关注。自 2017 年 Intel CPU 的熔断（Meltdown，CVE-2017-5753）和幽灵（Spectre，CVE-2017-5754）两个漏洞曝光以来，软件利用硬件漏洞实施攻击的问题受到广泛关注。美国国防部高级研究计划局（DARPA）在 2017 年启动了通过硬件和固件实现系统安全集成（System Security Integration through Hardware and Firmware，SSITH）项目，专注软硬件协同的安全研究。国内中国科学院软件研究所等团队[56]在 ARM TrustZone 等硬件隔离机制研究等方面也取得一定的进展。可以预见，软硬件协同安全研究将成为未来研究的重要热点。

（2）关键信息基础设施安全问题日益突出。关键信息基础设施安全一直是各国关注的重点，原来主要从关键信息基础设施相关的设备、系统等安全防护的角度展开研究。然而，国内清华大学等团队[57, 58]发现，利用 CDN、DNS 等互联网基础服务设计上存在的缺陷，可给关键信息基础设施带来毁灭性的打击。未来关键信息基础设施安全将是亟须解决的现实技术难题。

（3）有组织攻击的检测与溯源是永恒的技术难题。网络攻击的高对抗性特点决定了有组织实施的网络攻击必然成为技术水平高、破坏性强、防御难度高的重要难题。近年来，境外有组织攻击在漏洞的利用、攻击行为特征消除、攻击链路隐藏等方面出现了一些新特点，如对抗沙箱检测、对抗 AI 检测等。如何结合现有的各类安全基础设施，实现对有组织攻击的发现和追踪，将是一个需要持续不断研究的重要技术难题。

未来，随着我国信息技术的快速发展和应用，新的安全问题仍将不断暴露。同时，我国的信息安全学术研究和产业团队也在不断发展和壮大，相应的信息安全技术和产品也会不断涌现，我国的网络空间安全防御能力必将进一步提高。

参考文献

[1] Torvinen V. Study on the security aspects of the next generation system(3GPP TR 33.899). https：//portal.3gpp.org/desktopmodules/Specifications/SpecificationDetails.aspx?specification Id=3045[2020-06-25].

[2] Zugenmaier A. Security architecture and procedures for 5G System(3GPP TS 33.501).https：// portal.3gpp.org/desktopmodules/Specifications/SpecificationDetails.aspx?specification Id=3169[2020-06-25].

[3] 冯登国，徐静，兰晓 . 5G 移动通信网络安全研究 . 软件学报，2018，29(6)：1813-1825.

[4] Hussain S R，Echeverria M，Karim I，et al. 5GReasoner：A Property-Directed Security and Privacy Analysis Framework for 5G Cellular Network Protocol// Proceedings of the 2019 ACM SIGSAC Conference on Computer and Communications Security (CCS'19). Association for Computing Machinery，New York，2019：669-684. doi：https：//doi.org/10.1145/3319535.3354263.

[5] Basin D，Dreier J，Hirschi L，et al. A Formal Analysis of 5G Authentication// Proceedings of the 2018 ACM SIGSAC Conference on Computer and Communications Security (CCS'18). Association for Computing Machinery，New York，2018：1383-1396. doi：https：//doi. org/10.1145/3243734.3243846.

[6] Yang H，Bae S，Son M，et al. Hiding in Plain Signal：Physical Signal Overshadowing Attack on LTEhttps：//www.usenix.org/system/files/sec19-yang-hojoon.pdf[2020-06-20].

[7] Hussain S R，Echeverria M，Chowdhury O，et al. Privacy Attacks to the 4G and 5G Cellular Paging Protocols Using Side Channel Information.https：//homepage.divms.uiowa.edu/~comarhaider/ publications/LTE-torpedo-NDSS19.pdf[2020-06-20].

[8] Kim H，Lee J，Lee E，et al.Touching the Untouchables：Dynamic Security Analysis of the LTE Control Plane.https：//www.computer.org/csdl/pds/api/csdl/proceedings/download-article/19skfSiOrNC/pdf[2020-06-20].

［9］ Kiayias A，Russell A，David B，et al. Ouroboros：A Provably Secure Proof-of-Stake Blockchain Protocol.https：//eprint.iacr.org/2016/889.pdf［2020-06-20］.

［10］ Pass R，Shi E. Thunderella：Blockchains with Optimistic Instant Confirmation.https：//eprint.iacr. org/2017/913.pdf［2020-06-20］.

［11］ Kiayias A，Miller A，Zindros D. Non-interactive Proofs of Proof-of-Work//Bonneau J，Heninger N，eds. Financial Cryptography and Data Security. Springer International Publishing，2020：505-522.

［12］ Gaži P，Kiayias A，Zindros D. Proof-of-Stake Sidechains.2019 IEEE Symposium on Security and Privacy，San Francisco，2019：139-156.doi：10.1109/SP.2019.00040.

［13］ Zamyatin A，Harz D，Lind J，et al. XCLAIM：Trustless，Interoperable，Cryptocurrency-Backed Assets// 2019 IEEE Symposium on Security and Privacy，San Francisc，2019：193-210. doi：10.1109/SP.2019.00085.

［14］ Kiffer L，Rajaraman R，Shelat A. A Better Method to Analyze Blockchain Consistency// Proceedings of the 2018 ACM SIGSAC Conference on Computer and Communications Security. Association for Computing Machinery，New York，2018：729-744. doi：https：//doi. org/10.1145/3243734.3243814.

［15］ Luu L，Chu D-H，Olickel H，et al. Making Smart Contracts Smarter//Proceedings of the 2016 ACM SIGSAC Conference on Computer and Communications Security. Association for Computing Machinery，New York，2016：254-269. doi：https：//doi.org/10.1145/2976749.2978309.

［16］ Kalra S，Goel S，Dhawan M，et al. ZEUS：Analyzing Safety of Smart Contracts//25th Annual Network and Distributed System Security Symposium，San Diego，2018.

［17］ Ben-Sasson E，Chiesa A，Riabzev M，et al. Aurora：Transparent Succinct Arguments for R1CS// Ishai Y，Rijmen V，eds. Advances in Cryptology - EUROCRYPT 2019 - 38th Annual International Conference on the Theory and Applications of Cryptographic Techniques，Darmstadt，Proceedings，Part I. Vol 11476. Lecture Notes in Computer Science. Springer，2019：103-128. doi：10.1007/978-3-030-17653-2_4.

［18］ Kosba A，Miller A，Shi E，et al. Hawk：The Blockchain Model of Cryptography and Privacy-Preserving Smart Contracts// 2016 IEEE Symposium on Security and Privacy (SP)，San Jose，2016：839-858.doi：10.1109/SP.2016.55.

［19］ Hammi M T，Hammi B，Bellot P，et al. Bubbles of trust：A decentralized blockchain-based authentication system for IoT. Computers & Security，2018，78：126-142.

［20］ Hjálmarsson F Þ，Hreiðarsson G K，Hamdaqa M，et al.Blockchain-Based E-Voting System//2018 IEEE 11th International Conference on Cloud Computing，San Francisco，2018：983-986.doi：10.1109/CLOUD.2018.00151.

[21] Chen R，Mu Y，Yang G，et al. Server-Aided Public Key Encryption with Keyword Search// IEEE Transactions on Information Forensics and Security，2016，11(12)：2833-2842.doi：10.1109/TIFS.2016.2599293.

[22] Lewi K，Wu D J. Order-Revealing Encryption：New Constructions，Applications，and Lower Bounds// Proceedings of the 2016 ACM SIGSAC Conference on Computer and Communications Security. Association for Computing Machinery，New York，2016：1167-1178. doi：https：//doi.org/10.1145/2976749.2978376.

[23] Bellare M，Hoang V T，Tessaro S. Message-Recovery Attacks on Feistel-Based Format Preserving Encryption//Proceedings of the 2016 ACM SIGSAC Conference on Computer and Communications Security. Association for Computing Machinery，New York，2016：444-455. doi：https：//doi.org/10.1145/2976749.2978390.

[24] Durak F B，Vaudenay S. Breaking the FF3 Format-Preserving Encryption Standard over Small Domains//Katz J，Shacham H，eds. Advances in Cryptology - CRYPTO 2017 - 37th Annual International Cryptology Conference，Santa Barbara，Proceedings，Part II. Vol 10402. Lecture Notes in Computer Science. Springer，2017：679-707. doi：10.1007/978-3-319-63715-0_23.

[25] Hoang V T，Tessaro S，Trieu N. The Curse of Small Domains：New Attacks on Format-Preserving Encryption//Shacham H，Boldyreva A，eds. Advances in Cryptology - CRYPTO 2018 - 38th Annual International Cryptology Conference，Santa Barbara，Proceedings，Part I. Vol 10991. Lecture Notes in Computer Science. Springer，2018：221-251. doi：10.1007/978-3-319-96884-1_8.

[26] Ning J，Xu J，Liang K，et al. Passive Attacks Against Searchable Encryption. IEEE Trans Inf Forensics Secur，2019，14(3)：789-802. doi：10.1109/TIFS.2018.2866321.

[27] Lacharité M-S，Minaud B，Paterson K G. Improved Reconstruction Attacks on Encrypted Data Using Range Query Leakage//2018 IEEE Symposium on Security and Privacy，Proceedings，San Francisco. IEEE Computer Society，2018：297-314. doi：10.1109/SP.2018.00002.

[28] Kornaropoulos E M，Papamanthou C，Tamassia R. Data Recovery on Encrypted Databases with k-Nearest Neighbor Query Leakage//2019 IEEE Symposium on Security and Privacy，San Francisco. IEEE，2019：1033-1050. doi：10.1109/SP.2019.00015.

[29] Abadi M，Chu A，Goodfellow I J，et al. Deep Learning with Differential Privacy//Weippl E R，Katzenbeisser S，Kruegel C，et al. eds. Proceedings of the 2016 ACM SIGSAC Conference on Computer and Communications Security，Vienna. ACM，2016：308-318. doi：10.1145/2976749.2978318.

[30] Yu L，Liu L，Pu C，et al. Differentially Private Model Publishing for Deep Learning//2019 IEEE Symposium on Security and Privacy，San Francisco. IEEE，2019：332-349. doi：10.1109/

SP.2019.00019.

［31］ Gilad-Bachrach R，Dowlin N，Laine K，et al. CryptoNets：Applying Neural Networks to Encrypted Data with High Throughput and Accuracy//Balcan M-F，Weinberger K Q，eds. Proceedings of the 33nd International Conference on Machine Learning，New York City. Vol 48. JMLR Workshop and Conference Proceedings，2016：201-210.

［32］ Mohassel P，Zhang Y. SecureML：A System for Scalable Privacy-Preserving Machine Learning//2017 IEEE Symposium on Security and Privacy，San Jose. IEEE Computer Society，2017：19-38. doi：10.1109/SP.2017.12.

［33］ Lee T，Lin Z，Pushp S，et al. Occlumency：Privacy-preserving Remote Deep-learning Inference Using SGX//Brewster SA，Fitzpatrick G，Cox AL，et al. eds. The 25th Annual International Conference on Mobile Computing and Networking，Los Cabos. ACM，2019：1-46. doi：10.1145/3300061.3345447.

［34］ Yang Q，Liu Y，Chen T，et al. Federated machine learning：Concept and applications. ACM Transactions on Intelligent Systems and Technology，2019，10(2)：1-19.

［35］ Jagielski M，Oprea A，Biggio B，et al. Manipulating Machine Learning：Poisoning Attacks and Countermeasures for Regression Learning//2018 IEEE Symposium on Security and Privacy，Proceedings，San Francisco. IEEE Computer Society，2018：19-35. doi：10.1109/SP.2018.00057.

［36］ Athalye A，Engstrom L，Ilyas A，et al. Synthesizing Robust Adversarial Examples//Dy J G，Krause A，eds. Proceedings of the 35th International Conference on Machine Learning，Stockholmsmässan，Stockholm，Sweden. Vol 80. Proceedings of Machine Learning Research，2018：284-293.

［37］ Odena A，Olsson C，Andersen D G，et al. TensorFuzz：Debugging Neural Networks with Coverage-Guided Fuzzing//Chaudhuri K，Salakhutdinov R，eds. Proceedings of the 36th International Conference on Machine Learning，Long Beach. Vol 97. Proceedings of Machine Learning Research，2019：4901-4911.

［38］ Naghibijouybari H，Neupane A，Qian Z，et al. Rendered Insecure：GPU Side Channel Attacks are Practical//Lie D，Mannan M，Backes M，et al. eds. Proceedings of the 2018 ACM SIGSAC Conference on Computer and Communications Security，Toronto. ACM，2018：2139-2153. doi：10.1145/3243734.3243831.

［39］ IPLytics. 5G patent study 2020. https：//www.iplytics.com/report/5g-patent-study-2020/［2020-02-24］

［40］ Li M，Yu F R，Si P，et al. Energy-efficient machine-to-machine (M2M) communications in virtualized cellular networks with mobile edge computing. IEEE Transactions on Mobile Computing，

2018，18(7)：1541-1555.

[41] Xiao L，Wan X，Dai C，et al. Security in mobile edge caching with reinforcement learning. IEEE Wireless Communications，2018，25(3)：116-122.

[42] Zhang M，Li G，Wang S，et al. Poseidon：Mitigating Volumetric DDoS Attacks with Programmable Switches//27th Annual Network and Distributed System Security Symposium，San Diego. The Internet Society，2020.

[43] Cao J，Li Q，Xie R，et al. The CrossPath Attack：Disrupting the SDN Control Channel via Shared Links// Heninger N，Traynor P，eds. 28th USENIX Security Symposium，Santa Clara. USENIX Association，2019：19-36.

[44] 邬江兴. 网络空间拟态防御导论（上、下册）. 北京：科学出版社，2017.

[45] Guo B，Lu Z，Tang Q，et al. Dumbo：Faster Asynchronous BFT Protocols//Ligatti J，Ou X，Katz J，et al.eds. 2020 ACM SIGSAC Conference on Computer and Communications Security，Virtual Event. ACM，2020：803-818. doi：10.1145/3372297.3417262.

[46] Li X，Xu J，Fan X，et al. Puncturable Signatures and Applications in Proof-of-Stake Blockchain Protocols. IEEE Transactions on Information Forensics and Security，2020.

[47] Hong C，Katz J，Kolesnikov V，et al. Covert Security with Public Verifiability：Faster，Leaner，and Simpler//Ishai Y，Rijmen V，eds. Advances in Cryptology - EUROCRYPT 2019 - 38th Annual International Conference on the Theory and Applications of Cryptographic Techniques，Darmstadt，Proceedings，Part III. Vol 11478. Lecture Notes in Computer Science. Springer，2019：97-121. doi：10.1007/978-3-030-17659-4_4.

[48] Yang Z，Yang K，Lei L，et al. Blockchain-based decentralized trust management in vehicular networks. IEEE Internet of Things Journal，2018，6(2)：1495-1505.

[49] Liang G，Weller S R，Luo F，et al. Distributed blockchain-based data protection framework for modern power systems against cyber attacks. IEEE Transactions on Smart Grid，2018，10(3)：3162-3173.

[50] Xu Y，Ren J，Wang G，et al. A blockchain-based nonrepudiation network computing service scheme for industrial IoT. IEEE Transactions on Industrial Informatics，2019，15(6)：3632-3641.

[51] Wu S，Li Q，Li G，et al. ServeDB：Secure，Verifiable，and Efficient Range Queries on Outsourced Database// 35th IEEE International Conference on Data Engineering，Macao. IEEE，2019：626-637. doi：10.1109/ICDE.2019.00062.

[52] Cui N，Li J，Yang X，et al. When Geo-Text Meets Security：Privacy-Preserving Boolean Spatial Keyword Queries//35th IEEE International Conference on Data Engineering，Macao. IEEE，2019：1046-1057. doi：10.1109/ICDE.2019.00097.

[53] Xu C，Ren J，Zhang D，et al. GANobfuscator：Mitigating information leakage under GAN via differential privacy. IEEE Transactions on Information Forensics and Security，2019，14(9)：2358-2371.

[54] Wu B，Zhao S，Sun G，et al. P3SGD：Patient Privacy Preserving SGD for Regularizing Deep CNNs in Pathological Image Classification//IEEE Conference on Computer Vision and Pattern Recognition，Long Beach. Computer Vision Foundation. IEEE，2019：2099-2108. doi：10.1109/CVPR.2019.00220.

[55] Shen Y，Tian H，Chen Y，et al. Occlum：Secure and Efficient Multitasking Inside a Single Enclave of Intel SGX//Larus J R，Ceze L，Strauss K，eds. Architectural Support for Programming Languages and Operating Systems，Lausanne. ACM，2020：955-970. doi：10.1145/3373376.3378469.

[56] Zhao S，Zhang Q，Qin Y，et al. SecTEE：A Software-based Approach to Secure Enclave Architecture Using TEE//Cavallaro L，Kinder J，Wang X，et al.eds. Proceedings of the 2019 ACM SIGSAC Conference on Computer and Communications Security，London. ACM，2019：1723-1740. doi：10.1145/3319535.3363205.

[57] Guo R，Li W，Liu B，et al. CDN Judo：Breaking the CDN DoS Protection with Itself//27th Annual Network and Distributed System Security Symposium，San Diego. The Internet Society，2020.

[58] Zheng X，Lu C，Peng J，et al. Poison Over Troubled Forwarders: A Cache Poisoning Attack Targeting DNS Forwarding Devices//Capkun S，Roesner F，eds. 29th USENIX Security Symposium. USENIX Association，2020:577-593.

2.8　Information Security

Su Purui, Feng Dengguo
（ Institute of Software, Chinese Academy of Sciences ）

Cyber security is not only related to the safety of people's lives and property, but also related to national security. The widespread application of new technologies such as 5G, blockchain, big data and AI, and the development of network attack technologies have put forward new requirements and challenges for information security.

Internationally, 5G security standards are developing simultaneously with 5G technology, and have made a great progress. Some security issues of 5G design and implementation are proposed, tested and verified by researchers. For blockchain, researchers design new consensus protocols and privacy-preserving frameworks to make it securer, more extensible and more efficient. At the same time, blockchain techniques are applied in many security scenarios. The problems of AI and big data, including data privacy, data security and model security are pointed out and analyzed by researchers. Several solutions such as searchable encryption, secure multi-party computing, trust computing and federated learning are proposed recently.

China takes an active part in 5G design and standard formulation with international organizations. And Chinese researchers obtained some achievements of the key techniques in 5G area, such as MEC and SDN application and security. Blockchain and its techniques have received significant attention, and the applications are developed greatly such as Dumbo protocol and Conflux project. AI and big data technologies are widely used in companies and deeply studied by both researchers and engineers.

In the future, the security issues of software and hardware collaboration will receive widespread attention; critical information infrastructure will become increasingly prominent; the detection and traceability of organized attacks will remain an eternal technical problem.

2.9 人工智能技术新进展

北京智源人工智能研究院 [①]

宇宙中已知智能水平最高的是人类，已知最复杂的系统是人脑，脑科学是"自然科学最后的疆域"。生物从环境中获取信息并在内部加工以提升智能水平，人工智能也是如此。人工智能虽然在计算、棋类博弈等多方面相继超越人类，但在总体上还比

[①] 本文由北京智源人工智能研究院集体撰写。八个方面的撰写牵头人分别是刘嘉、张平文、山世光、颜水成、孙茂松、陈云霁、文继荣、徐波。黄铁军统稿，高文审定。

不上人类，能否以及何时超越人类还有巨大争议，但共识是机器的性能和演化速度远比生物快；同时，无证据表明人工智能存在边界和上限。因此，人工智能是"技术科学的无尽疆域"。未来人工智能将冲破现阶段计算机和大数据的藩篱，走向更类似生物的通用智能。下面从八个方面概述近年来人工智能的国际、国内研发新进展并展望其未来。

一、国际重大进展

1. 认知神经智能

认知科学、神经科学和计算机科学等学科从不同的路径探索智能的本质。近年来，深度神经网络的成功，促进了这三门学科的进一步交叉融合，孕育出认知神经智能这门前沿科学。认知神经智能用类脑的人工神经网络模型与认知神经科学生物实验结合的方法，研究生物智能和人工智能的通用原理。首先，深度神经网络仅需指定架构、优化函数、学习法则三个基本要素，通过学习就可以获得类人的智能。这启发了神经科学家对大脑中以上三个基本要素的研究，以揭示人脑智能的神经机制并构建新一代人工智能[1, 2]。其次，深度神经网络作为神经建模工具，已用于理解大脑的信息加工过程[3]。最后，认知神经科学的理论假设和实验方法，正在用于揭开深度神经网络的黑盒子[4]。

2. 人工智能的数理基础

60多年来，人工智能的理论基础经历了从数理逻辑到概率统计再到多学科融合的转变。人工智能前30年重点关注自动推理、启发式搜索、专家系统等，其理论基础是数理逻辑；后30年关注统计建模、机器学习和神经计算，其理论基础为概率统计。从模拟人类智能的角度看，前30年侧重"演绎"，后30年侧重"归纳"("学习")。近10年，深度学习对人工智能的影响最大。2018年图灵奖授予深度学习思维的3位主要贡献者，标志着深度学习已成为人工智能发展的里程碑。近5年，大量学者尝试建立深度学习的数学理论基础，除采用统计学外，还用大量其他数学理论和工具（如微分方程、优化、计算、随机分析等）。

3. 机器感知

视听触嗅味等感觉系统是人类感知世界的主要手段，机器感知也需要类似能力。2012年以来，深度卷积神经网络（DCNN）及其后续扩展借助大数据和强大的算力，实现了视觉特征的自动学习，跨越式地提高了物体识别类任务的性能[5]，推动了人脸识别和视频结构化等视技术的规模化应用。听觉感知以语音识别为核心，经历了从孤立词识别到连续句子识别，从特定人语音识别到非特定人语音识别，从受限环境到开放环境等不同的发展阶段。2011 年以来，以大规模有标注语音为基础的深度学习跨越式提升了语音识别的性能，并迅速实现了规模化应用。触觉感知的基础是触觉传感器。2010 年以来，基于毛发结构的传感器及金字塔微结构等新技术，大大提高了检测的灵敏度和精度，也使传感器更轻、更薄、更柔性。除类人感知外，机器感知也用其他物理手段（如无线传感技术和超材料感知技术）探测世界。2006 年后，利用商用 Wi-Fi、FMCW 雷达、UWB 雷达、RFID、LoRa、蓝牙等无线信号的被动感知技术出现，催生了跌倒检测、手势识别和呼吸心跳监测等系列应用。2001 年，谢尔比等第一次制造出对电磁波具有负折射率的超材料[6]。近年来，超材料在辅助环境状态感知方面的应用得到更多的关注。在人机交互领域，越来越多的可穿戴和嵌入式人机环境不需要用户操作规范的输入设备。过去 5 年，视听触感知在技术和应用方面均受到深度学习的持续影响并快速发展。

4. 机器学习

20 世纪 80 年代以来，机器学习诞生了众多的经典算法（如决策树、支持向量机、Adaboost、流形学习、随机森林、循环神经网络 RNN 和 LSTM），并获得大规模应用。特别是 2012 年后，随着计算力的提高和海量标注样本的获得，深度学习技术走向前台并快速发展，在产业界得到广泛应用。近 5 年，机器学习领域的主要研究进展包括：深度学习基础模型的进一步发展，利用大规模无标签数据提高机器学习的性能，以及深度学习与强化学习的融合。例如，DeepMind 公司的 AlphaFold2 在对蛋白质结构预测的准确性上可以与冷冻电子显微镜等实验手段相媲美，多家国际媒体称这是"变革生物科学和生物医学"的突破，该成果入选美国《科学》杂志评选的 2020 年十大科学突破；我国香港 Insilico Medicine 公司和多伦多大学的研究团队利用共同研发的人工智能算法，发现了几种候选药物，大大降低了新药的研制成本，该成果入选《麻省理工科技评论》评选的 2020 年全球十大突破性技术。

5. 自然语言处理

人类语言具有无穷语义组合性、高度歧义性和持续进化等特点。近 70 年来，自然语言处理经历两大研究范式：早期是理性主义的小规模专家规则方法，总体上成效有限；20 世纪 90 年代初切换到经验主义的大数据统计方法，并在多方面取得显著进展。2010 年，开启了一次以深度学习为框架的大跃迁（代表性工作是基于深度学习的语言识别研究），可端到端地学习各种任务而无须拥有特征工程，同时使性能更上一层楼。最近两年，以 Transformer、BERT、GPT 为代表的、基于超大规模语料库的预训练语言模型异军突起，显著提高了几乎所有任务的性能[7, 8]，并在若干典型任务或公开数据集（如机器翻译、开放问答等）上宣称接近、达到或超过了人类水平。最新的 GPT-3 模型的突出特点是诉诸"蛮力"，即大模型、大数据和大计算三位一体，模型参数达到 1750 亿。有学者注意到其后可能隐藏着深刻的科学问题，认为需要反思"过大模型会产生过拟合"的思维定式[9]。但预训练语言模型并不能实质性克服目前深度学习方法鲁棒性差、可解释性弱、推理能力缺失等固有缺陷，并不真正具备知识推理能力，在深层次语义理解上与人类认知水平相去较远[10]。

6. 智能体系架构与芯片

随着人工智能技术的快速发展，传统计算架构无法满足大规模计算的需求，智能体系架构与芯片得到广泛关注。2016 年，谷歌在 I/O 开发者大会上正式发布首代TPU，到 2018 年 TPU 已迭代至第三代。Nvidia 在 2020 年推出 GPU 旗舰 A100，其性能比 V100 提高了 20 倍，同时推出第三代智能系统 DGX A100 和面向更大云服务算力需求的 DGX A100 SuperPOD。传统 CPU 巨头 Intel 公司同样发力智能芯片行业，于2017 年推出神经形态芯片 Loihi，2019 年基于 Loihi 推出能够模拟 800 万个神经元的计算机 Pohoiki Beach 系统，同年 12 月以 20 亿美元收购智能芯片公司 Habana Labs。

7. 智能信息检索

近 20 年来，以搜索引擎为主要代表的信息检索技术得到长足发展。搜索引擎已成为获得互联网情报与信息的主要入口，是信息化社会不可或缺的基础设施。随着人类与搜索引擎的协同发展，信息检索过程已从简单的基于关键词匹配的搜索进化为需要人机紧密配合的协同认知过程；以信息流推荐、对话式搜索引擎、智能信息助手、聊天机器人等为代表的智能信息获取新产品逐渐兴起。在工业界，搜索引擎拓展到包含各种垂直搜索（如图片搜索、新闻搜索）、服务（如天气预报、火车票查询）、知识和问答的多源异质信息集成平台，推荐系统广泛用在电商、城市服务、问答社区等领域，以今日头条为代表的信息流推荐产品诞生，以语音助手和智能音箱为代表的智能信息助手产品逐渐得到用户认可。

8. 决策智能

决策智能研究的目标是构建感知—认知—行动闭环的智能系统。以深度强化学习为代表的决策智能方法，将强化学习（reinforcement learning）的环境交互能力和深度学习（deep learning）的特征提取能力有效结合，自适应地学习高维状态空间的最优决策策略。深度强化学习首次提出即在 Atari 等经典视频游戏上展现超越人类的水平[11]，进而成为解决其他众多决策难题的关键；近年来，针对围棋等两人零和博弈问题，深度强化学习算法分别在基于人类玩家数据[12]、完全自学习[13]和完全不基于问题模型的情况下，不断超越人类和人工智能的最高水平；之后，针对多玩家参与、既有合作又有对抗的雷神之锤和星际争霸 II 问题，深度强化学习算法同样达到顶级人类水平[14, 15]；在以得州扑克为代表的非完全信息多人博弈问题中也取得重要进展[16]。此外，群体决策智能发展迅速，在群体通信合作、收益分配、博弈进化等方面取得重要进展。

二、国内研发现状

1. 认知神经智能

近年来，国内认知科学家和神经科学家加紧与人工智能专家的合作，积极寻求将神经系统的信息加工原理用于人工智能算法，在神经形态芯片上实现神经计算模型，以及将深度学习方法用于神经系统分析。国内目前开展的工作包括：北京大学基于动物空间导航的机理研发出运动目标预测跟踪算法，并在天机芯片上实现[17, 18]；中国科学院自动化研究所基于大脑前额叶的工作原理研发出特定场景下的目标识别算法[19]；清华大学应用深度学习网络对高级听觉皮层的神经元编码特性进行解析[20]；北京师范大学用认知神经科学的研究范式揭示深度学习网络的内在表征，使其内在过程可解释[21]。

2. 人工智能的数理基础

在这方面的重要进展包括：解决了深度学习模型难以训练的问题，利用数学理论启发更加高效的优化算法，理论上解析随机梯度下降算法的隐式正则化机制[22-26]；从微分博弈视角审视了对抗训练对应的稳健优化问题，借助控制论中的工具推导该问题的极大值原理，并基于该原理设计出全新的加速对抗训练算法[27]；基于对流扩散方程构建具有内在鲁棒性的神经网络模型，大幅度提高了神经网络在对抗攻击下的稳定性，并用严格的数学理论证明了对流扩散方程模型的合理性[28]；建立了与 GAN 对应的约束优化 Minimax 问题的最优性理论，将给 Minimax 优化问题的算法设计、分析与应用带来重要启示[29]；提出混杂因素调整的新方法，建立非随机缺失数据下的可识别性理论和稳健推断方法，为基于大数据的因果发现提供了有力工具[30-32]；取得了联邦学习在数据非独立同分布且终端设备不必要都激活情况下的收敛性结果[33, 34]。

3. 机器感知

在机器感知方面，过去十年来取得长足的进步，整体位居国际前沿。在视觉感知方面，提出了 ResNet、DenseNet[35]、Faster R-CNN[36]、SENet[37] 和 ShuffleNet[38]等国际领先和得到广泛关注的深度卷积神经网络模型；在很多视觉感知方向，如人脸检测与识别[39-43]、表情识别[44]、行人再识别[45-47]、目标检测与分割[48-50]、视觉跟踪[51]、图像/视频合成[52, 53]、动作识别[54]、图像/视频图题生成[55-58]、视觉问答[59]、图像哈希检索[60]、图像超分辨率[61]、图像去噪[62]等做出出色贡献，如北京大学研发的仿视网膜成像芯片，创建了采用脉冲序列阵列表示光线时空变化过程的新模型，其时间灵敏度比人类高 3 个数量级，实现了超高速目标的实时成像和感知；另外，在人脸识别方面，实现了全球范围内最成熟的应用，并孵化出众多与人脸识别和视频结构化相关的公司。在听觉感知方面，语音识别取得很大进展[63, 64]，成功应用在智能音箱、语音速记等领域。在触觉感知方面，清华大学提出双模态的基于视觉的触觉传感器[65, 66]，可在识别纹理的同时检测到剪切力及法向力。在无线传感方面，北京大学提出基于 Wi-Fi 的跌倒检测[67]、感知行走方向估计[68]、检测手势和呼吸心跳[69, 70]等一系列无线感知的应用。在交互动作感知方面，清华大学提出以关联部位姿态信息[71]为先验辅助，识别前景信号中的有意输入，以及基于多传感器空间分布和传感信息融合互补来提高动作感知能力[72]。

4. 机器学习

近五年，国内机器学习领域与国际基本保持同步发展，各方面取得新进展。例如，在深度学习基础模型方面，中国科学院提出的 SENet[73] 模型中的 SE 模块已成为深度学习模型设计的常用基础模块；在深度模型轻量化设计方面，北京旷视科技有限公司提出的 ShuffleNet 已成为低资源低功耗网络的基准模型；在神经网络结构搜索方面，北京旷视科技有限公司提出的 SPOS 模型[74]为加速网络结构搜索算法提供了新思路；在以贝叶斯为核心的概率统计方法与深度神经网络的融合方面，清华大学完成了与 Bayesian Neural Network 相关的工作[75]；在深度学习与强化学习的融合方面，滴滴公司利用强化学习和深度学习尝试智能派单和调度，开启了强化学习在超大规模实际系统中的实践[76, 77]。

5. 自然语言处理

近五年来,国内自然语言处理研究总体上保持与国际前沿基本同步发展。国内学者在 NLP 顶级会议 ACL、EMNLP、COLING 上的多篇论文,获得了大会最佳论文奖和杰出论文奖。同时,国内高校与科研院所推出多款自然语言处理工具包:清华大学自然语言处理实验室在全球最大的开源社区 GitHub 上发布 THUNLP 开源软件工具包,认可度跻身世界著名人工智能实验室行列;哈尔滨工业大学推出 LTP 语言技术平台,其学术版已与 700 余家研究机构签署免费使用协议,商业版授权百度、腾讯、华为、金山等企业付费使用。微软亚洲研究院提出统一理解和生成任务的预训练语言模型 UniLM[78]。百度公司、清华大学和华为公司研究了融入知识的预训练语言模型[79, 80]。在机器翻译方面,百度公司和微软亚洲研究院在语音翻译、同声传译等新的应用领域提出了国际领先的模型和算法[81-83]。在文本生成方面,清华大学的"九歌"人工智能古诗词写作系统应用户要求已写作超过 1000 万首诗词[84]。在自然语言计算模型和大脑语言认知的关联研究方面,中国科学院自动化研究所在语义组合关联和句法语义关联等问题上取得重要进展[85]。在工业界,自然语言处理已成为阿里巴巴、腾讯、华为、百度、今日头条、京东、搜狗、网易、科大讯飞等互联网企业的关键技术,相关系统研发也走在世界前列。智源-京东联合实验室推出的多模态人机对话数据集 BAAI-JDDC 是目前最大规模的真实任务导向型场景对话数据集[86],淘宝[87]、百度[88]、华为[89]等企业分别构建出基于自然语言处理最新技术的推荐系统。滴滴公司提出一种用于智能客服对话系统的多轮应答时机触发模型[90],提高人机对话的流畅度和质量。此外,国内科研单位和企业参加了多项全球自然语言处理技术评测并获得冠军。

6. 智能体系架构与芯片

国内智能体系架构与芯片研究起步较早。中国科学院计算技术研究所于 2014 年提出 DianNao 系列架构[91-93],开创了深度学习处理器的研究方向。2016 年起,北京中科寒武纪科技有限公司陆续推出寒武纪 1A/1H/1M、思元 100/ 思元 220/ 思元 270等系列智能处理器与芯片产品,在云、边、端实现了全方位、立体式的覆盖。2018年起,华为公司陆续推出基于达芬奇架构[94]的昇腾 310/ 昇腾 910 系列智能芯片。2019 年,阿里巴巴公司在云栖大会上发布推理芯片含光 800[95]。在类脑计算架构方面,2019 年,同时支持机器学习和类脑计算的世界首款异构融合类脑计算芯片"天机芯"[96]登上《自然》(Nature)封面;2020 年,清华大学实现了基于忆阻器阵列芯片卷积网络的完整硬件[97],在一定程度上突破了冯·诺依曼架构的限制。

7. 智能信息检索

近年来，国内学者在智能信息检索领域稳步走在国际前列，在若干前沿问题上进行了深入研究[98]。在神经检索模型方面，提出一系列神经检索模型[99-103]及基于神经网络的多样化和个性化搜索模型[104, 105]，开发出神经检索与匹配的开源工具平台MatchZoo[106]。在对话式搜索与推荐方面，提出面向搜索和推荐的通用框架[107]。在可解释性信息检索与推荐算法研究方面，提出 RuleRec 框架[108]，并通过规则学习模块和推荐模块的联合学习，实现了较高准确度的可解释推荐。

8. 决策智能

伴随 AlphaGo 的出现和发展，决策智能引起国内极大关注[109]。在单体决策智能方面，目前已形成从仿真到实体的深度强化学习方法和应用[110]、高效利用样本的深度强化学习算法[111]、基于环境建模的强化学习算法[112]等。在群体决策智能方面，已形成基于注意力机制的多智能体合作算法[113]、合作场景中的非对称决策算法[114]、基于平均场的大规模群体决策学习算法[115]、基于角色发现的多智能体合作学习算法[116]等。在决策智能应用场景方面，围棋智能体"绝艺"成为国家围棋队的陪练[117]，王者荣耀游戏策略协作型 AI"绝悟"击败了人类职业电竞队[118]，麻将智能体 Suphx 达到天凤十段水平，超过大多数人类玩家[119]。深度强化学习在互联网广告、交通、物流等领域也得到应用[120-122]。

三、发 展 趋 势

1. 认知神经智能

认知神经智能作为一个新兴学科，有几个可能的发展趋势：①探索深度神经网络的表征空间与大脑的表征空间的映射关系，在表征与算法层面，理解独立于物理实现层面的智能的本质；②构建更为丰富的认知任务和训练集，推进深度神经网络对更高级大脑认知功能（如注意与决策、学习与记忆、情绪等）的模拟，并结合多模态脑成像数据探索这些复杂认知行为背后的计算原则；③探索大脑神经元间和神经元群间的连接和信息流向，进一步揭示大脑神经网络的非线性、多时间尺度等基本特性，启发类脑智能学习的新理论、新架构和新算法。

2. 人工智能的数理基础

未来十年，人工智能数理基础研究将表现出以下特点：①深度学习的数学理论仍然是主要的研究焦点；②一些新的研究方向和动态会引发对新型算法的研究，如数据和知识融合算法、数据融合信息算法、进行推理和决策的新算法等；③结合学习能力和推理能力的新模型会得到特别关注。此外，人工智能的数理基础研究将与数据科学、物理、数学、统计、计算、信息及脑科学等诸领域融合发展，使人工智能做出更准确的预测、更优化的决策或更好地完成任务。

3. 机器感知

未来十年，机器感知的总体趋势包括：①视听触乃至无线等多模态感知技术的深度交叉、融合与协同；②感知任务从浅层识别发展到深度理解，以及感知与认知的协同增效；③充分利用常识和知识，增强机器感知能力；④发展开放环境下快速自适应且具有鲁棒性的感知技术等。

4. 机器学习

未来十年，机器学习可能的发展趋势包括：①研究鲁棒深度学习理论，在保护用户隐私的同时保障机器学习算法的性能；②设计深度学习自动化模型，自动"创造"或"发现"新的结构；③在贝叶斯机器学习方向，发展更加灵活高效的概率编程语言和编程库，支持贝叶斯方法的普及和大规模应用，与之紧密相关的因果推断也非常值得关注；④强化学习，直接把决策行动投入环境，未来对有效性、安全性、鲁棒性、可解释性、可调试性的要求会升级。

5. 自然语言处理

未来十年，自然语言处理的发展将孕育于大数据与富知识双轮驱动的全新研究范式中。正如深度学习领军人物 LeCun、Bengio 和 Hinton 在 2015 年《自然》综述文章中所称："表示学习与复杂知识推理相结合是人工智能进步的阶梯。"只有突破大规模形式化知识体系的构建及其语言相关计算这一基本瓶颈，人工智能才有望取得新的重大突破。未来，深度学习与语言深层次结构分析的关系将得到越来越多的关注。

6. 智能体系架构与芯片

如何让计算机拥有类似人类的智能，是计算机科学的终极问题之一。目前尚没有一个通用方法能高效完成所有的实际智能任务，未来的基础研究方向之一将是开发高效通用智能处理器体系结构。通用智能处理器可能集成多个异构智能处理单元，分别处理学习、感知、记忆、抽象、推理、联想等不同类型的任务。一种可行的设计思路是：从主流智能算法的数据、运算、访存等共性特征入手，抽象出异构智能处理单元的统一硬件、交互协议和编程方法，最终实现通用智能处理器。

7. 智能信息检索

未来十年，信息检索领域可能的发展趋势包括：①自然语言成为信息获取的标准人机接口，以对话技术为衔接的桥梁，实现搜索、推荐和问答技术的无缝融合；②在更好的深度学习算法的推动下，用户画像和上下文建模技术得到重视，个性化搜索和推荐模型逐渐成熟，信息获取范围从公开的互联网文档逐步扩展到云端存储结合的个人信息；③处理对象从以文档为主的单模态走向融合文本片段、图片、视频、场景的多模态信息，更好地支持泛在环境下的信息获取；④索引结构从传统的仅支持关键词匹配的倒排索引，逐渐向支持深度匹配模型的语义索引结构发展，信息获取质量和可解释性得到进一步提升；⑤更有效地利用知识来全面提升信息获取系统的各环节的性能；⑥新型的信息获取工具（如个人智能助手、对话机器人等）等得到全面发展。

8. 决策智能

国际主流的决策智能工作实现了从状态到动作的简单映射，但算法的解释性、高效性、鲁棒性等是制约系统应用的瓶颈。未来需要重点研究因果推理关系学习、基于世界模型构建的强化学习、人机融合及智能体自主意识涌现等。同时，发展群体决策智能，研究群体博弈学习进化理论、群体社会结构发现、群体策略演化和预测等，并构建决策智能算法的开放平台、测试环境和评价准则，以更广泛、可靠地实现实际系统的智能决策和控制。

参考文献

[1] Hassabis D，Kumaran D，Summerfield C，et al.Neuroscience-inspired artificial intelligence. Neuron，2020，95(2)：245-258.

[2] Lillicrap T P，Santoro A，Marris L，et al.Backpropagation and the brain.Nature Review Neuroscience，2020，21(6)：335-346.

[3] Kell A J，McDermott J H. Deep neural network models of sensory systems：windows onto the role of task constraints. Current Opinion in Neurobiology，2019，55：121-132.

[4] Bao P，She L，McGill M，et al. A map of object space in primate inferotemporal cortex. Nature，

2020，583(7814)：103-108.

[5] Krizhevsky A，Sutskever I，Hinton G E. Imagenet classification with deep convolutional neural networks.NeurIPS，2012.

[6] Shelby R A，Smith D R，Schultz S. Experimental verification of a negative index of refraction. Science，2020，292(5514)：75-77.

[7] Sutskever I，Vinyals O，Le Q V. Sequence to sequence learning with neural networks. NeurIPS，2014：3104-3112.

[8] Devlin J，Chang M W，Lee K，et al. BERT：pre-training of deep bidirectional transformers for language understanding. NAACL，2019：4171-4186.

[9] Nakkiran P，Kaplun G，Bansal Y，et al. Deep double descent：where bigger models and more data hurt.https：//arxiv.org/abs/1912.02292[2019-12-04].

[10] Sakaguchi K，Bras R L，Bhagavatula C，et al.Winogrande：an adversarial Winograd schema challenge at scale. AAAI，2020：8732-8740.

[11] Mnih V，Kavukcuoglu1 K，Silver D，et al. Human-level control through deep reinforcement learning. Nature，2015，518(7540)：529-533.

[12] Silver D，Huang A，Maddison C，et al. Mastering the game of Go with deep neural networks and tree search. Nature，2016，529(7587)：484-489.

[13] Silver D，Hubert T，Schrittwieser J，et al. A general reinforcement learning algorithm that masters Chess，Shogi，and Go through self-play. Science，2018，362(6419)：1140-1144.

[14] Jaderberg M，Czarnecki W，Dunning I，et al. Human-level performance in 3D multiplayer games with population-based reinforcement learning. Science，2019，364(6443)：859-865.

[15] Vinyals O，Babuschkin I，Czarnecki W，et al. Grandmaster level in StarCraft II using multi-agent reinforcement learning. Nature，2019，575(7782)：350-354.

[16] Brown N，Sandholm T. Superhuman AI for heads-up no-limit poker：Libratus beats top professionals.Science，2018，359(6374)：418-424.

[17] Wen Y，Peng P，Yang Y D. Multiagentbidirectionally-coordinated nets：emergence of human-level coordination in learning to play StarCraft combat games.NeurIPS Emergent Communication Workshop，2017.

[18] Mi Y Y，Fung C C A，Wong K Y M，et al. Spike frequency adaptation implements anticipative tracking in continuous attractor neural networks.Advances in Neural Information Processing Systems，2014.

[19] Zeng G X，Chen Y，Cui B，et al. Continual learning of context-dependent processing in neural networks.Nature Machine Intelligence，2019，1(8)：364.

［20］ Zhang Q T，Hu X L，Hong B，et al. A hierarchical sparse coding model predicts acoustic feature encoding in both auditory midbrain and cortex.PLOS Computational Biology，2019，15(2)：e1006766.

［21］ Song Y Y，Qu Y K，Xu S，et al. Implementation-independent representation for deep convolutional neural networks and humans in processing faces.https：//doi.org/10.1101/2020.06.26.171298［2020-06-29］.

［22］ Huang H，Wang C，Dong B. Nostalgic Adam：weighing more of the past gradients when designing the adaptive learning rate.IJCAI，2019.

［23］ Wu J，Hu W，Xiong H，et al. On the noisy gradient descent that generalizes as SGD.ICML，2020.

［24］ Zhu Z，Wu J，Yu B，et al. The anisotropic noise in stochastic gradient descent：its behavior of escaping from minima and regularization effects. ICML，2019.

［25］ Li Y，Liu H，Wen Z，et al. Low-rank matrix optimization using polynomial-filtered subspace extraction.SIAM Journal on Scientific Computing，2020，42(3)：A1686-A1713.

［26］ Hu J，Jiang B，Lin L，et al. Structured quasi-Newton methods for optimization with orthogonality constraints.SIAM Journal on Scientific Computing，2019，41(4)：A2239-A2269.

［27］ Zhang D H，Zhang T Y，Lu Y P，et al.You only propagate once：accelerating adversarial training using maximal principle.NeurIPS，2019.

［28］ Wang B，Shi Z Q，Osher S. EnResNet：resNetsensemblevia the Feynman-Kacformalism for adversarial defense and beyond.SIAM Journal on Mathematics of Data Science，2020.

［29］ Dai Y H，Zhang L W. Optimality Conditions for Constrained Minimax Optimization.https：//arxiv.org/abs/2004.09730［2020-04-21］.

［30］ Geng Z，Liu Y，Liu C，et al. Evaluation of causal effects and local structure learning of causal networks. Annual Review of Statistics and Its Application，2019，6：103-124.

［31］ Zheng Z，Lv J，Lin W.Nonsparse learning with latent variables.http：//faculty.marshall.usc.edu/jinchi-lv/publications/OR-ZLL20.pdf［2020-06-20］.

［32］ Uematsu Y，Fan Y，Chen K，et al.SOFAR：large-scale association network learning. IEEE Transactions on Information Theory，2019，65(8)：4924-4939.

［33］ Li X，Huang K X，Yang W H，et al.On the Convergence of FedAvg on Non-IID Data.ICLR，2020.

［34］ Ye H S，Luo L，Zhang Z. Nesterov's acceleration for approximate Newton.Journal of Machine Learning Research，2020，21(142)：1-37.

［35］ Huang G，Liu Z，Pleiss G，et al.Densely connected convolutional networks. CVPR，2017.

［36］ Ren S，He K，Girshick R，et al. Faster R-CNN：towards real-time object detection with region proposal networks. NIPS, 2015: 1-14.

[37] Hu J, Shen L, Su G. Squeeze-and-excitation networks. CVPR, 2018: 7132-7141.

[38] Zhang X, Zhou X, Lin M, et al. Shufflenet: an extremely efficient convolutional neural network for mobile devices.CVPR, 2018: 6848-6856.

[39] Zhang K, Zhang Z, Li Z, et al. Joint face detection and alignment using multitask cascaded convolutional networks.IEEE Signal Processing Letters, 2016: 1-5.

[40] Zhu X, Lei Z, Liu X, et al. Face alignment across large poses: a 3d solution. CVPR, 2016: 146-155.

[41] Zhang J, Shan S, Kan M, et al. Coarse-to-Fine Auto-encoder Networks (CFAN) for real-time face alignment. ECCV, 2014.

[42] Sun Y, Chen Y, Wang X, et al. Deep learning face representation by joint identification-verification.NIPS, 2014.

[43] Wang H, Wang Y, Zhou Z, et al. CosFace: large margin cosine loss for deep face recognition. CVPR, 2018.

[44] Liu M, Shan S, Wang R, et al. Learningexpressionlets on spatio-temporal manifold for dynamic facial expression recognition. CVPR, 2014.

[45] Zheng L, Shen L, Tian L, et al. Scalable person re-identification: a benchmark.ICCV, 2015.

[46] Li W, Zhao R, Xiao T, et al.Deepreid: deep filter pairing neural network for person re-identification. CVPR, 2014.

[47] Liao S, Hu Y, Zhu X, et al. Person re-identification by Local Maximal Occurrence Representation and metric learning. CVPR, 2015.

[48] Dai J, Li Y, He K, et al. R-FCN: object detection via region-based fully convolutional networks. NIPS, 2016.

[49] Dai J, He K, Sun J. Instance-aware semantic segmentation via multi-task network cascades. CVPR, 2016.

[50] Zhao H, Shi J, Qi X, et al. Pyramid scene parsing network. CVPR, 2017.

[51] Wang L, Ouyang W, Wang X, et al. Visual tracking with fully convolutional networks. ICCV, 2015.

[52] Huang R, Zhang S, Li T, et al. Beyond face rotation: global and local perception GAN for photorealistic and identity preserving frontal view synthesis. ICCV, 2017.

[53] He Z, Zuo W, Kan M, et al.AttGAN: facial attribute editing by only changing what you want. IEEE Trans Image Process, 2019, 28(11): 5464-5478.

[54] Du Y, Wang W, Wang L. Hierarchical recurrent neural network for skeleton based action

recognition. CVPR，2015.

[55] Chen L，Zhang H，Xiao J，et al.SCA-CNN：spatial and channel-wise attention in convolutional networks for image captioning. CVPR，2017.

[56] Yao T，Pan Y，Li Y，et al. Boosting image captioning with attributes. ICCV，2017.

[57] Xu J，Mei T，Yao T，et al. MSR-VTT：a large video description dataset for bridging video and language.CVPR，2016.

[58] Pan Y，Mei T，Yao T，et al.Jointly modeling embedding and translation to bridge video and language. CVPR，2016.

[59] Yu Z，Yu J，Fan J，et al. Multi-modal factorized bilinear pooling with co-attention learning for visual question answering.ICCV，2017.

[60] Liu H，Wang R，Shan S，et al. Deep supervised hashing for fast image retrieval.CVPR，2016.

[61] Dong C，Loy C C，He K，et al. Image super-resolution using deep convolutional networks. IEEE T-PAMI，2015.

[62] Zhang K，Zuo W，Chen Y，et al. Beyond a Gaussian Denoiser：residual learning of deep CNN for image denoising.IEEE Transactions on Image Processing，2017.

[63] Li X，Wu X. Constructing long short-term memory based deep recurrent neural networks for large vocabulary speech recognition. ICASSP，2015.

[64] Qian Y，Bi M，Tan T，et al. Very deep convolutional neural networks for noise robust speech recognition.IEEE/ACM Transactions on Audio，Speech，and Language Processing，2016.

[65] Liu H，Yu Y，Sun F，et al. Visual–tactile fusion for object recognition. IEEE Transactions on Automation Science and Engineering，2017.

[66] Fang B，Sun F，Yang C，et al. A dual-modal vision-based tactile sensor for robotic hand grasping. ICRA，2018.

[67] Wang H，Zhang D，Wang Y，et al. RT-Fall：a real-time and contactless fall detection system with commodity WiFi devices. IEEE Transactions on Mobile Computing，2017，16(2)：511-526.

[68] Wu D，Zhang D，Xu C，et al.WiDir：walking direction estimation using wireless signals. UbiComp，2016：351-362.

[69] Wang H，Zhang D，Ma J，et al. Human respiration detection with commodity WiFi devices：do user location and body orientation matter?UbiComp，2016：25-36.

[70] Zhang F，Zhang D，Xiong J，et al. From Fresnel Diffraction Model to fine-grained human respiration sensing with commodity WiFi devices. Proceedings of the ACM on Interactive，Mobile，Wearable and Ubiquitous Technologies，2018，2(1)：1-23.

[71] Yi X，Yu C，Zhang M，et al. ATK：enabling ten-finger freehand typing in air based on 3D hand

tracking data. ACM UIST，2015.

[72] Lu Y，Huang B，Yu C，et al. Designing and evaluating hand-to-hand gestures with dual commodity wrist-worn devices. Proceedings of the ACM on Interactive，Mobile，and Ubiquitous Technologies，2020，4(1)：20：1-20，27.

[73] Hu J，Shen L，Albanie S，et al. Squeeze-and-Excitation networks.CVPR，2018.

[74] Guo Z，Zhang X，Mu H，et al. Single Path One-Shot Neural ArchitectureSearch with uniform sampling. ECCV，2020.

[75] Wang Z，Ren T，Zhu J，et al. Function space particle optimization for Bayesian Neural Networks. ICLR，2019.

[76] Xu Z，Li Z，Guan Q，et al. Large-Scale Order Dispatch in On-Demand Ride-Sharing Platforms：a learning and planning approach. KDD，2018.

[77] Lin K，Zhao R，Xu Z，et al. Efficient large-scale fleet management via multi-agent deep reinforcement learning. KDD，2018.

[78] Dong L，Yang N，Wang W，et al. Unified Language Model pre-training for natural language understanding and generation.NeurIPS，2019.

[79] Zhang Z，Han X，Liu Z，et al. ERNIE：enhanced language representation with informative entities. ACL，2019.

[80] Sun Y，Wang S，Li Y，et al. ERNIE 2.0：a continual pre-training framework for language understanding. AAAI，2020.

[81] LiuY，Xiong H，Zhang J，et al. End-to-end speech translation with knowledge distillation. Interspeech，2020.

[82] Ma M，Huang L，Xiong H，et al. STACL：simultaneous translation with implicit anticipation and controllable latency using Prefix-to-Prefix Framework. ACL，2019.

[83] Wang C，Wu Y，Liu S，et al. Bridging the gap between pre-training and fine-tuning for end-to-end speech translation. AAAI，2020.

[84] Yi X，Sun M，Li R，et al. Automatic poetry generation with mutual reinforcement learning. EMNLP，2018.

[85] Wang S，Zhang J，Lin N，et al. Probing brain activation patterns by dissociating semantics and syntax in sentences. AAAI，2020.

[86] Chen M，Liu R，Shen L，et al.The JDDC corpus：a large-scale multi-turn Chinese dialogue dataset for E-commerce customer service.LREC，2020.

[87] Chen X，Li Q，Ge J，et al. Privileged features distillation for E-commerce recommendations. https：//arXiv.abs/1907.05171［2019-07-11］.

［88］ Ji S，Feng Y，Ji R，et al. Dual channel hypergraph collaborative filtering. Proceedings of the 26th ACM SIGKDD International Conference on Knowledge Discovery & Data Mining，2020.

［89］ Liu B，Zhu C，Li G，et al. AutoFIS：automatic feature interaction selection in factorization models for click-through rate prediction. Proceedings of the 26th ACM SIGKDD International Conference on Knowledge Discovery & Data Mining，2020.

［90］ Liu C，Jiang J，Xiong C，et al. Towards building an intelligent chatbot for customer service：learning to respond at the appropriate time.Proceedings of the 26th ACM SIGKDD International Conference on Knowledge Discovery & Data Mining，2020.

［91］ Chen T，Du Z，Sun N，et al. DianNao：a small-footprint high-throughput accelerator for ubiquitous machine-learning. ASPLOS，2014：269-284.

［92］ Chen Y，Luo T，Liu S，et al.DaDianNao：a machine-learning supercomputer. MICOR，2014：609-622.

［93］ Chen Y，Chen T，Xu Z，et al. DianNaoFamilay：energy-efficient hardware accelerators for machine learning. CACM，2016，59(11)：105-112.

［94］ Liao H，Tu J，Xia J，et al.DaVinci：a scalable architecture for neural network computing.Hot Chips Symposium，2019：1-44.

［95］ Jiao Y，Han L，Jin R，et al. A 12nm programmable convolution-efficient neural-processing-unit chip achieving 825TOPS. ISSCC，2020：136-137.

［96］ Pei J，Deng L，Song S，et al. Towards artificial general intelligence with hybrid Tianjic chip architecture. Nature，2019，572：106-111.

［97］ Yao P，Wu H，Gao B，et al.Fully hardware-implemented memristor convolutional neural network. Nature，2020，577：641-646.

［98］ Chen Z，Cheng X，Dong S，et al. Information retrieval：a view from the Chinese IR community. Frontiers of Computer Science，2021，15(1)：151601.

［99］ Guo J，Fan Y，Ai Q，et al.A deep relevance matching model for ad-hoc retrieval. CIKM，2016：55-64.

［100］ Pang L，Lan Y，Guo J，et al. Text matching as image recognition. AAAI，2016：2793-2799.

［101］ Pang L，Lan Y，Guo J，et al.DeepRank：a new deep architecture for relevance ranking in information retrieval. CIKM，2017：257-266.

［102］ Wan S，Lan Y，Guo J，et al.A Deep architecture for semantic matching with multiple positional sentence representations. AAAI，2016：2835-2841.

［103］ Xiong C，Dai Z，Callan J，et al. End-to-end neural ad-hoc ranking with kernel pooling. SIGIR，

2017：55-64.

[104] Jiang Z，Wen J，Dou Z，et al. Learning to diversify search results via subtopic attention.SIGIR，2017.

[105] Ge S，Dou Z，Jiang Z，et al. Personalizing search results using hierarchical RNN with query-aware attention. CIKM，2018：347-356.

[106] Guo J，Fan Y，Ji X，et al.MatchZoo：a learning，practicing，and developing system for neural text matching.Proceedings of the 42nd International ACM SIGIR Conference on Research and Development in Information Retrieval，2019.

[107] Zhang Y，Chen X，Ai Q，et al. Towards conversational search and recommendation：system ask，user respond.CIKM，2018：177-186.

[108] Ma W，Zhang M，Cao Y，et al. Jointly learning explainable rules for recommendation with knowledge graph. WWW，2019：1210-1221.

[109] 赵冬斌，邵坤，朱圆恒，等.深度强化学习综述：兼论计算机围棋的发展.控制理论与应用，2016，33(6)：701-717.

[110] Dong L，Zhao D，Zhang Q，et al. Reinforcement learning and deep learning based lateral control for autonomous driving. IEEE Computational Intelligence Magazine，2019，14(2)：83-98.

[111] Yu Y. Towards sample efficient reinforcement learning.IJCAI，2018：5739-5743.

[112] Lai H，Shen J，Zhang W，et al. Bidirectional model-based policy optimization. ICML，2020.

[113] Jiang J，Lu Z. Learning attentional communication for multi-agent cooperation.NeurIPS，2018.

[114] Zhang H，Chen W，Huang Z，et al. Bi-level actor-critic for multi-agent coordination. AAAI，2020.

[115] Yang Y，Luo R，Li M，et al. Mean field multi-agent reinforcement learning.ICML，2018.

[116] Wang T，Dong H，Lesser V，et al. ROMA：multi-agent reinforcement learning with emergent roles.ICML，2020.

[117] 张安琪.围棋人工智能"绝艺"续约国家围棋队专用训练 AI.http：//www.xinhuanet.com/sports/2020-04/24/c_1125901846.htm［2020-04-24］.

[118] Wu B，Fu Q，Liang J，et al. Hierarchical Macro Strategy model for MOBA game AI.AAA，I2019.

[119] Li J，Koyamada S，Ye Q，et al. Suphx：mastering Mahjong with deep reinforcement learning. https：//arxiv.org/abs/2003.13590［2020-03-30］.

[120] Jin J，Song C，Li H，et al. Real-time bidding with multi-agent reinforcement learning in display advertising. Proceedings of the 27th ACM International Conference on Information and Knowledge Management，2018.

[121] Wei H，Xu N，Zhang H，et al. Colight：learning network-level cooperation for traffic signal

control. Proceedings of the 28th ACM International Conference on Information and Knowledge Management，2019.

［122］Li X，Zhang J，Bian J，et al. A cooperative multi-agent reinforcement learning framework for resource balancing in complex logistics network. AAMAS，2019.

2.9　Artificial Intelligence

Beijing Academy of Artificial Intelligence

Artificial intelligence, or machine intelligence, similar to biological intelligence that obtains information from the environment and processes inside to improve intelligence, is "the endless frontier of technological science". This paper summarizes the international and domestic researches of artificial intelligence and developments in recent years from eight aspects: cognitive neural intelligence, mathematical basis of artificial intelligence, machine perception, machine learning, natural language processing, intelligent architecture and chip, intelligent information retrieval, and decision intelligence. Finally this paper provides views on the development trend.

2.10　大数据技术新进展

杜小勇[1]　金　海[2]　程学旗[3]　王亚沙[4]　刘　驰[5]

（1. 中国人民大学；2. 华中科技大学；3. 中国科学院计算技术研究所；
4. 北京大学；5. 北京理工大学）

"大数据"是指海量、高增长率和格式多样化的数据，需要特殊的技术对其进行有效的处理、管理和分析。大数据技术推动了数字经济的发展，而数字经济的发展，又对大数据技术不断提出新要求，从而促进大数据技术的进步。大数据技术是在与大数据应用的互动和促进中迭代进步的。我国政府高度重视数字经济的发展和大数据人工智能技术的应用，积极发展数字经济新业态、新模式。世界各经济强国也十分重视大数据技术的发展。下面重点介绍大数据处理技术、大数据管理技术、大数据分析技术、大数据软件工程技术以及大数据隐私保护技术的国内外新进展并展望其未来。

一、国际重要进展

1. 大数据处理技术

美国谷歌公司于 2004 年提出的 MapReduce 编程模型及 GFS 和 BigTable，Apache 开源社区推出的基于 MapReduce 开源实现的 Hadoop 系统及 HDFS 和 HBase，已成为大数据处理生态系统的重要基石。随着数据规模迅速增长，大数据处理系统的性能成为国际学术界和业界关注的重点。学术界和业界提高处理系统性能的努力主要体现在以下几个方面。

（1）以内存为中心的大数据处理系统[1]。具有代表性的系统 Spark、Flink 发展迅速，并占据生态的大量份额。最新的代表性系统如 Skyway、Flare 等，采用内存堆数据管理、原生编译优化等手段提高系统性能。

（2）支持特定类型的数据处理系统。除了传统的批式大数据处理模式外，流式数据和图数据的处理是大数据处理领域的两个重点。以 Apache Spark、Flink、Storm、Kafka 等为代表的流式大数据处理系统在电商、金融等领域获得广泛应用，Kafka 常作为流数据处理的管道置于系统的前端。图数据处理系统主要有两类：大规模分布式图处理系统，如谷歌公司等的 Pregel、Apache Giraph 以及在 Spark 之上构建的 GraphX 系统；单机图数据处理系统，如最早的 GraphChi 系统。

（3）用新型体系结构、新处理思路提高数据处理性能也是重要的技术途径[2]。异构计算系统是未来大数据处理系统的标准配置。例如，Spark 系统增加大量 GPU 等异构硬件以支持特性，麻省理工学院推出的 Graph Challenges 比赛冠军基本都是异构系统。大数据领域定制加速器获得广泛关注，可能是大数据处理领域的发展趋势，如美国普林斯顿大学、加利福尼亚大学伯克利分校以及英特尔公司联合研发的图数据分析加速器 Graphicionado。存内计算为解决大数据内存墙问题提供了新思路，引起广泛关注。例如，IBM 公司用相变存储器实现神经网络计算，美国加利福尼亚大学洛杉矶分校和清华大学用阻变存储阵列实现神经网络计算。

为持续提高大数据处理系统性能，国际上推出 Graph500、Sort Benchmark 等排行榜来评价数据处理性能。目前，Graph500 排名第一的系统是日本"富岳"超级计算机，性能为 70 980GTEPS。在 Sort Benchmark 上腾讯公司分钟级数据排序性能最好，每分钟可完成 55TB 数据的排序。

2. 大数据管理技术

数据管理技术发展总是伴随着主流应用开发和运维的"提质增效"，关系数据库系统支持在线事务处理（OLTP）应用、数据仓库系统支持在线分析处理（OLAP）应用就是如此。目前大数据应用面临的质量和成本压力主要来自多类型数据并存和数据建模重复迭代所需要的数据服务[3]。

目前有两个发展方向：一是开发针对特定数据类型或者数据处理模式的数据库系统，如图数据管理系统、时序数据管理系统等；二是面向数据建模应用，开发提供"统一"的服务，包括文件、键值、关系、图、文档等多数据模型融合的数据服务，以及融合多种处理模式的弹性近数据计算服务等。

以知识图谱为代表的图数据是人工智能中认知计算的数据基础。图数据库系统是目前的研究热点。面向知识图谱的三元组存储系统（Triple Store）遵从 W3C 的 RDF 和 SPARQL 等标准化数据和查询语言，其底层主要是基于关系数据库的技术，代表性的包括由惠普公司开源的 Apache Jena 和 OpenLink 公司的 Virtuoso 等系统。基于属性图的原生性图系统包括 Neo4J 和开源的 JanusGraph 系统，其数据模型和查询语言不统一，大多数由厂家来定义，对应用之间的可迁移性提出了挑战。

物联网技术的应用催生了时序数据库系统的发展。InfluxDB、OpenTSDB 等面向工业物联网的时序数据库的特点是采用边缘设备自定义数据模式。

微软公司针对 Data-as-a-Service（DaaS）提出了数据服务中的轻量级虚拟机 SQLVM 框架，对 CPU、内存、I/O 等多种资源做隔离和分配；卡内基梅隆大学提出了一系列数据管理系统自动调优的方法，并构建了自驱动（self-driving）数据库原型 Peloton。

弹性近数据计算服务可在数据近端对大数据进行多种模式的计算和处理，包括批流融合、机器学习、交互式分析等，支持按需进行快速弹性伸缩。大数据计算框架 Spark 和 Flink 也在探索对多计算模型的支持，典型系统包括开源资源管理平台 Kubernetes、亚马逊公司推出的 Aurora Serverless 数据库、微软公司的多模态数据库 Azure Cosmos DB、谷歌公司的机器学习服务 TFX 等，但目前的技术与系统距离提供成熟、智能的数据服务还有较大的距离。

3. 大数据分析技术

大数据通常价值巨大但价值密度低，难以通过简单处理提炼出价值，只有通过大数据分析，才能实现从数据到信息再到知识最终到决策的转换[4]。

（1）算法层面。深度学习是这个领域近年最大的突破，利用端到端的方法学习复杂数据的表示，在诸多领域大获成功。谷歌公司于 2018 年推出 BERT 系统。BERT 在研究数百万个句子后学会了如何预测漏掉的单词，在填空方面的表现和人类一样好。强化学习与深度学习的结合，可让智能体在试错搜索中学习并完成复杂的任务，从而解决传统方法难以解决的问题。异质信息网络挖掘也是研究的热点，其中节点向量化技术、图神经网络等利用深度学习强大的能力，再结合图的结构特性，已在许多关联数据相关的任务中获得了超越传统方法的性能。

（2）系统层面。基于大数据的深度学习系统层出不穷，包括国际开源的 Pytorch、Tensorflow、MXNet 等，国内百度公司的 PaddlePaddle，华为公司的 MindStudio 等。由于各个平台独立，因此，目前越来越多地出现从系统层面研究跨平台的融合，以实现从硬件到软件的一体化设计。

4. 大数据软件工程技术

大数据软件工程技术是指以软件全生命周期过程中产生的代码、文档、过程记录等"软件工程大数据"为对象，利用数据挖掘、大数据分析等手段获得软件工程大数据中蕴含的知识和规律，提高软件开发效率和软件质量的一系列技术[5]。

开源软件社区产生、聚集了海量的软件全生命周期数据，也催生了大数据软件工程技术。其目标在于解决一系列基础性的数据采集分析、知识抽取利用问题，并以智能推荐、问答等方式提升软件开发的智能化程度。软件智能化开发一直是软件工程追求的核心目标之一。学术界著名的以软件开发智能化为核心主题的自动化软件工程会议（Automated Software Engineering，ASE）始于 20 世纪 80 年代。目前在软件工程领域顶级会议 ICSE（International Conference on Software Engineering）、FSE（Foundations of Software Engineering）等中开发基于数据、知识驱动的智能化技术已成为主流。此外，还有一些专注于此的专业会议，如 2001 年发起的挖掘软件库会议（Mining Software Repositories，MSR）。

软件工程大数据主要包括软件代码及其对应的软件文档（包含专门编写的描述文档，StackOverflow 问答信息、版本说明、缺陷及其修复报告，以及沟通邮件等），以及开发过程中的相关记录（如人员分工、开发进度计划等）。大数据软件工程研究主要包括三个层次：一是软件工程数据融合，包括对互联网和企业中多源、异构软件工程数据的采集、融合与分析；二是知识抽取，主流包括利用机器学习建立代码和文档关联、推荐等模型的隐式知识提取，或是以自动构造知识图谱为核心的显式知识提取；三是智能化支持，在软件开发的各主要活动中，在代码生成、代码补全、代码评审、摘要生成、需求确认、任务分配、测试优化等方面提供智能化推荐或知识问答支撑[6]。

近年来，大数据软件工程研究卓有成效。例如，代码补全能够推荐合适的大段代码框架，代码生成能够从自然语言出发生成部分程序代码，软件项目知识图谱自动获取并支持自然语言问答，缺陷自动修复能够自动识别复用已有的修复模式，任务分配能够实现按需动态分配，测试案例生成及其测试排序能够在已有大数据的基础上大幅提高纠错速度等。除在开源领域的应用外，有一些工具已在谷歌、微软、脸书等大型企业中应用。在一些实际应用案例的报道中，有以"替代程序员"为名进行的宣传。与传统基于人为认定的规则进行推荐的机制相比，大数据软件工程技术有了一系列的突破，但离"替代程序员"还有很远的距离。

5. 大数据隐私保护技术

2018年，欧盟《通用数据保护条例》（General Data Protection Regulation）发布，对谷歌、脸书等大型互联网企业的数据隐私保护提出了严峻的挑战。同时，大数据隐私保护也是国际学术热点，主要包括大数据脱敏、行业隐私保护、隐私侵犯溯源三项关键技术[7]。

（1）大数据脱敏。美国耶鲁大学的学者主要研究了大数据隐私权和匿名性基础理论；英国牛津大学的学者提出了大数据在信息治理系统中的隐私保护机制，其成果发表在《科学》《自然》等学术期刊上。

（2）行业隐私保护。美国卡内基梅隆大学的学者专注于隐私经济学研究，结合经济学分析与决策研究，提出了隐私增强技术。英国巴斯大学的学者研究了互联网与社交媒体领域的数据隐私。差分隐私算法作为2020年"全球十大突破性技术"之一，通过给数据添加"噪声"，使攻击者很难对个体用户隐私数据进行精确计算，从而在保护数据安全的同时，提高了数据的共享和使用效率。

（3）隐私侵犯溯源。美国普渡大学提出了基于数据来源信任模型的数据可信度评估方法，以及数据来源的安全传输技术等。

二、国内研究现状

党的十八大以来，政府一直在推动利用大数据提升国家治理体系和治理能力现代化的水平。2015年国务院发布《促进大数据发展行动纲要》，使大数据技术和应用进入加速发展期。"云计算和大数据"（2016—2020）重点研发计划于2016年正式发布，2020年已完成全部31个研究任务的布局；按照大数据技术的发展需要，进行"全链条设计"，布局四个相互支撑、相互关联的创新链，以促进共同形成大数据应用的创新技术体系。四个创新链包括以下研究工作：在云计算与大数据的重大设备、核心软件、支撑平台等方面突破一批关键技术；研制基于云模式、数据驱动的智能软件；研制云端融合的感知认知与人机交互系统；通过多学科交叉融合，促进大数据分析应用与类人智能的发展。

1. 大数据处理技术

国内大数据处理技术发展迅速，以阿里巴巴、腾讯等为代表的大型互联网公司推出了自己的数据处理系统（如阿里巴巴的飞天大数据平台、腾讯的大数据处理套件等），其中阿里巴巴的飞天大数据平台拥有 MaxCompute、GraphCompute、Flink 等不同系列大数据处理系统，具有较为完备的生态系统。在图数据处理方面，清华大学的神图系统曾经入围戈登·贝尔奖，上海交通大学的 PowerLyra 图处理性能领先国际同类系统 GraphLab、GraphX 等。在内存计算系统方面，华中科技大学的 Deca 系统采用编译优化手段大幅提升了 Spark 系统性能。在木兰开源社区，中国在大数据处理方面拥有 40 余项开源软件。

2. 大数据管理技术

国内在大数据管理方面也开展了一系列重要的工作，这方面国内外的差距并不大。在面向高端制造的大数据管理系统方面，清华大学自主研发设计出时序数据管理引擎 IoTDB，创新性地提出了面向时序数据优化的列式高压缩文件存储格式 TsFile，并基于 TsFile 实现了边缘与云端一体化数据管理、查询与分析一体化应用，与现有大数据生态 Hadoop、Spark、Flink、PLC4X 实现了无缝集成。IoTDB 具有低存储成本、高速数据写入、快速查询、功能完备、查询分析一体化、简单易用等特点，与国际同类产品 InfluxDB、OpenTSDB 等相比，在架构上，侧重端云协同与查询分析一体化；在性能上，在写入吞吐、空间压缩率、面向时序的降采样等查询效率方面具有明显优势。

北京大学研发的 gStore 系统是一款面向知识图谱应用的高效图数据库系统，遵从 RDF 和 SPARQL 等标准化数据和查询语言，采用适合图结构的存储模式、基于子图匹配的查询方法，以及图结构感知的索引和搜索优化策略等创新性技术。相比于国内外市场上的图数据库系统，gStore 系统在装机容量和查询响应时间等方面具有明显优势，其开源版本在 Github 和国内的码云（Gitee）等社区产生了广泛的影响力。

中国人民大学等单位研发的多模态存储服务 GourdStore，在多模态存储融合、大数据存储自适应优化方面取得重要进展。北京理工大学等研发的批流融合大数据计算服务 Gaia 和北京大学研发的大规模机器学习服务 Athena 已在弹性近数据计算方面取得一系列重要成果。

3. 大数据分析技术

（1）分析算法层面。中国科学院计算技术研究所等单位提出"核数据"的概念，即从大数据到核数据，再利用核数据高效解决大数据分析问题，已形成面向数据剪枝、数据变换的大数据分析方法和算法。合肥工业大学等单位提出大知识工程的概念，西安交通大学提出"主题分面树"模型，都从海量的碎片化信息中通过分析获取高质量的体系化知识。

（2）分析系统层面。国内提出研制第三代大数据分析软件栈，以实现理论、架构、算法和接口的整体性、系统性突破，已在多个垂直领域研发大数据分析系统，并在网信、金融、教育、安全、国防等领域取得显著成效。阿里巴巴研发的流式计算引擎 Blink，在 Flink 基础上增加了自定义洗牌调度、零拷贝、预编译等技术，可以支持更为完善的 SQL 语言。清华大学主导开发的基于超级计算机平台的"神图"系统、中国科学院计算技术研究所开发的大图挖掘和计算系统也都受到国内外的广泛关注。

4. 大数据软件工程技术

北京大学等单位研究开源软件大数据汇聚组织、知识表示提炼、软件工具智能化和智能开发服务环境等关键技术，建立了一套互联网及开源软件数据资源的获取汇聚技术和方法，以及融合利用技术方案；已形成一个自主可控的软件开发共享服务的技术框架，提出了一套大数据驱动的软件智能化开发方法，涉及软件开发中软件构造、测试验证、智能协作和运维演化四个主要过程中的智能化支撑技术，并在基于知识图谱的软件开发问题复杂查询、数据驱动的测试、智能化群体协作、智能化开发运行一体化决策等方面提供了基于软件大数据的智能推荐和开发支持。其研究成果已在近 10 家企业应用，并在云开发环境上对外广泛提供服务。

百度公司等已建立基于编程现场大数据的软件智能化开发技术体系，包括基于协同编程现场的智能实时质量提升技术、基于编程现场大数据的接口与代码推荐方法与技术、基于代码风格和编程规范的代码现场检测与智能改进技术、基于代码大数据的程序语义学习与现场代码生成技术；在服务平台层，已搭建基于智能编程机器人的人机协同开发云平台（iCoding），拥有用户 1700 余人，实现了代码自动生成与补全工具 aiXcode1.0。

上述研发工作不仅培养了国内大数据应用软件开发技术的研究氛围，形成了产学研结合的大规模研究团队，而且在一些行业领域也得到了认可和推广应用。

5. 大数据隐私保护技术

近年来，国内大数据隐私保护技术发展迅速，以微众银行、腾讯等为代表的企业推出了自己的隐私保护系统。例如，微众银行的 WeDPR 场景式隐私保护解决方案，利用区块链技术实现高效的隐私保护；腾讯开发的 PBD 隐私保护平台，综合利用加密、脱敏等多种技术保障数据隐私安全。

在面向行业领域隐私保护方面，国内研究团队也取得诸多突破。中国人民大学研究了面向物联网搜索的隐私保护理论和关键技术，以及大数据开放与治理中的隐私保护关键技术。西安电子科技大学研究了面向移动通信用户的隐私保护体系架构，以及面向社交媒体的大数据隐私保护与安全共享关键技术。重庆大学重点关注移动社会媒体大数据共享交换中的隐私保护。在网络大数据方面，中国科学院数学与系统科学研究所提出了数据隐私保护基础理论，中国科学院信息工程研究所研究了复杂网络环境下隐私保护技术，公安部第一研究所开发了网络可信身份管理技术，西安电子科技大学研究了互联网下的隐私保护与取证技术等。同时，阿里巴巴主导的 IEEE 国际标准《基于安全多方计算的隐私保护技术指南》，促进了产业生态发展。

三、发 展 趋 势

云计算和大数据重点研发计划专项是作为"大数据工程"2030 重大项目的前期任务进行部署的。根据大数据工程的设计，我国未来五年要从数据资源大国发展为大数据强国，需要建立技术领先、自主可控的大数据技术体系，并在重点行业应用和数据治理体系上取得实质性进展。

在大数据处理技术方面，大数据处理与高性能计算呈现融合趋势。国际上有专门的高性能计算与大数据融合技术研究组织 BDEC（Big Data Exascale Computing）。最新高性能计算机体系结构明显增加了大数据应用支持特征。例如，日本"富岳"超级计算机采用了高速内存，美国"顶点"超级计算机配置了 7.4PB 的高速数据缓冲系统。大数据处理软件系统的服务对象开始向数据挖掘领域延伸。例如，Spark 系统增加了深度学习系统的对接功能，图数据挖掘系统已成为图数据处理的研究热点。物联网、边缘计算等快速发展，导致边缘数据处理、时序数据处理等技术的需求猛增。泛在环境的大数据处理可能是未来大数据处理系统的重要形态。

在大数据管理技术方面，面向特定目的的大数据管理系统和一体化的大数据管理系统并存的趋势不会改变。图数据库和图计算系统会加速融合，面向动态变化尤其是图流数据的管理、图查询算子的抽象和统一的图数据查询语言标准的制定、基于异构计算环境的图数据管理加速等,都是未来图数据库系统的发展方向。为了支持深度学习迭代建模和快速部署,大数据管理会加速一体化的发展,以支持多数据模型并存、处理模式融合和异构体系结构等。

大数据分析技术将从强调相关性向重视因果性、兼顾相关性发展。数据科学的价值就是分析数据中不同元素之间存在的相关性,而分析具有充分背景知识的大数据则可以在分析不同元素相关性的基础上进一步探索事物的因果关系。随着计算机算力的不断提升,分析数据之间的因果关系能够给大数据分析带来更多收益。在算法分析层面,知识驱动和数据驱动将成为大数据分析技术发展的两个引擎,将结合得越来越紧密。从可计算考虑,时间和空间复杂度的近似或亚线性的算法设计,会成为未来大数据分析算法的重要研究指标。在分析系统层面,将从集中式/分布式学习向兼顾公平与隐私的分散式学习模式(如联邦学习、边缘计算)发展,从云计算向云边端协同的计算转变。此外,流式数据计算随着近几年新型硬件的发展,将出现以优化单机垂直扩展性能为主的流式数据引擎。传统的分层处理技术虽然可适应不断变化的业务逻辑,但软件硬件结合的技术综合了软件技术获取丰富语义信息和硬件快速获得信息的优势,将成为未来重要的研发方向。

在大数据软件工程技术方面,从海量数据融合到有效知识提取的机器学习技术和知识图谱应用技术仍是主流。相关研究包括:结合自然语言描述和程序代码结构语义的研究,基于自然语言生成程序代码框架的研究;从书本和实例中学习和复用编程技术的编码机器人,特定领域编程语言(DSPL)及其解释/编译环境,基于大数据融合的程序分析理解、溯源技术等。此外,构造"大代码"标注数据集(软件工程界的 ImageNet),将为深度学习应用于软件工程大数据提供足够的训练集数据。

在大数据隐私保护技术方面,需要建立系统的隐私计算理论,以及全媒体数据隐私理解和按需脱敏。面向大数据治理中不同行业和企业,提出可支持若干类隐私保护方案融合,多业务系统/生态圈的多隐私保护方案融合,以及云边协同场景下的隐私保护的框架。在取证方面,研发通用隐私侵犯追踪溯源取证框架与工具集,旨在支持主流的云计算、大数据系统及网络系统的精准采集、预处理与分析。

参考文献

[1] Zhang H, Chen G, Ooi B C, et al. In-memory big data management and processing: a survey. IEEE Transactions on Knowledge and Data Engineering, 2015, 27 (7): 1920-1948.

[2] Shi X H, Zheng Z G, Zhou Y L, et al. Graph processing on GPUs: a survey. ACM Computing Surveys, 2018, 50 (6): 81.

[3] 杜小勇, 卢卫, 张峰. 大数据管理系统的历史、现状与未来. 软件学报, 2019, 30 (1): 127-141.

［4］ 徐宗本，唐年胜，程学旗 . 数据科学：基本概念、方法论与发展趋势 . 北京：科学出版社，2020.

［5］ Lin Z Q，Xie B，Zou Y Z，et al. Intelligent development environment and software knowledge graph. Journal of Computer Science and Technology，2017，32（2）：242-249.

［6］ 刘斌斌，董威，王戟 . 智能化的程序搜索与构造方法综述 . 软件学报，2018，29（8）：2180-2197.

［7］ 陆品燕，吴帆 .CCCF 专题 大数据共享与交易 . 中国计算机学会通讯，2019，15（1）：43-51.

2.10　Big Data Technology

Du Xiaoyong[1]，*Jin Hai*[2]，*Cheng Xueqi*[3]，*Wang Yasha*[4]，*Liu Chi*[5]

（1.Renmin University of China；2.Huazhong University of Science and Technology；3.Institute of Computing Technology, Chinese Academy of Sciences；4.Peking University；5.Beijing Institute of Technology）

Big data is a popular term for large volume, velocity and variety data set, and it calls for a set of new techniques for processing, management and analysis. This paper overviews the recent progress of big data technology in the world, including big data processing, big data management, big data analysis, big data software engineering, and data government. It also presents some important research results from the Key R&D Project "Cloud Computing and Big Data". In the end, a short discussion on future research topics of big data is attached.

2.11　云计算和边缘计算技术新进展

金　海　吴　松

（华中科技大学；大数据技术与系统国家地方联合工程研究中心；服务计算技术与系统教育部重点实验室；集群与网格计算湖北省重点实验室）

　　云计算（cloud computing）是一种通过网络提供按需资源服务的分布式计算模式，它可将巨大的数据计算处理任务分解成无数个小任务，再利用多部服务器组成的系统处理和分析这些小任务，并把得到的结果反馈给用户。利用该技术，可在几秒钟内处理海量数据，从而达到提供强大的网络服务的目的。边缘计算指在靠近物或数据源头的一侧，采用汇集网络、计算、存储、应用核心能力为一体的开放平台，提供最近端服务，可产生更快的网络服务响应，满足行业在实时业务、应用智能、安全与隐私保护等方面的基本需求。世界各经济强国都非常重视这些技术的发展。下面将重点介绍该技术的国内外新进展并展望其未来。

一、国际新进展

1. 新型数据中心技术

　　云计算是当代数字经济的支撑，数据中心是云计算的基础设施。数据中心承载着人工智能、物联网、5G、工业互联网等新兴技术的创新发展，同时这些新兴技术也对数据中心提出了更高的要求。绿色节能化、智能化、自动化、高可靠、标准模块化等已成为数据中心发展的新趋势。

　　美国是世界上数据中心最多的国家，大型数据中心数量占全球40%以上，新型数据中心建设处于全球领先地位。近年来，美国的数据中心在绿色节能、智能化以及高可靠性上取得重要进展。在绿色节能方面，谷歌公司较为领先，从2017年起谷歌数据中心实现了100%采用光伏风能发电；数据中心的能耗管理也是关注的焦点[1]，2018年谷歌全球数据中心的平均电能利用效率（power usage effectiveness，PUE）达1.11。在智能化方面，谷歌公司把人工智能系统用于数据中心能效管理，可直接控制节能和冷却机制。全球最大的云计算服务提供商——亚马逊公司一直非常重视数据中心的可靠性，主要采用精心选址、可用区物理隔离、冗余数据转移、灾难监控和预测等手段保障其可靠性。

2. 容器化技术

容器化已成为云计算的重要发展趋势。容器是一种将代码及其依赖打包运行的系统软件技术，可理解为软件的"标准集装箱"。它具有系统资源消耗低、启动时间短、计算效率高、易于移植以及弹性伸缩等优点，越来越多的云应用运行在容器中。容器运行时和镜像的标准化、隔离性的提高，以及容器编排系统的逐渐成熟是容器领域的最新进展。

容器运行时和镜像的标准化是容器化技术发展的里程碑。传统容器无法在不同的操作系统间迁移运行，行业上各家容器公司的技术规范存在大量冲突和冗余，为了避免容器化技术碎片化，2016 年，以 Docker、谷歌、微软公司为首的开放容器计划（Open Container Initiative，OCI）推出第一个开放容器标准，包含容器运行时标准和镜像标准，目前已在各大云平台上得到广泛的应用。

容器隔离性的提高包括提高数据安全、实现网络隔离以及存储隔离等。2016 年，英国帝国理工学院团队[2]利用英特尔硬件加密技术，为每个容器划分专属的加密内存，实现了对容器核心数据的保护，提高了容器系统的安全性。2018 年，美国 IBM 实验室和 ARM 实验室[3]在发现网络任务繁重的容器会降低同一服务器上其他容器性能后，设计出容器网络时间消耗统计的机制，从而提高了容器网络栈的隔离性，性能损耗降低至原值的六分之一。2020 年，韩国科学技术院团队[4]重新设计了非易失性存储器（non-volatile memory，NVM）的组织结构，从而实现了容器系统的存储隔离，并缩短了 31% 的执行时间。

在容器编排上，谷歌公司研发的 Kubernetes 工具力克 Swarm 和 Mesos 等编排工具，基本成为目前的业界事实标准。它可跨多个主机，协调高效地创建、管理和更新多个容器，从而提高了容器系统的弹性伸缩能力。目前 Kubernetes 正向着在裸机上运行的方向发展，以使容器获得更高的运行速度和效率。

3. 无服务器计算技术

无服务器计算是云计算领域的新型计算模式和服务模式，体现了以应用为中心的云计算发展思路。它允许用户在开发、运行应用与服务时，不需要考虑服务器、虚拟化、底层硬件等，而开发者仅需要把应用解耦成多个细粒度无状态函数。当预设的事件到达时，相应的函数会被调度执行，并在运行后自动销毁。近年来，无服务器计算技术主要在系统框架以及底层的轻量级虚拟化方面有突出进展。

系统框架的研究主要是为了解决无服务器计算长期缺乏行业标准，且绑定厂商不利于迁移的问题。Kubernetes 已有成熟的生态优势，为无服务器计算提供了广阔的发展空间。2018 年 7 月，谷歌公司发布了基于 Kubernetes 构建的框架 Knative，实现了事件的标准化、跨平台。另外，无服务器计算系统在存储、网络、调度以及安全方面的研究也取得诸多进展。

轻量级虚拟化作为无服务器计算的核心技术，其发展目标是具有更强的隔离性以及更高的性能。亚马逊公司于 2018 年设计的开源架构 Firecracker[5]，使用轻量级虚拟机对云函数和容器进行封装，兼顾了虚拟机的强隔离性以及云函数的高效性，已经应用在 AWS Lambda 上。美国威斯康星大学团队[6]优化了无服务器计算运行时技术，并将其整合进无服务器开源平台 OpenLambda，从而大幅提高了系统性能。

4. 边缘计算技术

边缘计算是云计算的拓展，其思想是利用靠近数据源的基础设施或者终端设备完成计算。近年来，随着物联网、人工智能、自动驾驶等技术的快速发展，网络传输的数据量急剧上升，网络应用对实时性要求越来越高，人们对隐私安全越来越重视。面临这种情况，传统云计算模式已无法满足需求，边缘计算应运而生。边缘计算可有效缓解云数据中心网络带宽压力，降低数据传输成本；可在网络边缘快速处理数据，使服务实时性更强；可保障用户数据安全，降低数据泄露的风险。边缘计算领域近年来在体系结构、边缘操作系统以及云－边－端融合等方面掀起了研究热潮。

体系结构的研究旨在加速特定的边缘计算场景。谷歌公司于 2018 年推出的边缘计算加速器 Edge TPU，可利用机器学习在边缘侧更快地处理物联网设备产生的大量数据。2019 年，美国佛罗里达大学团队[7]针对物联网深度学习场景，设计出一个自动增量计算框架和架构；与传统物联网系统相比，新架构降低了 28% ~ 71% 的数据传输，提高了 3 倍的处理速度。

边缘操作系统主要针对边缘设备的有限资源进行合理分配，并负责计算任务的调度部署，以保证边缘设备资源利用的高效性。2017 年，亚马逊公司推出了适用于低功耗小型边缘设备的开源操作系统 FreeRTOS，从而将 AWS 云功能扩展到边缘设备。同年，美国韦恩州立大学团队[8]设计出针对家用智能家居的边缘操作系统 EdgeOSH。

云－边－端融合是为了打造一体化的协同计算体系，利用边缘计算的优势弥补传统云－端模式的不足。2018 年，韩国国立首尔大学团队[9]将移动设备的深度神经网络计算任务卸载到边缘服务器上，可使模型的上传和计算同步进行，从而提高了移动设备的响应速度。5G 通信技术的逐渐成熟，促进了云－边－端融合的发展。2019 年，美国电话电报公司（AT&T）宣布和微软公司达成合作，将其 5G 通信网络与边缘计算功能和 Azure 云服务集成，以大幅缩短网络通信的延迟，增强用户体验。

二、国内新进展

1. 新型数据中心技术

2019 年，我国拥有数据中心约 7.4 万个，占全球数据中心总量的 23%，仅次于美国。目前，国内各大云厂商仍在继续扩大数据中心的建设规模。近年来，国内的新型数据中心技术主要在绿色节能、模块化以及智能化上取得了重要进展。

在绿色节能方面，我国最大的云服务提供商阿里云公司处于世界领先行列。2019 年，阿里云公司所有自研数据中心的平均 PUE 达到 1.3。阿里云公司是首个达成我国绿色数据中心建设目标的厂商。其位于张北的数据中心采用风能、太阳能等清洁能源，全年只有 15 天需要空调制冷，使制冷能耗节约 60%，PUE 低至 1.13；该数据中心部署了浸没式液冷服务器集群，使 PUE 在理论上接近于 1.0，是世界上最节能的数据中心之一。华中科技大学团队[10]一直致力于提高数据中心能效，提出了电热冷却与水冷相结合的方案，细粒度地解决了冷却不协调的问题。在模块化方面，阿里云公司的张北数据中心首次采用新型模块设计，仅用 1 年完工，提高了数据中心的建设效率。在智能化方面，阿里云公司设计了数据中心巡检机器人，接替运维人员以往 30% 的工作，从而大幅提高了数据中心的管理效率。

2. 容器化技术

国内在容器化技术方面紧跟国际步伐，大幅提高了容器隔离性以及容器性能。在提高隔离性方面，华中科技大学团队[11]发现容器视图隔离问题会导致容器内并发程序以及某些编程语言无法正确运行，据此设计出可以准确显示容器资源视图的机制，使容器内程序得到准确配置从而提高了性能和安全性。

在提高容器性能方面，国内高校开展了提高容器镜像构建速度、容器存储效率以及容器计算效率等研究。华中科技大学团队[12]实现了容器镜像快速构建工具，利用已缓存的中间层加速了容器镜像的构建，减少了 70% 的远程数据下载，使构建速度提高了 10 倍。中国科学技术大学团队[13]改进了容器存储驱动，采用两级细粒度映射的策略，降低了写时拷贝的延时，实现了应用 39.4% 的吞吐率以及 2 倍的容器启动速度。另外，阿里云公司大幅提升了容器的计算效率，使容器 15min 完成个人全基因测序，精度高达 99.80%，比传统测序快 120 倍，是当时世界上最快的基因测序方案。新冠肺炎疫情期间，阿里云公司向全球免费开放基于容器的基因服务，在 60s 内即可完成数千种病毒与冠状病毒的基因对比。

3. 无服务器计算技术

国内无服务器计算技术起步落后于国外，但近年来发展迅猛，国内外差距正在缩小。国内无服务器系统框架以及底层虚拟化技术同样有较大的进步。

在系统框架方面，华为云公司发布了全球首款基于 Kubernetes 的无服务器计算系统。新系统支持 Kubernetes 原生接口以及 Docker 容器镜像格式，可与 Kubernetes 生态实现无缝对接，使应用创建时间缩减至百毫秒级别；同时，把安全容器（Kata Container）作为底层技术，保障了系统的隔离性和安全性。上海交通大学团队[14]采用检查点镜像恢复技术，跳过了云函数的初始化过程，大幅缩短了无服务器计算云函数的启动时间（最好情况下小于 1ms）。

4. 边缘计算技术

我国在边缘计算上的研究处于国际一流水平，主要在边缘计算体系结构、系统软件优化以及云－边－端融合上取得了突出进展。

在边缘计算体系结构方面，华中科技大学团队[15]使用现场可编程门阵列（field programmable gate array，FPGA），在边缘服务器上加速了流数据的处理，使矩阵运算和字符串查找应用时间分别缩短 36% 和 75%。

在系统软件优化方面，我国针对边缘节点上资源的分配和利用，提出了更加高效的策略。2019 年，国防科技大学团队[16]提出了一种数据放置和检索策略，比传统的分布式哈希表检索路径更短更高效，且可在边缘集群中实现负载均衡。

我国在云－边－端融合上发展迅速。2018 年，北京大学团队[17]把移动设备视觉交互的计算任务卸载到边缘加速器上，使传统云中心处理方法的响应时间大为缩短。我国边缘计算产业联盟于 2018 年发布的《边缘计算参考框架 3.0》，涵盖了工业机器人、智慧交通、智慧城市、能效管理等行业实践。2019 年，苏州大学团队[18]采用线性编码的方式，实现了云－边－端的安全通信，解决了边缘设备不可信的安全问题。此外，阿里云、腾讯云、华为云等云厂商相继推出了边缘计算服务平台。目前，我国三大电信运营商也正积极开展与云厂商的合作，利用 5G 技术加速推进我国云－边－端一体化的发展。

三、发 展 趋 势

根据目前云计算以及边缘计算技术发展现状，未来会呈现以下趋势。

（1）云计算技术发展将影响软件生态系统建设。随着容器技术和无服务器计算的发展，云原生应用将呈现出微服务化、无状态化、设计模式容器化等新特点。同时，云原生操作系统将更加兼顾隔离性和高效性。

（2）新型数据中心加速发展。数据中心将与人工智能、5G、工业互联网等协调发展，新的数据中心形态与设备将不断涌现。对于我国而言，数据中心作为新基建的重要内容，不可一拥而上，要尊重发展规律，把绿色节能和提高算力作为首要任务。

（3）5G技术将为边缘计算提供更广阔的发展空间。目前与边缘计算相关的自动驾驶、医疗健康、工业互联网等产业实践较少。5G技术可以带来更大的带宽、更低的延时，进一步扩大边缘计算的天然技术优势，有助于实现当前无法实现的产业场景。

参考文献

[1] Hsu C H，Deng Q Y，Mars J，et al. SmoothOperator：reducing power fragmentation and improving power utilization in large-scale datacenters//ASPLOS. New York：ACM，2018：535-548.

[2] Arnautov S，Trach B，Gregor F，et al. SCONE：secure Linux containers with Intel SGX//OSDI. Berkeley：USENIX Association，2016：689-703.

[3] Khalid J，Rozner E，Felter W M，et al. Iron：isolating network-based CPU in container environments//NSDI. Berkeley：USENIX Association，2018：313-328.

[4] Kwon M，Gouk D，Lee C，et al. DC-Store：eliminating noisy neighbor containers using deterministic I/O performance and resource isolation//FAST. Berkeley：USENIX Association，2020：183-191.

[5] Agache A，Brooker M，Iordache A，et al. Firecracker：lightweight virtualization for serverless applications//NSDI. Berkeley：USENIX Association，2020：419-434.

[6] Oakes E，Yang L，Zhou D，et al. SOCK：rapid task provisioning with serverless-optimized containers//USENIX ATC. Berkeley：USENIX Association，2018：57-70.

[7] Song M，Zhong K，Zhang J，et al. *in-situ* AI：towards autonomous and incremental deep learning for IoT systems//HPCA. Piscataway：IEEE，2018：92-103.

[8] Cao J，Xu L，Abdallah R，et al. EdgeOS_H：a home operating system for internet of everything//ICDCS. Piscataway：IEEE，2017：1756-1764.

[9] Jeong H J，Lee H J，Shin C H，et al. IONN：incremental offloading of neural network computations from mobile devices to edge servers//SoCC. New York：ACM，2018：401-411.

[10 Jiang W X，Liu F M，Jin H，et al. Fine-grained warm water cooling for improving datacenter economy//ISCA. New York：ACM，2019：474-486.

[11] Huang H，Rao J，Wu S，et al. Adaptive resource views for containers//HPDC. New York：ACM，2019：243-254.

[12] Huang Z，Wu S，Jiang S，et al. FastBuild：accelerating docker image building for efficient development and deployment of container//MSST. Piscataway：IEEE，2019：28-37.

［13］Guo F，Li Y，Lv M，et al. HP-Mapper：a high performance storage driver for docker containers//SoCC. New York：ACM，2019：325-336.

［14］Du D，Yu T Y，Chen H，et al. Catalyzer：sub-millisecond startup for serverless computing with initialization-less booting//ASPLOS. New York：ACM，2020：467-481.

［15］Wu S，Hu D，Ibrahim S，et al. When FPGA-accelerator meets stream data processing in the edge//ICDCS. Piscataway：IEEE，2019：1818-1829.

［16］Xie J J，Qian C，Guo D，et al. Efficient data placement and retrieval services in edge computing//ICDCS. Piscataway：IEEE，2019：1029-1039.

［17］Jiang S，He D，Yang C，et al. Accelerating mobile applications at the network edge with software-programmable FPGAs//INFOCOM. Piscataway：IEEE，2018：55-62.

［18］Cao C M，Wang J，Wang J，et al. Optimal task allocation and coding design for secure coded edge computing//ICDCS. Piscataway：IEEE，2019：1083-1093.

2.11　Cloud Computing and Edge Computing

Jin Hai, Wu Song

（Huazhong University of Science and Technology；National Engineering Research Center for Big Data Technology and System；Services Computing Technology and System Lab；Cluster and Grid Computing Lab）

The era of the digital economy has arrived. Like water and electricity, cloud computing has become indispensable resource. People's daily lives and industrial manufacturing depend on the computing power, storage and bandwidth provided by cloud computing. Cloud computing has many advantages, including strong computing power, near-infinite storage capacity, safe and reliable data protection, cheap computing resources, and convenient software environment. In recent years, new data center technologies, containerized technologies, and serverless computing technologies are hot research topics in cloud computing. In order to meet the development of emerging technologies such as 5G, autonomous driving, and Industrial Internet, cloud computing has begun to expand to the edge. Low latency and fast response are the main characteristics of edge computing. In recent years, the rapid development of cloud computing and edge computing technology has attracted attention from home and abroad. In this paper, we will focus on the development of the three hotspot directions of cloud computing above and edge computing technology in recent years at home and abroad and look forward to its future.

2.12 混合现实与人机交互技术新进展

翁冬冬[1] 刘 越[1] 陈 靖[1] 宋维涛[1]

阎裕康[2] 喻 纯[2] 史元春[2]

（1.北京理工大学；2.清华大学）

混合现实指在真实世界与虚拟世界的融合中，使物理实体和数字对象同时存在并可实时相互作用的技术，它包括虚拟现实和增强现实，是新型终端的信息形态，更是信息领域的重要发展方向。近些年，近眼显示、对象定位和呈现等混合现实的基础技术的研究不断深入；同时，混合现实的发展也使人机信息交换的接口发生了新变化，从而促进了高效和自然的人机交互技术的创新。下面将重点介绍上述关键技术的国内外新进展并展望其未来。

一、国际重大进展

1. 新型近眼显示技术

目前，产业界和学术界围绕近眼显示的小型化、大视场高清晰化以及呈现真实化三个热点问题开展研究。在小型化方面，自由曲面技术、几何光波导[1]以及全息光波导[2]技术已广泛应用在近眼显示的设计和实现上，目前也有针对更轻便的隐形眼镜方案的研究。在近眼显示系统大视场高清晰化方面，由于显示屏幕的分辨率固定，因此，随着视场角的增加，角分辨率随之降低。为此，研究者提出了多种优化技术，包括区域高清化[3]、双目分视显示[4]、拼接显示、超分辨率显示[5]等。在呈现真实化方面，当人类观察真实世界处在不同深度上的物体时，眼睛聚焦的平面位置与双目视差辐辏获得的深度平面是一致的。然而，目前的近眼显示设备不能使眼睛聚焦和辐辏位置一致，这是导致用户佩戴使用产生不舒适的主因。可见，新型光学方案采用多焦面[6, 7]、变焦面[8]、光场显示[9]以及全息显示[10]等技术，实现了多个或者连续深度呈现，但目前还没有出现完全适合商业化的技术方案。

2. 同步混合现实技术

虚拟现实可突破物理限制，使用虚拟环境扩展用户所处的真实环境，允许用户体验高沉浸的虚拟环境，提高办公体验和工作效率[11]。最新研究集中在如何有效融合真实和虚拟环境上。一种方式是使用虚拟物体替代真实物体，采用用户手动配置[12]或者系统自动配置方式[13]，将虚拟物体渲染到对应虚拟环境中，帮助用户利用对应的虚拟物体避开物理实体[14]，以避免碰撞和提高用户沉浸感[15]。另一种方式是通过实时获取真实环境，再用图像分割处理技术进行处理，使之有选择性地融入虚拟环境[16, 17]。新西兰坎特伯雷大学 Tran 等[18]开发出的多通道浸入头戴式显示器（head mounted display，HMD），可提供光通道以查看 HMD 外围的近场现实世界，同时可通过按下按钮来完成全虚拟环境的浸入。英国朴次茅斯大学 Simeone 等[19]研究了用户在虚拟环境与物理空间的不同——虚拟环境和真实环境存在美学差异（如用水表面代替坚实的地面），以及纯虚拟对象与真实对象所匹配的虚拟对象混合时，用户的行走行为所受到的影响。

3. 用于增强现实实时定位的 SLAM 技术

随着 RGB-D 相机的广泛使用，基于 RGB-D 相机的即时定位与地图构建（simultaneous localization and mapping，SLAM）算法相继被提出。Kinect Fusion 直接用 ICP 的方式来估计摄像机的位姿，而 DVO-SLAM[20]采用直接法估计位姿。Thomas Whelan 等在 2013 年和 2015 年分别提出 Kintinuous[21]和 ElasticFusion[22]，这两种算法整合和优化了之前的算法，解决了 Kinect Fusion 框架中的诸多问题，是目前最成熟的两个基于 RGB-D 相机的 SLAM 算法。ORB-SLAM3[23]是第一个可支持纯视觉数据处理、视觉惯性（visual-inertial）数据处理，具备构建多地图（multi-map）功能，同时支持单目、双目、RGB-D 相机，以及针孔相机、鱼眼相机模型的 SLAM 系统。

随着深度学习领域的发展，相继出现了用卷积神经网络实现 SLAM 的方法。2017 年提出的 VINet[24]、VidLoc[25]利用深度学习的方式，实现了相机的绝对姿态估计。DeepVO 算法[26]解决相对姿态估计问题，在相邻两帧的相对姿态非常小的情况下，表现出较差的效果。此后，研究人员又提出了基于卷积神经网络的稠密三维语义地图构建方法 SemanticFusion[27]等。2019 年，Yang 等提出物体级的 SLAM 方法 cube

SLAM[28]，利用 YOLO 算法检测物体的边框，从中估算物体的三维包围盒，再结合 ORB-SLAM3 进行相机追踪和后端优化。

4. 混合现实中的人机交互技术

手部是混合现实中重要的交互通道，对其进行追踪和对手势进行识别是实现手势交互的基础。目前，基于图像的手部识别是研究的热点。为提高手势的识别准确率，美国印第安纳大学的团队[29]基于数据驱动的深度学习算法，实现了在复杂背景下的像素级手部区域分割，这有助于提高手势识别的准确率，减少环境背景的干扰。美国麻省理工学院团队[30]于 2019 年提出了基于三通道迁移的视频动作理解算法，该算法可有效减少实际的运算量和手势识别的延迟时间，提高手势识别的准确率。为进一步提高用户的交互体验，真实手关节的三维位置和真实手形状的重建成为研究重点。2018 年，德国马克斯·普朗克计算机科学研究所（Max Planck Institute for Informatics）的 Mueller 等[31]利用 GAN[32]构建了手部跟踪系统，可通过单张 RGB 图像识别手部 21 个关节位置，同时解决了手部自遮挡以及被外界物体遮挡的难题。该所在 2019 年[33]提出了基于深度相机实时重建手外形的算法，该算法应用于增强现实和虚拟现实设备，可增加设备的沉浸感体验，提供更加自然的人机交互。

为了提高用户的交互体验，减少设备的体积和增加设备的便携性，越来越多的产品支持用户基于自然手势与系统进行交互。Microsoft 和 Magic Leap 公司相继推出了增强现实头戴显示器 HoloLens 和 Magic Leap，支持手势交互，从而解放用户的双手，让交互变得更加自然。支持自然手势交互的设备已广泛用于娱乐、教育、医疗和工业中。

在手势交互技术方面，为提高基于自然手势的交互体验和用户的交互效率，美国加利福尼亚大学伯克利分校针对用户交互习惯，设计出专用于虚拟现实设备的手指手势[34]，并针对虚拟空间中的虚拟物体进行研究[35]，提供了更加符合用户交互习惯的交互手势。Arora 等[36]设计操控手势集合，支持用户快捷自然地通过操控空间对象来创作三维动画；Mayer 等[37]针对操控过程中由于身体控制能力有限而导致系统误差的问题，构建出用户身体控制的统计模型，提高了物体操控的精度。此外，Ahuja 等[38]提出基于身体动作的交互方式，通过在头显设备外部加装凸面反射镜，再利用计算机视觉方法实现了对用户身体姿态的追踪，支持以不同姿态来触发交互命令。

二、国内研发现状

国内的相关研究也取得了重要的研究成果。

1. 新型近眼显示技术

在光学透射式近眼显示光学系统方面，国内以自由曲面光学为代表的设计方案在视场角、透视效果、生产成本等方面取得国际领先的地位，率先提出了基于全息、光场显示原理的真三维头戴显示方案。2009 年，Cheng 等[39] 提出了新型自由曲面技术，实现了超轻便、大视场的头戴显示光学系统。针对单光路系统显示分辨受限的问题，Song 等[40] 和 Cheng 等[41] 提出一种采用拼接方式提高光学系统性能的新方法，不但大幅增加了头戴显示系统的视场角，同时还提高了整体系统的显示分辨率。针对单个虚像面导致的显示不自然的问题，Song 等[42] 尝试将光场显示技术与头戴显示技术融合，实现了符合人眼观察习惯的新一代头戴显示技术。

高端显示元件和处理芯片一直是国内信息行业发展的"卡脖子"技术。近年来，国内相关研究机构和公司持续投入重金并取得一定进展，如京东方科技集团有限公司在 Mini-LED 和柔性显示方面取得了技术突破，华为海思半导体有限公司发布的麒麟980 芯片经过改造可应用在近眼显示系统上。目前国内外近眼显示同步发展。

2. 同步混合现实技术

在虚拟和真实环境融合方面，Han 等[43] 通过跟踪真实椅子，并将与之对应的虚拟椅子渲染到虚拟环境中，证明用户与不同的虚拟椅子互动时的坐姿、用户信任度和偏好具有差异。北京理工大学的 Guo 等[44] 通过跟踪真实环境中的物理实体，建立完全对应的虚拟物体，再注册到虚拟环境中，使用户在虚拟环境中可与具有物理实体的沙发、桌子、杯子等进行交互，从而提升了用户临场感、安全感和环境交互性。荀航[45] 将真实物体以标签形式融入虚拟环境，该标签物体在用户可触及范围内可显示为真实物理形态，在不打破用户沉浸感的同时，降低了遮挡，从而提高了真实物体在虚拟环境中的交互性。

在用户肢体可见性方面，Lin 等[46] 利用与真实键盘完全对应的虚拟键盘，使用户手部融合到虚拟环境中，从而帮助用户与真实键盘进行交互。北京理工大学的 Jiang 等[47] 利用深度相机和红外吸收材料，将用户手部图像呈现到虚拟环境，从而帮助用户输入文本。香港中文大学的 Tian 等[48] 通过深度学习分析以用户为中心的物理环境，获取周围物体的布局和几何形状，再结合物体环境的图像，将用户手部以及特定物体图像显示到虚拟环境中的特定位置，从而帮助用户访问虚拟环境中的物理对象。

3. 用于增强现实实时定位的 SLAM 技术

国内在 SLAM 方面比较知名的研究团队包括浙江大学、香港科技大学、北京大学、中国科学院自动化研究所以及上海交通大学。2019 年浙江大学章国锋团队构建出用于评估视觉 - 惯导 SLAM 系统性能的测试方法以及数据集[49]，此外，提出了基于先验信息指导的鲁棒动态环境下的 SLAM 算法[50]。香港科技大学沈劭劼团队提出了著名的开源算法 VINS-mono[51]，此后不断改进该算法并于 2019 年发布了 VINS-Fusion；将 SLAM 应用在无人机自主导航领域[52]，并尝试将事件相机应用于 SLAM 系统，以解决运动模糊的问题。北京大学的查红彬教授团队提出了基于线特征的 SLAM 算法，并深入研究了基于深度学习框架的 SLAM 位姿估计；研究内容包括 Flow based-SLAM[53] 及激光雷达与视觉融合的端到端视觉里程[54]。中国科学院自动化研究所的申抒含团队在大规模三维运动结构重建[55]、三维结构深度图补全[56] 等方面做了深入的研究。此外，百度、联想、华为以及商汤科技等知名公司也在开发将 SLAM 系统应用于移动终端以及无人车领域的相关技术，诸如北京速感科技有限公司等以 SLAM 技术为核心的初创公司也成立了。

4. 混合现实中的人机交互技术

混合现实的交互难题突出体现在新型终端的输入任务上。混合现实的主要交互任务包括空间对象操控、手势命令输入和文本输入。

在混合现实环境中，用户需要与空间中的虚拟对象进行交互，其中包括对空间对象的选取和操控。在对象选取方面，通过优化选取任务对用户手眼交互通道的依赖，提高了交互自然性。为缓解视觉依赖导致的眩晕，清华大学的 Yan 等[57] 提出了无须视觉参与的对象选取技术，利用用户的空间记忆及自体感知能力，构建出选取点击模型，以支持用户高效精准地完成选取任务。为补充用户手部被占用时的对象选取能力，Yan 等[58, 59] 提出基于头动通道的空间对象选取方法，使用户用头动控制光标，同时设计出"移入 - 移出"的选取确认动作，实现了无须双手参与的选取方法。在对象操控方面，中国科学院软件研究所的 Han 等[60, 61] 设计出新的可触设备，可提供混合现实中缺少的触觉反馈，从而提高了用户操控物体的精度和体验。

在手势命令交互方面，除与空间对象的接触交互外，还有通过手势进行快捷命令的触发交互。其中手势与命令的对应关系影响用户学习、记忆和使用的难度，是交互设计的核心问题之一。为提高此对应关系的可学习和可记忆性，Yan 等[62] 提出基于"持握"语义的手势与命令对应关系，支持用户做真实物件的持握手势来实现快速检索和唤回对应的虚拟物件。除空中手势外，研究者也提出自体（on-body）手势，即利用用户的自体感知能力，来降低学习成本，提高交互自然性。在混合现实的重要交互通道——语音交互方面，Xu 等[63] 提出在面部完成手势交互，再以耳机作为传感设备，控制语音交互过程；Yan 等[64]提出以撮嘴手势来触发语音界面的唤醒方式。此外，多模态手势交互（如表情交互[65]、注视交互[66]）也被提出，作为辅助触发交互命令的方法。

在文本输入方面，如何自然高效地完成输入任务是研究热点。清华大学的 Yi 等[67]创新实现了空中打字的交互技术，使文本输入任务不再受到物理设备的限制；提出了基于贝叶斯模型的用户输入控制模型，提高了输入精度。Lu 等[68]提出了触屏上无须视觉参与的文本输入技术，支持用户视觉注意力在虚拟环境中高效准确地输入文本。Yang 等[69]提出间接的手势文本输入方法，将输入与现实空间分开，支持用户在触屏上通过滑动手势输入文本，其轨迹及结果在虚拟空间中呈现。Yu 等[70]提出基于头部运动的文本输入方法，探索了介于光标停留与点击和滑动手势之间的选取方法，构建出对应的点击模型，提高了用户文本输入效率和体验，解除了对手部通道的依赖。

国内科研团队在手部跟踪方面做出创新突破。Zhang 等[71]采用多模摄像机的标定技术，将 Leap Motion 与增强现实头盔结合，实现了真实手与虚拟手的融合。在基于神经网络的手势识别算法方面，Cao 等[72]针对用户视角的动态手势识别的难点，采用 Recurrent 3D CNN 结构，实现了动态手势指令的高效实时解析。Zhang 等[73]采集了国际上最大的个人视角的动态手势集（包含了多种类型数据），为其他相关研究提供了较大的便利。北京理工大学团队针对深度神经网络训练时间长、训练数据量大且无法满足自定义手势的需求，设计出专用于手势识别的特征"线段"[74]，并利用随机森林算法进行手势的识别，实现了高效、准确、快速、训练简单的静态手势识别。Zou 等[75]采用可形变模型，实现了复杂背景下的手部区域的准确分割，为手势应用于更复杂的场景提供了可能。Zhao 等[76]采用 Leap Motion，实现了基于深度信息的动态手势的实时识别。

三、发展趋势

随着技术的不断发展，虚拟现实与增强现实越来越广泛应用于各领域，同时也促进了相关领域技术的发展。当前该领域的发展呈现如下三个方向。

1. 头戴显示设备的穿戴无扰化

头戴显示装置作为虚拟现实与增强现实的核心设备，决定整个系统的性能与佩戴舒适度。随着技术的不断进步，头戴显示设备的显示性能越来越高，但整体尺寸需要进一步缩小，重量进一步降低。随着光波导、光场显示、超颖表面光学等新技术的融合与发展，未来头戴显示设备的体积和重量将减小或降低到一个用户可忽略的程度，从而满足用户长期佩戴的需求，最终实现可穿戴设备的无扰化。

2. 基于智能理解的自然人机交互

目前交互技术在手势、语音、体感等多种通道的交互方面取得了很好的进展，但对用户交互意图的识别依然比较简单机械，缺少结合情景及用户个性化的智能意图感知。因此，将人工智能与人机交互结合是当前的一个重点发展趋势。如何实现多模态数据融合，并根据情景、交互历史、用户个性，准确理解用户的复杂交互意图，是当前有待解决的核心问题。

3. 多模态融合的输入与呈现技术

目前虚拟现实设备最显著的价值在于提供一个逼真的三维显示世界，在未来，除了视觉显示以外，听觉、触觉[77]的渲染和呈现技术也朝着识别更加真实、更加丰富的方向发展。为了提供这样的内容呈现，相应的硬件设备也会逐渐集成到虚拟现实中，而如何提高这些设备的便携性和佩戴体验将是未来需要解决的问题。输入方法主要以输入设备和身体动作为主，未来结合其他多模态信道提供的交互线索，联合判断用户的交互意图，有望提高用户交互指令的识别和解读的准确性。此外，多模态同步和异步的联合交互方式也是潜在值得探索的科研方向。

参考文献

[1] Amitai Y. P-27: A two-dimensional aperture expander for ultra-compact, high-performance head-worn displays//SID Symposium Digest of Technical Papers. Oxford: Blackwell Publishing Ltd, 2005, 36 (1): 360-363.

[2] Amitai Y, Goodman J W. Design of substrate-mode holographic interconnects with different recording and readout wavelengths. Applied Optics, 1991, 30 (17): 2376-2381.

[3] Thomas M L, Robinson R M, Siegmund W P, et al. Fiber optic development for use on the fiber optic helmet-mounted display. Optical Engineering, 1990, 29 (8): 855-863.

[4] Collins Aerospace. We are making more possible. http://www.rockwellcollins.com[2020-10-08].

[5] Cheng Q, Song W, Lin F, et al. Resolution enhancement of near-eye displays by overlapping images. Optics Communications, 2020, 458: 124723.

[6] Akeley K, Watt S J, Girshick A R, et al. A stereo display prototype with multiple focal distances. ACM Transactions on Graphics (TOG), 2004, 23 (3): 804-813.

[7] Love G D, Hoffman D M, Hands P J W, et al. High-speed switchable lens enables the development

of a volumetric stereoscopic display. Optics Express，2009，17（18）：15716-15725.

[8] Matsuda N，Fix A，Lanman D. Focal surface displays. ACM Transactions on Graphics（TOG），2017，36（4）：1-14.

[9] Wetzstein G，Lanman D R，Hirsch M W，et al. Tensor displays：compressive light field synthesis using multilayer displays with directional backlighting. ACM Transactions on Graphics（TOG），2012，31（4）：80.

[10] Maimone A，Georgiou A，Kollin J S. Holographic near-eye displays for virtual and augmented reality. ACM Transactions on Graphics（TOG），2017，36（4）：1-16.

[11] Ruvimova A，Kim J，Fritz T，et al. "Transport Me Away"：fostering flow in open offices through virtual reality//Proceedings of the 2020 CHI Conference on Human Factors in Computing Systems，2020：1-14.

[12] Estrada J G，Simeone A L. Recommender system for physical object substitution in VR//2017 IEEE Virtual Reality（VR）. IEEE，2017：359-360.

[13] Cheng L P，Ofek E，Holz C，et al. VRoamer：generating on-the-fly VR experiences while walking inside large，unknown real-world building environments//2019 IEEE Conference on Virtual Reality and 3D User Interfaces（VR）. IEEE，2019：359-366.

[14] Sun Q，Wei L Y，Kaufman A. Mapping virtual and physical reality. ACM Transactions on Graphics（TOG），2016，35（4）：1-12.

[15] Simeone A L，Velloso E，Gellersen H. Substitutional reality：using the physical environment to design virtual reality experiences//Proceedings of the 33rd Annual ACM Conference on Human Factors in Computing Systems，2015：3307-3316.

[16] Budhiraja P，Sodhi R，Jones B，et al. Where's my drink? Enabling peripheral real world interactions while using HMDs. https：//arxiv.org/pdf/1502.04744v1.pdf[2020-06-20].

[17] Perez P，Gonzalez-Sosa E，Kachach R，et al. Immersive gastronomic experience with distributed reality//2019 IEEE 5th Workshop on Everyday Virtual Reality（WEVR）. IEEE，2019：1-6.

[18] Tran K T P，Jung S，Hoerrnann S，et al. MDI：a multi-channel dynamic immersion headset for seamless switching between virtual and real world activities//2019 IEEE Conference on Virtual Reality and 3D User Interfaces（VR）. IEEE，2019：350-358.

[19] Simeone A L，Mavridou I，Powell W. Altering user movement behaviour in virtual environments. IEEE Transactions on Visualization and Computer Graphics，2017，23（4）：1312-1321.

[20] Kerl C，Sturm J，Cremers D. Dense visual SLAM for RGB-D cameras//2013 IEEE/RSJ International Conference on Intelligent Robots and Systems. IEEE，2013：2100-2106.

[21] Whelan T，Kaess M，Fallon M，et al. Kintinuous：Spatially extended KinectFusion. http://www.

cs.nuim.ie/research.cs.nuim.ie/research/vision/data/rgbd2012/[2012-12-20].

[22] Whelan T, Leutenegger S, Salas-Moreno R, et al. ElasticFusion: dense SLAM without a pose graph. Robotics: Science and Systems, 2015.

[23] Campos C, Elvira R, Rodríguez J J G, et al. ORB-SLAM3: an accurate open-source library for visual, visual-inertial and multi-map SLAM. arXiv preprint arXiv: 2007.11898, 2020.

[24] Clark R, Wang S, Wen H, et al. VINet: visual-inertial odometry as a sequence-to-sequence learning problem//Thirty-First AAAI Conference on Artificial Intelligence. https: //arxiv.org/pdf/1701.08376.pdf [2020-06-20].

[25] Clark R, Wang S, Markham A, et al. VidLoc: a deep spatio-temporal model for 6-DoF video-clip relocalization//Proceedings of the IEEE Conference on Computer Vision and Pattern Recognition, 2017: 6856-6864.

[26] Wang S, Clark R, Wen H, et al. DeepVO: towards end-to-end visual odometry with deep Recurrent Convolutional Neural Networks//2017 IEEE International Conference on Robotics and Automation (ICRA). IEEE, 2017: 2043-2050.

[27] McCormac J, Handa A, Davison A, et al. SemanticFusion: dense 3D semantic mapping with convolutional neural networks//2017 IEEE International Conference on Robotics and automation (ICRA). IEEE, 2017: 4628-4635.

[28] Yang S, Scherer S. CubeSLAM: Monocular 3D object SLAM. IEEE Transactions on Robotics, 2019, 35 (4): 925-938.

[29] Bambach S, Lee S, Crandall D J, et al. Lending a hand: detecting hands and recognizing activities in complex egocentric interactions//Proceedings of the IEEE International Conference on Computer Vision, 2015: 1949-1957.

[30] Lin J, Gan C, Han S. TSM: Temporal Shift Module for efficient video understanding//Proceedings of the IEEE International Conference on Computer Vision, 2019: 7083-7093.

[31] Mueller F, Bernard F, Sotnychenko O, et al. GANerated hands for real-time 3D hand tracking from monocular rgb//Proceedings of the IEEE Conference on Computer Vision and Pattern Recognition, 2018: 49-59.

[32] Mahdizadehaghdam S, Panahi A, Krim H. Sparse Generative Adversarial Network//Proceedings of the IEEE International Conference on Computer Vision Workshops, 2019.

[33] Mueller F, Davis M, Bernard F, et al. Real-time pose and shape reconstruction of two interacting hands with a single depth camera. ACM Transactions on Graphics (TOG), 2019, 38 (4): 1-13.

[34] Huang R, Harris-Adamson C, Odell D, et al. Design of finger gestures for locomotion in virtual reality. Virtual Reality & Intelligent Hardware, 2019, 1 (1): 1-9.

［35］ Lin J，Harris-Adamson C，Rempel D. The design of hand gestures for selecting virtual objects. International Journal of Human–Computer Interaction，2019，35（18）：1729-1735.

［36］ Arora R，Kazi R H，Kaufman D M，et al. MagicalHands：mid-air hand gestures for animating in Vr//Proceedings of the 32nd Annual ACM Symposium on User Interface Software and Technology，2019：463-477.

［37］ Mayer S，Schwind V，Schweigert R，et al. The effect of offset correction and cursor on mid-air pointing in real and virtual environments//Proceedings of the 2018 CHI Conference on Human Factors in Computing Systems，2018：1-13.

［38］ Ahuja K，Harrison C，Goel M，et al. MeCap：whole-body digitization for low-cost VR/AR headsets//Proceedings of the 32nd Annual ACM Symposium on User Interface Software and Technology，2019：453-462.

［39］ Cheng D，Wang Y，Hua H，et al. Design of an optical see-through head-mounted display with a low f-number and large field of view using a freeform prism. Applied Optics，2009，48（14）：2655-2668.

［40］ Song W，Cheng D，Deng Z，et al. Design and assessment of a wide FOV and high-resolution optical tiled head-mounted display. Applied Optics，2015，54（28）：E15-E22.

［41］ Cheng D，Wang Y，Hua H，et al. Design of a wide-angle，lightweight head-mounted display using free-form optics tiling. Optics Letters，2011，36（11）：2098-2100.

［42］ Song W，Wang Y，Cheng D，et al. Light field head-mounted display with correct focus cue using micro structure array. Chinese Optics Letters，2014（6）：39-42.

［43］ Han P H，Tsai L，Lin J W，et al. Augmented chair：exploring the sittable chair in immersive virtual reality for seamless interaction//2019 IEEE Conference on Virtual Reality and 3D User Interfaces（VR）. IEEE，2019：956-957.

［44］ Guo J，Weng D，Zhang Z，et al. Evaluation of Maslows hierarchy of needs on long-term use of HMDs-a case study of office environment//2019 IEEE Conference on Virtual Reality and 3D User Interfaces（VR）. IEEE，2019：948-949.

［45］ 荀航. 基于实例分割的视频透射式虚实融合交互系统研究. 北京理工大学硕士学位论文，2020.

［46］ Lin J W，Han P H，Lee J Y，et al. Visualizing the keyboard in virtual reality for enhancing immersive experience//ACM SIGGRAPH 2017 Posters，2017：1-2.

［47］ Jiang H，Weng D，Zhang Z，et al. HiKeyb：high-efficiency mixed reality system for text entry//2018 IEEE International Symposium on Mixed and Augmented Reality Adjunct（ISMAR-Adjunct）. IEEE，2018：132-137.

［48］ Tian Y，Fu C W，Zhao S，et al. Enhancing augmented vr interaction via egocentric scene analysis.

Proceedings of the ACM on Interactive, Mobile, Wearable and Ubiquitous Technologies, 2019, 3（3）: 1-24.

[49] Li J Y, Yang B B, Chen D P, et al. Survey and evaluation of monocular visual-inertial SLAM algorithms for augmented reality. Virtual Reality & Intelligent Hardware, 2019, 1（4）: 386-410.

[50] Huang Z, Xu Y, Shi J, et al. Prior guided dropout for robust visual localization in dynamic environments//Proceedings of the IEEE International Conference on Computer Vision, 2019: 2791-2800.

[51] Qin T, Li P, Shen S. VINS-Mono: a robust and versatile monocular visual-inertial state estimator. IEEE Transactions on Robotics, 2018, 34（4）: 1004-1020.

[52] Gao W, Wang K, Ding W, et al. Autonomous aerial robot using dual - fisheye cameras. Journal of Field Robotics, 2020, 37（4）: 497-514.

[53] Yan Z, Zha H. Flow-based SLAM: from geometry computation to learning. Virtual Reality & Intelligent Hardware, 2019, 1（5）: 435-460.

[54] Fang Y, Zhao H, Zha H, et al. Camera and LiDAR fusion for on-road vehicle tracking with reinforcement learning//2019 IEEE Intelligent Vehicles Symposium（IV）. IEEE, 2019: 1723-1730.

[55] Liu H, Tang X, Shen S. Depth-map completion for large indoor scene reconstruction. Pattern Recognition, 2020, 99: 107112.

[56] Cui H, Shen S, Gao W, et al. Efficient and robust large-scale structure-from-motion via track selection and camera prioritization. ISPRS Journal of Photogrammetry and Remote Sensing, 2019, 156: 202-214.

[57] Yan Y, Yu C, Ma X, et al. Eyes-free target acquisition in interaction space around the body for virtual reality//Proceedings of the 2018 CHI Conference on Human Factors in Computing Systems, 2018: 1-13.

[58] Yan Y, Shi Y, Yu C, et al. HeadCross: exploring head-based crossing selection on head-mounted displays. Proceedings of the ACM on Interactive, Mobile, Wearable and Ubiquitous Technologies, 2020, 4（1）: 1-22.

[59] Yan Y, Yu C, Yi X, et al. HeadGesture: hands-free input approach leveraging head movements for HMD devices. Proceedings of the ACM on Interactive, Mobile, Wearable and Ubiquitous Technologies, 2018, 2（4）: 1-23.

[60] Han T, Wang S, Wang S, et al. Mouillé: exploring wetness illusion on fingertips to enhance immersive experience in VR//Proceedings of the 2020 CHI Conference on Human Factors in Computing Systems, 2020: 1-10.

[61] Han T, Bansal S, Shi X, et al. HapBead: on-skin microfluidic haptic interface using tunable bead//

Proceedings of the 2020 CHI Conference on Human Factors in Computing Systems，2020：1-10.

[62] Yan Y，Yu C，Ma X，et al. VirtualGrasp：leveraging experience of interacting with physical objects to facilitate digital object retrieval//Proceedings of the 2018 CHI Conference on Human Factors in Computing Systems，2018：1-13.

[63] Xu X，Shi H，Yi X，et al. EarBuddy：enabling on-face interaction via wireless earbuds//Proceedings of the 2020 CHI Conference on Human Factors in Computing Systems，2020：1-14.

[64] Yan Y，Yu C，Shi Y，et al. PrivateTalk：activating voice input with hand-on-mouth gesture detected by bluetooth earphones//Proceedings of the 32nd Annual ACM Symposium on User Interface Software and Technology，2019：1013-1020.

[65] Yan Y，Yu C，Zheng W，et al. FrownOnError：interrupting responses from smart speakers by facial expressions//Proceedings of the 2020 CHI Conference on Human Factors in Computing Systems，2020：1-14.

[66] Xu X，Yu C，Wang Y，et al. Recognizing unintentional touch on interactive tabletop. Proceedings of the ACM on Interactive，Mobile，Wearable and Ubiquitous Technologies，2020，4（1）：1-24.

[67] Yi X，Yu C，Zhang M，et al. ATK：enabling ten-finger freehand typing in air based on 3D hand tracking data//Proceedings of the 28th Annual ACM Symposium on User Interface Software & Technology，2015：539-548.

[68] Lu Y，Yu C，Yi X，et al. Blindtype：eyes-free text entry on handheld touchpad by leveraging thumb's muscle memory. Proceedings of the ACM on Interactive，Mobile，Wearable and Ubiquitous Technologies，2017，1（2）：1-24.

[69] Yang Z，Yu C，Yi X，et al. Investigating gesture typing for indirect touch. Proceedings of the ACM on Interactive，Mobile，Wearable and Ubiquitous Technologies，2019，3（3）：1-22.

[70] Yu C，Gu Y，Yang Z，et al. Tap，dwell or gesture? Exploring head-based text entry techniques for HMDs//Proceedings of the 2017 CHI Conference on Human Factors in Computing Systems，2017：4479-4488.

[71] Zhang Z，Weng D，Liu Y，et al. A modular calibration framework for 3D interaction system based on optical see-through head-mounted displays in augmented reality//2016 International Conference on Virtual Reality and Visualization（ICVRV）. IEEE，2016：393-400.

[72] Cao C，Zhang Y，Wu Y，et al. Egocentric gesture recognition using recurrent 3D convolutional neural networks with spatiotemporal transformer modules//Proceedings of the IEEE International Conference on Computer Vision，2017：3763-3771.

[73] Zhang Y，Cao C，Cheng J，et al. EgoGesture：a new dataset and benchmark for egocentric hand gesture recognition. IEEE Transactions on Multimedia，2018，20（5）：1038-1050.

[74] Nai W, Liu Y, Rempel D, et al. Fast hand posture classification using depth features extracted from random line segments. Pattern Recognition, 2017, 65: 1-10.

[75] Zou C, Liu Y, Wang J, et al. Deformable part model based hand detection against complex backgrounds// Chinese Conference on Image and Graphics Technologies. Singapore: Springer, 2016: 149-159.

[76] Zhao D, Liu Y, Li G. Skeleton-based dynamic hand gesture recognition using 3D depth data. Electronic Imaging, 2018 (18): 461-1-461-8.

[77] Zenner A, Krüger A. Drag: on-a virtual reality controller providing haptic feedback based on drag and weight shift//Proceedings of the 2019 CHI Conference on Human Factors in Computing Systems, 2019: 1-12.

2.12 Mixed Reality and Human Computer Interaction

Weng Dongdong[1], *Liu Yue*[1], *Chen Jing*[1], *Song Weitao*[1], *Yan Yukang*[2], *Yu Chun*[2], *Shi Yuanchun*[2]

(1. Beijing Institute of Technology; 2.Tsinghua University)

Mixed reality (including Virtual Reality, Augmented Reality) refers to the integration of real world and virtual world, which makes physical entities and digital objects coexist and interact with each other instantly. It is an important development direction in the information field and will completely change human's production process and life. For this rapidly developing information interface, researchers continually carry out in-depth research on its fundamental technologies, including near-eye display techniques, object locating and rendering techniques. This new interface is different from traditional desktop and handheld devices. There is an urgent need for innovation on natural human-computer interaction technologies. This paper focuses on the recent domestic and international development of mixed reality and human-computer interaction technology, and looks forward to the future.

2.13 量子信息技术新进展

郭光灿[*] 段开敏

（中国科学技术大学中国科学院量子信息重点实验室）

量子信息技术是量子力学与信息科学融合产生的一门新兴交叉学科，是当今最活跃的研究前沿之一。它可以突破经典技术的物理极限，使现代技术发展到功能更加强大的水平，将推动人类社会从经典技术迈进量子技术的新时代。量子信息技术最终的发展目标是研制各类量子网络，包括量子云计算网络、分布式量子计算、量子传感网络和量子密钥分配网络等，目前正处在基础核心技术的研究阶段。量子计算机能够提供超越经典极限的强大并行计算能力，已从实验室研究走进企业实用器件的研制，正处在中等规模带噪声量子计算机（noisy intermediate scale quantum，NISQ）的阶段。量子模拟技术可人为制造出相对简单的量子系统并对其进行高精度操控，以实现对复杂系统的模拟，验证或预言新奇的量子现象。在量子技术时代，没有绝对安全的保密体系和无坚不摧的破译手段，信息安全将进入"量子对抗"的新阶段。量子传感利用量子信息技术对物理系统中的物理量进行更精确的测量，可提供比经典方法更高的测量精度。下面将分别介绍这几个方面技术的现状并展望其未来。

一、量 子 网 络

1. 国际重大进展

全球化量子网络由基于卫星通信的洲际广域网和通过光纤链接的城域及城际网组成。通过光纤传输，最远用户之间的地面安全通信距离目前为百公里量级。拓展传输距离必须借助于量子中继技术，这离不开量子存储器。构建量子存储器的体系有多种，包括掺杂稀土离子晶体、冷原子系综和固态色心体系等，各具优缺点。当前量子存储的研究重点是如何提高各项关键技术的指标。

2015 年澳大利亚国立大学的 Sellars 研究组发现，在特定的外磁场条件下，稀土

---

* 中国科学院院士。

掺杂晶体 Eu^{3+} : YSO 的核自旋的相干寿命长达 6h，这为实现超长寿命的光量子存储器奠定了重要基础[1]。2017 年西班牙 Hugues de Riedmatten 研究组基于腔增强的窄带参量光源，在掺 Pr 晶体中实现了真单光子的自旋波存储[2]；他们还和瑞士 Mikael Afzelius 研究组分别在掺 Pr 和掺 Eu 晶体中利用系综内的自发拉曼散射，实现了内建真单光子光源的存储[3, 4]，并于 2019 年实验演示了内建光源与存储器内集体自旋激发在时间上的纠缠[5]。

冷原子系综多模量子存储的研究首先从如何存储图像信息开始。2007 年以色列魏茨曼科学研究所的 Davidson 小组[6]利用 EIT 效应在 Rb 原子蒸汽池中实现了具有空间结构、携带轨道角动量（OAM）信息的光信号存储。西班牙 Riedmatten 研究组于 2017 年实现了光子时间纠缠（timebin）信息和原子系综存储单元的纠缠，还利用频率变换的方法实现了量子态从原子存储器到固态存储器的传输[7, 8]。美国密歇根大学 Kuzmich 研究组于 2016 年利用里德堡原子相互作用，压低了存储过程中的多光子事件[9]。法国 Laurat 研究组于 2019 年利用波导耦合的原子系综，实现了单集体激发态的制备[10]。

基于固体材料中发光缺陷或杂质的固态色心体系是大规模量子网络、量子传感和量子信息处理非常有应用前景的体系。近几年碳化硅中的色心引起了学术界越来越多的兴趣。碳化硅中拥有类似于金刚石 NV 色心的可作为自旋比特的色心体系，其色心的荧光谱线可以处在红外甚至是通信波段，非常适合用于构建基于光纤连接的可扩展量子网络。

自 2011 年美国 Awschalom 研究组首次报道碳化硅中双空位色心的相干操控以来[11]，碳化硅自旋色心的研究发展很快。Awschalom 研究组进一步探测到碳化硅色心 1.3ms 的自旋相干时间，这是所报道的天然同位素固态材料中最长哈恩回波自旋相干时间[12]。他们还实现了低温下单个碳化硅双空位自旋色心的相干操控[13]、高保真度的近红外的自旋光子界面[14]、单个双空位自旋和核自旋纠缠态的制备，并利用同位素提纯的方法实现了长达 2.3ms 的自旋相干时间和大于 99.98% 的单比特量子门的操作[15]。德国的 Wrachtrup 研究组实现了碳化硅中单个硅空位色心的室温相干操控[16]，演示了硅空位色心自旋控制的不可分辨光子的辐射，得到高达 90% 对比度的两光子 Hong-Ou-Mandel 干涉[17]。

在离子阱体系中，2020 年英国牛津大学 Lucas 研究组以 182 次 /s 的速率和 94% 的保真度产生了两个异地 $^{88}Sr^+$ 离子间纠缠态，创下该领域新纪录[18]，向构建量子网络迈出了重要一步。

2. 国内研发现状

在掺杂稀土离子晶体固态量子存储方面，中国科学技术大学郭光灿团队于 2018 年首次实现了时间、空间和频率三个自由度的并行复用，并展示了时间和频率自由度的任意光子脉冲操作功能[19]；2020 年又采用飞秒激光微加工技术，制备出高保真度的可集成固态量子存储器[20]。

在多模量子存储方面，郭光灿团队于 2016 年实现了多个空间模式叠加态的单光子存储，以及 7 个空间模式的纠缠存储[21]，在此基础上实现了多个自由度单光子态和纠缠态的量子存储[22]。清华大学的段路明研究组研究多路径量子存储[23, 24]，实现了 225 个存储单元，展示了多路径存储单元和通信波段光子的纠缠[25]。中国科学技术大学潘建伟团队主要致力于提高量子存储的效率和时间，并取得了重大进展：实现了效率为 76%、存储时间为百毫秒量级的量子存储，2020 年还实现了经由 50km 光纤传输的双存储单元之间的纠缠[26-28]。华南师范大学朱诗亮研究组致力于高效量子存储的实现，并于 2019 年使单光子存储效率达到 85%[29]。

在固态色心体系方面，郭光灿团队于 2018 年实现了双空位色心高温下的相干操控，并用于制备大于 550K 的温度传感[30]；2019 年制备了高浓度的硅空位色心系综，实现了高灵敏度的磁场量子传感，同时利用带掩模的离子注入和真空退火技术，实现了碳化硅中单个硅空位色心阵列的制备，硅空位色心的产率约为 80%[31]；利用反应离子束刻蚀技术，精确控制粒子注入产生的硅空位色心的深度，证明刻蚀过程不改变浅层硅空位色心的光学和自旋性质[32]；最近首次实现了碳化硅中高温稳定的新色心[33]、荧光处于通信波段的 NV 色心[34] 的室温自旋相干操控、碳化硅中双空位阵列的制备，还实现了室温下高达 30% 对比度的自旋读出以及高达 150kcps 的单光子计数率[35]。这些色心的性质可与金刚石中 NV 色心的性质媲美，将促进基于碳化硅材料的室温纳米量子传感和复合量子器件的制备和应用。

在离子阱体系方面，2017 年清华大学 Kihwan Kim 研究组首次观察到单个 $^{171}Yb^+$ 量子比特超过 10min 的相干时间[36]；2019 年实现了可扩展多离子整体纠缠门[37]，可能给两比特门带来多项式甚至指数加速。2018 年，中国科学院武汉物理与数学研究所冯芒研究组采用 $^{40}Ca^+$ 系统，首次在量子层面上验证了朗道尔原理[38]。2019 年，郭光灿团队利用机器学习实现了 $^{171}Yb^+$ 离子态快速、高保真度读取（170μs，99.5%）[39]。

二、量子计算

1. 国际重大进展

在超导量子计算方面，2016 年 IBM 公司公开发布了全球第一个可提供在线云服务的量子计算平台 IBM Q，平台包括最高 30 位量子虚拟机以及 1 台具备 5 位真实量子处理器的量子计算机原型机。2019 年，谷歌公司利用一块 53 位量子处理器，首次验证了"量子优越性"[40]。这是目前国际上可控量子处理器的最高位数，也是谷歌公司在量子信息处理上最先进的演示实验之一。

在半导体量子计算方面，2018 年日本 Tarucha 团队在硅基体系中实现了保真度为 99.9% 的单比特逻辑门操控[41]，达到容错量子计算阈值。同时，美国普林斯顿大学、荷兰代尔夫特理工大学、澳大利亚新南威尔士大学等相继实现高保真度两比特逻辑门[42-44]。以微波光子为媒介实现的量子比特间的长程耦合，为半导体量子比特的大规模扩展构建出"数据总线"雏形[45]。特别是 2020 年初，科研人员在 1K 以上的温度实现了半导体逻辑门操控[46, 47]，该温度比通常 10mK 量级的工作环境提高了近两个量级。

在离子阱量子计算方面，2016 年英国牛津大学 Lucas 研究组实现了保真度为 99.9（1）% 的两比特量子门和 99.9934（3）% 的单比特量子门，超过容错量子计算阈值[48]。美国马里兰大学 Monroe 研究组自 2016 年起构建了 5 离子可编程普适量子计算机[49]，演示了 Grover 搜索算法[50]，2019 年联手 IonQ 公司推出了 11 比特可编程量子计算机[51]；奥地利 Innsbruck 大学 Blatt 研究组于 2016 年演示了分解数 15 的可扩展 Shor 算法[52]。2020 年瑞典斯德哥尔摩大学 Hennrich 研究组首次用里德堡离子实现了 700ns 的快速两离子纠缠操作[53]。

在拓扑量子计算方面，目前人们研究最多的是能够产生马约拉纳零能模的系统。在物理实现上，马约拉纳零能模的探索主要集中在 5/2 的分数量子霍尔态的系统或半导体-拓扑超导的杂化结构。虽然目前的实验进展强烈地暗示了马约拉纳零能模的存在，但不能完全排除同样的实验现象产生于其他物理机制的可能[54, 55]。拓扑量子计算尽管面临非常多的困难，但仍然激起了科学家和部分大公司的兴趣，其主要原因是：能够产生非阿贝尔任意子的物理系统仅是一种理论的预言，证实这种材料的存在在科学上有很大的价值。基于这种材料所制备的器件，在噪声抑制的机理上与传统器件相比有特殊优势。

2. 国内研发现状

在超导量子计算方面，2019年浙江大学王浩华团队实现了20比特纠缠态[56]，同年，潘建伟团队将超导量子比特应用到量子随机行走的研究中[57]，实现了20比特多体相互作用的模拟演示[58]。在半导体量子计算方面，郭光灿团队于2016年实现了长相干与快操控兼容的新型量子比特编码[59]，并于2018年演示了3量子比特Toffoli门[60]。国内在离子阱量子计算和拓扑量子计算方面与国外水平整体差距较大。

三、量子模拟

1. 国际重大进展

实现量子模拟的体系有很多，包括超冷原子系统、囚禁离子系统、超导系统、固态色心系统和线性光学系统等。凡是能够实现初态制备、可提供幺正演化、最后可实施末态测量的量子系统，都能用来进行量子模拟。

线性光学系统可实现多自由度的编码方式、高精度的操作和测量，并可以有效地屏蔽环境对系统的影响，是量子信息研究领域的重要体系。基于线性光学系统的量子模拟已取得非常多的重要进展。

拓展量子模拟的信息载体对扩大量子模拟体系的规模以及研究复杂物理模型的性质有重要意义。利用光子学中的人工维度来研究拓扑物理现象，变得越来越重要[61]。最近报道了利用单个光腔中两个独立的人工维度构建出霍尔梯子的晶格模型，并观测到等效磁规范势和拓扑单向边界流等拓扑物理现象[62]。利用加工集成的光学波导芯片，也可以实现器件的小型化和规模化，已有很多量子模拟的应用演示，如在可编程的光波导芯片上实现了分子振动量子态的模拟[63]以及量子输运中扰动行为的模拟[64]等。传统的光学元器件非常成熟且便于操控，利用这些元件搭建的光学量子模拟器可以模拟复杂的量子系统和演化，如演示比经典极限更少存储的随机过程[65]。

在离子阱系统中，2017年Monroe研究组已构建出53个离子的量子模拟器[66]。

2. 国内研发现状

国内线性光学量子模拟的发展有自己的特色和优势。郭光灿团队设计出一类基于简并光腔系统的新颖量子模拟平台，通过探测腔中具有轨道角动量自由度的光子，有效地模拟了拓扑物理的各种现象[67]以及实现了全光器件[68]；通过引入辅助量子比特，搭建出基于耗散的线性光学量子模拟器，模拟了马约拉纳零能模的交换特性[69]，实现了编码比特上具有拓扑保护性质的量子门操作，测出了非阿贝尔的几何位相[70]。

线性光学量子模拟器还可用于研究量子物理的基础性问题。通过搭建非局域的量子模拟器，可以模拟具有宇称－时间（Parity-Time，PT）反演对称性的哈密顿演化[71]。研究结果表明，利用量子纠缠，光子的 PT 对称演化能使信息以 1.9 倍的光束从一个实验室传到另一个实验室；如考虑整个系统（包括成功部分和失败部分），则总体信息的传输速度不能超光速。国内多个研究组在利用光量子行走来模拟复杂系统的性质和演化方面也取得很多重要成果。例如，郭光灿团队利用时间复用的量子行走，得到了系统在动量空间的完整波函数，直接给出了系统的体拓扑不变量[72]；北京计算科学研究中心薛鹏研究组利用空间复用的量子行走，模拟了非厄米中的拓扑体边对应关系[73]。此外，潘建伟团队实现了多光子多模式的波色采样[74]，上海交通大学金贤敏研究组在光子芯片上演示子集和问题的求解[75]。

四、量子密码

1. 国际重大进展

量子保密通信从 1984 年提出概念[76]至今，在理论、实验和应用上均取得迅猛的发展，其核心技术量子密钥分发（quantum key distribution，QKD）在近十年的研究重点主要是提高系统的成码率、极限传输距离和环境鲁棒性等关键性能的指标，实现全球天地一体化网络，以及集成化和片上系统等。

安全码率是 QKD 的核心指标之一，也是为用户提供安全服务的物理基础。东芝剑桥研究所的袁之良等人研制的 1GHz 工作频率相位编码诱骗态 BB84 系统，在 2dB 衰减的信道下的安全码率达到 13.72Mbps，并可在无人工干预的情况下保持长期稳定工作，是当前较成熟的高性能系统[77]。袁之良研究组还利用主激光器对从激光器的相位调制作用，设计出直接调制型光源[78]和相应的 QKD 方案[79, 80]，为实现高速率 QKD 提供了新的技术路线。高维 QKD 在信息承载效率和误码率容忍能力上有潜在优势，但要实现在技术上还面临着挑战。美国杜克大学等 6 个单位组成的研究小组利用时间戳四维编码，在等效 20km 和 80km 光纤信道损耗条件下，实现了 26.2Mbps 和 1.07Mbps 的安全码率，验证了实际条件下高维 QKD 的可用性和技术优势[81]，推动了该方向的发展。

QKD 的极限安全距离也是核心指标，决定着量子安全边界。当前，量子中继的研究仍处于实验室阶段。瑞士日内瓦大学的 Alberto Boaron 等在 421km 的超低损耗光纤中，实现了安全码率为 6.5bps 的 QKD，这是当前 BB84 类协议的最远安全距离[82]。2017 年，Pirandola 等在理论上证明了任何无中继 QKD 协议的成码率将随信道传输效率 η 的下降而呈现线性减小，最终安全码率为 $R \leqslant -\log(1-\eta)$ [称为线性界

（PLOB）][83]。能否突破 PLOB 已成为重要的前沿科学问题。2018 年，日本东芝公司的 Lucamarini 等提出了双场 QKD（TF-QKD）协议[84]，用两个相位锁定的独立相干激光源生成密钥。该协议成码率随 $\sqrt{\eta}$ 的下降而减小，从原理上突破了 PLOB。随后，国内外学者在理论和实验上迅速跟进，完善了协议的执行过程和数据的处理方法[85-87]。日本东芝公司研究组和加拿大多伦多大学研究组进行了原理性验证[88, 89]，但由于实验并未在真实长度的光纤信道中完成，因此结果并不完美。这一里程碑工作已由我国科研人员完成[89-92]。

随着集成光学技术的发展，QKD 的片上化是技术发展的必然，也是未来竞争的焦点。国外研究团队在这方面起步较早，在近五年取得了突出的成果。研究者基于绝缘体上硅（SOI）、磷化铟等多种体系，实现了偏振[93, 94]、相位编码[95, 96]的二维 BB84 协议、高维分立变量协议[97]、测量设备无关协议[98]以及连续变量协议[99]的集成光子学 QKD 芯片，并尝试将片上系统用于现场实验[100]。值得一提的是，英国布里斯托大学研究组实现的多协议 QKD 芯片[95]、东芝剑桥研究所完成的无须调制器的发射芯片[101]等充分发挥了片上系统的高集成度、可灵活调节和高稳定性等优势，开拓了 QKD 的技术发展思路。

在量子保密通信方面，日本国家信息与通信技术研究院的研究组利用 48kg 重、50cm 见方的微小卫星，完成了星地 QKD 的验证工作[102]，验证了利用低成本和小体积卫星构建全球 QKD 网络的思路。

2. 国内研发现状

我国在量子保密通信方面走在世界前列，尤其在星地 QKD 领域具有国际领先地位。2017 年，潘建伟团队实现了 1200km 的星地 QKD[103]，继而利用墨子号量子科学实验卫星作为可信任中继，实现了中国和奥地利之间距离 7600km 的保密通信[104]。

在端对端 QKD 方面，郭光灿团队对可自适应补偿信道干扰的相位编解码方案进行升级，在保持抗信道干扰能力的前提下，将诱骗态 BB84 系统的时钟频率提高到 1GHz，并实现了 QKD[105]和数字签名[106]；此外，与华东师范大学张诗按研究组合作，首次开发出结合压缩感知的三维图像加密传输技术[107]。在高维 QKD 技术领域，郭光灿团队首次将高维编码态中的相位随机化和窃听者辅助态的退相干过程结合，发展出时间戳－相位高维编码协议和实现技术，实验结果表明该方案可在降低实现难度的同时，显著提高系统的成码率和误码率容限[108, 109]；发展出光子的自旋－轨道角动量联合编码技术，设计并验证当前误码率最低（0.6%）和单脉冲密钥承载量最高的（1.849 比特／脉冲）的四维 QKD 方案[110]。

除离散变量协议外，我国学者在连续变量协议 QKD 的研究上也取得重要进展。

北京大学郭弘主导的中加联合研究组在西安和广州分别实现了 30km 和 50km 商用光纤中（线路损耗分别为 12.48dB 和 11.62dB）的连续变量 QKD，使安全码率与此前的现场实验相比提高了两个数量级[111]。此外，郭弘研究组还实现了 202km 光纤信道的 CVQKD 实验，创造了当前 CVQKD 光纤传输距离的最长纪录[112]。上海交通大学曾贵华研究组首次实验证明，通过有效控制过噪声，可将连续变量的安全传输距离提高到 100km 以上[113]。

我国学者在 TFQKD 协议的理论和实验开拓上做出了重要贡献。TFQKD 在提出伊始便受到广泛关注，但该协议的原始版本在安全性证明和信息量估计等方面存在较大不足[84]。郭光灿团队[87]、清华大学王向斌研究组[86]和马雄峰研究组[85]等分别独立提出了 TFQKD 协议的改进版本，显著提高了协议的安全性，并对安全码率进行了更紧致的估计，为相关实验工作打下了理论基础。随后，郭光灿团队在 300km 标准单模光纤中率先完成了超越无中继线性界的 QKD 实验，充分验证了该协议的实用性，是国际上首次在 300km 信道中实现 kbps 量级的 QKD。随后，潘建伟团队也完成了 300km 单模光纤和最长 509km 的超低损耗光纤信道的 TFQKD 实验。这些工作在国际上引起了广泛关注。

国内研究者在 QKD 片上系统的研究起步较晚，但近年来已逐步取得多项研究成果。郭光灿团队和中国科学院西安光学精密机械研究所的张文富团队合作，首次设计并实现了片上光频梳与 QKD 结合的实验；系统采用的片上光频梳是基于环形微腔耗散克尔效应的高掺杂硅玻璃，其谱线间隔可匹配波分复用的标准通道，工作频率达到 1GHz，并行工作能力得到验证，为实现高带宽 QKD 验证了一条可行的技术途径[114]。华为公司研究组[115]和中国科学院半导体研究所杨林研究组[116]基于硅基光子芯片，分别实现了 BB84 协议和分布相位参考类（distributed phase reference）协议的 QKD 收发器。上海交通大学金贤敏研究组利用激光直写二氧化硅波导，实现了片上贝尔态测量单元，为开发测量设备无关（measurement device independent，MDI）的 QKD 的接收端进行了技术积累[117]。

长期以来，QKD 系统的实际安全性一直是该领域的核心研究方向。近年来国内研究者做出了多项原创工作。例如，郭光灿团队提出了利用盖格工作模式下单光子探测器的雪崩过渡区，实现量子黑客攻击的方法[118]及其防御措施[119]；首次深入分析了高时钟频率下单光子探测器的后脉冲对实际安全性的影响，并通过优化显著提高了安全码率[120]；首次将时域鬼成像用于测量单光子条件下量子器件的时域响应特性，开拓了 QKD 器件和系统安全性测评技术的新思路[121]。国防科技大学黄安琪等[122]和金贤敏研究组[123]分别提出了针对光源的注入攻击方案，使窃听者可以利用外部注入光信号损坏或影响激光器的工作状态，从而实现量子黑客攻击。这些成果为我国量子保密通信的标准化做出了技术积累。

五、量子传感

1. 国际重大进展

量子传感亦称量子精密测量，其应用包括对经典物理量的测量、量子态和量子过程的测量以及量子力学基本原理的检测。美国国家标准与技术研究院利用量子操控技术，实现了频率不确定性达 9.4×10^{-19} 的原子光钟[124]。此外，基于原子和超导量子体系已经实现 fT 级灵敏度的磁场测量，结合微纳加工技术制备微米尺度的超导量子干涉仪，可用于研究神经电流等弱信号探测等方面[125]。国际上一直在发展量子锁相放大、多粒子纠缠态制备和操控、量子弱测量和量子反馈等各种量子态调控技术和量子消相干抑制技术，以进一步提高量子精密测量的灵敏度，突破经典力学框架下的散粒噪声极限，从而努力达到或逼近量子力学允许的海森堡极限。国际上基于光子系统已实现突破经典衍射极限的量子超分辨成像及相关的高灵敏测量，并成功应用于生物学、材料学等学科中；基于电子自旋体系已实现任意频率精度的量子传感[126]，以及高空间分辨力、高灵敏度的电磁场、温度、应力的测量。

2. 国内研发现状

中国科学技术大学是国内最早开展量子精密测量的单位，在相关领域的研究处于国际领先水平。在光子系统方面，郭光灿团队率先演示了突破经典散粒噪声极限，并达到海森堡极限的量子相位测量[127]；同时率先制备出八光子纠缠态，并成功地将量子弱测量应用于量子精密测量中。利用电子自旋体系，杜江峰团队实现了单个蛋白质分子的磁共振探测[128]；郭光灿团队实现了超低泵浦功率纳米级空间分辨力的量子超分辨成像[129]、50nm 空间分辨力的电磁场检测和高灵敏的温度测量，可在电子芯片、环境、生物、材料领域中用于高灵敏探测。此外，国内很多单位也开展了光与原子系综的研究，其中中国科学院武汉物理与数学研究所高克林研究组实现了高灵敏的磁场探测和高精度的光钟[130]。中国科学院上海微系统与信息技术研究所尤立星团队开发出可实现探测效率超过 90% 的实用化超导纳米线单光子探测器，用于量子密钥分发等实验中[131]。

参考文献

[1] Zhong M J，Hedges M P，Ahlefeldt R L，et al. Optically addressable nuclear spins in a solid with a six-hour coherence time.Nature，2015，517(7533)：177-180.

[2] Seri A，Lenhard A，Rielander D，et al. Quantum correlations between single telecom photons and a

multimode on-demand solid-state quantum memory. Physical Review X，2017，7(2)：021028.

［3］ Laplane C，Jobez P，Etesse J，et al. Multimode and long-lived quantum correlations between photons and spins in a crystal. Physical Review Letters，2017，118(21)：210501.

［4］ Kutluer K，Mazzera M，de Riedmatten H. Solid-state source of nonclassical photon pairs with embedded multimode quantum memory. Physical Review Letters，2017，118(21)：210502.

［5］ Kutluer K，Distante E，Casabone B，et al. Time entanglement between a photon and a spin wave in a multimode solidstate quantum memory. Physical Review Letters，2019，123(3)：030501.

［6］ Pugatch R，Shuker M，Firstenberg O，et al. Topological stability of stored optical vortices. Physical Review Letters，2007，98(20)：203601.

［7］ Farrera P，Heinze G，de Riedmatten H. Entanglement between a photonic time-bin qubit and a collective atomic spin excitation. Physical Review Letters，2018，120(10)：10050.

［8］ Maring N，Farrera P，Kutluer K，et al. Photonic quantum state transfer between a cold atomic gas and a crystal. Nature，2017，551(7681)：485.

［9］ Li L，Kuzmich A. Quantum memory with strong and controllable Rydberg-level interactions. Nature Communications，2016，7：13618.

［10］ Corzo N V，Raskop J，Chandra A，et al. Waveguide-coupled single collective excitation of atomic arrays. Nature，2019，566(7744)：359-362.

［11］ Koeh W F，Buckley B B，Heremans F J，et al. Room temperature coherent control of defect spin qubits in silicon carbide. Nature，2011，479(7371)：84-87.

［12］ Seo H，Falk A L，Klimov P V，et al. Quantum decoherence dynamics of divacancy spins in silicon carbide. Nature Communications，2016，7：12935.

［13］ Christle D J，Falk A L，Andrich P，et al. Isolated electron spins in silicon carbide with millisecond coherence times. Nature Materials，2015，14(2)：160-163.

［14］ Christle D J，Klimov P V，de las Casas C F，et al. Isolated spin qubits in SiC with a high-fidelity infrared spin-to-photon interface. Physical Review X，2017，7(2)：021046.

［15］ Bourassa A，Anderson C P，Miao K V，et al. Entanglement and control of single quantum memories in isotopically engineered silicon carbide. Nature Materials，2020，19(12)：1319-1325.

［16］ Widmann M，Lee S Y，Rendler T，et al. Coherent control of single spins in silicon carbide at room temperature. Nature Materials，2015，14(2)：164-168.

［17］ Morioka N，Babin C，Nagy R，et al. Spin-controlled generation of indistinguishable and distinguishable photons from silicon vacancy centres in silicon carbide. Nature Communications，2020，11(1)：2516.

［18］ Stephenson L J，Nadlinger D P，Nichol B C，et al. High-rate，high-fidelity entanglement of qubits across an elementary quantum network. Physical Review Letters，2020，124(11)：110501.

[19] Yang T S，Zhou Z Q，Guo G C，et al. Multiplexed storage and real-time manipulation based on a multiple degree-of-freedom quantum memory. Nature Communications，2018，9(1)：3407.

[20] Liu C，Zhou Z Q，Guo G C，et al. Reliable coherent optical memory based on a laserwritten waveguide. Optica，2020，7(2)：192-197.

[21] Ding D S，Zhang W，Guo G C，et al. High-dimensional entanglement between distant atomic-ensemble memories. Light：Science& Applications，2016，5：e16157.

[22] Zhang W，Ding D S，Guo G C，et al. Experimental realization of entanglement in multiple degrees of freedom between two quantum memories. Nature Communications，2016，7：13514.

[23] Pu Y F，Jiang N，Chang W，et al. Experimental realization of a multiplexed quantum memory with 225 individually accessible memory cells. Nature Communications，2017，8：15359.

[24] Pu Y F，Wu Y K，Jiang N，et al. Experimental entanglement of 25 individually accessible atomic quantum interfaces. Science Advances，2018，4(4)：eaar3931.

[25] Chang W，Li C，Wu Y K，et al. Long-distance entanglement between a multiplexed quantum memory and a telecom photon. Physical Review X，2019，9(4)：041033.

[26] Yang S J，Wang X J，Bao X H，et al. An efficient quantum light-matter interface with sub-second lifetime. Nature Photonics，2016，10(6)：381-384.

[27] Zhao B，Chen Y A，Pan J W，et al. A millisecond quantum memory for scalable quantum networks. Nature Physics，2009，5(2)：95-99.

[28] Yu Y，Ma F，Pan J W，et al. Entanglement of two quantum memories via fibres over dozens of kilometres. Nature，2020，578(7794)：240-245.

[29] Wang Y F，Li J F，Zhang S C，et al. Efficient quantum memory for single-photon polarization qubits. Nature Photonics，2019，13(5)：346-351.

[30] Yan F F，Wang J F，Guo G C，et al. Coherent control of defect spins in silicon carbide above 550 K. Physical Review Applied，2018，10(4)：44042.

[31] Wang J F，Li Q，Guo G C，et al. On-demand generation of single silicon vacancy defects in silicon carbide. ACS Photonics，2019，6(7)：1736-1743.

[32] Li Q，Wang J F，Guo G C，et al. Nanoscale depth control of implanted shallow silicon vacancies in silicon carbide. Nanoscale，2019，11(43)：20554-20561.

[33] Yan F F，Yi A L，Guo G C，et al. Room-temperature coherent control of implanted defect spins in silicon carbide. npj Quantum Information，2020，6(1)：38.

[34] Wang J F，Yan F F，Guo G C，et al. Coherent control of nitrogen-vacancy center spins in silicon carbide at room temperature. Physical Review Letters，2020，124(22)：1611.

[35] Li Q，Wang J F，Guo G C，et al. Room temperature coherent manipulation of single-spin qubits in silicon carbide with high readout contrast. https：//arxiv.org/ftp/arxiv/papers/2005/2005.07876. pdf[2020-05-20].

[36] Wang Y，Um M，Zhang J H，et al. Single-qubit quantum memory exceeding ten-minute coherence time. Nature Photonics，2017，11(10)：646-650.

[37] Lu Y，Zhang S N，Zhang K，et al. Global entangling gates on arbitrary ion qubits. Nature，2019，572(7769)：363-367.

[38] Yan L L，Xiong T P，Rehan K，et al. Single-atom demonstration of the quantum landauer principle. Physical Review Letters，2018，120(21)：210601.

[39] Ding Z H，Cui J M，Guo G C，et al. Fast and high-fidelity readout of single trapped-ion qubit via machine-learning methods. Physical Review Applied，2019，12(1)：014038.

[40] Frank A，Kunal A，Ryan B，et al. Quantum supremacy using a programmable superconducting processor. Nature，2019，574(7779)：505-510.

[41] Jun Y，Kenta T，Tomohiro O，et al. A quantum-dot spin qubit with coherence limited by charge noise and fidelity higher than 99.9%. Nature Nanotechnology，2018，13(2)：102-106.

[42] Watson T F，Philips S G J，Kawakami E，et al. A programmable two-qubit quantum processor in silicon. Nature，2018，555(7698)：633-637.

[43] Zajac D M，Sigillito A J，Russ M，et al. Resonantly driven CNOT gate for electron spins. Science，2018，359(6374)：439-442.

[44] Huang W，Yang C H，Chan K W，et al. Fidelity benchmarks for two-qubit gates in silicon. Nature，2019，569(7757)：532-536.

[45] Borjans F，Croot X G，Mi X，et al.Resonant microwave-mediated interactions between distant electron spins. Nature，2020，577：195-198.

[46] Yang C H，Leon R C C，Hwang J C C，et al. Operation of a silicon quantum processor unit cell above one Kelvin. Nature，2020，580(7803)：350-354.

[47]Petit L，Eenink H G J，Russ M，et al. Universal quantum logic in hot silicon qubits. Nature，2020，580(7803)：355-359.

[48] Ballance C J，Harty T P，Linke N M，et al. High-fidelity quantum logic gates using trapped-ion hyperfine qubits. Physical Review Letters，2016，117：060504.

[49] Debnath S，Linke N M，Figgatt C，et al. Demonstration of a small programmable quantum computer with atomic qubits. Nature，2016，536(7614)：63-66.

[50] Figgatt C，Maslov D，L and sman K A，et al. Complete 3-qubit Grover search on a programmable quantum computer. Nature Communications，2017，8：1918.

［51］ Wright K，Beck K M，Debnath S，et al. Benchmarking an 11-qubit quantum computer. Nature Communications，2019，10：5464.

［52］ Monz T，Nigg D，Martinez E A，et al. Realization of a scalable Shor algorithm. Science，2016，351(6277)：1068-1070.

［53］ Zhang C，Pokorny F，Li W，et al.Sub-microsecond entangling gate between trapped ions via Rydberg interaction. Nature，2020，580：345.

［54］ Zhang H，Liu C X，Gazibegovic S，et al. Quantized Majorana conductance. Nature，2018，556(7699)：74-79.

［55］ He Q L，Pan L，Stern A L，et al. Chiral Majorana fermion modes in a quantum anomalous Hall insulator-superconductor structure. Science，2017，357(6348)：294-299.

［56］ Song C，Xu K，Li H，et al. Generation of multicomponent atomic Schrodinger cat states of up to 20 qubits. Science，2019，365(6453)：574-577.

［57］ Yan Z，Zhang Y R，Pan J W，et al.Strongly correlated quantum walks with a 12-qubit superconducting processor. Science，2019，364(6442)：753-756.

［58］ Gong M，Chen M C，Pan J W，et al. Genuine 12-qubit entanglement on a superconducting quantum processor. Physical Review Letters，2019，122(11)：110501.

［59］Cao G，Li H-O，Guo G P，et al. Tunable hybrid qubit in a GaAs double quantum dot. Physical Review Letters，2016，116(8)：086801.

［60］ Li H O，Cao G，Guo G C，et al. Controlled quantum operations of a semiconductor three-qubit system. Physical Review Applied，2018，9(2)：024015 .

［61］ Yuan L，Lin Q，Xiao M，et al. Synthetic dimension in photonics. Optica，2018，5(11)：1396-1405.

［62］ Dutt A，Lin Q，Yuan L，et al. A single photonic cavity with two independent physical synthetic dimensions. Science，2020，367(6473)：59-64.

［63］ Sparrow C，Martín-lópez E，Maraviglia N，et al.Simulating the vibrational quantum dynamics of molecules using photonics. Nature，2018. 557(7707)：660-667.

［64］ Harris N C，Steinbrecher G R，Mower J，et al. Quantum transport simulations in a programmable nanophotonic processor. Nature Photonics，2017，11(7)：447-452.

［65］ Ghafari F，Tischler N，Di Franco C，et al. Interfering trajectories in experimental quantum-enhanced stochastic simulation. Nature Communications，2019，10：1630.

［66］ Zhang J，Pagano G，Hess P W，et al. Observation of a manybody dynamical phase transition with a 53-qubit quantum simulator. Nature，2017，551(7682)：601-604.

［67］ Luo X W，Zhou X X，Guo G C，et al. Quantum simulation of 2D topological physics in a 1D array of optical cavities. Nature Communications，2015，6：7704.

［68］ Luo X W，Zhou X X，Guo G C，et al.Synthetic lattice enabled alloptical devices based on orbital angular momentum of light. Nature Communications，2017，8：16097.

［69］ Xu J S，Sun K，Guo G C，et al.Simulating the exchange of Majorana zero modes with a photonic system. Nature Communications，2016，7：13194 .

［70］ Xu J S，Sun K，Guo G C，et al. Photonic implementation of Majorana based Berry phases. Science Advances，2018，4(10)：eaat6533.

［71］ Tang J S，Wang Y T，Guo G C，et al. Experimental investigation of the nosignalling principle in parity-time symmetric theory using an open quantum system. Nature Photonics，2016，10(10)：642-646.

［72］ Xu X Y，Wang Q Q，Guo G C，et al. Measuring the winding number in a largescale chiral quantum walk. Physical Review Letters，2018，120(26)：260501.

［73］ Xiao L，Deng T S，Wang K K，et al.Non-Hermitian bulk-boundary correspondence in quantum dynamics. Nature Physics，2020，16：761.

［74］ Wang H，Qin J，Pan J W，et al. Boson sampling with 20 input photons and a 60-mode interferometer in a 10(14)-dimensional Hilbert space. Physical Review Letters，2019，123(25)：250503.

［75］ Xu X Y，Huang X L，Li Z M，et al. A scalable photonic computer solving the subset sum problem. Science Advances，2020，6(5)：eaay5853.

［76］ Bennett C H，Brassard G. Quantum cryptography：public key distribution and coin tossing// Proceedings of IEEE International Conference on Computers，Systems and Signal Processing，1983.

［77］ Yuan Z L，Plews A，Takahashi R，et al. 10-mb/s quantum key distribution. Journal of Lightwave Technology，2018，36(16)：3427-3433.

［78］ Yuan Z L，Fröhlich B，Lucamarini M，et al.Directly phase-modulated light source. Physical Review X，2016，6(3)：031044.

［79］ Roberts G L，Lucamarini M，Dynes J F，et al.Modulator-free coherent-oneway quantum key distribution. Laser & Photonics Reviews，2017，11(4)：1700067.

［80］ Roberts G L，Lucamarini M，Shields A J，et al.A direct ghz clocked phase and intensity modulated transmitter applied to quantum key distribution. Quantum Science and Technology，2018，3(4)：045010.

［81］ Islam N T，Lim C C W，Cahall C，et al. Provably secure and high-rate quantum key distribution with timebinqudits. Science Advances，2017，3(11)：e1701491.

［82］ Boaron A，Boso G，Rusca D，et al. Secure quantum key distribution over 421 km of optical fiber.

Physical Review Letters，2018，121(19)：190502.

[83] Pirandola S，Laurenza R，Ottaviani C，et al. Fundamental limits of repeaterless quantum communications. Nature Communications，2017，8：15043.

[84] Lucamarini M，Yuan Z L，Shields A J，et al. Overcoming the rate-distance limit of quantum key distribution without quantum repeaters. Nature，2018，557：400-403.

[85] Ma X F，Zeng P，Zhou H Y. Phase-matching quantum key distribution. Physical Review X，2018，8(3)：031043.

[86] Wang X B，Yu Z W，Hu X L. Twin-field quantum key distribution with large mis alignment error. Physical Review A，2018，98(6)：062323.

[87] Cui C H，Yin Z Q，Guo G C，et al.Twin-field quantum key distribution without phase postselection. Physical Review Applied，2019，11(3)：034053.

[88] Minder M，Pittaluga M，Roberts G L，et al. Experimental quantum key distribution beyond the repeaterless secret key capacity. Nature Photonics，2019，13：334-338.

[89] Zhong X Q，Hu J Y，Curty M，et al.Proof-of-principle experimental demonstration of twin-field type quantum key distribution. Physical Review Letters，2019，123(10)：100506.

[90] Wang S，He D Y，Guo G C，et al.Beating the fundamental ratedistance limit in a proof-of-principle quantum key distribution system. Physical Review X，2019，9(2)：021046.

[91] Liu Y，Yu Z W，Pan J W，et al. Experimental twin-field quantum key distribution through sending or not sending. Physical Review Letters，2019，123(10)：100505.

[92] Fang X T，Zeng P，Pan J W，et al. Implementation of quantum key distribution surpassing the linear rate-transmittance bound. Nature Photonics，2020，14(7)：422-425.

[93] Ma C X，Wesley D，Tang Z，et al. Silicon photonic transmitter for polarization-encoded quantum key distribution. Optica，2016，3(11)：1274-1278.

[94] Cai H，Long C M，DeRose C T，et al. Silicon photonic transceiver circuit for high-speed polarization-based discrete variable quantum key distribution. Optics Express，2017，25(11)：12282-12294.

[95] Sibson P，Erven C，Godfrey M，et al.Chip-based quantum key distribution.Nature Communications，2017，8：13984.

[96] Kennard J E，Sibson P，Stanist C S，et al.Integrated silicon photonics for high-speed quantum key distribution. Optica，2017，4(2)：172-177.

[97] Ding Y H，Bacco D，Dalgaard K，et al.High-dimensional quantum key distribution based on multicore fiber using silicon photonic integrated circuits. npj Quantum Information，2017，3(1)：1-11.

［98］ Henry S，Philip S，Andy H，et al.Chip-based measurement-device-independent quantum key distribution. Optica，2020，7(3)：238-242.

［99］ Zhang G，Haw J Y，Cai H，et al. An integrated silicon photonic chip platform for continuous-variable quantum key distribution. Nature Photonics，2019，13(12)：839-842.

［100］ Darius B，Anthony L，Catherine L，et al. Metropolitan quantum key distribution with silicon photonics. Physical Review X，2018，8(2)：021009.

［101］ Taofiq K T P，Innocenzo D M，Thomas R，et al. A modulator-free quantum key distribution transmitter chip. npj Quantum Information，2019，5(1)：42.

［102］ Takenaka H，Carrasco-Casado A，Kitamura M，et al.Satellite-to-ground quantum-limited communication using a 50-kg-class microsatellite.Nature Photonics，2017，11：502-508.

［103］ Liao S K，Cai W Q，Pan J W，et al.Satellite-to-ground quantum key distribution. Nature，2017，549(7670)：43-47.

［104］ Liao S K，CaiW Q，Pan J W，et al.Satellite-relayed intercontinental quantum network. Physical Review Letters，2018，120(3)：030501.

［105］ Wang S，Chen W，Guo G C，et al. Practical gigahertz quantum key distribution robust against channel disturbance. Optics Letters，2018，43(9)：2030.

［106］ An X B，Zhang H，Guo G C，et al. Practical quantum digital signature with a gigahertz bb84 quantum key distribution system. Optics Letters，2018，44(1)：139-142.

［107］ Yang C S，Ding Y Y，Guo G C，et al. Compressed 3d image information and communication security. Advanced Quantum Technologies，2018，1(2)：1800034.

［108］ Yin Z Q，Wang S，Guo G C，et al. Improved security bound for the round-robin-differential-phase-shift quantum key distribution. Nature Communications，2018，9(1)：457.

［109］ Wang S，Yin Z Q，Guo G C，et al.Proof-of-principle experimental realization of a qubit-like qudit-based quantum key distribution scheme. Quantum Science and Technology，2018，3(2)：025006.

［110］ Wang F X，Chen W，Guo G C，et al. Characterizing high-quality high-dimensional quantum key distribution by state mapping between different degrees of freedom. Physical Review Applied，2019，11(2)：024070.

［111］ Zhang Y C，Li Z Y，Chen Z Y，et al.Continuous-variable QKD over 50 km commercial fiber. Quantum Science and Technology，2019，4(3)：035006.

［112］ Zhang Y C，Chen Z Y，Guo H，et al.Long-distance continuous-variable quantum key distribution over 202.81 km of fiber. Physical Review Letters，2020，125(1)：010502.

［113］ Huang D，Huang P，Lin D K，et al.Long-distance continuous-variable quantum key distribution by controlling excess noise. Scientific Reports，2016，6(1)：19201.

[114] Wang F X，Wang W Q，Guo G C，et al. Quantum key distribution with onchip dissipative kerr soliton. Laser & Photonics Reviews，2020，14(2)：1900190.

[115] Geng W，Zhang C，Zheng Y L，et al. Stable quantum key distribution using a silicon photonic transceiver. Optics Express，2019，27(20)：29045-29054.

[116] Dai J C，Zhang L，Fu X，et al.Pass-block architecture for distributed phase-reference quantum key distribution using silicon photonics. Optics Letters，2020，45(7)：2014-2017.

[117] Wang C Y，Gao J，Jiao Z Q，et al. Integrated measurement server for measurement-device-independent quantum key distribution network. Optics Express，2019，27(5)：5982-5989.

[118] Qian Y J，He D Y，Guo G C，et al. Hacking the quantum key distribution system by exploiting the avalanche-transition region of singlephoton detectors. Physical Review Applied，2018，10(6)：064062.

[119] Qian Y J，He D Y，Guo G C，et al. Robust countermeasure against detector control attack in a practical quantum key distribution system. Optica，2019，6(9)：1178-1184.

[120] FanYuan G J，Wang C，Guo G C，et al.Afterpulse analysis for quantum key distribution. Physical Review Applied，2018，10(6)：064032.

[121] Wu J，Wang F X，Guo G C，et al. Temporal ghost imaging for quantum device evaluation. Optics Letters，2019，44(10)：2522-2525.

[122] Huang A Q，Li R P，Vladimir E，et al.Laser-damage attack against optical attenuators in quantum key distribution. Physical Review Applied，2020，13(3)：034017.

[123] Pang X L，Yang A L，Zhang C N，et al. Hacking quantum key distribution via injection locking. Physical Review Applied，2020，13(3)：034008.

[124] Brewer S M，Chen J S，Hankin A M，et al. An^{27}Al$^+$ quantum-logic clock with a systematic uncertainty below 10(18). Physical Review Letters，2019，123(3)：033201.

[125] Granata C，Vettoliere A. Nano super-conducting quantum interference device：a powerful tool for nanoscale investigations. Physics Reports，2016，614：1-69.

[126] Boss J M，Cujia K S，Zopes J，et al. Quantum sensing with arbitrary frequency resolution. Science，2017，356(6340)：837-840.

[127] Sun F W，Liu B H，Guo G C，et al. Experimental demonstration of phase measurement precision beating standard quantum limit by projection measurement. EPL，2008，82(2)：24001.

[128] Shi F Z，Zhang Q，Wang P F，et al.Single-protein spin resonance spectroscopy under ambient conditions. Science，2015，347(6226)：1135-1138.

[129] Chen X D，Zou C L，Guo G C，et al.Subdiffraction optical manipulation of the charge state of nitrogen vacancy center in diamond. Light: Science & Applications，2015,4:e230.

[130] Huang Y，Guan H，Liu P，et al. Frequency comparison of Two Ca40(+) optical clocks with an uncertainty at the 10(17) level. Physical Review Letters，2016,116(1):013001.

[131] Zhang W，You L，Li H，et al. NbN superconducting nanowire single photon detector with efficiency over 90% at 1550 nm wavelength operational at compact cryocooler temperature. Science China Physics，Mechanics & Astronomy，2017，60(12)：120314.

2.13 Quantum Information Technology

Guo Guangcan, Duan Kaimin

（CAS Key Laboratory of Quantum Information, University of Science and Technology of China）

Quantum information technology is an emerging cross-discipline integrating quantum mechanics and information science. It can break through the physical limits of classical technology and enable modern technology to develop to a more powerful level. It will promote human society from classical technology to a new era of quantum technology, and has become one of the most active research fronts. The ultimate goal of quantum information technology is to develop various types of quantum networks, including quantum cloud computing networks, distributed quantum computing, quantum sensing networks, and quantum key distribution networks, which are currently in the stage of basic core technologies researches. Quantum computers can provide powerful parallel computing capabilities beyond the classical limits. They have moved from laboratory research to the development of practical devices for enterprises. It has be developed to the stage enabling Noisy Intermediate-Scale Quantum（NISQ）computing. Quantum simulation technology can simulate complex systems, verify or predict novel quantum phenomena by artificially creating relatively simple quantum systems and manipulating them with high precision. In the era of quantum technology, information security will enter a new stage of "quantum confrontation" without absolute security system and indestructible means of decoding. Quantum information technology is used to measure the physical quantities in physical systems more accurately, which is called quantum sensor. It can provide higher measurement accuracy than classical methods.

2.14　区块链技术新进展

丁东辉　孙　毅

（中国科学院计算技术研究所；中国科学院大学）

区块链是一种以密码学算法为基础的点对点分布式账本技术，首次从技术上解决了中心化信任模型带来的安全问题。它基于密码学算法保证价值的安全转移，基于哈希链及时间戳机制保证数据的可追溯、不可篡改特性，基于共识算法保证节点间区块数据的一致性。作为构建未来价值互联网的重要基础设施，区块链是技术创新的前沿阵地与国家战略部署的重要方向，得到了世界各主要强国的重视。当前的学术界与产业界正掀起区块链研究与应用的热潮。在政府、企业、高校、科研机构等各方的推动下，区块链已从概念走向应用，并逐步与实体经济融合，助力经济社会的发展。下面将介绍几个区块链重点研究领域的新进展并展望其未来。

一、国际重大进展

1. 区块链性能优化

区块链在早期采用工作量证明（Proof of Work，PoW）等共识机制，在性能方面存在严重不足，限制了区块链的深层次应用。后续的联盟链虽然引入 PBFT（Practical Byzantine Fault Tolerance）等共识机制，在一定程度上提升了区块链的性能，但仍存在通信开销大、中心化程度过高等缺陷。因此，在平衡通信开销、去中心化程度等因素的前提下，如何大幅度提升区块链的性能，已成为国际上的研究热点。

区块链性能优化的技术路线之一是引入并行化机制。2016 年，新加坡国立大学的 Loi Luu 等首次将数据库分片技术引入区块链，提出一种面向公有链的分片协议 Elastico[1]。其基本思想是在保证安全性的前提下，将区块链网络拆分为多个分片，各分片并行处理交易，从而提高整体交易的处理速度。2018 年，以太坊基金会提出了 sharding 方案[2]。该方案将以太坊区块链分为主链和子链，各条子链采用权益证明机制，生成验证区块并提交至主链，主链上的验证管理合约负责校验区块头，并将校验通过的区块头的哈希值记录到链上。

区块链性能优化的另一条技术路线是采用两层扩展方案。该方案将交易处理转移至链下，而链上作为最终结果的记录或仲裁平台。基于比特币的闪电网络（Lightening Network）[3]、基于以太坊的雷电网络（Raiden Network）[4]均将复杂的支付过程移至链下，而区块链只完成最终的清算工作。2018 年，由以太坊社区提出的 Rollup[5] 则将多笔交易置于链下执行，在把最终执行结果写回链上后，区块链可利用零知识证明等技术，验证链下交易的执行结果是否正确。

2. 跨链通信

经过近几年的发展，已涌现出众多结构各异的区块链平台，并服务于不同应用领域。融合异构的底层技术平台，构建更加开放、易于协作、多方共赢的跨链交互环境，是当今区块链技术发展的迫切需求。因此，高效可扩展、安全可控的异构跨链通信技术，成为区块链产业界的研究热点。

美国 Ripple 公司于 2015 年发起的 InterLedger 项目[6]，较早关注了不同区块链系统间的价值互换。该协议利用多跳连接者桥接跨链交易的发送方和目的方，并采用一组公证人作为交易协调者，以保证跨链交易执行的原子性。英国帝国理工学院的 Zamyatin 等在 2019 年提出了 XCLAIM 协议[7]，该协议通过发行担保资产的方式，使两条区块链在不借助可信协调者的前提下快速实现资产互换。2016 年发起的开源项目 Cosmos[8] 采用中继链技术，构建出一种全新的多链互通网络框架。具体而言，中继链 Cosmos Hub 作为枢纽连通多个区块链 Zone，Hub 与 Zone 均利用 Cosmos SDK 进行开发，相互间通过 IBC（Inter Blockchain Communication）协议实现通信。IBC 演示版本已于 2020 年 3 月正式发布并开始测试。此外，Cosmos 的项目团队正开发 Peg Zone 机制，以实现 Cosmos 系统与以太坊的连通。2017 年初发起的开源项目 Polkadot[9] 同样采用中继链技术实现跨链通信，与 Cosmos 不同的是，接入 Polkadot 的各条区块链仅负责收集并打包区块，而区块的有效性证明则交由中继链执行。Polkadot 的测试网已于 2020 年 5 月正式发布。

3. 区块链安全防护

区块链技术已开始与经济社会深度融合，然而，近年来频繁爆发的区块链安全性事件，为区块链的应用敲响了警钟。据相关组织统计，2016 ~ 2019 年，全球共发生区块链重大安全事件 245 起，造成的经济损失高达 37.98 亿美元[10]。因此，区块链安全性是国际上极为关注的研究领域。目前，区块链安全防护的进展集中于密码学算法、区块链协议、智能合约等多个层面。

数字签名算法、哈希算法等密码学算法是区块链安全运行的基础。2017 年，美国麻省理工学院的 Neha Narula 等发现区块链 IOTA 采用的哈希算法可能遭受碰撞攻击，这迫使 IOTA 团队紧急更换哈希算法[11]。随着量子计算的发展，区块链依赖的密码学算法存在被破解的风险。为应对量子计算的威胁，美国国家标准与技术研究院在 2016 年启动了后量子密码标准的征集。经过多轮筛选，截至 2020 年 7 月，7 个候选算法被保留[12]。

区块链协议主要包含 P2P 网络协议与共识协议。在比特币刚被提出时，业界一度认为只要恶意节点控制的算力不超过 50%，比特币即可安全运行。然而，2014 年美国康奈尔大学的 Eyal 等提出了"自私挖矿"[13]，指出借助特定的挖矿策略，恶意节点只需控制 33% 的算力即可发动攻击。此后，针对区块链协议的安全分析不断取得进展，如以色列希伯来大学 Francisco 等于 2015 年提出的"日食攻击"[14]、美国马里兰大学 Kartik 等于 2016 年提出的"顽固挖矿"[15]、美国斯坦福大学 Bonneau 等于 2016 年提出的"贿赂挖矿"[16]等，均从不同角度展示了现有区块链协议的安全漏洞。相关研究使业界意识到，任何区块链协议均可能存在安全漏洞，应当合理界定区块链协议的安全范围，并根据业务场景选择多样化或可切换的区块链协议[17]。

智能合约是依托于区块链的用户自定义程序，可使区块链具备实现上层业务逻辑及承载部分垂直行业应用的能力。然而，智能合约在编写与应用中可能存在安全漏洞。据统计，智能合约发生的安全事件占区块链全体安全事件的 47.55%[10]，因此，合约的漏洞分析与规范化设计一直是国际上的研究热点。新加坡国立大学的 Loi Lu 等在 2016 年总结了以太坊智能合约运行过程中可能出现的漏洞，构建出漏洞探测工具 Oyente[18]。法国国家信息与自动化研究所（INRIA）的 Bhargavan 等于 2016 年首次尝试利用形式方法来分析和验证智能合同的正确性[19]。奥地利维也纳大学的 Maximilian 等在 2018 年总结了 18 种智能合约的设计模式，以保证合约的安全性与可维护性[20]。

需要指出的是，区块链安全是一个整体概念。密钥存储不当、业务平台开发漏洞等均会引入安全风险。此外，黑客可能会对普通用户或平台运营方发动社会工程学攻击。因此，必须从多个角度综合考虑区块链系统的安全防护。

4. 区块链监管

当前区块链中潜在的监管问题已逐渐显现。公有链具有匿名性、开放性、难以修改等特点，不仅为洗钱、勒索病毒等犯罪活动提供了资金渠道，也可能会使有些人将有害信息保存在比特币和以太坊等公有链的交易中。然而监管方难以通过交易发送方地址确定发送方的真实身份。联盟链有一定的准入机制且需要对参与方进行身份认证，但其去中心化的特性也给传统的监管手段带来了挑战。

在公有链的监管方面，国际上的研究集中于交易参与方的身份识别与行为追踪上。在身份识别领域，卢森堡大学的 Biryukov 于 2014 年提出利用网络上公开的背景知识或对比特币网络层的交易传播信息进行监听，可以侦测到地址背后的用户身份及其 IP 地址[21]；英国伦敦大学学院（University College London）的 Kappos 等于 2018 年提出了针对数字货币——Zcash 的启发式聚类方法，介绍了如何利用上述技术，结合网络上的公开信息，实现对 Zcash 中违法犯罪行为的监管[22]。在行为追踪领域，意大利米兰理工大学的 Spagnuolo 于 2014 年提出了 BitIodine 方案，该方案构建出专用的分类器与特征数据库，实现了对比特币参与方的行为识别与追踪[23]。

联盟链具有节点准入、身份认证等特点，且监管方可成为区块链节点中的一员，这为有效监管提供了技术支撑。以美国 IBM 公司牵头开发的 Hyperledger Fabric 为例，Fabric 基础架构中的证书授权（Certificate Authority，CA）节点负责对 Fabric 网络中的成员身份进行管理，从而起到一定的监管作用；当某个节点作恶时，监管方能够根据节点的证书等信息定位到节点的所有者，实现了对节点所对应的身份信息的溯源；Fabric 也可为节点赋予不同的权限，并在此基础上，设计拥有最高权限的监管节点，从而对链上的所有数据进行监测与溯源。

二、国内重大进展

国内区块链研究在近几年也取得长足的发展，集中在以下几个方面。

1. 区块链性能优化

近年来，我国在区块链性能优化领域取得了突破性进展。中国科学院计算技术研究所创新工场区块链与分布式应用联合实验室，在 2019 年发布了区块链分片方案 Monoxide[24]。该方案将原有单一区块链分成多个"异步共识组"，使各分组并行处理交易，从而大幅度提高了区块链性能。此外，Monoxide 具有"连弩挖矿"机制，可使攻击单个共识组的所需算力开销与攻击全网相当。实验证明，在拥有 48 000 个节点的情况下，Monoxide 可提供超过比特币和以太坊 1000 倍的吞吐量。

此外，上海证券交易所等机构的科研团队在 2019 年发布了一种高性能联盟链技术。该技术针对去中心化主板核心交易系统，提出了业务逻辑和共识过程分离的架构，进行区块链存储优化，同时借助订单打包、GPU 加速等方式实现了验签优化。实验证明，该技术可有效提高去中心化主板核心交易系统的性能[25]。

2. 跨链通信

随着区块链在国内的推广应用，国内团队在跨链通信领域的研究日益活跃。中国科学院计算技术研究所从 2017 年开始互联链（interchain）架构的研究，旨在实现异构区块链间的跨链交互。基于互联链架构，中国科学院计算技术研究所团队开发出跨链交易传输协议、区块链动态接入机制等一系列技术，同时积极探索跨链技术在供应链金融等场景中的应用[26]。蚂蚁科技集团股份有限公司于 2019 年 9 月发布了跨链产品 ODATS（Open Data Access Trusted Service），并提出"证明转化协议"，可安全地实现异构跨链信息的解析与认证[27]。深圳前海微众银行股份有限公司于 2020 年 2 月发布了跨链平台 WeCross；该平台采用跨链路由技术，支持可信事务处理和基于治理链的多边治理，并对外提供通用区块链接口[28]。百度在线网络技术（北京）有限公司于 2020 年 5 月发布了区块链平台 XuperChain V3.7 版本，支持基于中继链的跨链功能，实现了接入区块链间的数据跨链交互，以及接入链与中继链之间的安全共享[29]。杭州趣链科技有限公司于 2020 年 5 月发布了基于中继链技术的跨链示范平台 BitXHub，并基于该平台设计出新型链间传输协议 IBTP（Inter-Blockchain Transfer Protocol），可实现同构/异构区块链间跨链交易的传输与验证[30]。

3. 区块链安全防护

我国高度重视区块链系统的安全性。2018 年，由中国信息通信研究院牵头发布了《区块链安全白皮书（1.0 版）》[17]，为区块链的安全设计与运营提供了参考。2020 年 2 月，中国人民银行发布《金融分布式账本技术安全规范》，用于协助金融机构按照合适的安全要求进行区块链的部署与维护，避免出现安全短板[31]。

除区块链标准规范制定工作外，我国在基础研究领域也取得重要进展。在密码学算法层面，我国已出台包括 SM2 椭圆曲线公钥密码算法、SM3 密码杂凑算法、SM9 标识密码算法在内的密码算法和数字签名方案、PKI 组件最小互操作规范、电子签名格式规范等签名方案[32]；同时加强后量子密码学研究，曾向 NIST 提交了 3 项标准草案[33]。在区块链协议层面，上海交通大学于 2018 年提出了一种区块链的安全检测模型，可以模拟不同环境参数下区块链的运行状态，并分析每个状态转变为攻击成功状态的概率，从而及时发起预警[34]。在智能合约层面，内蒙古大学于 2019 年提出了一种基于染色 Petri 网的合约形式化验证方法，可以有效检测出合约代码中的逻辑漏洞[35]。

4. 区块链监管

2012 年后，比特币等加密数字货币流行，为我国的金融秩序带来了潜在挑战。尤其是在 2017 年后，"首次代币发行"（Initial Coin Offering, ICO）的大行其道更是涉嫌非法集资。为此，中央银行等机构分别于 2013 年和 2017 年相继出台了《关于防范比特币风险的通知》和《关于防范代币发行融资风险的公告》，从而有效防范了加密数字货币带来的风险。为了规范区块链产业的发展，国家互联网信息办公室于 2019 年发布了《区块链信息服务管理规定》，要求在境内开展区块链服务的机构均需进行登记备案，截至 2020 年 4 月共有 3 批 730 家机构完成了登记。可见，"整顿币、规范链"是我国区块链监管的通行做法。

在技术研究领域，我国近三年来也取得显著进展。中国工程院院士、浙江大学教授陈纯于 2019 年提出了区块链监管的四大重点技术，即"区块链节点的追踪与可视化、联盟链穿透式监管技术、公链主动发现与探测技术、以链治链的体系结构及标准"[36]。在公有链监管方面，北京理工大学于 2018 年提出一种轻量级比特币交易溯源机制，能够溯源交易信息在网络层的传播路径，从而将交易中的匿名比特币地址和发起交易节点的 IP 地址关联，该项技术可用于区块链节点追踪[37]；中山大学于 2018 年采用数据挖掘和机器学习方法，从以太坊智能合约代码中提取特征，构建出一个分类器，检测到合约中存在的 400 余个庞氏骗局[38]。在联盟链监管方面，浙江大学、中国人民大学等科研团队提出"以链治链"的思想，用监管链治理各条应用链，并进行了初步的探索与实现[36, 39]。

三、发展趋势

根据目前的技术发展状况判断，未来区块链技术的发展将呈现出如下的趋势。

1. 异构跨链成为区块链发展的迫切需求

随着技术的发展，当前已涌现多种结构各异的区块链，并承载着物流、供应链金融等不同应用，已初步实现链内价值与信任的可靠传递与自由流通。但信任与价值难以在区块链间传递，这限制了更广泛的信任互通以及更高层次的协作应用。因此，异构跨链日益成为区块链发展的迫切需求。如前文所述，目前业界已出现多种跨链技术。可以预计，跨链技术将不断取得突破，从而构建起横纵贯通、覆盖全社会的价值互联网。

2. 区块链的安全与监管将成为业界的研究热点

数十年来的信息安全实践表明，很难存在绝对安全的系统。部分区块链由于承载着数字资产等重要敏感应用，很容易成为黑客的攻击目标。区块链系统安全性将是业界长期研究的课题。此外，当前区块链产业处于蓬勃发展阶段，国内外成绩有目共睹，但监管安全隐患已现。目前业界已提出一些监管手段，但相关手段依然较为初步。因此，从技术上提升监管能力将成为业界的研究热点。

3. 我国区块链基础研究方兴未艾

对我国而言，目前国内区块链产业发展迅速，各类区块链平台和应用如雨后春笋般出现。但我国在基础研究方面的重大原创性成果相对较少，如区块链分片、二层扩展等技术最早由国外提出。然而，近两年我国学术界也产生了一些具有国际影响力的成果，如Monoxide被顶级学术会议第16届USENIX网络系统设计与实现研讨会（16th USENIX Symposium on Networked Systems Design and Implementation，NSDI 2019）收录。此外，区块链产业的发展对基础研究提出了更多需求，将推动基础研究的进步。今后几年我国区块链基础研究必然取得更大发展，并与产业界形成良性循环，从而加速区块链在经济社会中的深度应用。

参考文献

[1] Luu L，Narayanan V，Zheng C，et al. A secure sharding protocol for open blockchains//Proceedings of the 2016 ACM SIGSAC Conference on Computer and Communications Security. New York：Association for Computing Machinery，2016：17-30.

[2] James R. Sharding FAQs. https：//github.com/ethereum/wiki/wiki/Sharding-FAQs[2020-06-11].

[3] Joseph P. The bitcoin lightning network：scalable off-chain instant payments. https：//lightning.network/lightning-network-paper.pdf[2015-11-20].

[4] Heiko H. The Raiden Network. https：//raiden.network/[2020-09-28].

[5] Barry W，Alex G，Harry R，et al. Roll Back Snark Side Chain. https：//ethresear.ch/t/roll-up-roll-back-snark-side-chain-17000-tps/3675[2020-09-28].

[6] Thomas S，Schwartz E. A protocol for interledger payments. https：//interledger.org/interledger.pdf[2020-09-28].

[7] Alexei Z，Dominik H，Joshua L，et al. XCLAIM：trustless，interoperable，cryptocurrency-backed assets//Proceedings of the 2019 IEEE Symposium on Security and Privacy. New York：IEEE，2019：193-210.

[8] Jae K，Ethan B. A network of distributed ledgers. https：//cosmos.network/resources/whitepaper[2020-09-28].

[9] Gavin W. Polkadot：vision for a heterogeneous multi-chain framework. https：//polkadot.network/PolkaDotPaper.pdf[2020-09-28].

[10] 区块链安全信息平台 - 安全趋势 . https：//bcsec.org/analyse[2020-09-28].

[11] Ethan H，Neha N，Garrett T，et al. Cryptanalysis of Curl-P and other attacks on the IOTA

cryptocurrency. https：//eprint.iacr.org/2019/344.pdf[2020-09-28].

［12］ Gorjan A，Jacob A，Daniel A，et al. Status Report on the Second Round of the NIST Post-Quantum Cryptography Standardization Process. Gaithersburg：National Institute of Standards and Technology，2020.

［13］ Ittay E，Emin G. Majority is not enough：bitcoin mining is vulnerable//Christin N，Safavi-Naini R. Financial Cryptography and Data Security. Berlin：Springer，2014：436-454.

［14］ Ethan H，Alison K. Eclipse attacks on bitcoin's peer-to-peer network//Proceedings of the 24th USENIX Security Symposium. Washington：USENIX，2015：129-144.

［15］ Nayak K，Kumar S，Miller A，et al. Stubborn mining：generalizing selfish mining and combining with an eclipse attack//IEEE European symposium on Security and Privacy. Los Alamitos：IEEE Computer Society，2016：306-320.

［16］ Joseph B. Why buy when you can rent? Bribery attacks on bitcoin-style consensus//Clark J，Meiklejohn S，Ryan P，et al. Financial Cryptography and Data Security. Berlin：Springer，2016：19-26.

［17］ 魏凯，卿苏德，张启，等 . 区块链安全白皮书（1.0 版）. 北京，2018.

［18］ Loi L，Duc-Hiep C，Hrishi O. Making smart contracts smarter//Proceedings of the 2016 ACM SIGSAC Conference on Computer and Communications Security. New York：Association for Computing Machinery，2016：254-269.

［19］ Karthikeyan B，Antoine D，Cédric F. Formal verification of smart contracts//Proceedings of the 2016 ACM Workshop on Programming Languages and Analysis for Security. New York：Association for Computing Machinery，2016：91-96.

［20］ Maximilian W，Uwe Z. Design patterns for smart contracts in the ethereum ecosystem//Juan E G. Proceedings of IEEE 2018 International Congress on Cybermatics. Los Alamitos：IEEE Computer Society，2018.

［21］ Alex B，Dmitry K，Ivan P. Deanonymisation of clients in bitcoin P2P network//Proceedings of the 2014 ACM SIGSAC Conference on Computer and Communications Security. New York：Association for Computing Machinery，2014：15-29.

［22］ George K，Haaroon Y，Mary M，et al. An empirical analysis of anonymity in zcash// Proceedings of the 27th USENIX Security Symposium. Baltimore：USENIX，2018：463-477.

［23］ Michele S，Federico M，Stefano Z. BitIodine：extracting intelligence from the bitcoin network// Christin N，Safavi-Naini R. Financial Cryptography and Data Security. Berlin：Springer，2014：457-468.

［24］ Jiaping W，Hao W. Monoxide：scale out blockchains with asynchronous consensus zones//

Proceedings of the 16th USENIX Symposium on Networked Systems Design and Implementation. Boston：USENIX，2018：95-112.

［25］朱立，俞欢，詹士潇，等．高性能联盟区块链技术研究．软件学报，2019，30（6）：1577-1593.

［26］Donghui D，Tiantian D，Linpeng J，et al. InterChain：a framework to support blockchain interoperability. Beijing：ACM APNet，2018.

［27］泽宇．蚂蚁金服蒋国飞：区块链将是未来数字经济的基础设施．https：//tech.sina.com.cn/it/2019-09-26/doc-iicezueu8541744.shtml［2020-09-26］.

［28］微众银行区块链团队．WeCross 技术白皮书——区块链跨链协作平台．深圳，2020.

［29］GitHub. XuperChain 文档．https：//xuperchain.readthedocs.io/zh/latest/index.html［2020-09-20］.

［30］徐才巢，汪小益，夏立伟，等．BitXHub 白皮书——区块链跨链技术平台 V1.0.0．杭州，2019.

［31］JR/T 0184—2020，金融分布式账本技术安全规范．北京，2020．

［32］国家密码管理局．国家密码局标准规范查询．http：//www.oscca.gov.cn/app-zxfw/zxfw/bzgfcx.jsp［2020-09-20］.

［33］陶文冬．中国于 2022 年开展抗量子密码算法：2025 年落地．https：//tech.huanqiu.com/article/9CaKrnKexvL［2018-11-07］.

［34］叶聪聪，李国强，蔡鸿明，等．区块链的安全检测模型．软件学报，2018，29（5）：1348-1359.

［35］Zhentian L，Jing L. Formal verification of blockchain smart contract based on colored Petri net models//Proceedings of IEEE 43rd Annual Computer Software and Applications Conference. Los Alamitos：IEEE Computer Society，2019：555-560.

［36］陈纯．联盟区块链关键技术与区块链的监管挑战．https：//www.iyiou.com/p/115275.html［2019-10-13］.

［37］高峰，毛洪亮，吴震，等．轻量级比特币交易溯源机制．计算机学报，2018，41（5）：23-38.

［38］Weili C，Zibin Z，Jiahui C. Detecting ponzi schemes on ethereum：towards healthier blockchain technology//Proceedings of the 2018 World Wide Web Conference. New York：Association for Computing Machinery，2018：1409-1418.

［39］杨东．以区块链技术解决金融领域"灯下黑"问题．国家治理，2020，（24）：29-32.

2.14　Blockchain Technology

Ding Donghui, Sun Yi

（Institute of Computing Technology, Chinese Academy of Sciences;
University of Chinese Academy of Sciences）

Blockchain technology is an important infrastructure for building the Internet of value in the future, and has gradually integrated with our economy and society. Nowadays, both academia and industry have set off an upsurge in blockchain research and application. This paper will introduce the research progress of blockchain technology at home and abroad in recent years, including the optimization of blockchain performance, cross-chain communication, blockchain security protection and supervision technology. Based on the current research progress, we will forecast the developing trend of blockchain technology in the future.

2.15　物联网技术新进展

刘云浩

（清华大学信息科学技术学院）

物联网（Internet of Things，IoT）是基于互联网、传统电信网等信息承载体，让所有能够被独立寻址的普通物理对象实现互联互通的网络，主要包括"感"（感知）、"联"（联网）、"知"（处理）、"控"（控制）等环节，具有普通对象设备化、自治终端互联化和普适服务智能化三个重要特征[1]。经过多年的发展，物联网在工业控制、农业生产、交通物流、环境监测和公共安全等领域得到了广泛的应用，万物互联互通的时代正在到来。近年来，物联网技术在感知、联网、智能化和安全四个主要方面取得了新进展，本节将介绍国内外这些新进展并展望其未来。

一、国际重大进展

物联网的概念起源于 1999 年美国 Auto-ID 中心，最初目标是把所有物品通过射频识别（radio frequency identification，RFID）技术与互联网连接，以实现设备的智能化识别和管理。2005 年，国际电信联盟（International Telecommunication Union，ITU）发布报告 *ITU Internet Reports* 2005：*The Internet of Things*。该报告指出：物联网已全面拓展了覆盖范围，包括无线传感网、智能器件等物联网发展的必要技术，其发展愿景是实现任何时间、任何地点、任何物体甚至任何数据的互联。物联网的发展可分为三个阶段：大量传感器和设备接入网络的起步阶段，物联网大数据和云计算的快速发展阶段，以及目前正在经历的以人工智能物联网和工业物联网为代表的应用突破阶段。目前呈现出如下发展特征。

1. 非侵入、高精度和多模态感知更加成熟

物联网成为连接物理世界与数字世界的桥梁，感知技术在其中发挥着核心作用。识别和采集物理世界的信息并进行数字化是进行数据分析和自动控制的基础。近年来在利用已有的传感器技术与通信技术进行融合的同时，感知技术更多地集中在非侵入、高精度和多模态等方向。

随着工艺的提升，传感器的功耗和体积在持续减小。为减少能量和降低成本，在越来越多的场景中人们更倾向避免使用专用传感器，而是利用环境中原本存在的声音信号、光信号或者用于通信的无线信号实现非接触式、被动式的感知，即"非传感器感知"。2019 年，美国 Linksys 公司与 Origin Wireless 公司合作，推出基于 Wi-Fi Mesh 网络的动作感知产品，可在家居环境中利用普通商用路由器实现人员动作的监测。利用毫米波、超宽带（Ultra Wide Band，UWB）等信号的无线感知的研究也取得一些进展。德州仪器（TI）等公司研发的低成本毫米波雷达芯片，可以支持在家居、工业和汽车等多个领域的应用；苹果公司在 iPhone 11 手机中集成了超带宽芯片，谷歌公司在其 Pixel 4 手机中嵌入了 Soli 毫米波雷达，这是超带宽芯片和毫米波芯片分别首次进入商用智能手机。

在位置感知方面，2019 年 1 月发布的蓝牙 5.1 标准，新增了精确计算信号波达角（Angle of Arrival，AoA）和出发角（Angle of Departure，AoD）的方法。商用蓝牙的室内定位精度实现了从米级到亚米级的显著提升。此外，2018 年 8 月发布的 Android 9.0 系统，通过增加对 IEEE 802.11 mc 标准中精细定时测量（Fine Timing Measurement，FTM）协议的支持，使手机获得更精确的 Wi-Fi 通信的往返时间（RTT），实现 1～2 米的定位精度。学术界也涌现出一批高精度室内定位研究成果。例如，美国麻省理工

学院的团队提出利用特定的射频信号，提取人体在运动过程中的三维骨架信息，使各个关键点（包括头、腕、臀、脚等）的定位精度达到厘米级[2]，不过，新技术仍然停留在实验室的实验效果层面。

多模态和智能化也是感知技术发展的热点。处理多模态数据，能够获得比单一传感器更高准确率、更有效和更易理解的上下文信息。例如，2018 年 1 月亚马逊推出名为 Amazon Go 的线下无人商店，利用计算机视觉、传感器融合等技术，实现了对商品和顾客的精确关联，进而达到自动结账的目的，彻底省去了传统收银结账的过程。牛津大学团队提出一种融合视觉和惯性传感器数据的通用框架，能够应对实际场景中测量数据的不稳定性，同时实现对目标的高精度追踪[3]。

2. 低功耗、长距离无线通信技术迅猛发展

根据使用场景的不同，物联网设备的通信方式也有所不同。按通信距离来划分，物联网中使用的无线通信技术至少可分为广域网（Wide Area Network，WAN）、局域网（Local Area Network，LAN）和个人区域网络（Personal Area Network，PAN）三种。

部署规模在千米级或更大尺度的物联网应用，通常使用低功耗广域网技术进行通信。NB-IoT 和 LoRaWAN 分别是当前低功耗广域网技术中蜂窝网络和非蜂窝网络的典型代表。NB-IoT 标准由 3GPP 组织于 2016 年 6 月完成标准化，并于 2020 年 7 月成为 5G 标准的一部分。全球移动通信系统协会（GSMA）和 LoRa 联盟的数据显示，到 2019 年末，全球有 92 家运营商尝试部署 NB-IoT 网络，137 家运营商部署 LoRaWAN 网络。LoRaWAN 网络的部署与 NB-IoT 不同，不一定需要运营商的参与，因此，有为数相当的私有 LoRaWAN 网络并未纳入这个统计范围。与 NB-IoT 同期被标准化的蜂窝网络技术还有 LTE-M。与 NB-IoT 相比，LTE-M 拥有更高的数据传输速率，主要部署在北美和部分欧洲国家。此外，2019 年亚马逊和索尼两家公司分别提出了各自的低功耗广域网通信技术——Sidewalk 和 ELTRES，两项技术均工作在不需要特别许可的频段（ISM 频段）。

在几十米或者距离更近的尺度上，物联网设备往往使用无线局域网技术或无线个人区域网络技术进行通信。Wi-Fi 6（IEEE 802.11ax）计划于 2021 年定稿。这一版 Wi-Fi 标准引入的目标唤醒时间（Target Wake Time，TWT）技术可以显著降低物联网设备的功耗。此外，2019 年 1 月发布的蓝牙 5.1 标准引入对 Mesh 网络的支持，这给工业设备和消费设备的组网提供了新的技术手段。

随着工业 4.0 和工业物联网的到来，大量工业自动化应用都对网络延迟提出了严苛的要求。2012 年 IEEE 802.1 工作组在原有的音视频桥接（Audio Video Bridging，AVB）任务组的基础上成立时间敏感网络（Time-Sensitive Networking，TSN）任务组。

近年来，该任务组发布一系列具有时间同步、延时保证等确保实时性的功能标准，加强了工业物联网应用的联网基础。

3. 人工智能与物联网深度融合

人工智能技术在物联网应用中越来越普及。随着物联网规模的快速扩大，在物联网终端收集原始数据，再将数据传输到云端或边缘节点进行处理的模式遇到越来越多的挑战。例如，数据量暴涨给网络带来了极大的负担；数据在云上或边缘节点计算，使用户的隐私不易得到保护；设备和云之间往往存在可观的延迟，在需要实时反馈的场景中会严重影响用户体验。物联网产生的大量数据也给人工智能提供了新的应用方向。在这种双向作用的背景下，人工智能物联网（Artificial Intelligence & Internet of Things，AIoT）的概念在2017年底被提出并且逐渐获得认可。

在AIoT应用中，人工智能运算大量在终端而非云端或边缘节点完成。例如，苹果、三星等公司纷纷在自己的片上系统（System on a Chip，SoC）中加入神经网络处理器（Neural Processing Unit，NPU），根据三星公司在官网公布的数据，其Exynos 990处理器内置的NPU可提供高达每秒15万亿次操作（15 TOPS）的处理性能，使不少人工智能应用可直接在终端完成。

除了日益成熟的NPU，人工智能芯片还有另一条更为曲折的发展路线，即以模拟人类神经元为目标。大量企业和学术机构都在做各种探索。2020年3月，英特尔公司发布了由自研的Loihi芯片组成的Pohoiki Springs神经拟态计算系统，该系统拥有1亿个神经元，超过一只仓鼠的大脑神经元总数[4]。2020年6月，美国麻省理工学院的团队在《自然·纳米技术》期刊上发表的最新研究成果显示，在单个芯片内可集成上万个忆阻器来模拟突触[5]。如果这样的芯片搭载于物联网设备中，有望在更小型的物联网设备上以更低的功耗完成物体识别、环境检测等复杂任务。

4. 网络攻击向物理世界渗透的风险加大

随着云计算、人工智能与物联网技术的不断融合，大量物联网设备部署在街道、工厂以及家庭等各个角落，犹如繁星一般。但由于设备性能有限，目前无法在物联网设备内部署较高级的安全防护产品（如防火墙、杀毒软件以及入侵检测系统等）。这给黑客以及网络黑色产业带来了可乘之机，网络攻击也逐渐从传统的信息空间向物理空间渗透，攻击不仅仅是破坏信息系统，更有可能造成物理世界的破坏。例如，2016年10月，Mirai僵尸网络通过控制大量摄像头设备，发起高流量分布式拒绝服务攻击，导致美国大规模断网[6]。

此外，由于物联网设备通常都需要感知物理世界的信息，在这个感知环节也存在一定的安全隐患。欧美学术界发现，利用物理空间的信号可对物联网信息空间系统进行攻击。例如，利用无线信号攻击智能汽车[7]，利用蓝牙信号攻击数字车钥匙和智能门锁[8]，利用激光伪造用户的语音输入[9]，甚至利用手机内置传感器来窃取用户的密码和键盘输入信息等[10]。

目前，美国加利福尼亚州已实施物联网安全法，英国等国家也计划将物联网设备安全纳入法律监管范畴，加强对物联网用户数据安全的保护。

二、国内研发现状

1. 感知技术有待实际应用验证

我国感知新技术的研究水平处于世界第一梯队，但相关技术形成的产品和应用并不多。在非传感器感知方面，清华大学、北京大学等多所高校使用普通商用 Wi-Fi 设备研究无线感知和定位技术，可以使识别人体肢体活动的准确率达到 90% 以上[11, 12]。相比之下，公开报道的实际应用非常有限，较有代表性的案例包括华为在 2018 年发布的能感知用户存在的 Q2 路由器。在精度方面，我国的室内导航定位精度近年来有大幅提升。2018 年，科学技术部国家遥感中心主办了"室内导航定位比测"，结果显示，无额外设备，只使用手机时，综合利用惯性导航、Wi-Fi、气压计、地磁和室内地图等信息，可使水平定位精度达数米级；增设蓝牙信标之后，可使水平定位精度达到米级；如果进一步使用超带宽技术，可使水平定位精度达亚米级[13]。在多模态和智能化方面，国内企业如阿里巴巴和京东等纷纷开展无人零售模式的探索和尝试。2017 年 7 月阿里巴巴在杭州推出无人便利店"淘咖啡"，主要使用 RFID 技术；2018 年 10 月，京东 X 无人超市正式营业，通过多种传感器的融合，可提供更好的购物体验。但这些试点应用都与 Amazon Go 有较明显的差距。值得关注的是，2020 年 6 月，北斗三号最后一颗全球组网卫星发射成功，这将为物联网设备提供新的定位手段。

2. NB-IoT 引领物联网通信技术发展

在低功耗广域网技术方面，NB-IoT 在我国政府的支持下发展很快。到 2020 年 2 月，全国在网 NB-IoT 设备数量已突破 1 亿大关，规模居全球第一，包括上海、杭州在内的多个城市都部署了大规模的 NB-IoT 应用，应用涵盖社会治理、智慧建筑等多个领域。相比之下，LoRaWAN 的应用在我国发展较慢。2018 年，阿里云公司获得 Semtech 公司的 LoRa 授权，并联合翱捷科技（ASR）公司正式流片。2019 年 11 月，由阿里巴巴公司提出的《LoRaWAN CN470 频谱技术标准》正式成为中国地区的 LoRa 无线空口标准。此外，腾讯公司于 2019 年加入 LoRa 联盟董事会。在国内大型企业的带动下，LoRa 等通信技术在我国的应用蓄势待发。在局域网方面，我国公司深度参与国际标准的制定，例如，华为向 Wi-Fi 6 标准工作组提交了近 25% 的提案。

3. 人工智能物联网技术——"弯道超车"的新领域

人工智能与物联网结合的应用尚未形成垄断，国产厂商与国外厂商处于同一起跑线。其中 NPU、RISC-V 等新架构的快速发展，给国内厂商提供了绝佳的发展机遇[14, 15]。

在 NPU 方面，国内发展态势良好。出身于中国科学院，成立于 2016 年的寒武纪公司是国内第一批 NPU 企业，其知识产权核（IP Core）应用于海思公司的两款处理器麒麟 970 和 980。此外，海思、百度、阿里巴巴、科大讯飞、嘉楠等公司也纷纷推出自研的 NPU。例如，海思公司主打中高端领域，根据海思提供的数据，基于 ARM 架构的昇腾 910 可以提供高达每秒 512 万亿次操作（512 TOPS）的性能；嘉楠公司的数据表明，该公司的勘智 K210 芯片采用 RISC-V 架构，可以极低的功耗（约 0.3W）提供每秒 1 万亿次操作（1 TOPS）的性能。在新架构方面，2019 年 8 月的《自然》期刊的封面介绍了清华大学团队设计的"天机"芯片，该芯片是全球首款异构融合类脑芯片，可以实现自行车的自动行驶[16]。

4. 多层次安全研究方兴未艾

基于安全核（如 ARM 公司的 SC 系列）的安全芯片和 TrustZone 或 MultiZone 这样的安全技术，是目前解决物联网安全问题的热门。在这个领域，我国的厂商还处于购买 IP 核和研发的起步阶段。在物联网应用层安全方面，我国学术界的研究处于世界前列[17]。例如，浙江大学科研人员在 2017 年开发出通过超声波信号劫持语言控制系统的设备[18]；在 2020 年发现利用手机加速度传感器，可分析破译用户的语音通话内容[19]。此外，为实现对物联网设备漏洞"早发现早预防"的目标，清华大学研究人员研发出物联网云蜜罐系统[20]，该系统能够模拟物联网设备系统，实现设备上线前大规模在线安全检验。在产业界中，360 公司研发出汽车安全大脑，旨在解决汽车联网的安全问题；阿里云公司研发出物联网安全平台 Link Security，即面向 IoT 设备全生命周期构建出一套多层次的安全防御体系。

我国长期重视国家网络安全，2017 年和 2019 年先后发布实施了《中华人民共和国网络安全法》和《信息安全技术网络安全等级保护基本要求》。至今，我国尚未出现大规模物联网攻击事件。然而，随着国内物联网产业的飞速发展，物联网设备日益增多，物联网设备厂商、网络运营商以及政府相关部门应防患于未然，通过加强法律法规建设、推进物联网安全等措施，提高物联网基建的安全性能。

三、未来展望

物联网打通了信息空间与物理空间的壁垒，是智慧城市、智慧工业等领域的核心技术。物联网技术经过 20 余年的发展，仍面临着诸多机遇与挑战。未来 5 ~ 10 年，物联网技术与应用将表现出如下发展趋势。

（1）物联网中联网设备数量突发性扩张。知名咨询公司 Gartner 的报告 *IoT Global Forecast and Analysis*，*2015-2025* 预计，到 2025 年末全球物联网设备数量将达到 270 亿，比 2019 年增长近 5 倍。

（2）物联网技术的应用将从特定领域、特定场景和消费类民用，逐步推广到更通用、更广泛的商用和工业应用场景。个人和家居领域的物联网应用将进一步扩张和全面普及，而能源、交通、医疗等工业领域将涌现出一系列物联网关键应用。

（3）为满足感知和联网的双重需求，联合通信与感知的协同设计将成为下一代物联网通信技术的重要发展方向。在过去 10 多年，物联网产生了规模庞大的数据，将大数据推上新高度[21]；今后 10 年，物联网将成为推动和产生新一代人工智能架构的动力，使人工智能从目前以机器学习为核心向更多地与因果推理和人脑思维体系结合的方向发展。

（4）开放的、通用的技术将在越来越多的应用中替代封闭的、专用的系统。开放、开源以及软件定义，将成为我国乃至全球物联网发展的新关键词。

（5）随着网络攻击向物理世界的不断渗透，物联网安全隐私问题尤为突出。设备安全、系统安全及法律保障等多层次物联网安全，将是全方位构建更安全可信的物联网的关键手段。更安全的物联网将成为我国"新基建"中不可或缺的一环。

参考文献

[1] 刘云浩 . 物联网导论 . 3 版 . 北京：科学出版社，2017.

[2] Zhao M，Tian Y，Zhao H，et al. RF-based 3D skeletons//Proceedings of the 2018 ACM Conference on Special Interest Group on Data Communication（SIGCOMM）. New York：ACM，2018：267-281.

[3] Chen C，Rosa S，Miao Y，et al. Selective sensor fusion for neural visual-inertial odometry// Proceedings of the 32rd IEEE Conference on Computer Vision and Pattern Recognition（CVPR）. Piscataway：IEEE，2019：10542-10551.

[4] Castellanos S. Intel to Release Neuromorphic-Computing System . https：//www.wsj.com/articles/ intel-to-release-neuromorphic-computing-system-11584540000[2020-12-08].

[5] Yeon H，Lin P，Choi C，et al. Alloying conducting channels for reliable neuromorphic computing.

Nature Nanotechnology，2020，15（7）：1-6.

［6］Antonakakis M，April T，Bailey M，et al. Understanding the mirai botnet //Proceedings of the 26th USENIX Security Symposium. Berkeley：USENIX Association，2017：1093-1110.

［7］MIT Technology Review Insights. Securing the internet of things and your workplace | MIT Technology Review. https：//www.technologyreview.com/2020/02/26/905664/securing-the-internet-of-things-and-your-workplace/［2020-02-26］.

［8］Ho G，Leung D，Mishra P，et al. Smart locks：lessons for securing commodity internet of things devices//Proceedings of the 11th ACM Asia Conference on Computer and Communications Security（ASIACCS）. New York：ACM，2016：461-472.

［9］Perlroth N. With a laser，researchers say they can hack Alexa，Google Home or Siri—The New York Times . https：//www.nytimes.com/2019/11/04/technology/digital-assistant-laser-hack.html［2020-06-30］.

［10］Spreitzer R，Moonsamy V，Korak T，et al. Systematic classification of side-channel attacks：a case study for mobile devices. IEEE Communications Surveys & Tutorials，2017，20（1）：465-488.

［11］Qian K，Wu C，Zhou Z，et al. Inferring motion direction using commodity wi-fi for interactive exergames//Proceedings of the 2017 CHI Conference on Human Factors in Computing Systems. New York：ACM，2017：1961-1972.

［12］Cheng L，Wang J. Walls have no ears：a non-intrusive wifi-based user identification system for mobile devices. IEEE/ACM Transactions on Networking（TON），2019，27（1）：245-257.

［13］闫大禹，宋伟，王旭丹，等 . 国内室内定位技术发展现状综述 . 导航定位学报，2019，7（4）：5-12.

［14］Greengard S. Will RISC-V revolutionize computing? Communications of the ACM，2020，63（5）：30-32.

［15］怀进鹏 . 关注智能终端发展的三大趋势 . 信息安全与通信保密，2016，（1）：17.

［16］Pei J，Deng L，Song S，et al. Towards artificial general intelligence with hybrid Tianjic chip architecture. Nature，2019，572（7767）：106-111.

［17］罗军舟，杨明，凌振，等 . 网络空间安全体系与关键技术 . 中国科学：信息科学，2016，46（8）：939-968.

［18］Zhang G，Yan C，Ji X，et al. DolphinAttack：inaudible voice commands//Proceedings of the 24th ACM Conference on Computer and Communications Security（CCS）. New York：ACM，2017：103-117.

［19］Ba Z，Zheng T，Zhang X，et al. Learning-based practical smartphone eavesdropping with built-in

accelerometer//Proceedings of the 26th Annual Network and Distributed System Security Symposium
（NDSS）. Reston：Internet Society，2020.

［20］ Dang F，Li Z，Liu Y，et al. Understanding fileless attacks on Linux-based IoT devices with
HoneyCloud//Proceedings of the 17th Annual International Conference on Mobile Systems，
Applications，and Services（MobiSys）. New York：ACM，2019：482-493.

［21］ 梅宏. 我国大数据发展态势. 中国信息化周报，2019-12-23（7版）.

2.15　Internet of Things

Liu Yunhao
（School of Information Science and Technology, Tsinghua University）

The Internet of Things（IoT）is a system of computing devices, objects, animals or people those are connected and able to exchange data over a network without requiring human-to-human or human-to-computer interactions. The rapid development of IoT has made it the third wave of information technology, following computer and Internet. After two decades of development, the Internet of Things is widely used in many different fields, such as industrial control, transportation and logistics, environmental monitoring, public safety, etc. These technologies have become crucial to our lives, especially in the era of interconnectivity. We will discuss the essential advances in IoT which have evolved recently, including sensing technology, wireless communication technology, artificial intelligence technology, along with security and privacy technology. In the end, we will prospect the future of IoT.

第三章

信息技术产业化新进展

Progress in Commercialization
of Information Technology

3.1 云计算产业化新进展

栗 蔚 马 飞

（中国信息通信研究院云计算与大数据研究所）

一、国际云计算产业化发展概述

1. 全球云计算市场保持稳定增长态势

2019 年，全球云计算市场规模达到 1883 亿美元，增长率为 20.9%，其中，基础设施层服务（IaaS）市场规模达 439 亿美元，增长率为 26.1%；平台即服务（PaaS）市场规模达 349 亿美元，增长率为 23.8%；应用软件层服务（SaaS）市场规模达 1095 亿美元，增长率为 18.0%。预计未来几年其市场平均增长率在 18% 左右，到 2023 年市场规模将超过 3500 亿美元[1]。总规模和增长率见图 1。

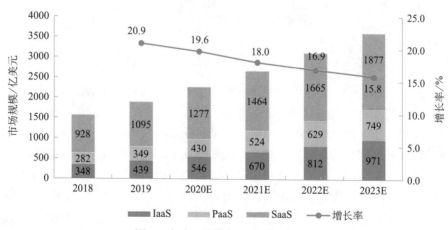

图 1 全球云计算市场规模及增长率

数据来源：Gartner，2020 年 1 月

北美地区是全球云计算市场的领导者（图 2），2019 年美国云计算市场占全球市场份额的 53%，增长率为 16.1%，预计未来几年将以每年 15% 左右的速度增长。从服

务商来看，美国云服务商 AWS 和微软公司占据了 2019 年全球 IaaS 市场 60% 以上的份额。AWS 在全球有 24 个基础设施区域，主要分布在美国、欧洲和亚太等国家或地区，其中，可用区达 77 个。微软 Azure 在全球 50 个区域建立了数据中心，覆盖 140 个国家或地区，包括美国、加拿大、巴西、法国、英国、澳大利亚、印度、日本、韩国等。欧洲是全球云计算市场的重要组成部分，以英国、德国、法国等为代表的西欧国家占据 19% 的市场份额，增长率为 20.0%。

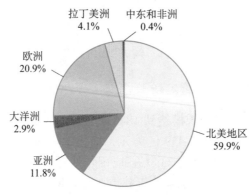

图 2　2019 年全球云计算市场格局

数据来源：Gartner，2020 年 1 月

2. 云计算政策从推动"云优先"向关注"云效能"转变

随着云计算的发展，云计算服务日益演变为新型的信息基础设施。各国政府近年来纷纷制定国家战略和行动计划，鼓励政府部门在进行 IT 基础设施建设时优先采用云服务，意图通过政府的先导示范作用，培育和拉动国内市场。

加拿大政府采用"云优先"战略（Cloud-First Strategy），其中提到政府部门应优先选择公有云服务，在公有云无法满足某些特定需求时可考虑部署私有云模式。智利政府也采用"云优先"战略，其中明确了政府机构使用云服务所带来的降本增效、灵活易扩展等主要优势，要求各州政府在保证技术中立、安全、合法等原则的前提下，优先考虑使用云服务。此外，巴林、阿根廷、新西兰、菲律宾等国家也纷纷发布相关政策，要求政府机构在进行 ICT 基础设施采购预算时，优先评估使用云服务的可能性。

新一届美国政府重新制定了"云敏捷"战略。"云敏捷"是一种新的战略，专注于为联邦政府机构提供必要的工具，使其能够根据自身需求更好地做出信息化决策。

该战略要求各政府机构采用具有更多先进技术的云解决方案，降低从传统 IT 基础设施迁移上云的难度。

可见，各国不仅注重云资源的使用，而且随着云计算软件和服务的发展，更加重视上云的效率，以及运用云计算是否可以满足更高的信息化决策的需求，是否能赋予传统 IT 更好的能力。未来，"云效能"将成为国际关注的重点。

3. 云原生技术体系日臻成熟，正在构建数字中台底座

过去几年，业界致力于使用云原生技术构建底层架构，相关研究主要围绕容器和微服务展开[2]。这些研究包括：利用容器及编排技术解决应用开发环境的一致性问题，构建容错性好、管理便捷的底层资源系统；践行微服务理念，拆分单体应用，构建松耦合的应用开发框架，便捷地实现独立服务的升级、部署、扩展等流程，使用户能够更快地构建和部署云原生应用程序。容器和微服务的组合，为云原生应用开发提供了基本的底层架构。

在此基础上，当前云原生技术的关注点逐渐上移，使用户更加聚焦业务逻辑，最大化应用开发的价值。在容器及编排技术、微服务等云原生技术的带动下，在云端开发部署应用已经是大势所趋，重塑中间件以实现应用向云上的变迁势在必行。同时，如何提高分布式应用的性能，如何提高应用开发效率，已成为云原生领域的研究焦点，服务网格和无服务器等概念应运而生。

数字中台将企业的共性需求进行抽象形成平台化、组件化的系统能力，再以接口、组件等形式共享给各业务单元，使企业可以针对特定问题，快速灵活地调用资源并构建解决方案，从而为业务的创新和迭代赋能。云原生技术则可以为数字中台建设提供强有力的技术支撑，用于建设数字中台的技术底座，为企业数字化转型和业务能力沉淀赋能。

4. 原生云安全理念兴起，推动安全与云的深度融合

随着云计算应用的普及与成熟，安全问题日益受到关注，原生云安全理念应运而生。原生云安全理念并不是只解决云原生技术带来的安全问题，还是一个全新的安全理念，旨在将安全与云计算进行深度融合，以推动云服务商提供更安全的云服务，帮助云计算客户更安全地上云。

原生云安全是指云平台安全的原生化和云安全产品的原生化，如图 3 所示。原生安全的云平台能够将安全融入从设计到运营的整个过程中，并向用户交付更安全的云服务；原生安全产品能够内嵌融合于云平台，可解决用户云计算环境和安全架构割裂的痛点。

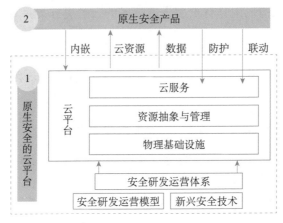

图 3　原生云安全架构

原生云安全强调云平台安全的原生化。云服务商在云平台的设计阶段就考虑到安全因素并把它纳入解决方案中，即将安全前置，让云计算成为更安全、可信的新型基础设施。与大部分云计算客户相比，云服务商具备更强、更专业的安全技术和管理能力。当云计算平台深度融合云服务商的安全能力后，云计算客户就可以在此基础上使用云服务，而一些安全责任由云服务商承担。也就是说，部分安全问题已被云服务商解决，云计算客户无须再关注安全问题。与云计算客户以往自建 IT 架构相比，新平台将变得更加安全便捷。

原生云安全同时也提倡云安全产品的原生化。云服务商、安全厂商等提供内嵌于云、能够有效解决云上安全风险的原生安全产品；而云计算客户能够利用原生安全产品，建设与云计算环境相融合的安全体系与架构，从而规避传统安全架构与云计算环境割裂等问题，从而更加安全地使用云计算。内嵌于云的原生安全产品，能够充分地了解和利用云平台，最大限度地发挥安全防护能力，极大地提升云计算客户的体验。

二、国内云计算产业化发展概述

1. 我国云计算市场持续快速发展

2019 年，我国云计算整体市场规模达 1334.5 亿元，增长率为 38.6%。其中，公有云市场规模达到 689.3 亿元，相比 2018 年增长了 57.6%，预计 2020～2022 年仍处于快速增长阶段，到 2023 年市场规模将超过 2300 亿元（图 4）；私有云市场规模达 645.2 亿元，较 2018 年增长了 22.8%，预计未来几年将保持稳定增长，到 2023 年将接近 1500 亿元[3]（图 5）。

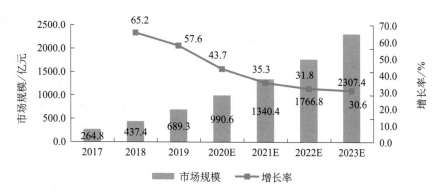

图 4　中国公有云市场规模及增长率

数据来源：中国信息通信研究院，2020 年 5 月

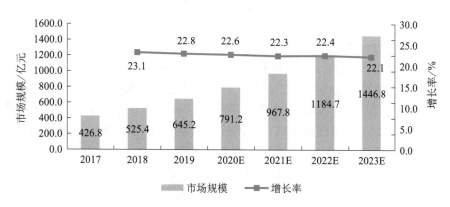

图 5　中国私有云市场规模及增长率

数据来源：中国信息通信研究院，2020 年 5 月

2. 国内云计算利好政策不断

在前期"企业上云"工作基础上，为进一步推进企业运用新一代信息技术完成数字化、智能化升级改造，工业和信息化部、国家发展和改革委员会、中共中央网络安全和信息化委员会办公室等部委先后发文，鼓励云计算与大数据、人工智能、5G 等新兴技术的融合，从而实现企业信息系统架构和运营管理模式的数字化转型。

2020 年 3 月 18 日，工业和信息化部印发《中小企业数字化赋能专项行动方案》，鼓励以云计算、人工智能、大数据、边缘计算、5G 等新一代信息技术与应用为支撑，引导数字化服务商针对中小企业数字化转型需求，建设云服务平台，开放数字化资源，开发数字化解决方案，为中小企业实现数字化、网络化、智能化转型夯实基础。

2020 年 4 月 7 日，国家发展和改革委员会、中共中央网络安全和信息化委员会办公室在联合印发的《关于推进"上云用数赋智"行动 培育新经济发展实施方案》中，鼓励在具备条件的行业领域和企业范围内，探索大数据、人工智能、云计算、数字孪生、5G、物联网和区块链等新一代数字技术的应用和集成创新，为企业数字化转型提供技术支撑。

2020 年 4 月 20 日，国家发展和改革委员会首次正式对"新基建"的概念进行解读，云计算作为新技术基础设施的一部分，将与人工智能、区块链、5G、物联网、工业互联网等新兴技术融合发展，从底层技术架构到上层服务模式两方面赋能传统行业的智能升级转型。

3. SaaS 将成为企业上云的重要抓手

当前，国内 SaaS 主要关注企业管理和运营的各个环节，涉及企业资源管理、财务管理、协同办公、客服管理以及客户管理和营销等诸多领域。同时，在企业上云的政策影响下，关注政务、金融、教育、工业等特定行业的 SaaS 显著增加。

新冠肺炎疫情之下，SaaS 服务企业用户的认可度显著提升，SaaS 迎来新的发展机遇。传统软件部署需要现场实施，周期长且需要接触，无法满足疫情期间的实际需求。SaaS 则展现出极大的优势，减少了本地部署所需的大量前期投入和面对面交付的成本，适合新冠肺炎疫情期间的远程管控需求，可避免人员的交叉接触。用户仅需接入互联网，即可实现软件服务的接入，即时满足疫情防控、企业复工复产、在线教育的各种需求。

SaaS 可输出多元化应用，具备灵活、稳定、安全等优势，大大缩短了中小企业应用上云的路径。随着企业上云进程的不断深入，企业对云计算服务的需求逐步向应用层上移，不仅注重云资源的使用，更重视上云的效率。一方面，SaaS 往往由云服务商根据行业需求进行研发和运营，在满足企业业务基础需求的同时，可不断升级以满足企业的需求，使企业用户省下开发成本的同时，也可获得多元化、灵活的应用服务；另一方面，SaaS 实施上线的周期较短，其稳定性和安全性由 SaaS 商承担，这将大大降低企业后期的运维成本，提高系统的安全性。

4. 分布式云助力行业的转型升级

分布式云是云计算从单一数据中心向不同物理位置的多数据中心部署、从中心化架构向分布式架构扩展的新模式[4]。分布式云是计算形态的未来发展趋势，对物联网、5G 等技术的广泛应用起到重要的支撑作用。包括电信运营商、互联网云服务商等在内的各类厂家纷纷进行尝试，利用自身的优势资源，将云计算服务向网络边缘侧进行分布式部署。

分布式云一般根据部署位置的不同、基础设施规模的大小、服务能力的强弱等要素，分为三个业务形态：中心云、区域云和边缘云（图 6）。中心云在传统的中心化云计算架构之上构建，部署在传统数据中心，提供全方面的云计算服务；区域云位于中心云和边缘云之间，一般按照需求部署在省会级数据中心，其主要作用是在中心云和边缘云之间进行有效配置；边缘云是一种与中心云相对应的云计算模式，构筑在靠近事物和数据源头的网络边缘处，提供可弹性扩展的云服务能力，支持与中心云的协同。

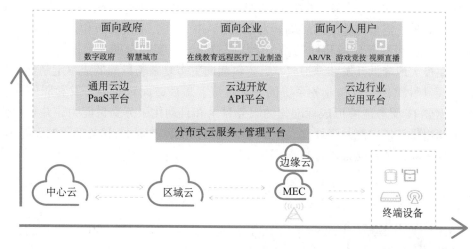

图 6　分布式云架构图

分布式云通过云边协同，提供了一种更加全局化的弹性算力资源，为边缘侧提供了有针对性的算力，助力行业的转型升级。例如，数媒行业可依托云边协同增强服务能力，提升用户体验；云边协同可加速工业、农业、交通等传统行业的数字化进程；智慧城市利用云边协同可实现感知、互联和智慧。

5. 提高云化能力是数字化转型关键

企业数字化转型是指企业与数字技术全面融合，以提升效率的经济转型过程，即利用数字技术，把企业各要素、各环节全部数字化，并推动技术、业务、人才、资本等资源配置的优化，以及业务流程、生产方式的重组变革，从而提高企业经济效率。

其本质是提高生产力。

云原生技术可以改变传统信息基础设施的架构，加速基础设施的敏捷化，进一步提升企业的生产效能。在资源粒度方面，云原生技术体系以容器为基本的调度单元，资源的切分粒度已细化至进程级，进一步提高了资源的利用效率。在资源弹性方面，容器共享内核的技术特点，使载体变得更加轻量，具备秒级的资源弹性伸缩能力，能够更加快速灵活地满足不同场景的需求，大幅提高资源的复用率。

企业数字基础设施的云化管理是实现 IT 服务敏捷化的基础。首先，使用虚拟化、云原生等技术，构建统一的基础软硬件云化管理平台，形成纳管多种异构架构的能力，可为上层应用提供稳定、安全、敏捷的资源供给。其次，作为信息技术服务的基础，企业数字基础设施可为上层应用提供敏捷的 IT 服务支撑能力。这就要求共性组件首先实现模块化、平台化，实现从烟囱式工具支撑向标准化、敏捷化工具平台服务的演进；此外，需要完整的前后端开发框架、API 组件、工具发布和工具托管的功能集成，并依托可视化环境和低代码、无代码技术，以实现自助式、拖拽式的工具组装，从而极大地降低开发和维护成本，提供面向更多复杂场景的低成本定制化工具服务，实现共性组件平台和业务系统的完全集成。最后，面对业务开发和职能部门的需求，需要 IT 服务能够形成标准化的服务目录和自动化服务交付能力，并利用便捷方式快速提供按需定制、个性化、低成本的工具产品，实现 IT 和各部门的无缝衔接，形成满足多场景多层次需要的 IT 服务能力。

三、云计算产业化发展展望

2020 年是一个新十年的开端，无论是如火如荼的"新基建"和稳步推进的企业数字化转型，还是突如其来的新冠肺炎疫情，都将云计算发展推向了一个新高度。未来几年，云计算将进入全新的发展阶段，具体表现为以下几个方面。

云技术从粗放向精细转型。过去十年，云计算技术快速发展，云的形态也在不断演进。基于传统技术栈构建的应用包含了太多的开发需求，而传统的虚拟化平台只能提供基本运行的资源，云端强大的服务能力还没有完全得到释放。未来，随着云原生技术的进一步成熟和落地，用户可将应用快速构建和部署到与硬件解耦的平台上，使资源可调度粒度越来越细、管理越来越方便、效能越来越高。

云需求从 IaaS 向 SaaS 上移。随着企业上云进程的不断深入，企业用户对云服务的认可度逐步提升，对通过云服务进一步实现降本增效提出了新诉求。企业用户不再满足于仅仅使用 IaaS 来完成资源云化，而是期望通过 SaaS 来实现企业管理和业务系统的全面云化。未来，SaaS 服务必将成为企业上云的重要抓手，助力企业提升创新能力。

云布局从中心向边缘延伸。5G、物联网等技术的快速发展和云服务的推动，使边缘计算备受产业的关注。然而，只有云计算与边缘计算紧密协同，才能满足各种场景的需求，从而最大化体现云计算与边缘计算的应用价值。未来，随着新基建的不断落地，构建端到端的云、网、边一体化架构，将是实现全域数据的高速互联、应用整合调度分发以及计算力全覆盖的重要途径。

云安全从外延向原生转变。受传统 IT 系统建设的影响，企业上云时往往重业务而轻安全，导致安全体系与云上 IT 体系的相对割裂，同时，安全体系内各产品模块间的连接也较为松散，限制了作用的发挥，进而降低了效率。未来，随着原生云安全理念的兴起，安全与云将实现深度融合，以推动云服务商提供更安全的云服务，帮助云计算客户更安全地上云。

云应用从互联网向行业生产渗透。随着全球数字经济发展进程的不断深入，数字化发展进入动能转换的新阶段，数字经济的发展重心由消费互联网向产业互联网转移，数字经济正在进入一个新时代。未来，云计算将结合 5G、AI、大数据等技术，为传统企业由电子化到信息化再到数字化的转变搭建阶梯，并利用技术优势帮助企业变革和重构传统业态下的设计、研发、生产、运营、管理、销售等环节，进而推动企业重新定位和改进当前的核心业务模式，完成数字化转型。

云定位从基础资源向基建操作系统扩展。在企业数字化转型的过程中，云计算被视为一种普惠、灵活的基础资源。随着新基建定义的明确，云计算的定位也在不断变化，内涵更加丰富。云计算正在成为管理算力与网络资源，并为其他新技术提供部署环境的操作系统。未来，云计算将进一步发挥其操作系统的属性，深度整合算力、网络与其他新技术，推动新基建的发展，赋能产业结构的不断升级。

作为新型基础设施建设的中坚力量，云计算的发展必将助力产业经济的高质量发展！

参考文献

［1］Graham C，Gupta N，Dsilva V，et al. Forecast：Public Cloud Services，Worldwide，2017-2023，4Q19 Update. Gartner. 2020.

［2］CNCF Cloud Native Definition v1.0. https://github.com/cncf/toc/blob/master/DEFINITION.md[2020-07-22].

［3］中国信息通信研究院．中国公有云发展调查报告．2020.

［4］ITU-T Y. 3508：Cloud Computing–Overview and High-Level Requirements of Distributed Cloud. International Telecommunications Union-Telecommunication Standardization Sector（ITU-T）. 2019.

3.1　Commercialization of Cloud Computing

Li Wei, Ma Fei

（Cloud Computing & Big Data Research Institute,
China Academy of Information and Communications Technology）

At present, the development of cloud computing industry is in full swing, and the global cloud computing market maintains rapid growth. Governments of various countries have launched the strategy of "cloud priority". Cloud computing technology has been developed and matured, and cloud computing applications have been accelerated in various industries. This paper mainly studies the market, policy, technology and application of cloud computing from global and domestic perspectives, and forecasts the future development of cloud computing industry.

3.2　5G 技术产业化新进展

陈　勋　翟　慧　刘亚楠　高　和　王　良

（中国联通研究院）

通信技术已从 1G 时代（AMPS、TACS）打电话，2G 时代（GSM、CDMA）发短信，3G 时代（WCDMA、TD-SCDMA）用 APP，发展到 4G 时代（FDD-LTE、TDD-LTE）看视频，其发展历程具有明显的技术驱动需求的特征，给整个社会带来波浪式的发展，是人类历史上第三次科技革命的主要技术之一。

5G 即第五代移动通信。2015 年 10 月，国际电信联盟无线电通信部门（ITU-R）正式批准了启动 5G 研究的决议，确定了 5G 的名称是"IMT-2020"，提出了 IMT-2020（5G）工作计划。国际电信联盟（ITU）定义了 5G 的三大功能：增强移动宽带（eMBB）、超高可靠低时延通信（URLLC）、大规模机器类型通信（mMTC）。因此，相对前几代通信技术来说，5G 不仅提供了超高的网速，还具有低时延和大连接等特点，这三大特点是 5G 超越 4G 的关键。

狭义上说，5G 产业不仅包括技术标准制定、设备和终端制造，还包括芯片和器件、材料等上游产业链，以及网络建设和运营等下游产业链；广义上说，5G 产业还包括基于 5G 衍生的服务和应用。

一、全球 5G 技术产业化进展

1. 全球 5G 标准制定在竞争中完成 R15/R16 版本

标准化组织深刻影响了产业经济的走向，是各国技术竞争的高端舞台。制定 5G 标准的国际标准化组织主要包括第三代合作伙伴计划（3GPP）和国际电信联盟（ITU）。

（1）3GPP 是联合欧洲、美国、中国、日本、韩国、印度等主要地区和国家的电信标准化协会的组织，负责制定移动通信技术相关的技术标准。目前，3GPP 共发布 5G 标准规范 200 余项[1]，可以分为 Release 15（R15）、Release 16（R16）和 Release 17（R17）三大版本。

R15 作为 3GPP 第一套完整的 5G 标准，从 2017 年 12 月到 2019 年 6 月陆续发布。这套标准首次规定了 5G 无线接入网及核心网的关键内容，目标是实现非独立组网（NSA）、独立组网（SA）下的核心网、无线网架构；此外，提出新空口（NR）以及大规模天线阵列（Massive MIMO）技术，定义了编码技术。该版本可提供 eMBB 业务（5G 的三大特性之一）。

R16 作为 R15 的"升级版"，于 2020 年 7 月 3 日发布。新版本增强了载波聚合（CA）以及对新增频段的支持，定义了网络的可靠性，完善了 V2X 和位置更新服务。重要的是，该版本进一步完善了 5G 三大特性之中的 URLLC 功能。

R17 从 2019 年开始准备，主要研究如何提高频谱效率，提供增强的 FDD MIMO 和更高的上行速率，以及完善的 5G 三大特性之中的 mMTC，预计 2021 年完成。

（2）ITU 作为电信领域最广泛的国际组织，主导着全球通信标准的发展方向，负责评估相应的 5G 候选技术方案，指导 3GPP 等国际组织开展 5G 相关技术的研究。

在 5G 标准制定方面，ITU 目前承担 5G 移动通信之外的相关标准的制定，这些标准主要涉及：传输系统和媒质、数字系统和网络（ITU-TG），电信管理（ITU-TM），交换和信令及其相关的测量和测试（ITU-TQ），数据网络、开放系统通信和安全性（ITU-TX）系列。

（3）在 5G 时代加速到来的同时，光纤网络发展到第五代（F5G）。2020 年，欧洲电信标准化协会（ETSI）、中国宽带联盟、华为公司等开始倡议 F5G 标准的制定工作，并提出 F5G 的愿景，即光联万物（fiber to everywhere）；定义了 F5G 时代的三大业务场景：全光联接（FFC）、增强型固定宽带（eFBB）、可保证的极致体验（GRE）。F5G 与 5G 的协同联动，将加速建设一个万物互联的智能世界，为世界经济带来深远影响。我国企业界已率先参与了这一轮光网络的产业技术竞争。

2. 全球 5G 商用部署的运营加速

据全球移动通信系统协会（GSMA）数据[2]，截至 2020 年第二季度末，全球已有超过 400 家运营商开始建设 5G 实验网络，共有 42 个国家的 81 家运营商正式开始了 5G 的商用，已建设基站逾 50 万个。全球 5G 手机用户达 9000 万户。中外厂家目前已正式向市场发售 100 多款终端，预测 2020 年全年 5G 手机出货量将超过 2 亿台。

截至 2020 年第二季度末，网络覆盖范围较广的是北美、中日韩、欧洲、中东等地区。其中，瑞士、韩国、摩纳哥等国家在不到一年的时间内迅速建立起覆盖绝大部分人口的 5G 网络。据爱立信预测[3]，全球 5G 人口覆盖率从到 2019 年底的 5%，将增加到 2024 年的 45%。据 GSMA 预测[4]，5G 网络未来将在东北亚、北美、欧洲等地区得到快速发展，到 2025 年，这三地的 5G 在移动通信业务中的比重将分别达到 50%、48%、34%。

3. 全球 5G 设备制造呈头部集中的趋势

5G 设备制造业主要分为手机终端、通信系统设备两大领域。

在手机终端方面，据 Counterpoint 数据[5]，2019 年全球出货量最大的六大手机终端品牌出货量占比为 75%，按份额排名为三星、华为、苹果、小米、OPPO 和 vivo。至 2020 年第二季度，除了苹果公司，其他 5 家都推出了 5G 手机。

在通信系统设备方面，2019 年华为、爱立信、诺基亚、中兴、三星 5 家公司占据全球 5G 基站市场份额的 95% 以上。此外，有能力提供 5G 基站设备及核心网系统的公司还有中国信科、日本电气（NEC）、富士通等厂商。

4. 全球大国积极参与 5G 产业竞争

在全球 5G 竞争中，目前中国、美国、韩国、日本位列第一梯队[6]。美国政府在 2018 年发布 5G 加速计划，从频谱分配、基础设施建设相关政策以及简化监管方式三个方面布局 5G 的发展。在产业链方面，美国从加快部署、解除管制、促进技术扩散三个维度加快产业的发展，于 2019 年 4 月正式商用 5G。此外，美国硅谷的科技企业利用掌握的多项 5G 核心技术，合力发展 5G。

韩国在 2019 年 4 月宣布正式提供 5G 商用服务，并计划于 2022 年前建设完成全国性的 5G 网络。2019 年 5 月，三星公司发布全球首款 5G 手机。同时，韩国政府积极推动 VR/AR、智慧工厂、无人驾驶汽车等 5G 创新业务的发展。2020 年 3 月，韩国决定追加 2020 年上半年的 5G 投资，投资从 2.7 万亿韩元增加到 4 万亿韩元，比原计划增加了约 50%。2020 年 5 月，韩国 5G 用户达 590 万，占总用户的 10%。

日本政府利用对研发企业和建设运营环节进行补贴等多项政策[7]，加快 5G 网络的部署，已于 2020 年 3 月在东京等地区启动 5G 服务，预计 2023 年将 5G 的商用范围扩大至全国所有区域。

二、我国 5G 技术的产业化进展

作为新一轮产业升级的重要发展方向，我国 5G 产业界在国家的高度重视和支持下，紧跟 5G 的国际发展趋势，从 2012 年着手开展 5G 的研发，深度参与全球 5G 技术国际标准的制定、应用需求的推广等工作，并于 2018 年启动 5G 的规模试验和业务应用示范。2019 年 6 月，工业和信息化部正式向四家电信运营企业发放 5G 商业的牌照。2019 年 10 月，我国三大运营商宣布提供 5G 商用服务。总体而言，我国目前在 5G 技术标准、网络设备和终端手机、运营规模等方面已位居全球第一梯队，但在设备制造上游的芯片、零部件、原材料等方面仍存在短板。

1. 我国政府积极推动 5G 的发展，5G 消费不断升温

5G 技术和产业的发展，离不开政府的支持和用户消费。在 2017 年、2018 年、2020 年的《政府工作报告》中，5G 被李克强总理三度提及。国务院发布《"十三五"国家信息化规划》，16 次提到 "5G"。自 2019 年起，5G 列入 "新基建" 之一，成为拉动经济的新抓手。国家不仅从宏观层面明确了未来 5G 的发展目标和方向，同时也依托国家重大专项计划等，积极组织推动 5G 核心技术的突破。

我国是全球首批推出 5G 服务的市场之一，5G 消费不断升温。在发布 5G 套餐和智能手机之前，我国的三大移动运营商就已收到超过 1000 万笔的预购申请。我国消费者对 5G 的前景表现出极大的热情。据 2019 年 GSMA 智库消费者调查[2]，对于 5G 优势的认识，我国消费者比其他国家和地区的消费者更乐观，对更便宜的费用、创新的服务和新终端抱有更高的期望。在计划升级 5G 套餐的我国消费者中，有近 80% 的用户愿意支付比 4G 更高的价格，这一比率为全球最高。

2. 5G 产业将助力我国经济增长,增加就业岗位

据中国信息通信研究院预测[8],在 2020 年,5G 将创造约 920 亿元的 GDP,间接拉动的 GDP 增长将超过 4190 亿元,这部分贡献主要来自 5G 网络建设初期电信运营商的网络设备支出;到 2025 年,5G 拉动的 GDP 约为 1.1 万亿元,对当年 GDP 增长的贡献率为 3.2%,间接拉动的 GDP 将达 2.1 万亿元;到 2030 年,5G 对 GDP 的直接贡献将超过 2.9 万亿元,10 年间的年均复合增长率将达 41%,间接 GDP 贡献增长至 3.6 万亿元,10 年间的年均复合增长率为 24%。

5G 技术和产品在各个行业的广泛渗透,将创造大量具有高知识含量的就业机会。据中国信息通信研究院的预测[8],2030 年 5G 将为社会直接创造 800 多万个就业机会,这些就业机会主要来自 5G 相关设备的制造、电信运营环节以及互联网服务企业;通过产业关联效应,5G 将间接提供约 1150 万个就业机会,5G 信息服务成为稳定社会就业的重要途径。

3. 我国在 5G 国际标准制定中的话语权较大

从 5G 发展之始,我国企业(如华为、中兴及中国移动、中国联通、中国电信等)积极参与 5G 国际标准的制定,提出的 5G 技术概念等获得了国际标准化组织的认同和采用。我国主推的灵活系统设计、极化码、大规模天线和新型网络架构等多项关键技术被国际标准化组织采纳,有力地推动了全球 5G 统一标准的形成,显著提高了我国的国际标准话语权。目前,我国在 3GPP 的投票权已达 23%,牵头的国际标准化项目占比达 45%。

欧洲电信标准化协会于 2020 年第一季度末发布的统计结果表明,我国企业(包括华为、中兴、中国信科等网络设备商,海思、联发科、展讯等芯片厂商,OPPO、vivo 等终端厂商)的专利声明总量占比达 32.97%,居全球首位。韩国、欧洲、美国和日本企业声明量占比分别为 27.07%、16.98%、14.13%、8.84%。

我国在 3G、4G 时代曾经在单点技术上取得突破,在 5G 时代不仅实现了大规模天线、网络编码等单点技术的创新,而且在需求引领、系统设计、网络架构等方面也取得突破。这是我国移动通信技术经过长期积累和深刻理解后实现的系统创新。从技术研发的试验结果看,我国厂家的系统设备在峰值速率、时延、用户连接能力等关键性能指标上均优于国外企业。

4. 我国 5G 网络加速建设、前景广阔

据工业和信息化部的统计[9],截至 2020 年 3 月,我国的 4G 基站达 551 万个,

占全球总规模的 1/2 以上。进入 5G 时代，中国运营商的建设工作任重道远。中国移动、中国电信和中国联通在 2019 年分别完成 7 万、4 万和 4 万个基站的建设，规模为全球第一。由于单价高、耗电大，中国 5G 基站的单站建设成本以及运营费用都远高于 4G 基站。此外，我国运营商还采取了共建共享的建设方式发展 5G。中国移动和中国广电、中国电信和中国联通分别合作，部署 2 个 5G 网络，预计将节省数千亿的建设成本，为网络的迅速铺开以及推广运营创造了有利条件。在 2019 年覆盖重要城市的基础上，我国运营商计划在 2020 年底使 5G 覆盖全国所有地级市的城区，到 2020 年底前完成两个每个超过 30 万基站的 5G 网络，使基站规模继续领跑全球。

作为全球 5G 商用的第一批国家运营商，中国三大运营商已在 2019 年 10 月正式为公众提供 5G 网络服务，并于 2020 年第二季度使 5G 用户（套餐用户）突破 1 亿，占全球 5G 用户的 7 成以上。

中国 5G 市场前景广阔。据中国信息通信研究院预测[8]，到 2025 年，中国将占据全世界 30% 的通信连接，中国 5G 用户将达到 8.16 亿，5G 渗透率达到 48% 左右。这意味着，中国将是全球最大的 5G 市场之一，给全球经济带来巨大影响。

5. 我国 5G 设备和终端制造居一流阵营

得益于华为公司给整个通信业带来的领先动力，我国 5G 设备和终端制造稳居全球一流阵营。我国企业的 5G 系统设备研发起步较早，华为、中兴等企业的中频系统设备的性能为全球一流，目前 R15 标准的基站及核心网设备已实现商用。华为公司作为全球市场份额第一的电信设备商，具有明显的竞争优势，中兴公司也多年处在全球一流厂商队伍中。此外，中国信科公司作为后起之秀，已跻身 5G 设备的阵营中。

在手机终端方面，国际数据公司（IDC）发布的 2019 年度全球智能手机市场报告显示，全球排名前十的手机厂商中我国占七家，包括华为、小米、OPPO、vivo、联想、realme（OPPO 的海外品牌）、传音，市场份额占比共计 48%。2019 年度华为公司首度超越苹果公司，居全球第二，仅落后于韩国三星公司。目前，除苹果公司外，全球排名前十的手机终端企业均发布了 5G 智能手机，苹果公司也于 2020 年 10 月发布了 5G 手机。

在相关的产业链中，我国涌现出具有国际影响力的企业，在光通信领域有烽火、亨通等公司，在芯片和模组设计领域有华为、海思、紫光、展锐等公司。在 2019 年，我国在终端芯片设计方面完成了从跟跑到一流阵营的转变。从整个产业链，尤其是芯片和零部件制造来看，目前主要参与方是美国、欧洲、中国、日本、韩国、东南亚等地区或国家，但许多高端制造技术还掌握在美国、欧洲、日本、韩国等国家或地区手中。我国非常缺乏华为公司这样的领先企业,在未来的国际竞争中仍充满着风险和不确定性。

6. 我国积极推动 5G 与垂直行业的融合与应用

5G 作为数字应用的基座,将极大促进未来产业的发展。5G、云计算、大数据、人工智能等技术与车联网、无人机、机器人等应用技术结合后,将极大重塑医疗、工业、娱乐、安全、城市管理、消费电子等领域,推动消费市场供给端的不断升级,提高居民的生活质量和效率,激发居民新一轮的消费热情,助力工业的智能化和数字化,促进先进制造业的发展,进而促进全社会的转型升级。

5G 融合应用正处于爆发之前的探索阶段。在 2019 年,我国 IMT-2020(5G)推进组成立了 5G 应用工作组和 C-V2X 工作组,意图加速推进 5G 应用技术的进步。2020 年 5 月,李克强在《政府工作报告》中专门提到"拓展 5G 应用",把这项工作提到一个新的高度。自 2019 年起,中央和各省地方政府陆续出台多项政策,以推动5G 应用及产业的发展。中国三大运营商成立了 5G 应用联盟,建立了 5G 产业基金,同时调整了企业内部的管理架构,加速推广了 5G 等新业务的发展。

7. 我国 5G 应用向社会各方面同时渗透

5G 技术正在逐渐向我国各个产业渗透。我国 5G 应用已在媒体、工业互联网等行业推广。2018 年,5G+8K 高清直播在央视等媒体亮相。2019 年,上海汽车集团股份有限公司在宁德基地建成了一家具有高度自动化与网络互联的 5G+ 智能工厂。2020年,首个 5G+ 智能煤矿在山西阳煤集团新元煤矿落成,革新了矿产采掘业传统的井下工作模式。在 2020 年的新冠肺炎疫情中,运营商联合华为、中兴等设备供应商为包括火神山、雷神山在内的全国各地百余家重点医院提供 5G 网络覆盖。基于 5G 的全天候"云监工"、灵活调动医疗资源的"5G+ 远程会诊"和人群密集区域"5G+ 热成像"等应用,有效支撑了疫情防控。

三、中国 5G 技术产业化发展趋势和建议

1. 中国 5G 技术发展前景和方向

(1)5G 产业的技术研究和网络部署,将转向 URLLC 和 mMTC。当前能提供eMBB 业务的 R15 设备已全球部署,我国已可提供具有 URLLC 业务的 R16 标准和设备。产业界已初步提供了该设备,将在未来一年内投入精力进行完善和部署。预期能提供 mMTC 业务的 R17 标准和设备,这也将是我国产业界的下一步研究方向。此外,

以 C-V2X 技术为代表的车联网及自动驾驶的设备、5G+AR/VR 以及 XR 等相关高清显示终端设备将是两大热点。我国高度重视车联网及自动驾驶，还需要对 5G+XR 相关产业的发展提供政策和资金的支持。

（2）Open-RAN 技术，将加剧通信设备产业的竞争。Open-RAN 联盟是 2018 年由美国、欧洲、中国等国家或地区的多个运营商倡议成立的，旨在建立开放、统一的移动接入网标准，以利于采用平台化、模块化模式研制包括 5G 基站在内的 RAN 网络设备，从而降低部署及维护的成本。Open-RAN 联盟的建立，将给华为、中兴这样的第一梯队的设备厂家的发展带来激烈的竞争，给后进者（如三星、中国新科、NEC、富士通）以及其他潜在的外来竞争者带来发展机遇。

（3）我国的 5G 网络建设和运营将向降本增效和合作互惠的方向发展。目前我国 4G 网络投资尚没有全部收回，5G 网络的设备成本和耗电较 4G 更高。然而扩大 5G 覆盖对我国经济和社会发展又具有重要意义，因此，我国运营商需要理性地寻找低成本的网络建设和运营措施。目前，我国四大运营商已经结成了两大联合体（中国电信和中国联通、中国移动和中国广电）。两大联合体内部进行共建共享，并考虑推进异网漫游，这样做预计将节省网络设备投资数千亿元。除了需要压缩成本，运营商在 5G 业务开拓上还面临更多（如投资、技术、产业链、生态等）的挑战，因此，运营商需要建立合作公司、同盟、生态圈等，并和上下游产业链的厂家一起合作发展。

（4）5G 应用将加速向各行业渗透。2020 年，新冠肺炎疫情给整个国家的经济和社会发展带来了深远影响。包括 5G 在内的各种数字应用加速出现，主要包括五个大方向。

一是基础设施数字化。基础设施的概念将包括更多信息科技设施，数字应用向原有基础设施建设运营全生命周期渗透并赋能，令社会运行更加智能、高效。

二是社会治理数字化。基于整个社会的多维度大数据的应用创新和精细化管理决策贯穿于社会治理各环节，治理模式加速向人治与数治、智治相结合转变。

三是生产方式数字化。通过数字化应用的深入发展，不断扩大自动化生产；通过优化重组生产和运营全流程的数据以及引入智能系统，推动产业由局部、刚性的自动化生产运营向全局、柔性的智能化生产运营升级。

四是工作方式数字化。新冠肺炎疫情令远程办公应用加速普及，5G 等通信技术助力原有线下、集中的传统办公模式向远程协同常态化的新办公模式演进。

五是生活方式数字化。数字应用不仅全面拓展到人类生活的方方面面，还从满足基础性的生活需求向满足个性化、高品质的生活体验升级。

（5）我国 5G 企业将向周边产业链、基础原材料、零部件、技术输出等多个方向转型。

受中美关系影响，我国企业将越来越难拿到海外订单。2019 年，华为公司实现全球营收 8588 亿元，其中海外营收为 3521 亿元，占比 41%，较 2018 年下降 8 个百分点。在美国断供的背景下，华为公司已公开声称不接受美国的监管。2018 年以来，华为公司已在视频监控、新能源、芯片制造、半导体新材料、手机 OS 等周边产业链进行布局。

华为公司的情形只是我国企业的一个缩影。随着中美科技竞争的持续，我国企业将更多考虑转型，给产业发展带来长远影响。我国的科技发展，面临打压的不利局面，将迎来一个夯实基础、自主创新的时机。

2. 中国 5G 设备制造的薄弱领域

20 世纪 70 年代发端的信息革命起源于西方，我国的信息技术起步晚，5G 技术至今还存在薄弱领域。自 2018 年 3 月中兴公司受到美国制裁后，我国产业界对此已深自警醒。

5G 基站所用的基带处理芯片、存储器、数字信号处理技术（DSP）、锁相环、射频芯片、功率放大器（PA）、ADC（模数转换器）/DAC（数模转换器）、滤波器/合路器、时钟等芯片和器件的制造，往往绕不开国外厂家。在 5G 手机领域，射频芯片、存储器、图像传感器、CPU、GPU、FPGA、通信芯片、AP 芯片、光器件、系统/软件也往往依赖国外的技术。

例如，基站的模组方案主要是高通 FSM100xx5G 平台、FSW5GRAN 平台以及三星 5G 射频芯片组和英特尔凌动 P5900 等；DSP 芯片由美国德州仪器（TI）和欧洲恩智浦（NXP）[飞思卡尔（Freescale）] 等传统巨头主导；美国厂商亚德诺半导体技术公司（ADI）和德州仪器垄断 ADC/DAC 市场；美国厂商赛灵思（Xilinx）和英特尔 [阿尔特拉（Altera）] 公司占据 FPGA 芯片 80% 以上的市场份额，掌握着主要的专利技术；欧洲的 NXP 和英飞凌（Infineon），美国的博通（Broadcom）、思佳讯通讯技术发展公司（Skyworks）和威讯联合半导体有限公司（Qorvo）等企业垄断着射频芯片市场；存储芯片（DRAM 和 NAND）市场被韩国三星和海力士公司、日本东芝公司、美国的美光和西部数据等企业高度垄断；手机 AP、CPU 和 GPU 芯片主要由高通、三星、联发科等企业垄断；谷歌公司和苹果公司垄断智能手机操作系统的市场，共占据超过 99% 的市场份额；在芯片生产线方面，掌握 7nm 制程技术的只有台积电和三星两家公司；日本在相关半导体和零部件的细分市场占据较大的份额。

3. 5G 设备的国产替代有待加快发展

自从 2018 年中兴事件后，我国企业开始 5G 国产替代设备的研制。目前，在美国断供禁令的影响下，我国企业将不可避免地降低通信设备的性能，也暂时无法再生产高端手机，但预计可在未来市场竞争中存续。截至 2020 年第二季度，替代设备的研制情况如下。

（1）5G 基站设备：华为公司已使用自研芯片（需外部代工），其他企业仍依赖国外芯片；在射频器件领域，目前华为公司已有初代替代产品，未来将逐步成熟。

（2）5G 核心网：服务器硬件，包括高性能中央处理器（CPU）、高性能动态随机存取存储器（DRAM）、高性能固态驱动器（SSD）和磁盘阵列（Raid 卡）等依赖国外；开发 CPU 所用的 X86、ARM 架构，需国外授权；服务器软件，包括操作系统、云虚拟化、数据库等，多用开源软件二次开发，而全球主要开源软件基金会均在美国注册。

（3）5G 光通信设备：光模块短距已实现国产，但相干、硅光等仍依赖国外；光芯片 10G 以下已实现国产，25G 及以上高速光芯片、硅光光芯片已有国内替代产品；对于 PAM4 芯片、时钟芯片，华为公司已有替代，其他厂家多依赖国外。

（4）路由器、交换机设备：在高端路由器方面，国内华为、中兴公司已实现全套芯片（CPU+NP+ 交换芯片）的国产化；在高端交换机方面，华为已实现芯片的国产化，其他厂家依赖国外芯片。

（5）5G 手机及其他终端：在应用处理器系统级芯片（SoC）方面，华为、紫光等公司已有替代产品；在存储（DRAM、NAND）芯片方面，仅有低端替代产品；在射频前端芯片方面，高集成度的产品尚不能完全实现替代；在图像传感器（CMOS）方面，仅有低端替代产品；在操作系统和 APP 方面，有初步替代产品，而华为公司的鸿蒙（HMOS）仍待进一步完善生态支持。

以上提到的国产替代芯片，虽由我国厂家设计，但其中的高端芯片仍靠国外厂商代工生产。此外，在半导体制造设备、半导体材料、集成电路设计的 EDA（电子设计自动化）软件等方面，国产替代产品仍处于落后状态。

4. 我国下一步发展的建议

我国 5G 技术虽然跻身全球第一梯队，但自 2018 年以来，受中美关系的影响，在薄弱领域仍存在诸多的限制和挑战。我国 5G 产业的发展仍存在较大的风险，我们提出如下建议。

（1）加大全球产业合作的力度。

借鉴日本在 20 世纪 80 年代半导体产业被打压后走向封闭和衰落的教训，我国只有和全球产业方向保持一致、紧密结合、实现利益捆绑，才能在未来竞争中拥有一席之地。为此，我国应进一步开放资本市场，以高科技产业的长期发展吸引全球资本的参与，寻求全球 5G 产业参与者的共生和繁荣；应改革教育和科技体制，吸引全球人才为我国所用，着力打造全球科技新的一极；企业应转变为输出技术、平台和核心部件，打造产业链生态合作伙伴群体，争取在海外拥有更多的赞同声音。

（2）加大政府支持力度。

我国应加大资金支持力度。京东方科技集团股份公司（BOE）在资本市场和政府资金的支持下，持续向液晶面板生产投入数十年，最终实现了与国外厂家的抗衡。有鉴于此，我国应进一步加大政府投入，全面梳理产业图谱，健全 5G 产业链，补弱增强，争取早日实现自主可控。此外，我国需加大政策支持的力度，借鉴日韩政策，对相关企业在用地、税收、贷款、用电价格上予以优待，并在制造、运营、应用各关键环节给予补贴。

（3）关注和解决 5G 应用推广中的问题。

目前，针对 5G 应用推广已经暴露的一些问题我国应采取措施。当前韩、美等国家均把 XR 等超高清产业作为国家战略产业予以支持。我国应重视发展 AR/VR 超高清产业，在终端制造的关键技术（光学、显示）、制播系统标准、5G+XR 接口标准等方面进行布局。

在工业互联网领域，我国应利用 5G 进入的契机，改变当前工业以太协议标准阵营里巨头割据的状态，构建一个融合 5G 的统一、开放的智慧工厂技术标准。

在智慧医疗领域，我国应构建智慧医疗的国家统一标准，由国家统筹实施，打造一个可以覆盖所有人群的智慧医疗平台，改善目前同省甚至同城不同医疗共同体的管理所带来的多平台隔绝的局面。

总之，在 5G 向社会各行业渗透的过程中，新进入 5G 的行业需要解决不断发现的问题。

参考文献

[1] 3GPP. Specifications groups home. https：//www.3gpp.org/specifications-groups/specifications-groups[2020-05-18].

[2] GSMA.2020 中国移动经济发展报告 . 2020.

[3] Ericssion. Ericssion Mobility Report June 2020. https：//www.ericssion.com/en/mobility-report/reports/june-2020[2020-07-20].

[4] GSMA. GSMA Mobile Economy 2020 Global. 2020.

[5] Counterpoint Research. Global smartphone market share：by quarter.https：//www.counterpointresearch.com/zh-hans/global-smartphone-share/[2020-05-18].

[6] 许立群，耿庆鹏 . 5G 初期全球市场观察与借鉴 . 邮电设计技术，2019，（11）：89-92.

［7］田正. 日本 5G 产业竞争力不可小觑. 环球时报，2020-07-20（15 版）.

［8］中国信息通信研究院. 2020 中国 5G 经济报告. 2019.

［9］工信部. 2020 年一季度通信业经济运行情况. http：//www.nsae.miit.gov.cn/n1146312/n1146904/ n1648372/c7869521/content.html［2020-04-21］.

3.2　Commercialization of 5G Technology

Chen Xun, Zhai Hui, Liu Yanan, Gao He, Wang Liang
（China Unicom Research Institute）

Many countries in the world have launched the competition of 5G technology and industry. Currently, China has a substantial right to vote in the research and formulation of 5G standards, and a high share in the global manufacturing of 5G equipment and terminals. The scale of base stations and the number of subscribers in China are both the highest in the world. Some industry promotion achievements have been made in the application of 5G in China. However, the performance of domestic substitute products of Chinese enterprises may decline in the future under the US embargo. To achieve development, we suggest that China should expand global industrial cooperation, increase policy support and investment, and solve the problems in the application and promotion of 5G, and the ultimate goal is to strive for the symbiosis and prosperity of the global 5G industry.

3.3　物联网技术产业化新进展

顾先立　徐玉良　朱学娟　顾　泉
（无锡物联网创新促进中心）

物联网是指利用感知设备，按照约定协议，连接人、机、物，以实现对物理世界和虚拟世界信息的处理并做出反应的网络，它是新一代信息技术的高度集成和综合运用[1]。在国家政策引导和产业自身发展的推动下，我国在物联网领域的自主创新能力不断增强，产业发展卓有成效，尤其在技术创新、国际标准制定、行业应用等方面已取得重大进展。随着新基建和数字经济政策的推动，物联网迎来了加速发展的机遇期。未来，我国物联网产业仍需政产学研用等各方合力推动，以保持全球的领先地位。

一、国际物联网技术产业化进展

1. 全球物联网技术加速突破

物联网感知、传输和应用技术取得突破性进展。一是在物联网感知层面，图像识别、语音识别、计算机视觉等机器感知逐渐趋于成熟，肌电感知、柔性感知、触觉感知等仿生感知取得新突破。二是在网络技术方面，基于 5G 技术建立的移动通信网络，在高频段传输、密集网络、设备间通信等方面发展迅速，提升了物联网通信速率和便捷化程度。三是在应用方面，物联网技术广泛应用于智慧城市、智能制造、智能家居、人体穿戴等领域，与各行业深度融合，形成了"物联网+"的新业态、新模式。

2. 全球物联网产业融合发展

物联网技术与产业不断跨界融合发展。一是，物联网产业深化发展，推进生产生活和社会管理方式不断向精细化、网络化、智能化方向转变[2]。二是，美国、欧盟、日本、韩国等领军国家或地区紧抓物联网新一轮发展带来的产业机遇，重视物联网技术的产业化，推动物联网的安全发展及物联网数据的商业化。三是，全球龙头企业持续加码。微软公司收购物联网运营技术安全公司 CyberX，助力把 Azure IoT 基于云的安全监控范围扩展到工业网络设备；意法半导体、松下和艾睿电子等企业实行跨产业链合作，推出面向智能工厂、智能家居和智能生活的低功耗无线多传感器边缘智能解决方案。

3. 全球物联网标准统一开放

国际各大标准化组织都在加紧制定物联网标准，标准范围已深入至技术标准、应用标准等层次，标准主导权已成为全球物联网产业发展话语权争夺的关键。国际物联网平台标准化组织 oneM2M 发布了多个 M2M 和 IoT 标准，为构建统一的物联网平台提供了有益借鉴。2018 年 6 月，国际组织 3GPP 全体会议宣布将 Release 15（R15）作为第一阶段 5G 的标准版本，实现了 5G 的"能用"；2020 年 7 月，5G R16 标准冻结，实现了 5G 从"能用"到"好用"。开放的国际标准有利于兼顾和协调不同地域的技术需求，最大限度实现全球范围内不同设备的互联互通，推动物联网产业的深化发展。

二、国内物联网技术产业化进展

1. 物联网技术产业化应用不断深化

（1）感知层技术水平持续突破，产业化进展明显。光纤传感器、红外传感器技术进步较快，超高频智能卡、微波无源 RFID、北斗射频芯片技术水平大幅提升。MEMS 传感器和低端非 MEMS 传感器的单价整体较低，基本能够满足大规模商用的需求。非 MEMS 工艺传感器技术与产品目前在低端民用领域发展较为成熟；在高端特殊应用领域，由于技术原理、稳定性、安全性等要求较高，成本相对昂贵，目前未达到大规模商用的水平。核心敏感元件是取得突破的主要方向，包括试验生物材料、石墨烯、特种功能陶瓷等敏感材料，硅基类传感器的敏感机理、结构、封装工艺等。传感器向集成化、微型化、低功耗方向快速发展。

（2）传输层无线技术突破较快，2G/3G 逐渐退出舞台。无线通信以其灵活的接入方式和不断完善的技术优势，在传输层中的占比逐步提升。无线局域网（WLAN）技术具有移动性强、组网灵活、成本低等优点，发展较快。公共网络和私有网络共同发展，NB-IoT 在公共网络中成为主导，用于支持中低速率物联网的网络覆盖；LoRa 成为一些城市级专用网络或小范围专用网络的主要选择。2020 年 5 月，工业和信息化部出台相关政策，推动 2G/3G 物联网业务迁移转网至 NB-IoT，以形成 NB-IoT、4G 和5G 协同发展的移动物联网综合生态体系。

此外，在通信协议方面，IPv6 对 IPv4 的替代效应逐步增强。IPv6 有效解决了IPv4 网络地址资源数量不足的问题，以及多种接入设备连入互联网存在的障碍。

（3）水平化和垂直化平台渗透融合，生态式竞争发展。一是面向各领域提供服务水平化通用平台，并聚集生态伙伴重点进入垂直领域应用。例如，阿里云 IoT 工业互联网，通过与金融、工业、物流伙伴等的深度合作，为垂直行业应用嫁接了丰富的生态资源。二是深耕"垂直专业"领域的平台，并在专业能力基础上向多领域拓展服务，如海尔的卡奥斯平台，经过十多年运行打磨之后，正向农业、建陶、纺织等其他非家电领域扩张。三是领军企业纷纷构建开放的物联网平台，将重要组件开源，持续扩大开放性，以更好地吸引产业合作伙伴和开发者资源，如华为公司 OceanConnect物联网平台，以全分布式架构为基础，聚合大批合作伙伴，形成开放的生态体系。

（4）共性技术与行业特色加速融合，应用领域不断拓宽。基于物联网平台，整合不同行业分散的信息、用户、设施等资源及外部的开发资源，利用通用功能和接口开发适用不同行业的应用，可以降低投入成本，提高开发效率，并实现跨行业、跨领域资源的互通，推动大规模开环应用的发展。物联网赋能行业的广度和深度不断增强，在能源、物流、交通、安防、医疗等领域都实现了深度应用，如远景能源物联网平台 EnOS，可管理连接各类发电、用电、储能和充电等设备，实现能源的清洁化和智能化。

（5）安全成为制约物联网深化发展的重要因素。物联网安全不仅是物理安全、信息安全、网络安全、数据安全和加密技术安全等，还包括隐私与数据保护制度以及法律、安全管理与防护机制等。在设备接入、数据传输、流量监测、业务平台安全防护、安全态势感知、异常事件告警、异常行为管控处置等流程节点中，配置相应的安全防护手段，有利于实现全业务流程的安全防护。其中，区块链因具有分布式、去中心化、匿名性等关键特征，非常适合解决物联网的安全问题，广泛用于物联网领域。

2. 政策支持力度加大，内生动能持续增长

（1）国家、地方加大政策支持，以引导发展。国家高度重视物联网相关工作，从顶层设计、组织机制、产业支撑等多个方面持续完善政策措施，优化发展环境。2016年12月，发布《信息通信行业发展规划物联网分册（2016—2020年）》，提出强化产业生态布局、完善技术创新体系和构建完善标准体系等措施。2019年4月，工业和信息化部和国务院国有资产监督管理委员会联合发布《关于开展深入推进宽带网络提速降费 支撑经济高质量发展2019年专项行动的通知》，强调持续完善NB-IoT网络覆盖，促进各地NB-IoT的应用和产业发展。2020年4月，工业和信息化部发布《关于深入推进移动物联网全面发展的通知》，要求加快移动物联网的网络建设，提升移动物联网应用的广度和深度等。

各级地方政府也相继出台了一些政策举措，积极营造物联网产业发展的良好环境，如在政策支持、土地优价、税收优惠、人才激励等多方面予以支持，推动产业发展。

（2）从工程示范到产业引领。物联网关键核心技术的发展和产品成本的降低，推动了物联网发展模式从工程示范的应用牵引向产业引领生态构建的转变。2013年9月，国家发展和改革委员会、工业和信息化部等发布《物联网发展专项行动计划》，启动物联网应用示范工程。经过多年发展，物联网在重点行业得到较快的市场化推广，在智能交通、物流追溯、安全生产、能源管理、医疗健康等领域已形成一批成熟的运营服务平台和商业模式。例如，高速公路电子不停车收费系统（ETC）基本实现全国联网，视频安全监控系统覆盖全国多数城市。

（3）智慧城市建设助推物联网行业的应用发展。全国各地陆续开展智慧城市的建设工作。智慧城市技术主要集中应用在视觉识别、分析预测、优化调度等领域，功

能进一步开发后用于城市安全防控、交通监管调度、公共基础设施管网优化、智能巡检、民生服务等方面。为增强城市感知能力，构建大规模、全覆盖的信息采集网络成为智慧城市的重点建设方向。智慧城市的建设带动了物联网技术的进步和产业化大发展。

3. 产业日益集聚，呈现集群式发展

我国物联网产业呈现集群式发展的特点，已形成环渤海、长三角、泛珠三角以及中西部地区四大区域集聚发展的空间格局，无锡、重庆、杭州、福建等国家级物联网产业基地的建设卓有成效，北京、上海、深圳、成都等物联网产业园区蓬勃发展，一大批实验室、工程中心和大学科技园等创新载体已建成并发挥良好的支撑作用。其中，无锡作为全国唯一的国家传感网创新示范区，经过 10 多年的发展，拥有物联网企业 2000 多家，从业人员逾 18 万人，物联网核心产业年营业收入约 2800 亿元，已形成涵盖芯片、感知、传输、平台、应用与安全的完整产业链，是物联网集群式协同发展的典型[3]。

三、物联网技术产业化发展趋势

1. 先进感知全面提升物联网产业的赋能范围

感知技术是物联网的根基和核心。我国常规传感器较为成熟，但由于传感器门类众多，技术门槛不一，我国高精度传感器是发展的短板。未来，先进传感器将具有自学习、自诊断和自补偿能力，复合感知能力以及灵活的通信能力；在感知物理世界时，反馈数据会更精准、更全面，感知范围将大幅拓展。先进感知技术的发展将全面提升物联网的赋能范围。

2. 5G 等通信技术助推万物高效互联

5G 技术助推物联网的加速发展。5G 具有增强移动宽带、超高可靠低时延通信及大规模机器类型通信三大应用场景，极大丰富了物联网的应用空间。在增强移动宽带方面，峰值速率达到 Gbit/s 的标准，丰富了 4K/8K 高清视频、AR/VR、3D 全息等移动互联网大流量类消费级应用；在超高可靠低时延通信方面，空中接口时延水平达 1ms 左右，满足了工业制造、远程医疗、自动驾驶等对可靠性和时延有极高要求的行业的应用需求；在大规模机器类型通信方面，每平方千米可容纳百万台设备连接，能拓展智能家居、智慧城市、环保监测及大面积环境监控等以海量传感器为主的应用场景。

3. 智联网深度融合物联网、人工智能、区块链技术

智能物联网（AIoT）利用各种传感器实时采集各类信息，在终端设备、边缘域或云中心利用机器学习等人工智能技术对数据进行智能化分析进而做出决策，包括定位、比对、预测、调度和执行等。物联网为人工智能提供训练算法的数据，人工智能增强物联网的分析和决策能力。另外，边缘计算、云计算、区块链、数字孪生等新技术加速演进，并与物联网不断融合，为物联网感知、数据处理、分析应用等提供创新手段，不断丰富完善智联网的内涵。

4. 技术发展深入产业特性

车联网、工业互联网等领域是物联网较有价值的应用场景。车联网应用现代信息技术，结合机制和模式的创新，通过人、车、路的全方位协同，实现智慧交通。工业互联网利用工业级网络平台，把设备、生产线、工厂、供应商、产品和客户紧密地连接和融合起来，采用智能化的生产方式以实现降本增效并推动制造业的转型发展。此外，物联网技术在特定场景下将获得较快的推广，如在高温高压、高腐蚀、高辐射等特殊场景中，通常使用特定的传感器进行特殊封装或外部防护，甚至使用利用特殊原理制备的传感器。

四、物联网技术产业化发展建议

1. 推动国家级物联网创新中心建设

物联网涉及的技术和学科领域具有范畴广、维度多、链条长等特点，物联网应用覆盖面广，涉及领域包罗万象，应用场景具有碎片化特征。物联网的技术和行业特性，催生了较多的中小型企业，但这些中小企业总体资金和技术实力有限，协同创新能力薄弱，无力打通从硬件到通信再到数据处理的技术壁垒。因此，需要建设以市场化为导向、公益化服务为定位的国家级物联网技术创新公共平台，为物联网产业优化发展环境，以创新中心为抓手构建物联网生态体系。

2. 发挥市场主导作用，增强物联网内生发展动力

物联网应用应以市场化推动规模化，以规模化促进技术、标准、产业等不断发展，进而实现物联网自身的可持续发展。推动物联网在各个行业的渗透，应该充分发挥物联网在促进传统行业转型升级中的重要作用，助力数字产业化和产业数字化。此外，还需要加快构建银行、担保、保险、创投、技术、企业、服务的联动机制，以市

场化的方式，撬动更多社会资源投入物联网的发展。

3. 发挥政府引导作用，加快物联网融入实体经济

加强统筹规划和前瞻引导。建议国家财政引导设立物联网发展专项资金（基金），重点支持核心技术的研发、卡脖子技术的攻关、具有示范效应的项目和企业进行试点，带动一批尖端技术的发展；以重点领跑工程项目带动先进技术和产品的应用，并以补贴和税收减免等多种形式提供支持；结合技术趋势和产业发展制定相应标准体系，以标准促发展，减少重复建设。

4. 推动物联网产业集群式协同创新

推动产业组织变革，政、产、学、研、用等的横向贯通，上下游产业链的纵向协同，从而实现集群式协同创新。应提升物联网的价值链、创新链、产业链、资金链、人才链的国际接轨程度，整合国际创新资源，支持和鼓励企业开展跨国兼并重组，支持和鼓励与国外企业成立合资公司进行联合开发，以促进全球创新资源的高效配置。

参考文献

［1］宋航 . 万物互联：物联网核心技术与安全 . 北京：清华大学出版社，2019.

［2］中国经济信息社 .2019—2020 年中国物联网发展年度报告 .2020.

［3］罗毅 . 无锡：镌刻物联时代"太湖印记". http://js.cri.cn/20200807/62eb970e-a2e7-6479-84d7-814c249de4be.html［2020-08-07］.

3.3　Commercialization of Internet of Things

Gu Xianli，*Xu Yuliang*，*Zhu Xuejuan*，*Gu Quan*
（Wuxi IoT Innovation Promotion Center）

The Internet of Things（IoT）is an intelligent network for automatic information interaction and processing between humans, physical objects and digital machines in accordance with the agreed protocols. It is established in order to process and react to information from physical world and virtual world. Internet of Things is a highly integrated and comprehensive application of the new generation of information technology. Under the guidance of national policies and the promotion of industrial development, China's innovation capability in the field of Internet of Things has been continuously enhanced and the industrial development has been fruitful. In particular, China has made significant progress in technological innovation, international standard formulation, industry application, etc. With the promotion of new infrastructure and digital economy, Internet of Things will usher in a period of significant opportunity for accelerated development. In the future, China's IoT industry still needs the joint efforts of government, industry, university, research and application to maintain and expand its global leadership.

3.4 机器人产业化新进展

徐 方 曲道奎

（沈阳新松机器人自动化股份有限公司；
机器人技术国家工程研究中心）

机器人是实现智能制造的关键核心技术装备，对促进工业生产的自动化、数字化、智能化发挥了重要的支撑作用。机器人产业的发展水平已成为衡量一个国家科技创新能力和高端制造水平的重要标志。机器人在人类社会活动中发挥了越来越重要的作用，其应用已扩展到国家安全、医疗康复、社会民生等领域，引起了世界发达国家的高度重视，成为各国新一轮产业革命竞争的重点和焦点。加快发展机器人产业，对于推动产业的转型升级、满足人民美好生活需要、实现经济社会高质量发展具有重要意义。

一、国际机器人产业新进展

1. 国际机器人市场规模稳步增长，亚洲市场增长迅速

全球机器人市场规模持续扩大。2014～2019年全球机器人市场的平均增长率达到12.3%。2019年，全球机器人市场规模达到294.1亿美元，增长率为3.2%；其中，工业机器人158.8亿美元，服务机器人94.1亿美元，特种机器人41.2亿美元，占比分

别为 54%、32% 和 14%（图 1）。从全球看，亚太地区是机器人最活跃的市场，占比为 60.2%；其次是欧洲地区和北美地区，占比分别为 19.9% 和 17.4%[1]。

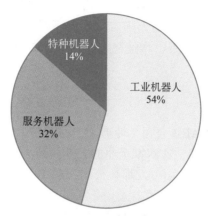

图 1　2019 年全球机器人市场分布

（1）工业机器人。工业机器人是目前国际发展的主流，在汽车、电子、塑料、化工等国民经济的基础行业中具有广泛应用。"工业 4.0"、智能制造时代的到来，刺激了工业机器人销售的快速增长，全球工业机器人销售占比超过 50%[1]。自 2013 年以来，中国连续 6 年成为工业机器人全球最大的消费市场，2018 年受汽车产业的下滑和电气/电子行业增长乏力的影响，工业机器人市场首度回落，增速逐步放缓，但总体市场规模仍然呈现稳定上升的趋势。

（2）服务机器人。随着人口老龄化的加快和人们对教育、医疗的重视不断提高，全球服务机器人虽然处于市场发展的初期，但却迎来了发展的黄金时代。依托人工智能技术，智能公共服务机器人的应用场景和服务模式正不断拓展，带动服务机器人市场规模持续稳定增长。据国际机器人联合会（IFR）统计，近三年服务机器人产业均保持 30% 以上的增速[2]。其中，自动导引车（AGV）等物流系统所占比重最大，第二大类为检测与维修机器人，这两个市场占总市场额的 80%。面向医疗应用和公共服务的智能服务机器人的需求将进一步增大，市场占比将不断提高。服务机器人的销售在未来三年将出现强劲的增长，到 2024 年全球服务机器人的销售额有望达到 170 亿美元。同时，随着家用服务机器人市场竞争的日趋激烈，产品同质化问题变得严重，Jibo、Kuri、Auki 等行业巨头相继退出，市场进入冷静理智期。其原因是用户对服务机器人产品的期望过高。近年来，自动驾驶汽车成为重点关注的方向，出现了一些拥有无人驾驶方案的新创公司，如 Waymo 和 Nuro、Cruise 公司等。本次新冠肺炎疫情暴发，使医疗服务及公共服务机器人再次走入公众视野，凸显出其应用价值。

（3）特种机器人。当工业机器人成为主流的时候，特种机器人市场正悄悄启动。近年来，生产特种机器人的企业数量迅速增加，新兴市场不断衍生，全球特种机器人产业已初步形成。2019 年全球特种机器人市场规模达到 40.3 亿美元[1]，全球领先的是美国、欧盟和日本。特种机器人随着技术的不断进步正处于落地应用的多元化探索阶段，其应用场景显著扩展，增速稳定，预计 2022 年全球市场规模将达到 91.7 亿元[2]。

2. 国际机器人高端应用市场仍被国外厂商占据

发那科公司（日本）、ABB 公司（瑞典）、安川公司（日本）、库卡公司（德国）并称工业机器人"四大家族"，这四家企业的工业机器人生产份额长期以来占全球市场的 50% 以上。在市场规模方面，发那科公司、ABB 公司以及安川公司在全球机器人的销量已突破 20 万台[3]。国外机器人企业在机器人中高端市场占据优势。依托中国全球最大的工业机器人市场，近三年国内机器人企业取得长足的进步，国产工业机器人占中国市场份额由四分之一提高到三分之一，其中多关节型机器人占比达五分之一，涌现出一批以沈阳新松机器人自动化股份有限公司（新松）、哈尔滨博实自动化股份有限公司（哈博实）、埃斯顿自动化集团（埃斯顿）、埃夫特智能装备股份有限公司（埃夫特）等为代表的机器人上市公司。

在手术机器人方面，达芬奇外科手术机器人独霸市场。达芬奇机器人以美国麻省理工学院的机器人外科手术技术为基础，通过使用微创的方法，实施复杂的外科手术，可用于成人和儿童的普通外科、胸外科、泌尿外科、妇产科、头颈外科以及心脏手术，拥有相关专利达 2000 多项。国内北京天智航医疗科技股份有限公司开发的专科型骨科手术机器人，已完成产品注册，实现了产业化，并于 2020 年成功登陆科创板。

3. 国际巨头加紧布局中国市场，带动新的产业模式创新

国际机器人巨头在中国市场全面布局。ABB 公司在中国销售的 90% 的机器人已实现中国本土化生产，库卡公司在上海松江建设了年产能 5000 台的机器人工厂，安川公司在常州建设了年产能 12 000 台的机器人工厂，发那科公司在上海宝山建设了年产能 10 000 台的机器人工厂。国外机器人厂商在国内建厂，降低了机器人的制造和运输成本，进一步挤压国内机器人企业的生存空间。中国企业于 2016～2019 年在机器人及智能制造装备领域集体发力，仅在海外收购或参股大型机器人企业就超过 13 家，其中，美的集团收购库卡公司，得以迅速进入机器人产业，同时宣布将收购以色列运动控制厂商 Servotronix 公司，以拓展自动化和智能制造产业；新松公司并购韩国新盛集团工厂自动化业务，进一步提高了新松公司在洁净机器人及自动化装备领域的国际竞争力。

二、国内机器人产业化新进展

1. 国内机器人市场快速扩大，连续多年获世界第一

我国是全世界拥有机器人最多的国家，2014～2019年年平均增长率达到20.9%，其中，工业机器人57.3亿美元，服务机器人22亿美元，特种机器人7.5亿美元[1]。我国机器人产业结构目前仍以工业机器人为主，但随着机器人技术不断渗透到其他行业，服务与特种机器人的市场规模也逐渐增加。根据IFR统计数据，我国工业机器人密度在2017年达到97台/万人，已超过全球平均水平[2]。

随着人口老龄化趋势的加快，以及医疗、教育需求的持续旺盛，我国服务机器人有巨大的市场潜力和发展空间。其中，家用服务机器人、医疗服务机器人和公共服务机器人市场规模分别为10.5亿美元、6.2亿美元和5.3亿美元。到2021年，随着停车机器人、超市机器人等新兴应用场景机器人的快速发展，我国服务机器人市场规模有望接近40亿美元。

特种机器人主要应用于地震、洪涝灾害和极端天气，以及矿难、火灾、安防等公共安全事件中。到2021年，预计军事应用机器人、极限作业机器人和应急救援机器人的市场规模分别为5.2亿美元、1.7亿美元和0.6亿美元[1]；特种机器人的国内市场需求规模有望突破11亿美元。

2. 国内机器人产业快速发展，与国外差距逐渐缩小

中国机器人产业的发展比发达国家晚20年左右，但中国量大面广的制造业和社会需求，为国内机器人产业的发展创造了巨大的市场机遇，是我国机器人产业迅猛发展的源动力。据统计，截至2018年2月底，国内从事机器人业务的公司已达到6874家[4]，广东、江苏、上海、浙江四地的机器人企业总量超过全国的50%，涌现出新松、埃夫特、埃斯顿、广州数控设备有限公司（广州数控）、上海新时达电气股份有限公司（新时达）等一批国产工业机器人企业。国内的机器人企业在系统集成等环节已取得较强的技术优势并开始注重创新。沈阳新松公司的智能移动机器人、深圳市大疆创新科技有限公司的无人机和北京极智嘉科技有限公司的智能物流系统入选美国《机器人商业评论》评出的全球最有影响力和最具创新力的50家机器人行业领导者的榜单。随着人工智能应用的快速发展，我国在视觉、语音、无人驾驶等方面的科研水平与产业化进展均处于全球先进水平，将极大推动我国机器人产业的智能化发展。

3. 国产机器人逐步走向成熟，但创新能力仍需加强

在我国制造业转型升级和民生消费升级的大背景下，我国机器人产业近年来取得长足发展。国内机器人产业链初步形成，包括江苏绿的公司的谐波减速机、南通振康焊接机电有限公司的 RV 减速机、深圳市汇川技术股份有限公司和广州数控公司的伺服电机、沈阳新松公司的机器人控制器等机器人的核心零部件实现了国内配套。但不容回避的是，中国机器人产业发展的还存在着几个问题：一是机器人企业通过低价竞争占领市场，企业的持续发展能力弱；二是国际竞争能力不强，核心技术的创新能力薄弱，缺乏原始创新；三是产业协同创新机制没有形成，企业"小、散、弱"问题突出，产业竞争力缺乏[5]。

三、机器人产业发展趋势及未来展望

以机器人为代表的智能制造业正在引领新的工业革命，并影响全球制造业的格局。同时，机器人已渗透至国防安全、民生科技、国民生活领域的全过程，正在改变人类的生活模式。

人机共融的智能机器人将是未来机器人技术创新的一个重要方向[6]。在工业机器人领域，人机共融表现为人机协作，目前国内外公司都推出协作机器人，但其应用还不够广泛。随着对合作柔性的要求越来越高，未来的竞争点可能会聚焦在感知智能、人机协作、决策控制和人机交互方面的创新。在制造业中，工业机器人将走出结构化环境，具有激光轮廓导航的移动机器人的应用会越来越普遍。在服务机器人领域，人机共融最明显的方向是提高交互的水平和质量，它涉及语音语义的识别、情绪识别与情感调节等，未来将满足儿童教育、养老陪护等方面的迫切需求。医疗机器人应用在智能微创技术中，在降低手术风险方面将发挥重要作用。未来手术机器人将更加智能，并且更有感知、判断与决策能力。此外，将临床专家的经验融入计算机辅助的手术中，以实现基于云机器人智能管理系统的解决方案，再收集医疗机构和医疗供应公司的数据，形成临床与工程的深度合作，有助于加速变革性研究、临床应用、技术创新与产业增长。

全球新一轮科技革命和产业变革与中国制造业的转型升级形成历史性交汇，将助力中国持续成为全球最大的工业机器人市场。物联网、大数据、云计算、人工智能与机器人技术的跨学科融合，以及机器人、可穿戴设备对人类生活各个领域的渗透，将更深层次地促进机器人渗入社会生活的各个领域，并引领人类进入智能化社会。通过贯彻"创新、协作、共赢"的理念，机器人产业将拥有美好的明天。

参考文献

[1] 中国电子学会 . 中国机器人产业发展报告（2019 年）. 2019.

[2] IFR. 国际机器人联合会（IFR）年度报告——《全球机器人2019》首次在中国发布 . 智能机器人，2019（5）：15-17.

[3] 王树国，付宜利 . 我国特种机器人发展战略思考 . 自动化学报，2002，（S1）：70-76.

[4] 观研天下 . 2018 年中国工业机器人行业生产研发及市场竞争 三大驱动力共振 恰在爆发节点 .http：//free.chinabaogao.com/jixie/201807/0G034Q232018.html［2020-06-24］.

[5] 罗连发，储梦洁，刘俊俊 . 机器人的发展：中国与国际的比较 . 宏观质量研究，2019，7（3）：38-50.

[6] Wang T-M，Tao Y，Liu H. Current researches and future development trend of intelligent robot：a review.International Journal of Automation and Computing，2018，15（5）：525-546.

3.4　Commercialization of Robotics

Xu Fang，*Qu Daokui*

（Shenyang SIASUN Robot & Automation Co., Ltd；
National Robotics Engineering Research Center）

Industrial robot is the key core technical equipment for intelligent manufacturing and plays an important role in supporting industrial production automation, digitization, and intelligence. The development level of the robot industry has become an important indicator of a country's technological innovation capability and high-end manufacturing level. Robots have played an more and more important role in human social activities, and their applications have been extended to the fields of national defense security, medical rehabilitation, social and people's livelihood, etc., which have attracted the attention of developed countries in the world and become the focus of the new round of industrial revolution competition in various countries. This paper looks forward to the future development trend of robotics based on the current situation and latest progress of the domestic and foreign robotics industry.

3.5 显示技术产业化新进展

高伟男　毕　勇　许祖彦

（中国科学院理化技术研究所）

信息技术是有关信息的采集、储存、处理、传输、显示等各信息链关键技术的总称，信息技术产业是我国战略性新兴产业。显示作为信息技术的重要组成和信息链的终端——人机界面，广泛应用于工业、交通、通信、教育、航空航天、卫星遥感、娱乐、医疗等领域，相关产业是信息产业的一个重要支柱。随着显示与5G、大数据、人工智能等未来信息技术的融合与发展，显示产业正向超高清、泛在、融合、智能和绿色方向发展，已成为影响我国国计民生以及后续发展的优势产业，是维护国家产业安全、体现国家信息技术智能化水平、促进产业转型升级的重要战略性产业。

一、国际显示技术产业化新进展

近年来，显示产业发展到"更新换代大洗牌"的阶段[1]，印刷显示、柔性显示、Micro-LED 显示、激光显示等多种显示技术竞相发展。作为年产值可达千亿美元的产业，新型显示产业吸引了众多的研究机构和企业，这些组织纷纷布局新型显示技术的研发和产品的开发，以期争得未来 5～10 年产业发展的主动权。美国国际显示周（SID 2019）和国际消费类电子产品展览会（CES 2019），是全球显示领域规模最大、最能代表技术风向标的两大展会；在展会上，国外主流企业纷纷推出系列化新型显示产品，这标志着国际显示产业的竞争进入新阶段。

在小尺寸显示产品方面，薄膜晶体管液晶显示器（TFT-LCD）仍是主流；有机发光二极管显示（OLED）由于具有响应速度快、对比度高、面板超薄等优点，已经占据小尺寸显示产品（如手机、可穿戴等移动设备）的部分市场[2]，并探索应用在柔性和透明显示领域。

在中、大尺寸显示产品方面，基于量子点发光二极管（QLED）背光、微米级 LED 显示（Mini/Micro-LED）背光的 LCD 逐渐成为高端 LCD 的主流（图1）；韩国 LG 公司展出 65" ①UHD 可卷曲（Rollable）OLED 产品——OLED 电视；基于印刷工

---

① 即英寸。

艺的 OLED 显示屏已实现中小屏的小批量生产，日本 JOLED 公司展示了 21.6" 4K 喷墨印刷（Ink-jet printing，IJP）Flexible AMOLED 面板，主要面向中尺寸医疗用面板及商显市场；韩国三星公司在 2018 年推出 146" Micro-LED 大屏电视样机 The Wall 之后，2019 年又展示了可定制模块化的 The Wall Luxury；美国 X-Display 公司推出了 5.1" 70ppi 的 Micro-LED 显示器面板。在大尺寸 / 超大尺寸显示产品方面，激光显示成为主流之一，韩国 LG 公司在 2019 年推出了 120" 4K 激光电视，日本索尼、松下、爱普生等众多企业也推出了 4K 超高清激光电视产品。

总的来看，显示产品呈现出高清化、全色化、大屏化、立体化的发展态势。近年来，国际上显示技术及其产业的发展呈现出以下几个特点。

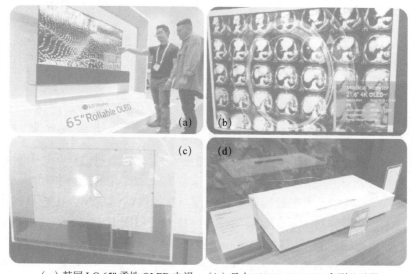

（a）韩国 LG 65" 柔性 OLED 电视；（b）日本 JOLED 21.6" 4K 印刷显示器
（c）美国 X-Display 5.1" Micro-LED 屏；（d）韩国 LG 120" 4K 激光电视

图 1　2019 年 SID 和 CES 展出的新型显示产品

1. 全球显示产业规模稳中有变，正加速向我国转移

当前，全球新型显示产业平稳发展，产业结构加速调整。据《中国新型显示产业配套保障能力白皮书（2018 年）》统计，2016 年以来，全球显示行业发展平稳（手机和电脑市场已饱和），其中新型显示产业虽然保持出货面积的持续增长，但其营收基本维持在 1100 亿～ 1200 亿美元（图 2）。近年来，随着国内显示面板企业不断大力投资建设 TFT-LCD 面板和 AMOLED 面板产线，新型显示产业快速崛起；全球显示产业

正加速向我国转移，新型显示产业已成为我国后续发展的优势产业。

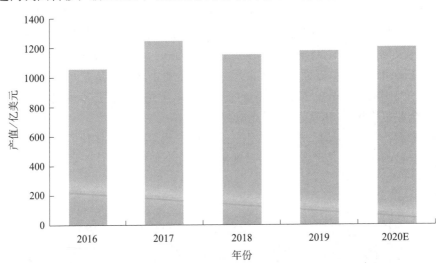

图 2   全球平板显示产业产值

2. 新型显示技术和产品层出不穷，显示产业进入升级换代期

全球显示产业处于技术创新和产业升级的新阶段，正通过进一步提升显示产品的竞争力、创新力和对终端消费者的吸引力，来提高显示产品的产值和利润。第五代移动通信（5G）、大数据、人工智能等新一代信息技术的快速应用，促进显示技术与超高清视频技术、半导体技术、柔性技术、传感技术、印刷电子技术等先进技术进行交叉与融合，催生出印刷显示、Mini/Micro-LED 显示、量子点显示、激光显示等多种新型显示技术和产品，同时也推动了 LCD 显示的突破与升级。在未来 5 ～ 10 年，超高清、大尺寸、高色域、高光效、透明、省电、可折叠、低成本的多种新型显示技术 / 产业将竞相发展，进一步丰富新型显示终端产品体系；这些新型显示产品将广泛出现在人类的日常生活中，极大地改变人类的生活模式，激发信息消费热点的出现，提高生活品质和全民信息消费水平。

3. 显示强国均在加紧布局关键材料与工艺的研究，以期抢占战略制高点

国际上欧洲、美国、日本、韩国等地区或国家都将新型显示视为未来信息产业的发展方向，并投入大量人力物力进行攻关。显示产业是涉及光电子材料与器件、光学工程、微电子与电子学等领域的综合性产业。新一代技术变革往往由材料和器件的重大突破带动。一代材料决定一代器件，材料是牵引新型显示产业发展的根本。面对液晶面板产能快速扩充、产业同质化竞争激烈的现状，全球显示强国与行业领头企业

已经意识到新型显示及相关材料的重要性，均以显示材料技术的研发为突破口，以器件、工艺技术与设备的开发为重点，抢占下一代显示技术和产业的战略制高点。目前，美国、欧洲、日本、韩国等国家或地区在新型显示的关键材料方面处于领先地位，占据了大部分市场，如表1所示。

表1 新型显示材料国外主要供应商

材料种类	国外主要供应商
蒸镀 OLED 材料	美国：UDC、陶氏化学，日本：出光，韩国：SDI、LG 化学、SFC、德山，德国：默克等
印刷 OLED 材料	美国：陶氏－杜邦，韩国：LG 化学，日本：住友化学，德国：默克等
QLED 材料	韩国：SKC、三星，日本：日立化成，美国：Vizio、Nanosys、NanoPhotonica，英国：Nanoco 等
Mini/Micro-LED 材料	法国：CEA-LETI，日本：Sony，韩国：三星，美国：LuxVue 等
激光显示材料	日本：索尼、日立、Oclaro、三菱、Nichia、理光、美能达、DNP，美国：德州仪器，德国：欧司朗等
液晶显示材料	日本：旭硝子／电气硝子（玻璃基板）、JNC/DIC（液晶材料），美国：康宁，德国：默克等

二、国内显示技术产业化新进展

1. 我国新型显示的产业政策环境不断优化，产业规模已达领先水平

我国非常重视新型显示产业的发展，相继出台多项政策，支持发展这一国家战略性新兴产业，从中央到地方都给予极大的关注和支持。从"十二五"期间的《新型显示科技发展"十二五"专项规划》《国家中长期科学和技术发展规划纲要（2006—2020 年）》，到"十三五"期间的《"十三五"国家战略性新兴产业发展规划》、科学技术部发布的国家重点研发计划"战略性先进电子材料"重点专项指南、《2018—2020 新型显示产业行动计划》、《超高清视频产业发展行动计划（2019—2022 年）》等一系列重要政策，都把印刷显示、柔性显示、激光显示等新型显示技术和产品列入其中，为我国的新型显示技术和产业发展提供了新一轮的驱动力。截止到 2019 年底，我国已投产产线 45 条，有超过 19 条 G8.5 代线以及 20 条 AMOLED 量产线投入使用，我国新型显示全产业累积总投资已超过 1.3 万亿元，显示产业规模超过 3 万亿元，生产的显示面板占全球总产量的 50%，电视屏幕占 70%，电脑和手机产量占比超过 90%；产业规模超过韩国，已成为全球规模最大、市场最大、最具竞争力的产业。

2. 国内显示企业技术创新能力增强，推动了超高清智能化显示产品的创新应用

随着互联网、人工智能等信息技术的极速进步，作为人机界面信息窗口终端的显示器，其产品形态不断进化，应用场景不断创新升级；"万物互联"已成为现实，显示器将"无处不在"，超高清、大尺寸、高色域、柔性、轻薄、可折叠卷曲等成为新型显示产品的"代名词"。在印刷显示领域（图3），深圳华星光电技术有限公司在2017年点亮了第一款基于氧化物 TFT 背板的 31" 4K 印刷 OLED 显示样机[2]；京东方科技集团股份有限公司于 2018 年研发出 55" 4K 印刷 OLED 显示样机；广东聚华印刷显示技术有限公司依托国家印刷及柔性显示创新中心，开发出 31" 2K/4K 印刷 OLED 显示屏、5" 400ppi 显示屏和 31" 4K 印刷 QLED 显示屏。

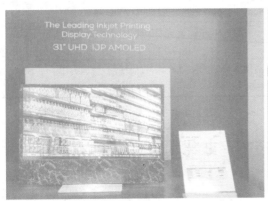 

(a) 华星光电公司31″4K印刷OLED显示样机　　　(b) 京东方公司55″4K印刷OLED显示样机

图 3　印刷 OLED 显示样机

在 Mini/Micro-LED 显示领域，我国企业积极展开布局。TCL 电子公司于 2019 年 CES 上展出 118" 4K the cinema wall Micro/Mini-LED 显示墙，以及采用有源矩阵驱动的 Mini-LED 背光电视。天马公司在 2019 年推出首台透过率超过 60% 的 7.56" Micro LED 显示屏。华星光电公司推出 3.3" IGZO TFT 主动式 Micro-LED 显示屏，以及 8" 全彩柔性主动式 Mini-LED 显示屏。同时，国内主要企业也在积极探索 Mini/Micro-LED 在车载显示领域的应用，以进一步拓展了其应用场景[3]。

在激光显示领域，我国取得突破性进展，推动激光显示从样机真正转向普通家用消费品。国内传统家电企业以及互联网企业，围绕激光显示的全链条进行布局，海信公司推出 100" L5 单色激光、100" L7 双色激光以及 L9 三色激光电视产品，长虹公司推出 CHIQ 系列 100" 激光电视，坚果、极米科技和小米等互联网企业推出 S1、T1 等

激光电视产品（图4）。激光电视成为唯一连续几年逆势增长且增幅最快的电视品类。杭州中科极光科技有限公司（依托中国科学院理化技术研究所）主要致力于三基色激光显示产品的研发，在2015年开发出国际首台100"三基色LD激光电视样机后，相继开发出100" LHT系列激光电视、激光数字电影放映机、激光工程投影机以及特种显示器等系列化国际首创三基色激光显示产品；开发的激光工程投影机成功为国庆70周年重大活动提供保障：人民大会堂《奋斗吧中华儿女》文艺汇演（图5）、世界最大水幕的温州瓯越大桥水秀（获吉尼斯世界纪录）、"一带一路"奥森公园水秀、武汉"三江两岸"灯光秀、成都天府蓉城灯光秀等，已成为激光显示产业新的经济增长点[4]。

（a）海信L9激光电视

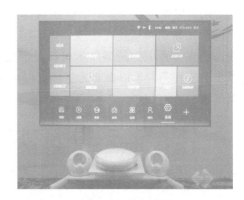

（b）长虹CHIQ激光电视

图4　激光电视

（a）海信L9激光电视　　　　　　　（b）长虹CHIQ激光电视

（a）杭州中科极光三基色激光电视（LHT）

（b）激光工程投影机保障国庆70周年
人民大会堂文艺汇演

图5　激光电视及应用

3. 国内已意识到新型显示材料是产业发展的基石，已布局全产业链的攻关，以新型显示整机技术的突破带动关键材料的发展

我国显示产业正处在由大变强的产业转型期，要掌握产业发展的主动权，就必须增强自主创新能力。创新发展新型显示的根本在于建立一个从材料、器件、整机到终端应用的完整的、具有自主知识产权的创新链。国家提高了对材料与工艺的重视程度，新型显示战略关键材料被列入相关规划。通过近年的国家持续支持和有效推动，新型显示逐步走向规模应用，带动了核心材料的快速发展。在激光显示领域，中国科学院理化技术研究所和杭州中科极光公司合作，建成三基色半导体激光器（LD）显示生产示范线（产能达 3 万台 / 年），掌握了三基色激光显示整机制造的关键技术，并从应用出发带动红绿蓝三基色 LD 材料[5]、超高分辨成像材料、配套材料器件的发展。我国激光显示领域正在快速缩短与国外差距，其中部分材料已实现国产化。可以说，我国已充分意识到新型显示材料对于发展新型显示产业的重要性，并通过自主创新，逐步形成和完善了以企业为主体、以市场为导向、产学研用相结合的新型显示产业创新体系。

三、显示技术产业发展展望与建议

1. 发展趋势及展望

纵观显示产业的发展历程可以看出，不同时期都有相应的国际标准出现。目前，全球显示产业正从高清时代进入超高清时代，相应的国际标准已从国家电视标准委员会（NTSC）标清标准（1953—1990 年）、BT.709 高清标准（1990—2012 年）发展到 BT.2020 超高清标准[6]。超高清电视标准 BT.2020 主要包括三点：4K/8K 像素数、70% 以上的色域覆盖率和 12bit 的颜色数。现有的显示技术都能做到 4K/8K 像素数，但目前只有三基色激光显示才能做到 70% 以上的色域覆盖率和 12bit 的颜色数；这是由于三基色激光光源的谱宽相对窄（< 5nm），而其他显示光源的谱宽为数十纳米。激光显示在技术上可全面满足 BT.2020 标准，在产品上可实现大尺寸 / 高观赏舒适度高保真图像，已得到多方面的认可，为消费者所知，有望成为新型显示未来主流发展方向之一。

2. 发展建议

全球新一轮科技和产业革命正在兴起，大数据、云计算、人工智能等新一代信息技术不断拓展，信息消费需求加速升级。显示作为信息呈现窗口和重要载体，随着

人们生活水平提升、消费结构的变化和产品技术的不断升级，未来具有广阔的市场前景。目前全球显示产业正加速向我国转移，我国的产业规模已成为全球第一，迎来了显示产业由大变强的机遇期。然而，机遇与风险并存。面对中美贸易摩擦、日益复杂的外部形势等新挑战，以及现存显示技术的升级、材料/工艺/器件/产品的全产业链布局、显示产业的更新与转型等形势，如何保证我国显示产业链的安全成为首要问题。因此，亟须从顶层设计出发，聚合国家之力，聚集国内创新资源，针对目前显示产业存在的关键材料及装备受制于人、创新体系不完善等"卡脖子"问题，统一布局技术和产业攻关，以促进我国新型显示产业链的发展与生态圈的形成，以及我国显示产业由大到强的跨越式发展。

（1）针对未来显示产业的发展趋势，应尽早整合国内新型显示领域材料、工艺、器件方面有优势的企业、高校、科研院所等单位的研发资源，建立覆盖新型显示关键材料的创新平台，提高未来显示技术的创新开发能力，形成对我国显示技术长远创新发展的有力支撑，最终实现换道超车。

（2）与重大项目相关政策的支持相结合，由国家引导和进行政策扶持，以政府的先导投入示范吸引社会资本的投入，构建从基础研究到成果应用全链条的体制机制，提高技术开发能力、测试验证能力、中试孵化能力及行业支撑服务能力，完善专利池建设和人才培养机制，使我国成为新型显示重大关键技术的供给源头和区域产业集聚的创新高地，成为新型显示人才培养与人才输出地，争得未来产业发展的主动权。

参考文献

[1] 许祖彦，毕勇，张文平. 激光显示是我国新型显示技术发展主流. 电子科学技术，2019，（1）：53-61.

[2] 史冬梅，杨斌，刘红丽. 印刷与柔性显示材料与器件技术发展现状与趋势. 科技中国，2018，（3）：16-18.

[3] Chen S W H，Huang Y M，Singh K J，et al. Full-color micro-LED display with high color stability using semipolar（20-21）InGaN LEDs and quantum-dot photoresist. Photonics Research，2020，8（5）：630-636.

[4] 高伟男，许祖彦，毕勇等. 激光显示技术发展的现状和趋势. 中国工程科学，2020，22（3）：85-91.

[5] Tian A Q，Liu J P，Zhang L Q，et al. Significant increase of quantum efficiency of green InGaN quantum well by realizing step-flow growth. Applied Physics Letters，2017，111（11）：112102.

[6] 国际电联无线电通信部门. R12-SG06 BT.2020-2-2015 超高清电视系统节目制作和国际交换的参数数值. 日内瓦：国际电信联盟，2017：2.

3.5　Commercialization of Display Technology

Gao Weinan, Bi Yong, Xu Zuyan

（Technical Institute of Physics and Chemistry, Chinese Academy of Sciences）

This paper briefly introduces the new progress in commercialization of display technology and industry. Information technology, as a strategic emerging industry in China, is a term used for various key information chain technologies that involve the collection, storage, process, transmission and display of information. Display is the terminal of information display and is expanding to all aspects of people's lives in the information age as one of the major foundation of information industry field. With the development and integration of future information technologies such as fifth-generation mobile communication technology（5G）, big data and artificial intelligence, displays are becoming ubiquitous, integrated, intelligent and more environmentally friendly. Therefore, display will be an important strategic direction for transforming and upgrading the display industry. In this paper, we systematically analyzes the current situation, emerging trend of the novel display development all over the world, and makes proposals about building a highly efficient and ecological R&D system to cope with the international competitions, and enable China to transform itself from a follower to a leader in the novel display.

3.6　集成电路产业化新进展

闫　江 [1]　陈　睿 [2]　韦亚一 [2]

（1. 北方工业大学；2. 中国科学院微电子研究所）

集成电路产品可分为两大类：硅基芯片和非硅基芯片 [1]。虽然人类研究的第一个半导体材料不是硅，但硅半导体材料具有诸多优良特性（如独特的 SiO_2/Si 界面结构等），因而使硅基芯片取得巨大的成功。目前90%以上的集成电路产品都是硅基芯片，硅基集成电路已形成从材料、设备、专用软件到工艺技术的完整的产业链和产业生态。下面重点介绍近几年国内外集成电路产业的新进展并展望其未来。

一、国际集成电路产业化新进展

过去四年，全球集成电路产业发展的主要特点是：集成技术发展到7nm后，工艺技术研发的超高难度使技术更新换代的时间变长；在5nm及以下技术代，在新器件架构和EUV光刻ueren技术方向会有新进展[2]；新兴应用市场给集成电路产业带来机会和挑战，同时技术和产品的垄断程度增加。

1. 市场需求催生大量集成电路新产品，新兴应用领域具有广阔的市场前景

集成电路芯片产品的种类多，依据不同的应用市场和技术要求，大致可分为逻辑芯片、存储器、微处理器和模拟芯片四类。据世界半导体贸易统计（WSTS）[3]，2019年全球存储器的市场占世界集成电路市场总值的40%，逻辑芯片市场的占比为28%，微处理器占17%，模拟芯片占15%（图1）。据IC Insights预测[4]，2020年增长最快的集成电路产品是NAND Flash存储器及DRAM存储器，分别增长19%和12%。DRAM与NAND Flash占据超过95%的存储器市场，NOR Flash占据其余的市场。

集成电路产业按热门应用领域的市场规模划分，主要包括3C（computer，communication，consumer）产品、汽车电子和工控等领域[5]。随着工艺的进步和应用领域的演变，集成电路产业发展的驱动力已完成由传统的家用PC向笔记本电脑、智能手机等移动消费电子产品的转移，目前正朝着汽车电子、5G、AI、物联网、云计算等新兴应用领域转移[6]。汽车电子已成为多个集成电路产品领域的主力，是汽车专用逻辑芯片领域市场增长的推动者。5G产业的发展离不开集成电路的推动。2019年是5G预商用之年，5G的商用和产业规模的迅速攀升，势必带动集成电路技术的进步和更多的投资。AI技术已在自动驾驶、安防等领域落地。根据Gartner统计，近年来AI芯片的市场规模迅速扩大[7]。

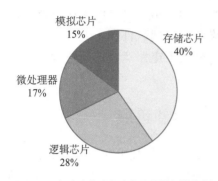 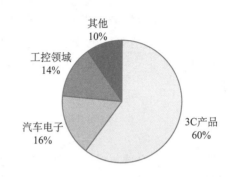

（a）2019 年全球集成电路产品种类规模分布　　（b）2018 年全球集成电路产品应用领域市场规模分布

图 1　全球集成电路产品种类及应用领域市场分布

数据来源：WSTS[3]

在 5G 通信、无人驾驶、新能源汽车、光伏逆变器等应用需求的牵引下，集成电路行业的发展呈现出新方向如第三代半导体技术和微机电系统（MEMS）[8]。目前在第三代半导体技术中，商业化的碳化硅（SiC）、氮化镓（GaN）电力电子器件的新品不断推出，性能日益提升，应用范围逐渐扩大。MEMS 作为集成电路的特色工艺分支，其市场极为庞大。

随着各种新业态的蓬勃发展，可以预见，未来集成电路产品将拥有更广阔的市场空间。

2. 全球集成电路产业依旧保持强劲活力，美欧韩日企业的市场垄断优势明显

据 WSTS 统计[3]，全球集成电路的市场总额从 2016 年的 2767 亿美元增长至 2018 年的 3933 亿美元，总体保持快速上升的趋势；在 2019 年受国际贸易摩擦的影响，其产业总收入为 3304 亿美元，较 2018 年度下降 16.0%；全球半导体产业 2019 年的销售额为 4121 亿美元，同比下降 12.1%。从图 2（a）中可以看出，中国、美国是世界最大的半导体消费市场，一共占全球的 54%，其中中国占 32%，美国占 22%；亚太其他（除中国）地区占 28%，欧洲占 9%，日本占 9%。

集成电路的市场占有率见图 2（b）[4]。目前全球集成电路产品市场主要由美国、欧洲、日本和韩国的半导体企业垄断。美国芯片公司在 2019 年全球集成电路产品的市场份额达 55%，主导整个市场；紧随其后是韩国、欧洲、中国台湾地区、日本和中国大陆，分别占 21%、7%、6%、6% 和 5%。美国在集成电路产业全球领先，在设计、代工、IDM 等领域均拥有全球最先进的企业（包括高通、格罗方德、英特尔、苹果等）。韩国在存储器领域有较大的优势，拥有如三星电子（Samsung）、SK 海力士（SK Hynix）等存储器巨头企业。日本在材料和设备等配套领域优势显著，代表性企业包括日本合成橡胶公司（JSR）、信越化学工业株式会社（Shinetsu）、东京电子有限公司（TEL）等。欧洲拥有稳居全球半导体企业 20 强的恩智浦（NXP）、英飞凌（Infineon）、意法半导体（ST）等公司，其中一些欧洲国家在生产设备领域具有垄断地位，典型代表是荷兰的光刻机巨头阿斯麦公司（ASML）。中国台湾地区的代工和封装产业发达，代表企业台积电（TSMC）是全球最大的集成电路制造代工商。

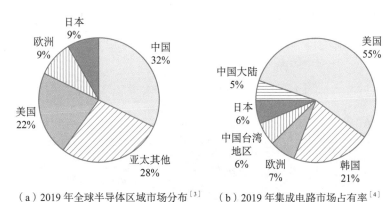

（a）2019 年全球半导体区域市场分布[3]　　（b）2019 年集成电路市场占有率[4]

图 2　2019 年全球半导体市场分布及集成电路市场占有率

原本预计在 2020 年实现全球集成电路市场的增长，然而，2020 年第一季度迅速暴发的新冠肺炎疫情影响了全球的集成电路市场。由于大量企业停工，全球集成电路市场陷入瘫痪。IC Insights 把 2020 年全球集成电路市场的预测从增长 3% 调整为下降 4%，Gartner 也将市场增长的预测从 12.5% 下调为 0.9%。2020 年全球集成电路市场几乎不可能增长。但可以预计，新冠肺炎疫情得到有效控制后，随着 5G、人工智能、物联网、无人驾驶等新兴科技的快速发展，以及世界集成电路产业重心向亚太地区的转移，中国集成电路产业各环节仍有可能保持两位数的增长率，并推动全球集成电路市场的回暖。

3. 全球集成电路技术的发展已从追求速度转为追求性能，全力研发应对后摩尔时代的新技术

最近两年的重大技术突破主要有三方面：一是英特尔公司的 10nm 工艺实现量产，

台积电公司 7nm 工艺实现量产，5nm 工艺也突破了量产的技术难关；二是荷兰阿斯麦公司的 EUV 光刻机进入商用阶段，支持业界研发更先进的 5nm 及以下工艺；三是 3D NAND 实现 128 层的量产，正朝着更高密度推进。

　　器件和特征尺寸进入 10nm 量级后，集成电路技术的研发和量产难度急剧增加，技术的发展已从摩尔速度降至亚摩尔速度。英特尔公司在 10nm 工艺遇到重大的量产良率问题，使原来的工艺技术未达到路线图规划的预期，直到 2019 年才正式量产 10nm 产品。由于命名规则存在差异，一般认为英特尔公司的 10nm 工艺等同于台积电的 7nm 工艺。从技术路径来看，国际主流生产商在 22nm 技术代由平面晶体管进入三维鳍式场效应晶体管（FinFET）结构，并一直延续到 7nm（图 3）。7nm 以下节点晶体管的架构可能由 FinFET 转向全环栅（GAA）和纳米线（nanowire）等新型架构[2]。

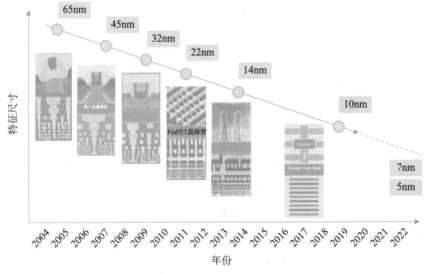

图 3　摩尔定律发展路线图

数据来源：Intel 公司官网

　　集成电路技术已进入超摩尔时代。根据国际器件与系统路线图（IRDS）的规划，10nm 之后，尤其在进入 5nm 工艺节点时，Ⅲ-Ⅴ族晶体管、SiGe 和 Ge 等高迁移非硅材料，以及隧穿场效应晶体管、负电容晶体管和自旋电子等新器件将成为产业追寻的新方向[9]。

4. 新兴应用领域驱动集成电路设计、制造和封装市场的快速发展，中国在全球集成电路产业中的地位显著增加

设计、制造和封装测试是集成电路产业链中的三个重要组成部分。随着 PC、手机、液晶电视等传统消费类电子产品需求的不断增加，在汽车电子、物联网、可穿戴设备、云计算、大数据、新能源、医疗电子和安防监控等主要新兴应用领域强劲需求的带动下，集成电路的设计、制造、封装市场均经历了稳定增长。高通（Qualcomm）、博通（Broadcom）和英伟达（Nvidia）公司依然稳居全球集成电路设计厂商的前三位，深圳市海思半导体有限公司（HiSilicon）已成为全球第五大芯片设计公司，其销售额在 2018 年达到 75.7 亿美元。集成电路制造业巨头以台积电、英特尔和三星公司为代表。先进量产工艺进入 7nm 及以下节点后，领头企业与追赶企业的差距逐步扩大。集成电路封测行业前三位依然是日月光（ASE）、安靠（Amkor）和长电科技（JCET）公司。全球移动通信电子产品、高性能计算（HPC）芯片、汽车电子和物联网等产品的需求上升，高 I/O 数和高整合度先进封装工艺的迅速发展是导致 IC 封装测试市场上升的主要原因。

目前全球集成电路产业正发生第三次大转移，即从美国、日本及欧洲等发达国家或地区向中国、东南亚等发展中国家或地区转移[4]。在 2019 年全球集成电路市场增长乏力的势态下，中国大陆市场发展势头表现强劲，芯片制造及封测厂商（如台积电、中芯国际、日月光公司等）纷纷在大陆投资建厂并扩张生产线。同时，发展中国家集成电路产业快速发展，整体实力显著提高。

二、国内集成电路产业化新进展

在过去四年，中国集成电路产业继续保持强劲增长，市场规模持续扩大，2019 年进口的集成电路产品总额首次突破 3000 亿美元[10]。可喜的是，集成电路产业在国民经济和国家发展战略中的重要性得到普遍认可，地方政府发展集成电路产业的积极性格外高涨。国内集成电路重要基地已从传统的上海和北京发展到南京、武汉、合肥、无锡、西安、重庆、深圳、厦门和广州等城市。新建制造工厂在数量上是全球第一，拥有 8 英寸和 12 英寸工艺线，投入了创纪录的资金总量。未来三年将是考核过去三年国内集成电路产业发展成效的关键期，也是考验在风云变幻的国际形势下能否真正解决"卡脖子"问题的时候。

1. 中国是全球集成电路产业最活跃和最大的市场，也是全球增长最快的国家

目前中国已成为全球规模最大、增速最快的集成电路市场[11]。近年来，我国集成电路产业实现了长足发展，市场规模预期 2020 年达到 9010.8 亿元。全球集成电路产业总收入在 2019 年下降 16.0%，而我国作为全球第一大集成电路芯片消费市场，依然实现了 15.8% 的增长。国内各领域尤其是存储器、通信芯片、各类传感器等高端领域对集成电路的需求不断上升，推动国内集成电路市场的增长和企业的自主创新。中国市场的旺盛需求已成为全球集成电路市场增长的主要动力。

2. 中国在设计和封装领域已接近国际先进水平，但制造工艺的较大差距是制约集成电路发展的关键

在国家政策和资金的强力支持及企业自身不断努力下，国内集成电路技术水平在"十三五"期间有了长足的进步[12, 13]，其中进步显著的是设计和封装领域。以海思公司为代表的国内集成电路设计企业已具备设计 7nm 技术产品的能力。长电科技股份有限公司、通富微电子股份有限公司、华天科技有限公司等我国封装企业，凭借自身的技术优势和国家重大科技专项的支持，在表面贴装工艺中技术含量较高的面积阵列封装领域逐步接近甚至部分达到国际领先水平。

在制造工艺方面，中芯国际公司完成 14nm 制造工艺的研发并成功量产，代表国内集成电路制造的最高水平。全球最大的集成电路制造企业台积电于 2020 年启动了 5nm 的量产。整体来看，我国集成电路产业目前的总体技术水平仍落后国际先进水平两到三代，即大概落后 5～7 年。其中核心技术依然是制约我国集成电路产业发展的软肋，我国集成电路企业在未来一段时间将为此付出昂贵的代价[14, 15]。

3. 中国在存储器等多个重要应用领域实现了零的突破，有望改善国内集成电路产品以中低端产品为主的局面

国内集成电路产品仍以中低端产品为主，海关总署集成电路产品的进出口数据佐证了这一点。统计显示，2020 年的前 5 个月我国集成电路累计进口数量为 2011.5 亿块，同比增长 27.3%，进口金额达到 1257.15 亿美元，同比增长 10.8%；同期集成电路累计出口 936.6 亿块，同比增长 18.0%，出口金额为 414.56 亿美元。进口的国外芯片产品的价值远高于出口的国产芯片产品，说明了我国集成电路产品在技术性能、质量管控、交付能力等多方面存在差距。可喜的是，近几年我国具有自主知识产权的集成电路芯片相继研制成功。以存储市场为例，中国大陆在闪存与内存上都实现了零的

突破，市场上已出现国产存储颗粒的内存条与闪存卡，这是极大的进步，但距离世界先进水平还有巨大的差距。在近来热门的汽车电子和工业控制等应用市场，美欧公司的优势还非常明显。目前这种状况已引起国内产业界的重视，预计将在"十四五"期间得到改善。

4. 中国集成电路的产业结构愈发均衡，龙头企业引领效应明显

经过"十三五"的努力，我国集成电路产业在保持高速增长的基础上，在产业结构上越来越均衡，设计、制造和封装测试三大板块的占比越来越接近[10]。集成电路设计业销售收入为 3063.5 亿元，同比增长 21.6%，占我国集成电路产业总值的40.5%；晶圆制造业销售收入为 2149.1 亿元，同比增长 18.20%，占总值的 28.40%；封测业销售收入为 2349.7 亿元，同比增长 7.10%，占总值的 31.1%。可见，设计行业发展最快。2018 年深圳市海思半导体有限公司首次入围全球芯片设计企业的前十，营收规模为全球第五。我国 IC 设计企业呈现井喷式增长。在制造方面，截至 2020 年第二季度，国内最先进的制造企业中芯国际公司在全球市场的占比约为 4.8%，与龙头企业台积电的 51.5% 有明显差距；中芯国际公司在做到 14nm 工艺成功量产以及 7nm 研发的持续投入后，市场差距有望缩小。封测行业的国产替代进程加快，目前中国龙头企业（如长电科技、华天科技）已掌握全球较为领先的封装技术，虽仍落后国际龙头企业，但差距较小，未来有望进一步抢占更多的市场份额。

三、集成电路产业发展趋势与建议

1. 未来发展方向

未来集成电路产业及其核心产品有很多热点，具体包括云计算、物联网、大数据、工业互联网和 5G。此外，人工智能使机器人、无人机、新能源汽车／智能网联汽车、无人驾驶等成为集成电路发展的重要应用领域[2]。集成电路产业将沿着三条主线推进：第一是遵循摩尔定律，继续在缩小尺寸、提高性能、降低功耗等方面完善。摩尔定律会停止在哪个技术代还没有定论，5nm 技术代将是一个关键节点。第二是超越摩尔定律，开发出全新的技术和产品，延续集成电路产业的生命力。第三是充分利用已非常成熟的硅基技术，开展交叉学科的融合，创新硅基光电子、硅基生物芯片、硅基化合物半导体器件等研究。

传统等比例缩小技术的发展速度继续变缓，超越摩尔定律的新技术开发速度将加快。物联网、智能制造等新兴产业将为集成电路市场的增长提供动力，同时也给相关集成电路技术及产品的开发带来极大的挑战。产业竞争会愈发激烈，兼并重组在一定

时期内还是企业迅速占领行业制高点的捷径。无论如何，掌握核心技术永远是集成电路企业在激烈竞争中掌握主动权的关键。

2. 机遇和挑战

（1）从摩尔时代到后摩尔时代的路径转变带给我国"弯道超车"的机会。国家在政策、资金、人才、知识产权等层面的行动，促进了我国集成电路产业的统筹发展。

目前我国集成电路产业仍在追赶国际先进水平。摩尔时代行将结束，我国获得难得的"弯道超车"的机会。例如，在有望成为下一代主流集成电路材料的碳基半导体方面，尚没有任何国家和团队建立起绝对优势，我国的研究团队在材料和晶体管性能方面技术领先[16]。在芯片产业自主可控愈益紧迫的当下，碳纳米管或能成为中国半导体产业"变道超车"的机会。

中国政府大力主导推动整体产业发展，自 2014 年以来，先后颁布《国家集成电路产业发展推进纲要》《关于集成电路生产企业有关企业所得税政策问题的通知》等一系列政策，从税收、资金、人才培养等多方面扶持和推动集成电路产业的发展。各地针对当地的实际情况制定了相应的集成电路产业相关的发展政策。近几年，我国引进许多集成电路领域的国际高端人才，为我国集成电路产业的发展奠定了良好的人才基础。《中国集成电路产业人才白皮书（2018—2019 年版）》[17] 显示，我国集成电路从业人员持续增多，2018 年比 2017 年增加 6.1 万人，增长率为 15.3%，人才缺口得到一定改善。

上述行动使我国集成电路的产业发展摆脱了以往各自为政、交叉重复建设的模式，强化了产业发展的顶层设计，统筹发展全国集成电路产业。

（2）我国集成电路产业发展面临的最大挑战，一是如何保障集成电路产业发展的持续性，二是如何培育出有国际竞争力的集成电路大企业。

集成电路产业持续发展的动力是需求和技术。我国经济的转型升级和巨大的消费市场决定了集成电路产品的需求是巨大的，但技术发展面临很多问题：一是遵循摩尔定律的技术开发成本越来越高，技术实现的难度越来越大，同时，新的技术路线不明朗；二是用于技术研发的资金投入太少；三是真正有应用价值的技术专利不多。在超摩尔定律和交叉学科等新兴领域，能否取得突破性的技术成果是决定我国未来集成电路产业发展的关键。

培育有国际竞争力的集成电路大企业是我国集成电路产业发展的另一项巨大挑战。国内集成电路企业数量不少，覆盖产业各领域，但能跻身全球十强、百强的企业很少。这其中既有战略布局、发展理念和经营管理的问题，也有资金匮乏、人才不足、技术落后的问题。《国家集成电路产业发展推进纲要》强调企业在产业发展中的核心地位。这些说明国家已有意识培育世界级大企业。

3. 发展建议

（1）统筹技术研发，集中攻关技术难题，提高研发管理能力。集成电路产业是典型的竞争激烈、资金密集、技术密集的产业。与欧美日韩相比，我国自主的核心技术的积累非常薄弱，是我国集成电路产业发展最大的短板，需要投入巨大的资金和人力来弥补。如何有效地统筹资源和提高研发效率是一个很大的挑战。我国很多企业了解市场需求但不具备技术研发的条件，而很多高校和科研院所又苦于技术研发的选题"不接地气"，成果无法及时产业化，浪费了资金和人力。政府的领导团队应该吸收具有产业界背景和国际视野的人才，配备专人负责管理集成电路产业，再与行业协会等组织机构一起统筹安排技术的研发工作，同时依据国际行业形势制订合理的技术研发规划，以集中国内的研发资源攻关技术难题，这样做可以在节省研发资金的同时提高研发效率。

（2）政策要确保实施，为企业提供切实的支持和行政服务的便利。国家已出台诸多促进集成电路产业发展的利好政策。为有效实施这些政策，一方面，需要出台相关政策的实施细则；另一方面，应为企业融资、人才引进、科研申报、设备进口等影响企业发展的各环节提供切实的政策支持和操作便利。此外，应重点扶持有基础、有前景的集成电路企业。地方政府已出台地方版的扶持政策，成立了地方版的扶持基金，但要避免产业过热，以及为追求政绩制定不切实际的发展目标。有集成电路产业传统且有持续发展条件的地方政府，需要把握好产业的发展方向，明确发展重点，且要避免地方主义。

（3）保护知识产权，树立知识产权保护的典型。近年来国际上集成电路企业间的知识产权纠纷愈演愈烈，很多中国集成电路企业频频遭受同行业跨国公司的打压。我国集成电路技术起步晚，在追赶的过程中难免有抄袭之嫌，但一些国外企业也确实利用国内企业在知识产权方面经验的不足，采用技术壁垒和竞争手段进行打压。为此，相关部门应鼓励引导行业对未来可能的热门领域提前进行专利的布局，以保护国内集成电路行业。中国集成电路企业应建立起自己的知识产权部门，重视自身知识产权的开发和积累。在当前中美竞争加剧的背景下，相关部门加大知识产权的保护力度，可为我国集成电路企业创造更优的产业发展环境，也有利于国内企业的国际化。

（4）加强学科建设和人才培养，推动集成电路专业学科的设立。集成电路行业具有跨领域的特征，涉及物理、化学、材料、计算机、电子等多学科知识，培养集成电路领域的人才需要这些相关学科知识与集成电路技术的融合。然而我国目前的学科设置严重限制集成电路技术人才培养的知识结构，因此，当务之急是优化学科建设，设立专门的集成电路学科。为从根本上解决我国集成电路人才短缺问题，我国应加大半导体、集成电路相关学科的培育力度，鼓励更多院校设立相关学科，培养更多有志从事集成电路行业的年轻人，此外，还需要为在校大学生接触产业界前沿技术提供机会。

未来的集成电路产业的发展仍充满挑战，但也充满希望。我国集成电路产业恰逢天时、地利、人和的战略机遇期，在当前新兴领域空前活跃和全球产业转移的大背景下，新出路和新市场值得期待。

参考文献

[1] 闫江. 集成电路产业化新进展 // 中国科学院. 2016 高技术发展报告. 北京：科学出版社，2016：187.

[2] 王龙兴. 全球集成电路设计和制造业的发展状况. 集成电路应用，2019，（3）：21-26.

[3] World Semiconductor Trade Statistics. WSTS Market Statistic Report. https：//www.wsts. org/61/73/2020-Publication-Schedule-for-WSTS-Reports[2020-12-15].

[4] IC Insights. McClean Report. https：//www.icinsights.com/services/mcclean-report/[2020-12-15].

[5] McClean B. China to Fall Far Short of its "Made-in-China 2025" Goal for IC Devices. IC Insights. https://www.icinsights.com/data/articles/documents/1261.pdf[2020-12-15].

[6] LaPedus M. What's Ahead For Chips & Equipment? https：//semiengineering.com/whats-ahead-for-chips-equipment/[2020-12-15].

[7] 中国信息化周报. 赛迪研究院发布《2018 年全球集成电路产品贸易报告》. https：//www.sohu. com/a/304258197_505782[2020-03-26].

[8] 王阳元. 发展中国集成电路产业的 "中国梦". 科技导报，2019，37（3）：49-57.

[9] 美国半导体产业协会（SIA）. 2020 年美国半导体产业概况报告. https://www.semiconductors.org/the-2020-sia-factbook-your-source-for-semiconductor-industry-data/[2020-12-15].

[10] 赛迪智库. 2019 年全球集成电路产品贸易研究报告. https://wenku.baidu.com/view/7aec142264 ce0508763231126edb6f1afe00717b.html[2020-12-15].

[11] 中国产业信息网. 2019 年中国集成电路行业市场规模分析及未来发展趋势预测. http：//www. chyxx.com/industry/201910/793685.html[2019-10-16].

[12] 康劲，吴汉明，汪涵. 后摩尔时代集成电路制造发展趋势以及我国集成电路产业现状. 微纳电子与智能制造，2019，（1）：57-64.

[13] 刘建丽，李先军. 当前促进中国集成电路产业技术突围的路径分析. 财经智库，2019，（4）：42-57.

[14] 张海兵，刘伟. 提升我国集成电路产业核心竞争力研究. 科技创新与应用，2018，（5）：187-188.

[15] 张瑾. 国产芯片的自主可控与自主创新之路任重道远. 集成电路应用，2019，（10）：4-6.

[16] 北京碳基集成电路研究院. "碳时代" 即将到来，中国半导体产业迎 "变道超车" 机会？ http://

www.bicic.com.cn/article/146[2020-05-27].

[17] 袁于飞.《中国集成电路产业人才白皮书（2018—2019 年版）》在京发布.http：//news.gmw.cn/2019-12/20/content_33418936.htm[2019-12-20].

3.6 Commercialization of Integrated Circuit

Yan Jiang[1]，*Chen Rui*[2]，*Wei Yayi*[2]

（1.North China University of Technology;

2.Institute of Microelectronics of the Chinese Academy of Sciences）

Since the past decade, the global integrated circuit（IC）industry has maintained a strong growth momentum. It benefits from the general trend of the era of intelligence and the rapid development of new technologies such as artificial intelligence（AI）and 5G communication. It also benefits from the development of a large number of novel IC products driven by market demand. Nowadays, the advancement of global IC technology has slowed down from the conventional Moore speed to sub-Moore speed. In response to the post-Moore era, the research and development of new technologies are speeding up, while the third-generation semiconductor materials and corresponding technologies and products have attracted lots of attention. The monopoly of global IC industry is getting more severe instead of being alleviated, and the technology and market monopoly advantages of American, European, Korean and Japanese companies have become more significant. China has been the world's largest consumer of IC products for years, and its huge IC product trade deficit situation has barely improved. Although the domestic IC technology and product have made great progress in last 5 years, there is still a gap of two or three technological generations compared with the world-class. Attributing to the strong support of national and local governments, also driven by the capital market as well as external stimulus such as the tension between China and the United States, the development of domestic IC industry is in full momentum. Though the road is muddy and long, success will be soon.

3.7 高性能数控系统关键技术产业化新进展

陈吉红

（国家数控系统工程技术研究中心；武汉华中数控股份有限公司）

数控系统是机床装备的"大脑"，决定数控机床的功能、性能和可靠性，代表国家制造业的核心竞争力。从手机、家电、汽车，到飞机、导弹、潜艇的制造，都离不开数控技术。我国高端数控系统一直受制于国外的封锁限制，成为制约我国机床装备迈向高端化的主要因素。历史上的"东芝事件""考克斯报告""伊朗离心机事件"以及当前中美科技对抗都说明了数控系统对国家产业安全、国防安全和工业信息安全的重要性。与芯片、大飞机产业一样，数控系统产业既是战略性、基础性的核心技术产业，又是市场充分竞争的产业。对于这样具有战略性、基础性、"卡脖子"的产业，关注其关键技术产业化的发展趋势意义重大。

一、国外数控系统关键技术产业化新进展

1. 国外先进制造的发展战略：智能制造成为新的产业趋势

世界性的科技革命和产业革命发生历史性交汇，以工业互联网和智能制造为主导的第四次工业革命正在兴起。云计算、大数据、移动互联网、物联网、人工智能等新兴信息技术与制造业的深度融合，引发了制造业的深刻变革。本次工业革命的核心技术是智能制造——制造业数字化、网络化和智能化。智能制造已成为新的产业发展趋势，它将先进信息技术（特别是新一代人工智能技术）和制造技术进行深度融合，推进本次工业革命的兴起。世界各制造强国都在积极采取行动，发展智能制造技术并进行产业化。美国提出"先进制造业国家战略计划"，正式将先进制造业提升为国家战略；德国提出"工业 4.0 战略计划"，计划投入 2 亿欧元，支持工业领域新一代革命性技术的研发与创新；日本提出"超级智能社会 5.0"计划；韩国提出"制造业创新 3.0 计划"[1]。

2. 高度集中，强者愈强，国外龙头企业占据国际高端数控系统市场

世界数控系统与世界数控机床的产业格局非常类似，其技术源头和优势企业主要

分布在欧洲、美国、日本等发达地区或国家。德国的西门子公司、海德汉公司和日本的发那科（FANUC）公司、三菱（Mitsubishi）公司等占据世界中高端数控系统市场的绝大部分份额[2]。

德国西门子公司的数控系统应用广泛，在航空航天、船舶等高端制造业占有重要地位。其产品种类比较齐全，数控车床、数控磨床和数控加工中心等都有相应的专用数控系统。其数控系统经过几十年的发展，在全球范围内积累了良好的口碑，具有强大的功能和非常出色的稳定性，能够针对不同的行业应用提供对应的功能包，从而解决客户的痛点问题。值得一提的是，西门子公司在 2019 年的 EMO 展中推出全新的 Sinumerik ONE 数控系统，展示了由虚到实的"设计—规划—虚拟调试—生产—服务"完整价值链的数字孪生技术，呈现出面向数控机床端和用户端的完整技术生态，是西门子公司推动机床行业数字化转型的关键产品。

日本发那科公司的数控系统主要面向中高端制造业市场，是全世界数控系统销量最大的数控系统。其产品具有高可靠性、高质量、高性能、全功能的特点，适用于各种机床和生产机械，在全球市场的占有率远超其他的数控系统。发那科公司推出的 Series30i/31i/32i/35i-MODELB 数控系统，在控制精度上取得了突破性进展，大幅提升了工件加工表面的平滑性和光洁度。发那科公司强调数控系统的智能化、信息化，集高加工性能、高运转率、易用性于一体，利用技术手段，提升系统的可靠性、加工水平，开发出具有智能自适应控制、智能主轴加减速、智能温度控制等功能的智能数控系统。

综上，国际数控系统产业的竞争态势表现为高度集中、强者愈强，市场份额逐步集中在个别龙头企业，即发那科、西门子、三菱公司。欧洲一些数控系统企业，如海德汉、FAGOR、NUM 等，专注高端机床和专用机床的配套，技术领先，但销量较小。

3. 国外数控系统产业的三种发展模式

目前，国外数控系统产业的发展有三种模式：西门子模式、哈斯模式和马扎克模式。

西门子模式：系统厂专业生产各种规格的数控系统，提供各种标准型功能模块，为全世界的主机厂提供批量配套。例如，发那科、西门子、三菱等公司主要生产数控系统（图 1）。系统厂生产数控机床（如发那科公司生产钻攻中心），非常谨慎和低调，以免引起主机厂的抵制。这种模式的优点是：主机厂和系统厂发挥各自的优势，有利于形成专业化、规模化生产。有些系统厂（如西门子公司）为用户提供开放的二次开发平台，用户可将其工艺以二次开发的形式与系统集成，但系统品牌仍归系统厂所有。这种模式的缺点是：系统厂和主机厂主要是买卖关系，双方结合不够紧密；如果系统厂在技术上不向主机厂开放，主机厂所需要的特殊控制要求、加工工艺和特色使用要求则难以实现。

(a) Siemens 840D　　　　(b) FANUC 30i　　　(c) Mitsubishi M70V

图 1　西门子模式的数控系统

哈斯模式：主机厂独立开发数控系统，并与其数控机床配套销售，如美国哈斯（Haas）公司、意大利菲迪亚（Fidia）公司等（图 2）。这些公司创立之初从数控系统的研发起步，为了销售其数控系统开始生产并销售数控机床。目前，哈斯公司的数控机床销量已走到世界前列。这种模式的优点是：主机销售带动系统销售；主机厂全面掌握数控系统技术，并将积累的经验集成到数控系统中，很容易满足特殊控制和加工工艺的要求。其缺点是：主机厂独有品牌的数控系统很难被其他主机厂选用；系统的研发难度极大，其生产、管理和质量控制模式也与主机生产明显不同，所需的技术基础的积淀与人力、物力的投入，一般主机厂也不能承受。

图 2　哈斯数控系统及机床

马扎克模式：主机厂在系统厂提供的开发平台上，研发自主品牌的数控系统，并与自产的数控机床配套进行销售。例如，日本的马扎克（Mazak）和森精机等公司，在三菱、发那科公司提供的数控系统平台上，研发出马扎克、森精机的数控系统品牌（图3）。这种模式避免了"西门子模式"和"哈斯模式"可能出现的缺点，发扬了自身的优点。它可使主机厂所需要的特殊控制、加工工艺和使用特色要求方便地融入数控系统中，还可使主机厂用较少的投入，形成自己的特色技术、知识产权和数控系统产品。此外，主机厂销售自主品牌的数控系统，可进一步强化主机厂的机床品牌，增加用户对主机厂的忠诚度，还可降低主机厂采购数控系统的成本，同时带动数控系统产业的发展。

图3 马扎克数控系统

二、国内数控系统关键技术产业化新进展

1. 智能制造是建设制造业强国的主攻方向

智能制造是立国之本、兴国之器、强国之机。党的十八大以来，以习近平同志为核心的党中央着眼推动经济的高质量发展，对加快建设制造强国，加快发展先进制造业做出一系列重要部署，提出加快推进新一代信息技术和制造业的融合发展，顺应新一轮科技革命和产业变革的趋势，以供给侧结构性改革为主线，以智能制造为主攻方向，加快制造业生产方式和企业形态的根本性变革[3]。

数控机床是中国制造业的"工作母机"和"国之重器"，数控系统是数控机床的"芯片"，数控系统的智能化对制造业和机床产业本身的发展具有重要影响。2017年底，中国工程院提出智能制造的三个基本范式：数字化制造、数字化网络化制造、数字化网络化智能化制造——新一代智能制造。这三个范式分别代表智能制造的初级阶段、中级阶段和高级阶段[4]。

智能制造为中国制造业的跨越发展提供了历史性机遇，新一代人工智能技术与先进制造技术的深度融合，形成了新一代智能制造技术，是新一轮工业革命的核心驱动力。中国制造业完全可以抓住这一千载难逢的历史机遇，实现换道超车和跨越发展。

2. 国内数控系统行业竞争激烈

中国数控系统行业的竞争态势与中国机床行业整体的竞争态势非常类似，即高端失守、低端内战。发那科、西门子、三菱公司等国外知名企业占据高端、中端数控系统的大部分市场。在五轴联动数控系统中，绝大部分是国外品牌，武汉华中数控股份有限公司（简称华中数控）等极个别的国产品牌占有少量市场。国产数控系统主要集中在普及型、经济型数控系统的市场，而且竞争很激烈。据 2018 年中国国际工程咨询有限公司的统计，国产标准型数控系统的市场占有率已从 2009 年的 30% 提高到目前的 60% 左右，国产高端数控系统的市场占有率已从 2009 年的 1% 提高到 2017 年的15% 左右。

自 2012 年开始，武汉华中数控股份有限公司（华中数控）、广州数控设备有限公司、大连光洋科技工程有限公司、沈阳高精数控技术有限公司（沈阳高精）等企业瞄准国外当时最先进的高端数控系统（Siemens 840D）和市场占有率最大的标准型数控系统（FANUC 0i-D），着手研制高端数控系统和标准型数控系统。这些企业对标国外的先进产品，建立了数控系统的技术指标体系和测评方法，开展第三方对比测评和技术鉴定，使研制的数控系统在性能、可靠性指标上接近国际先进水平。国家专项支持研制的成果"高端数控系统"入选专项十大标志性成果。

华中数控公司在国家科技重大专项"高档数控机床与基础制造装备"的支持下，突破多项关键技术（体系结构、总线、五轴、多轴多通道等技术），成功研制出"华中 8 型"系列化高端数控系统并实现产业化；研制的数控系统在功能和性能指标上达到国际先进水平，是配套最多的国产高端数控系统。该公司开发出高速、高精度的运动控制技术，实现了纳米级的插补和高速、高刚度伺服驱动控制技术；开发出现场总线、五轴联动和多轴协同控制技术，建成硬件可置换、软件跨平台的全数字数控系统软硬件平台和数控系统云服务平台，实现了全数字化的系统内部通信和外部互联；提出了指令域大数据分析方法，实现了工艺参数优化、机床健康评估、热误差补偿等智能化功能的工程应用。此外，基于新一代人工智能技术，该公司还研制出嵌入 AI 芯片的新一代智能数控系统，建立"互联网＋数控"和"智能＋数控"两个平台，打造出数控系统智能化应用 APP 生态。

沈阳高精针对国家战略要求和国内外市场需求，通过建设"开放式数控系统支撑技术创新平台"，形成了高端数控系统的自主开发能力，建立了以开放为特色的数控系统平台，开发出基于数学机械化方法的高速、高精、多轴运动控制算法，实现了"蓝天数控"的技术创新和自主可控。

大连光洋数控公司针对机床面板、开关等机床外围设备，以及伺服驱动器等实时性不同的数据信息，采用统一的 Glink 数字总线，开发出支持多达 8 个通道、24 个轴和 768/512 个 I/O 点的第二代全数字总线式数控系统。该数控系统在硬件构架上采用最少的硬件，并结合高性能的 GTP8000E 软件数控，具备高性能，与目前国际上流行的总线式数控系统相比，有显著的竞争优势。

三、数控技术产业化发展趋势及建议

1. 国内外数控系统的发展趋势

目前，国外企业加快了"互联网＋"和新一代人工智能等新技术的应用，新兴信息技术与数控系统产业正在进行深度融合。未来数控系统将向高速、高精、高可靠性、多轴联动、功能复合化，以及开放化、平台化、网络化、智能化方向发展。

在引进许多最先进的国外数控系统技术的同时，国产数控系统在一些关键技术（如智能数控系统）上实现了原始创新。然而，以中美贸易战为代表的逆全球化正在进一步升级，再加上新冠肺炎疫情的全球暴发，都给产业的供应链带来了不确定性。这是中国装备制造所面临的百年大变局，数控系统和数控机床首当其冲，国产数控机床正面临着差距拉大的危机。

利用新兴信息技术与数控系统产业的深度融合，有望破解国产数控系统、数控机床发展的难题，补齐发展的短板，推动国产数控系统实现换道超车。此外，中国还需要系统厂和机床厂以资产为纽带，建立战略合作关系，共同探索未来的 iNC 模式，实现国产数控产业的创新和发展。

2. 数控系统产业发展的政策建议

为更好地发展国产数控系统产业，我国需要做好以下几方面的工作。

第一，强化顶层设计，制定智能数控系统、智能机床的发展规划和配套政策。利用国家创新中心、国家重点研发计划、国家科技重大专项、科技创新 2030——"新一代人工智能"重大项目等各类科技计划的支持，多渠道发展智能系统和智能机床。此外，在给予国产数控系统产业扶持和优惠政策的同时，要注意处理好市场竞争和国家政策支持的关系以及开放和自主创新的关系。

第二，搭建"产学研"合作平台，推动智能数控系统关键技术的突破。发挥机床主机厂、数控系统、功能部件和信息技术骨干企业的主导作用以及高等院校、科研院所的基础作用，完善科技成果转化协同推进机制，开展产学研三方的协同创新，引导产学研三方按市场规律和创新规律深化合作，建立创新体系和产业技术创新联盟，瞄准"高端"和"基础"两方面的薄弱点，进行整体布局。

第三，创造有利于发展国产智能数控系统和智能机床的市场环境，推动在重点领域的应用示范和推广。应加大国产智能机床在航空航天、武器装备、能源动力等重点领域的应用示范和推广，提高技术成熟度和市场信任度。

第四，加强和完善从研发、转化、生产到管理的人才培养体系。通过产学研合作，积极打造智能数控系统和智能机床的高素质专业技术人才队伍。

参考文献

［1］Zhou J，Li P G，Zhou Y H，et al. Toward new-generation intelligent manufacturing. Engineering，2018，4（1）：11-20.

［2］王磊，卢秉恒 . 中国工作母机产业发展研究 . 中国工程科学，2020，22（2）：29-37.

［3］佚名 . 中央深改委审议通过《关于深化新一代信息技术与制造业融合发展的指导意见》. http：//xy.xingtai.gov.cn/zcfg/gjzc/202007/t20200710_608026.html［2020-07-05］.

［4］Chen J H，Hu P C，Zhou H C，et al. Toward intelligent machine tool. Engineering，2019，5（4）：679-690.

3.7 Commercialization of High-Performance Numerical Control System

Chen Jihong

（National NC System Engineering Research Center;
Wuhan Huazhong Numerical Control Co., Ltd）

The CNC system is the "brain" of the machine tool, which determines the function, performance and reliability of the CNC machine tool, and represents the core competitiveness of the national manufacturing industry. The high-performance CNC system has always been restricted by foreign blockades, which is the main factor that limits the development of China's machine tool equipment to high level. China's manufacturing sector from a big one to a strong one will highlight the integration of new-generation information technology with manufacturing and focus on intelligent manufacturing. Based on the systematic analysis of the CNC system industrialization development, we review the current progresses and new trends of the CNC system industry, discuss some key challenges and then give our suggestions.

3.8　高性能计算技术产业化新进展

谭光明

（中国科学院计算技术研究所）

　　高性能计算主要指通过并行处理技术，高效、可靠、快速地运行重要应用程序。利用高性能计算，研究人员能够构建更好的决策分析和模拟支撑系统，从而理解和预测所探索的科学和工程对象在真实状态下的行为和对不同物理变量的影响。相比单纯直接的物理实验，它更能节省时间和研发开支。现代科学研究和工程设计几乎离不开构建大规模系统的模型，而利用这种模型，可以模拟许多几何细节和复杂的物理过程。

一、国际高性能计算技术产业化发展现状

1. 中美日三足鼎立态势已成

　　自 2010 年以来，中国超算系统突飞猛进，打破了美国和日本长期霸占超算排名第一的局面。在过去几年的全球超算系统排行榜——TOP500 中，中国、美国、日本轮流占据第一名的位置（图 1）。

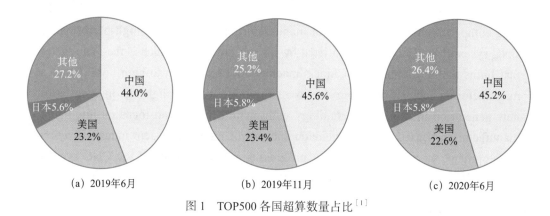

(a) 2019年6月   (b) 2019年11月   (c) 2020年6月

图 1　TOP500 各国超算数量占比[1]

2019 年 12 月的 TOP500 显示[1]，中国超算数量为 228 台，高于 6 个月前的 220 台。同时，美国的超算数量下降到 117 台，日本以 29 台排名第三。美国超算系统的平均性能更强，占榜单总性能的 37.10%，中国以 32.29 % 的份额紧随其后。不过，与 6 个月前相比，这种性能差距已经缩小，在 2019 年 6 月的榜单中，美国占 38.47 %，中国占 29.94%（图 2）。

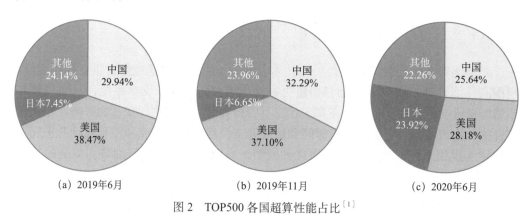

(a) 2019年6月   (b) 2019年11月   (c) 2020年6月

图 2　TOP500 各国超算性能占比[1]

2020 年 6 月更新的 TOP500 显示，中国以 226 台超级计算机占据了榜单的主导地位，美国排名第二，有 113 台，日本排名第三，有 29 台。尽管在系统数量上排名第二，但美国仍以 644 PetaFLOPS 的总性能超过中国的 565 PetaFLOPS，日本系统数量较少，仍能达到 530 PetaFLOPS 的性能。

在最新的 TOP500 排名中，第一名系统是来自日本神户 Riken 计算科学中心的 Fugaku，该系统的高性能 LINPACK（HPL）结果为 415.5 PetaFLOPS，比位于美国能源部橡树岭国家实验室（ORNL）的前第一系统 Summit 系统性能测试结果高出 2.8

倍[2]。Fugaku 由富士通的 48 核 A64FX SoC 驱动，是名单上第一个由 ARM 处理器驱动的顶级系统，在人工智能应用中经常使用的单精度或更低精度（如半精度）中，Fugaku 的峰值性能超过 1000 PetaFLOPS。

美国已确立了 E 级超算系统的研制计划，预计在 2021 年推出理论峰值到达 1EFLOPS 的超算系统，并在后续几年连续推出实际峰值超过 1EFLOPS 的系统（表1）。中国和日本在 E 级系统的研制方面也有类似的计划[3]。

表 1　美国超算的研制情况

年份	系统	安装地	架构	总算力（PF）	应用
2012	Aurora（极光）	阿贡国家实验室（ANL）	X86+GPU	1000	HPC+AI
2022	Frontier（前线）	橡树岭国家实验室	X86+GPU	1500	HPC+AI
2023	El Capitan（酋长岩）	劳伦斯利弗莫尔国家实验室	X86+GPU	2000	HPC+AI

2. 高性能处理器架构混战正酣

在高性能处理器领域，多种架构并存的局面将长期存在。2019 年 11 月更新的 TOP500 榜单显示（图 3），在芯片层面，英特尔公司继续占据主导地位，它的处理器用于 500 个系统中的 470 个系统中，分属于多代至强和至强融核硬件。IBM 公司以 14 个系统排名第二，其中 10 个是超级处理器，4 个是蓝色基因/超级处理器。AMD 公司占据三台系统。名单上现在有 2 个基于 ARM 的超级计算机：一个是部署在桑迪亚国家实验室的 Astra 系统，它配备了 Marvell 的 ThunderX2 处理器；另一个是富士通公司的 A64FX 原型系统，这是预计 2021 年交付给 RIKEN 的 Fugaku (Post-K) 系统的前身。英伟达公司是加速器的主要供应商，其图形处理器 GPU 用在 145 个加速系统的 136 个中，而在 6 个月前的清单上，用在 134 个加速系统中。

在 2020 年 6 月更新的 TOP500 榜单（图 4）中，总共有 144 个系统使用加速器或协处理器，与 6 个月前报道的 145 个系统几乎相同。与过去一样，大多数配备有加速器/协处理器 (135) 的系统都使用 NVIDIA 图形处理器 GPU（图 5）。X86 仍然是占主导地位的处理器体系结构。在 500 个系统中有 481 个是 X86 架构（图 6），英特尔占据 469 个，其中 11 个安装 AMD，其余 1 个安装 Hygon。ARM 处理器出现在 4 个 TOP500 系统中，其中 3 个采用新的富士通 A64FX 处理器，其余 1 个由 Marvell 公司的 ThunderX2 处理器驱动。值得一提的是，排名第一的 Fugaku 系统由富士通公司的 48 核 A64FX SoC 驱动，是名单上第一个由 ARM 处理器驱动的顶级系统。

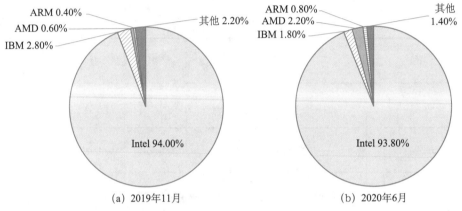

图 3　TOP500 处理器芯片占比[1]

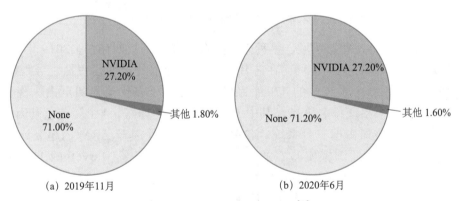

图 4　TOP500 加速卡 / 协处理器芯片占比[1]

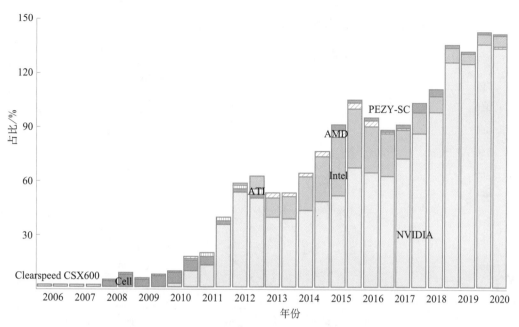

图 5　TOP500 历年超算加速器 / 协处理器类型占比[1]

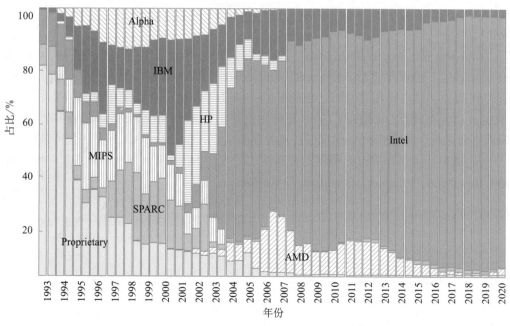

图 6　TOP500 历年超算处理器芯片占比[1]

3. 互连系统格局渐趋稳定

综合历年 TOP500 互联网络的数据来看，超算互联系统的格局渐趋稳定（图7）。

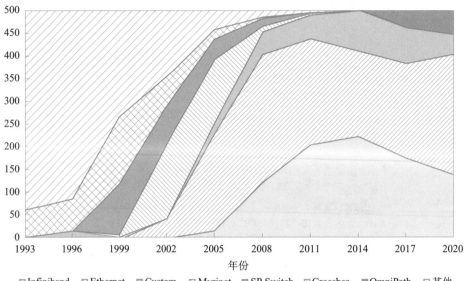

图7　历届排行榜中所有500台超算的互连网络发展情况[1]

Myrinet、SP Switch 和 Crossbar 互连网络在 2000 年前后曾经一度占据主导，现在已很少采用。2000 年之后，Ethernet、Infiniband 和 Custom 网络发展很快，近几年一直位列前三，总占比超过 90%。OmniPath：前几年占比一直稳定在 10% 左右，但去年 Intel 已宣布放弃 OmniPath。未来超算中主要仍是 Ethernet 和 Infiniband 网络，但从目前态势来看，随着 Ethernet 400G 技术的逐渐成熟，Ethernet 的占有率还会持续提升。

从 2020 年 6 月超算互连网络的分布图（图8）可以看出，当今超算主要有四种网络：Infiniband、Ethernet、OmniPath 和 Custom。

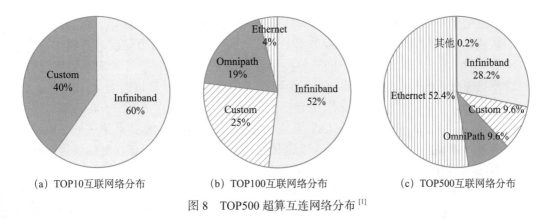

(a) TOP10互联网络分布　　　(b) TOP100互联网络分布　　　(c) TOP500互联网络分布

图 8　TOP500 超算互连网络分布 [1]

Infiniband：超算最重要的网络，以低延迟和高带宽著称，性能越高的超算采用的比例越大，在 TOP500、TOP100 和 TOP10 中占比分别为 28.2% 、52% 和 60%。Ethernet：超算中应用范围最广的网络，成本低，兼容性好，但延迟较大，主要用于中低端超算，性能越低的超算采用的比例越大，在 TOP500、TOP100 和 TOP10 中占比分别为 52.4% 、4% 和 0%。OmniPath：性能和成本介乎 Infiniband 和 Ethernet 之间，在中高端机器中有一定应用范围，在 TOP500、TOP100 和 TOP10 中占比分别为 9.6% 、19% 和 0%，Intel 2019 年宣布放弃 OmniPath。Custom：自研定制的网络，可获得最佳性能或最佳能效比，成本高，主要应用于高端超算中，在 TOP500、TOP100 和 Top10 中占比分别为 9.6% 、25% 和 40%。其他：仅有 1 台机器采用 Myrinet 网络。

二、中国高性能计算技术产业化进展

随着高性能计算技术的不断发展，高性能计算的应用领域越来越广，高性能计算机的需求量也变得越来越大。随着下游应用领域的不断扩大，以及下游对算力需求的增加，我国高性能计算机行业的市场规模持续扩大[4]，2018 年行业市场规模在 254 亿元。

1. 国产高性能处理器在超算系统中大显身手

近 10 年来，在国家高技术研究发展计划（863 计划）多个国家科技计划的持续支持下，我国在超级计算领域取得长足发展。从技术上看，以"天河""神威""曙光"等为代表的超级计算机的性能在 TOP500 排行榜中长期处于世界领先位置，共获得过 11 次 TOP500 榜单的第一名，占全部次数的 55%。

中国超级计算机制造重要的里程碑式的事件有：2004 年和 2008 年，曙光公司先后研制成功的"曙光 4000"十万亿次计算机与"曙光 5000"百万亿次计算机均进入 TOP500 排名前十位；2009 年，国防科技大学研制成功"天河一号"千万亿次计算机，使我国成为继美国之后世界上第二个研制成功千万亿次计算机的国家；2010 年 6 月，曙光公司研制成功的"星云"千万亿次计算机，性能列世界 TOP500 的第二位；2010 年 11 月，升级后的"天河 -1A"系统创造出超级计算机全球排名第一的好成绩；2010 年底，"神威·蓝光"成为第一个全部采用国产 CPU 实现千万亿次的超级计算机；2013 年 6 月开始，"天河二号"连续 6 次位居 TOP500 第一名；2016 年底，采用国产 CPU 的"神威·太湖之光"第一次排名第一[3]。

"神威·太湖之光"超级计算机安装了 40 960 个中国自主研发的"申威 26010"众核处理器[5]。"十二五"期间，在国家"核心电子器件、高端通用芯片及基础软件产品"（核高基）重大专项的支持下，为满足我国高性能计算机发展对国产处理器的需求，国家高性能集成电路（上海）设计中心经过 5 年的自主设计和创新发展，研制成功"申威 26010"处理器。"申威 26010"处理器采用 64 位自主指令系统和片上异构的处理器架构，在单芯片上集成了 260 个核心，核心的工作频率达到 1.5GHz，峰值运算速度达到每秒 3.168 万亿次双精度浮点结果。它是我国第一款运算速度超过每秒万亿次浮点结果的高性能处理器，也是全球第一款性能超过每秒 3 万亿次浮点结果的芯片，已达到国际领先水平。

"天河二号"在 2017 年底用国产的 Matrix-2000 协处理器替换用了 5 年的 Xeon Phi。这次升级把"天河二号"的每秒计算次数从 3.39 亿亿次提升到了 6.14 亿亿次，而功耗只增加不到 4%。

2. 算法逐步跟上，软件发展潜力巨大

在中国超算硬件能力取得骄人成绩的同时，高性能计算技术和产业中最薄弱的环节——算法和软件也有了一定的发展[6]。尤其是算法技术，在国家 863 计划相关重大项目的支持下，取得了一批重要成果并进行了初步示范。在可期的未来，软件也将有长足的发展。

大规模并行算法能力取得进步的最具标志性的事件是中国连续获得戈登·贝尔奖。自 2016 年"千万核可扩展全球大气动力学全隐式模拟"代表中国在戈登·贝尔奖取得零的突破后，2017 年"模拟唐山大地震"的算法再次斩获该奖，同时有数个成果获得提名，这是我国高性能计算应用发展的一个新的里程碑。

要想真正发挥高性能计算的能力，就必须大力发展涉及国家安全与发展的重大行

业的软件。事实上，中国超算已走过以政府主导的机器研制带动应用发展的阶段，正在进入以应用需求引领系统研制的理性阶段。在国家863计划相关重大项目的支持下，我国先后重点支持了物理化学、天文、气候气象、生物医药、新能源、流体仿真、大飞机、石油勘探、地震成像等领域的超算应用，初步研制出一批具有自主知识产权的重大行业的应用软件。

三、高性能计算技术产业化发展趋势

随着高性能计算机的普及，我国高性能计算机产业的规模将明显增长，并带动高性能计算的相关衍生产业的快速增长。

1. 人工智能正成为 HPC 新的宠儿

据 Hyperion Research 预测[7]，全球基于高性能计算服务器的人工智能市场将以复合年增长率29.5%的速度增长，到2021年达到12.6亿美元，比2016年的3.46亿美元增长两倍多。目前 HPC AI 市场被定义为高性能数据分析（HPDA）市场的一个子集，该市场包括机器学习、深度学习和其他运行在 HPC 服务器上的 AI 工作负载。中国市场扩大的一个重要推动因素是我国于2017年7月发布的《新一代人工智能发展规划》；在该规划中，中国承诺到2020年投入221.5亿美元用于人工智能的研究，到2025年投入将达到590.7亿美元[8]。该计划将中国定位为无人驾驶技术、消费级人工智能应用、远程医疗和生物制药等人工智能领域的市场领导者。这为开发更高容量的高性能计算系统提供了巨大的动力。

2. 高性能计算民主化

大多数 HPC 工作仍在内部、专用或私有云中完成，但公有云中的 HPC 工作负载正在增长。大型公有云提供商（如 AWS 和阿里云公司）的更友好的高性能计算选项正在吸引传统的高性能计算用户，这些用户能够使用公有云来扩展他们的本地工作。非传统的高性能计算用户也在利用公有云 HPC 解决方案来应对机器学习和人工智能提出的挑战。

借鉴互联网的普及之路，未来高性能计算机将为用户提供"云函数"和"云流程"等高层次服务，即采用应用商店的形式，集成已调优的高级算法函数、模型和完整的业务流程框架，形成敏捷开发模式；而用户在自己的应用程序中可以直接调用云函数，并调整云流程来实现自己的应用功能；在这个过程中，用户只需关心自己业务的配置，无须在复杂的并行算法和建模上投入大量人力。

3. 从数据中心到边缘计算

随着自动驾驶和智能物联网的发展，计算模型从集中化转向分散化，这就是所谓的边缘计算。公有云兴起后，工作负载被移出数据中心，其中大多数的工作负载被分配到遍布全球的数据中心。然而，数据处理的现代应用需要计算、存储和网络能够靠近应用端，或需要设备提供快速的响应时间，集中式的数据中心因速度太慢无法满足这样的需求。边缘计算加速了交互，消除了延迟，减少了需要返回数据中心的网络和计算的负载，同时，需要在云中完成的处理越少，响应时间就越快。因此，边缘计算可以满足数据处理的现代应用的需求。

在这样一个高性能计算变革的时代，合成和处理数据的工具的成熟，必将把高性能计算从研究实验室带到主流的工业应用市场。

参考文献

[1] Meuer H，Simon H，Strohmaier E，et al. TOP 500 supercomputer sites. http：//www.top500.org[2020-06-30].

[2] Japan captures TOP 500 crown with Arm-Powered supercomputer. https：//www.top500.org/news/japan-captures-top500-crown-arm-powered-supercomputer/[2020-06-30].

[3] 历军. 中国超算产业发展现状分析. 中国科学院院刊，2019，34(6)：617-624.

[4] 观研天下. 2020年中国高性能计算机行业分析报告——市场深度分析与发展趋势研究. http：//baogao.chinabaogao.com/jichengdianlu/316102316102.html[2020-12-16].

[5] 国家超级计算无锡中心. "神威·太湖之光"高效能计算系统. http：//www.nsccwx.cn/swsource/5d2fe23624364f0351459262[2020-06-30].

[6] 金钟，陆忠华，李会元，等. 高性能计算之源起——科学计算的应用现状及发展思考. 中国科学院院刊，2019，34(6)：625-639.

[7] Black D. Trends in the Worldwide HPC Market. https：//insidehpc.com/2017/09/trends-worldwide-hpc-market/[2020-06-30]．

[8] 国务院. 国务院关于印发新一代人工智能发展规划的通知（国发〔2017〕35号）. http：//www.gov.cn/zhengce/content/2017-07/20/content_5211996.htm?gs_ws=tsina_636394431999454091[2020-12-16].

3.8 Commercialization of High Performance Computing Technology

Tan Guangming
(Institute of Computing Technology, Chinese Academy of Sciences)

This paper introduces the new progress in high performance computing technology industrialization from the following aspects: firstly introduces the international current situation of the development of high performance computing technology industrialization, compares the system share and performance share of country, architecture and interconnect system; secondly introduces China's high performance computing technology industrialization progress, focuses on domestic high performance chips and software algorithm; finally introduces the development trend of high performance computing technology industrialization. The keyword is AIHPC, HPC democratization, Compute from the data center to the edge.

3.9 软件产业化新进展

卢朝霞

（东软汉枫医疗科技有限公司）

软件是新一代信息技术产业的灵魂，是建设制造强国、网络强国的关键支撑，是引领国家科技创新、经济社会转型发展的重要力量[1]。作为国家的基础性、战略性产业，软件在促进国民经济和社会发展、转变经济增长方式、提高经济运行效率等方面的地位和作用日益凸显。

一、全球软件产业新进展

1. 产业格局已经形成，产业链条分布明晰

目前全球软件产业的分工体系以美国、欧洲、印度、日本、中国等为主。在重点软件领域，基础软件作为软件业的最核心部分，一直是各国技术竞争的焦点。以微软、IBM、甲骨文（Oracle）等跨国公司为龙头的美国软件产业垄断着全球 90% 的操作系统、数据库系统及通用套装软件。在工业软件领域，欧美引领全球工业软件的发展方向。美国企业几乎垄断全部的集成电路设计工具；德国、法国等欧洲国家在细分领域处于主导地位；日本、韩国等国家具有先发优势；印度和中国在工业软件市场具有较快的增速，并与日韩等国家一起为市场提供主要的增长动力[2]。

2. 数字经济加速产业增长，正在成为全球经济发展的新引擎

2018 年，美国数字经济规模蝉联全球第一，达到 12.34 万亿美元，中国规模达到 4.73 万亿美元，保持全球第二大数字经济体的地位。德国、日本、英国和法国的数字经济规模分别达到 2.40 万亿、2.29 万亿、1.73 万亿和 1.15 万亿美元[3]。

据 Gartner 预测，2020 年全球 IT 支出将达到 3.9 万亿美元，比 2019 年增长 3.4%。预计 2021 年全球 IT 支出将突破 4 万亿美元[4]。软件市场是增长最快的主要市场，增速达 10.5%。《Software Global Industry Guide 2014—2023》中指出，2018 年全球软件（产品）市场总收入为 4842 亿美元，2014 ~ 2018 年的复合年均增长率为 11.6%[5]。

3. 软件无处不在，已全面融入经济社会各领域

软件作为知识的载体，已深入日常生活的每个角落，几乎改变了地球上所有的产业形态和商业模式，正在改变人类赖以生存的世界。

在互联网经济的催化下，软件正在与制造业等传统行业进行深度融合，引发新一轮的产业变革，催生"互联网+""人工智能+"等新的产业生态。移动应用、远程医疗、协同办公、智慧交通、电子商务、智慧物流、智能制造等大量涌现，产业模式从传统的"以产品为中心"向"以服务为中心"转变。软件定义改变了 IT 服务的供给模式，云服务、产品和服务相互渗透、线上线下相结合等新模式层出不穷。随着互联网、大数据、云计算、人工智能等领域的技术不断飞跃，软件的产业形态与商业模式、架构被不断重塑，未来产业的边界将变得越来越模糊，软件的互联网化、服务化、融合化特征凸显，对全球软件产业的发展将产生重大影响。

4. 移动应用市场成熟，中国是最大的 APP 市场

智能手机已成为日常生活不可分割的一部分，Newzoo 发布的《2020 全球移动市场报告》显示，2020 年全球智能手机用户将达 35 亿。App Annie 发布的《2020 年移动市场报告》显示，2019 年全球移动 APP 下载量达到 2040 亿次，比 2016 年增长 45%，下载量创新高主要归功于印度、巴西和印度尼西亚等新兴市场的增长。

中国手机用户已超过 9 亿。极光发布的《2019 年 Q2 移动互联网行业数据研究报告》显示，截至 2019 年 6 月份，中国网民规模增长至 11.34 亿，人均手机 APP 的数量为 56 个[6]。我国市场上 APP 数量为 367 万款，规模排在前 4 位的种类（游戏、日常工具、电子商务、生活服务类）的 APP 数量占比达 57.9%。2018 年中国应用下载量全球占比过半，收入占比接近 40%。

5. SaaS 应用成为 IT 行业发展速度最快的领域之一

Gartner 数据显示，2018 年全球 SaaS 市场规模达到 871 亿美元，增速为 21.14%，占全球云计算市场规模的比例超过 60%，预计 2022 年市场规模将达到 1578 美元，复合年均增长率达到 13%[7]。其中，客户关系管理（CRM）、企业资源计划（ERP）、办公套件仍是主要的 SaaS 类型，市场占有率高达 77%。

从全球来看，SaaS 的市场集中度明显高于同期的传统软件板块，微软、Salesforce 公司等 5 家企业合计营收占比超过 50%。中国 SaaS 市场还处于初级的高速发展阶段，虽然增速高于美国 SaaS 市场，但市场的成熟度远低于美国[8]。

二、国内软件产业新进展

1. 产业规模快速增长，产业地位稳步提升

按照工业和信息化部的行业定义，我国软件产业可划分为软件产品、信息技术服务和嵌入式系统三个细分领域[9]。2019 年，全国软件和信息技术服务业规模以上企业超 4 万家，累计完成软件业务收入 71 768 亿元，同比增长 15.4%。软件利润、软件企业数量、软件人才数量等方面也取得较大增长[10]。《2018 年软件和信息技术服务业统计公报》显示，2018 年我国软件业投入研发经费为 6267 亿元，比上年增长 11.5%，技术创新在软件产业发展中的驱动价值更加凸显。

中国新旧动能的加快转换，为软件产业发展创造了良好的外部环境。经历两化融合到工业互联网的发展后，软件产业再获国家政策的大力支持，被国家定义为战略性新兴产业。

2. 基础软件供给不足，数据库领域产生重大突破

目前国产操作系统在国内市场的占有率不足 5%，国产数据库产品市场份额未超过 15%[11]。国产操作系统主要品牌为中标麒麟、红旗 Linux、Deepin 等，已在邮政、银行、政府、公安等部门得到推广应用。2019 年 8 月，华为公司正式发布自主研发的鸿蒙系统，率先部署在智慧屏、车载终端、穿戴等智能终端上，未来会用于越来越多的智能设备中。TiDB、OceanBase 和达梦数据库在国产数据库流行度排行榜中稳居前三，获得金融、制造、电信、电商、物流、能源、快消、新零售等诸多领域的广泛认可。近年来，以阿里、腾讯、华为公司为代表的国内大公司动作不断。在 2018 年 Gartner 发布的数据库系列报告中，出现了阿里云、华为、巨杉数据库、腾讯云和星环科技 5 家数据库厂商[12]。在 TPC-C 数据库基准性能测试中，蚂蚁金融服务集团凭借自主研发的分布式关系数据库 OceanBase，成为在榜单中登顶的首家中国公司，打破了美国甲骨文公司保持 9 年的世界纪录。2020 年 6 月，腾讯云公司发布分布式图数据库产品 TGDB，其能够实现万亿级关联关系数据的实时查询，打破了国产数据库的技术"天花板"。

中国在基础软件方面已突破众多单点技术并实现了众多的功能，但依然面临生态产业链成熟度不足、生态兼容性不高、整合力度不强等问题。随着国家不断加快数字基建的投资进程，中国基础软件将获得快速增长。

3. 布局应用软件市场，带动整体行业发展

在行业应用领域，中国基础办公软件需求强劲，部分行业（如通信、电子、税务、航天等）的应用软件技术水平较为领先。目前，软件在医疗、教育、养老、文化、旅游、体育等民生领域正在与行业进行深度融合，产品服务呈现出智慧化、移动化、互联网化，服务模式和应用场景不断创新。

工业软件是中国制造业的最大短板，长期存在管理软件强、工程软件弱、低端软件多和高端软件少的局面。在智能制造和工业互联网的不断推动下，工业软件市场规模不断扩大，嵌入式系统软件已成为带动产品和装备进行数字化改造以及各领域智能化增值的关键性技术。在产品创新数字化领域，CAD/CAM 和 PDM/PLM 软件已在国际市场具有一定的影响力。在管理软件领域，以用友、金蝶、浪潮等公司为代表的企业资源计划（ERP）厂商是国内市场的主力军。从整体上看，大中型企业市场以国外厂商为主，中小企业市场国内厂商占有率更高。在 MES、供应链管理软件等领域，国内软件公司占据 60% 以上的市场份额。

4. 智能应用频繁落地，AI 进入创造价值的新时代

中国已成为人工智能发展最迅速的国家之一，2018 年中国人工智能市场规模超过 300 亿元人民币，人工智能企业的数量超过 1000 家，位列全球第二[13]。如今，人工智能已走出技术爆发的阶段，正在全方位商业化。BAT 公司等科技企业的 AI 正从概念落地到产品层面。腾讯觅影、阿里 ET 城市大脑、百度无人驾驶等人工智能产品或技术具有领先优势，其他企业的 AI 技术也相继进入落地阶段。人工智能企业正在安防、医疗、金融、教育、交通、农业、机器人等领域进行布局，不断提升 AI 的渗透率，加速 AI 与各行业的深度融合以及 AI 的落地应用，AI 或将进入大规模商业化落地的新阶段。

安防是人工智能最早落地的场景，目前已广泛应用在公安系统和各类智慧空间中。金融业在风险管理、普惠金融、客服和运营领域已全面开启智能化。教育领域主要有辅助教学工具、自适应教育、智慧校园等，交通出行领域主要有智能驾驶、疲劳驾驶预警、车联网、智慧交通调度等。医学影像、临床决策支持、医疗机器人等落地，可在诊前、诊中、诊后提供智慧医疗的解决方案。随着国内第一个经Ⅲ类器械审批认证的 AI 产品的正式获批上市，中国医疗 AI 行业开始进入创造价值的阶段。

5. 数字政府方兴未艾，政务信息化迈向新时代

数字政府是数字中国的重要组成部分，其核心目标是通过整合、利用信息资源提高政府的管理效率，改善公共服务体验，推动政府的数字化转型。目前我国一体化政务服务平台初步建成，互联网＋政务服务得到高质量的发展，政务云已在各地广泛落地，涌现出浙江"最多跑一次""数字福建""数字广东"等优秀案例，正在促使政府加速向集约化、整体化转型。一网通办、业务协同、数据共享、移动政务等创新应用不断推出，极大提升了政府的服务效率和人民群众的获得感。

6. SaaS 产品将进一步向垂直化发展，中小企业是主战场

近年来，我国云计算行业受到国家高度重视，其中 SaaS 领域已成为云计算最大的细分领域。通用型 SaaS 以通用型管理和技术工具为主，包括即时通信、协同办公、财务管理、客户关系管理、人力资本管理（HCM）、协同应用（CA），其中市场 SaaS 的渗透度最高，发展最为成熟[14]。此外，在政府、金融、医疗大健康和新零售等垂直行业的核心业务运营中，越来越多的企业将采用 SaaS 模式。

国内 SaaS 软件目前主要面向中小型企业，大型企业客户对使用 SaaS 尚存许多顾虑。根据阿里云公司发布的《2018—2019 中国 SaaS 市场洞察报告》，2018 年中国

49.6% 的 SaaS 用户企业聚集在制造业、金融、电子商务、互联网服务、软件开发五大行业，最受欢迎（TOP10）的应用为邮件管理、协同办公、CRM/SCRM、企业云存储、微信营销、HR、云客服、营销自动化、MICE、DSP。

2020 年，突如其来的新冠肺炎疫情推动了 SaaS 行业的快速发展。疫情期间，越来越多的企业开始加快数字化及向云端迁移的进程，很多企业都在疫情期间应用了协同办公、视频会议、电子签约、数字营销等 SaaS 产品。

7. 信息安全日益得到重视，自主可控已成趋势

近年来，我国十分重视网络和信息安全问题，加快网络安全的市场布局，国内众多企业正在积极探索自主可控、网络安全的国产化软件。中标麒麟、红旗 Linux、普华等国产操作系统，南大通用、人大金仓、达梦等国产数据库，以及东方通、金蝶等中间件，可满足自主可控的需求，具有较高的实用性、稳定性和安全可控性，其应用条件已相对成熟，基本具备国产化替代国外产品的能力。在信息安全领域，国产信息安全产品可基本替代国外同类产品，网络安全、云安全、工控安全等都有成熟的商业化产品和解决方案。

三、我国软件产业的发展趋势

1. SaaS 逐步主导软件产业

据 IDC 预测，2021 年中国 90% 以上的企业将依赖本地/专属私有云、多个公有云和遗留平台的组合[15]。未来 5 年，中国 SaaS 市场依旧会以 37% 的年复合增长率增长，增速是传统软件市场的 5 倍。

传统软件厂商将加快向服务提供商的转变，企业上"云"进程将进一步提速，基于云平台的服务成为软件的主流模式。随着云计算产业生态链的不断完善，行业分工细化的趋势将更明显，工业云、政务云、医疗云等领域有巨大的市场潜力。

2. "新基建"为软件带来重大发展机遇

2018 年 12 月，中央经济工作会议首提"新基建"的概念，并将其外延聚焦在 5G、人工智能、工业互联网和物联网。2020 年，中央多次就加快 5G 网络、数据中心等新型基础设施的建设做出战略部署，这标志着我国经济发展快步进入新阶段。

"新基建"直接服务于智慧社会的建设，不仅能激发新业态、增强新兴产业发展的活力，而且对传统产业有强大的赋能作用。首先，作为数字新基建的重要组成部

分，云计算和基础软件将迎来重大变革的"窗口期"。其次，随着"新基建"的持续投入，软件将融入新型基础设施中并产生大量的各种各样的新应用场景，催生出新的市场需求，为产业增长提供动力。

3. 区块链是软件技术最前沿的方向之一

区块链是全球技术发展的一个前沿，各国都在加紧布局。我国在区块链领域具有良好的基础，在产品溯源、供应链金融、医疗健康数据共享、版权保护、电子政务等方面已有不少成功案例。

IDC报告显示，未来3年中国区块链市场将保持快速增长，2022年的市场支出规模将达到16.7亿美元，2017～2022年的年均复合增长率预计为83.9%[15]。Gartner认为区块链在金融服务以外的行业应用步伐将加快，预计区块链可扩展性将在2023年取得突破[16]。

4. 工业互联网成行业发展的重点

工业互联网是互联网发展的新领域，是中国制造智能化的重要基础和核心支撑，2019年首次被写入政府工作报告，也是2020年新基建的重点方向之一。工业软件作为软件产业的重要组成部分，是推动工业互联网创新发展的核心要素。工业互联网的不断演进和工业数字化转型的逐渐深入，对工业软件提出了更高的要求，工业软件尤其是工业APP市场空间巨大。

5. 从物联到智联，5G+AIoT将成为新浪潮

物联网实现万物互联，而AI赋予其更智能化的特性，使物联网从具有单一的连接能力拓展到具有复杂的应用能力。随着AI落地和5G的商业化运用，物联网正逐步向智联网（AIoT）发展。近年来，国内互联网巨头纷纷将AIoT作为新的发展战略，并使之在各领域逐渐落地。5G+AIoT在智能安防、智能家庭、智慧零售、智慧园区等领域快速发展，将带动智慧城市、智慧医疗、智慧交通等应用加速落地。远程办公、教育、医疗、工业互联网、车联网等多场景将在5G+AIoT时代获得广泛应用。

参考文献

[1] 工信部.软件和信息技术服务业发展规划（2016—2020）.https：//www.askci.com/news/chanye/20170117/11262388158.shtml[2020-12-15].

[2] 顾强，董瑞清，师帅，等.透过欧美看中国工业软件.http：//www.miitestc.org.cn/show-105-134-1.html[2019-11-06].

［3］ 中国信息通信研究院.全球数字经济新图景（2019）.https：//www.sohu.com/a/346790541_712171［2020-12-15］.

［4］ Gartner. Gartner：2020 年全球 IT 支出将达到 3.9 万亿美元 比 2019 年增长 3.4%.http：//www.inpai.com.cn/news/hlw/20200116/39287.html［2020-07-25］.

［5］ MarketLine. Software Global Industry Guide 2014—2023. https：//www.rnrmarketresearch.com/software-global-industry-guide-2014-2023-market-report.html［2020-12-15］.

［6］ 极光 .2019 年 Q2 移动互联网行业数据研究报告 .https：//baijiahao.baidu.com/s?id=1685475492524321323&wfr=spider&for=pc［2020-12-15］.

［7］ 云有料 . 中国 SaaS 市场，未来可期！https://kuaibao.qq.com/s/20200709A0R28J00［2020-06-25］.

［8］ 星宿馆主 . SaaS：云计算优质赛道高速增长 . http：//www.techweb.com.cn/cloud/2020-07-10/2796627. shtml［2020-05-04］.

［9］ 一图读懂 2019 年中国软件和信息技术服务业综合发展指数报告 . http：//www.cac.gov.cn/2020-01/22/c_1581231132063728.htm［2020-12-15］.

［10］ 工业和信息化部 .2019 年软件和信息技术服务业统计公报 .http：//www.cac.gov.cn/2020-02/06/c_1582535330744910.htm［2020-12-15］.

［11］ 赛迪 . 2020 年中国软件和信息技术服务业发展形势展望 . http：//vr.sina.com.cn/news/report/2020-02-17/doc-iimxxstf2010923.shtml［2020-12-15］.

［12］ ITPUB. 从 Gartner 报告看中国数据库：差距虽在，"狼性"凸显 . https：//www.sohu.com/a/277366206_671058［2020-05-24］.

［13］ 德勤 . 中国人工智能产业白皮书 . http：//www.199it.com/archives/796260.html［2020-12-15］.

［14］ IDC. 中国 SaaS 生态市场分析报告 2019. 北京，2020.

［15］ IDC. IDC2020 年中国云计算预测：多云和云管理服务商渐成主流 . https：//www.sohu.com/a/374204497_120201716［2020-08-20］.

［16］ 李宁 . Gartner：区块链在各行业的应用趋向实用主义 .https：//baijiahao.baidu.com/s?id=1635360427816255194&wfr=spider&for=pc［2020-08-25］.

3.9   Commercialization of Software

Lu Zhaoxia
（Neusoft Hanfeng Medical Technology Co., Ltd）

Driven by the digital economy, software has fully integrated into various fields. An overall structure of software industry has been formed. China is the largest APP market in the world, and SaaS is one of the fastest developing fields in IT industry.

With the scale of the industry expanding rapidly, there has been a breakthrough in operating system and database, whereas the market share of which remains to promote further. Industrial software is still the greatest shortcoming. Nowadays, AI technology has entered the stage of commercialization, and "Internet + government services" has made a high-quality development. With the vertical SaaS applications developing, information safety has been drawing increasingly attention. The New Infrastructures will bring great opportunities for the software industry development, and thus there will be rapid expansion in industrial software, 5G+AIoT, SaaS applications, blockchain and other fields in China.

3.10   医疗电子产业化新进展

王 磊 马 良

（中国科学院深圳先进技术研究院）

全球医疗健康产业正在与人工智能、物联网、大数据、5G 技术等高科技进行融合，催生出移动医疗、智慧医疗、远程医疗等医疗新模式。医疗电子产品主要可分为三种：医院设备、消费医疗产品、医疗保健产品。世界各主要国家都非常重视医疗电子产业的发展，美国、欧洲和日本仍是医疗电子产品的主力市场。近年来，我国医疗电子产业高速增长，年增长率在 15% 以上。

一、国际医疗电子产业化新进展

1. 市场规模及龙头企业概况

医疗器械行业网站 Medical Design & Outsourcing 发布 2019 年全球医疗器械企业百强名单，其中前十名为美敦力、强生、飞利浦、GE、费森尤斯、西门子、嘉德诺、丹纳赫、史赛克、依视路陆逊梯卡[1]，均为美欧企业，中国无企业进入百强。

美国半导体协会于 2020 年发布的 Factbook 报告指出，在全球半导体企业市场份额中，美国占据 47%，韩国占据 19%，欧盟和日本各占 10%，中国（不含台湾）仅拥有 5%[2]。前十大医疗电子元器件公司均为美国、欧洲、日本的公司，即 ADI、德州仪器、泰科电子、美敦力、意法半导体、恩智浦、Maxim_Integrated、安美森、瑞萨电子、微芯公司。以上企业主要生产医用级传感器、信号链半导体、电源、处理器等部件，而这些关键部件可部署在我们熟知的医疗设备中，如 CT、磁共振成像、超声波扫描仪、心电图机、内窥镜、医疗传感器贴片、血糖血压监测设备、助听器、呼吸机、透析机、可穿戴设备等。

全球医疗设备市场 2018 年的销售额为 4255 亿美元，其中北美市场为 1693 亿美元，占比约 40%。2019 年，全球医疗器械的市场规模已达 4519 亿美元，同比增长 6.2%[3]。2018 年中国医疗器械的市场规模约为 802 亿美元，同比增长约 20%；受中美贸易摩擦的影响，2019 年该数据约为 911 亿美元，同比增长约 13.6%[4]。目前，美国依旧占据全球医疗器械行业最大的市场份额，其次为欧洲，中国仅占约 4%。

美国是医疗器械最主要的市场和制造国，占全球医疗器械市场约 40% 的份额。美国医疗器械行业拥有强大的研发实力，技术水平世界领先。欧洲是全球医疗器械第二大市场和制造地区，占全球医疗器械市场约 30% 的份额。德国和法国是欧洲医疗器械的主要制造国。法国是仅次于德国的欧洲第二大医疗器械制造国，也是欧洲主要的医疗器械出口国。日本是全球重要的医疗器械制造国，基于其工业发展的基础，其在医疗器械行业的优势主要体现在半导体和医学影像设备领域。

2. 医疗传感器与医用半导体芯片新进展

医疗传感器是医疗器械的重要组成元件，而以信号链、电源管理等为代表的医用半导体芯片则是决定医疗设备的功能质量、性能的关键。

近几年，随着材料领域与电子电路领域的技术突破以及与医疗器件的融合，医疗传感器在柔性、微型化、智能化方面取得显著进展。例如，美国加利福尼亚大学伯克利分校的高伟博士团队，研发出全集成的可穿戴汗液检测设备[5]；加利福尼亚大学圣迭戈分校 Joseph Wang 教授领导的团队开发出的有弹性且可拉伸的薄贴片，贴在用户的皮肤上，会使皮肤出汗并产生随汗液中维生素 C 水平的变化而变化的电流，可用于检测人体内的维生素 C 的水平[6]；斯坦福大学鲍哲南团队开发出的无线皮肤传感器，可舒适、便捷地监测心跳、呼吸和运动[7]，这项研究得到三星电子公司、新加坡科技研究局、日本科学促进会和斯坦福精密健康与综合诊断中心的支持。

在医疗半导体芯片的研发方面，各半导体厂商在集成度更高、性能更优、功耗更低方向发力。例如，2018 年 6 月，ADI 公司发布业内先进的生物和化学检测接口集成电路芯片，该器件集成了行业最先进的传感器诊断技术，具有卓越的低噪声和低功耗性能，以及最小的尺寸；2019 年 5 月，ADI 公司宣布推出可用于新型阻抗和恒电位仪模拟前端的单芯，主要安置在监测生命体征的可穿戴设备上；2019 年 7 月，Maxim 公司宣布推出 MAX30208 温度传感器及 MAXM86161 心率监测器，用于帮助设计者轻松地设计下一代可穿戴医疗和健身产品，其中 MAX30208 可将温度测量功耗降低 50%，MAXM86161 可将光学方案的尺寸缩减 40%。

3. 医疗电子设备系统集成新进展

高端医疗设备市场仍然由美国、欧洲、日本主导。随着 5G 时代的到来，远程医疗、远程诊断以及远程监测等数字医疗正成为主流的解决方案。整体而言，近几年医疗电子行业向远程无线、柔性、可穿戴方向发展。例如，2018 年 3 月，德康（Dexcom）公司开发出 G6 连续血糖监测（CGM）系统。CGM 系统可持续测量体液中的葡萄糖水平，每 5min 将葡萄糖读数实时传输到兼容的显示设备，并在患者血糖水平进入危险区域时触发警报；这对糖尿病患者而言是一场变革，患者不再需要刺痛手指来测量血糖水平。2019 年 10 月，德康公司推出一次性专业连续血糖监测 G6 pro 贴片；这种贴片可方便地贴附在身体上，连续 10 天实时监测人体葡萄糖的数据，使医生可根据收集到的数据做出治疗决策。2020 年 3 月，美国西北大学的约翰·罗杰斯团队提出一种无线非侵入性技术，这种技术可提供与现有临床标准相当的心率、呼吸频率、温度和血液氧合程度的测量结果，还拥有一系列其他重要的附加功能；这项研究得到新生儿重症监护中心（NICU）和儿科重症监护病房（PICU）临床研究数据的支持[8]。

综上所述，在传统大型医疗设备方面，国际医疗电子行业的市场份额和龙头企业依然保持相对稳定；在医疗电子半导体与传感器的研发与生产方面，美国、欧洲、日本的公司仍保持绝对优势。此外，5G 技术、纳米材料、人工智能等前沿科技领域的快速发展促使医疗电子产品向无线化、远程化、智能化、可穿戴的方向发展。

二、国内医疗电子产业化新进展

我国医疗电子产业经过多年的发展，取得一定成绩，具体表现出以下几个特点。

1. 高端医疗电子设备整体落后，个别突出

我国医疗器械市场的 25% 是高端产品市场，其中 70% 由外资企业占领，这 70% 的外资企业在医学影像设备和体外诊断等技术壁垒较高的领域（如内窥镜、CT、MRI、分子诊断仪等）的市场占有率超过 80%。然而我国医疗器械企业主要生产中低端品种，其原因一是起步较晚，二是研发投入与世界领先企业相比有不小的差距。

国内企业通过多年的研发投入，已在很多细分领域取得突破，部分产品的性能已能够与进口产品比肩。例如，上海联影医疗科技有限公司的 PET/CT 在近三年先后进驻美国、日本的医院，这是中国制造的数字光导 PET/CT 首次进入医疗电子设备强国的市场。又如，深圳迈瑞生物医疗电子股份有限公司于 2016 年推出 Resona 系列的高端产品，打破了进口品牌在高端彩超方面的垄断；其血液分析仪流水线装机量在 2018 年和 2019 年连续两年在国内排名第一，其血液分析仪已成为中国高端医院血液细胞分析产品的第一选择。

2. 中美贸易摩擦暴露中国的短板，"5G+AI"助力发展

我国是集成电路芯片的需求大国，但国内的先进制程半导体芯片及高端医用传感器长期被美国、欧洲、日本的企业垄断。近些年，在中美贸易摩擦与中国工业转型升级的背景下，国内相关企业在研发投入方面有了明显的提升，然而，国内最大的晶圆制造商——中芯国际集成电路制造有限公司在芯片的制程上仍与国际领先水平有至少两代的差距。以上短板极大限制了我国医用传感器及医用半导体芯片向上游产业链的升级。

5G 的商用和人工智能芯片的研发及相关算法的提出，使我国在远程医疗、便携式监护、手术机器人、可穿戴设备、医学影像等领域得以加速发展。以 AI 辅助诊断为例，在 2020 年的新冠肺炎疫情中，阿里达摩院的 CT 影像 AI 在全国 16 个省市的 168 家医院落地，已用于诊断 34 万个临床病例；腾讯公司于 2017 年 8 月推出旗下首个应用在医学领域的 AI 产品"腾讯觅影"，至 2020 年 2 月，"腾讯觅影"这套 AI 辅助诊断新冠肺炎的解决方案，在患者做完 CT 检查后最快 2s 就能完成 AI 模式的识别，在 1min 内即可为医生提供辅助诊断参考。

3. 产、学、研、用、政共同支持我国医疗电子产业向稳向好发展

2018 年 1 月，互联网医疗系统与应用国家工程实验室等单位联合发布《无线医疗白皮书》，倡导产业链的各方共同推进无线医联网产业的发展。2018 年 4 月，国务院办公厅正式发布《关于促进"互联网＋医疗健康"发展的意见》，就促进互联网与医疗健康的深度融合作出部署。2018 年 6 月，工业和信息化部指导成立国家智能传感器创新中心，该中心致力于先进传感器技术的创新，专注于传感器设计集成技术及先进制造和封装工艺的开发。2019 年 1 月，中国医学影像 AI 产学研用创新联盟发布的《中国医学影像 AI 白皮书》提出，为实现个体在任意地点进行运动治疗，并得到远程医疗的监督和指导，需要发展具备"互联网＋物联网＋人工智能＋运动处方"的融合系统。2019 年 7 月，互联网医疗健康产业联盟发布《5G 时代智慧医疗健康白皮书（2019）》。2019 年 8 月，国家药品监督管理局发布的《关于扩大医疗器械注册人制度试点工作的通知》明确，要加快推进医疗器械产业的创新发展。2020 年，我国提出要加大试剂、药品、疫苗研发的支持力度，推动生物医药、医疗设备、5G 网络、工业互联网等的快速发展。

三、医疗电子产业化发展趋势与建议

1. 发展趋势

近年来，中美贸易摩擦不断升级，使我国在高端产品市场的短板暴露无遗，医用半导体芯片、医疗传感器等更为突出，这些核心器件决定了医疗电子设备的关键性能。我国有全球最大的半导体需求，因此，加大对医用半导体、医疗传感器的研发及生产的投入是重中之重，未来中美在半导体的研发与生产方面的竞争将异常激烈。

2020 年，新冠肺炎疫情导致全球暴发严重的公共卫生危机，再加上我国人口老龄化程度的日益加深，加剧了人们对远程医疗、便携式生理监测设备、可穿戴设备等的需求。伴随全球 5G 商用化的铺开，市场对"互联网＋医疗健康"的关注达到前所未有的高度，通过泛物联网展开的医疗电子产业蕴藏着一个巨大的市场，监测人体的生理和行为的便携式、可穿戴设备将渗透到人们生活的各方面。此外，"5G+AI"有助于大幅提高传统大型且昂贵的医疗设备的使用效率，以及实现医疗资源的共享。随着医疗业务的逐渐云化，未来人们可利用 5G 医疗终端或其他无线医疗终端与云端服务器，随时随地轻松获得远程医疗服务。

2. 发展建议

为更好地发展医疗电子产业，我国应做好以下几点：首先，整合社会资源，以促进医疗电子行业的向好发展；其次，创造良好的政策条件，以鼓励产、学、研、用等的融合；再次，加大资金扶持力度，以实现高新技术成果的转化；最后，建立健全医疗公共卫生服务体系，使医疗电子产业形成生态闭环。具体来讲，有如下几点。在医疗设备核心器件方面，需要抓住当前的历史机遇，尽快有针对性地布局，以打破国际垄断，为国产医疗设备向高端产品升级打下基础；在医疗设备集成方面，需要重点企业进行重点突破，同时加大新产业新技术的整合与创新；在产业规范、标准的制定方面，应当跟上技术的发展需要，为新型医疗电子行业的发展扫除障碍；在医疗健康产业的融合与发展方面，必须充分发挥政府的领导作用，推动新产业与医疗电子行业的融合与发展，深度挖掘医疗健康领域的潜在市场；在政策导向方面，要推出更多有利于产业融合的政策，调动产学研用的创造性；此外，应加大创新研发的投入，加快突破技术发展的瓶颈，同时需要完善对医疗电子行业的监管监督，营造良好的竞争环境。

参考文献

[1] Medical Design & Outsourcing. 2019 Big100. https：//www.medicaldesignandoutsourcing.com/2019-big-100/[2020-08-30].

[2] Semiconductor Industry Association.2020 Factbook. https：//www.basf.com/global/en/investors/calendar-and-publications/factbook.html[2020-12-15].

[3] 艾媒咨询. 2020 年全球医疗器械行业发展现状——销售情况、进口规模、区域分布 .https：//www.sohu.com/a/390412996_728793[2020-08-21].

[4] 艾媒咨询. 2019—2020 全球及中国医疗器械市场规模及销售情况分析 . https：//www.iimedia.cn/c1020/69746.html[2020-03-13].

[5] Yu Y，Nassar G，Xu C H，et al. Biofuel-powered soft electronic skin with multiplexed and wireless sensing for human-machine interfaces. Science Robotics，2020，5（41）：eaaz7946.

[6] Sempionatto J R，Jeerapan I，Krishnan S，et al. Wearable chemical sensors：emerging systems for on-body analytical chemistry. Analytical Chemistry，2020，92（1）：378-396.

[7] Niu S，Matsuhisa N，Beker L，et al. A wireless body area sensor network based on stretchable passive tags. Nature Electronics，2019，2（8）：361-368.

[8] Chung H U，Rwei A Y，Hourlier-Fargette A，et al. Skin-interfaced biosensors for advanced wireless physiological monitoring in neonatal and pediatric intensive-care units. Nature Medicine，2020，26（3）：418-429.

3.10　Commercialization of Medical Electronics Devices

Wang Lei, Ma Liang
（Shenzhen Institute of Advanced Technology, Chinese Academy of Sciences）

This article briefly introduces the progress of commercialization of medical electronic equipment at home and abroad in many aspects, and finally puts forward some suggestions. Companies from the United States, Europe, and Japan still maintain an absolute leading position in terms of market share and number of top enterprises. At the same time, with the rapid development of cutting-edge technologies such as 5G, nanomaterials and artificial intelligence, the medical electronic equipment industry is undergoing a significant shift from traditional, close-range, heavy-duty products to wireless, remote, and smart products. It is worth noting that in the past few years, China has performed very well in these areas, especially in the 5G field. However, China needs to seize the historical opportunity to make up for the shortcomings exposed in the Sino-US trade war as soon as possible. In the future, due to the general emphasis on health and the intensification of the aging population, the global medical electronic equipment market will continue to retain a strong growth trend. In addition, with the deep integration of the medical electronics industry and advanced technologies, telemedicine will become a common method of diagnosis and treatment.

3.11　可穿戴设备产业化新进展

安　晖　周　斌

（中国电子信息产业发展研究院）

可穿戴设备是指能够延续性地穿戴在用户身体上，或整合到用户的衣服或配件中，具备数据采集、交互、处理等能力，能感知、传递和处理信息的便携式计算设备[1]，主要包括智能手表、智能手环、可穿戴耳机等产品形态。与智能手机相比，可穿戴设备能够更便捷、智能地实现人机交互，其应用领域更广泛，有望成为颠覆智能手机并引领下一波移动互联网浪潮的重要产品。近年来，随着信息、通信、显示等技术的快速发展，可穿戴设备领域龙头产品不断推出，产业生态逐渐成熟，产业进入高速发展期。

一、全球可穿戴设备产业化新进展

1. 可穿戴耳机引领产业规模爆发式增长

2019 年，得益于可穿戴耳机市场的数倍增长，全球可穿戴设备出货量呈现爆发式增长。智能手表和智能手环的表现也不俗，年销售量均创历史新高。据国际数据公司（IDC）统计（表 1），2019 年全年可穿戴设备的出货量达到 33 650 万部，同比增长89.0%。其中，可穿戴耳机的出货量增至 17 050 万部，同比增长 250.5%，占可穿戴设备总出货量的 50.7%。智能手环和智能手表全年出货量分别达到 6940 万部和 9240 万部，同比增长 37.4% 和 22.7%，共占整体市场份额的 48.1%。IDC 数据显示，全球可穿戴设备 2019 ~ 2024 年的复合年均增长率预计为 9.4%，2024 年的出货量将达到 52 680万部。

表 1　全球可穿戴设备出货量及增速

产品	2018 年出货量 / 万	2019 出货量 / 万	增长率 / %
可穿戴耳机	4 860	17 050	250.5
智能手环	5 050	6 940	37.4
智能手表	7 530	9 240	22.7
其他	350	420	20.0
总计	17 800	33 650	89.0

数据来源：IDC[2]，2020 年 7 月

2. 全球可穿戴设备市场高度集中，龙头企业占据主要市场份额

苹果公司在 2016 年和 2017 年相继推出革命性产品 Apple Watch 和 Air Pods，奠定其在全球可穿戴设备产业的领先地位。该公司在培育供应链生态和消费市场的同时，不断增加设备的功能，使产品的销量持续上升。2019 年全球可穿戴设备主要企业

出货量及增长率如图 1 所示。2019 年，苹果公司全年出货可穿戴设备达 1.065 亿部，占全球总出货量的 31.7%。小米、三星、华为、Fitbit 等企业加大了可穿戴设备的研发力度，这些企业 2019 年的产品销量增幅均高于行业平均水平。可见，可穿戴设备产业的龙头集聚效应愈发明显。

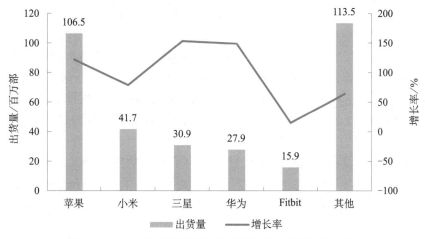

图 1　2019 年全球可穿戴设备主要企业出货量及增长率

数据来源：IDC[2]，2020 年 7 月

在产品方面，各龙头企业不断加大新品的发布力度，现象级产品抢占了市场的主要份额。在可穿戴耳机领域，苹果公司的 Air Pods 2019 年的出货量近 6000 万部，占据可穿戴耳机市场 50% 以上的出货量以及 71% 的营收。在智能手表领域，苹果公司的 Apple Watch Serie 系列产品在 2019 年第四季度占据全球约 38% 的出货量。此外，随着华为、荣耀、小米等厂商旗舰产品的加速推广，全球智能手表销量将快速提升（表 2）。

表 2　主要品牌产品系列

产品	苹果	小米	三星	华为
可穿戴耳机	Air Pods	Air 2、Redmi AirDots	Buds Galaxy	Freebuds
智能手表	Apple Watch Serie	小米手表	Galaxy Active	荣耀 Watch Magic 2、HUAWEI Watch GT2

数据来源：中国电子信息产业发展研究院整理，2020 年 7 月

3. 硬件技术不断突破，持续优化产品的性能

在信号传输方面，蓝牙 5.0 具有传输速度快、距离长、功耗低、安全性高等特点，已成为可穿戴设备的标配。蓝牙 5.0 的芯片有效解决了可穿戴设备的传输延迟、信号不稳定、功耗过高等问题，大幅提高了可穿戴设备的用户体验，对产品的推广具有重要意义。在显示方面，柔性 OLED 屏成为可穿戴设备的主要选择。与 LCD 屏相比，柔性 OLED 屏具有更加轻薄、耐撞击、不易破碎和便于携带等特点，更契合智能穿戴设备的需求。近年来，柔性 OLED 触控显示模组在可穿戴设备上的应用不断增多，苹果、三星、华为等企业的智能手表、手环产品均采用了 OLED 屏幕。苹果公司于 2018 年发布的 Apple Watch Series 4 引入了新兴的 OLED 驱动背板技术 LTPO TFT，新技术 LTPO TFT 使设备节省了 10% ~ 15% 的电量，在功耗、分辨率、直接速度、成本、均一性上也有所提高，未来有望用在更多的产品中。在芯片方面，可穿戴设备专用芯片不断推出。高通在可穿戴耳机领域推出了超低功耗的 QCC5100、QCC302X、QCC303X 系列芯片；在智能手表和智能手环领域推出了骁龙 Wear 4100 系列芯片，该芯片支持连续心率追踪、警报、触觉反馈等多种功能[3]。华为公司的麒麟 A1 芯片已应用在多款可穿戴设备中。

二、我国可穿戴设备产业化新进展

1. 政策高位推动我国可穿戴设备产业的发展

"十二五"以来，我国就明确提出相关政策以推进可穿戴设备产业的发展。2012 年，科学技术部发布《"十二五"国家科技计划信息技术领域 2013 年度备选项目征集指南》，明确鼓励研发可穿戴设备。2013 年，国家发展和改革委员会、工业和信息化部等部委联合发布《关于印发 10 个物联网发展专项行动计划的通知》，该计划提出推动制定可穿戴设备的相关标准，重点推进其应用的标准化工作。2015 年，国务院印发《关于积极发挥新消费引领作用加快培育形成新供给新动力的指导意见》，重点支持以可穿戴设备为代表的新兴消费品的发展。2018 年，工业和信息化部发布《扩大和升级信息消费三年行动计划（2018—2020 年）》，明确我国将实施新型信息产品供给体系提质行动，提升智能可穿戴设备产品的供给能力，引导消费电子产品的快速转型升级。2018 年，工业和信息化部、民政部、国家卫生健康委员会联合发布《智慧健康养老产品及服务推广目录（2018 年版）》，对手环（腕带）、腰带、胸带等健康服务类可穿戴设备进行推广应用，这对促进我国可穿戴设备产业的发展起到重要作用。

2. 市场规模增长明显，国内品牌主导市场

2019 年，我国可穿戴设备市场的出货量为 9924 万部，同比增长 37.1%（图 2）。从产品类别看，智能手环、智能手表、可穿戴耳机占可穿戴设备出货总额的比例超过 90%。其中可穿戴耳机产品强势增长，2019 年同比增长高达 114.7%。智能手表出货总量首次突破 1000 万部，同比增长 58.2%。智能手环在小米等企业的推动下实现了 10.5% 增长，创近三年来的新高。在出货量方面（表 3），整体市场主要由国内品牌占据，排名前五的厂商分别是小米、华为、苹果、步步高和奇虎 360 公司，出货量分别为 2489 万、2025 万、1361 万、604 万、324 万部，占比分别为 25.1%、20.4%、13.7%、6.1% 和 3.3 %，合计占市场总出货量的近 70%。

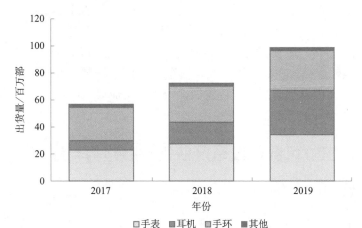

图 2　我国可穿戴设备各产品出货量

数据来源：IDC[2]，2020 年 7 月

表 3　主要品牌可穿戴设备出货量

企业	2018 年出货量 / 万部	增长率 / %	2019 年出货量 / 万部	增长率 / %
小米	1697	20.5	2489	46.6
华为	917	136.1	2025	120.8
苹果	821	23.3	1361	65.7
步步高	514	39.2	604	17.6
奇虎 360	291	14.5	324	11.4
其他	2999	20.9	3121	4.0
总计	7240	28.5	9924	37.1

数据来源：IDC[2]，2020 年 7 月

3. 我国企业不断向可穿戴设备产业价值链的高端延伸

在整机品牌方面，我国企业已具备国际竞争力，国际影响力不断提升。从出货量看，小米、华为公司 2019 年可穿戴设备出货量分列全球第二、第三位，已成为行业的领军企业。从产品定位看，华为公司的荣耀 Watch Magic 2 智能手表、Watch GT2 智能手表、Freebuds 可穿戴耳机，小米公司的智能手表，以及漫步者公司的 TWS NB 可穿戴耳机等均已打入高端可穿戴设备的市场。在基础硬件方面，国内企业从整机代工向核心元器件的开发渗透。在芯片环节，华为公司发布的可穿戴设备芯片麒麟 A1，拥有高效稳定的连接性能和出色的抗干扰能力、强劲支持智慧自然人机交互的音频处理的能力；华米科技公司自主研发的"黄山 1 号"已量产并应用在多款可穿戴设备中；恒玄科技（上海）股份有限公司研发的高端低功耗的蓝牙芯片，已导入可穿戴耳机主流产品中。在传感器环节，歌尔股份有限公司开发新一代智能硬件解决方案与技术，推出包括差压传感器、振动传感器等高性能、高精度的 MEMS 传感器系列新品，成功替代了部分国外产品。在显示屏方面，京东方、TCL 华星、天马微电子、视崖科技等企业的 OLED 面板近年来得到快速发展，可满足主流设备的需求，目前正在加速替代三星、LGD 等企业的产品。

三、可穿戴设备产业化发展趋势与建议

1. 发展趋势

（1）产品形态愈加丰富，功能不断拓展。当前，可穿戴设备的产品形态并未实现突破，仍以手表、手环、耳机为主。随着传感技术、材料技术、交互技术的日益成熟，可穿戴设备的产品形态将愈加丰富，向人体穿戴的各类物品延伸，衣服、鞋子、戒指、发带等多样化可穿戴产品形态将不断涌现，产品形态之间的界限将逐步打破[1]。同时，随着 5G、AI 等技术在可穿戴设备领域的应用，产品除了具有娱乐、运动、健康、医疗、工作等功能外，还有望在生物识别、医疗监控、安全和数字支付领域成为人机交互的主要媒介，并在其中扮演越来越重要的角色。

（2）可穿戴设备流量入口效应彰显，打造软件生态将成为产业发展的重点。随着功能的不断增加，可穿戴设备对智能手机的替代作用愈发明显。各大企业纷纷加码生态建设，抢夺新流量的入口。小米公司将其自研的小爱语音助手与华米 Amazfit、小米手表等结合，不仅可以通过语音控制使手表用于听歌、打电话、导航、查天气等，还能成为与小米智能家居对接的操作面板。苹果公司建立健康数据平台并与顶级医疗机构和健身器械公司等合作，为 Apple Watch 打造开放的数字健康生态圈，并把产品

开发从具有健康追踪功能的智能手表逐渐上移到具有移动医疗、健身设备、时尚配件等多个层次的设备，为用户提供更加专业、自主和便携的健康功能[4]。未来，随着可穿戴设备产品形态之间的界限被打破，软件生态将成为企业的重要竞争优势。

（3）用户体验将成为产品创新迭代的重点。新技术的创新与融合引领消费电子产业的升级，使企业愈发重视用户的需求。智能手表、智能手环和可穿戴耳机，都更强调用户的便捷度、舒适感、娱乐性，并从消费者观感体验以及心理体验出发进行产品的开发和服务的设计，以增强用户黏性。随着 5G、8K 显示、可折叠屏、降噪等技术的成熟，可穿戴设备的传输、成像、显示和交互等性能将不断提升，产品硬件差异将缩小。未来，能够满足用户个性化需求且在用户体验设计领域表现突出的企业，将逐渐掌握竞争的主动权。

2. 发展建议

为更好地发展中国的可穿戴设备的产业化发展，我国应做好以下几方面的工作。

（1）聚焦核心元器件，加大创新的支持力度。在高精度传感器、智能交互、5G 通信、可穿戴产品的芯片等可穿戴设备产品的核心元器件方面，支持产业链上下游的企业联合攻关。应建设关键共性技术研发、产品检测认证、知识产权保护、科技创新孵化平台等服务平台，加速可穿戴设备创新成果的产业化，加大协同创新的支持力度。

（2）开展前瞻布局，积极应对发展新特征。在研判产业发展趋势的基础上，面向消费电子产业的技术融合化、产品智联化及体验化等特征，应该积极开展前沿性布局，推动可穿戴设备产业的切实发展，拓宽拓深主营业务领域的护城河。此外，政策和产业应该多方合力，打通产学研用的各环节，提高新型产品服务供给能力。

（3）推进标准建设，着力搭建软硬件生态。在可穿戴设备领域，应该鼓励行业组织和联盟加快行业标准的推进，加快标准体系的建设。同时，发挥我国的市场优势，推进硬件、服务和生态系统进行融合，培育行业的龙头企业，打造完整的产业生态，并通过规模效应带动国内可穿戴设备产业链的发展。

参考文献

[1] 安晖，江华，耿怡，等.可穿戴设备产业发展现状与趋势.北京：中国电子信息产业发展研究院，2015.

[2] IDC.Worldwide Quarterly Wearable Device Tracker.https://www.idc.com/tracker/showcontactus.jsp?prod_id=962[2020-12-15].

[3] 郑震湘.可穿戴设备崛起的开始.上海，2019.

[4] 蒯剑，马天翼，唐权喜.智能手表持续创新，销量快速增长.上海，2020.

3.11 Commercialization of Wearable Devices

An Hui, Zhou Bin

（China Center for Information Industry Development）

Wearable devices are the portable computing devices that can be continuously worn on the user's body or integrated into the user's accessories, and are expected to become an important product leading the next wave of mobile Internet. In recent years, wearable device industry has developed rapidly and achieved explosive growth. Especially in 2019, the market size made a huge breakthrough. In the future, wearable devices will be more multifunctional, ecological and intelligent. In order to promote the better development of the industry and expand the scale of the consumer electronics industry，we should strengthen the research and development of core components in the field of wearable devices, concentrate on future trend and build a software and hardware ecosystem.

第四章

高技术产业
国际竞争力
与创新能力评价

Evaluation on High-tech
Industry Competitiveness and
Innovation Capacity

4.1 中国高技术产业国际竞争力评价

苏 娜 穆荣平

（中国科学院科技战略咨询研究院）

高技术产业是指国民经济行业中 R&D 投入强度相对高的制造业行业，包括医药制造、航空航天器及设备制造、电子及通信设备制造、计算机及办公设备制造、医疗仪器设备及仪器仪表制造、信息化学品制造6大类[①]。高技术产业是知识密集、技术密集型的产业，是代表一个国家综合国力和整体竞争力的重要先导产业，也是关系到一个国家未来国民经济与社会发展的最重要的新增长点。本文从竞争实力、竞争潜力、竞争环境和竞争态势四个方面分析 2014～2018 年中国高技术产业国际竞争力，力图展现中国高技术产业发展的图景并识别面临的挑战和问题。

一、中国高技术产业发展概述

随着中国经济发展进入新常态，国际贸易环境也发生急剧变化，中国高技术产业发展有所放缓，但仍然保持了稳步增长势头，产业规模不断扩大，盈利能力稳步增强。2014～2018 年，主营业务收入从 12.74 万亿元稳步增长到 15.70 万亿元，年均增幅 5.36%；利润总额从 8095 亿元增长到 10 293 亿元，年均增幅 6.19%（图 1）；从业人员平均人数从 1325 万人减少到 1318 万人，年均减少 0.13%；高技术产业企业数量从 27 939 家增加到 33 573 家，年均增加 4.70%。

三资企业在中国高技术产业中仍然占有重要比重，在吸纳就业人员、创造经济效益方面发挥了重要作用。2018 年，中国高技术产业中三资企业共有 6687 家，占中国高技术产业企业数量的 19.92%；从业人员约 550 万人，占中国高技术产业从业人员平均人数的 41.72%；主营业务收入约 6.6 万亿元，占中国高技术产业主营业务收入总量的 42.11%；利润额 3354 亿元，占中国高技术产业利润总额的 32.59%（表 1）。三资企业以占中国高技术企业 1/5 的比例，吸纳了中国高技术产业 2/5 的就业人员，贡献了中国高技术产业 2/5 的主营业务收入和 1/3 的利润额。

---

① 参见《高技术产业（制造业）分类（2017）》，本文主要分析其中的医药制造、航空航天器及设备制造、电子及通信设备制造、计算机及办公设备制造、医疗仪器设备及仪器仪表制造 5 类。航空航天器及设备制造产业部分数据缺失。

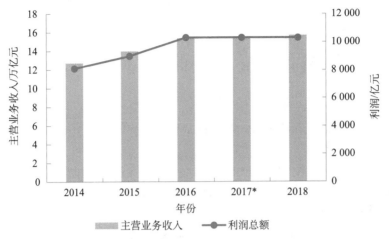

图 1　中国高技术产业经济规模（2014 ～ 2018 年）

* 2017 年数据缺失，取 2016 年和 2018 年均值补缺

表 1　中国高技术产业及三资企业情况（2018 年）（%）

	企业数 / 家	从业人员平均人数 / 人	主营业务收入 / 亿元	利润总额 / 亿元
高技术产业	33 573	13 176 645	157 000.972 8	10 293
三资企业	6 687	5 496 732	66 118.583 9	3 354
三资企业占高技术产业的比 /%	19.92	41.72	42.11	32.59

资料来源：《中国高技术产业统计年鉴 2019》

二、中国高技术产业竞争实力

中国高技术产业的竞争实力主要体现在资源转化能力、市场竞争能力和产业技术能力三个方面。

1. 资源转化能力

资源转化能力可以衡量生产要素转化为产品与服务的效率和效能，主要体现为全员劳动生产率①和利润率②两项指标。全员劳动生产率是产业生产技术水平、经营管理水平、职工技术熟练程度和劳动积极性的综合体现；利润率反映产业的生产盈利能力。由于无法获得产业增加值数据，本书以人均主营业务收入反映产业全员劳动生产率的发展水平。

中国高技术产业的劳动生产率相对较高，但与制造业平均水平相比还有一定差距。2018 年，中国高技术产业人均主营业务收入为 119.15 万元 /（人·年），同期制造业人均主营业务收入为 131.15 万元 /（人·年）。从细分行业看，2018 年，计算机及办公设备制造业人均主营业务收入最高，达 150.68 万元 /（人·年）；其次是电子及通信设备制造业，人均主营业务收入为 119.74 万元 /（人·年）；再次是医药制造业，人均主营业务收入为 118.45 万元 /（人·年）；医疗仪器设备及仪器仪表制造业仅为 87.69 万元 /（人·年）。

尽管中国高技术产业的劳动生产率低于制造业平均水平，但是产业盈利能力相对较强。2018 年，中国高技术产业利润率为 6.56%，略高于制造业平均水平（6.12%）。其中，医药制造业利润率最高，为 13.33%；其次为医疗仪器设备及仪器仪表制造业，利润率为 10.99%；电子及通信设备制造业、计算机及办公设备制造业利润率分别仅为 5.22% 和 3.08%。

中国高技术产业的全员劳动生产率远低于发达国家水平。2017 年，法国、德国、日本的高技术产业全员劳动生产率分别为 38.45 万美元 /（人·年）、30.69 万美元 /（人·年）、32.25 万美元 /（人·年）；2018 年，韩国和英国③的全员劳动生产率分别为 37.29 万美元 /（人·年）、25.87 万美元 /（人·年），而 2018 年中国高技术产业的全员劳动生产率仅为 17.36④ 万美元 /（人·年），仅为英国（2018 年水平）的 2/3，不及法国（2017 年水平）全员劳动生产率的 1/2。

2. 市场竞争能力

市场竞争能力主要由产品目标市场份额、贸易竞争指数⑤两项指标表征。产品目标市场份额反映一国某商品对目标市场的贸易出口占目标市场该商品贸易进口的比

---

① 全员劳动生产率 = 产业增加值 / 全部从业人员平均数。考虑到数据可获得性，中国的全员劳动生产率用人均主营业务收入代替。

② 利润率 =（利润总额 / 主营业务收入）× 100%。

③ labor productivity=production（gross output）/Number of persons engaged（total employment）。资料来源：OECD STAN 数据库中产业分析部分的产业分类 D20T21、D26、 D303、D325、D58T63，以上数据库的产业分类标准是 ISIC Rev.4。https://stats.oecd.org/Index.aspx?DataSetCode=STANI4_2020。

④ 按 2018 年 12 月 28 日汇率计算。

⑤ 贸易竞争指数 =（出口额 - 进口额）/（出口额 + 进口额）。

例。贸易竞争指数反映一国某商品贸易进出口差额的相对大小，1 表示只有出口，−1
表示只有进口。

从全球市场来看，中国高技术产品具有较强的竞争能力，国际贸易保持少量顺
差。2018 年中国高技术产品出口占全球市场份额的 17.21%，出口总额高达 7430.44
亿美元，进口总额为 6655.21 亿美元，贸易顺差为 775.23 亿美元。从贸易竞争指数看，
中国高技术产业仍具有一定的国际竞争力，但竞争力相对较弱。2018 年，中国高技术
产品贸易竞争指数仅为 0.055。

从目标市场[①]来看，美国、欧盟仍然是中国高技术产品的主要出口市场，2018 年，
中国对美国市场和欧盟市场出口高技术产品分别为 1375.03 亿美元和 1113.98 亿美元，
进口高技术产品分别为 559.07 亿美元和 846.15 亿美元，贸易竞争指数分别为 0.422
和 0.137。在欧盟主要发达国家中，中国对英国高技术产品贸易领域仍保持顺差优
势，出口 146.93 亿美元，进口 43.99 亿美元，贸易顺差为 102.94 亿美元，贸易竞争指
数 0.539；而对法国、德国则为贸易逆差状态，2018 年贸易出口分别为 81.27 亿美元、
224.89 亿美元，进口分别为 144.85 亿美元、362.16 亿美元，贸易逆差分别为 63.58 亿
美元、137.27 亿美元，贸易竞争指数分别为 −0.281、−0.233。2018 年，中国对日本、
韩国高技术产品竞争力较弱，贸易逆差分别为 212.83 亿美元、737.43 亿美元，贸易竞
争指数分别为 −0.199、−0.459；中国对巴西、印度、俄罗斯高技术产品则具有较强的
竞争力，贸易顺差分别为 101.45 亿美元、259.31 亿美元、107.26 亿美元，贸易竞争指
数分别为 0.939、0.940、0.910。

从细分行业看，我国高技术产品的国际竞争力还不容乐观，特别是医药制造和航
空航天器及设备制造领域。2018 年，我国药品出口仅 88.7 亿美元，进口为 279.31 亿
美元，贸易逆差达 190.61 亿美元，贸易竞争指数为 −0.518。其中，对美国药品贸易逆
差为 24.73 亿美元，对欧盟药品贸易逆差高达 159.43 亿美元。我国的药品依然以进口
为主，这反映了我国在国际药品市场中的竞争力不强。我国航空航天器及设备制造产
品市场竞争能力更不容乐观。2018 年，我国航空器、航天器及其零件出口仅为 45.26
亿美元，进口 305.41 亿美元，贸易逆差高达 260.15 亿美元，贸易竞争指数为 −0.742。
其中，对美国航空器、航天器及其零件贸易逆差高达 153.27 亿美元，对欧盟航空器、
航天器及其零件贸易逆差为 123.09 亿美元。

① 数据来源：欧盟数据由《中国贸易外经统计年鉴》（2015～2019）中进出口行业分类中的 30（药品）、
85（电机电气设备及其零件；录音机及放声机、电视图像、声音的录制和重放设备及其零件、附件）、88（航空器、
航天器及其零件）、90（光学、照相、电影、计量、检验、医疗或外科用仪器及设备、精密仪器及设别；钟表；
乐器；上述物品的零件、附件）等四章数据合计而来，与我国的高技术产业分类略有出入。其他国家的数据来
源于 UN Comtrade 编码为 30、7410、76、8409、85、88、90 的产品数据，与我国的高术产业分类略有出入。本
章对进出口贸易统计标准同此。

3. 产业技术能力

产业技术能力主要体现在产业关键技术水平、新产品销售率[①] 和新产品出口销售率[②] 等三项指标。产业关键技术水平体现在产业技术硬件水平，与产业技术能力有着直接的关系。新产品销售率和新产品出口销售率一定程度上反映了新技术的市场化收益能力，也是衡量产业技术水平的重要指标。

中国高技术产业关键技术水平在过去几年有了显著提升。在信息通信、生物医药、航空航天等领域取得了一系列突破性进展。信息通信领域，中国已经在 5G 标准化和推动产业链发展方面起到主导作用。2019 年 6 月，工信部向中国电信、中国移动、中国联通、中国广电发放 5G 商用牌照，我国正式进入 5G 商用时代。截至 2020 年 3 月底，我国建成 5G 基站达 19.8 万个，套餐用户规模超过 5000 万[2]。生物医药领域，我国新药重大品种研发成果显著。至 2018 年底，批准的一类新药（即具有新颖的化学结构和自主知识产权）达 39 个，是 2008 年"重大新药创制"国家科技重大专项实施之前 23 年的 7.8 倍。研发的一类新药中，治疗非小细胞肺癌新药埃克替尼是我国研发的第一个肿瘤靶向药物，治疗眼底黄斑变性的康柏西普是我国十多年来研发的第一个融合蛋白药物，阿帕替尼是全球第一个在胃癌晚期被证实安全有效的小分子抗血管生成靶向药物，贝那鲁肽是全球第一个重组人胰高血糖素类多肽 -1（GLP-1）新药，等等。甘露寡糖二酸（GV-971）是最近十多年来全球唯一在三期临床试验中获得成功的治疗阿尔茨海默病的药物。此外，还改造了一大批品种，对整个医药产业和临床用药发挥了重要的支撑作用[3]。2019 年生命科学研究成果不断，如上海科技大学历时 6 年率先在国际上解析了小分子抑制剂如何精确靶向 MmpL3 及其超家族质子内流通道的三维图像，为新型抗生素的研发、解决全球日趋严重的细菌耐药问题开辟了一条全新途径，也为我国研发具有自主知识产权的抗结核新药奠定了重要基础[4]。航空航天领域，最近五年来，我国已掌握载人天地往返、空间出舱、空间交会对接、组合体运行、航天员中期驻留等载人航天领域重大技术，载人航天重大工程建设顺利推进。2019 年 1 月 3 日，我国"嫦娥四号"探测器成功着陆在月球背面预选着陆区，并通过"鹊桥"中继星传回了世界第一张近距离拍摄的月背影像图，实现了人类探测器首次月背软着陆、首次月背与地球的中继通信。同年，我国发射完毕所有中圆地球轨道卫星，北斗三号全球系统核心星座部署完成，北斗全球组网进入决战决胜的冲刺阶段。2019 年 12 月 27 日，"长征五号"遥三重型运载火箭成功发射，把重 8t 的"实践 20 号"卫星送入地球同步轨道，标志着我国拥有了完善的重型火箭技术，更标志着我国从此

---

① 新产品销售率 = 新产品销售收入 / 产品销售收入 ×100%，其中，产品销售收入用主营业务收入代替。

② 新产品出口销售率 = 新产品出口销售收入 / 新产品销售收入 ×100%。

由"航天大国"迈向"航天强国"。但我国高技术产业核心技术、关键部件和高端装备的对外依赖度仍较高，尖端技术的自主研发能力还很弱。在中美贸易摩擦升级这一现实背景下，中国高技术重点产业的发展瓶颈问题更加凸显，高端芯片研发、生产的自主化也越发迫切。例如，中国的半导体芯片设计、制造等方面技术都与发达国家存在很大差距，半导体产业中最先进的 7nm 制程技术，只有三星、台积电等海外企业掌握。

中国高技术产业新产品开发能力较强，新产品销售率和新产品出口销售率相对较高。2018 年，中国高技术产业新产品销售率达 36.24%。同期，中国高技术产业新产品出口销售率为 33.98%，新产品的 1/3 用于出口。从细分领域看，2018 年，电子及通信设备制造业新产品销售率最高，为 40.90%，其新产品出口销售率为 37.75%；计算机及办公设备制造业新产品销售率为 28.62%，新产品出口销售率为 53.25%，其新产品中一半以上用于出口；医疗仪器设备及仪器仪表制造业和医药制造业新产品开发能力有一定的提升，新产品销售率分别为 28.36% 和 26.62%，但其主要面向国内市场，出口能力较弱，新产品出口销售率分别为 14.04% 和 7.65%。

综合考察资源转化能力、市场竞争能力和产业技术能力，中国高技术产业具备一定的竞争实力，产业盈利能力、市场竞争能力和新产品开发能力相对较强。然而，与发达国家相比，中国高技术产业全员劳动生产率较低，产业技术能力尽管提升很快但仍然还有很大差距。

三、中国高技术产业竞争潜力

竞争潜力体现在产业运行状态、技术投入、比较优势和创新活力四个方面。由于产业运行状态缺乏相关统计数据，本书仅从技术投入、比较优势和创新活力三个方面分析中国高技术产业的竞争潜力。

1. 技术投入

技术投入强度直接影响产业未来技术水平和竞争力的提升，体现在 R&D 人员比例[1]、R&D 经费强度[2]、技术改造经费比例[3] 及消化吸收经费比例[4] 等四项指标。

从研发投入来看，中国高技术产业技术投入相对较高。2018 年，中国高技术产业

---

[1] R&D 人员比例 =（R&D 活动人员折合全时当量 / 从业人员）× 100%。
[2] R&D 经费强度 =（R&D 经费内部支出 / 主营业务收入）× 100%。
[3] 技术改造经费比例 =（技术改造经费 / 主营业务收入）× 100%。
[4] 消化吸收经费比例 =（消化吸收经费 / 技术引进经费）× 100%。

R&D 人员比例为 6.47%，产业 R&D 经费强度为 2.27%，分别比制造业平均水平高 2.4个百分点和 0.93 个百分点。从细分领域看，医疗仪器设备及仪器仪表制造业 R&D 投入较高，R&D 人员比例和 R&D 经费强度分别为 8.38% 和 3.24%；医药制造业 R&D投入也相对较高，R&D 人员比例和 R&D 经费强度分别为 6.24% 和 2.43%；计算机及办公设备制造业的 R&D 投入则相对较低，R&D 人员比例和 R&D 经费强度分别仅为4.92% 和 1.10%（表 2）。

从技术改造经费比例和消化吸收经费比例来看，中国高技术产业对技术改造和消化吸收再创新的投入相对不足。2018 年，中国高技术产业技术改造经费比例和消化吸收经费比例分别为 0.35% 和 8.49%。但是需要特别指出的是，中国医药制造业特别重视引进消化吸收再创新，2018 年医药制造业消化吸收经费比例高达 83.09%（表 2）。

与发达国家相比，中国高技术产业技术投入仍然不足。2018 年中国高技术产业R&D 经费支出 518.58 亿美元，美国 2017 年在高技术领域[①]的企业 R&D 投入就高达1847 亿美元，是中国的 3 倍多。

表 2　中国高技术产业技术投入指标（2018 年）　（%）

行业	R&D 人员比例	R&D 经费强度	技术改造经费比例	消化吸收经费比例
高技术产业	6.47	2.27	0.35	8.49
医药制造业	6.24	2.43	0.37	83.09
航空航天器及设备制造业	—	—	—	—
电子及通信设备制造业	6.46	2.30	0.35	5.72
计算机及办公设备制造业	4.92	1.10	0.25	1.03
医疗仪器设备及仪器仪表制造业	8.38	3.24	0.22	12.96

资料来源：《中国高技术产业统计年鉴 2019》

—表示数据缺失

2. 比较优势

中国高技术产业的比较优势主要体现在劳动力成本、产业规模和相关产品市场规模等三个方面。

尽管近年来中国产业劳动力成本不断上升，但高技术产业劳动力相对低成本优势

---

① 数据来源于 OECD STAN 数据库，产业包括：manufacture of basic pharmaceutical products and pharmaceutical preparations；manufacture of computer, electronic and optical products；manufacture of air and spacecraft and related machinery；manufacture of medical and dental instruments and supplies。

仍十分显著。2017 年，美国、法国、德国、英国、日本、韩国等国的制造业单位劳动力工资分别为 5.91 万美元 / 年、5.18 万美元 / 年、5.60 万美元 / 年、4.02 万美元 / 年、3.08 万美元 / 年、4.13 万美元 / 年[①]，而同期中国制造业单位劳动力工资仅为 0.85 万美元 / 年[②]，仅占上述国家的 14.38% ～ 27.60%。甚至我国的制造业单位劳动力工资虽然高于印度，但仍低于同期的巴西，2017 年，巴西和印度的单位劳动力工资分别为 1.26 万美元 / 年和 0.39 万美元 / 年。

经过多年发展，中国高技术产业已经形成较大规模。2018 年，中国高技术产业主营业务收入达 15.70 万亿元。其中，电子及信息通信设备制造业主营业务收入 9.86 亿元，占中国高技术产业主营业务收入的比例高达 62.80%；其次是医药制造业，主营业务收入为 2.39 亿元，占比 15.22%；计算机及办公设备制造业占比较 2014 年略有下降，占中国高技术产业主营业务收入的 12.87%，为 2.02 亿元；医疗仪器设备及仪器仪表制造业和航空航天器及设备制造业主营业务收入规模相对较小，占 2018 年中国高技术产业主营业务收入的比例分别为 6.24% 和 2.87%。

相关产品市场广阔是我国高技术产业发展的优势。截至 2018 年底，我国移动电话用户总数达到 15.7 亿户，移动电话用户普及率达到 112.2 部 / 百人，固定互联网宽带接入用户总数达 4.07 亿户，光缆线路长度 4358 万千米，移动电话交换机容量 25.9 亿户，互联网宽带接入端口 8.9 亿个[5]。从占比来看，2017 年中国互联网用户占总人口比重为 54.3%，而同期美国互联网用户占总人口的比重为 87.3%；2018 年中国互联网服务商每百万人 446.7 个，美国为 65 767.6 个[③]，远高于中国现有水平。中国在互联网、信息通信设备等领域仍有很大的增长空间，庞大的国内市场需求为我国通信设备制造业发展奠定了扎实的现实基础。2016 年中国医疗支出占 GDP 比重为 5.0%，人均医疗支出 398.3 美元，同期美国医疗支出占 GDP 比重为 17.1%，人均医疗支出 9869.7 美元[④]，分别是我国的 3.42 倍和 24.78 倍。随着经济发展和生活水平的提高，我国医药和医疗设备制造业还将迎来巨大的增长。2018 年，中国民用航空行业旅客运输量 6.12 亿人次，根据中国商用飞机有限责任公司和美国航空航天制造公司（波音公司）对 2017 ～ 2036 年中国民用飞机市场预测，2017 ～ 2036 年，中国合计接收新民用客机超过 8500 架，总价值超过 1 万亿美元[6]。未来中国民用航空市场仍然有庞大的需求，将给中国航空航天器设备制造业提供广阔的市场空间。

---

① 数据来源：《国际统计年鉴 2019》。制造业单位劳动力工资 = 雇员工资和薪金 / 雇员数。

② 2017 年中国制造业单位劳动力工资为 5.52 万元人民币 / 年，2017 年 12 月 29 日人民币兑换美元汇率为 0.153041。

③ 数据来源：《国际统计年鉴 2019》。

④ 数据来源：《国际统计年鉴 2019》。

3. 创新活力

创新活力主要体现在专利申请数、有效发明专利数和单位主营业务收入对应有效发明专利数[①]三个方面。

中国高技术产业创新活跃。2018年，中国高技术产业申请专利264 736件，有效发明专利425 137件，占当年制造业专利申请总数和有效发明专利的28.96%和40.10%。其中电子及通信设备制造业申请专利175 923件，有效发明专利295 182件，占高技术产业当年专利申请总数和有效发明专利总数的66.45%和69.43%；计算机及办公设备制造业申请专利22 084件，有效发明专利25 348件，仅占高技术产业当年专利申请总数和有效发明专利总数的8.34%和5.96%；医药制造业、医疗仪器设备及仪器仪表制造业专利申请数占当年高技术产业专利申请总数的比例分别仅为8.20%和13.66%，但其有效发明专利比重较高，分别占当年高技术产业有效发明专利总数的10.77%和10.41%。

中国高技术产业创新效率较高。2018年，中国高技术产业单位主营业务收入对应有效发明专利数2.71件／亿元，远高于制造业的1.14件／亿元。其中，医疗仪器设备及仪器仪表制造业创新效率最高，单位主营业务收入对应有效发明专利数高达4.52件／亿元，电子及通信设备制造业次之，为2.99件／亿元，医药制造业和计算机及办公设备制造业创新效率相对较低，单位主营业务收入对应有效发明专利数分别为1.91件／亿元和1.25件／亿元。

与美国、日本等发达国家相比，中国高技术产业创新活力仍然较弱（表3）。2017年，中国在电气机械、信息通信、计算机技术、半导体、光学、医学技术、生物技术、制药和交通等高技术领域共申请PCT专利19 458件，而同年美国、日本在这些高技术领域的PCT专利申请量分别为25 958件和20 808件，分别是中国的1.33倍和1.07倍。尤其在医学技术等领域，中国与美国、日本仍有较大的差距。在电气机械领域中国的PCT专利数量高于美国，仅为日本的53.67%；在生物技术和制药领域，中国的PCT专利数量高于日本，仅为美国的30.58%，不到1/3。

表3　中国与世界部分国家在高技术领域PCT专利申请情况比较（2017年）（单位：件）

技术领域	中国	美国	法国	德国	日本	韩国	英国
电气机械	2968	2200	450	1965	5530	1562	284
信息通信	1879	1289	111	157	986	507	99
计算机技术	5607	5991	296	571	2521	1099	447

---

① 单位主营业务收入对应有效发明专利数＝有效发明专利数／主营业务收入。

续表

技术领域	中国	美国	法国	德国	日本	韩国	英国
半导体	1910	1885	118	426	2313	629	62
光学	2175	1281	149	427	2442	465	121
医学技术	1464	5615	442	793	2626	894	429
生物技术	811	2652	274	356	763	402	265
制药	1130	3734	350	385	841	560	319
交通	1514	1311	744	1945	2786	371	226

数据来源：WIPO 数据库

综合考察技术投入、比较优势和创新活力，中国高技术产业具有一定的竞争潜力，劳动力低成本优势仍显著，产业发展具备一定规模，未来仍有很大的发展空间。但同时，中国高技术产业技术改造和消化吸收经费投入低于制造业平均水平，技术投入与发达国家相比严重不足，PCT 专利申请量与美国和日本仍有较大差距。

四、中国高技术产业竞争环境

竞争环境主要体现在政治经济环境、贸易和技术环境、相关产业发展环境、产业政策环境等方面。

1. 全球经济增长乏力，逆全球化和贸易格局重构给中国高技术产业发展带来严峻挑战

2018 年以来，世界经济增长乏力，政治经济风险不断增强，包括中国在内的新兴经济体总体发展放缓，IMF 等机构不断下调全球经济增速预期。全球贸易摩擦不断升级，单边主义和保护主义抬头，特别是自 2018 年开始的中美贸易争端趋于白热化，对全球贸易形势造成严重影响。世贸组织报告显示，与全球贸易现状和趋势密切相关的诸多指标在 2019 年均出现下降，显示全球贸易大幅放缓且增长乏力，各地区及不同发展水平的国家进出口均有所下降，全球贸易总体呈疲弱状态[7]。与此同时，全球经济贸易分工合作的共识和基础开始动摇，逆全球化思潮开始涌现。2019 年国际多边贸易规则体系重构，美国在多个地区进行贸易谈判，推行新的多边贸易规则，如升级版的美墨加贸易协定。中美贸易谈判在曲折中前行，但前景并不乐观。中国高技术产业发展面临的外部环境日益复杂多变，不确定性日益增强。

2. 新一轮技术革命加速推进，催生经济增长新动能

全球科技创新进入空前活跃期，信息、生命、能源资源和空天海洋等领域呈现突破态势，新一代信息技术、生物技术、新能源技术、新材料技术、智能制造技术等领域技术突破不断，或将成为新技术革命的主要领域，正在加速学科交叉融合，引领产业变革方向。2019 年，量子信息技术领域发展令人瞩目，全球量子计算研究开始从实验室走向商用，谷歌公司宣称其实现"量子优越性"，IBM 正式发布拥有 53 个量子比特的可商用量子计算机并通过云端向客户开放[8]。尽管量子计算目前仍处于产业发展的早期阶段，但军工、金融、化工、材料、生物、航空航天、交通等众多行业已开始关注其巨大的应用发展潜力，空中客车公司、摩根大通集团、日本合成橡胶公司等纷纷开始通过投资或合作等方式探索相关应用，量子计算的产业生态链日渐壮大。生物技术的发展已经越过一个创新爆发的临界点，包括 CRISPR 基因编辑在内，合成生物学技术、单细胞多组学技术等前沿生物技术相继取得革命性突破。生命科学与生物技术的突破与人工智能、生命大数据、移动互联网融合发展，将引发新一轮生命健康医疗革命。随着新技术在生物、能源、新材料、智能制造等领域取得突破，其必将催生出更多具有广阔发展前景的新产业，成为经济发展的新动力。

3. 世界主要国家不断调整高技术产业发展政策，加速高技术领域的国家竞争

世界各国都把发展高技术及其产业作为一项重要的基本国策，以高新技术研发作为主攻方向，以高技术产业的发展和占领国际市场作为基本目标，提升其国际竞争地位，主要表现包括加强在量子技术等未来竞争关键领域的战略布局，加强国家对高技术产业的干预等。

在电子及信息通信领域，5G 作为新一代信息通信技术的主要发展方向，成为构建数字化转型的新型基础设施。随着 5G 第一版国际标准的发布，全球主要国家纷纷加快 5G 商用进程，2019 年成为全球 5G 商用元年。量子信息技术成为各国战略必争之地，纷纷加大对量子信息技术的国家战略部署。美国近年来持续投入，政府部门、高校及科研院所、科技巨头和初创企业等多方力量形成合作协同的良好局面，并在基础理论研究、量子处理器研制和应用探索等方面占据领先地位。在量子互联网的未来应用方面，美国将重点关注在国家安全、金融安全、患者隐私、药物发现、新材料的设计和制造，以及宇宙科学等 6 个技术领域的应用。2020 年 2 月，美国白宫国家量子协调办公室发布《美国量子网络战略远景》，提出美国将整合联邦政府、学术界和产业界的力量，构建量子互联网，确保量子信息科学研究惠及所有美国人[9]。人工智能

领域，2016 年美国首次发布"国家人工智能研发战略规划"，2019 年 2 月总统特朗普发布启动美国人工智能（AI）计划的 13859 号行政令，同年 6 月又更新了 2016 年首版"国家人工智能研究和发展战略规划"，发布最新版"国家人工智能研究和发展战略规划"，确立美国 AI 研发投资的关键优先领域[10]。航空航天领域，美国仍然是航天技术最领先的国家。2019 年 7 月 20 日人类首次载人登月 50 周年纪念日，美国国家航空航天管理局（NASA）公布了其新的月球探索项目"Artemis"。根据该计划，美国将在 2024 年之前实现美国宇航员重返月球，2028 年之前建立永久月球基地。

日本政府从应对国际战略变局及新科技发展的潮流出发，在量子技术、新一代通信网络建设等高科技领域连续出台战略规划及配套政策，并将量子技术、人工智能及生物科学定为三大"战略性科技"。2020 年 1 月，日本政府出台"量子技术创新战略"，并确定在 2020 年内建立统一管理协调量子技术研发的"司令部"机构，同时在全国建立 8 个量子技术研发基地，分别负责超导量子计算机开发及利用技术、量子材料、量子元件、量子软件、量子生命科学、量子安全等方面的具体研发。日本政府将在从 2020 年起的 5 年时间里，在量子技术领域大力构建产业、政府、科研一体化的新研发体制，在基础研究、技术验证、知识产权管理、人才培养等方面采取全面行动，迅速增强在该领域的核心竞争力。除量子技术外，日本还期望在新一代通信网络的研发与推广上有所作为。2020 年日本三大移动通信运营商陆续开通商用 5G 通信服务，计划到 2023 年左右实现 5G 信号覆盖全国。同时，日本总务省公布一项名为"超越5G"的战略计划，期望通过跨代际发展 6G 技术，实现通信网络上的"弯道超车"[11]。日本航天技术不断崛起，2019 年 2 月，由日本研制发射的"隼鸟 2 号"小行星探测器首次成功着陆"龙宫"小行星，并按照计划在着陆后飞离了小行星表面，7 月又第二次成功登陆"龙宫"小行星，并采集了地下岩石碎片。这些岩石碎片很可能保有太阳系诞生初期样貌，有助解开太阳系诞生之谜。"隼鸟 2 号"的这一成就轰动了整个航天界[12]。

欧洲拥有强大的产业基础，在汽车、化工、制药、机械和航空航天等许多领域都保持着全球领先地位。但在当前"逆全球化"浪潮涌动、贸易保护主义抬头、政府对国内经济进行激进干预的情况下，欧盟的产业特别是高技术产业在国际竞争格局中面临越发激烈的竞争。为保持其产业领先地位，欧盟的产业政策开始发生重大战略转向，转向国家干预经济模式，其标志性事件是德国在 2019 年 11 月发布《工业战略2030》。在欧盟层面上，2019 年 11 月 5 日，欧盟委员会发布由"欧洲共同利益重大项目（IPCEI）战略论坛"专家提出的《加强面向未来欧盟产业的战略价值链》建议报告，旨在提高互联、清洁和自动驾驶的汽车，氢能技术和系统，智能健康，工业物联网，低碳产业，网络安全等欧盟面向未来的六大战略性产业领域的竞争力和全球领导地位^[13]。2020 年 2 月，欧盟又接连发布了《欧洲人工智能白皮书——通往卓越和信任的欧洲路径》《欧洲数据战略》，3 月欧盟委员会发布《欧洲新工业战略》，旨在帮助欧洲工业向气候中立和数字化转型，并提升其全球竞争力和战略自主性。

4. 我国在关键技术领域加大布局，引领高技术产业跨越发展

当前我国高技术产业正处于从规模向效益转型的关键时期，面临重要战略机遇的同时也面临着巨大挑战。我国对包括量子计算在内的量子信息技术发展较为重视，已在《国家中长期科学和技术发展规划纲要（2006—2020 年）》中将"量子调控"列为基础研究领域重大科学研究计划，并建设了量子信息科学国家实验室。过去几年中，随着中美贸易摩擦不断升级，科技竞争愈演愈烈，中国支持高技术产业发展，力求在关键核心技术方面不受制于人。2017 年，国家发展和改革委员会印发《"十三五"生物产业发展规划》，提出了我国生物产业发展的具体规划。2020 年突如其来的新冠肺炎疫情给生物医药产业带来巨大挑战的同时也带来发展机遇。2020 年 2 月，中央高层会议多次提及加大"医疗健康"、"医疗设备"及"公共卫生服务"等领域的投资建设。2 月 21 日中央政治局会议提出"加大试剂、药品、疫苗研发支持力度，推动生物医药、医疗设备、5G 网络、工业互联网等加快发展"^[14]。在半导体领域，为促进半导体产业的发展，国家专门发布新的财税政策支持相关企业的发展。2020 年 8 月国务院印发《新时期促进集成电路产业和软件产业高质量发展的若干政策》，制定出台财税、投融资、研究开发、进出口、人才、知识产权、市场应用、国际合作八个方面的政策措施，大力支持高端芯片和各类软件的关键核心技术研发，旨在进一步优化集成电路产业和软件产业发展环境，深化产业国际合作，提升产业创新能力和发展质量。

五、中国高技术产业竞争态势

竞争态势反映产业竞争力演进的趋势和方向，主要体现为资源转化能力、市场竞争能力、技术能力和比较优势等四个方面的发展。

1. 资源转化能力变化指数

资源转化能力竞争态势反映全员劳动生产率和利润率的变化趋势，是把握资源转化能力发展趋势的重要前提。

中国高技术产业资源转化能力呈缓慢上升趋势。2014 ～ 2018 年，中国高技术产业人均主营业务收入从 96.12 万元 /（人·年）持续增长到 119.15 万元 /（人·年），年均增幅 5.52%；利润率增长缓慢，从 6.36% 微增长到 6.56%，提高了 0.2 个百分

点。从细分产业看，电子及通信设备制造业人均主营业务收入有较大提升，年均增幅 8.19%，计算机及办公设备制造业、医药制造业、医疗仪器设备及仪器仪表制造业人均主营业务收入年均增幅均低于高技术产业平均水平，分别为 4.26%、2.31%、0.41%；医药制造业和医疗仪器设备及仪器仪表制造业利润率保持较快增长，分别增加了 3.13 个百分点和 1.82 个百分点，电子及通信设备制造业和计算机及办公设备制造业则呈微降态势，2018 年比 2014 年分别下降 0.32 个百分点和 0.7 个百分点（表 4）。

表 4　中国高技术产业主要经济指标（2014～2018 年）

指标	行业	2014 年	2015 年	2016 年	2017 年 *	2018 年
人均主营业务收入 / [万元 /（人·年）]	高技术产业	96.12	103.35	114.62	116.86	119.15
	医药制造业	108.13	115.41	124.95	121.88	118.45
	航空航天器及设备制造业	82.79	88.18	94.52	—	—
	电子及通信设备制造业	87.38	96.18	107.48	113.65	119.74
	计算机及办公设备制造业	127.54	132.29	151.74	151.20	150.68
	医疗仪器设备及仪器仪表制造业	86.26	91.27	100.89	94.40	87.69
利润率 /%	高技术产业	6.36	6.42	6.70	6.63	6.56
	医药制造业	10.20	10.56	11.04	12.09	13.33
	航空航天器及设备制造业	5.63	5.75	5.90	—	—
	电子及通信设备制造业	5.54	5.55	5.52	5.36	5.22
	计算机及办公设备制造业	3.78	3.21	4.15	3.61	3.08
	医疗仪器设备及仪器仪表制造业	9.17	8.97	9.43	10.14	10.99

资料来源：《中国高技术产业统计年鉴 2017》《中国高技术产业统计年鉴 2019》
* 2017 年主营业务收入和利润总额等数据缺失，以 2016 年和 2018 年的平均值代替并计算得出人均主营业务收入和利润率

2. 市场竞争能力变化指数

市场竞争能力变化指数主要反映产品目标市场份额、贸易竞争指数的变化趋势，是把握高技术产业市场竞争格局演进的重要前提。

从目标市场份额来看，中国高技术产业在全球市场的进出口份额呈稳步增长态势，出口总额从 2014 年的 6605.43 亿美元增长到 2018 年的 7430.44 亿美元，年均增幅 2.99%；进口总额从 2014 年的 5513.84 亿美元增加到 2018 年的 6655.21 亿美元，年均增幅 4.82%。同期，中国高技术产品在全球市场贸易顺差不断缩小，从 1091.59 亿美元降至 775.23 亿美元，年均降幅 8.20%。从目标市场国来看，中国对美国和欧盟

的高技术产品出口额保持小幅增长。对美国出口额从 2014 年的 1079.06 亿美元增长到
2018 年的 1375.03 亿美元，年均增长 6.25%，进口额则经历了下降到回升的过程，总
体上年均增长 1.35%。对欧盟高技术产品出口总额从 2014 年的 880.22 亿美元增加至
2018 年的 1113.98 亿美元，年均增幅 6.06%，进口额从 2014 年的 656.41 亿美元增加
至 2018 年的 846.15 亿美元年，年均增幅 6.55%。同期，中国对日本高技术产品进出
口保持稳定，出口稳中有降，年均降幅 0.35%，进口稳中有增，年均增幅 1.58%；对
韩国高技术产品出口保持小幅增长，年均增幅 0.40%，进口规模不断扩大，保持增长
态势，年均增幅 3.78%。在金砖国家中，中国对巴西的高技术产品出口贸易保持小幅
增长，年均增幅为 0.96%，进口则不断减少，年均降幅高达 11.14%；对印度、俄罗斯
两国的进出口贸易保持增长态势，特别是对印度的高技术产品出口近几年增长迅速，
从 2014 年的 135.18 亿美元迅速增长到 2018 年的 267.58 亿美元，5 年间增长将近一倍，
年均增幅高达 18.61%（表 5）。

　　从贸易竞争指数来看，中国高技术产品在全球市场中的竞争能力有所下降，贸易
竞争指数呈持续小幅下滑态势。2014 年，中国高技术产品在全球市场的贸易竞争指数
为 0.090，2018 年该指数持续下降至 0.055。在美国、欧盟市场，中国高技术产品具有
一定的竞争优势，近年来中国对美国贸易竞争指数震荡变化，从 2014 年的 0.341 增长
到 2017 年的 0.437，2018 年下降为 0.422；对欧盟贸易竞争指数有小幅下降，从 2014
年的 0.146 下降到 2018 年的 0.137。在日本市场和韩国市场，中国高技术产品处于劣
势，并且差距不断加大，对日本贸易竞争指数从 2014 年的 –0.162 持续下降到 2018 年
的 –0.199；对韩国的高技术产品贸易指数从 2014 年的 –0.405 下降到 2018 年的 –0.459。
中国高技术产品在巴西、印度和俄罗斯市场具有很强的竞争优势，近 5 年来贸易竞争
指数大多数保持在 0.9 以上。

表 5　中国高技术产品对目标市场的国际贸易情况（2014 ～ 2018 年）

目标市场	指标	2014 年	2015 年	2016 年	2017 年	2018 年
全球市场	出口 / 亿美元	6605.43	6552.97	6041.74	6708.15	7430.44
	进口 / 亿美元	5513.84	5492.91	5237.24	5867.33	6655.21
	贸易顺差 / 亿美元	1091.59	1060.05	804.50	840.82	775.23
	贸易竞争指数	0.090	0.088	0.071	0.067	0.055
美国市场	出口 / 亿美元	1079.06	1117.23	1096.57	1242.27	1375.03
	进口 / 亿美元	529.89	519.86	449.50	486.95	559.07
	贸易顺差 / 亿美元	549.17	597.37	647.07	755.32	815.96
	贸易竞争指数	0.341	0.365	0.419	0.437	0.422

续表

目标市场	指标	2014 年	2015 年	2016 年	2017 年	2018 年
欧盟市场	出口 / 亿美元	880.22	903.18	916.04	991.72	1113.98
	进口 / 亿美元	656.41	604.15	622.43	740.77	846.15
	贸易顺差 / 亿美元	223.81	299.03	293.61	250.95	267.83
	贸易竞争指数	0.146	0.198	0.191	0.145	0.137
日本市场	出口 / 亿美元	433.58	408.51	392.48	411.51	427.61
	进口 / 亿美元	601.53	559.20	575.38	613.59	640.43
	贸易顺差 / 亿美元	−167.95	−150.69	−182.90	−202.08	−212.83
	贸易竞争指数	−0.162	−0.156	−0.189	−0.197	−0.199
韩国市场	出口 / 亿美元	428.52	446.86	388.82	411.12	435.34
	进口 / 亿美元	1010.95	1044.69	927.58	1040.02	1172.77
	贸易顺差 / 亿美元	−582.44	−597.84	−538.77	−628.90	−737.43
	贸易竞争指数	−0.405	−0.401	−0.409	−0.433	−0.459
巴西市场	出口 / 亿美元	100.84	76.04	72.14	95.62	104.77
	进口 / 亿美元	5.31	4.05	6.48	7.19	3.31
	贸易顺差 / 亿美元	95.53	71.99	65.66	88.43	101.45
	贸易竞争指数	0.900	0.899	0.835	0.860	0.939
印度市场	出口 / 亿美元	135.18	160.94	197.31	250.68	267.58
	进口 / 亿美元	6.93	5.89	7.37	8.10	8.26
	贸易顺差 / 亿美元	128.25	155.04	189.94	242.57	259.31
	贸易竞争指数	0.902	0.929	0.928	0.937	0.940
俄罗斯市场	出口 / 亿美元	98.09	64.58	66.59	89.98	112.56
	进口 / 亿美元	4.11	3.35	5.10	4.57	5.29
	贸易顺差 / 亿美元	93.98	61.23	61.49	85.40	107.26
	贸易竞争指数	0.920	0.901	0.858	0.903	0.910

数据来源：UN Comtrade 数据库、《中国贸易外经统计年鉴》(2015 ~ 2019)

3. 技术能力变化指数

技术能力变化指数主要反映产业技术投入、产业技术能力和创新活力等指数变化情况。

近年来，中国高技术产业的技术能力不断提升。从 R&D 投入看，中国高技术产业研发投入持续增加。R&D 人员比例和 R&D 经费强度分别从 2014 年的 4.32% 和 1.51% 增长到 2018 年的 6.47% 和 2.27%，特别是近两年增长较为迅速。产业技术能力方面，中国高技术产业新产品销售率增长迅速，从 2014 年的 25.79% 增长到 2018 年的 36.24%，增长了 10.45 个百分点。中国高技术产业创新活力不断增强，有效发明专利数和单位主营业务收入对应有效发明专利数迅速增长，从 2014 年的 147 927 件和 1.16 件 / 亿元增加到 2018 年的 425 137 件和 2.71 件 / 亿元，年均增幅分别达 30.20% 和 23.63%（表 6）。

表 6　中国高技术产业技术能力指标（2014 ~ 2018 年）

指标	产业分类	2014 年	2015 年	2016 年	2017 年	2018 年
R&D 人员比例 /%	高技术产业	4.32	4.36	4.32	5.39	6.47
	医药制造业	4.65	4.15	4.08	5.10	6.24
	航空航天器及设备制造业	9.91	10.88	8.78	—	—
	电子及通信设备制造业	4.23	4.24	4.33	5.40	6.46
	计算机及办公设备制造业	2.98	3.53	3.20	4.07	4.92
	医疗仪器设备及仪器仪表制造业	4.68	4.46	4.42	6.37	8.38
R&D 经费强度 /%	高技术产业	1.51	1.59	1.58	1.93	2.27
	医药制造业	1.24	1.27	1.28	1.80	2.43
	航空航天器及设备制造业	6.10	4.92	4.51	—	—
	电子及通信设备制造业	1.74	1.76	1.78	2.06	2.30
	计算机及办公设备制造业	0.60	0.82	0.80	0.95	1.10
	医疗仪器设备及仪器仪表制造业	1.30	1.44	1.29	2.18	3.24
新产品销售率 /%	高技术产业	25.79	27.23	28.32	32.32	36.24
	医药制造业	15.53	15.32	15.71	20.72	26.62
	航空航天器及设备制造业	35.70	37.07	39.14	—	—
	电子及通信设备制造业	31.16	32.19	33.90	37.61	40.90
	计算机及办公设备制造业	23.88	27.54	26.61	27.62	28.62
	医疗仪器设备及仪器仪表制造业	14.82	14.51	14.63	20.90	28.36
技术改造经费比例 /%	高技术产业	0.25	0.24	0.26	0.31	0.35
	医药制造业	0.43	0.37	0.27	0.32	0.37
	航空航天器及设备制造业	2.32	1.63	1.21	—	—
	电子及通信设备制造业	0.16	0.17	0.26	0.31	0.35
	计算机及办公设备制造业	0.04	0.08	0.13	0.19	0.25
	医疗仪器设备及仪器仪表制造业	0.28	0.22	0.18	0.20	0.22

续表

指标	产业分类	2014 年	2015 年	2016 年	2017 年	2018 年
消化吸收经费比例 /%	高技术产业	26.31	18.02	7.81	8.20	8.49
	医药制造业	167.54	57.41	66.68	75.10	83.09
	航空航天器及设备制造业	1.35	0.05	—	—	—
	电子及通信设备制造业	17.70	11.01	4.46	5.18	5.72
	计算机及办公设备制造业	18.58	128.90	508.87	49.97	1.03
	医疗仪器设备及仪器仪表制造业	7.51	3.77	6.62	9.80	12.96
专利申请数 / 件	高技术产业	120 077	114 562	131680	198208	264736
	医药制造业	11 514	9 260	9633	15666	21698
	航空航天器及设备制造业	4 772	5 276	7040	—	—
	电子及通信设备制造业	75 590	76 612	89 315	132 619	175 923
	计算机及办公设备制造业	12 088	10 147	11 247	16 666	22 084
	医疗仪器设备及仪器仪表制造业	16 113	12 068	12 880	24 526	36 172
单位主营业务收入对应的专利申请数 / (件 / 亿元)	高技术产业	0.94	0.82	0.86	1.28	1.69
	医药制造业	0.49	0.36	0.34	0.60	0.91
	航空航天器及设备制造业	1.58	1.55	1.85	—	—
	电子及通信设备制造业	1.12	0.98	1.02	1.43	1.78
	计算机及办公设备制造业	0.51	0.52	0.57	0.83	1.09
	医疗仪器设备及仪器仪表制造业	1.63	1.15	1.11	2.29	3.69
有效发明专利数 / 件	高技术产业	147 927	199 728	257 234	341 186	425 137
	医药制造业	16 161	21 563	24 640	35 203	45 766
	航空航天器及设备制造业	3 485	5 535	6 188	—	—
	电子及通信设备制造业	105 307	150 004	197 820	24 6501	29 5182
	计算机及办公设备制造业	12 288	7 721	10 720	18 034	25 348
	医疗仪器设备及仪器仪表制造业	10 686	13 470	15 818	30 045	44 272
单位主营业务收入对应的有效发明专利数 / (件 / 亿元)	高技术产业	1.16	1.43	1.67	2.20	2.71
	医药制造业	0.69	0.84	0.87	1.35	1.91
	航空航天器及设备制造业	1.15	1.62	1.63	—	—
	电子及通信设备制造业	1.56	1.92	2.27	2.65	2.99
	计算机及办公设备制造业	0.52	0.40	0.54	0.90	1.25
	医疗仪器设备及仪器仪表制造业	1.08	1.29	1.36	2.80	4.52

资料来源:《中国高技术产业统计年鉴 2019》

2014 年以来，中国高技术领域 PCT 专利申请量不断增加，从 2014 年的 10 121 件快速增长到 2017 年的 19 458 件，年均增长 24.34%，尽管仍居于美国、日本之后，但差距不断缩小（表 7）。

表 7　世界部分国家高技术领域 PCT 专利申请情况（2014～2017 年）（单位：件）

国家	2014 年	2015 年	2016 年	2017 年
中国	10 121	13 468	17 676	19 458
美国	24 938	25 572	26 110	25 959
法国	3 215	3 225	2 996	2 934
德国	6 203	6 462	6 566	7 025
日本	18 787	18 930	19 907	20 809
韩国	5 626	5 883	6 251	6 488
英国	2 086	2 168	2 348	2 251

资料来源：OECD STAN 数据库。统计的技术领域包括电气机械、信息通信、计算机技术、半导体、光学、医学技术、生物技术、制药和交通等 9 类（WIPO 技术领域分类）

4. 比较优势变化指数

比较优势变化指数反映中国劳动力低成本优势的变化趋势。中国高技术产业劳动力成本呈上升态势，但与发达国家相比，比较优势仍十分显著。2014～2018 年，中国制造业单位劳动力平均工资从 0.76 万美元 /（人·年）持续上涨到 1.05 万美元 /（人·年），年均增幅 8.42%，折算成单位劳动力每小时工资为 4.02～5.03 美元，而 2015 年美国制造业每小时平均名义劳动成本为 24 美元，同发达国家相比，中国仍然具有较强的低劳动力成本优势。

综合考察资源转化能力变化指数、市场竞争能力变化指数、技术能力变化指数和比较优势变化指数，本书认为，中国高技术产业国际竞争态势良好，资源转化能力和技术能力均有不同程度提升，劳动力成本优势仍然显著。但是，近年来，中国高技术产品在国际市场竞争能力有所下降，贸易竞争指数稳中有降。

六、主要研究结论

综合分析中国高技术产业的竞争实力、竞争潜力、竞争环境和竞争态势，可以得出以下结论。

（1）中国高技术产业竞争实力总体良好，但与发达国家相比仍有较大差距。中国高技术产业盈利能力较强，利润率高于制造业平均水平，但劳动生产率与制造业平均水平相比还有一定差距，并且远低于发达国家水平。高技术产品在全球市场和美国、欧盟、印度、巴西、俄罗斯等国家和组织市场有不同程度的贸易顺差，在国际市场具有一定的竞争能力；从细分产业来看，在医药制造、航空航天等领域，中国高技术产品的国际竞争力还不容乐观。产业技术能力有所提升，在信息通信、医药、航空航天等领域取得一系列突破进展，新产品开发能力较强，新产品销售率和新产品出口销售率相对较高；然而与发达国家相比，中国高技术产业在关键技术领域仍有较大差距。

（2）中国高技术产业竞争潜力较强，但技术投入和创新活力与发达国家相比仍有显著差距。中国高技术产业 R&D 人员和 R&D 经费投入相对较高，特别是在医疗仪器设备及仪器仪表制造业、医药制造业等领域，与制造业相比发展优势明显，但同时对技术改造和消化吸收再创新的投入相对不足。中国高技术产业产业规模较大，发展空间广阔，与发达国家相比劳动力低成本优势仍十分显著。创新活力较强，专利申请量、有效专利发明数和 PCT 专利申请数较高，单位主营业务收入对应有效发明专利数远高于制造业平均水平。然而，与发达国家相比，中国高技术产业技术投入仍然严重不足，PCT 专利申请量远低于美国和日本的水平。同时，与印度等发展中国家相比，劳动力低成本优势已经不再显著。

（3）产业竞争环境日趋严峻，挑战与机遇并存。全球经济增长乏力，贸易格局重构，特别是中美贸易战凸显的高技术领域主导权之争使中国高技术产业发展面临更加严峻的外部环境。与此同时，新一轮技术革命蓄势待发，量子信息技术和生物技术等技术领域研发与商业化进程不断加速，争夺激烈，各国纷纷加速调整和布局，以期在新一轮的高技术产业增长中夺得先机。我国在 5G、量子信息通信等领域已经具备了同其他国家竞争的实力，政府也加大支持，并出台政策在高技术产业短板发力，这些都给中国高技术产业发展带来新的机遇。

（4）产业竞争态势总体良好，与发达国家差距不断缩小。中国高技术产业发展趋缓，但国际竞争态势依旧乐观。资源转化能力依然保持增长态势，但增幅相对较小，产业盈利能力提升缓慢。全球市场份额稳步增长，贸易竞争指数持续小幅下滑，在发达国家市场竞争力略有下降，但在发展中国家市场仍然具有较强的竞争力。从技术能力来看，尽管与发达国家相比仍然存在较大差距，但随着技术投入不断增加，新产品销售率、有效发明专利数和单位主营业务收入对应有效发明专利数迅速增长，创新活力不断增强，与美国、日本的差距不断缩小。劳动力成本呈逐年上升态势，但与发达国家相比仍然具有优势。未来中国高技术产业实现创新发展，仍有较大提升空间。

参考文献

[1] 穆荣平.高技术产业国际竞争力评价方法初步研究.科研管理，2000，21（1）：50-57.

[2] 新华网.我国已建成 5G 基站 19.8 万个 套餐用户规模超 5000 万.http://www.xinhuanet.com/2020-05/03/c_1125937707.htm[2020-12-15].

[3] 陈凯先.生物医药创新前沿与我国生物医药的发展.世界科学，2019（7）：34-36.

[4] 刘丫.2019 年度"中国生命科学十大进展"今日揭晓.http://www.xinhuanet.com/science/2020-01/10/c_138694349.htm[2020-10-15].

[5] 前瞻产业研究院.我国通信设备制造业发展现状分析.http://www.cneo.com.cn/article-133206-1.html[2020-10-15]

[6] 前瞻产业研究院.2018 年中国民用飞机制造行业市场分析：行业数量保持较高速增长，未来需求空间广阔.https://bg.qianzhan.com/trends/detail/506/190711-b99795c2.html.

[7] 杨海泉.全球贸易低迷不振 来年机遇挑战并存.经济日报，2019-12-25（5 版）.

[8] Arute F，et al.Quantum supremacy using a programmable superconducting processor. Nature，2019，574（7779）：505-510.

[9] The White House National Quantum Coordination Office. A Strategic Vision For America's Quantum Networks.https://www.whitehouse.gov/wp-content/uploads/2017/12/A-Strategic-Vision-for-Americas-Quantum-Networks-Feb-2020.pdf[2020-09-01].

[10] Select Committee on Artificial Intelligence of the National Science & Technology Council. The National Artificial Intelligence Research and Development Strategic Plan：2019 Update. https://www.whitehouse.gov/wp-content/uploads/2019/06/National-AI-Research-and-Development-Strategic-Plan-2019-Update-June-2019.pdf?tdsourcetag=s_pcqq_aiomsg［2020-08-23］.

[11] 卢昊.日本强化高科技战略竞争能力.世界知识，2020（15）：66-67.

[12] 黄钟，方辰.日本小行星探测器"隼鸟 2 号"成功着陆"龙宫"并采样.http://www.bjnews.com.cn/world/2019/02/22/549589.html[2019-02-22].

[13] European Commission. Strengthening Strategic Value Chains for a Future-ready EU Industry. https://ec.europa.eu/docsroom/documents/37824/attachments/2/translations/en/renditions/native［2019-07-16].

[14] 新华社.中共中央政治局召开会议 研究新冠肺炎疫情防控工作 部署统筹做好疫情防控和经济社会发展工作 中共中央总书记习近平主持会议.http://www.xinhuanet.com/politics/leaders/2020-02/21/c_1125608804.htm［2020-02-21].

4.1 Evaluation on International Competitiveness of China's High–tech Industries

Su Na, *Mu Rongping*

(Institutes of Science and Development, Chinese Academy of Sciences)

This paper analyzes the international competitiveness of China's High-tech industries from four aspects, including the competitive strength, the competitive potential, the competitive environment, and the competitive tendency. Five industries are involved, namely aircraft and spacecraft, electronic and telecommunication equipment, computers and office equipment, pharmaceuticals, and medical equipment and meters manufacturing. On the basis of statistical data and systematic analysis, four conclusions are drawn as follows: ① the competitive strength of China's High-tech industries develops quite well with great breakthroughs in certain technological areas. But compared with developed countries, there is still a huge gap in key technology areas. ② The competitive potential is strong with relatively high R&D input, low labor cost, and broad market sizes. But there are still huge gaps of R&D intensity and PCT between China's High-tech industries and the developed countries. ③ The competitive environment of China's High-tech industries is becoming increasingly severe, with challenges and opportunities coexisting for innovative development. ④ The competitive tendency of China's High-tech industries is improving with a narrowing gap between China and developed countries.

4.2　中国计算机及办公设备制造业国际竞争力评价

张汉军[1, 2]　蔺　洁[2]

（1. 中国科学院大学公共政策与管理学院；
2. 中国科学院科技战略咨询研究院）

一、中国计算机及办公设备制造业发展概述

计算机及办公设备制造业[①]是技术密集型产业，是推进国家工业化、城市化和信息化融合发展的重要产业基础。随着人工智能、5G 通信、云计算、大数据等数字技术的不断普及，计算机及办公设备制造业发展迎来巨大机遇。2013 ～ 2018 年，中国计算机及办公设备制造业主营业务收入出现一定程度回落，从 23 214.17 亿元震荡下降到 20 207.09 亿元[②]，年均增速 -2.74%，低于高技术产业主营业务收入年均增速（6.23%）；利润总额从 810.43 亿元震荡下降到 623.06 亿元，年均增速 -5.12%，低于高技术产业年均增速（7.31%）（图 1）。同期，从业人员年平均数从 1 905 640 人震荡下降到 1 341 091 人，年均增速 -6.79%，低于高技术产业从业人员平均数年均增速（0.37%）；企业数量有所增长，从 1565 家持续增长到 2078 家，年均增速 5.83%，高于高技术产业企业数量年均增速（4.54%）。

在高技术产业整体稳定增长的大背景下，计算机及办公设备制造业发展速度却呈现放缓趋势。2013 ～ 2018 年，大中型企业主营业务收入[③]从 22 240.12 亿元震荡下降到

---

① 根据《国家统计局关于印发〈高技术产业（制造业）分类（2017）〉的通知》（国统字〔2017〕200 号），计算机及办公设备制造业分为：计算机整机制造、计算机零部件制造、计算机外围设备制造、工业控制计算机及系统制造、信息安全设备制造、其他计算机制造、办公设备制造七个中类，相较于 2013 年旧标准，2017 年的新标准将"其他计算机制造"进行了细化，分出了"工业控制计算机与系统制造"以及"信息安全设备制造"。但由于《中国高技术产业统计年鉴 2018》数据缺失，2017 年之前数据均按照 2013 年旧标准进行统计，故本文依旧采取 2013 年分类标准与名称。

② 《中国高技术产业统计年鉴 2019》中以"营业收入"代替"主营业务收入"，由于《中国高技术产业统计年鉴 2018》相关数据缺失，故 2017 年数据为 2016 年、2018 年数据算术平均后得到的预测值。

③ 《中国高技术产业统计年鉴 2019》中大中型企业相关数据缺失以及《中国高技术统计年鉴 2018》数据缺失，故 2017 年与 2018 年大中型企业数据均为预测值。

18 652.01 亿元，年均增速 -3.46%，低于高技术产业大中型企业主营业务收入年均增速（9.47%）。三资企业在中国计算机及办公设备制造业中占据重要位置。三资企业 [①] 主营业务收入 [②] 从 20 883.77 亿元持续下降到 15 714.48 亿元，年均增速 -5.53%，低于高技术产业中三资企业主营业务收入年均增速（1.41%）。但是，三资企业仍以 27.43% 的企业数量、41.81% 的从业人员数创造了 77.77% 的主营业务收入和 48.54% 的利润总额，如表 1 所示。

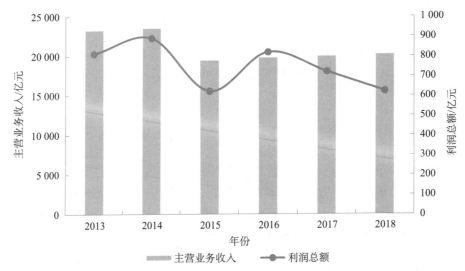

图 1　中国计算机及办公设备制造业经济规模（2013 ～ 2018 年）

资料来源：《中国高技术产业统计年鉴（2014 ～ 2019）》

表 1　中国计算机及办公设备制造业中三资企业所占比例（2018 年）（%）

行业	企业数	从业人员平均数	主营业务收入	利润总额	出口交货值
高技术产业	19.14	36.30	45.03	36.47	69.79
计算机及办公设备制造业	27.43	41.81	77.77	48.54	90.88
计算机整机制造业	27.12	34.91	82.53	64.34	98.21
计算机零部件制造业	27.37	42.66	73.78	63.42	89.64
计算机外围设备制造业	26.69	39.94	70.28	45.31	65.37
办公设备制造业	33.97	53.85	62.21	31.98	84.15

资料来源：《中国高技术产业统计年鉴 2019》

---

①　指港澳台投资企业和外商投资企业。
②　《中国高技术产业统计年鉴 2019》三资企业相关数据缺失以及《中国高技术统计年鉴 2018》数据缺失，故 2017 年与 2018 年三资企业数据均为预测值。

本文将从竞争实力、竞争潜力、竞争环境和竞争态势四个方面[1]分析中国计算机及办公设备制造业国际竞争力现状和发展态势，力图发现该行业发展面临的重大问题，识别影响产业发展的关键因素，并提出一定对策与建议。

二、中国计算机及办公设备制造业竞争实力

中国计算机及办公设备制造业竞争实力主要体现在资源转化能力、市场竞争能力和产业技术能力三个方面①。

1. 资源转化能力

资源转化能力可以衡量生产要素转化为产品和服务的效率和效能，主要体现在全员劳动生产率②和利润率③两项指标。全员劳动生产率是产业生产技术水平、经营管理水平、职工技术熟练程度和劳动积极性的综合体现；利润率反映产业生产盈利能力。由于产业增加值数据难以获取，本文认为，人均主营业务收入在一定程度上可以反映产业全员劳动生产率的发展水平。

中国计算机及办公设备制造业人均主营业务收入高于高技术产业平均水平。2018年，中国计算机及办公设备制造业人均主营业务收入230.63万元/（人·年），高于高技术产业平均水平［139.02万元/（人·年）］。从细分产业来看，计算机整机制造业人均主营业务收入548.84万元/（人·年），远高于计算机及办公设备制造业，计算机零部件制造业人均主营业务收入109.84万元/（人·年）、计算机外围设备制造业人均主营业务收入151.15万元/（人·年）、办公设备制造业人均主营业务收入98.75万元/（人·年），均低于计算机及办公设备制造业。

中国计算机及办公设备制造业利润率低于高技术产业平均水平。2018年中国计算机及办公设备制造业利润率为5.79%，低于高技术产业平均水平（7.27%）。从细分行业来看，办公设备制造业（8.49%）高于计算机及办公设备制造业利润率，计算机整机制造业（1.32%）、计算机零部件制造业（5.12%）以及计算机外围设备制造业（4.58%）均低于计算机及办公设备制造业利润率。

与发达国家相比，中国计算机及办公设备制造业人均主营业务收入已超过部分发达国家，但还有一定上升空间。2016年美国、日本计算机及办公设备制造业人均主营

---

① 有关数据主要来源于历年《中国高技术统计年鉴》，考虑到不同数据统计口径的差异，如无特殊说明，以下数据统计口径均为大中型工业企业。

② 全员劳动生产率［万元/（人·年）］＝产业增加值/全部从业人员平均数。考虑到数据可获得性，中国的全员劳动生产率用人均主营业务收入代替。

③ 利润率＝（利润总额/主营业务收入）×100%。

业务收入[①]37.93 万美元/（人·年）、26.47 万美元/（人·年），2015 年英国、德国、韩国、法国该行业人均主营业务收入分别为 26.12 万美元/（人·年）、26.10 万美元/（人·年）、48.24 万美元/（人·年）、33.53 万美元/（人·年），2018 年中国该行业人均主营业务收入 34.86 万美元/（人·年）[②]，已超过 2015 年英国、德国、法国和 2016 年日本水平。

2. 市场竞争能力

市场竞争能力主要由产品目标市场份额、贸易竞争指数[③]、价格指数[④]三项指标表征。产品目标市场份额反映一国某商品对目标市场的贸易出口占目标市场该商品贸易进口比例。贸易竞争指数反映一国某商品贸易进出口差额的相对大小，1 表示只有出口，–1 表示只有进口。价格指数反映该国某商品进出口价格比率，0 ～ 1 表明该商品出口价格低于进口价格，大于 1 表示该商品出口价格高于进口价格。由于 2018 年计算机及办公设备制造业出口数量和进口数量数据缺失，无法对计算机及办公设备制造业进行价格指数分析，故本部分主要分析贸易竞争指数。

中国计算机及办公设备制造业[⑤]产品表现出较强市场竞争力，占全球市场份额 35.44%，在国际贸易中主要表现为贸易顺差。2018 年，中国计算机及办公设备制造业总出口额 2287.84 亿美元，总进口额 585.62 亿美元，贸易顺差达 1702.22 亿美元，贸易竞争指数 0.5924（表 2）。

中国计算机及办公设备制造业在美国、日本、德国等发达国家市场表现出较强市场竞争力。美国、日本、德国是中国计算机及办公设备制造业的主要出口国，并表现为贸易顺差。2018 年，中国对美国、日本、德国的市场出口额分别为 679.03 亿美元、121.31 亿美元、104.53 亿美元，进口额分别为 10.62 亿美元、35.76 亿美元、9.73 亿美元，在美国、日本、德国市场的贸易竞争指数分别为 0.9692、0.5447、0.8297，目标市场份额分别为 46.55%、50.66%、23.79%（表 2）。

中国计算机及办公设备制造业在印度、俄罗斯等金砖国家市场表现出较强竞争

---

① Computer, electronic and optical products，labor productivity=production（gross output）/Number of persons engaged-total employment. 资料来源：OECD STAN 数据库中产业分析部分的产业分类 D26，以上数据库的产业分类标准是 ISIC Rev.4。

② 以上数据均根据 OECD 对应年份的数据和汇率计算得到。https://data.oecd.org/conversion/exchange-rates.htm。

③ 贸易竞争指数 =（出口额 – 进口额）/（出口额 + 进口额）。

④ 价格指数 =（出口额 / 出口数量）/（进口额 / 进口数量）。

⑤ 商品代码为 8443，8470，8471，8472，8473。数据来源 UN Comtrade 数据库，商品编码标准为 HS1996，本小节数据来源均为此。

力。2018 年中国对印度、俄罗斯的市场出口额分别为 46.87 亿美元、27.61 亿美元，进口额分别为 0.10 亿美元、0.01 亿美元，中国在印度、俄罗斯市场的贸易竞争指数分别为 0.9957、0.9992，目标市场份额分别为 47.40%、31.43%，表现出较强市场竞争力（表 2）。

表 2　中国计算机及办公设备制造业国际贸易情况（2018 年）

指标	全球市场	美国市场	日本市场	德国市场	印度市场	俄罗斯市场
出口 / 亿美元	2 287.84	679.03	121.31	104.53	46.87	27.61
进口 / 亿美元	585.62	10.62	35.76	9.73	0.10	0.01
贸易顺差 / 亿美元	1 702.22	668.41	85.55	94.80	46.77	27.60
贸易竞争指数	0.5924	0.9692	0.5447	0.8297	0.9957	0.9992
目标市场份额 /%	35.44	46.55	50.66	23.79	47.40	31.43

资料来源：UN Comtrade 数据库，商品代码标准为 HS1996

中国计算机及办公设备制造业 HS 编码[①]8443、8470、8471、8472、8473 的产品已经在国际市场获得认可。中国计算机及办公设备制造业所有产品的贸易竞争指数均大于 0，同时 HS 编码 8470、8471、8472 产品贸易竞争指数大于 0.5，表明我国计算机及办公设备制造业产品以出口为主，且具有较强贸易竞争优势；美国计算机及办公设备制造业相关产品贸易竞争指数均为负，同时其中 HS 编码 8470、8471、8472 产品贸易竞争指数小于 −0.5，表明美国计算机及办公设备制造业产品以进口为主；俄罗斯相关产品贸易竞争指数均为负，且 HS 编码 8443、8471、8472、8473 产品贸易竞争指数小于 −0.9，表明俄罗斯主要是通过进口来满足计算机及办公设备制造业产品需求；日本 HS 编码 8443 产品具有较强的贸易竞争优势，但 HS 编码 8470、8471 产品贸易竞争指数分别达到 −0.8041 和 −0.6870，表明这两种产品主要依赖进口；德国计算机及办公设备制造业相关产品国际贸易保持收支平衡，虽然德国部分产品出现进口较多或者出口较多的情况，但并未出现贸易竞争指数大于 0.5 或者小于 −0.5 的情况，表明德国计算机及办公设备制造业产品占据一定国际市场份额，但份额有限；印度除 HS 编码 8472 产品外，其他产品贸易竞争指数均为负且小于 −0.5，甚至 HS 编码 8471 产品贸易竞争指数达到 −0.9390，表明印度除 HS 编码 8472 产品外其他产品主要依赖进口（表 3）。

---

① 根据 UN Comtrade 数据库对 HS 编码的分类，8443 包括：印刷机械，包括喷墨印刷机；8470 包括：计算机和具有计算功能的袖珍数据记录、再现和显示的机器，包括计算装置的会计机，邮资盖印机，票据发行机，收银机；8471 包括：自动数据处理机及其装置；磁性或光学阅读器，将数据以编码形式转写到数据媒体上的机器，以及处理此类数据的机器；8472 包括：其他办公室机器；刻字抄写机、复印机、编址机、自动钞票分配器，硬币分拣机、削铅笔机，装订机；8473 包括：机械零件和配件（不包括机盖、手提箱）。

表 3　部分国家计算机及办公设备制造业贸易竞争指数（2018 年）

HS 编码	中国	美国	日本	德国	印度	俄罗斯
	贸易竞争指数	贸易竞争指数	贸易竞争指数	贸易竞争指数	贸易竞争指数	贸易竞争指数
8443	0.1264	−0.4903	0.6341	0.1237	−0.7819	−0.9367
8470	0.8699	−0.5354	−0.8041	0.0624	−0.8404	−0.6496
8471	0.6733	−0.5688	−0.6870	−0.2227	−0.9390	−0.9045
8472	0.9602	−0.5945	−0.2809	0.2993	0.4387	−0.9476
8473	0.4120	−0.2107	−0.2813	−0.1725	−0.7106	−0.9533

资料来源：UN Comtrade 数据库，商品编码标准为 HS1996

3. 产业技术能力

产业技术能力主要体现在产业关键技术水平、新产品销售率[①] 和新产品出口销售率 [②] 三项指标。产业关键技术水平体现产业技术硬件水平，与产业技术能力有着直接关系。新产品销售率和新产品出口销售率一定程度上反映了新技术的市场化收益能力，也是衡量产业技术水平的重要指标。

中国计算机及办公设备制造业的技术水平有了较大提升，中国计算能力得到极大提升。"天河二号"超级计算机以峰值计算速度每秒 5.49 亿亿次、持续计算速度每秒 3.39 亿亿次双精度浮雕运算速度居世界第 1 位[2]，成功完成 3 万亿粒子数的宇宙中微子和暗物质数值模拟，揭示了宇宙大爆炸 1600 万年之后至今约 137 亿年的漫长演化进程[3]。根据 2019 年全球超级计算机 500 强榜单，我国"神威·太湖之光"和"天河二号"超级计算机分别居第三位和第四位，中国在总体算力上占比为 32.3%，已接近美国（37.1%）[4]。国产服务器市场逐步成熟。华为作为国产服务器主力军，其发布的 TaiShan 服务器，已能为大数据、分布式储存、原生应用、高性能计算和数据库高效加速，满足数据中心各种需求[5]。同时，华为服务器采用自主研发的鲲鹏处理器实现了服务器核心部件的国产化，从而促进了技术上的独立自主[6]。新华三集团在 2020 年中国移动 PC 服务器集采项目中基于鲲鹏处理器的服务器更是成功占据重要份额（23.42%）[7]。国产芯片及制造正在起步。中国北斗卫星中正式使用由中国科学院计算技术研究所自主研制的通用高性能处理芯片"龙芯"[8]。2019 年底龙芯处理器核 CSV464V 主频已达到 1.8 ～ 2.0GHz，SPEC CPU2006 定点和浮点单核分值均超过 20 分，是上一代产品的两倍以上[9]。中芯国际第一代 14nm FinFET 技术取得突破性进展，并于 2019 年第四季度进入量产，代表了中国（不含台湾）自主研发集成电路的

---

① 新产品销售率 = 新产品销售收入 / 产品销售收入 ×100%，其中，产品销售收入用主营业务收入替代。

② 新产品出口销售率 = 新产品出口销售收入 / 新产品销售收入 ×100%。

最先进水平。FinFET 技术将主要应用于 5G、高性能计算、人工智能、物联网、消费电子及汽车等新兴领域[10]。

中国计算机及办公设备制造业新产品销售率低于高技术产业平均水平，其新产品主要销往国际市场。2018 年，中国计算机及办公设备制造业新产品销售率 28.72%，比高技术产业平均水平（34.99%）低 6.28 个百分点。其中，计算机整机制造业、计算机零部件制造业、计算机外围设备制造业和办公设备制造业的新产品销售率分别为 32.20%、28.33%、22.53% 和 17.66%。同期，中国计算机及办公设备制造业新产品出口销售率高达 55.92%，比高技术产业平均水平（36.69%）高 19.23 个百分点。其中，计算机整机制造业、计算机零部件制造业、计算机外围设备制造业和办公设备制造业新产品出口销售率分别为 54.10%、70.94%、68.51% 和 51.86%，均远高于高技术产业平均水平。

综合考察资源转化能力、市场竞争能力和产业技术能力，可以看出，中国计算机及办公设备制造业人均主营业务收入实现较快增长，已远超高技术产业平均水平，但与美国、韩国仍有较大差距；利润率则低于高技术产业平均水平。产品在美国、德国、日本等主要发达国家和印度、俄罗斯等金砖国家表现出明显的贸易顺差和市场占有率，具有一定市场竞争力。技术水平有一定提升，但新产品销售率低于高技术产业平均水平，且新产品主要销往国外市场。总体来讲，中国计算机及办公设备制造业已经具备一定竞争实力。

三、中国计算机及办公设备制造业竞争潜力

竞争潜力体现在产业运行状态、技术投入、比较优势和创新活力四个方面。由于产业运行状态缺乏相关统计数据，本文仅从技术投入、比较优势和创新活力三个方面分析计算机及办公设备制造业竞争潜力。

1. 技术投入

技术投入强度直接影响产业未来技术水平和竞争力的提升，体现在 R&D 人员比例[①]、R&D 经费强度[②]、技术改造经费比例[③] 及消化吸收经费比例[④] 四项指标。中国计算机及办公设备制造业 R&D 人员比例高于高技术产业平均水平，但 R&D 经费强度略显

---

　① R&D 人员比例 =（R&D 人员折合全时当量 / 从业人员）× 100%。
　② R&D 经费强度 =（R&D 经费内部支出 / 主营业务收入）× 100%。
　③ 技术改造经费比例 =（技术改造经费 / 主营业务收入）× 100%。
　④ 消化吸收经费比例 =（消化吸收经费 / 技术引进经费）× 100%。

不足。2018 年，中国计算机及办公设备制造业 R&D 人员比例为 6.89%，比高技术产业平均水平（6.38%）高出 0.51 个百分点。其中，计算机整机制造业、计算机零部件制造业、计算机外围设备制造业和办公设备制造业的 R&D 人员比例分别为 12.10%、4.84%、4.47% 和 4.49%。中国计算机及办公设备制造业 R&D 经费强度仅为 1.03%，比高技术产业平均水平（2.02%）低 0.99 个百分点。其中，计算机整机制造业、计算机零部件制造业、计算机外围设备制造业和办公设备制造业 R&D 经费强度分别为 0.84%、1.50%、0.81% 以及 1.31%（表 4）。

表 4　中国计算机及办公设备制造业技术投入指标（2018 年）（%）

行业	R&D 人员比例	R&D 经费强度	技术改造经费比例	消化吸收经费比例
高技术产业	6.38	2.02	0.34	2.13
计算机及办公设备制造业	6.89	1.03	0.26	0.03
计算机整机制造业	12.10	0.84	0.30	0.00
计算机零部件制造业	4.84	1.50	0.43	0.00
计算机外围设备制造业	4.47	0.81	0.04	1.21
办公设备制造业	4.49	1.31	0.15	0.00

数据来源：《中国高技术产业统计年鉴 2019》

中国计算机及办公设备制造业技术改造经费比例和消化吸收经费比例均低于高技术产业平均水平。2018 年，中国计算机及办公设备制造业技术改造经费比例 0.26%，低于高技术产业平均水平（0.34%）0.08 个百分点。其中，仅有计算机零部件制造业技术改造经费比例超过高技术产业平均水平。同时，中国计算机及办公设备制造业的消化吸收经费比例很低，除计算机外围设备制造业消化吸收经费比例（1.21%）较高以外，其他子行业几乎为零。这表明我国计算机及办公设备制造业不仅存在较低的 R&D 经费强度水平，在技术改造和引进消化吸收方面的投入也不足。

与发达国家相比，中国的计算机及办公设备制造业的研发经费投入的总量和研发经费强度仍有较大差距。2019 年欧盟工业研发投资记分牌统计，Intel 公司研发投入规模 139.64 亿美元，R&D 经费强度达到 19.12%；AMD 公司研发投入规模 14.79 亿美元，R&D 经费强度达到 22.15%。同期，中国计算机及办公设备制造业研发投入规模 29.07 亿美元，R&D 经费强度达到 1.03%，规模仅为 Intel 公司的 20.82%。

2. 比较优势

比较优势主要体现在劳动力成本、产业规模和相关产品市场规模三个方面。

中国计算机及办公设备制造业劳动力成本具有一定优势。OECD 数据显示，2016

年，美国和日本计算机及办公设备制造业的单位劳动力成本[①]分别为13.54万美元/年和5.69万美元/年，2015年法国、德国、韩国、英国计算机及办公设备制造业劳动力成本分别为8.82万美元/年、6.63万美元/年、4.51万美元/年、8.27万美元/年。2016年中国制造业每小时劳动力成本4.99美元[②]，折合单位劳动力成本1.04万美元/年，远低于发达国家。

中国计算机及办公设备制造业产业规模不断扩大，与大多数国家相比具有明显优势，但与美国还有一定差距。2016年美国计算机及办公设备制造业总产值达到4001亿美元，从业人员达到105.5万人；日本计算机及办公设备制造业总产值达到1847.63亿美元，从业人员达到69.8万人。2015年英国计算机及办公设备制造业总产值达到299.21亿美元，从业人员达到11.45万人；德国计算机及办公设备制造业总产值达到916.08亿美元，从业人员达到35.1万人；韩国计算机及办公设备制造业总产值达到2749.37亿美元，从业人员达到56.99万人[③]。2018年，中国计算机及办公设备制造业主营业务收入达到18652亿元，约合2819.2亿美元，从业人员80.9万人[④]。

数字化转型将不断拓宽中国计算机及办公设备制造业市场，为产业发展提供广阔空间。在服务器市场，根据IDC发布的《2019年中国AI基础架构市场调查报告》，2019年中国AI服务器市场规模为23.3亿美元，同比增长57.9%，是全球AI服务器市场增速的2倍。2019年全球AI服务器市场规模达到99亿美元，中国AI服务器市场规模在全球市场占比由2018年的19.2%提升至2019年的23.53%[11]。随着人工智能、互联网、云计算等数字技术应用的普及，中国人工智能产业化及产业数字化转型加快。为加快人工智能产业化，国家发布了《新一代人工智能发展规划》，提出到2020年中国人工智能核心产业规模将达到1500亿元，到2025年核心产业规模将达到4000亿元，到2030年核心产业规模将超过1万亿元的目标[12]。为落实规划，工业和信息化部印发了《促进新一代人工智能产业发展三年行动计划（2018—2020年）》，力争到2020年能够在一系列人工智能标志性产品中取得重要突破，在若干重点领域形成国际竞争优势，促进人工智能和实体经济融合进一步深化，保障产业发展环境进一步优化[13]。根据国家信息中心和京东数字科技研究院联合发布的《携手跨越重塑增长——中国产业数字化报告2020年》，2018年67%的全球1000强企业和50%的中

---

① Unit labor cost= labour costs（compensation of employees）/ number of persons engaged – total employment. 资料来源：OECD STAN 数据库中产业分析部分的产业分类 D26，以上数据库的产业分类标准是 ISIC Rev.4。

② Manufacturing labor costs per hour for China，Vietnam，Mexico from 2016 to 2020（in U.S. dollars）. https://www.statista.com/statistics/744071/manufacturing-labor-costs-per-hour-china-vietnam-mexico/.

③ 以上数据均来源于：OECD STAN 数据库中产业分析部分的产业分类 D26。

④ 以上数据均根据 OECD 对应年份数据和汇率计算得到。https://data.oecd.org/conversion/exchange-rates. htm.

国 1000 强企业都将数字化转型作为企业的战略核心，企业数字化转型意愿强烈。与此同时，工业、农业等传统行业及养老、家政等新兴行业均有着向数字化、智能化、高效化转型的迫切需求[14]。为助力企业数字转型，2020 年 7 月国家发展和改革委员会等 13 部门联合发布《关于支持新业态新模式健康发展激活消费市场带动扩大就业的意见》，提出加快推进产业数字化转型，壮大实体经济新动能，确保产业数字化转型能够进一步落实[15]。随着国家对人工智能产业和产业数字化转型重视程度的提高，计算机及办公设备制造业发展道路也会更加广阔。

3. 创新活力

创新活力主要体现在专利申请数、有效发明专利数和单位主营业务收入对应有效发明专利数[①]三个方面。

中国计算机及办公设备制造业专利申请量与有效发明专利占高技术产业专利申请量和有效发明专利比例均略低于高技术产业平均水平。2018 年，中国计算机及办公设备制造业共申请专利 17 084 项，有效发明专利 11 059 项，分别占高技术产业专利申请总数的 9.51% 和 10.29%。其中，计算机整机制造业、计算机零部件制造业、计算机外围设备制造业、办公设备制造业专利申请数分别为 10 051 件、1676 件、2335 件、1581 件，有效发明专利分别为 8088 件、490 件、932 件、575 件。数据显示，计算机整机制造业发明专利和有效发明专利数量在计算机及办公设备制造业整体行业占据绝对优势，分别为 58.83% 和 73.14%。

中国计算机及办公设备制造业创新效率与高技术产业平均水平相比还有一定差距。2018 年，中国计算机及办公设备制造业单位主营业务收入对应有效发明专利数仅为 0.59 件 / 亿元，低于高技术产业平均水平（0.75 件 / 亿元）。其中，计算机整机制造业、计算机零部件制造业、计算机外围设备制造业、办公设备制造业主营业务收入对应有效发明专利数分别为 0.71 件 / 亿元、0.2 件 / 亿元、0.41 件 / 亿元、0.59 件 / 亿元。

综合考虑技术投入、比较优势和创新活力，可以认为，中国计算机及办公设备制造业虽然 R&D 人员比例达到了高技术产业 R&D 人员比例的平均水平，但技术投入相对高技术产业平均水平略显不足；专利申请数和有效发明专利数相对高技术产业平均水平基本持平，但创新效率有待提高。与发达国家相比，中国计算机及办公设备制造业劳动力低成本优势明显，但研发投入强度还有较大差距；在产业规模方面还落后于美国，但具有良好的市场发展前景。

---

① 单位主营业务收入对应有效发明专利数 = 有效发明专利数 / 主营业务收入。

四、中国计算机及办公设备制造业竞争环境

竞争环境主要体现在政治经济环境、贸易和技术环境、相关产业发展环境、产业政策环境等方面。总体上看，中国计算机及办公设备制造业面临的竞争环境呈现出以下四个特点。

1. 全球经济发展加剧放缓，产业分工格局面临重构

新冠肺炎疫情正在全球蔓延，全球经济发展受到自第二次世界大战以来最大的冲击。OECD 首席经济学家布恩认为，到 2021 年底新冠肺炎疫情给全球经济造成的损失将达 7 万亿美元[16]。剑桥大学法官商学院风险研究中心数据显示，"经济萧条"情景下新冠肺炎疫情在 5 年内对全球经济造成的损失将达到 82 万亿美元，"乐观"估计情景下 5 年内也将造成 3.3 万亿美元损失[17]。各行各业均遭受巨大经济损失甚至处于崩溃边缘，Cirium 数据显示，自 2020 年 1 月以来全球已有 43 家商业航空公司因疫情出现严重困局。其中，拉美最大航空公司——拉塔姆航空公司已于 5 月 26 日申请破产保护，重组债务。由于全球经济复苏缓慢，国际航空运输协会对该行业的前景并不看好，认为全球航空运输量需要到 2024 年才能恢复到 2019 年水平[18]。6 月，国际货币基金组织（IMF）《世界经济展望》报告更新版提出 2020 年全球经济增长率预计为 –4.9%，比 4 月发布报告预测值降低了 1.9 个百分点[19]。报告承认新冠病毒对 2020 年上半年经济活动的负面影响比之前预期的更为严重，全球经济的复苏将会更为缓慢。10 月 6 日，IMF 总裁格奥尔基耶娃指出：全球经济正从危机深渊中复苏，但这一灾难远未结束。未来，全球经济将面临漫长、不均衡且充满不确定的艰难爬坡之路。[20]为加快经济复苏，各国纷纷出台大量扶持政策，但随着各国央行支持力度的减弱和各国政府的财政刺激措施变少，全球经济的快速反弹可能已经停滞，复苏的形态已经不再是 V 形，而更是像 W、U 甚至是 L 形。世界银行首席经济学家莱因哈特更是指出："随着所有与封锁有关的限制措施被解除，经济可能会出现迅速反弹，但全面复苏将需要长达五年的时间。"[21]

疫情加剧了逆全球化趋势，发达国家鼓励企业回流，全球产业分工格局将面临重大调整。2013 年英国首相卡梅伦首次提出英国脱离欧盟公投[22]，2016 年英国全民公投决定脱欧[23]，经历多次脱欧协商，2020 年 1 月 31 日英国历时 4 年正式脱欧[24]。自特朗普当选美国总统，美国频繁退出国际组织。2017 年 1 月 23 日特朗普政府宣布美国退出跨太平洋伙伴关系协定（TPP）[25]、2017 年 12 月 2 日宣布退出全球移民协议[26]、2018 年 12 月 31 日退出联合国教科文组织[27]、2019 年正式退出巴黎协定[28]。在疫情蔓延的大背景下，2020 年 7 月 6 日正式退出世界卫生组织[29]。此外，重构自

身产业链，实现"再工业化"成为发达国家疫情下的重要考量。2013 年奥巴马在国情咨文中提到"让美国成为就业和制造业的磁场"，2014 年"选择美国"夏季论坛上美国商务部更是鼓励企业回流美国本土生产[30]。特朗普政府加大鼓励企业回流力度，2018 年特朗普通知国会终止北美自贸协定，其主要原因是希望通过谈判为美国汽车扩大海外市场、吸引制造业就业岗位回流美国[31]。韩国 2020 年 7 月发布"材料、零部件和设备 2.0 战略"，旨在将韩国打造成为"尖端产业世界工厂"，力促本国制造业回流，并在 2022 年之前投入 5 万亿韩元（约合人民币 293 亿元）以上[32]。日本通过坚持超宽松货币政策、签订日本与欧洲经济伙伴关系协定（EPA）和全面与进步跨太平洋伙伴关系协定（CPTPP）等，全面降低企业本土生产成本，受其政策影响丰田、日产、佳能、资生堂等跨国公司纷纷关闭部分海外工厂，选择本土建厂[33]。

2. 主要国家加强战略部署，力争把握科技发展前沿

人工智能成为各国抢先部署的重要战略领域。2016 年美国奥巴马政府发布《人工智能战略》，提出了 7 个重点发展的领域。2019 年特朗普政府对这一文件进行更新，除对 7 个领域重点进行更新，增加并特别强调了第 8 项战略：公司伙伴关系[34]。欧洲政治战略中心（European Political Strategy Centre）2018 年 3 月发布《人工智能时代：确立以人为本的欧洲战略》，通过分析欧洲人工智能的发展，针对其发展过程中劳动者替代等问题提出应对策略[35]。2020 年 2 月，欧盟委员会发布《人工智能白皮书：通往卓越与信任的欧洲之路》（*White Paper:On Artificial Intelligence - A European Approach to Excellence and Trust*），通过讨论欧盟委员会所支持的两个重要科技政策目标（通过加强投资和监管，促进人工智能发展和处理相关技术应用带来的风险），来打造以人为本的可信赖和安全的人工智能，确保欧洲成为数字化转型的全球领导者[36]。日本出台《日本再兴战略 2016》将 2017 年确定为日本人工智能元年[37]。2017 年日本出台《下一代人工智能推进战略》明确人工智能发展的技术重点，并推动人工智能技术向强人工智能和超级人工智能方向延伸[38]。2019 年日本出台《AI 战略 2019》，旨在建成人工智能强国，并引领人工智能技术研发和产业发展[39]。韩国在第四次工业革命委员会举行的第六次会议通过人工智能研发战略，通过人才、技术和基础设施三个方面确保其顺利实施[40]。2019 年 12 月发布"人工智能国家战略"，该战略旨在推动韩国从"IT 强国"向"AI 强国"的转化，计划到 2030 年将韩国人工智能领域的竞争力提升至世界前列[41]。俄罗斯总统普京 2019 年 10 月 11 日签署命令，批准 2030 年前俄罗斯国家人工智能发展战略，以促进俄罗斯人工智能领域快速发展，包括在人工智能领域进行科学研究，为用户提升信息和计算资源的可用性，完善人工智能领域人才培养体系等[42]。

超级计算机是各国重点部署的战略技术领域。美国始终重视超级计算机发展战略。早在 2012 年美国即启动面向 E 级计算机的"Fast Forward"计划。2016 年，美国发布"国家战略计算计划"（National Strategic Computing Initiative，NSCI），提出加快开发百亿亿次超算，同时突破半导体技术发展限制，探索未来高性能计算机系统发展路径等一系列发展目标[43]。2019 年 11 月，白宫科学技术政策办公室发布美国国家战略计算计划更新版，更新版内容更加侧重于计算机硬件、软件和整体基础设施，以及开发创新的、实际的应用程序和机会，以支持美国计算的未来[44]。日本同样始终重视超级计算机发展。2014 年 6 月，日本宣布启动 E 级计划，名为"post—K"，用于建设国家高性能计算基础设施（high performance computing infrastructure），初步预计投资额为 13 亿美元，2021 年完成研制[45]。为给日本研究机构和公司提供新一代计算机平台，经济产业省提供 195 亿日元（约合 1.73 亿美元）财政外资金发展超级计算机[46]。2019 年，日本启动了下一代国产超级计算机计划，将其作为 2019 年 8 月技术运行的国产超级计算机"京"的后续机型。日本官方和民间企业将投入约 1300 亿日元（约合 12 亿美元）于 2019 年开始着手打造，计划与 2021 年正式运行[47]。欧盟加强对超算技术的追赶。2018 年，欧盟提出共建欧洲高性能计算机基础设施（即"欧洲高性能计算共同计划"），旨在建立一个由世界级高性能计算和数据基础设施支撑的欧洲高性能计算以及大数据系统[48]。2019 年，欧盟已根据该计划在欧盟成员国中选定 8 处设立世界级超级计算机中心，总预算经费高达 8.4 亿欧元，计划于 2026 年实施完毕[49]。同时，欧盟各国也有自身超算发展计划，如德国的 E 级创新中心（EIC）计划、法国 BULL 公司的"SEQUANA"计划等。除上述国家外，其他国家也纷纷加入超算发展行列。俄罗斯在 2011 年 9 月批准《2012 至 2020 百亿亿次超级计算机为基础的高性能计算技术构想》，拨款 450 亿卢布，计划到 2020 年达到百亿亿次运算能力[50]。韩国未来创造科学部在 2016 年着手自主开发处理能力为 1PetaFLOPS（每秒能完成 1 千万亿次运算）级的超级计算机，计划到 2020 年开发 1PetaFLOPS 级以上的超级计算机后，2021～2025 年研制出 30PetaFLOPS 级以上的超级计算机[51]。

半导体技术竞赛进入快车道。2017 年 6 月，美国国防高级研究计划局（Defense Advanced Research Projects Agency，DARPA）宣布推出电子复兴计划（Electronics Resurgence Initiative，ERI）。该计划将在之后五年投入超过 20 亿美元，联合国防工业基地、学术界、国家实验室和其他创新部门，开启下一次电子革命[52]。2020 年 6 月，美国贸易组织半导体工业协会（Semiconductor Industry Association，SIA）提出一项 370 亿美元（约合人民币 2418 亿元）建议，加强对建造新芯片工厂补贴，对寻求吸引半导体投资的州提供援助以及增加研究资金资助，以此来应对世界各国半导体产业发展势头[53]。欧盟最新研发框架计划——地平线 2020 中，提出了三大战略优先发展领域，保持技术和工业技术领先（LEIT），包括信息通信计划、制造技术和材料等[54]。与之相似的"欧洲领先电子元器件和系统"（Electronic Components and Systems for European Leadership，ECSEL）计划于 2014 年正式实施，力求维持欧洲半导体和智能系统制造能力并帮助其进一步发展，帮助该计划中所有参与者都能使用世界一流的基础设施来设计和制造电子元件等[55]。计划执行截至 2020 年已投入 34 亿欧元来助力欧洲半导体行业发展，其中有 16 亿欧元的欧盟和国家资助，18 亿欧元的行业自有资金。2018 年底正式运行的欧洲处理器计划（European Processor Initiative，EPI），则致力于开发低功耗微处理器，并销售至市场，以确保高阶芯片设计的核心能力能够保留在欧洲[56]。2018 年 7 月，韩国产业通商资源部承诺政府在未来的十年内将会投资 1.5 万亿韩元（约合 13.4 亿美元）来支持韩国半导体产业的发展[57]，用以研发下一代储存芯片材料，力争使韩国成为世界半导体公司的生产基地。2019 年 4 月韩国政府更是发布了"系统芯片产业愿景和战略"，承诺在今后十年将会在研发领域投入 1 万亿韩元（约合人民币 60.21 亿元）并培养 1.7 万名专业人员，力争到 2030 年确保韩国在全球晶圆代工市场的占有率排名第一，在半导体集成电路设计市场的占有率从目前的 1.6% 提升至 10%[58]。日本政府加大了对新型半导体开发事业的支持力度。日本政府计划从 2018 年年中开始在三年内成功开发出可应用于人工智能产品的高速低耗型半导体，以确保其市场占有率，同时在 2018 年的财政预算中支出约 700 亿日元的专项开发资金，来减轻企业的资金压力[59]。2018 年，日本宣布将 MRAM（magnetic random access memory）、硅光子学（silicon photonics）、量子计算（quantum computing）作为国内半导体产业发展的主要方向，确保未来国际市场份额。这些政策文件的出台以及计划的实施表明了政府对半导体产业发展的重视，各国都希望在未来的国际发展中能够掌握核心技术，保持自身发展优势。

3. 中美贸易冲突日益加剧，产业关键技术尚未突破

世界经济增长持续低迷，主要西方国家发展乏力，霸权主义、保护主义、民粹主义思潮在西方有所扩大，国际经济贸易受到一定冲击。近年来，美国频繁做出反多边主义行为，单方面对多国抬高进口商品关税、挑起中美之间贸易摩擦，阻碍中美之间正常贸易，不断出台针对中国高科技企业、高技术产业的遏制手段，意在从科技领域打压中国，从而将中国阻挡在新一轮科学技术和产业变革的前沿之外。同时，美国也不断向其盟友施压，阻止西方主要国家同中国高技术企业合作，将中国企业排除在全球创新网络之外，试图利用政治手腕遏制中国发展。虽然西方国家对美国挑起的科技封锁反应不一，但整体来讲西方发达国家对中国的迅速崛起都持有不同程度的敌意，

在对华经贸和科技往来方面逐步增加交流壁垒。尤其是涉及高技术领域的贸易往来频繁受到政治等因素干扰，西方发达国家不同程度上筑起对华科技壁垒。

2020年5月20日，美国白宫网站发布《美国对中华人民共和国战略方针》报告，更加明确否定美国过去历届政府推行的对华接触政策，更加激昂地渲染中国崛起对美国带来的"威胁"和"挑战"，更加具体地描绘对华竞争的路线。可以认为，美国试图强化竞争，其对华竞争性新战略朝着成型又迈进了一步。同时，随着疫情蔓延，美国更加重视供应链安全，加快产业链、供应链结构调整中的"去中国化"。未来，一些受到美国联邦政府资助的高校、研究所和企业将有可能与美国政府签署相应的条款，不得与中国的合作伙伴开展相应的合作。这将进一步加剧"技术的国家化"。我国海关总署数据显示，2020年1～5月，中美贸易总值为1.29万亿元，下降9.8%，我国对美国出口9643.9亿元，下降11.4%；自美国进口3218.4亿元，下降4.5%[60]。

在这种贸易环境下，中国高技术产业发展面临着巨大挑战。一方面，中美贸易摩擦影响扩大，我国高技术企业发展已经受到较大影响。2018年4月，美国单方面限制了本国企业向中国中兴通讯公司出售相关产品[61]，最后以企业缴纳巨额罚金并改组董事会来解除禁令[62]，导致中国中兴通讯公司发展受到严重阻碍。2019年美国宣布将华为等关联企业列入出口管制"实体名单"，清单中企业或个人购买或者转让获得美国技术需要获得相关的许可[63]，致使谷歌[64]、ARM[65]等公司减少或停止与华为合作。出于对美国制裁行为的评估，英国在召开国家安全委员会会议（National Security Council）后，宣布自2020年12月31日起禁止购买任何全新的华为5G设备，同时将华为彻底从英国5G网络中移除，最终时间为2027年年底[66]。2020年6月29日印度政府以"这些APP损害了印度的主权和完整、国防、国家安全和公共秩序"为由，宣布禁用中国59款APP。这一系列不公平待遇严重影响我国高技术企业的正常发展。另一方面，我国高技术领域关键核心技术仍受制于人，短期内难以突破技术封锁。例如，在半导体领域，发达国家基本垄断半导体市场。Gartner数据显示，2019年全球半导体公司营收排名前十的企业分别为英特尔、三星电子、SK海力士、美光科技有限公司、博通、高通、德州仪器、意法半导体、东芝记忆体（Kioxia）、恩智浦，这十家企业市场占有率达到54.8%，我国企业未能取得席位，半导体市场基本上被发达国家占领[67]。在芯片制造领域，核心技术一直掌握在国外部分企业手中。CPU芯片几乎被英特尔公司和AMD公司瓜分，国产CPU无论性能还是市场份额都无法与之匹敌[68]。2019年，全球出货约360台半导体用光刻机中，359台由ASML、Nikon、Canon出货[69]，最先进极紫外光刻设备仅荷兰ASML公司能够生产[70]。拓墣产业研究院数据显示，芯片生产技术（晶圆代工）全球前五的企业分别为台积电、三星、格芯、联电、中芯国际。其中台积电[71]、三星[72]7nm 芯片制成技术已经成熟，并且已经正式进军 5nm 芯片量产[73]，而我国中芯国际仅刚实现 14nm 芯片的量产，距离 7nm 芯片工艺以及 5nm 芯片工艺量产还有很长的路。

4. 中国加快布局新兴产业，信息产业迎来发展机遇

近年来，中国政府出台了一系列战略和政策，加快信息产业布局，极大地促进了产业发展。《"十三五"国家科技创新规划》（国发〔2016〕43 号）中明确提出："突破超级计算机中央处理器（CPU）架构设计技术，提升服务器及桌面计算机 CPU……攻克 14 纳米刻蚀设备、薄膜设备、掺杂设备等高端制造装备及零部件，突破 28 纳米浸没式光刻机及核心部件……突破 E 级计算机核心技术，依托自主可控技术，研制满足应用需求的 E 级高性能计算机系统。"这表明国家对行业核心技术发展的充分重视。2018 年，曙光公司联合上下游企业、科研院所、重点高校成立"国家先进计算产业创新中心"，建立产学研多方合作机制，探索未来先进计算机工程领域的发展[74]。《"十三五"国家战略性新兴产业发展规划》[75]（国发〔2016〕67 号）中针对集成电路发展建立专栏，提出"启动集成电路重大生产力布局规划工程，实施一批带动作用强的项目，推动产业能力实现快速跃升"。在《"十三五"国家信息化规划》[76]（国发〔2016〕73 号）中将集成电路作为未来发展的核心技术，提出"攻克高端通用芯片、集成电路装备、基础软件、宽带移动通信等方面的关键核心技术，形成若干战略性先导技术和产品"。

同时，为助力传统产业转型升级和新兴产业蓬勃发展，政府出台大量政策文件。《国务院关于促进云计算创新发展培育信息产业新业态的意见》[77]（国发〔2015〕5 号）针对云计算的发展与应用，明确提出"到 2017 年，云计算在重点领域的应用得到深化，产业链条基本健全，初步形成安全保障有力，服务创新、技术创新和管理创新协同推进的云计算发展格局，带动相关产业快速发展"。《国务院关于积极推进"互联网+"行动的指导意见》[78]（国发〔2015〕40 号）为促进互联网的创新成果与经济社会各领域深度融合，提出"到 2018 年，互联网与经济社会各领域的融合发展进一步深化，基于互联网的新业态成为新的经济增长动力，互联网支撑大众创业、万众创新的作用进一步增强，互联网成为提供公共服务的重要手段，网络经济与实体经济协同互动的发展格局基本形成"。《"十三五"国家战略性新兴产业发展规划》[79]（国发〔2016〕67 号）和《"十三五"国家信息化规划》[76]（国发〔2016〕73 号）对我国新兴产业的发展做出长远规划。《新一代人工智能发展规划》[80]（国发〔2017〕35 号）

为人工智能发展提出了具体三步走发展战略，以期能够"准确把握全球人工智能发展态势，找准突破口和主攻方向，全面增强科技创新基础能力，全面拓展重点领域应用深度广度，全面提升经济社会发展和国防应用智能化水平"。工业和信息化部根据国家发展人工智能战略部署，发布了《促进新一代人工智能产业发展三年行动计划（2018—2020年）》[81]（工信部科〔2017〕315号）提出人工智能产业三年内需要发展的具体领域和需要突破的核心技术，同时为人工智能发展提供制度保障。《工业和信息化部关于工业大数据发展的指导意见》[82]（工信部信发〔2020〕67号）针对工业领域产品和服务的数据的发展，提出加快数据汇聚、推动数据共享、深化数据应用、完善数据治理、强化数据安全、促进产业发展、加强组织保障7方面指导意见。《工业互联网专项工作组2020年工作计划》[83]（工信厅信管函〔2020〕153号）为工业互联网发展提出具体任务，其中主要涉及提升基础设施能力、构建标识解析体系、建设工业互联网平台、突破核心技术标准、培育新模式新业态、促进产业生态融通发展、增强安全保障水平、推进开放合作、加强统筹推进、推动政策落地10个方面。《国家新一代人工智能标准体系建设指南》[84]（国标委联〔2020〕35号）由国家标准化管理委员会、中共中央网络安全和信息化委员会办公室、国家发展和改革委员会、科技部、工业和信息化部五部门共同发布，通过加强人工智能领域标准化顶层设计，推动人工智能产业技术研发和标准制定，促进产业健康可持续发展。

五、中国计算机及办公设备制造业竞争态势

竞争态势反映产业竞争力演进的趋势和方向，主要体现为资源转化能力、市场竞争能力、技术能力和比较优势四个方面。中国计算机及办公设备制造业国际竞争力不仅取决于竞争实力、竞争潜力和竞争环境，还受到产业竞争态势的影响。

1. 资源转化能力发展态势

资源转化能力发展态势反映全员劳动生产率和利润率的变化趋势。2013～2018年，中国计算机及办公设备制造业人均主营业务收入从125.25万元/（人·年）稳定上升到230.63万元/（人·年），年均增幅达到12.99%，略于高技术产业人均主营业务收入年均增速（9.79%）。从细分行业看，2013～2018年中国计算机整机制造业、计算机零部件制造业、计算机外围制造业、办公设备制造业人均主营业务收入均得到一定程度的提升，其中计算机整机制造业的涨幅最为明显，年均增幅达到22.97%，远高于高技术产业平均水平（表5）。

表 5　中国计算机及办公设备制造业主要经济指标（2013～2018 年）

指标	行业	2013 年	2014 年	2015 年	2016 年	2017 年	2018 年
人均主营业务收入/[万元/(人·年)]	高技术产业	87.13	96.07	102.98	114.59	126.60	139.02
	计算机及办公设备制造业	125.25	130.97	136.10	158.14	187.98	230.63
	计算机整机制造业	195.20	206.51	225.03	281.18	372.78	548.84
	计算机零部件制造业	76.54	75.54	66.64	77.04	90.80	109.84
	计算机外围设备制造业	81.59	95.69	100.73	112.13	127.90	151.15
	办公设备制造业	90.27	94.41	98.14	98.34	98.55	98.75
利润率 /%	高技术产业	5.96	6.31	6.38	6.73	7.02	7.27
	计算机及办公设备制造业	3.44	3.74	3.16	4.06	4.93	5.79
	计算机整机制造业	2.98	3.04	1.62	2.76	3.89	5.00
	计算机零部件制造业	3.54	3.84	5.55	4.81	4.09	3.39
	计算机外围设备制造业	3.93	5.60	5.51	5.78	6.08	6.41
	办公设备制造业	5.11	6.13	5.82	6.73	7.62	8.49

数据来源：《中国高技术产业统计年鉴（2014～2019）》

中国计算机及办公设备制造业利润率呈现稳定增长态势，年均增长率高于高技术产业平均水平。2013～2018 年，中国计算机及办公设备制造业利润率从 3.44% 震荡增长到 5.79%，年均增幅 10.98%，高于高技术产业平均水平（4.04%）。从细分产业来看，2013～2018 年，计算机整机制造业、计算机外围设备制造业、办公设备制造业利润率均出现增长，且年均增长率超过 10%，但计算机零部件制造业却出现一定下滑，年均增长率 -0.87%（表 5）。

2. 市场竞争能力发展态势

市场竞争能力发展态势主要反映产品目标市场份额、贸易竞争指数和价格指数的变化趋势，是高技术产业市场竞争格局演进的重要体现。

从目标市场份额来看，中国计算机及办公设备制造业相关产品在全球市场份额虽有波动但总体平稳。2013～2018 年，中国计算机及办公设备制造业相关产品在全球市场出口额从 2241.36 亿美元波动增加到 2287.84 亿美元，进口额从 585.38 亿美元波动变化后回到 585.62 亿美元，年均增幅分别为 0.41% 和 0.01%，中国计算机及办公设备制造业相关产品在全球市场所占份额从 36.83% 波动后回到 35.44%，年均增幅 -0.77%（表 6）。

中国计算机及办公设备制造业相关产品在美国、日本、德国等发达国家和印度、俄罗斯等金砖国家中都有较高的市场份额，贸易竞争指数整体呈上升态势。
2013 ～ 2018 年，中国计算机及办公设备制造业相关产品在美国市场出口额从 625.52
亿美元震荡上升至 679.03 亿美元，进口额从 16.58 亿美元震荡下降至 10.62 亿美元，
年均增幅分别为 1.66% 和 -8.52%；目标市场份额从 50.57% 震荡下降到 46.55%，年
均增幅 -1.64%；贸易竞争指数从 0.9484 震荡增加至 0.9692。在日本市场的出口额
从 139.23 亿美元震荡下降至 121.31 亿美元，进口额从 49.89 亿美元震荡下降至 35.76
亿美元，年均增幅分别为 -2.72% 和 -6.44%；目标市场份额从 53.38% 震荡下降至
50.66%，年均增幅为 -1.04%；贸易竞争指数从 0.4724 震荡增加至 0.5447。在德国市
场出口额从 102.16 亿美元震荡增加至 104.53 亿美元，进口额从 11.07 亿美元震荡下降
至 9.73 亿美元，年均增幅分别为 0.46% 和 -2.55%；目标市场份额从 28.78% 震荡下降
至 23.79%，年均增幅 -3.74%；贸易竞争指数从 0.8045 波动增加至 0.8297（表 6）。

在金砖国家中，2013 ～ 2018 年，中国计算机及办公设备制造业相关产品在印度
市场出口额从 38.57 亿美元震荡上升至 46.87 亿美元，进口额从 0.30 亿美元震荡下降
至 0.10 亿美元，年均增幅分别为 3.97% 和 -19.73%；目标市场份额从 48.05% 震荡下
降至 47.40%，年均增幅 -0.27%；贸易竞争指数从 0.9843 震荡增加至 0.9957。在俄罗
斯市场的出口额从 23.21 亿美元震荡上升至 27.61 亿美元，进口额近乎未发生变化，
稳定在 0.01 亿美元；目标市场份额从 30.73% 震荡上升至 31.43%，年均增幅 0.45%；
贸易竞争指数始终接近 1（表 6）。

表 6　中国计算机及办公设备制造业国际贸易情况（2013 ～ 2018 年）

目标市场	指标	2013 年	2014 年	2015 年	2016 年	2017 年	2018 年
全球市场	出口 / 亿美元	2241.36	2263.39	1931.32	1741.20	2035.16	2287.84
	进口 / 亿美元	585.38	591.14	514.61	464.92	483.25	585.62
	进口总额 */ 亿美元	6085.30	6091.58	5548.95	5253.63	5854.41	6455.91
	贸易顺差 / 亿美元	1655.97	1672.25	1416.71	1276.28	1551.91	1702.22
	贸易竞争指数	0.5858	0.5858	0.5792	0.5785	0.6162	0.5924
	目标市场份额 /%	36.83	37.16	34.81	33.14	34.76	35.44
美国市场	出口 / 亿美元	625.52	630.37	559.25	510.47	610.75	679.03
	进口 / 亿美元	16.58	14.35	13.10	10.41	11.39	10.62
	进口总额 */ 亿美元	1236.97	1238.66	1223.31	1153.19	1320.30	1458.66
	贸易顺差 / 亿美元	608.94	616.02	546.14	500.06	599.36	668.41
	贸易竞争指数	0.9484	0.9555	0.9542	0.9600	0.9634	0.9692
	目标市场份额 /%	50.57	50.89	45.72	44.27	46.26	46.55

续表

目标市场	指标	2013 年	2014 年	2015 年	2016 年	2017 年	2018 年
日本市场	出口 / 亿美元	139.23	138.52	107.31	96.78	110.22	121.31
	进口 / 亿美元	49.89	48.26	43.68	36.39	38.41	35.76
	进口总额 */ 亿美元	260.83	259.10	215.21	210.45	229.63	239.46
	贸易顺差 / 亿美元	89.34	90.26	63.63	60.39	71.81	85.55
	贸易竞争指数	0.4724	0.4833	0.4214	0.4534	0.4831	0.5447
	目标市场份额 /%	53.38	53.46	49.86	45.99	48.00	50.66
德国市场	出口 / 亿美元	102.16	107.63	93.00	83.29	103.87	104.53
	进口 / 亿美元	11.07	10.10	7.72	6.61	8.05	9.73
	进口总额 */ 亿美元	355.01	386.37	359.07	347.13	407.10	439.44
	贸易顺差 / 亿美元	91.10	97.53	85.27	76.69	95.82	94.80
	贸易竞争指数	0.8045	0.8284	0.8466	0.8530	0.8562	0.8297
	目标市场份额 /%	28.78	27.86	25.90	24.00	25.52	23.79
印度市场	出口 / 亿美元	38.57	35.29	37.31	31.38	43.53	46.87
	进口 / 亿美元	0.30	0.28	0.31	0.35	0.21	0.10
	进口总额 */ 亿美元	80.27	78.95	85.40	76.46	88.21	98.88
	贸易顺差 / 亿美元	38.27	35.01	37.01	31.03	43.32	46.77
	贸易竞争指数	0.9843	0.9842	0.9837	0.9779	0.9903	0.9957
	目标市场份额 /%	48.05	44.69	43.70	41.03	49.35	47.40
俄罗斯市场	出口 / 亿美元	23.21	21.63	14.30	15.46	21.16	27.61
	进口 / 亿美元	0.01	0.00	0.01	0.01	0.00	0.01
	进口总额 */ 亿美元	75.53	78.05	65.11	55.05	77.58	87.83
	贸易顺差 / 亿美元	23.20	21.63	14.29	15.45	21.16	27.60
	贸易竞争指数	0.9994	0.9997	0.9991	0.9993	0.9997	0.9992
	目标市场份额 /%	30.73	27.72	21.96	28.08	27.27	31.43

数据来源：UN Comtrade 数据库，商品编码标准为 HS1996

* 指某一市场中计算机及办公设备制造业进口的总额

中国计算机及办公设备制造业相关产品大部分细分行业在国际市场具有较强竞争优势。2013 ～ 2018 年，中国 HS 编码 8470、8471、8472 产品其贸易竞争指数始终大于 0.5，且在 2018 年 HS 编码 8472 产品贸易竞争指数达到了 0.9602。HS 编码 8443、8473 产品贸易竞争指数呈现出震荡增加的态势。HS 编码 8472、8473 产品价格指数始终低于 1，说明这两类产品具有很大价格优势。需要注意的是，HS 编码 8470、8741 产品价格指数和贸易竞争指数 2015 年以来较高，说明这两类商品并非利用价格优势进入国际市场（表 7）。

表 7　中国计算机及办公设备制造业细分产品贸易竞争指数和价格指数（2013 ～ 2018 年）

HS 编码	2013 年		2014 年		2015 年		2016 年		2017 年		2018 年	
	贸易竞争指数	价格指数	贸易竞争指数	价格指数	贸易竞争指数	价格指数	贸易竞争指数	价格指数	贸易竞争指数	价格指数	贸易竞争指数	价格指数
8443	-0.0079	—	0.0701	—	0.1288	—	0.1649	—	0.1472	—	0.1264	—
8470	0.8483	0.23	0.8367	0.33	0.8313	0.95	0.8458	0.98	0.8640		0.8699	
8471	0.7081	2.34	0.7099	2.35	0.6892	2.28	0.6659	1.75	0.7001		0.6733	
8472	0.5191	0.01	0.5602	0.01	0.7682	0.03	0.9245	0.08	0.9504		0.9602	
8473	0.2436	0.34	0.2232	0.31	0.2664	0.33	0.3202	0.32	0.4021	0.33	0.4120	

资料来源：UN Comtrade 数据库，商品代码标准为 HS1996

—表示相关数据缺失

3. 技术能力发展态势

技术能力变化指数主要反映产业技术投入、产业技术能力和创新活力等指数变化情况。

中国计算机及办公设备制造业研发投入水平呈现震荡式上升。2013 ～ 2018 年，中国计算机及办公设备制造业 R&D 人员比例从 3.10% 震荡提升至 6.89%，在 2018 年超过高技术产业平均水平，年均增幅达 17.32%；R&D 经费强度从 0.62% 震荡提升至 1.03%，年均增幅为 10.72%。相比之下，2013 ～ 2018 年，中国计算机及办公设备制造业有效发明专利数从 13 302 项震荡下降至 11 059 项，年均增幅 -3.63%，低于高技术产业年均增速（-1.5%）；单位主营业务收入对应有效发明专利数从 0.60 件 / 亿元波动后回到 0.59 件 / 亿元，年均增幅 -0.17%，高于高技术产业年均增速（-10.02%）。专利申请数从 11 348 件震荡提升至 17 084 件；单位主营业务收入对应的专利申请数从 0.51 件 / 亿元波动增加至 0.92 件 / 亿元（表 8）。

表 8　中国计算机及办公设备制造业技术能力指标（2013 ～ 2018 年）

指标	行业	2013 年	2014 年	2015 年	2016 年	2017 年	2018 年
R&D 人员比例 /%	高技术产业	5.32	5.34	5.41	5.41	5.89	6.38
	计算机及办公设备制造业	3.10	3.21	3.89	3.61	4.96	6.89
	计算机整机制造业	2.76	3.54	5.53	4.77	7.28	12.10
	计算机零部件制造业	3.15	1.50	1.58	1.87	3.11	4.84
	计算机外围设备制造业	2.90	4.49	2.29	3.01	3.60	4.47
	办公设备制造业	3.29	3.64	4.47	2.79	3.65	4.49

续表

指标	行业	2013 年	2014 年	2015 年	2016 年	2017 年	2018 年
R&D 经费强度 /%	高技术产业	1.89	1.87	1.98	1.98	2.00	2.02
	计算机及办公设备制造业	0.62	0.63	0.88	0.86	0.95	1.03
	计算机整机制造业	0.48	0.55	0.79	0.73	0.79	0.84
	计算机零部件制造业	0.60	0.52	0.77	0.85	1.18	1.50
	计算机外围设备制造业	1.07	0.84	0.80	1.07	0.94	0.81
	办公设备制造业	0.81	0.90	1.09	1.07	1.19	1.31
新产品销售率 /%	高技术产业	31.68	31.87	33.95	35.46	35.21	34.99
	计算机及办公设备制造业	25.42	25.02	29.53	28.75	28.74	28.72
	计算机整机制造业	18.84	21.36	37.67	32.28	32.24	32.20
	计算机零部件制造业	50.00	43.52	10.69	25.10	26.74	28.33
	计算机外围设备制造业	25.83	22.08	21.22	22.42	22.47	22.53
	办公设备制造业	12.34	13.81	17.00	18.63	18.14	17.66
消化吸收经费比例 /%	高技术产业	3.54	4.71	3.85	1.94	2.04	2.13
	计算机及办公设备制造业	3.86	1.02	3.02	2.60	0.90	0.03
	计算机整机制造业	1.03	1.43	3.02	3.38	1.11	—
	计算机零部件制造业	—	3.18	16.45	4.68	0.63	—
	计算机外围设备制造业	—	0.15	—	—	0.20	1.2
	办公设备制造业	232.09	—	—	—	—	—
专利申请数 / 件	高技术产业	102 532	120 077	114 562	131 680	155 640	179 600
	计算机及办公设备制造业	11 348	12 088	10 147	11 247	14 165.5	17 084
	计算机整机制造业	6 806	6 817	6 686	6 488	8 269.5	10 051
	计算机零部件制造业	1 277	1 582	632	1 274	1 475	1 676
	计算机外围设备制造业	1 364	1 681	1 387	1 577	1 956	2 335
	办公设备制造业	924	921	737	1 002	1 291.5	1 581
单位主营业务收入对应专利申请数 /（件 / 亿元）	高技术产业	1.12	1.17	1.02	1.07	1.17	1.25
	计算机及办公设备制造业	0.51	0.54	0.56	0.62	0.77	0.92
	计算机整机制造业	0.49	0.50	0.60	0.58	0.74	0.89
	计算机零部件制造业	0.29	0.38	0.27	0.54	0.62	0.69
	计算机外围设备制造业	0.62	0.67	0.53	0.63	0.82	1.02
	办公设备制造业	0.89	0.86	0.78	1.05	1.34	1.63

续表

指标	行业	2013 年	2014 年	2015 年	2016 年	2017 年	2018 年
有效发明专利数 / 件	高技术产业	115 884	147 927	199 728	257 234	182 340.5	107 447
	计算机及办公设备制造业	13 302	12 288	7 721	10 720	10 889.5	11 059
	计算机整机制造业	9 992	7 709	3 048	4 786	6 437	8 088
	计算机零部件制造业	910	960	566	1298	894	490
	计算机外围设备制造业	1 018	1 761	2 141	1 917	1 424.5	932
	办公设备制造业	323	509	644	1398	986.5	575
单位主营业务收入对应有效发明专利数 /（件 / 亿元）	高技术产业	1.26	1.44	1.78	2.09	1.37	0.75
	计算机及办公设备制造业	0.60	0.55	0.43	0.59	0.59	0.59
	计算机整机制造业	0.73	0.57	0.28	0.43	0.57	0.71
	计算机零部件制造业	0.21	0.23	0.24	0.55	0.37	0.20
	计算机外围设备制造业	0.46	0.70	0.82	0.77	0.60	0.41
	办公设备制造业	0.31	0.48	0.68	1.47	1.02	0.59

资料来源：《中国高技术产业统计年鉴（2014 ～ 2019）》

—表示相关数据缺失

2013 ～ 2018 年，计算机及办公设备制造业新产品销售率从 25.42% 震荡提升至 28.72%，年均增速 2.47%，高于高技术产业年均增速（2.01%）；消化吸收经费比例从 3.86% 快速下降至 0.03%。综合考虑中国计算机及办公设备制造业逐渐提升的 R&D 经费强度、R&D 人员比例以及消化吸收经费的快速降低等趋势，可以认为中国计算机及办公设备制造业对技术研发重视程度正在提高，自主创新的氛围正在提升，但相比高技术产业平均水平还略显欠缺。

4. 比较优势竞争态势

中国计算机及办公设备制造业劳动力成本呈现出上升态势，但仍具有较强劳动力成本优势。2013 ～ 2015 年，中国制造业劳动力成本从 0.75 万美元 / 年稳定提升至 0.88 万美元 / 年。2013 ～ 2016 年，美国计算机及办公设备制造业劳动力成本从 11.99 万美元 / 年稳定上升到 13.54 万美元 / 年，日本从 6.04 万美元 / 年震荡下降到 5.69 万美元 / 年。2013 ～ 2015 年，韩国计算机及办公设备制造业劳动力成本从 4.35 万美元 / 年震荡上升到 4.51 万美元 / 年，英国从 7.93 万美元 / 年逐步上升到 8.27 万美元 / 年，德国从 7.53 万美元 / 年震荡下降到 6.63 万美元 / 年，法国从 10.27 万美元 / 年震荡下降到 8.82 万美元 / 年（表 9）。总体来看，虽然德国、法国、日本劳动力成本均出现一定程度下降，但仍远高于中国。

表9　世界部分国家计算机及办公设备制造业单位劳动力成本（2013～2016年）

（单位：万美元/年）

国家	2013年	2014年	2015年	2016年
中国	0.75	0.84	0.88	—
德国	7.53	7.79	6.63	—
法国	10.27	10.34	8.82	—
韩国	4.35	4.83	4.51	—
美国	11.99	12.56	12.99	13.54
日本	6.04	5.89	5.22	5.69
英国	7.93	8.18	8.27	—

数据来源：OECD STAN 数据库中产业分析部分的产业分类 D26，该数据库的产业分类标准是 ISIC Rev.4

—表示相关数据缺失

综合考察资源转化能力、市场竞争能力、技术能力和比较优势后可以认为，中国计算机及办公设备制造业国际竞争力总体发展态势良好，资源转化能力稳定提升，在美国等主要发达国家和全球市场的竞争能力整体保持在良好水平，技术能力的研发投入水平虽然还有待进一步提升，但单位劳动力的成本优势还较为显著。

六、主要研究结论

综合分析中国计算机及办公设备制造业的竞争实力、竞争潜力、竞争环境和竞争态势，可以得到以下结论。

（1）中国计算机及办公设备制造业具有一定竞争实力。劳动生产率高于国内高技术产业平均水平，但与发达国家相比还有很大的差距；市场竞争能力较强，相关产品在国际市场占据大量市场份额，贸易竞争指数普遍高于其他国家；产业技术能力已经有较大提升。但是，中国计算机及办公设备制造业产业利润率相对较低，新产品销售率低于高技术产业平均水平，并且主要销往国际市场，新产品的出口销售率也远高于高技术产品的平均水平。

（2）中国计算机及办公设备制造业产业竞争潜力相对不足。行业技术投入低于高技术产业平均水平，且远低于发达国家。虽然专利申请和有效发明专利数量与高技术产业平均水平持平，但创新效率却有待提升。中国计算机及办公设备制造业劳动力成本优势显著，远低于发达国家水平。

（3）产业竞争环境日益激烈，行业发展挑战与机遇并存。发达国家纷纷制定宏观发展战略，保障本国在当下和未来保持技术领先。高端产品市场主要被发达国家占领，同时贸易保护、技术封锁事件频发，中美关系日益紧张，致使我国产品进入高端技术市场异常困难。为紧跟技术发展潮流，中央和地方政府纷纷出台政策为人工智能产业发展保驾护航。在未来较长时期内，计算机及办公设备制造业的发展将面临来自国际的巨大挑战，而人工智能的进一步发展同时配合国家对行业进军高端市场的扶持，也为计算机及办公设备制造业的发展提供了良好的条件。

（4）中国计算机及办公设备制造业竞争态势整体向好。行业的资源转化能力稳步提升，产品国际市场份额始终处于较高水平且总体平稳，计算机及办公设备制造业相关产品大部分具有较强的竞争优势。同时，产业研发投入不断提高，自主创新的氛围逐步高涨，虽然劳动力成本在逐步上升，但成本优势依旧明显。

参考文献

［1］ 穆荣平.高技术产业国际竞争力评价方法初步研究.科研管理，2000，21（1）：50-57.

［2］ 中国新闻网.天河二号超级计算机获核心关键技术突破.http：//www.chinanews.com/gn/2013/06-17/4936894.shtml［2020-12-09］.

［3］ 王握文，于冬阳.中国"天河二号"完成宇宙暗物质数值模拟 可推演137亿年宇宙历史.https：//www.guancha.cn/Science/2015_05_13_319431.shtml［2020-05-23］.

［4］ 中国新闻网.全球超级计算机榜单出炉 中国超算蝉联上榜数量第一.http：//www.chinanews.com/it/2019/11-19/9011455.shtml［2020-05-23］.

［5］ 华为官网.TaiShan 服务器.https：//e.huawei.com/cn/products/servers/taishan-server［2020-05-23］.

［6］ 陈姝.华为发布"鲲鹏920"芯片以及基于该芯片的服务器TaiShan.http：//sz.people.com.cn/n2/2019/0108/c202846-32504753.html［2020-05-23］.

［7］ 岳明.中国移动2020年PC服务器集采：华为、中兴、新华三等分享80亿大单.http：//www.c114.com.cn/news/16/a1126756.html［2020-05-23］.

［8］ 人民日报.龙芯中科：走出学院奔市场.http：//www.cas.cn/cm/201508/t20150831_4418329.shtml［2020-12-09］.

［9］ 赵竹青.龙芯新一代CPU亮相 今年芯片出货量已超50万颗.http：//scitech.people.com.cn/n1/2019/1224/c1007-31520897.html［2020-05-23］.

［10］ 中芯国际官网.晶圆代工解决方案.http：//www.smics.com/site/technology_advanced_14［2020-05-23］.

［11］ 网易科技.IDC公布2019AI服务器市场数据 规模已达23.3亿美元.https：//tech.163.com/20/0508/11/FC3R7TBD00098IEO.html［2020-06-06］.

［12］ 国务院.国务院关于印发新一代人工智能发展规划的通知.2017-07-08

［13］ 工业和信息化部.促进新一代人工智能产业发展三年行动计划（2018—2020年）.2017-12-13.

［14］ 中华人民共和国国家发展和改革委员会官网.聚焦产业数字化发展五个着力点与三大效应——

解读《中国产业数字化报告 2020（年）》.https：//www.ndrc.gov.cn/xxgk/jd/wsdwhfz/202007/t20200714_1233714.html [2020-06-06].

[15] 中华人民共和国国家发展和改革委员会.关于支持新业态新模式健康发展激活消费市场带动扩大就业的意见.2020-07-14.

[16] 中华人民共和国商务部官网.经合组织预测，到 2021 年底新冠疫情给全球经济造成的损失将达 7 万亿美元.http：//www.mofcom.gov.cn/article/i/jyjl/e/202009/20200903004488.shtml [2020-10-11].

[17] 新浪科技.新冠疫情或给全球经济造成 82 万亿美元损失.https：//tech.sina.com.cn/roll/2020-05-21/doc-iircuyvi4193206.shtml [2020-10-11].

[18] CNBC. Over 40 airlines have failed so far this year — and more are set to come. https：//www.cnbc.com/2020/10/08/over-40-airlines-have-failed-in-2020-so-far-and-more-are-set-to-come.html [2020-12-09].

[19] 周远.疫情依然严峻，世界经济复苏之路何在？https：//baijiahao.baidu.com/s?id=1680154477646 8257448&wfr=spider&for=pc [2020-10-11].

[20] 许缘，高攀.IMF 总裁认为全球经济复苏前路漫长.http：//www.xinhuanet.com/fortune/2020-10/06/c_1126578926.htm [2020-10-11].

[21] 新浪财经.世界银行：全球经济复苏可能需要五年时间.https：//finance.sina.com.cn/stock/usstock/c/2020-09-18/doc-iivhvpwy7442111.shtml [2020-10-11].

[22] 新华网.卡梅伦就英国"脱欧"公投进行演讲（图）.http：//www.xinhuanet.com/world/2016-06/22/c_129080487.htm [2020-10-11].

[23] 桂涛.英国首相说不会进行"二次脱欧公投".http：//www.xinhuanet.com/world/2018-09/02/c_1123367202.htm [2020-10-11].

[24] 康炘冬.英国正式脱欧.https：//baijiahao.baidu.com/s?id=1657289191342248073&wfr=spider&for=pc [2020-10-11].

[25] 江宇娟.特朗普正式宣布美国退出 TPP.http：//www.xinhuanet.com/world/2017-01/24/c_129459613.htm [2020-10-11].

[26] 人民日报海外网.美国宣布退出全球移民协议 称将自主决定移民政策.https：//baijiahao.baidu.com/s?id=1585739199850082111&wfr=spider&for=pc [2020-10-11].

[27] 人民日报.美退出联合国教科文组织正式生效 时隔 34 年再退该群.https：//baijiahao.baidu.com/s?id=1621356372452659545&wfr=spider&for=pc [2020-10-11].

[28] 新华网.美国正式启动退出《巴黎协定》程序.http：//www.xinhuanet.com/video/2019-11/06/c_1210342337.htm [2020-10-12].

[29] 陈孟统.美国正式通知联合国宣布退出世卫组织.http：//www.chinanews.com/gj/2020/07-

08/9232257.shtml［2020-10-12］.

［30］中新网.美国鼓励制造业回流力促就业.http：//www.chinanews.com/cj/2014/06-24/6312247.shtml
［2020-10-12］.

［31］腾讯网.美国为了鼓励制造业回流 也是拼了.https：//xw.qq.com/cmsid/20181203A0ZOIL00
［2020-10-12］.

［32］姚瑶.启动"脱日对策"一年之际,韩国再推5万亿韩元"制造业回流"战略.https：//tech.
sina.com.cn/roll/2020-07-10/doc-iircuyvk3134925.shtml［2020-10-12］.

［33］刘春燕.财经观察："日本制造"为何加速回流本土.http：//www.xinhuanet.com/2019-04/01/
c_1210096651.htm［2020-10-12］.

［34］搜狐网.美国2019《国家人工智能战略》.https：//www.sohu.com/a/327393149_120184845
［2020-10-11］.

［35］欧洲政治战略中心.人工智能时代：确立以人为本的欧洲战略.https://www.sohu.com/a/299406285_
468720［2020-06-23］.

［36］中国微米纳米技术学会.重磅|欧盟发布人工智能白皮书.http：//www.csmnt.org.cn/news/542.
html［2020-06-23］.

［37］冯武勇.日本正式出台"日本再兴战略".http：//zqb.cyol.com/html/2013-06/15/nw.D110000
zgqnb_20130615_5-04.htm［2020-08-20］.

［38］人民网.打破壁垒,推进人工智能发展（聚焦国外人工智能发展）.http：//world.people.com.cn/
n1/2017/0630/c1002-29372967.html［2002-06-23］.

［39］中华人民共和国科学技术部.为落实AI战略 日本2020年度将拨款1350亿日元支持中小学配
电脑.http：//www.most.gov.cn/gnwkjdt/202004/t20200402_152781.htm［2020-06-23］.

［40］搜狐网.韩国制定人工智能研发战略.https：//m.sohu.com/a/249325635_505884［2020-06-23］.

［41］马菲.韩国公布"人工智能国家战略".http：//world.people.com.cn/n1/2019/1219/c1002-31512656.
html［2020-06-23］.

［42］张骁.普京批准俄人工智能发展战略.https：//baijiahao.baidu.com/s?id=1647193748663617330&
wfr=spider&for=pc［2020-06-23］.

［43］中科院网信工作网.美国发布《国家战略计算计划战略规划》.http：//www.ecas.cas.cn/xxkw/
kbcd/201115_121994/ml/xxhzlyzc/201609/t20160901_4522970.html［2020-06-23］.

［44］国防科技信息网.白宫更新美国国家战略计算计划.http：//www.dsti.net/Information/
News/117292［2020-06-23］.

［45］历军.中国超算产业发展现状分析.http：//cn.chinagate.cn/news/2019-07/12/content_74944054_3.
htm［2020-06-23］.

［46］搜狐网.业界|日本倾力建设世界最快的超级计算机,计划用于人工智能研究.https：//www.

sohu.com/a/119958229_465975 [2020-12-09].

[47] 中国战略新型产业. 日媒：日本将打造新一代超级计算机 将投入约 12 亿美元.http：//www.chinasei.com.cn/yw/201902/t20190220_24604.html [2020-06-23].

[48] 殷夏. 欧盟委员会提出"欧洲高性能计算共同计划".https：//www.sohu.com/a/216144680_267106 [2020-06-23].

[49] 中华人民共和国科学技术部. 巴塞罗那超算中心被选作"欧洲高性能计算共同计划"地点之一.http：//www.most.gov.cn/gnwkjdt/201908/t20190827_148428.htm [2020-06-23].

[50] 搜狐网.CCF 高性能专委 | 高性能计算技术的现状和发展趋势.https：//www.sohu.com/a/353872446_120381555 [2020-09-28].

[51] 人民网. 韩拟着手开发超级计算机 每秒可完成千万亿次运算.http：//it.people.com.cn/GB/n1/2016/0405/c1009-28250852.html [2020-06-24].

[52] 黄嘉晔. 深入解读 DARPA 电子复兴计划.https：//www.sohu.com/a/287004558_132567 [2020-06-24].

[53] 半导体行业观察. 美国正在推动 370 亿美元的半导体领先计划.http：//www.semiinsights.com/s/electronic_components/23/39448.shtml [2020-06-24].

[54] 中国科学技术交流中心. 欧盟框架计划地平线 2020.http：//www.cstec.org.cn/infoDetail.html?id=94276&column=1000 [2020-06-24].

[55] 欧盟委员会. 欧洲领先的电子元器件和系统（ECSEL）.https：//ec.europa.eu/digital-single-market/en/ecsel [2020-06-24].

[56] 半导体行业观察. 拒绝受制于美，欧洲推自研处理器计划.http：//www.semiinsights.com/s/electronic_components/23/37068.shtml [2020-06-24].

[57] 新浪财经. 韩国承诺斥资 13.4 亿美元 以强化其半导体实力.http：//finance.sina.com.cn/stock/usstock/c/2018-07-31/doc-ihhacrce3583540.shtml [2020-07-01].

[58] 中国国际贸易促进委员会. 韩国政府公布半导体产业发展战略.http：//www.ccpit.org/Contents/Channel_4114/2019/0508/1162459/content_1162459.htm [2020-07-01].

[59] 张建墅. 日本 | 日本拟大力支持新型半导体开发事业.https：//www.sohu.com/a/210082975_611236 [2020-07-01].

[60] 新浪财经. 海关总署：前 5 个月中美贸易总值为 1.29 万亿元 下降 9.8%.http：//finance.sina.com.cn/china/2020-06-07/doc-iirczymk5692328.shtml [2020-07-01].

[61] 人民网. 中兴被美国禁用芯片引热议"芯病"还需"芯药"医.http：//it.people.com.cn/n1/2018/0419/c1009-29935507.html [2020-07-07].

[62] 新浪科技. 美商务部与中兴公司达成协议：取消制裁.http：//tech.sina.com.cn/it/2018-07-12/doc-ihfefkqq6801608.shtml [2020-07-07].

[63] 人民网.华为被美列入"实体清单"商务部:错误做法,坚决反对.http://capital.people.com.cn/n1/2019/0517/c405954-31089606.html[2020-07-07].

[64] 新浪财经.传谷歌已停止与华为的部分合作.http://finance.sina.com.cn/stock/relnews/us/2019-05-20/doc-ihvhiqax9900176.shtml[2020-07-07].

[65] 徐立凡.ARM断供华为 底层技术的护城河多宽才行? http://ip.people.com.cn/n1/2019/0524/c136655-31102185.html[2020-07-07].

[66] 张家伟.英国禁用华为设备"沉重打击"本国5G发展雄心.https://baijiahao.baidu.com/s?id=1672257721704332708&wfr=spider&for=pc[2020-07-08].

[67] 新浪财经.Gartner公布2019年全球半导体供应商Top 10英特尔重夺头把交椅.http://finance.sina.com.cn/stock/relnews/us/2020-01-15/doc-iihnzahk4302465.shtml[2020-07-07].

[68] 凤凰网.12nm国产CPU曝光:奋斗20年终于赶上AMD.https://tech.ifeng.com/c/7tKXg4w6Tlw[2020-07-07].

[69] 佚名.2019年全球光刻机市场分析.电子工业专用设备,2020,49(01):69.

[70] 张金颖,安晖.荷兰光刻巨头崛起对我国发展核心技术的启示.中国工业和信息化,2019(Z1):40-44.

[71] 台湾积体电路制造股份有限公司官网.专业积体电路制造服务.https://www.tsmc.com/schinese/campaign/N7plus/index.htm[2020-07-07].

[72] 太平洋电脑网.三星V1晶圆代工厂开工 生产6nm、7nm EUV.http://k.sina.com.cn/article_5617158953_m14ecf0b2902000qw51.html?from=auto&subch=oauto[2020-07-07].

[73] 宋建文.ASML的光刻机里有中国零件吗?为什么我们会受制于美国?.https://t.cj.sina.com.cn/articles/view/1304777515/4dc5532b00100qc8y?from=tech[2020-07-07].

[74] 新华网.国家先进计算产业创新中心落户天津.http://www.xinhuanet.com/2018-12/25/c_1123903885.htm[2020-07-15].

[75] 国务院."十三五"国家战略性新兴产业发展规划.http://www.gov.cn/zhengce/content/2016/12/19/content_5150090.htm[2020-07-16].

[76] 国务院."十三五"国家信息化规划.http://www.gov.cn/zhengce/content/2016/12/27/content_5153411.htm[2020-07-16].

[77] 国务院.国务院关于促进云计算创新发展培育信息产业新业态的意见.http://www.gov.cn/zhengce/content/2015/01/30/content_9440.htm[2020-07-16].

[78] 国务院.国务院关于积极推进"互联网+"行动的指导意见.http://www.gov.cn/zhengce/content/2015/07/04/content_10002.htm[2020-07-16].

[79] 国务院.国务院关于印发"十三五"国家战略性新兴产业发展规划的通知.http://www.gov.cn/zhengce/content/2016/12/19/content_5150090.htm[2020-07-16].

［80］国务院．新一代人工智能发展规划．http：//www.gov.cn/zhengce/content/2017-07/20/content_
5211996.htm［2020-07-16］.

［81］中共中央网络安全和信息化委员会办公室．促进新一代人工智能产业发展三年行动计划
（2018—2020 年）．http：//www.cac.gov.cn/2017-12/15/c_1122114520.htm［2020-12-09］.

［82］中华人民共和国中央人民政府．工业和信息化部关于工业大数据发展的指导意见．http：//www.
gov.cn/zhengce/zhengceku/2020-05/15/content_5511867.htm［2020-12-09］.

［83］中共中央网络安全和信息化委员会办公室．关于印发《工业互联网专项工作组 2020 年工作计
划》的通知．http：//www.cac.gov.cn/2020-07/10/c_1595921840210316.htm［2020-12-09］.

［84］国家标准化管理委员会，中央网信办，国家发展改革委，科技部，工业和信息化部．关
于印发《国家新一代人工智能标准体系建设指南》的通知.http：//www.gov.cn/zhengce/
zhengceku/2020-08/09/content_5533454.htm［2020-07-29］.

4.2 Evaluation on International Competitiveness of Chinese Computer and Office Equipment Manufacturing Industry

Zhang Hanjun[1,2], Lin Jie[2]
（1.School of Public Policy and Management, University of Chinese Academy of
Sciences; 2.Institutes of Science and Development, Chinese Academy of Sciences）

Computer and office equipment manufacturing industry is a technology intensive industry, which is the most important industrial foundation to promote national industrialization, urbanization and information integration development. Under the background of the continuous development of emerging technologies such as AI, cloud computing, big data, the development of computer and office equipment manufacturing industry has ushered in huge opportunities, but also faces numerous challenges. Through four aspects of competitive strength, competitive potential, competitive environment and competitive situation, this paper studies the current situation and development trend of industrial international competitiveness, identifies the key factors of industrial development on the premise of finding major problems in industrial development, and puts forward four main conclusions on this basis.

China's computer and office equipment manufacturing industry has a certain degree of competitive strength. Although the labor productivity is lower than that of developed countries, it has exceeded the average level of domestic high-tech industries. The market competitiveness has been at a high level. At the same time, after years of national support and industry investment, the industrial technology capacity has been greatly improved, but the industrial profit margin remains at a low level.

China's computer and office equipment manufacturing industry has a weak competitive potential. Industrial technology input is not only far lower than developed countries, but also lower than the average level of high-tech industries. The number of industrial patent applications and effective invention patents reaches the average level of high-tech industries, but innovation efficiency is obviously insufficient. Compared with developed countries, industrial labor cost has obvious advantages, which is far lower than the level of developed countries.

The competition of industry development is increasingly fierce, and the opportunities and challenges of industry development coexist. Developed countries have divided high-end markets of the industry, and at the same time, they have formulated macro strategies to ensure the future development of their industries. Technology blockade and trade protection occur frequently. The tension between China and the United States leads to the abnormal difficulty of related products entering the high-end market. In order to keep up with the world development trend, the central local government issued a series of documents to guarantee the industrial development. Enterprises continue to open up new technology fields, follow the national strategic steps, and lay a solid foundation for industrial development.

The overall competitive situation of China's computer and office equipment manufacturing industry is good. The ability to transform resources has been steadily improved, and the international market share of products has remained at a high level. At the same time, the industry continues to improve its R&D level, and its independent innovation ability is gradually improved. Although the labor cost is gradually increased, the cost advantage is still obvious.

4.3　中国通信设备制造业创新能力评价

王孝炯　赵彦飞

（中国科学院科技战略咨询研究院）

数字经济正成为继农业经济、工业经济之后的主要经济形态，世界正加速进入以信息通信产业为主导的经济发展时期。通信设备是数字经济发展必不可少的物质基础，通信设备制造业正成为主要国家竞相发展的重点产业和中国新型基础设施建设（以下简称新基建）的主要力量。通信设备制造业是典型的知识和技术密集型产业。例如，行业龙头华为技术有限公司 2019 年研发费用达 1317 亿元①，占全年销售收入15.3%。因此，通信设备制造业的创新能力直接决定了其产业竞争力，对其产业创新能力进行评价十分必要。本文在有关研究基础上，构建了产业创新能力评价体系，从创新实力和创新效力两个方面系统评估中国通信设备制造业的创新能力、创新发展环境，提出促进通信设备制造业发展的政策建议。

一、中国通信设备制造业创新能力评价指标体系

根据《高技术产业（制造业）分类（2017）》②的分类，本文的通信设备制造业主要包括通信系统设备制造与通信终端设备制造两个部分[1]。本文的通信设备制造业创新能力是指通信设备制造业在一定的发展环境和条件下，从事技术发明、技术扩散、技术成果商业化等活动，获取经济收益的能力。简而言之，是指产业整合创新资源并将其转化为财富的能力。创新能力是提升通信设备制造业竞争力的关键，其强弱直接决定创新效率与效益，决定中国在全球产业创新价值链中的位置。

本文在制造业创新能力评价指标体系的基础上[2]，综合考虑数据的可获得性和产业基本特征，建立了通信设备制造业创新能力评价指标体系，从创新实力和创新效力两个方面表征创新能力。通信设备制造业创新实力主要反映制造业创新活动规模，涉

---

① https://www.huawei.com/cn/annual-report/2019.
② 《高技术产业（制造业）分类（2017）》将《高技术产业（制造业）分类（2013）》中的通信设备制造与雷达及配套设备制造合并为通信设备、雷达及配套设备制造。本文为与以往的通信设备制造业创新能力评价可比，仍然选择了《高技术产业（制造业）分类（2013）》中关于通信设备制造的分类方式，即分为通信系统设备制造与通信终端设备制造。

及创新投入实力、创新产出实力和创新绩效实力三类 8 个总量指标；通信设备制造业创新效力主要反映创新活动效率和效益，涉及创新投入效力、创新产出效力和创新绩效效力三类 8 个相对量指标，指标及其权重如表 1 所示。

表 1　通信设备制造业创新能力测度指标体系

一级指标	权重	二级指标	权重	三级指标	权重
创新实力指数	0.5	创新投入实力指数	0.25	R&D 人员全时当量	0.3
				R&D 经费内部支出	0.3
				引进技术经费支出	0.25
				企业办研发机构数	0.15
		创新产出实力指数	0.35	有效发明专利数	0.4
				发明专利申请数	0.6
		创新绩效实力指数	0.4	利润总额	0.5
				新产品销售收入	0.5
创新效力指数	0.5	创新投入效力指数	0.25	R&D 人员占从业人员的比例	0.4
				R&D 经费内部支出占主营业务收入的比例	0.4
				设立研发机构的企业占全部企业的比例	0.2
		创新产出效力指数	0.35	平均每个企业拥有发明专利数	0.4
				平均每万个 R&D 人员的发明专利申请数	0.3
				单位 R&D 经费的发明专利申请数	0.3
		创新绩效效力指数	0.4	利润总额占主营业务收入的比例	0.5
				新产品销售收入占主营业务收入的比例	0.5

　　本文按照创新能力评价指标体系，采用数据标准化方法及加权求和方法，对相关数据进行加权汇总，得出通信设备制造业创新能力指数。在数据标准化处理时，本文综合考虑各个指标发展趋势和专家判断，选取标准化参考值，将所有历史数据转化到 0 ～ 100 区间范围内，以保证通信设备制造业创新能力指数具有历史可比性。考虑到数据的可获得性，本文采用了《中国高技术产业统计年鉴 2019》大中型企业的数据，数据时间跨度为 2014 ～ 2018 年。由于统计年鉴中可获得数据主要包括通信系统设备制造与通信终端设备制造，所以本文重点对这两个子行业进行了比较分析。

二、中国通信设备制造业创新能力

　　2014 ～ 2018 年，中国通信设备制造业创新能力指数总体呈上升趋势，2018 年创新能力指数是 2014 年的 1.85 倍，如图 1 所示。

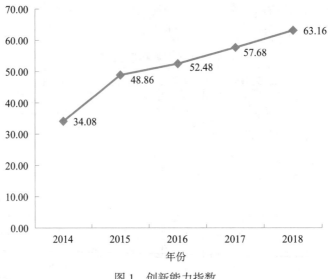

图 1　创新能力指数

（一）创新实力

创新实力采用创新投入实力、创新产出实力和创新绩效实力三个方面合计 8 个总量指标表征。2014 年以来，中国通信设备制造业创新实力指数呈快速增长态势，由 2014 年的 15.22 增长到 2018 年的 77.44，如图 2 所示。

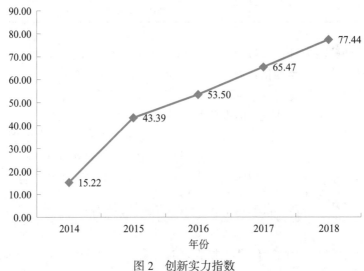

图 2　创新实力指数

1. 创新投入实力

创新投入实力采用研发人员全时当量、研发经费内部支出、引进技术经费支出、企业办研发机构数 4 个指标表征。2014 ～ 2018 年，中国通信设备制造业创新投入实力指数总体呈持续上升趋势，从 2014 年的 10.08 增长到 2018 年的 94.85，年均增长率达到 75.14%，如图 3 所示。

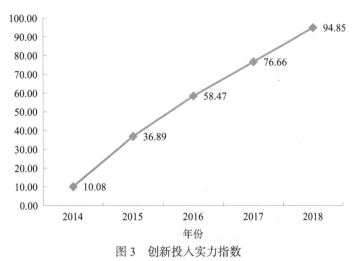

图 3　创新投入实力指数

2014 ～ 2018 年中国通信设备制造业研发经费支出大幅上升，平均增速为 12.10%，其中通信系统设备制造业研发经费支出年均增速为 10.65%，通信终端设备制造业年均增速高达 18.98%，如图 4 所示。

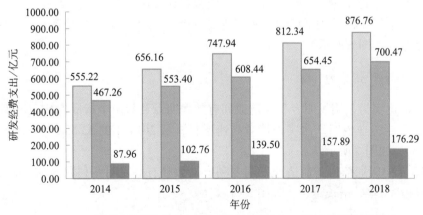

图 4　研发经费支出

2014～2018 年，中国通信设备制造业研发人员全时当量持续上涨，年均增速为 9.26%，2018 年达到 177 000 人年，比 2014 年的 124 217 人年上升了 42.49%。2014～2018 年，通信系统设备制造业研发人员年均增长 8.15%，通信终端设备制造业研发人员数年均增速达到 14.53%，如图 5 所示。

图 5　研发人员全时当量

中国通信设备制造业研发机构数量持续增加。其中，通信系统设备制造业研发机构数量年均增速为 9.79%，2018 年研发机构数量比 2014 年增加了 82 家；通信终端设备制造业企业研发机构数量年均增速高达 27.58%，2018 年研发机构数量比 2014 年增加了 188 家，如图 6 所示。

2. 创新产出实力

创新产出实力采用发明专利申请数和有效发明专利数两个指标表征。近年来，中国通信设备制造业创新产出实力持续高速增长，从 2014 年的 33.53 迅速提升到 2018 年的 79.59，如图 7 所示。

2018 年中国通信设备制造业发明专利申请数和有效发明专利数分别是 2014 年的约 1.1 倍和 2.1 倍，增长迅速，如图 8 所示。

　　2018年，通信系统设备制造业有效发明专利达到132 618件，是2014年约2.0倍；通信终端设备制造业有效发明专利达12 297件，是2014年的约4.6倍，如图9所示。

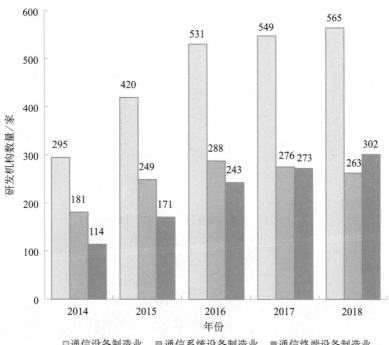

图 6　研发机构数量

图 7　创新产出实力指数

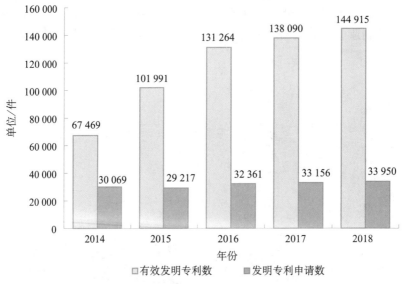

图 8　有效发明专利数和发明专利申请数

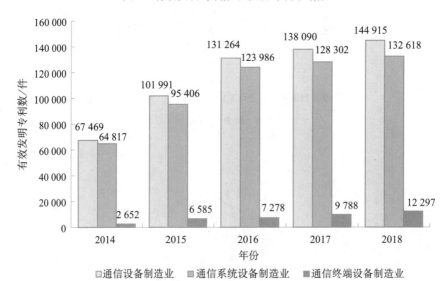

图 9　分行业有效发明专利数

3. 创新绩效实力

创新绩效实力采用利润总额和新产品销售收入两个指标表征。2014 ～ 2018 年，中国通信设备制造业的创新绩效实力指数呈现持续增长趋势，从 2014 年的 2.43 增长到 2018 年的 64.68，如图 10 所示。

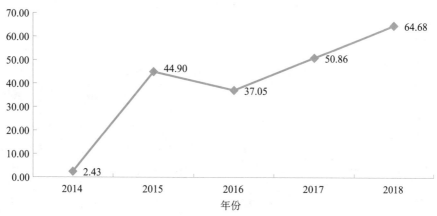

图 10　创新绩效实力指数

2014 年以来，中国通信设备制造业的利润总额呈现稳定增长态势，年均增长率达到 9.37%。分行业看，2014 ～ 2018 年通信系统设备制造业利润总额从 655.0 亿元上升到 1027.6 亿元，年均增速达到 11.92%；2014 ～ 2018 年通信终端设备制造业利润总额从 391.2 亿元上升到 469.3 亿元，年均增速为 4.66%，如图 11 所示。

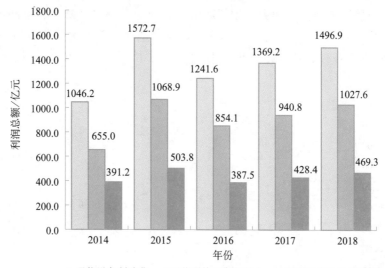

图 11　利润总额

中国通信设备制造业的新产品销售收入呈现稳定增长态势，年均增长率约为 15.71%。其中，通信系统设备制造业年均增速达到 11.55%，通信终端设备制造业年均增速达 17.78%，如图 12 所示。

图 12   新产品销售收入

（二）创新效力

创新效力采用创新投入效力、创新产出效力和创新绩效效力三个方面合计 8 个相对量指标表征。2014～2018 年，中国通信设备制造业创新效力指数整体呈现出下降态势，除 2015 年略有上升，2016～2018 年出现了持续下降，2018 年降到 48.88，如图 13 所示。

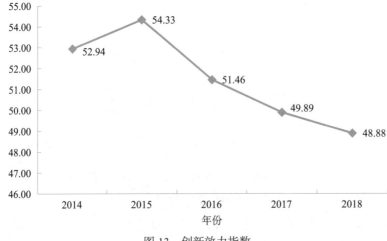

图 13   创新效力指数

1. 创新投入效力

创新投入效力指数采用研发人员占从业人员比例、研发经费内部支出占主营业务收入比例、设立研发机构的企业占全部企业的比例3个指标表征。中国通信设备制造业创新投入效力指数整体呈现上升态势，如图14所示。

图14　创新投入效力指数

2014～2018年，中国通信设备制造业研发人员占从业人员比例总体呈上升态势，2018年比2014年上升了3.3个百分点；研发经费内部支出占主营业务收入比例方面，2018年比2014年下降0.5个百分点；设立研发机构的企业占全部企业的比例上升较快，2018年比2014年上升8.2个百分点，如图15所示。

2. 创新产出效力

创新产出效力采用平均每个企业拥有发明专利数、平均每万个研发人员的发明专利申请数、单位研发经费的发明专利申请数3个指标表征。如图16所示，2014年以来，中国通信设备制造业创新产出效力指数呈波动下降态势。2018年中国通信设备制造业企均拥有发明专利数约71.25件，是2014年的约1.6倍；但单位R&D经费的专利申请数持续下降，2018年每亿元研发经费申请发明专利数约38.7件，是2014年的约71.5%。

3. 创新绩效效力

创新绩效效力主要采用利润总额占主营业务收入的比例和新产品销售收入占主营业务收入的比例两项指标来表征。2014～2018年，中国通信设备制造业的创新绩效效力指数整体呈下降态势，如图17所示。

2014 年以来，中国通信设备制造业利润总额占主营业务收入的比例呈现下降趋势。分行业看，2018 年通信系统设备制造业比 2014 年下降 0.9 个百分点，通信终端设备制造业利润总额占主营业务收入的比例下降 1.3 个百分点，如图 18 所示。

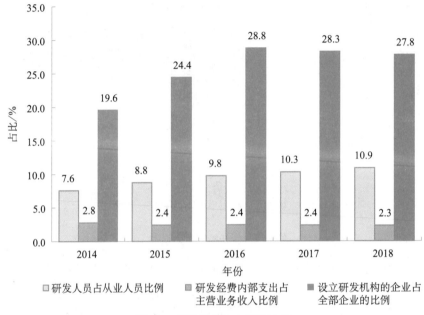

图 15　创新投入效力指标比较

图 16　创新产出效力指数

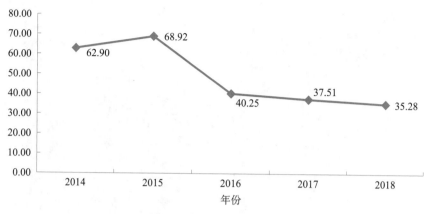

图 17　创新绩效效力指数

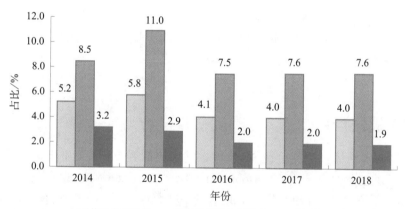

□通信设备制造业　■通信系统设备制造业　■通信终端设备制造业

图 18　利润总额占主营业务收入的比例

　　中国通信设备制造业新产品销售收入占主营业务收入的比例在 2014 ～ 2018 年呈现波动下降趋势，2018 年比 2014 年下降了 2.6 个百分点。通信系统设备制造业新产品销售收入占主营业务收入比例期末比期初下降了 5.1 个百分点，通信终端设备制造业新产品销售收入占主营业务收入比例期末比期初下降了 1.5 个百分点，如图 19 所示。

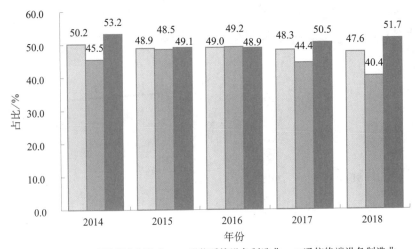

图 19　新产品销售收入占主营业务收入的比例

三、中国通信设备制造业创新发展环境

（一）5G 建设推动全球通信设备市场加速迭代

全球主要经济体都高度重视 5G 发展，并加快部署 5G 网络和开发相关设备。全球移动设备供应商协会（Global Mobile Suppliers Association，GSA）的报告显示[3]，截至 2020 年 9 月中旬，129 个国家和地区的 397 家运营商正在投资 5G 网络建设，有 44 个国家和地区的 101 家运营商已经推出一项或多项 5G 服务。GSA 的数据显示，截至 2020 年 9 月底，全球公布的 5G 设备数量为 444 台，首次超过 400 台。其中，5G 商用设备数量也持续上升，共有 222 台 5G 设备投入商用，占首次公布的 5G 设备总数的一半。这些设备包括手机、热点、室内外 CPE、笔记本电脑等多种设备，5G 网络建设正在全球范围内带来对通信设备的新需求。

（二）新基建推动中国通信设备市场需求快速增长

2020 年 3 月 4 日，中共中央政治局常务委员会召开会议，提出加快 5G 网络、数据中心等新基建的进度。其中，5G 建设是新基建的核心，是拉动通信设备制造业的主要力量。2019 年 6 月，我国正式向中国移动、中国联通、中国电信这三大运营商及中国广电下发了 5G 商用牌照。截至 2020 年 10 月上旬，中国联通和中国电信合作开通 5G 基站 33 万个，用户下载速率峰值超过 2000Mbps，中国移动开通 5G 基站超过 35 万个，在全国所有地市级以上城市和部分县城已经实现了 5G 的网络商用。5G 用户也加速普及，截至 2020 年 8 月底，除中国联通没有公布数据外，中国移动①和中国电信②已合计拥有超过 1.08 亿用户。中国 5G 网络建设和用户普及的提速，将大大提升中国通信设备市场需求。根据 2020 年 9 月中国信息通信研究院发布的《国内手机市场运行分析报告》[4]显示，2020 年 1～9 月，中国市场 5G 手机上市新机型累计 167 款，累计出货 1.08 亿台，5G 笔记本、AR/VR 等新形态终端产品陆续上市，5G 终端产业初具规模。IDC 2020 年发布的《IDC 全球智能手机跟踪报告》[5]预测，截至 2020 年底，中国市场的贡献将超过 1.6 亿台的 5G 手机出货量，占全球的约 67.7%。在未来 5 年内，中国也将持续占据全球约一半的市场份额。此外，中国宽带网络加速发展，《2019 年通信业统计公报》[6]显示，固定通信业务保持较快增长，2019 年以固网宽带业务为增长点的固定通信业务收入完成 4161 亿元，比上年增长 9.5%，在电信业务收入中占比达 31.8%，为通信设备制造业的创新发展提供了持续动能。

（三）相关产业技术和标准正在逐步成熟

5G 标准是众多技术的一个组合。2018 年 6 月 13 日，3GPP（3rd Generation Partnership Project）的 5G NR 标准 SA（Standalone，独立组网）方案在 3GPP 第 80 次 TSG（Technical Study Group）RAN（Radio Access Network）全会正式完成并发布，标志首个国际 5G 标准正式出炉。其中，标准必要专利是实施产业标准所必需的专利，是产业中的核心专利。2020 年 2 月德国联邦经济事务和能源部公布的《5G 标准必要专利报告》显示[7]，截至 2020 年 1 月，全球 5G 专利声明达到 95526 项，申报 5G 专利族 21571 个，中国企业声明的 5G 专利占比达 32.97%，中国 5G 相关专利已经具有一定的全球领先性。2020 年 1 月，中国通信标准化协会正式推出了我国首批 14 项 5G 标准，涵盖核心网、无线接入网、承载网、天线等领域，中国 5G 标准体系正在加速形成，通信制造业创新发展的技术基础条件迅速夯实。

（四）中国支持通信设备制造业创新发展的政策环境不断完善

近年来，通信设备制造业有关的国家规划、政策密集出台。2016 年国务院印发《"十三五"国家信息化规划》[8]提出，到 2020 年，信息基础设施达到全球领先水平，并在发展目标指出到 2020 年核心技术自主创新实现系统性突破。包括信息领域核心技术设备自主创新能力全面增强，新一代网络技术体系、云计算技术体系、端计算技术体系和安全技术体系基本建立。集成电路、基础软件、核心元器件等关键薄弱环节

---

① https://www.chinamobileltd.com/tc/ir/reports/ir2020.pdf.

② https://www.chinatelecom-h.com/tc/ir/report/interim2020.pdf.

实现系统性突破。5G 技术研发和标准制定取得突破性进展并启动商用。云计算、大数据、物联网、移动互联网等核心技术接近国际先进水平。部分前沿技术、颠覆性技术在全球率先取得突破，成为全球网信产业重要领导者。2016 年，工业和信息化部印发的《信息通信行业发展规划（2016—2020 年）》[9] 提出，到 2020 年自主创新能力显著增强，新兴业态和融合应用蓬勃发展，并在发展重点中提出加大信息通信技术开发应用力度，推动核心技术的超前部署和集中攻关，实现从"跟跑并跑"到"并跑领跑"的转变。这些国家规划对通信设备制造业的创新发展提出了前瞻性的战略目标和重点任务。

地方政府纷纷加大对通信设备制造业创新的政策支持力度。《北京市"十三五"时期信息化发展规划》[1] 提出，到 2020 年在北京城市副中心、2022 年冬奥会场馆、2019 年世园会园区等重点区域开展第五代移动通信（5G）商用示范。《上海市推进信息化与工业化深度融合"十三五"发展规划》[2] 提出，到 2020 年下一代城市信息基础设施服务能级和新一代信息技术产业创新发展、安全防护能力、企业组织管理模式创新能力显著提升，4G 与 5G 用户普及率达到 90% 以上，千兆接入能力覆盖率达到 95% 以上。上海还在规划的主要任务中提出核心信息技术突破工程，如突破一批物联网关键技术，聚焦支持微型和智能传感器、短距离通信、智能系统等领域的关键技术研发和产业化；加强新型传感器、智能控制器件、物联网等的集成应用。

四、主要结论及建议

综合通信设备制造业创新能力评价和创新发展环境分析，可以得出以下主要结论。

（一）中国通信设备制造业创新实力显著增强。

一方面，受益于市场需求的快速增长，2014～2018 年通信设备制造业的研发经费支出、研发人员全时当量、研发机构数量、有效发明专利数和新产品销售收入实现快速增长，表现为创新产出实力和创新绩效实力的快速上升，推动创新实力大幅提高。另一方面，受 2016 年行业利润总额下降影响，创新绩效实力在 2016 年也有所下降，但 2014～2018 年总体处于上升趋势。

---

① http://www.beijing.gov.cn/zhengce/zhengcefagui/201905/t20190522_60007.html.
② http://www.sheitc.sh.gov.cn/cyfz/20170531/0020-674039.html.

（二）中国通信设备制造业创新效力整体出现下降趋势。

除 2015 年创新效力有所增长，2014 ~ 2018 年整体创新效力出现了下降趋势，其中创新绩效效力大幅下降是造成创新效力下降的主要因素。具体来看，创新绩效效力中的利润总额占主营业务收入的比例、新产品销售收入占主营业务收入比例下降较快，是引起创新绩效效力较快下降的原因。

（三）中国通信设备制造业技术创新的机遇与挑战并存。

一方面，5G、云计算、大数据、物联网、人工智能、区块链等新技术驱动数字经济加速前行，全球对通信设备的总体需求和新创新需求仍处于爆炸式上升阶段，为中国通信制造业创新发展提供了巨大机遇。另一方面，与发达国家相比，中国也面临着通信设备制造业上游关键技术、材料、元器件受制于人，国际规则、标准体系、市场准入不断调整变化，国际竞争不断加剧等一系列挑战。

（四）中国政府虽然对通信设备制造业发展给予足够关注，但是在创新方面仍需加大政策支持力度。

一方面，从中央政府到地方政府印发了大量信息化、通信行业相关规划，从通信设备制造业的市场需求到技术标准提供了大量支持政策。另一方面，上述政策在产业创新方面发力不足，如关键核心技术攻关、创新人才培养等仍需加大创新投入。

为进一步提升中国通信设备制造业创新能力，提出如下建议。

（1）完善产业创新投入的动力机制。加大政府采购在 5G、物联网等通信设备领域的支持力度，为产业创新培育良好的市场土壤。增强有效竞争，预防大企业垄断，鼓励中小企业参与产业创新生态体系，带动通信设备上游的芯片和材料研发。加快推动中国 5G 标准体系建设，完善相关知识产权保护制度，保障创新主体的收益。

（2）加大产业关键核心技术的创新投入力度。加大重大科技基础设施等创新基础条件投入，依托通信设备制造业龙头企业实施国家科技重大专项，搭建产业关键核心技术的公益性创新平台，加强竞争前技术攻关，鼓励企业加大制造工艺攻关。提高产业上游的芯片、新材料等关键环节和重点领域的自主创新能力，切实保证通信设备制造业的产业安全。

（3）加大对创新企业的财政融资支持力度。建议通过政府采购、示范应用、加强补贴、税收优惠等方式，强化对创新企业的政策倾斜，加大对材料、芯片等等通信设备制造业短板的支持力度。鼓励金融机构合法合规采用投贷联动、股债结合等方式加强对创新企业的支持力度，引导资本市场 对通信设备制造业创新企业加大倾斜力度。

（4）完善产业创新的支撑体系。围绕通信设备制造业的产业集群，推动新型研发机构建设，加强公共研发平台、检测认证认可条件平台建设，注重引入和培养全球创新型高端人才，推动设立国际合作创新中心和海外研发中心，建设通信设备制造业的全球创新网络，打造有利于通信设备制造业创新发展的支撑体系。

参考文献

［1］国家统计局 . 高技术产业（制造业）分类（2017）. http://www.stats.gov.cn/tjsj/tjbz/201812/t20181218_1640081.html [2019-09-18].

［2］中国科学院创新发展研究中心 . 中国科学院创新发展研究中心 . 北京：科学出版社，2009.

［3］GSA.2020. 5G Networks – Member Report. https://gsacom.com/paper/5g-networks-member-report-september-2020/[2020-10-19].

［4］工信部电信研究院 .2020. 2020 年 9 月国内手机市场运行分析报告（中文版）. http://www.caict.ac.cn/kxyj/qwfb/qwsj/202010/P020201013616229503383.pdf [2020-10-19].

［5］IDC.2020.IDC 全球智能手机跟踪报告 . https://www.idc.com/getdoc.jsp?containerId=prCHC46932520 [2020-10-19].

［6］工业和信息化部 .2020.2019 年通信业统计公报 . http://www.miit.gov.cn/n1146312/n1146904/n1648372/c7696411/content.html [2020-10-19].

［7］IPLYTICS.2020.Fact finding study on patents declared to the 5G standard. https://www.iplytics.com/ [2020-10-19].

［8］国务院 .2016. 国务院关于印发"十三五"国家信息化规划的通知 . http://www.gov.cn/zhengce/content/2016-12/27/content_5153411.htm [2020-10-19].

［9］工业和信息化部 .2016. 工业和信息化部关于印发信息通信行业发展规划（2016-2020 年）的通知 . http://www.miit.gov.cn/n1146285/n1146352/n3054355/n3057267/n3057273/c5465134/content.html [2020-10-19].

4.3　Evaluation on Innovation Capacity of Chinese Telecommunication Equipment Manufacturing Industry

Wang Xiaojiong, *Zhao Yanfei*

(Institutes of Science and Development, Chinese Academy of Sciences)

The paper analyzes the innovation capacity of the Telecommunicaiton Equipment Manufacturing Industry (TEMI) in China with the analysis framework which consists of innovation strength and innovation effectiveness. The innovation strength and the innovation effectiveness are both described from three aspects, namely: innovation input, innovation output and innovation performance. On the basis of statistical data and systematic analysis, the paper generates the following points.

Firstly, innovation capacity of TEMI in China obviously strengthened from 2014 to 2018 owing to the increase of market demand. The growth of innovation input strength and innovation output strength leads to the increase of innovation strength. Innovation performance strength declined owing to the decrease of profit. Secondly, the weak growth of innovation effectiveness which is caused by rapid decline of innovation performance effectiveness. Thirdly, opportunities and challenges coexist in innovation of TEMI. Such as 5G, cloud computing, big data, Internet of Things, artificial intelligence, blockchain and other new technologies have accelerated the development of TEMI. The global demand for communication equipment is still in an explosive growth stage, which provides a huge opportunity for the innovation and development of TEMI. On the other hand, compared with developed countries, China also faces a series of challenges; for example, the key technologies, materials and components in the upstream of TEMI are controlled by other countries. Fourthly, although the Chinese government pays enough attention to the development of TEMI, it still needs to increase policy support in innovation.

In order to enhance the innovation capacity of TEMI, four suggestions are proposed as followed: ① to improve the dynamic mechanism of industrial innovation; ② to increase investment in innovation of key core technologies; ③ to increase financial support for innovative enterprises; ④ to improve the supporting system of industrial innovation.

第五章

高技术与社会

High Technology and Society

5.1　大数据的伦理挑战及其应对路径

王国豫[1]　梅　宏[2]

（1.复旦大学；2.中国人民解放军军事科学院）

进入二十一世纪以来，以互联网、大数据、云计算和人工智能等为代表的新一代信息技术在我国发展迅猛，许多领域的应用已经走在世界前列。但与此同时，当下中国社会在数据安全、隐私保护等方面也问题频发。党和国家高度重视大数据的发展及其相关伦理问题的治理。2017 年 12 月 8 日下午，中共中央总书记习近平在主持以实施国家大数据战略为主题的十九届中央政治局第二次集体学习时强调，在加快建设数字中国的过程中，要切实保障国家数据安全，加快法规制度建设，保护好个人隐私，维护广大人民群众利益、社会稳定、国家安全。要加强国际数据治理政策储备和治理规则研究，提出中国方案。[1] 在这样的背景下，我们认为，应该全面认识大数据带来的社会变革，在发展和应用大数据相关技术的同时，也要关注大数据引发的社会伦理问题，将大数据的社会治理纳入国家治理的框架，进一步推动大数据技术朝着有利于社会和谐和人民福祉的方向健康发展。

一、大数据面临的主要伦理挑战

2011 年美国麦肯锡咨询公司在《大数据：创新、竞争和生产力的下一个前沿》的研究报告里曾经预言“数据已成为一股洪流，流入全球经济的每一个领域”[2]。事实上，现今每时每刻产生的海量数据，不仅创造了全新的商业模式和服务模式，转化为新的生产资料和价值，而且带来了从政治、经济到科研、文化和思维以及生活方式的重大改变。可以说，大数据重塑了我们生活的世界。与此同时，人类基于传统生活世界的伦理价值也在面临着巨大的挑战，大数据的威力有多大，这一挑战也就有多大。概括地看，大数据的伦理挑战主要表现在以下几个方面。

1.数据的真实性与可靠性问题

大数据被看作是科学研究和知识生产的新资源。在图灵奖得主 Jim Gray 看来，科学研究已经进入“第四种范式”——数据密集型科学范式[3]。在此范式下，数据不仅成为科学研究的新方法和新路径，而且是科学研究的主要驱动力，成为人类认识的主要来源。在哲学家 James Bogen 和 James Woodward 看来，数据就是与某种现象所对应的有待阐释的事实的表征[4]。"只要满足一定的状态，或者当满足一定的状态的时候，相关的事实就可以进行解释，它们（数据）就可以表征相关的事实。"[5] 在这个意义上，数据取代了传统的自然和人工世界成为我们的认知对象，或者换言之，我们构建的世界图景就取决于数据。然而，我们也知道数据的产生是一个多主体、多层次、多环节的过程，其中技术人工物也同样扮演着中介的角色。在这种情况下，如何保证数据的真实性，不仅关系到科学研究的结果，关乎我们认知的可靠性，而且也直接影响到我们对经验世界的感受和价值旨趣，甚至关系到我们的善恶判断和道德抉择。

2. 数据权属的不确定性

大数据是建立在数据共享基础之上的。从数据产生的过程来看，一般至少有三个主体：数据的所有者、数据的生产者和数据的使用者（如果数据的使用者和数据的生产者不是同一个人或机构的话）。以个人基因组数据为例。对个人基因组数据的分析往往是由科研人员完成的，在数据提取和分析中凝聚了他们的劳动。但是数据本身如果是一个受试者或者患者的，那么，数据的主体就是受试者或患者。如果第三方需要使用这个数据，不仅涉及知识产权问题，还涉及受试者或患者的权利问题。然而，即便对于受试者或患者来说，他的部分生物数据（如基因数据）也难以像是私有财产一样完全属于个人所有。数据在这个意义上具有一定的"公有性"。这就使得数据的权属问题变得异常复杂：如果数据的应用产生了商业价值或者其他价值，那么这里就有两个问题，谁该获得这些利益？受试者是否有权利得到部分补偿？这两个问题涉及社会公正，但目前的伦理和法律规范对此并没有清晰的规定。在科学研究中，数据产生的知识产权问题已经影响甚至阻碍了数据共享，引起了广泛的关注。

3. 数字身份的建构、隐私与污名化

身份是一个个体区别于他人的标志或要素。数字身份是大数据背景下用来描述一个人的数据集。通常有几种类型：第一类身份是一个人的生物学数据，如基因组学和其他组学数据、表型数据。这是一个人先天所有的独一无二的标志。基因数据、指纹、血型、虹膜都属于这一类数据。第二类身份是人的行为身份，它与人的个性、情感偏好等相关。透过这些身份数据人们可以了解一个人的价值、态度和情感取向。第三类身份属于社会学的概念，与一个人在社会上的地位相关。财富、职业和职位通常与此相关。

在大数据时代，一个人的身份可以由数据建构，为了不暴露自己的真实身份，人们可以通过一个任意的符号来表示自己的存在。因此，数字身份未必和真实的人具有

同一性，数据身份在这个意义上讲具有虚拟性和隐匿性。然而，即便你用假名来替代真实姓名，在大数据分析技术下，人们仍然可以通过一个人在网络上留下的"足迹"、借助于大数据的叠加效应来挖掘出其真实身份。通过对理财和购物留下的数据足迹的深入挖掘，人们还可以对一个人的行为偏好和财产状况甚至社会地位进行分析和猜测。基因信息或其他表型信息一旦泄露则情况更严重。比如，如果基因检测提示某家族可能患有某一类精神性疾病，一旦此类信息被泄露，有可能给该家族的所有人都带来污名化。因为此类信息与信息主体具有同一关系，而不像财产类信息一样只是所属关系。失去了此类信息，人就等于裸奔，就失去了安全感，没有安全感也就没有了自由。

4. 信息茧房与自主性的丧失

今天，人们几乎足不出户便可享受与衣食住行相关的所有的服务。人们在线上留下的"足迹"又推动了数据的汇集，并进而带来更多的"主动"服务：只要消费者搜索过什么，系统就会继续自动向消费者推送与该产品相关联的其他产品或者相似产品与服务。然而，当我们期待在系统的帮助下方便快捷地实现自己的愿望的时候，其实我们也正处在危险之中。[6]这一危险首先是来自智能数据系统为我们构建的"信息茧房"。[7]桑斯坦认为，借助特定的算法推送，人们的喜好会被技术不断强化，长此以往，人们就会像在"茧房"中的蚕一样，陷于被推送的信息所编织的网络之中。这一状态的实质是自主性的丧失。这样，我们实则被系统指示和推动着行动，人似乎"着魔般"地失去了选择的能力，而习惯于按照系统的提示行动、关注其推荐的商品。在我们享受着系统"主动"服务的同时，系统的"主动"将逐步替代人的"自主"。[8]信息的"控制力"将逐步凸显。

5. 大数据的群体隐私与知情同意的个体性

大数据背景下，为了解决数据共享中隐私保护问题，人们借用了医学伦理学中的知情同意规范，期望依靠这一原则来走出困境，保护数据主体的权利。然而，传统的知情同意原则是建立在个体主体基础上的，不能够解决大数据背景下出现的群体隐私问题。大数据技术可以将人的各种属性数据化，即用一组数据对一个具体的人进行描述。然后，再根据类别进行不同的挖掘、分析，并且做出跟类别相关的选择[9]。比如在新冠肺炎疫情暴发期间，研究人员在开展流行病学调查时，就常常利用大数据技术追踪和记录无症状的感染者。这些无症状感染者因为其共同的特征形成特定的临时群组。虽然具体的个人被隐匿在数据中，但仍然可能包含直接对此类群体造成影响或伤害的信息。比如新冠病毒暴发初期，国外某些人将新冠病毒称为"中国病毒"或"武汉病毒"，进而形成对华人群体的污名化。在国内也出现过多起对武汉或者湖北籍人士的"特殊"对待事件。

6. 算法偏见与算法歧视

算法偏见有两类，一类来自历史数据或新采集的数据集的偏见，经过算法再一次被放大；另一类来自算法工程师的个体偏见。在某种意义上，数据偏见是历史数据本身不可避免的产物。偏见在解释学的语境中是一种先见或前见。人是历史文化中的人，由于时代、地域和文化等限制，不同的人对同一件事、同一个人在不同的环境中对同一件事的理解在结构上都有可能带有不同的见解，也就是"偏见"。偏见不必然带来歧视，但是如果这一偏见是价值上的偏见，与好恶或者其他评价相关，就可能导致歧视。如果算法工程师自身抱有对性别和种族的歧视，在数据采集和程序设计中，就有可能把个人的偏见和歧视渗透到算法中。如果数据训练依据的是有偏见的数据，其分析的结果不仅可能会延续而且甚至有可能加剧基于种族或性别的歧视。"数据是社会数据化的结果，其原旨地反映了社会的价值观念，不仅包括先进良好的社会价值观念，也包括落后的价值观念。"

7. 大数据的"记忆"与数据不平等

大数据时代，我们所有的活动和信息都以数据的形式保持在网络上。数字化技术的发展使得人类的记忆变得过于丰富和完善。人是一种会遗忘的生物。过去的几千年，"遗忘一直是常态，而记忆才是例外"[10]。因为遗忘，人们才不会一直生活在过去的阴影和羁绊中，才会有当下和未来。然而，大数据时代的数字记忆具有社会性，在数字技术上留下的痕迹已经不属于记忆的主体，而成了一种社会记忆。数字记忆使人们失去了遗忘的权利，让人难以走出痛苦的阴影向前看。舍恩伯格用大量的实例说明了个人记忆是如何转变为社会记忆的：2006年的某一天，一位60多岁的生活在温哥华的加拿大心理咨询师菲尔德玛，在从加拿大去美国的边境上，被边境卫兵用互联网搜索到他本人在一篇文章中提及年轻时曾服用过致幻剂 LST 的事情，因此被扣留了4h，其间被采了指纹并签署了不准再进入美国境内的声明[10]。在这里，菲尔德玛个体的记忆不仅被网络放大转化成了社会记忆，而且直接带来了对他个人行动的控制。记忆成为权力，成为对个人自由的干涉。今天，人们在互联网上的浏览记录都被记载和保存。这些海量的用户数据，经过关联分析，不仅有可能使个人的隐私行为暴露无遗，而且还有可能给个人甚至家庭带来潜在的危害。作为数据主体的个人却逐渐丧失了对自己信息的掌控。

二、国外大数据伦理研究和治理概况

在大数据的伦理研究方面，国外的研究经历了从最早的计算机伦理，到信息伦理、网络伦理和大数据伦理、人工智能伦理等多个发展阶段。人们关注的焦点也从对计算机的伦理问题的关注，如黑客问题、知识产权问题，隐私问题、网络空间建构的伦理问题，到对大数据的伦理问题（如数据挖掘和算法歧视等）的关注。2012年美国学者 K. Davis 和 D. Patterson 出版的《大数据伦理学》（Ethics of Big Data）被认为是第一部关于大数据的伦理研究的著作。作者认为，大数据环境下，企业应该确立自身的道德规范，明确数据对于自身的价值，重视数据中所涉及的身份（identity）、隐私（privacy）、归属（owner-ship）以及名誉（reputation），在技术创新与风险之间寻求平衡[11]。

隐私问题一直是信息技术伦理中的重要问题。与传统的信息伦理和计算机伦理关注个人隐私保护不完全相同，大数据伦理越来越多地关注群体隐私问题。虽然传统的匿名化方法在大数据的叠加技术面前，使得个人隐私也很难得到很好保护，但相形之下，群体隐私的保护问题更是国外学者研究和关注的重点，如群体歧视问题，包括地域歧视、种族歧视、性别歧视等。

值得关注的是，国外能够较快地将信息伦理的研究成果转化为政策和法规。尽管大数据是新生事物，但是在国外，基于信息保护的相关伦理和法律已经相对比较成熟，为进一步构建大数据伦理和治理体系提供了基础。比如，美国1970年出台的《公平信用报告法案》（Fair Credit Reporting Act）和1974年出台的《隐私法》（*The Privacy Act*）就要求收集和使用个人信息必须遵循合法性原则、知情同意原则、参与原则和目的限定原则等基本原则。1988年的《计算机匹配和隐私保护法》（Computer Matching and Privacy Protection Act）扩充了1974年《隐私法》的内容，限制了通过计算机系统进行个人信息识别与比对的行为。

隐私概念是一种社会建构。私，指的是相对于公共领域而言的私人领域。学术界普遍认可的"隐私权"概念的提出，源于1890年美国学者 S. D. Warren 与 L. D. Brandeis 在《哈佛法律评论》上发表的《论隐私权》一文。他们指出，隐私权作为人格权的重要组成部分，是一种"不被打扰的权利"[12]，其本质是"个人不受侵犯"。这就为作为人格权的信息隐私权奠定了权利基础。欧盟1995年颁布的《数据保护条例》（Data Protection Directive），在基本价值取向上，与美国基本一致，明确了数据主体的权利、数据利用者的义务并设置了数据保护的专门行政机关。数据保护条例为信息保护提供了明确可操作的实体法依据，大大提高了欧盟保护个人信息的法律统一程度，各国可以数据保护条例为下限，执行数据保护标准[13]。2016年欧盟颁布了《通用数据保护条例》（General Data Protection Regulation，GDPR），一方面继承了1995 年颁布的数据保护条例在信息主体权利与信息使用者义务上的规定，并因应大数据时代的到来而进一步予以细化和完善；另一方面则着重加强和完善了条例的执行机构与权利救济措施。GDPR 一方面设置了专门的欧洲数据保护委员会（European Data Protection Board）用于法规的解释与强制执行，另一方面则要求数据的处理者和控制者所处理的个人信息规模庞大或性质敏感时，必须委任数据保护代表（data protection officer）监督本单位的信息利用行为，与信息主体和监管机构沟通，发挥"润滑整个数据保护机制"的作用[14]。

欧盟在大数据伦理问题治理上还采取了一系列措施。首先，厘清大数据伦理问题的主要表现。其次，提出了 5 项措施，从个人、企业、研究机构等各个层面实现有效治理。包括：①建立一个泛欧洲的门户网站作为隐私管理中心；②发布《数据伦理管理协议》；③发布《数据管理声明》；④建立欧洲电子健康数据库；⑤构建大数据时代的数字教育体系[11]。

三、我国大数据伦理治理的可能路径

当前，数据驱动的互联网、人工智能等新型产业作为未来国家经济和社会发展的重要引擎正在我国蓬勃发展。建设数字中国、发展数字经济已经成为国家战略。在这样的大背景下，为了进一步推动行业和国家层面的数据开放共享，加大对数据伦理问题的治理、提高数据质量、保障数据安全和尊重个人隐私、保护个体权益就成为当务之急。忽视大数据的伦理道德问题进而引起负面影响和社会排斥的例子并不少见。2020 年社会对"文明码"的拒绝和对小区安装刷脸识别系统说"不"等事件的爆发，都再一次说明，在研发和应用大数据技术的过程中，必须考虑技术应用的社会可行性和可接受性。我们认为，对大数据伦理问题的治理，必须从技术规范与社会规范（包括伦理和法律与政策规范，通常用 ELSI 表示）的双重路径，从个体、机构、行业、国家乃至国际多主体多层面，通过伦理教育、政策引导与法律规约等多种途径，对大数据的获取、存储、处理、传输、共享、应用到删除的全生命周期进行全面系统、合理有序、兼顾规范性和有效性的治理。

1. 大数据治理的路径——技术规范与社会规范双管齐下

要实现对包括大数据安全与伦理问题在内的社会治理，依靠更加精准可靠的技术手段不失为重要的路径。当前，数据管理已有不少可用技术与产品。比如，针对数据共享开放过程中的安全隐私问题，科学家们提出了如变换处理、多方安全计算和联邦学习等新方法，以及数据审计识别和管控技术等。比如，通过大数据分析平台对数据进行审计识别，然后对这些数据设置授权范围，只有拥有授权的人才可以查看相关的信息；或者利用失真数据处理技术，在不改变数据属性的前提下利用阻塞、随机化、凝聚等技术手段对数据进行"伪装"，从而对数据加以保护等。

然而，大数据的伦理问题并不仅仅是技术问题，而且是社会-技术系统中的系统性问题。离开了应用场景，大数据也就失去了价值。因此，大数据伦理问题的治理，绝不能仅仅依靠技术的手段，而应该从技术发生和发展的社会政治、经济和文化语境中寻找根源和解决方法，由此发展出一整套适合大数据时代的伦理和政策法规。2019年6月，国家新一代人工智能治理专业委员会发布了《新一代人工智能治理原则——发展负责任的人工智能》，提出了人工智能治理的框架和行动指南；2020年10月，第十三届全国人大常委会第二十二次会议审议了《中华人民共和国个人信息保护法（草案）》。这些都可以看作是社会治理的必要举措。

2. 大数据伦理治理的责任主体——个体或机构、行业、国家、国际

大数据的治理不能仅限于技术内部的治理。除了不断完善发展相关技术以应对各种新型攻击和挑战外，企业安全保障制度、行业自律监管机制和伦理规范，以及国家通过法律确定的强制手段还有待完善。大数据治理的责任主体包括个体主体和机构与集体主体，涉及从个体到行业到国家乃至国际多个层面。

首先，作为数据权属的个体主体，必须增强数据安全和隐私保护意识，养成良好的数据管理行为。作为大数据技术挖掘和处理主体的工程技术人员对涉及隐私和公平公正等的问题需要有道德敏感性和法律意识，对涉及个体隐私和群体隐私等的敏感数据要自觉保护。

其次，企业、行业是源数据聚集和跨组织、跨领域的数据深度融合挖掘与数据跨组织流动的责任主体。在价值驱动下，各界普遍存在着数据突破组织边界流动的需求。企业组织的大数据治理离不开行业的规范和自律。

再次，要保证大数据治理相关的研究和实践的关联性、完整性和一致性，政府必须在其中起到协调作用。数据的权属问题、公众的隐私权、遗忘权和反歧视等问题需要从国家层面通过法律法规予以确立和保障。要加强对采集、分析、使用数据相关行为的立法，对于过度或非法使用数据获利的行为，要进行严厉打击。

最后，在数据保护，特别是跨境数据流通问题的治理上，需要加强国际合作，做好和相关国家的沟通与协调，构建跨区域、跨国家的大数据治理体系。目前，欧盟、美国等国家和国际组织都颁布了一系列法律条例，规范数据的保护和使用。我国正在审议的《中华人民共和国个人信息保护法（草案）》中，除了对境内个人信息的保护

以外，也包含了维护国家利益、完善个人信息跨境提供的规则等内容。一旦草案通过，在具体实施方面，还必须和国外的跨境数据管理的法律法规进一步协调和合作。

3. 大数据伦理治理的途径——伦理教育、政策引导与市场监管、法律规约

大数据治理是一个系统工程。其中，伦理教育必须先行。在大数据时代，随着知识生产和技术生产的范式转变，数据伦理问题已经成为社会伦理的一部分。大学（甚至中小学）、企业和行业协会必须加强对工程师和大数据从业人员的伦理培训，提高他们的道德敏感性和社会责任感，对什么是应该的、什么是不应该的要有基本的道德判断。政府的各级部门要通过相关的政策，引导企业在创新过程中坚持符合伦理的价值导向。对大数据产品和技术服务市场必须加强监管，对违背了国家和地方的法律法规和人民群众利益的行为要坚决制止和予以惩罚。

我国在个人数据和信息保护方面的法制建设工作正在稳步推进。2020 年 5 月 28 日，十三届全国人大三次会议表决通过了《中华人民共和国民法典》，其中的第一千零三十二条"隐私权"规定了自然人享有隐私权。任何组织或者个人不得以刺探、侵扰、泄露、公开等方式侵害他人的隐私权，明确了个人信息是以电子或者其他方式记录的能够单独或者与其他信息结合来识别特定自然人的各种信息，包括自然人的姓名、出生日期、身份证件号码、生物识别信息、住址、电话号码、电子邮箱、健康信息、行踪信息等。其中，个人信息中的私密信息，适用有关隐私权的规定；没有规定的，适用有关个人信息保护的规定。处理个人信息，包括个人信息的收集、存储、使用、加工、传输、提供、公开等时，应当遵循合法、正当、必要原则，不得过度处理。信息处理者应当采取技术措施和其他必要措施，确保其收集、存储的个人信息安全。

四、结　语

大数据正在重塑我们的生活世界。大数据不仅带来了生活的便捷，更带来了从经济生产到知识生产和社会组织等多方面的变革。生活世界、生活方式的改变必然带来伦理关系方面的变化。传统的伦理观与现行的伦理生活的不一致甚至冲突是必然的。因此，重要的不是讳疾忌医，不谈伦理问题，而是要以更加开放的姿态，开展对大数据背景下伦理问题的讨论和对话。对于出现的伦理问题的治理不能完全依靠技术途径。伦理问题的治理是一个系统工程。需要个体、企业、行业和国家多方联动、协同治理，要把大数据伦理问题的治理纳入国家治理的框架下。当然，我们在大数据治理的过程中，也必须兼顾规范性和有效性，在尊重个人基本权利的同时，促进数据应用的健康发展。让大数据更好地造福人类社会。

参考文献

［1］ 新华网 . 习近平：实施国家大数据战略加快建设数字中国 http：//www.xinhuanet.com/2017-12/09/c_1122084706.htm[2020-12-10].

［2］ McKinsey Global Institute. Big data：The next frontier for innovation，competition，and productivity. https：//www.mckinsey.com/~/media/McKinsey/Business%20Functions/McKinsey%20Digital/Our%20Insights/Big%20data%20The%20next%20frontier%20for%20innovation/MGI_big_data_full_report.pdf [2020-10-22].

［3］ Gray J.A Transformed Scientific Method// Hey T，Tansley S，Tolle K .ed. The Forth Paradigm：Data-intensive Scientific Discovery. Remond，Washington：Microsoft Research，2009：XVIII.

［4］ Bogen J，Woodward J. Saving the Phenomena. The Philosophical Review，1988，97(3)：303–352.

［5］ Leonelli S.The Philosophy of Data// Floridi L. ed. The Routledge Handbook of Philosophy of Information. London：Routledge，2016：191-202.

［6］ Wiegerling K. Ubiquitous Computing// Metzler J B. Handbuch Technikethik. Stuttgart：Stuttgart，2013：374-378.

［7］ 凯斯·桑斯坦 . 信息乌托邦：众人如何生产知识 . 北京：法律出版社，2008：6.

［8］ Hubig C. Ubiquitous Computing-Eine neue Herausforderung für Medienethik . International Review of Information Ethics (IRIE)，Vol. 8，P. David，K. Wiegerling（Hg.），Stuttgart，2007，S. 31，S. 35. http：//www. irie. net /inhalt /008 /008_ 5. pdf.

［9］ 王国豫，黄斌 . 论大数据技术对知情同意的挑战 . 自然辩证法研究，2020 (4)：61-66.

［10］ 维可托·迈尔—舍恩伯格 . 删除：大数据取舍之道 . 袁杰译，杭州：浙江人民出版社，2013：1，8-9.

［11］ 陈一 . 欧盟大数据伦理治理实践及对我国的启示 . 图书情报工作，2020 (32)：130-138.

［12］ Warren S D，Brandeis L D. The right to privacy. Harvard Law Review，19851890，4(5)：193-220.

［13］ 项定宜 . 比较与启示：欧盟和美国个人信息商业利用规范模式研究 . 重庆邮电大学学报（社会科学版），2019（4）：44-53.

［14］ Chris Jay Hoofnagle C J，Bart van der Sloot B，Frederik Zuiderveen Borgesius F Z. The European Union general data protection regulation：what it is and what it means . Information & Communications Technology Law, 2019.

5.1 The Ethical Challenges of Big Data and Their Solutions

Wang Guoyu[1], *Mei Hong*[2]

（1. Fudan University; 2. Academy of Military Science, PLA）

The massive amount of data generated every moment has not only flooded into every field of the global economy with its 4V characteristics（namely variety, volume, velocity, and value）, but also has become a new engine of scientific research and knowledge production with its ability to represent the world. It has created new business models and service models, transformed into new means of production and values, and reshaped the relationship between human being and the world. This brings a series of new ethical challenges. Based on the analysis of ethical challenges of big data and its causes, this article proposes that it is necessary to take the dual path of technical norms and social norms（including ethical, legal, and social norms, usually expressed as ELSI）, from individuals, industries（enterprises）, countries and even international multi-subjects and multi-levels, through various means like ethics education, policy guidance and legal regulations, etc., to systematically and reasonably govern the entire life cycle of big data acquisition, storage, sharing, application to deletion, and make sure that both normativity and effectiveness are taken into consideration.

5.2 大数据时代下的科技融合及其社会后果——以诊疗技术为例

沙小晶　杜　鹏

（中国科学院科技战略咨询研究院）

随着纳米、大数据等技术的发展，科技融合带动了众多领域中的关键性进展。早在 2001 年，美国商务部技术管理局、国家科学基金会、国家科学技术委员会纳米科学工程与技术分委会联合发起了一次有科学家、政府官员等各界顶级人物参加的圆桌会议，就"会聚四大技术，提升人类能力"进行研讨时，首次提出了"NBIC 会聚技术"的概念[1]。NBIC 会聚技术，是指在纳米技术、信息技术、生物技术以及认知技术间的融合发展，作为一种战略导向和科技活动实践不仅带动了技术自身的发展与革新，同时展现出了科技融合发展的趋势。随着大数据时代的来临，科技融合发展体现出新的内涵和特点。

一、大数据时代前沿信息技术极速发展

继移动互联网和云计算之后，以大数据为代表的信息技术是当下极具颠覆性的技术，同时大数据技术、人工智能、物联网等技术深度交融，政策与标准体系不断完善，展现出了良好的发展趋势。前沿信息技术在改变人类的生活以及思维方式的同时，对社会的产业结构产生了深远的影响。习近平总书记也指出"当今世界，信息技术创新日新月异，数字化、网络化、智能化深入发展，在推动经济社会发展、促进国家治理体系和治理能力现代化、满足人民日益增长的美好生活需要方面发挥着越来越重要的作用"[2]。

大数据技术在 2008 年被《自然》杂志的专刊提出 Big Data 概念而逐渐地被人们熟知。该技术是起源于谷歌公司在 2003 年前后发表的三篇论文[3-5]，分别介绍了分布式文件系统 GFS、大数据分布式计算框架 MapReduce 以及 NoSQL 数据库系统 BigTable，分别由文件系统、计算框架、数据库系统三部分组成。当时是用来解决搜索引擎需要的网页抓取和索引构建过程中需要计算以及存储大量的数据。从 2009 年开始，大数据的基础技术不断发展成熟，学术界以及企业界纷纷将其扩展至应用性研究，2013 年大数据技术应用的发展经历了新的高峰，与商业、教育、经济、交通、医疗等多个领域不断融合，扩展了应用范围的边界，使得其更深地融入对经济社会的服务中。

大数据技术不断发展的同时，另一个前沿信息技术——人工智能技术也得到了广泛关注。人工智能是指用于模拟、延伸和扩展人类智能的一种理论、方法、应用系统，是计算机科学的分支。人工智能早在 20 世纪五六十年代已经被提出，迅速应用于数学以及自然语言领域，用来解决代数、几何和语言问题，但由于当时计算机技术的局限性并没有得到快速的发展[6]。从 90 年代中期开始，随着神经网络技术的逐渐发展，人工智能技术得到了发展。1997 年，IBM 计算机系统"深蓝"成功挑战了国际象棋冠军，而对于变化更加复杂的围棋，运用了深度学习网络与蒙特卡洛搜索树结合的谷歌人工智能程序阿尔法围棋（AlphaGo）[7] 在 2016 年 3 月以总比分 4 比 1 战胜了围棋世界冠军李世石，得到了社会大众的广泛关注。随着大数据的出现，人工智能的理论基础和应用得到强化，从简单的算法加数据库发展成为机器学习加深度理解，两者相辅相成，并随着移动互联网的爆发得到了快速的发展。

与大数据技术相同，物联网也代表了信息技术领域最前沿的技术。物联网是指物物相连的互联网，是互联网的延伸，是指通过信息传感设备，按约定的协议，将任何物体与网络相连接，物体通过信息传播媒介进行信息交换和通信，以实现智能化识别、定位、跟踪、监管等功能。物联网的概念起源于 1991 年麻省理工学院的 Kevin Ashton 教授，并在近 5 年的时间里得到了迅速的推广。在 2019 年 Vodafone 发布的《2019 年物联网报告》中指出目前超过 34% 的公司正在使用物联网。

以大数据、人工智能以及物联网为代表的前沿信息技术被称为继计算机和互联网之后的第三次信息技术浪潮。随着技术的快速演进与发展，不断向其他领域扩展并融合，帮助相关领域认识和解决更复杂的问题，促进了相关领域的进步与发展。信息技术在其他学科发展中起到了一种基础设施的作用，提供了其他学科发展的更多可能性。我们将以诊疗技术与信息技术的融合发展为例，深入分析诊疗技术的变化以及发展趋势。

二、诊疗技术与新兴信息技术融合发展

诊疗技术与新兴信息技术的深度融合，有着良好的政策环境的促进作用，也有学科自身的内在关联，同时也是社会和时代的强烈需求的产物。随着社会生活水平的不断提高，生命健康领域科技的不断进步与发展，高质量的健康生活水平越来越受到国家以及社会的重视，先进的诊疗技术便是其中不可缺少的一环。前沿信息技术与医学诊疗技术的不断融合，使得医学诊疗的服务模式被重塑，逐渐满足社会不断增加的需求。诊疗技术的人工智能政策环境、临床应用、科研投入与学科发展、产业、社会认知和伦理等方面都在随着信息技术的不断融入而发生新的变化与突破。

1. 技术融合发展的良好政策环境

从 2015 年以来，我国医疗与信息技术结合的相关政策不断涌现。国务院于 2015 年 8 月发布了《促进大数据发展行动纲要》，其中多次提到大数据在医疗中的应用，明确指出发展医疗服务大数据，构建综合健康服务应用。2016 年国务院发布《关于促进和规范健康医疗大数据应用发展的指导意见》，明确指出了健康医疗大数据是国家重要的基础性战略资源，将健康医疗大数据首次纳入国家大数据战略布局中，并给出

了规范和推动健康医疗大数据融合共享、开发应用的指导意见。2017 年 7 月，国务院发布了《新一代人工智能发展规划》，文件中对医疗人工智能发展提出了更高的要求。近些年来，中央还颁布了《"健康中国 2030"规划纲要》《"十三五"全国人口健康信息化发展规划》《关于促进"互联网 + 医疗健康"发展的意见》《国家健康医疗大数据标准、安全和服务管理办法（试行）》以及健康大数据应用及产业园建设试点工程等政策，对我国医疗产业与前沿信息技术融合发展有着强烈的促进作用，为该领域的发展提供了良好的政策环境。

2. 技术融合发展的丰富科研基础

在诊疗技术的学科发展过程中，始终与信息技术保持着密切的联系。自从计算机技术诞生以来，该技术就应用在医疗领域。随着现代医学的发展，应用于医疗领域的计算机技术已经发展成了一门学科，被称为医学信息学[7]。随着新兴的信息技术不断突破，诊疗领域与医疗领域融合的理论研究也得到了迅速的发展。我们利用 Derwent Data Analyzer 软件对 1982 ～ 2020 年发表的诊疗技术与新兴信息技术交叉融合的文章进行了搜索，如图 1 所示。可以看到随着新兴信息技术在近些年的快速发展，特别是机器学习、深度学习、人工智能等技术的蓬勃兴起，诊疗技术与之相关联的研究也得到了迅速的发展。从图 1 中可以看到 2007 年开始有显著的提升，并且增长速度在近 5 年持续增加，新兴的信息技术与诊疗领域间交叉研究不断加深。

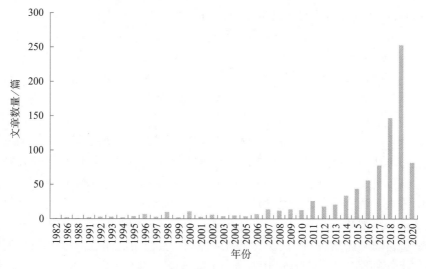

图 1　发表文章量随时间的变化曲线

3. 技术融合发展的需求导向

随着临床需求不断增加、医疗设备不断升级、人员需求量加大、医院运营成本提高，诊疗技术急需新的突破，新兴信息技术与诊疗技术的融合发展也逐渐从理论转向应用，在诸多实际应用领域中发挥重要的作用。例如，在医学影像、药物挖掘、辅助诊疗、虚拟助理、辅助医学研究平台应用、健康管理、疾病风险预测、医院管理等众多领域中都能发现人工智能、大数据等新兴信息技术的深度参与与应用。

近年来，人工智能技术在诊疗研究中的应用迅速增加，产生和储存的大量数据以及不断扩大的计算能力使得人工智能技术快速发展。以智能诊疗的应用进展为例，智能诊疗技术是指将新兴信息技术中的人工智能技术应用于疾病诊疗，通过计算机帮助医生进行病理、体检等数据的统计，通过大数据和深度挖掘等技术，对病人的医疗数据进行分析和挖掘，从而自动识别病人的临床变量和指标[8]。

我国关于智能诊疗专家系统的研究最早开始于20世纪70年代末，北京中医药大学研制的"关幼波肝炎医疗专家系统"是模拟著名中医关幼波大夫对肝病诊疗的程序[9]。80年代初，福建中医学院与福建计算中心联合开发了利用专家系统的骨伤诊疗系统[10]。随着人工智能的发展，厦门大学、重庆大学、郑州大学、长春大学等高校也开展了基于人工智能的医疗计算机专家系统，并不断应用于临床治疗。随着人工智能技术的不断完善，目前在智能诊疗系统中 IBM Watson 是最成熟的技术案例[11]。该系统是融合了自然语言处理、认知技术、自动推理、机器学习、信息检索等技术，并给予假设认知和大规模的证据搜集、分析、评价的人工智能系统。该系统可以在17s 内阅读 3469 本医学专著、248 000 篇论文、69 种治疗方案、61 540 次试验数据以及 106 000 份临床报告[11]。Watson 系统于 2012 年通过了美国职业医师资格考试，部署在美国多家医院以提供辅助诊疗，通过大数据的处理与学习，帮助医生在有限的信息下做出判断，并在肺癌、乳腺癌、结肠癌、前列腺癌、膀胱癌、卵巢癌、子宫癌等多种癌症治疗情景下提供诊断与治疗服务。

在影像学诊断方面，人工智能技术同样发挥着越来越重要的作用。目前的诊疗数据中有超过 90% 的数据来自医学影像，但对影像的诊断过程较强地依赖人的主观意识，并且在传统的医疗场景中，培养优秀的医学影像医生需要较长的时间成本，投入极大。随着人工智能与大数据结合应用于医学影像诊疗方面，计算机可以大批量、快速高效地处理图像数据，从而协助医生筛查疾病、辅助诊断，达到减少漏诊、误诊的目的。随着目前肿瘤疾病的增加，该技术在肿瘤疾病上的应用尤为突出。在实际应用中，该技术帮助医生进行病灶的识别与标注、靶区自动勾画、影像三维重建等工作，提高诊断、放疗以及手术的精准度，甚至一些人工智能系统的性能已经接近甚至超过放射科医生的诊疗水平。例如，Patel 等利用自然语言处理软件算法，可准确获得乳腺癌患者 X 射线影像的关键特征，并与乳腺癌亚型进行关联，其诊断速度是普通医师的 30 倍，并有着 99% 的准确率；哈佛大学医学院的贝斯以色列女执事医疗中心开发的人工智能系统对乳腺癌病例影像的识别准确率可以达到 92%。在我国，人工智能在影像学诊疗方面也在不断向应用发展，冠脉血流储备分数计算软件已经获得第三类医疗器械注册证书，这是我国首个获批上市的人工智能医学影像产品。

与大数据技术结合的人工智能在预防医学、健康管理方面同样发挥着巨大的作用。在疾病预测方面，通过生化、影像、行为等日常大数据来预测疾病的发生，也可以通过基因测序与检测提前预测疾病发生的风险。然而在传统的疾病预测中，由于基因组数据量巨大、耗费成本较高，诊断分析各阶段的通用算法效果并不理想，准确率低下，随着人工智能的加入使得基因测序的效率以及准确率有了巨大的提升。例如，Illumina 公司的 HiSeq X Ten 测序系统，专门为群体规模的全基因组测序而设计，10 台仪器可以产生超高通量，处理数万个实验样本，帮助科学家、研究机构实现人类和物种变异的综合目录，建立群体规模的参考数据，从而推进癌症和复杂疾病的研究。在风险预测分析方面，随着大数据技术的加入，可以系统地对患者做出前瞻性的诊断，高效率、低成本地减少可预防疾病的恶化，将优质的医疗资源用于偶发性疾病，使得医疗服务更有针对性。

当前，社会老龄化问题日趋严重、亚健康管理需求不断增加，伴随着与新兴信息技术的不断融合，新型的诊疗技术不断打破传统研究的壁垒，在提升医院运营效率、提供临床决策支持、提高医疗质量监管、助力医学科研等方面发挥了直接的推动作用，使得社会对医疗日益增加的需求不断得到满足。

三、诊疗技术融合发展的特点

1. 新兴信息技术的推动作用

新兴的信息技术快速发展，在互联能力、大数据、计算能力、存储能力等方面大幅提升，同时人工智能相关的图像识别、深度学习以及神经网络算法等关键技术的突破，使得信息技术在诊疗应用中从过去的基于专家和人为设定的程序中得到发展，可以从海量数据中自动寻找规则。在信息技术与诊疗技术融合发展中可以看到信息技术的发展对提高诊疗技术的效率、准确率以及前瞻性都发挥了重要的推动作用，使得诊疗技术得到迅速的发展。

2. 诊疗技术的内在需求

由于社会老龄化趋势日益加速、健康服务需求不断增加，以及对未知的公共卫生事件管理需求不断升级，相对传统的诊疗技术有着快速发展的内在需求。因此，与前沿信息技术的融合发展成为诊疗技术突破的重要途径与方法。诊疗技术的内在需求促进了与其他快速发展领域的融合，除了信息技术以外，材料领域、纳米技术等领域的发展也在诊疗技术的内在发展需求下，快速与其融合，从而产生新兴交叉领域。

3. 政策环境的支持

良好的科技政策也是推动学科交叉融合的重要基础。在科技政策的扶植下，技术快速融合发展，并在政策的支持下快速进入应用，得到相关的正向反馈，更加促进了技术的融合。随着国家相关政策的不断出台和完善，信息技术与诊疗技术得到了快速发展的良好机遇，并且带动了周边应用领域的不断发展。

四、科技融合发展的展望

通过诊疗技术与信息技术融合发展的案例分析，可以发现伴随着前沿新兴信息技术的不断突破，以及诊疗技术的发展内在需求，在良好的科技政策的扶植下，前沿信息技术与诊疗技术在科研以及应用中都得到了快速的交叉融合发展。正如诊疗技术在与信息技术深度融合的过程中得到快速发展，随着技术的不断进步，当下学科间的交叉融合已经成为科学创新发展的新动力[12, 13]。根据诊疗技术与信息技术融合发展的案例，我们提出三点展望。

（1）关注快速发展的新兴技术领域，支持其发展所需。快速发展的新兴技术领域通常孕育颠覆性技术，如材料技术、信息技术、尖端紧密仪器的研发等领域快速发展的同时，也将带动其他相关领域的快速提升，给予适度的科技政策支持，支撑其快速发展对我国科技整体的提升有着重要的作用。

（2）布局传统学科与新兴学科的融合，带动传统学科发展。促进新兴学科在传统学科中的应用与融合，是当前传统学科产生突破的重要途径之一。对亟待发展的传统领域与发展迅速的新兴领域进行合理的布局，提供更多融合交叉的研究导向是非常重要的，将更好地促进相对传统学科的发展。

（3）关注需求导向下的学科融合，促进使命性技术发展。当前众多科技领域在国家需求导向下快速发展，学科的交叉融合是其迅速发展的有力保障。关注需求导向下的学科融合，大力发展其中有共性的使能性技术，保障使命性技术的可靠发展。

参考文献

[1] 赵克. 会聚技术及其社会审视. 科学学研究，2007，25（3）：430-434.

[2] 习近平致首届数字中国建设峰会的贺信. http://www.xinhuanet.com/politics/leaders/2018-04/22/c_1122722225.htm［2020-12-10］.

[3] Ghemawat S，Gobioff H，Leung S T. The Google file system. Acm Sigops Operating Systems Review，2003，37（5）：29.

[4] Dean J，Ghemawat S. MapReduce：Simplified Data Processing on Large Clusters. Communications of the ACM，2008，51（1）：107-113.

[5] Chang F，Dean J，Ghemawat S，et al. Bigtable：a distributed storage system for structured data. ACM Transactions on Computer Systems，2008，26（2）：1-26.

[6] 魏晓宁. 人工智能在自然语言理解技术上的应用. 中国科技信息，2005，2（19）：57.

[7] Silver D，Huang A，Maddison C，et al. Mastering the game of Go with deep neural networks and tree search. Nature，2016，529：484-489.

[8] 潘振宇. 计算机在医疗领域中的应用浅析. 计算机光盘软件与应用，2011，（21）：18.

[9] 周跃庭. 中医方药知识库———一种新型的计算机软件系统. 北京中医杂志，1993，2：39-40.

[10] 陈道灼，孙建嵩，林炳承，等. 林如高骨伤电脑诊疗系统骨折部分研制简介. 福建中医药，1981（4）：12-15.

[11] Shostak S. Smart Machines：IBM's Watson and the Era of Cognitive Computing. The European Legacy，2016，21（8）：1-2.

[12] 刘晓，王跃，毛开云，等. 生物技术与信息技术的融合发展. 中国科学院院刊，2020，（1）：34-42.

[13] 樊春良，李东阳，樊天. 美国国家科学基金会对融合研究的资助及启示. 中国科学院院刊，2020，（1）：19-26.

5.2 The Development of Science and Technology Integration in the Era of Big Data and Its Social Consequences: Take Diagnosis and Treatment Technology as An Example

Sha Xiaojing, Du Peng

（Institutes of Science and Development, Chinese Academy of Sciences）

At present, the development of science and technology presents a new trend, the interdisciplinary integration continues to intensify, which effectively promotes the progress and development of related fields, and interdisciplinary integration has become an important driving force for the development of disciplines. Based on the cross development of medical diagnosis and treatment technology and cutting-edge information technology as an example, we analyzes the development trend of medical diagnosis and treatment technology accompanied by a new round of information revolution, explores the characteristics of scientific integration development brought by the breakthrough of big data technology, and puts forward the prospect of cross integration development of science and technology.

5.3 公众对人工智能的认知和态度——以知乎平台的讨论为例[①]

黄 楠 张增一

（中国科学院大学人文学院）

近年来，人工智能已进入了其飞速发展的第三次浪潮。随着人工智能研究的深入和应用的普及，其出现的伦理、道德、法律等问题，以及人工智能对人类社会和未来发展的影响都引起了社会公众的关注和讨论。由牛津大学人类未来研究所、生存风险研究中心（CSER）等机构联合建立的人工智能非营利组织 OpenAI 也曾共同主张"对

---

① 本研究得到北京高校高精尖学科建设项目"智能科学与技术"交叉课题资助。

适当使用人工智能技术进行公开对话，积极寻求扩大参与讨论的利益相关者和领域专家的范围，应该包括公众以及民间社会、企业、安全专家、研究人员和伦理学家"[1]。如今各种社交媒体平台的发展，如微博评论、知乎回答等也成为可以补充与替代传统媒介讨论空间的领域，即替代性公共领域[2]，这为公众讨论人工智能议题提供了良好的讨论空间。知乎曾在出现时，就被视作中国网络公共领域的试验田，具有以知识共享为核心，以关系社区形式帮助用户获取问题和答案的特点，并且知乎用户十分关注人工智能议题，从而进行了大量讨论。因此，本文将知乎平台作为主要研究对象，深入挖掘其用户所关注人工智能的主题及态度，并结合已有调查研究，探讨我国公众对人工智能的认知和态度所具有的特点，为系统研究人工智能的社会认知和影响、丰富科技与社会以及公众理解科技的理论，提供内容丰富的案例分析。

一、公众对人工智能的态度调查

目前中外已有不少机构就公众对人工智能的看法和态度进行了相关的问卷调查，显示公众对人工智能的总体态度是偏向积极和乐观的。2018年中国科普研究所的调查显示，90.7%的被访者赞成"人工智能的发展有助于提高人类工作效率，给人们的生活带来巨大的便利"；78.5%的被访者赞成"人工智能的发展可能会导致大量失业，但同时也会创造出新的就业机会"；74.9%的被访者赞成"人类将永远不会失去对人工智能的控制，有能力开发、管理和利用人工智能"；59.1%的被访者赞成"面对人工智能的潜在威胁，我们应当制定严格的监管措施，来限制其自我学习能力的过度发展"。[3]腾讯研究院的网络问卷调查研究显示，我国受访者对人工智能对社会的影响呈现出积极的态度，并且对人工智能的了解程度越高，越可能认为人工智能会带来积极影响。受访者最希望在智能家居、交通运输、老年人/儿童陪护和个性化推荐领域使用人工智能，而对人工智能接受程度最低的是设计和艺术创作领域。[4]美国公众的乐观程度较我国略低，但大多数也是持积极态度。牛津大学对美国的调查显示41%的受访者"在某种程度上支持或强烈支持人工智能的发展"，22%的受访者"在某种程度上或强烈地反对人工智能的发展"，受教育程度、家庭年收入、是否具有计算机经验与对待人工智能的态度正相关。[1]美国皮尤研究中心调查显示，越来越多（72%）的美国人担心机器可能会完成人类目前所做的许多工作。[5]对超级智能前景感兴趣的受访者也是多于不感兴趣的受访者[6]，对使用人工智能与客户互动感到满意的人数也是多于对人工智能感到心里不适的人数[7]。

二、知乎用户关注的人工智能主题与特点

在"知乎"平台"人工智能"精华话题中共有1000个精华回答，其中涉及262

个提问能够明确体现用户对人工智能的认知与态度，并有 56478 个回答。对这 262 个提问的标题进行词频分析，发现人工智能、AlphaGo、学习、机器、人类、技术、围棋、未来、机器人、研究为出现频率最高的前 10 个词组，并将其中出现频率最高的 30 个词组绘制词频图（图 1）。

图 1　人工智能精华问题的标题词频图（TOP30）

对相关主题进行编码，发现知乎用户关注的问题涉及了人工智能的伦理、教育、科学研究，人工智能产品和应用、行业就业、产业发展，以及人工智能科幻、开脑洞等 9 个主题（图 2）。其中，最受用户关注的是人工智能产品和应用问题、人工智能的伦理问题、人工智能的未来发展问题。

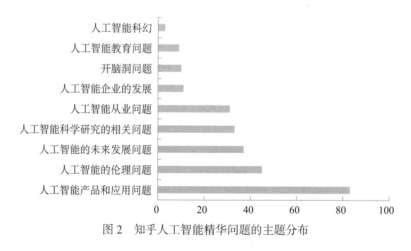

图 2　知乎人工智能精华问题的主题分布

1. 从 AlphaGo 到人工智能相亲，人工智能产品全面受到公众的关注

目前，我国人工智能应用层（机器学习应用/智能无人机/智能机器人/自动驾驶/语音识别）领域的公司就有 304 家[6]。知乎用户的提问也聚焦在与人工智能产品及应用相关的问题上，共 83 个。从 2017 年最受关注的 AlphaGo、无人驾驶到 Siri、微软小冰、Jarvis，再到无人银行、无人超市、人工智能相亲，人工智能在各行业的产品应用已经受到公众的全面关注。从知乎用户关注人工智能的内容可以发现，具有趣味性、低风险性、实用性强的应用最受关注。用户对较低程度的人工智能的接受程

度是较高的，更乐于参与讨论，并且对其不足之处更为宽容，而对较高程度、具有伤害性的人工智能则接受程度会降低。

　　如最受关注的是 AlphaGo 和游戏领域，主流传统媒体的报道、社交媒体平台的热点，都在知乎引起了讨论，AlphaGo 也被建构为人工智能发展中的历史性事件。在知乎，AlphaGo 的每一次对战都备受关注，"如何评价第一局比赛 AlphaGo 战胜李世石？""如何评价第二局比赛 AlphaGo 又一次战胜李世石？""如何看待 2016 年 3 月柯洁表示 AlphaGo'赢不了我'？"，以及"如何看待聂卫平谈 AlphaGo 约战柯洁'比赛结果显而易见，柯洁下不过，建议不比、不参加、不推广'？"等每个问题都至少有数百名用户参与讨论。下棋一直就是人类智能的挑战，也是人工智能的标志之一，而其次受到关注的领域是游戏领域的应用。一些游戏理论将游戏作为将来人类的重要社会活动甚至是仅剩的社会活动，是人类将来发展之后生存方式的一部分，"英雄联盟里能造出最顶尖的职业选手都打不过的人机吗？""在电子游戏领域，为何电脑始终不是人脑的对手？""你在游戏里遇到过最厉害的 AI 是什么？"等问题也是引起了众多用户讨论。用户在讨论其使用较多的 Siri、Rokid、小爱同学、百小度等智能语音助理时，此类问题仍是以逗趣、开脑洞为主，如"除了被调戏，Siri 还可以做什么有意义的事情？""试以'Siri 已失去控制'为开头写一个故事""询问 Siri'你有朋友吗'时，Siri 的回答为什么这么奇怪？"在智能家居方面的提问与智能语音助理类似，多是戏谑与开脑洞的问题，如"你们家的人工智障扫地机器人出现过哪些让人啼笑皆非的事情？""家里的电器会说话是一种怎样的体验？"。然而在关注程度较高的无人驾驶领域，由于无人驾驶涉及的自动化程度更高，具有更高的风险性，对无人驾驶的讨论较其他领域应用的讨论更为专业和严肃。如用户十分关注的为什么要研究无人驾驶、无人驾驶的应用能否解决当下亟待解决的堵车问题、Uber 无人车自动驾驶致死事件、百度无人车的路测及其受到的负面评价等问题（图 3）。

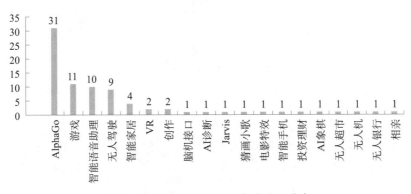

图 3　知乎用户关注的人工智能应用分布

2. 用户关注的人工智能伦理问题：风险、失业、隐私

在知乎用户关注的 45 个"人工智能伦理问题"中，按照关注度的高低依次首先是人类面临的生存风险问题，即强人工智能出现后的人类生存风险，尤其是马斯克、霍金等名人对人工智能的态度引起了知乎用户的广泛关注。其次用户关注的则是人工智能可能带来各行业的失业问题，如"现在什么职业最容易被人工智能取代？""未来三十年内，哪些行业的工作人员可能会被人工智能取代？""如何看待「普通医生迟早被计算机替代」的观点？""如何评价亚马逊利用算法自动解雇无效率的仓库工人？"等相关问题。隐私问题一直是当下大数据驱动人工智能的焦点问题，虽然在知乎平台提问数量不多，但每一个都在社会和社交媒体平台引起了热议，如人工智能换脸软件「ZAO」的爆火和下架、人工智能应用监视学生上课、个性化推荐窃取用户信息等。目前，人工智能对人类造成的伤害问题也引起了用户一定的讨论，主要集中在已经发生伤害的无人驾驶领域，如 Uber 发生的全球首例自动驾驶致死事件，亚马逊语音助手劝主人自杀，基于伤害的案例讨论人工智能的伦理与监督问题。公众已经就已经出现的伦理问题的事件、已出台的相应的法律政策提出了希望由人类控制人工智能，应该制定管理数据的数据协议，明确人工智能产品的责任界定，呼吁人工智能的公平性受到重视，让人文学者、哲学家、历史学家、政治科学家、经济学家、伦理学家、法律学者参与人工智能伦理的讨论，希望人文主义对伦理的研究能赶上工程师开发科技的速度等相关建议，这些伦理方面的建议也应进一步得到相关人士的推进和完善（图 4）。

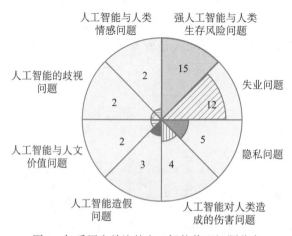

图 4　知乎用户关注的人工智能伦理问题分布

3. 人工智能产业发展与行业就业：高速、高薪下的忧虑

自 1999 年美国第一笔人工智能风险投资出现后，在 18 年内，投资到人工智能领域的风险资金累计 1914 亿美元。美国达到 978 亿美元，中国仅次于美国，为 635 亿美元，其他国家合计仅占 15.73%。[4]近年来国内如百度、阿里巴巴、腾讯、今日头条等互联网屡屡在人工智能领域投入巨资，巨头公司通过投资和并购储备人工智能研发人才与技术的趋势十分明显。同时，旷世科技、商汤科技等新兴人工智能领域的创业公司在短短数年内获得了数亿美元的融资（旷世科技于 2011 年成立，2017 年获得 4.6 亿美元 C 轮融资、7.5 亿美元的 D 轮融资；商汤科技于 2014 年成立，已获得超过 30 亿美元资金的融资，总估值约 95 亿美元）。但伴随着快速聚集的大量资金涌入，人工智能企业当前的发展程度却与其所宣传的"噱头"存在不对等，因而经常受到公众的质疑。

在人工智能的就业上，在领英平台发布的人工智能职位数量从 2014 年的 5 万飙升至 2016 年的 44 万，增长近 8 倍。目前中国人工智能产业有 592 家公司，约有 39 000 位员工，硕士学历成为平均入门门槛。[4]2019 年，由华为总裁办签发的《对部分 2019 届顶尖学生实行年薪制管理》的电子邮件更是被《人民日报》《中国青年报》、新华社等官方媒体和虎嗅、36 氪等网络科技媒体高度关注，出现了《华为最高 201 万年薪招顶尖学生》《华为 200 万年薪背后：手机业务持续突破亟待基础科学"拯救"》《华为年薪百万招博士是为能力而非学历埋单》《"关注"最高 201 万！华为高薪招应届生！专业是……》等多篇报道。

站在风口、行业高薪仿佛是人工智能的形象代表，但从"知乎"的提问中，可以发现公众对人工智能产业高速发展，以及行业高薪背后的担忧。人工智能行业各企业不断地"抢夺人才，但激烈的竞争与发展的瓶颈在一定程度上被忽略了。在知乎关注度较高的问题中，如"如果过几年 AI 就业形势不好了，吴恩达等人及知乎劝入 AI 党会不会被批判？""人工智能就业前景越来越严峻了，你还在坚持吗？""做人工智能工作的你，为什么离开这个岗位？"等问题呈现出用户对目前以深度学习为基础的人工智能未来发展方面的迷茫，将人工智能的繁荣视作市场的繁荣，而不是科学技术和产品应用带来的真正繁荣。

4. 人工智能的未来发展规划

未来人工智能的发展前景、发展程度、发展方向、对社会的影响一直受到公众的广泛关注。知乎提问中，有关人工智能的未来发展的共有 37 条。其中用户最为关心的是"人工智能的发展前景"，占 46%。在提问中用户对"人工智能的前景是否明朗"显得较为悲观，此类提问中多将现在人工智能的发展视为"泡沫"，即将面临"寒冬"，如"这一波人工智能泡沫将会怎么破灭？""人工智能会是泡沫吗？""2019 年

人工智能行业又进入冬天了吗？""人工智能退潮期来了吗？"等。其次用户关注较多的是对人工智能发展的方向的问题，这类问题一方面是对未来技术方向的讨论，如"为什么相比于计算机视觉（CV），自然语言处理（NLP）领域的发展要缓慢？""机器学习门下，有哪些在工业界应用较多、前景较好的小方向？"；另一方面是对未来公众在生活和学习中的选择问题，如"AI 时代来临之际，学什么有用？""哪些人工智能领域已经或者未来 1～2 年会实现盈利？"。对于人工智能对未来社会的影响也有一些讨论，如"人工智能将会怎样影响我们的生活？""你理想的未来 AI 时代什么样？未来 25 年内，各行业、个人生活会有哪些变化？我们该如何准备？"。对是否应该发展人工智能和人工智能发展的现状讨论有"我们难道必须发展人工智能吗？""人工智能达到了什么程度？""为什么美国如此反对中国留学生学习人工智能和量子技术？国内外这两种技术的发展现状如何？"。

在人工智能的发展问题上，呈现出一方面看似全社会对人工智能信心满满，另一方面则是生产力的实际发展水平依旧不足。有观点将其解释为人工智能实际上已经改变了这个世界，只是我们仍然停留在古法测量的阶段，所以并未发现。但对于人工智能的未来规划、可能对社会产生的影响、公众应该如何应对和选择，既是公众十分关心的问题，也是需要各行业的相关研究人员、政策制定者、专家学者与公众共同讨论，及时向社会公众告知进程并作出解答的。

三、知乎平台讨论中呈现的用户对人工智能的态度

研究对知乎的提问由三位编码员进行独立编码，对 262 个提问的问题来源和问题潜在态度倾向进行编码，其中编码为积极的问题有 27 个，编码为消极的有 80 个，编码为中立的有 155 个。在知乎提问中以中立态度居多，即在提问中不具有明显的态度立场，其次是偏消极的提问，以积极态度提问的是最少的。对提问的来源与态度进行交叉分析发现，来自用户日常生活中所接触的人工智能问题较为积极，而来自媒体报道中的问题在知乎讨论时多是偏向消极的，如"特斯拉总裁马斯克说，机器人在 5 年里会'屠杀'人类，你怎么看？""如何评价《人民日报》于 10 月 5 日发表的《不能让算法决定内容》？"。来自人工智能科学研究领域的提问也多是偏消极的，甚至从学科的角度认为人工智能或机器学习不如数学、物理学，提问中有如"为什么有些学数学的看不惯甚至鄙视 Deep Learning？""如何看待'机器学习不需要数学，很多算法封装好了，调个包就行'这种说法？"。同时，也多讨论其他领域科学家对人工智能的负面评价，"如何看待饶毅的'人工智能还是伪智能'命题？""如何评价诺奖得主 Thomas J. Sargent '人工智能其实就是统计学'的观点？"（表 1）。

表 1　知乎提问的问题来源与提问态度交叉列表（％）

问题来源	态度			
	积极	消极	中立	总计
媒体	12.5	34.1	53.4	100
日常生活	12.8	26.7	60.5	100
科学研究和工作	8.2	27.9	63.9	100
无明确来源	0	37.0	63	100

对知乎有关人工智能精华问题下的所有回答用 Nvivo 进行情感态度编码，编码为积极态度倾向的句子共有 83 783 个，其中"非常积极"的有 10 669 个，"一般积极"的有 73 114；编码为消极态度倾向的有 97 145 个，其中"一般消极"有 43 370 个，"非常消极"的有 53 775 个，总体情感态度偏消极。对于具体问题下的回答态度而言，有 148 个问题的回答偏向消极，82 个问题的回答偏向积极，32 个问题的回答偏中性。这在一定程度上体现出，知乎用户在回答人工智能有关问题时，消积态度的表达远超过积极态度。在回答数超过 100 的问题中，用户态度最为积极的回答是"为什么人工智能用 Python？""你认为有哪些曾经不可能实现的事情，在 2020 年能通过人工智能实现？""要装修房子，有什么好用的智能设备推荐吗？"，而用户态度最为消极的回答则是"如何看待滴滴章文嵩称，滴滴面临的问题比 AlphaGo 复杂 100 倍？""如何评价亚马逊利用算法自动解雇无效率的仓库工人？""Uber 无人车出车祸，全球第一起自动驾驶致其死亡的不幸事件发生，反映了哪些问题？会有何影响？"。

这也在一定程度上印证了用户对较为初级的、低风险的人工智能应用接受程度较高，对其缺点和不足更为包容，态度也更为乐观和积极；而对更高程度、更复杂和高风险的人工智能，抵触和消极的态度十分明显。知乎的用户群体是更年轻、对人工智能接触更多的一类群体，但他们在知乎平台的提问和回答却呈现出总体的消极态度。这在一定程度与社交媒体会发表更多的"负面信息"有关，但也质疑了"对人工智能的了解程度越多，越可能认为人工智能会带来积极影响，会持更为积极的态度"。

四、总　　结

通过知乎用户对人工智能问题的讨论，结合相关的调查报告发现，日常情况下，一般公众对人工智能的认知来源于媒体报道以及生活中使用或了解到的服务类人工智能，"工具性"和"智能性"最能代表人工智能在公众心目中的形象。大多数公众在日常生活中对风险性较低的人工智能应用的态度多偏向积极，而从事人工智能行业工作或研究的群体由于对人工智能的内核即"数据驱动""算法""神经网络"有更深入的了解,面对当前对数据的依赖,以及一时难以改变的"有多少人工,就有多少智能"的现状,更多地呈现出对人工智能行业未来的发展、学术研究、工作就业多方面的不乐观,"泡沫""智商税""劝退"常常出现在其话语中。在对重大科技的研究中曾指出"技术进步都是在短期内被高估,长期被低估的",当下人工智能技术的发展在一定程度上亦是如此,也许我们正处于对人工智能市场繁荣的高估,却又低估了人工智能在未来发展中会带来的社会变革。但我们希望在未来人工智能的发展中,能够尽量避免公众受到其市场的影响,盲目抵制或贸然接受人工智能,让公众能够理性地选择是否使用或在何种程度上使用人工智能。这一方面,需要通过多方努力,首先,科普工作者要探索利用新媒体的方式,对人工智能技术、人工智能伦理、人工智能的思想与方法进行有效的传播,帮助公众走出已有人工智能认识中的误区;其次,鼓励计算机科学、社会学、伦理学、心理学、传播学等各领域关注人工智能议题的专家学者、相关政策的制定者与公众对话,从不同的角度解答公众的疑惑,增加各方的互动,全面提升公众的人工智能素养;再次,政府应及时向社会公众公开各项人工智能技术会在何时、会在何种程度使用的信息,尽量弥合不同人群在人工智能领域的认知鸿沟;最后,在政策的制定中重点关注人工智能的伦理与风险问题,人工智能发展中真正面临的风险可能就在于已经涌现出的伦理与风险问题。

《国家新一代人工智能标准体系建设指南》提出,要在 2023 年初步建立人工智能标准体系,建设人工智能标准试验验证平台,提供公共服务能力。其中,在伦理标准上,要规范人工智能服务冲击传统道德伦理和法律秩序而产生的要求,重点研究领域为医疗、交通和应急救援等特殊行业。[8] 当下,公众就已经出现的伦理问题的事件、已出台的相应的法律政策呼吁出台数据管理规范与风险应对方案,明确人工智能产品的责任界定、关注失业、个人隐私、算法歧视等伦理问题,期望更为多元的主体参与人工智能伦理问题的讨论。这些诉求如若能让人工智能标准体系建设的政策制定者予以重视,对人工智能伦理体系的完善,使公众对人工智能的发展建立长久的信任都将有一定的助益。

参考文献

[1] Brundage M, Avin S, Clark J, et al. The malicious use of artificial intelligence: forecasting, prevention, and mitigation. https://img1.wsimg.com/blobby/go/3d82daa4-97fe-4096-9c6b-376b92c619de/downloads/1c6q2kc4v_50335.pdf[2020-04-20].

[2] 张小强, 张萍, 刘志杰. 用户评论与替代性公共领域——我国网络用户参与新闻阐释的特征与效果. 新闻记者, 2019, (12): 13-26.

[3] 何薇, 张超, 任磊, 等. 中国公民的科学素质及对科学技术的态度——2018 年中国公民科学素

质抽样调查报告.科普研究，2018，（6）：65.

[4] 腾讯研究院，中国信通院互联网法律研究中心，腾讯 AI Lab 等.人工智能——国家人工智能战略行动抓手.北京：中国人民大学出版社，2017.

[5] Aaron S，Monica A. Americans' attitudes toward a future in which robots and computers can do many human jobs. https：//www.pewinternet.org/2017/10/04/americans-attitudes-toward-a-future-in-which-robots-and-computers-can-do-many-human-jobs/［2020-08-17］.

[6] Simon S. AI Today，AI Tomorrow：awareness，acceptance and anticipation of ai—a global consumer perspective. http：//pages.arm.com/rs/312-SAX-488/images/arm-ai-survey-report.pdf［2020-08-17］.

[7] Pega. What Consumers Really Think about AI. https：//www.ciosummits.com/what-consumers-really-think-about-ai.pdf［2020-12-13］.

[8] 国家标准化管理委员会，中央网信办，国家发展改革委，科技部，工业和信息化部.国家新一代人工智能标准体系建设指南［国标委联〔 2020 〕 35 号］，2020-08-04.

5.3 Public Perception and Attitude towards Artificial Intelligence：with Discussion on Zhihu as An Example

HuangNan，*Zhang Zengyi*

（School of Humanities，University of Chinese Academy of Sciences）

This paper takes the discussion in Zhihu platform as the main research object, analyzes the themes, attitudes and characteristics of artificial intelligence（AI）that Zhihu users pay attention to, and combines existing investigations and studies to present the characteristics of the public's perception and attitudes to AI in China. Most people have a positive attitude towards lower-risk AI applications in daily life, but practitioners in the AI industry have a relatively negative attitude. We hope to avoid the public being affected by the market, blindly resist or accept AI, so that the public can rationally choose whether to use AI or to what extent, so we need to use varieties of methods for its popularization, encourage dialogue between experts and the public, disclose to the public when and how various AI technologies will be used. Lastly, public's demands on AI-ethics need to be paid attention to by corresponding scholars and policy makers, so that the public can build long-term trust in the development of AI.

5.4　技术本位还是社会本位：风险社会视域中的生物安全治理[①]

赵　超[1]　胡志强[2]

（1.中国科学院科技战略咨询研究院；2.中国科学院大学人文学院）

一、问题的提出

对于科学技术在解决当代社会面临重大问题时所扮演的角色，一直以来存在两种截然相反的观点：一般来说，目前社会共识大都肯定科学对推动人类文明进步、促进现代社会发展所起的积极作用；只是随着科学技术日益深入地参与当代社会的运转及变革，在科学研发和技术应用过程中也暴露出一些难以解决的问题，如生态破坏、环境污染以及各种伦理争议等。[②]针对科学技术的负面效应，传统观念一般倾向认为上述问题大都是科技本身发展的不成熟导致的，随着人类科学知识的增长以及技术的完善，这些问题终将得到妥善解决。

但是，与之形成鲜明对照的是，20世纪下半叶起，越来越多的学者开始基于相悖的立场，重新审视科学技术与社会的关系。例如，德国社会学家乌尔里希·贝克（Ulrich Beck）提出的经典"风险社会"理论便认为，科学技术与当代社会之间并非遵循一种简单的线性因果关系，而是一种反身性的（reflexive）关系。与现代化早期科学主要处理与自然世界的关系不同，现代化进展到当下的阶段，科学面对的是一个已经被它自身改造过的世界，在这个世界中充斥着各种科技构造物，而科学本身也"既是它需要分析并处置的现实与问题的生产者，也是其产物"。[1]在风险社会理论看来，当科学成了它要解决问题的一部分时，整个社会便会面临结构性的风险——作为

---

①　本文受2020年度国家社会科学基金青年项目"制度视角下中国科技治理体系和能力现代化研究"（20CSH005）；中国科学院科技战略咨询研究院2018年度院长青年基金A类项目"科学前沿领域研判的组织机制研究"（Y8X1151Q01）资助。

②　在国际学术语境里惯常将科学（science）与技术（technology）看作两种不同范畴的概念。尽管赞同这一区分，本文在大部分行文中仍将"科学技术"或者"科技"置于一起使用，这是因为从制度建设的角度来看，中国国家治理体系中一直是将科学技术理解为一个整体，并据此进行相关的制度设定与制度安排。从本文所针对的主题，即生物安全来看，"科技"一词也更多地指在解决相关科学问题基础上所进行的技术应用行为。

社会系统的有机组成部分，科学技术子系统原本是为降低整个系统运行的不确定性而设的，现在却成为最大的不确定性来源。在这个意义上，仅仅从"双刃剑"的角度来定位科学技术的作用——在肯定其积极意义的同时，限制其负面影响——便不足以解释现实中的许多复杂现象，也不足以应对由此产生的诸多社会问题。

二、biosafety 还是 biosecurity：双重维度下的生物安全

当下在与科学技术相关的各项社会事务中，生物安全属于其中一项十分典型的议题，能够集中反映上述科技与社会关系的复杂性。2020 年初，随着新冠肺炎疫情在全球范围内暴发并构成国际关注的突发公共卫生事件（PHEIC），围绕生物安全的讨论也再次成为公共领域的热议话题；与此同时，立法机构也试图通过出台相关法律法规，将生物安全纳入整个国家治理体系之中。2020 年 10 月 17 日，十三届全国人大常委会第二十二次会议通过了《中华人民共和国生物安全法》，将生物安全治理的范围划分为"防控重大新发突发传染病、动植物疫情""生物技术研究、开发与应用安全""病原微生物实验室生物安全""人类遗传资源与生物资源安全""防范生物恐怖与生物武器威胁"等主要类别。[2] 而目前中国关于生物安全的政策法规体系，则是按照"病原微生物、实验室生物安全、传染病防控、基因工程和转基因、食品安全、生物制品、人类遗传资源与生物资源保护、伦理管理、两用物项和技术管控、动植物检疫、出入境检验检疫、突发安全事件"等领域来划分生物安全治理的议题的。[3]

从上述主题中不难看出，在当下围绕生物安全事务建立的政策法规体系里，科学技术同时担任两种截然相反的角色：在诸如传染病防控、动植物疫情等议题上，生物安全治理迫切需要来自科学技术的有效支撑；而在基因编辑等生物伦理问题以及防范生物恐怖袭击和生物武器威胁等方面，科学技术又成为一项需要通过特定手段去重点限制和防范的对象；不仅如此，像微生物耐药性问题、食品安全等议题，科学技术的上述两种定位又同时共存甚至彼此冲突，使得任何针对生物安全的"问题和解决方案之间都有可能彼此转化"[4]。

那么，我们应当如何看待生物安全治理过程中科学技术的双面角色？实际上，在国际学术语境中，"生物安全"这样一项治理议题存在两个学术名词与之对应：biosafety 和 biosecurity①。根据世界卫生组织（WHO）的界定，biosafety 对应更为传统意义上的生物安全概念，指的是"为防止意外接触病原体、毒素或其意外性扩散而实施的遏制原则、技术与实践"。biosecurity 一词的出现更晚，指"在制度以及个

---

① 为与 biosafety 区别，近年来一些学者将 biosecurity 翻译为"生物安保"。为体现生物安全治理的丰富内涵，本文还是遵循最广泛意义上的生物安全概念，将 biosafety 和 biosecurity 都囊括到"生物安全"这一名词中。

体层面上，为防范病原体、毒素的故意扩散，或防范与之相关的损失、盗窃、误用、传播而采取的安全措施"[5]。从对这二者的界定可以看出，尽管含义有所重叠，但 biosafety 所针对的生物安全威胁因素更多的是自然界存在的细菌、病毒等，它更强调生物安全事件的偶发性（accidental）和意外性（unintentional）；而 biosecurity 更多指利用生命科学技术或其他高科技手段造成生物安全问题的行为，具有人为性、故意性（deliberate）和意图性（intentional）。[6]

三、当代科学技术的发展及与生物安全的多样化关系

生物安全概念从 biosafety 到 biosecurity 的演变，集中反映出近年来对生物安全事务的关注重点，已经由导致生物安全事件的自然因素本身，转变为与之相关的人的因素；同时，科学技术在生物安全治理中的复杂作用也被越来越多地提及。这种作用又随具体科学研究领域的不同以及技术应用场景的不同，呈现出更加复杂的面貌。就科学技术本身而言：首先，近些年发展出来的新兴生物技术，典型如以基因编辑为代表的合成生物学技术，构成了新的生物安全问题，并在学术界引发了广泛的伦理争议[7]；一些与基因编辑有关的热点事件甚至进入公共领域，成为整个社会关注和讨论的议题[8]。

其次，以生命科学、材料科学研究成果为基础的各种技术衍生品，特别是作用于人体的新型生物材料，其研发过程兼具了发现和解决生物安全问题的双重属性。例如，在医药领域，为使新研发的纳米药物能够更加有效地作用于人体，同时最大程度上减少对人体的负面效应，纳米新药的研发过程本身便将生物安全因素纳入科学研究的考量之中；诸如纳米生物效应、纳米尺度下的生物相容性等问题，既是生物安全所关注的核心议题，同时也是纳米生物学学科发展过程中的核心和关键科学问题。[9]围绕这些问题展开的研究，使得当前新兴生物材料研究，包括光热疗法、纳米医学等，成为当下生物安全研究的热点，同时也成为中国科研人员具有比较优势的前沿科学领域之一。[10]

最后，随着人类文明的进步，生物安全议题涉及的科学技术逐渐超越了传统生命科学的边界，同生命科学以外的其他学科领域发生关系。在当下的时代，生物安全议题不仅仅同生命科学技术相关，甚至不再主要与生命科学知识相关。例如，随着人类基因组图谱绘制完成、基因数据在疾病诊断等方面的价值不断凸显，个体的基因数据，以及整个国家国民的遗传数据都成了重要的战略资源。这些数据的利用及保护不仅属于生物安全的范畴，同时也属于信息安全的范畴；生命科学同物质科学、信息科

学的学科交叉，使得生物安全同其他国家安全议题产生了更为深刻的交叠。在这个过程中，生物安全背后的科学技术议题不再严格地对应生命科学以及生物技术；科学的各个领域、各个维度都具有了与生物安全发生关系的可能。

四、打开生物安全科技的"黑箱"：STS 视野中的当代科学技术与生物安全治理

科学技术与生物安全议题之间呈现出多样和复杂的新型关系，一方面对新形势下的生物安全治理提出了新的问题；另一方面，也为从生物安全治理的角度看待科学技术提供了新的角度。实际上，科学技术在参与生物安全议题的过程中的新角色，只是当代科学技术同社会关系变化的一个缩影。传统上，科学技术作为社会子系统，同其他社会子系统存在相对清晰的边界。科学技术活动拥有自身独特的运行规则以及规范结构[11]，在科技人员的培养、科技产出的评价等方面也发展出了相对自主的标准和准入门槛[12]。科学技术以为社会提供有价值的知识产品为条件，换取了其在生存及发展上的相对独立性；外部社会也将科学技术活动贴上"专业性"标签，一般不会去过问和干涉科学知识的生产过程。

但是，随着科学技术成为"一项规模庞大、结构复杂、影响深刻的社会事业，一种能够左右人类命运的力量"，科学技术与社会的二元关系模式也发生了根本性的变化。当代科学技术与社会之间具有更为深刻的反身性特征，科学技术高度嵌入社会发展之中，二者的相互作用"是在同一个过程中发生的，在这个过程中，任何单向的作用都会同时受到另一个方向的作用的调节或约束"[13]。在这种新型关系下，任何科学技术议题也都同时成为与之相关的社会议题。传统上被外部社会视为"黑箱"（black box）的科学知识生产与技术研发过程因此需要被打开，对生物安全议题产生影响或造成可能风险的科技或非科技因素都应当受到无差别的审视。

在这个意义上，仅仅从科学技术本身出发，我们也许无法判断在生物安全治理面前，什么样的科学技术属于"好的"科学技术、什么样的科学技术属于"有害的"科学技术。科学技术本身不再天然地具有正面或负面的社会价值，对科学技术的态度也应随着社会情境的变化而时刻调整。在充满不确定性的时代里，科学技术中所可能蕴含的风险需要接受其输出端——也就是外部社会的检视。从生物安全的角度审视科学技术，也需要超越技术本位从社会本位出发来进行综合评判。

五、回归社会本位：当代国家治理体系建设中的科学技术与生物安全

传统上，立足于国家治理意义上的"生物安全"与纯粹从科学技术层面探讨生物安全二者在视角上有着重要的差别。从系统论和风险社会学的角度来看，生物安全治理反映的是现代社会的自我维持能力以及社会秩序的自我修复能力，它具体包含两方面的意义：一方面是生存意义上的，指由相关生物因素导致的危机不至于导致社会秩序的崩溃，使社会本身在遭遇生物事件时，能够维持最低限度的运转；另一方面是发展意义上的，是指在应对生物安全风险的同时，保持现代社会所特有的结构与运转能力，如人员的高流动性、资源的全球性分配、社会分工的多元性等基础性要素，社会系统的复杂性程度不至于降低。[14]

根据生物安全事件对社会系统造成影响的时间跨度，我们也可以将生物安全事件的影响分为两大类别：一是短期内是否对社会秩序构成强烈冲击，甚至使社会秩序崩溃；二是在一个长期时段内，是否对人类社会构成慢性的影响、是否具有使社会陷入衰退的可能。从以上两个维度，可以得到一个关于生物安全议题的列联表；而生物安全治理的相关议题，也可以根据其典型特征归到不同类别中（表1）。

表 1 社会视野下的生物安全议题分类

	社会适应性风险 关注社会与自然的关系 针对社会规模减小（社会减员）	社会结构性风险 关注社会自身的整合 针对社会复杂性程度降低（社会衰退）
短期冲击	A1 生物战争与生物防御、生物恐怖主义等 A2 高死亡率、高重症率的重大公共卫生安全事件应对 A3 生物导致的粮食危机、饥荒应对 A4 ……	B1 导致医疗卫生资源透支的生物事件、实验室安全等（冲击保障生物安全的子系统） B2 导致社会停摆（劳动力短缺）、经济危机或衰退的生物事件（冲击整个社会系统） B3 ……
长期影响	C1 生物（可供人类利用的动植物、微生物）资源安全 C2 生物生态环境安全（如微生物耐药性导致的对人体健康的长期影响、环境破坏导致的物种灭绝等） C3 ……	D1 对社会造成长期影响的原生性生物技术风险 D2 生物安全问题的次生风险（如生物信息风险等） D3 ……

从表1中可以看出，目前，在不同类别的生物安全议题中，科学技术所需扮演的角色和承担的功能存在很大的差异，并且构成了一个连续的谱系。尽管在每一项生物安全事件里科学技术的具体作用不尽相同，但总的来说，科学技术在应对自然界产生

的生物安全短期威胁方面的总体表现会更为优异：在诸如突发性公共卫生安全事件、抵御生物武器威胁等方面，其作用也更为积极和正面。随着生物安全问题由对社会的短期冲击转向长期影响，同时对社会秩序的影响由简单的规模性冲击（成为既定和可控的社会问题）转为更为复杂的结构性冲击（影响社会的功能性运转），科学技术本身作为一种结构性风险的特质便越来越突出。"生物科技变革及其衍生安全问题，已经逐渐触及人类安全观念和现代文明的内源性危机或挑战。"[15]各种原生性的生物技术风险以及由生物安全事件带来的各种次生性风险——生物信息风险等，都会随生物安全治理情势的长期化、复杂化而逐渐凸显出来。一旦科学技术应用过程中的"风险——收益比"超过一定的临界值、科学技术本身造成的问题多于其解决的问题时，生物安全治理的总体思路也应从"如何利用科学技术解决短期问题"转向"如何厘清并限制科学技术的长期负面影响"。

六、结论与思考

同传统的国家安全事务相比，涉及生物安全的相关议题与当代科学技术有着更为复杂和紧密的联结，围绕生物安全治理的制度设计也需要将科学技术本身作为一个复杂变量考虑进来。可以预见，在未来的国家治理体系建设中，科学技术、生物安全以及公共卫生事务之间将会以前所未有的紧密程度相联结。当我们站在整个国家安全治理体系的高度思考生物安全治理议题时，科学技术除了被用来更好地解决生物安全治理所面临的问题外，也应超越权益性和实用性层面，立足于整个社会的良性运转来思考在一个良序社会之中"科学何为""技术何为"等问题。借由生物安全治理的议题，则为这样一种思考提供了难得的契机。

参考文献

[1] 乌尔里希·贝克.风险社会：新的现代性之路.张文杰，何博闻译.南京：译林出版社，2018：193.

[2] 新华社.中华人民共和国生物安全法.中国政府网.http://www.gov.cn/xinwen/2020-10/18/content_5552108.htm[2020-10-18].

[3] 中国生物技术发展中心.中华人民共和国生物安全相关法律法规规章汇编.北京：科学技术文献出版社，2019.

[4] Moritz R L, Berger K M, Owen B R, et al. Promoting biosecurity by professionalizing biosecurity. Science, 2020, 367（6480）：857.

[5] World Health Organization. Laboratory Biosafety Manual（Third Edition）. World Health

Organization, 2004：47.

［6］ Gaudioso J, Gribble L A; Salerno R M, et al. Biosecurity：progress and challenges. Journal of the Association for Laboratory Automation, 2009, 14（3）：141.

［7］ Schmidt M, Kelle A, Mitra A G, et al. Synthetic Biology：The Technoscience and Its Societal Consequences. Dordrecht, Heidelberg, London, New York：Springer, 2009：66.

［8］ 李建军. 基因编辑婴儿试验为何掀起伦理风暴. 科学与社会, 2019, 9（2）：4-13.

［9］ 赵超, 焦健, 胡志刚, 等. 纳米生物学的科学意义与社会价值 // 中国科学院. 2018 高技术发展 报告. 北京：科学出版社, 2018：338-339.

［10］ 赵超, 胡志刚, 焦健, 等. 打通科技治理与生物安全治理的边界：中国生物安全治理体系建设 的制度逻辑与反思. 中国科学院院刊, 2020, 35（9）：1108.

［11］ 罗伯特·默顿. 科学社会学：理论与经验研究. 鲁旭东, 林聚任译. 北京：商务印书馆, 2010： 361.

［12］ 皮埃尔·布尔迪厄. 科学之科学与反观性. 陈圣生, 涂释文, 梁亚红, 等译. 桂林：广西师范 大学出版社, 2006：76.

［13］ 赵万里, 胡勇慧. 当代 STS 研究的社会学进路及其转向. 科学与社会, 2011, 1（1）：80-84.

［14］ 尼克拉斯·卢曼. 风险社会学. 孙一洲译. 南宁：广西人民出版社, 2020：137.

［15］ 王小理. 生物安全时代：新生物科技变革与国家安全治理. 国际安全研究, 2020（4）：135.

5.4 Technology–based Governance or Social–based Governance: Biosecurity Governance in the Circumstances of the Risk Society

Zhao Chao[1], *Hu Zhiqiang*[2]

（1. Institutes of Science and Development, Chinese Academy of Sciences；
2. School of Humanities, University of Chinese Academy of Sciences）

Compared with traditional national security affairs, biosecurity issues are closely connected with modern science and technology; meanwhile, the institutional design surrounding biosecurity governance also needs to consider science and technology as a complex variable. Nowadays where science, technology and society are highly connected and integrated, it is not reasonable to judge science and technology itself as purely positive or negative，but the value of science and technology should be adjusted as the social context changes. As biorisks shift from a short-term threat on society to a long-term impact，from scale impact to a more complex structural impact，the characteristics of science and technology as a structural risk factor become more and more relevant. It shows that to examine science and technology from the perspective of biosecurity，it is necessary to go beyond the technology-based perspective，and make comprehensive judgments from a social-based perspective.

5.5　新兴生物技术中的专家角色与伦理治理

高　璐

（中国科学院自然科学史研究所）

一、问题的提出：新兴生物技术的特征与治理难题

2020 年 10 月 7 日，法国科学家卡彭蒂耶（Emmanuelle Charpentier）与美国科学家詹妮弗·杜德纳（Jennifer A. Doudna）因开发出精确高效的基因编辑工具而获得诺贝尔化学奖。基因编辑技术获奖再次引发人们的关注，一些科学家认为这一技术让重写生命密码的难度降低，更凸显了新兴生物技术的治理难题。英国纳菲尔德生命伦理委员会（Nuffield Council on Bioethics）于 2012 年发布了《新兴生物技术：技术、选择与公共福祉》（*Emerging Biotechnologies: technology, choice and public good*）的报告，认为新兴生物技术的研究范围主要涵盖分子生物学与可再生医学、基因工程、医药生物技术、精准医疗、合成生物学、纳米技术的生物应用等领域。总体来说，新兴生物技术有以下三个特征。

第一，创新的变革性。新兴生物技术将对固有的社会关系、生产方式、生命存在方式等产生不可逆转、难以估量的影响。同时，这些变化不仅作用于技术的使用者，而且也将对社会所有成员产生作用。比如在 2018 年底引发巨大争议的基因编辑婴儿事件，尽管是将新技术不恰当地应用在个体身上，但却挑战了全人类的尊严与伦理规

范。此外，当代生物技术多应用于农业、医药等重要民生领域，这使得公众对这一变革性创新更容易产生争议，也为新兴技术治理带来了更加复杂的要素。

第二，前景的不确定性。我们很难预测一项新兴生物技术的应用前景，或者说我们对技术的预期与最终的实践结果往往存在偏差。这主要是由于我们缺少对技术发展的认知能力，这一方面是技术的复杂性与突破性带来的，另一方面是围绕技术的社会系统的固化限制了其可能的发展进路。不确定性还表现在技术的一些未预料的后果，如反应停（沙利度胺）被用于抑制孕期不良反应，却在大规模使用十年后才被发现会造成婴儿畸形，这种未知的未知（unknown unknown）在新技术的使用中带来极大的不确定性。同时，新兴生物技术还会产生一些不可控的后果，如合成流感病毒的两用研究（dualuse research）同样也可以用于开发生物武器等。

第三，价值的模糊性。即使我们能够合理地预测生物技术的应用方向，但技术在不同的人群、社会应用场景中都会产生不同的意义，这之间会产生价值与利益的冲突，并打破传统的社会价值体系。比如，转基因作物在不同的群体中会被定义为不同的问题，即食品与粮食安全、商业利益、农业耕种方式、环境影响、国际贸易等。这就要求在技术发展中平衡不同利益相关者的利益，同时为人类整体利益负责。

我们步入了后常规科学（post-normal science）时代——在常规科学中，科学被理解为在知识的确定性和控制自然世界中的稳步前进的解谜过程；在后常规科学时代，科学的任务变成在风险与争端中处理众多的不确定性。实际上，任何机构与专家都很难在新兴技术领域为决策提供全部的知识，同时，民主的普及、科学的祛魅与高等教育的扩张，使得公众的认知能力与价值倾向得到重视。因此，如何在新兴生物技术治理中，恰当地汲取专家的意见的同时平衡不同利益群体的价值与观点，是驾驭好新兴生物技术的变革力量的核心。

二、新兴生物技术治理中专家角色的变化

自 20 世纪 70 年代以来，生物技术的每一步革新都带来了新的治理挑战，随着对科技伦理与风险的理解的不断加深，我们也在新的治理框架下重新定义专家的角色。在这里，我们通过回顾英国如何发现人类排卵控制技术，并合理地发展与监管试管婴儿与胚胎研究的过程，以探讨生物技术治理体系中"专家"范围的不断拓展。

20 世纪 70 年代，英国科学家爱德华（R. G. Edward）发现了排卵控制机制与体外受精技术，于是试管婴儿逐渐引发了国际社会的讨论。这一阶段人们要解决的治理难题围绕的是技术的安全性以及技术对个人产生的影响，于是对技术治理的决策起到关键作用的专家是"医生与科学家"。尽管英国的神学家与伦理学家也参与了试管婴儿

的讨论，但他们认为试管婴儿带来的困境是个人道德层面的，因此伦理学家在这一问题上将自己定义为医生的助手，并努力维护医生的角色。同时，以爱德华为首的科学家与医生群体也在维护其研究自由，试图降低外部环境对科学活动的控制。英国这一阶段的伦理争议被局限在了科学家与医生的职业责任问题上，相应地，医生的职业规范、守则与医学伦理体系逐渐成熟。

然而，随着 1978 年第一个试管婴儿的诞生，人们开始担心，胚胎技术虽然能够帮助不孕夫妇，但是会产生代孕、滥用胚胎、控制生命等很多问题。相比较而言，美国在生命伦理学领域的讨论更加激进，这从某种程度上对英国社会产生了一定的"国际影响"。1982 年，爱德华承认他正在对胚胎进行试验，并声称"这些多余的胚胎可能非常有用，它们可以教会我们有关早期人类生命的知识"。人们越来越意识到，对人类胚胎的研究与试管婴儿的管理事关重大，不能简单地交给一个职业团体，无论是科学家还是医生。于是，英国成立了一个以牛津大学的伦理学家玛丽·沃诺克（Mary Warnock）为主席的调查委员会，即一个由 7 名科学家与医生，以及 8 名其他领域"专家"（包括律师、神学家、社会工作者等人）组成的委员会，共同商议胚胎研究的伦理边界。这也体现出了英国政治中一个微妙但重要的变化——虽然政府仍在寻求权威人士的监管建议，但他们希望听到的是这一专业领域之外的专家意见，伦理学家也变成推动科技平稳发展最常诉诸的人。沃诺克委员会最终确立了胚胎研究的 14 天准则，保障了科学在伦理可接受的范围内不断推进。这一准则至今依旧是国际通用的胚胎研究标准，这充分证明了伦理与治理共识是建立在多元知识的互动、利益相关者之间的争议与妥协，以及恰当的哲学分析之上的。

伴随着人们对生物技术治理的认识逐渐深入，一些制度化的跨学科治理框架逐渐建立。例如，1990 年人类基因组计划（HGP）开始将 5% 的研究经费用于伦理、法律与社会问题（ethical, legal and social implication, ELSI）相关的研究，以预测人类基因组测序的社会影响，考察可能的伦理与社会后果，并促进公众讨论。在人类基因组计划结束后，ELSI 框架也被借鉴到如纳米技术的社会研究中，成为纳米、生物学等新兴学科研究中不可缺少的组成部分。近年来，这种合作、互动的专家关系更是深入知识的生产过程之中，如在合成生物学领域，伦理学家、人类学家以及公众不仅参与相关政策的制定，甚至参与一些研究的设计。

从这一历史沿革中我们可以清晰地看到专家角色的演变。在技治主义（technocracy）传统中，科学证据是决策的唯一支撑，最典型的案例就是在英国"疯牛病"事件中，专家与政府形成了权力与知识的共同体，科学成为政府错误决策的依据。然而，伴随技术发展逐渐深入社会生活的不同领域，科学并不总是能够提供足够的证据，同时这些科学证据无法回答技术"应该"如何发展的问题。因此，为了保障生物技术的平稳健康的发展，必须用多元的参与代替单一专家的统治，寻求一种扩大的同行共同体（extended peer community），通过多学科、多利益群体的参与，将受到新兴技术发展影响的群体都纳入对话，以期塑造符合社会整体利益的技术发展路径。有学者将当下的新兴的技术风险治理中的专家角色总结为一种共同进化的模式（co-evolutionary model）（图 1），在这一模式中，对风险的定义加入了更宽泛的社会与经济视角，政策共同体扩大到公众与多元利益闲观者，避免了仅仅从科学的角度讨论技术风险。更重要的是，尽管专家位于整个模型中心，但它在提供专家知识的同时，也起到了重要的桥接、交流作用，这保证了在这一决策模式下，科技的风险是由科学与非科学的因素共同定义的。同时，决策并不单单由科学家完成，而是融合了科学判断的社会、经济与伦理考量的结果。我们可以看到，在新的技术治理范式下，科学家的角色也从一种权威的知识提供者，变成不确定的技术未来形成过程中的重要参与者，同时，多学科专家与利益相关者被纳入治理体系并发挥越来越重要的作用。

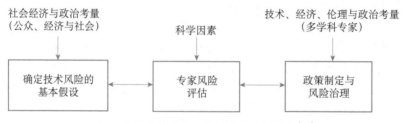

图 1　共同进化模型：科技治理的新模式[11]

三、专家参与伦理治理的主要方式

尽管新兴技术治理理念与体系经历着变革，但绝不能消解专家参与治理的重要地位，反而应该通过制度与组织保障专家能够通过多种方式积极地参与新兴技术的发展。本文认为，专家参与伦理治理的方式主要有以下五种。

第一，科技风险的吹哨人。作为距离科学知识生产最近的人，专家在研究的设计与实施阶段就能够对其可能风险与危害产生预期，并在合适的阶段发出预警。2015年，美国科学促进会（AAAS）于 2015 年在科学家群体中进行了一个大规模的调查，95%的受访者认为科学家的责任应该包括预测与研究有关的风险，并考虑研究被反向应用的可能风险。[12]诚然，生物技术治理的起点就是一次科学家群体预警的结果。1975年的阿希洛马会议（Asilomar Conference）是科学家们在发现 DNA 重组技术后对生物安全风险的一次预警，他们通过公开 DNA 重组技术可能的风险来引发社会各界的关注，并暂停相关实验，为达成新技术治理的共识换来时间。[13]专家能够在一项技术尚未产生广泛影响时，就有可能对其前景进行预判，因此，科技专家们对可能的风险进行预警是他们重要的责任。值得关注的是，吹哨人同样也应该包括一些社会科学家、伦理学家，他们能够发现潜藏在技术发展体系中的深层矛盾，如在基因编辑技术出现后，就有大批科学家、伦理学家对胚胎实验进行预警。同时，我们应该建立相关制度，使得科技风险的吹哨人敢于报警，并建立恰当的支持系统保证哨音被听到。

第二，职业规范的创立者。科学家群体有责任树立职业规范，塑造追求卓越、公开、负责任的科学精神，通过科学共同体的内部约束来打造适合科技健康发展的文化环境。美国科学院与英国皇家学会等机构在 2020 年 9 月联合发布了《遗传性人类基因组编辑》(*Heritable Human Genome Editing*)的报告，明确了在能够有效、可靠地进行精准的基因组改变而不使人类胚胎发生不希望的变化前，经过基因编辑过的人类胚胎不能应用于妊娠。[14]这份报告尽管不是强制性的规范，但是对国际上不同国家的科学家、政策制定者、伦理学者、社会科学家起到了极大的影响，较好地塑造了国际学术规范。中国科学院在 2014 年也发布过《追求卓越科学》等倡议书，号召科学家群体遵守行为规范，担当社会责任。在新兴生物技术领域，我国学者已经走在了世界前列，如在植物基因组编辑领域，超过一半的专利及文章都来自中国。我国学者应该更积极地塑造负责任的科学共同体文化，在新兴技术领域起到真正的引领作用。

第三，科技政策制定者。专家参与政策制定已经是当代政治体系中不可缺少的要素，但是通过怎样的形式参与科技决策与科技治理，在不同文化与政治版图中却大不相同。在阿希洛马会议之后，美国国立卫生研究院（NIH）成立了重组 DNA 顾问委员会（RAC），其目标是评估所有关于基因重组的研究计划，并给出安全性意见。这一委员会从技术角度评估其安全性，将生物技术产品作为与化学、农药、食品相同的范畴进行管理。[15]英国在同时期建立的基因操作咨询小组（the Genetic Manipulating Advisory Group）被打造成由多方构成的委员会，不仅包括科学家，还包括工人、企业方与地方政府，这样的组织方式就暗指重组 DNA 技术可能对工人、企业与环境产生影响，而不仅仅将问题局限在科学共同体内部。众所周知，转基因技术在英美两国有着截然不同的发展轨迹，这与两国专家参与决策的方式、对生物技术治理的理解差异关系密切。因此，科学家与不同领域的专家，如何在政策环境中发挥作用，以及发挥怎样的作用，与其所处的政策环境、决策模式紧密相关。俾斯麦曾经说过，政治是塑造可能性的艺术，而对于新兴技术治理而言，我们也应承认这一点。专家参政受到了政策环境的制约与影响，如何理顺新兴技术治理的国家制度及法律体系，合理听取不同领域专家的意见，是更高层面的治理目标。

第四，科技知识与理念的传播者。新兴科技治理依赖公众对科学的理解，公众对真实的、新鲜的科学信息与新闻的需求日益增加，尤其是不确定性较强的科学研究，更需要高质量的传播。有研究表明，科学家如果能够真实地传达自己在研究中的考虑，甚至担忧，就能很好地帮助公众理解那些具有争议的科研活动。[16]因此，在科学传播过程中，应该传达更多的是研究方法与专家对研究后果的考量，而不仅仅关注知识的传播。同时，社会科学家也应就新兴技术治理问题进行广泛的公众沟通，以期培养一种健康的、有利于科技可持续发展的社会协商机制与能力。

第五，知识生产活动中的合作者。如果新兴技术的发展需要摸着石头过河的话，那么专家们应该改变姿态，倾听社会的声音，发展具有社会稳健性的科学（socially robust science）[17]。英国在人兽嵌合体问题上，采用了预期治理（anticipatory governance）的方式，首先通过社会科学家与公众的沟通、诊断来对可能的伦理困境与治理难题进行预判，然后再将这些问题带回到实验室。人兽嵌合体研究中重要的"人类尊严"问题的凸显，是通过这种沟通与合作，澄清了科学家能够如何规避不恰当的、不符合大众伦理习惯的操作。[18]如何能够推动科学稳健发展，一个有价值的尝试就是促成这种新形态的、合作式的治理模式的达成，这需要来自科学共同体内部、社会科学家、科学资助机构与管理机构共同的努力，化解和应对新兴技术的风险，应该大力推进以社会科学与交叉科学崛起为特征的新科学革命。[19]

四、小　　结

人类的未来似乎从未像现在这样，与我们对技术所做的选择交织在一起。对新技术的乐观情绪，让我们倾向关注技术本身的潜在力量，而不去评价技术赖以生存的科研与社会环境，这会让我们忽视体系化的技术风险，缺乏对可替代方案的深入思考。本文通过对新兴生物技术特征的考察，对历史上的专家参与生物技术治理的角色进行梳理，并总结出五种专家发挥治理角色的方式。希望这些分析，能够带领我们反思新兴生物技术治理的发展的历史，以及我们身处的治理模式的局限。

我国在新兴生物技术领域取得的进步举世瞩目，但一些"前沿"研究成果会遭遇来自国际社会的质疑，尤其在重要的敏感领域，引发的伦理争议与文化冲突日益增多。政府在这一问题上应扮演重要角色，一方面厘清权力与知识的关系，合理地将专家纳入决策体系之中，制定有智慧的咨询制度。另一方面，应该不断探索多学科专家共同服务科技伦理与风险困境的新方式，有破有立，寻找更具社会适用性、更合乎人的需求的技术发展模式。重视科技伦理问题，加强科学伦理与科技风险的研究，制定推动新兴技术健康发展的方案，甚至在科研模式上进行一些"试验田"式的新探索，以推动一种引领未来的负责任的科学与技术发展模式，以期我国能够真正将生物技术的发展转化为人民福祉。

5.5 The Role of Experts in the Emerging Biotechnology and Its Ethical Governance

Gao Lu

（ Institute for the History of Natural Sciences，Chinese Academy of Sciences ）

This paper summarizes the three characteristics of emerging biotechnology and analyzes the challenges brought by biotechnology governance. In this context, this paper discusses how the role of experts meets the governance needs in the new era, and how the scope of experts extends during time. At the same time, this paper also puts forward five roles of experts in the biotechnological governance system: whistle-blower of scientific and technological risks, founder of professional norms, science and technology policy maker, communicator of scientific and technological knowledge and ideas, and cooperator in knowledge production. Finally, this paper claims that it is supposed to break down some decision-making and consulting models that do not fit the sustainable development of science and technology, and to set up some programs to promote the healthy development of emerging technologies.

第六章

专家论坛

Expert Forum

6.1 新时代国家创新生态与系统能力建设的战略思考

穆荣平[1,2] 蔺 洁[1] 张 超[1]

（1.中国科学院科技战略咨询研究院；2.中国科学院大学
公共政策与管理学院）

创新生态与系统能力建设事关国家现代化建设大局。十九届五中全会明确提出"坚持创新在我国现代化建设全局中的核心地位，把科技自立自强作为国家发展的战略支撑"，对新时代国家创新生态与系统能力建设提出更新更高的要求。必须聚焦现代化强国目标，把握全球创新发展大势，理清创新生态体系与能力建设思路，着力加强创新主体能力建设，营造多主体价值共创和创新增值循环的制度文化环境，激发创新主体活力，构建全球创新合作网络，为实现高质量发展目标提供支撑。

一、全球创新发展格局演进新趋势新机遇

（一）创新全球化趋势日益凸显

新技术革命与产业变革正在深刻改变生产方式，重塑世界经济竞争格局，引发新一轮大规模科技创新投资，加速了创新活动的全球化、创新活动利益相关者的全球化、创新活动所需资源的全球化、创新活动影响的全球化、创新活动行为治理的全球化，正在改变全球创新发展格局。

1.跨国科技合作规模扩大

2010～2018年，全球国际合作论文发表数从3.28万篇增长到11.08万篇，年均涨幅达16.4%。2019年中国学者在《自然》《科学》和《细胞》期刊上发表186篇文章，其中三分之一以上是国际合作研究成果。据Web of Science论文统计，2008～2017年，欧洲与中国国际科技合作成果份额平稳上升，如图1所示。2017年，西欧超越北欧成为欧洲与中国合作强度最大的地区，合作成果占西欧区域成果总数的10%以上；北欧、东欧和中欧与中国的合作强度在8%以上。

2.跨国公司 R&D 活动全球化趋势显著

随着新技术革命和产业变革不断深入，技术复杂程度日益提升，技术生命周期大大缩短，创新成本及风险不断增加，跨国公司越来越注重有效利用全球创新资源构建全球研究开发网络，海外的 R&D 分支机构、投资规模和专利申请数量显著增加。根据商务部统计数据，跨国公司在华投资设立的研发中心从 2003 年的 400 多家[1]迅速增长到 2016 年的 2400 家[2]，目前主要集中在技术密集型的电子、信息、软件、生物医药等行业。

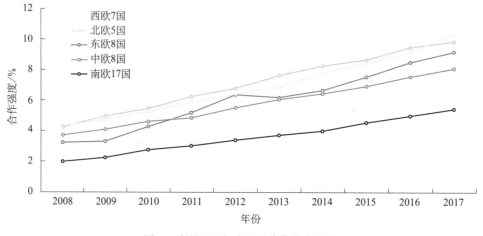

图 1　欧洲五区与中国的合作强度变化

数据来源：根据 Web of Science 论文统计

3.创新治理合作全球化

创新要素流动和创新主体活动的全球化提升了全球创新系统绩效，促进新兴产业发展，进而为世界经济增长注入新动力。与此同时，创新全球化也面临一系列全球性体制机制挑战，如全球重大科技基础设施共建共享机制、国际合作知识产权分享、社会数字转型规则、应对全球性重大挑战的主权国家责任担当以及知识产权保护等，迫切需要从人类命运共同体建设角度提出全球创新治理的基本准则、作用机制，逐步建立健全创新全球化的国际规则，如数字转型过程中跨境数据流动规则、外商投资中知识产权保护、技术转移，既要保护好创新者知识产权、维护好创新合作者关系，也要处理好投资者与消费者数据权益等问题，推进创新治理全球化发展。

（二）创新多极化格局开始显现

全球创新格局呈现"美国一超和欧日多强"的发展格局，中国成为全球创新重要一极。从国家创新能力指数①排名看，2008年，美国、瑞士、日本、韩国、瑞典、德国、荷兰、法国、丹麦、芬兰排名居40个国家前10位；2018年，美国、日本、瑞士、中国、韩国、德国、芬兰、丹麦、瑞典、荷兰排名居前10位。2008～2018年，中国创新能力指数排名从第17位上升至第4位，是唯一新进入排名前10位的发展中国家。

中美创新投入规模领先趋势日益凸显。2008～2018年，美国、中国、日本的研发投入排名稳居前3位，研发投入排名前10位的国家占总投入的比例由81.41%增加至84.0%以上。巴西、印度、俄罗斯等经济体正在逐步从创新全球化的"外围地带"变为创新全球化的重要参与者，正在深刻影响创新全球化格局演化方向，如图2所示。

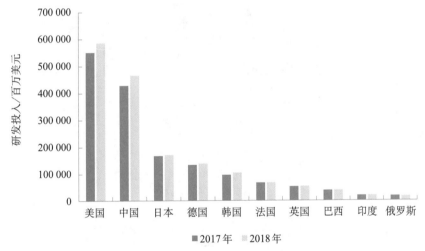

图2　2017年和2018年研发投入前10名国家的研发投入

注：研发投入按照购买力评价计算

资料来源：世界银行世界发展指数（Word Development Indicator, WDI）数据库

科学知识生产重心持续向亚洲移动。1970年以来，科学知识生产的重心正以每10年1300千米的速度向东方国家移动[3]。从诺贝尔科学奖获奖者国籍分布上看，1921～2019年共有554人（次）获得诺贝尔奖，分布在28个国家。从诺贝尔奖获奖人数时间分布看，1921～1930年欧洲诺贝尔奖获奖人数占总人数的比例达到90%以上。1931～1940年美国获得诺贝尔奖人数骤增，占总人数的比例达到26.47%，但仍

---

① 根据《2019国家创新发展报告》的方法论测算。

低于欧洲。20 世纪 70 年代以来，美国诺贝尔奖获奖人数占总人数的比例达到 60% 以上超过欧洲。进入 21 世纪后，亚洲诺贝尔奖获奖人数有所增加（图 3），日本、中国、以色列等亚洲国家均获得诺贝尔奖，以日本人数最多。

从高水平科学论文发表上看，2008 ～ 2018 年，在 Web of Science 中被引次数排名前 10% 的论文中，英国、美国、德国、法国占比居前 4 位，2018 年 4 国比例分别为 15.12%、14.41%、13.85% 和 13.14%；英国于 2013 年超过美国居第 1 位。中国、韩国、日本占比次于上述四国，2018 年占比分别为 10.40%、9.07% 和 8.51%；中国于 2010 年超过韩国，2015 年超过日本，此后一直居第 5 位，如图 4 所示。

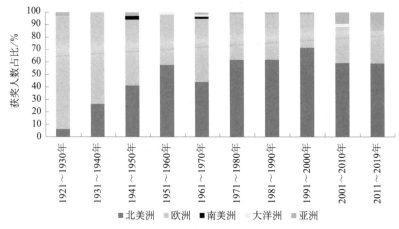

图 3　1921 ～ 2019 年诺贝尔奖的全球分布

资料来源：根据诺贝尔奖统计

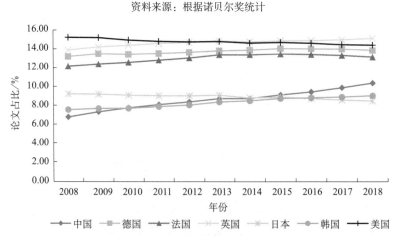

图 4　2008 ～ 2018 年 Web of Science 中被引次数排名前 10% 的论文占比

数据来源：根据 Web of Science 论文统计

从专利申请量区域分布上看，亚洲专利申请量占世界总量的比例从 2009 年的 50.9% 提高到 2019 年的 65.0%，同期欧洲从 17.4% 下降到 11.3%，北美从 26.6% 下降到 20.4%，如图 5 所示[4]。

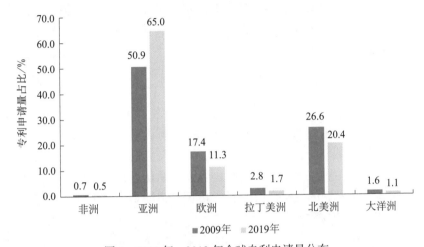

图 5　2009 年、2019 年全球专利申请量分布

数据来源：根据世界知识产权组织发布的《2020 世界知识产权报告》[4] 整理

二、新时代国家创新生态与系统能力建设形势与任务

（一）新时代国家现代化建设更加强调创新的核心地位

《中共中央关于制定国民经济和社会发展第十四个五年规划和二○三五年远景目标的建议》明确提出"坚持创新在我国现代化建设全局中的核心地位"。强调创新的核心地位，就是突出创新在现代化建设过程中的第一动力作用。国家现代化本质上是一个创新驱动发展过程，包括创新驱动经济发展、创新驱动社会发展和创新驱动环境发展以及科学技术自身发展。因此，创新活动必须"面向世界科技前沿、面向经济主战场、面向国家重大需求、面向人民生命健康"，聚焦解决经济、社会和环境发展面临的问题，服务于人的发展，为构建更安全、更放心、更便利、更舒适、更健康、更幸福社会提供强有力的支撑。

创新是一个复杂的价值创造过程，包括科学价值、技术价值、经济价值和社会价值乃至文化价值的创造[5]，决定现代化建设的进程。科学价值创造是创新之魂，主要体现在认识客观世界、发现自然规律、形成科学理论，是技术重大突破之思想源泉、理论基础；技术价值创造是创新之基，既体现在不断拓展人类感知客观世界的能力（视觉、听觉、触觉等），也体现在不断拓展人类作用乃至改造客观世界的能力；经济价值创造是创新实现增值循环的构建；社会价值创造是创新的出发点和落脚点。离开了科学价值创造，技术价值创造只能是无源之水；离开了技术价值创造，经济价值创造只能是无本之木；离开了经济价值创造，创新发展就不可持续；离开了社会价值创造，创新发展就迷失了方向，失去了动力。

（二）新时代国家发展更加强调科技自立自强战略支撑

科技自立自强是新时代国家科技发展的现实要求。《中共中央关于制定国民经济和社会发展第十四个五年规划和二〇三五年远景目标的建议》明确提出"把科技自立自强作为国家发展的战略支撑"。近年来，中国深入实施创新驱动发展战略，科技创新能力显著提升，在物质技术基础、科技创新人才队伍建设方面取得重要进展，但是仍然难以满足高质量发展的要求。一是科学价值创造能力不足，前瞻性基础研究水平与发达国家先进水平相比存在巨大差距，"诺贝尔奖级"成果少；二是技术价值创造能力不足，前沿引领技术开发与系统集成能力难以保障国家经济安全，知识产权国际贸易收支逆差巨大且呈现增长趋势，缺少引领产业发展方向的创新型跨国经营企业，关键零部件、关键材料、系统软件等严重依赖进口。

加强前瞻性基础研究和前沿引领技术开发与系统集成，把握新技术革命战略机遇，是实现科技自立自强的必然要求。当前，新技术革命正在推动科学范式、技术范式转变，加速产业变革和数字转型发展。信息技术、生命科学、先进材料与制造、能源与资源、空天与海洋等领域正在孕育一系列相互联系的系统性突破，学科交叉融合汇聚发展趋势明显，科技创新组织模式数字转型将加速新技术系统突破和产业变革。产业变革呈现出数字化、网络化、智能化基本特征，将导致人类思想观念、生活方式和生产方式发生革命性变化，国家产业竞争优势越来越依赖于原始创新能力提升和知识资本积累。科技自立自强已经成为中国突破日益抬高的国际技术壁垒，提升国家综合实力和国际竞争力的关键。

（三）新时代创新生态与系统能力建设更强调价值创造

新时代国家创新生态与系统能力建设更强调国家创新发展目标导向作用。对于科学价值、技术价值、经济价值和社会价值创造能力建设的引领，强调创新主体能力建设之间的政策匹配，强调不同价值创造活动创新主体之间协同，力图实现多主体价值共创和创新增值循环。国家创新生态系统包括区域创新生态系统、产业创新生态系统、园区创新生态系统等一系列子系统。不同层次创新生态系统或者不同的创新生态系统的价值创造共同体存在异质性，需要从具体价值创造活动规律出发，结合价值创造主体和价值创造服务主体的能力建设需求，提出鼓励和支持价值共同创造的政策组合，确保创新实现价值增值循环。

新时代国家创新生态系统需要与中国现代化强国目标和发展阶段相适应的政策体系的支撑。十九届五中全会明确了我国到 2035 年基本实现社会主义现代化的远景目标，提出了实现科技自立自强、完善国家创新体系、建设科技强国的明确要求，指明了新时代国家创新生态系统建设的政策取向。新时代国家创新生态系统需要从构建支撑科技强国的国家创新体系入手，统筹不同创新主体价值创造活动，强化创新主体能力，培育创新型跨国经营的行业龙头企业，促进行业龙头企业主导的产学研合作和融通创新，激发创新主体活力，在创新实践中发现人才、培养人才，加快提升国家创新能力和创新发展水平。

三、新时代国家创新生态与系统能力建设的思路与举措

（一）新时代国家创新生态与系统能力建设的思路

新时代国家创新生态与系统能力建设必须聚焦 2035 年基本实现现代化目标，以维护和保障国家安全为战略基点，以把握新技术革命、产业变革和数字转型历史机遇为主攻方向，深化体制机制改革，优化创新资源配置，打造全球科技创新合作网络，强化国家战略科技力量，建设世界一流创新主体，培育区域创新发展新引擎，优化国家创新体系布局，营造有利于充分激发创新创业主体活力的制度文化环境，全方位推进数字转型，为进入创新型国家前列和基本实现社会主义现代化奠定坚实基础。

统筹国家战略科技力量布局，完善区域创新生态体系建设。加快建设国家实验室，强化战略产品（平台）技术系统集成和攻关能力，大幅度扩大前瞻性基础研究和前沿引领技术有效需求，大幅度增加事关支柱产业和战略产业发展的战略产品（技术系统）的有效供给。加快建设世界一流研究型大学，大幅度增加前瞻性基础研究和前沿引领技术创新的有效供给，显著扩大创新创业技术供给和人才供给。加快建设世界一流科研院所，大幅度扩大前瞻性基础研究的有效需求，大幅度增加战略高技术及前沿引领技术的有效供给。加快建设创新型行业龙头企业，大幅度扩大战略高技术、前沿引领技术和战略产品（技术）的有效需求，提升对于国家实验室综合集成平台功能的有效支撑能力。深化科技创新和创新创业体制机制改革，支持和鼓励创新主体间人才流动，加强知识产权保护，支持大学科研院所研发人员创新创业，形成创新创业涌现和快速成长的体制机制。

（二）新时代国家创新生态与系统能力建设的举措

1. 完善国家创新体系，强化国家战略科技力量

统筹国家战略科技力量布局。聚焦国家发展与安全保障特定目标，发挥新型举国体制优势，探索建立新型国家实验室，配套建设"国家战略支撑型"重大科技基础设施，形成以国家实验室为核心，世界一流大学、科研院所和创新型行业龙头企业为支撑的国家战略科技力量布局，打造国家战略高技术原始创新与系统集成平台，有效增加新兴产业和主导产业关键核心技术供给，扩大基础科学和前沿引领技术有效需求，支撑引领国家高质量发展。

2. 强化企业创新能力，完善产业技术系统布局

加快企业创新体系与能力建设。进一步加大激励和扶持企业成为创新主体的政策支持力度，引导企业加强技术创新体系组织建设和创新能力建设投入力度，培育一批核心技术攻关能力突出、集成创新能力强的创新型行业龙头企业，支持其主导的产业创新联合体发展，强化行业龙头企业的创新引领能力。加强产业技术系统布局和创新能力建设，把握和引领新兴产业创新发展方向，支撑创新驱动产业转型升级，提升制造业综合竞争力，有效保障主导产业安全。

3. 深化体制机制改革，优化科技创新资源配置

遵循科学价值、技术价值、经济价值、社会价值和文化价值创造规律，明确国家实验室、大学、科研院所、企业等创新主体的功能定位，深化体制机制改革，推动重点领域国家科技专项、国家实验室（国立科研院所）、重大科技基础设施和人才一体化配置，完善国家科技创新基地布局与管理，强化公共财政稳定支持基础研究、战略高技术（系统）研究开发的功能，强化政府引导企业创新和支持创新创业的责任，塑造创新主体特色优势，开创互惠共赢创新发展新局面。

4. 完善区域创新生态，支撑协同创新融通创新

布局建设一批国际科技创新中心和综合性国家科学中心，强化前瞻性基础研究和前沿引领技术、现代工程技术、颠覆性技术创新能力，培育原始创新和未来产业策源地。布局建设一批区域创新中心，支持创新型行业龙头企业主导的创新联合体发展，强化产业共性技术供给和关键核心技术攻关能力，支撑产业价值链向中高端跃升。营造产学研融通创新和创新创业制度文化环境，构建从基础研究到技术开发再到产业化的创新生态，强化城市创新基因，打造区域创新发展新引擎。

5. 构建全球创新网络，实现互惠共赢创新发展

进一步加强科技创新对外开放。聚焦全球气候变化、能源安全、重大疾病等人类社会共同面临重大挑战和重大科学问题，加大国际科技合作专项基金支持力度，进一步完善国家科技合作交流机制，组织实施国际大科学计划和大科学工程，开放共享重大科技基础设施，构建平等合作互惠共赢的全球创新合作网络，支持"一带一路"科技人文交流、联合实验室建设、科技园区合作和国际技术转移等，使中国成为全球科技创新人才成就事业梦想的大舞台和精神家园。

参考文献

[1] 上海视点. 跨国公司在华设立研发中心情况. http://www.sgst.cn/xwdt/shsd/200705/t20070518_94442. html [2020-12-01].

[2] 商务部. 商务部关于介绍党的十八大以来我国吸收外资和对外投资发展成就的有关情况. https://www.zhonghongwang.com/show-170-66456-1.html [2020-12-01].

[3] Czaikaa M，Orazbayev S. The globalisation of scientific mobility，1970–2014. Applied Geography，2018(96):1-10.

[4] World Intellectual Property Organization. World Intellectual Property Indicators 2020. https://www.wipo.int/edocs/pubdocs/en/wipo_pub_941_2020.pdf [2020-12-07].

[5] 穆荣平. 国家自主创新能力建设若干问题思考 // 中国科学院. 高技术发展报告 2012. 北京：科学出版社，2012:347.

6.1 Strategic Thinking on National Innovation Ecology and Systematic Capacity Building in New Era

Mu Rongping[1,2], *Lin Jie*[1], *Zhang Chao*[1]

(1. Institutes of Science and Development, Chinese Academy of Sciences; 2. School of Public Policy and Management, University of Chinese Academy of Sciences)

National innovation ecology and systematic capacity building bears on the overall situation of China's modernization. As the 5th plenary session of 19th CPC Central Committee pointed out clearly, "continue to ensure innovation at the core of China's modernization drive, take self-reliance as well as self-improvement of science and technology as strategic support for China's development", which put forward new and higher requirement for capacity building of national innovation ecology and system. We must focus on the goal of becoming a modern power, grasp the global trends of innovation development, clarify the idea about capacity building of innovation ecology and system, create institutional culture environment characterized as multi-agent value creation and value-added circulation by innovation, energize innovation players, and construct a global network of innovation cooperation, providing support for realizing high-quality development.

6.2 新形势下我国数字化转型重在实现高质量发展

马名杰　熊鸿儒

（国务院发展研究中心）

伴随新一轮科技革命加速，数字经济蓬勃发展，并与许多传统产业深度融合，对世界各国的经济增长和生产生活方式产生了重要影响，成为重构国际经济格局的重要因素。我国已快速成长为具有全球影响力的数字经济大国，数字化转型对经济社会发展的作用日益凸显。2020 年 12 月，中共中央关于"十四五"规划和 2035 远景目标的建议提出，发展数字经济，推进数字产业化和产业数字化，推动数字经济和实体经济深度融合，打造具有国际竞争力的数字产业集群。我国正处于从经济高速增长向高质量发展转变的关键时期，数字经济所具有的创新、高效率特征符合高质量发展的要求。须充分发挥数字经济在经济社会中的作用，推动我国加快进入高质量发展新阶段。

一、新冠肺炎疫情倒逼我国数字化转型进入全面提速新阶段

任何一种新生事物都有内在的发展规律，但外部条件的重大变化往往会引发成长方式及运行轨迹的"突变"，进而深刻改变全社会的认知和接受水平。2020 年初，如"黑天鹅"事件般暴发的新冠肺炎疫情，在短期内严重冲击国计民生的同时，对我国

经济社会的数字化转型也产生了深远影响。面对疫情防控和复工复产的严峻复杂形势，数字化转型的高度重要性和发展韧性得到了充分彰显。从大量新兴数字技术的快速应用到新型数字基础设施的高效利用，从数据驱动的各类新模式新业态持续迸发到一些数字平台成为特殊时期经济社会治理的重要补充，这些都让我们深刻感受到中国正在加速迈入数字化转型和数字经济大繁荣的新时代。

（一）数字化转型从"可选项"变为"必选项"

新冠肺炎疫情期间，以5G、大数据、云计算、人工智能为代表的新兴数字技术，无论是成熟度还是市场接受度都得到了快速提升。截至2020年3月底，全国5G基站规模已近20万个，超过50个城市开启大规模商用，接入终端超过5000万，市场规模居全球第一。企业上云速度也进一步加快。根据中国信息通信研究院2020年云计算发展调查报告，2019年云计算的总体采用率已达66.1%，计划使用边缘计算的企业达到44.2%，未来基于云边协同的分布式云采用率更将快速上升[1]。这些新技术的应用不仅为各项防控措施提供了强大的算能算力支撑，还加速破除了企业对数字化转型、智能化改造的认知障碍，成为有效应对产业链供应链剧变、优化成本结构的关键举措。2020年2月底，国务院发展研究中心对近万家科技型中小微企业进行问卷调查发现，83%的受访企业表示年内启动数字化转型[2]。市场调研也发现，数字化程度越高的企业，受新冠肺炎疫情冲击的影响越小。

（二）数字消费新业态、新模式蓬勃兴起，成为扩内需、稳增长、畅通国内国际双循环的重要支撑

新冠肺炎疫情迫使大量的消费行为从线下转到线上，从而引发了一场全民性的"数字化生存体验"，使越来越多新消费潜力得以释放。国务院发展研究中心大数据分析发现，从2020年1月23日武汉"封城"到第一季度末，数字经济12个细分领域相关移动应用产品的新增活跃用户数不断上升，总增长率高达82.5%；第二季度保持稳中有增态势，环比增幅达15%。这反映出新冠肺炎疫情客观上对数字消费新业态、新模式产生了较为显著的正向影响，使之成为扩内需、稳增长的重要支撑。2020年上半年，社会消费品零售总额下降11.4%，全国网上零售额却增长7.3%。其中，实物商品网上零售额增长14.3%，占社会消费品零售总额比重增至25.2%。同时，以跨境电商为代表的数字贸易也实现了逆势增长。海关总署7月数据显示，上半年跨境电商出口增长28.7%、进口增长24.4%，而同期货物贸易总额下降3.2%。可以预见，线上线下加速融合将成为长期趋势，激活消费新市场、开辟消费新空间将有助于形成国内国

际双循环的新发展格局。

（三）数字化转型推动的灵活就业对冲失业风险，成为经济社会运行的稳定器

一方面，数字经济新业态对稳定就业的作用显著。新冠肺炎疫情导致城镇失业率创近年新高，但依托数字平台的就近和短期灵活用工形式为不少中低端技能劳动者提供了基本收入，避免了一些经营困难的企业员工失业风险，也缓解了用工难问题。目前，我国灵活就业总规模已近2亿，平台催生的灵活就业将成为重要的常态化就业方式。例如，滴滴2019年带动的直接就业机会就超过760万[3]。另一方面，数字经济丰富了就业类型，使新型就业更趋多样化、个性化，在新一代劳动力群体中颇受欢迎，需求增长潜力巨大。2020年2月和7月，人力资源和社会保障部与国家市场监督管理总局、国家统计局连续两批次、联合发布包括网约配送员、互联网营销师、在线学习服务师、人工智能训练师等在内的25种新职业。可见，数字经济发展不仅有利于预防周期性失业，还能减缓结构性失业、缩小摩擦性失业。

（四）政务服务的数字化转型助推治理能力现代化，提升公共服务均等化水平

新冠肺炎疫情也是对我国政府治理体系的一场"大考"。从早期的疫情数据监控、重要物资调配、稳定人民生活和市场秩序，到中后期助力复工复产、帮扶中小企业，各级政府依靠数字技术应用和数字平台赋能，大幅提升了治理效能，实现了"信息多跑路、群众少跑腿"。例如，疫情防控催生的"个人健康信息码"，凭借低门槛、强渗透、动态可追溯等优势，以及全国互认互通的推进，获得了广泛的社会认可和大规模、高频化应用。以微信入口的个人健康信息码为例，上线仅4个多月就已覆盖21个省、10亿人口，亮码超100亿次[4]。同时，数字化转型也大幅提升了政府在公共服务领域的均等化水平。例如，新冠肺炎疫情期间相关部门及时出台政策，充分利用互联网医疗的优势作用，在健康咨询、常见病、慢性病诊疗、远程医疗等方面发挥了重要作用。又如，"互联网＋教育"在新冠肺炎疫情期间通过共享异地优质资源，对边远地区"停课不停学"和加速教育教学模式变革都发挥了积极作用。

二、促进高质量的数字化转型仍需应对一系列挑战

（一）基础技术、基础产业和基础设施等领域存在明显短板

支持数字化转型的基础研究和关键核心技术短板突出，原创性技术突破少，与领

先国家差距大。例如，我国高端芯片与国际领先水平大约有20年的差距，在工业软件领域有很大空白。从企业层面看，中美独角兽企业的数量相差不多，但核心技术差距明显。长期以来，我国对信息和数字关键技术的研发缺乏长期稳定的支持，导致技术进步更新慢甚至断档；研发投入上"重硬轻软"的局面没有明显改变，导致基础软件提升慢，技术差距拉大。在新的国际经济政治形势下，美国等少数国家强化了对我国高技术领域的人才、投资和技术交流的限制，其中包括人工智能、机器人和互联网等领域。支撑数字化转型的基础研究和关键共性技术研究亟待加强。同时，新一代数字和网络基础设施政策有待进一步优化，如我国电信普遍服务政策体系尚不完善。普遍服务的难点在于偏远村庄、边疆和海岛等边远地区，现行的电信普遍服务试点工作项目投资方式存在结构性矛盾。此外，地方政府在电信普遍服务中发挥作用的大小依靠自觉，缺乏硬的制度约束。网络基础设施投资和资费监管机制不健全也制约了我国移动通信网络设施的可持续发展。

（二）不同部门、区域、企业间的"数字鸿沟"问题突出，工业数字化转型的基础仍然薄弱

一是数字技术在不同产业间的融合应用程度差异大。我国生活服务行业的数字化程度相对较高，发展活跃。工业和制造业数字化程度较低，制造业整体处于从工业2.0向工业3.0过渡的阶段。工业和信息化部《中国两化融合发展数据地图（2017）》显示，2017年全国两化融合发展水平为51.8，关键业务环节全面信息化的企业整体比例为40.3%，智能制造就绪率整体为5.6%[5]。农业领域数字化进展迟缓。

二是区域间数字化发展程度差异较大且呈扩大趋势。国家信息中心2019年研究显示，东部发达地区数字化发展程度普遍高于中西部地区，西部地区数字化发展程度最低[6]。数字经济发展的区域发展不平衡、不充分问题突出。

三是企业数字化程度差异大。国际数据公司（IDC）研究显示，超过50%的制造企业尚处于单点试验和局部推广阶段[7]。大量企业尚处于工业2.0阶段，甚至处于工业1.0阶段。从企业规模看，大企业引领数字化转型，小企业进展相对较慢。从国务院发展研究中心监测的典型工业互联网平台大数据来看，新冠肺炎疫情以来尽管工业企业数字化转型意愿强烈但起伏波动较大，且工业互联网平台发展处于建平台多用户覆盖少、交易金额低的初级阶段，转型中的供需不匹配、应用受限、融合不畅通等问题突出。

（三）作为新生产要素的数据产权缺乏清晰界定，数据交易规则和数据要素市场尚未建立，政府数据开放水平不足

明晰数据权利是发展数字经济、促进数字化转型的基础。与欧盟、美国等国家和组织对数据权利或部分场景中的数据权利做出明确规定相比，我国主要是对个人信息进行保护，对数据权利的界定仍处于探索中。值得肯定的是，我国当前法律法规既严格保护个人数据，也为数据利用预留了空间。但对个人和商业数据权属未予以明确，数据权利保护法律机制不健全。同时，数据交易相关规则远未完善。例如，范围不明确，数据资源控制者"不知道什么能交易"；专门的数据流通利用法规缺位，数据流通利用的条件、规范等不明确；数据交易监管机构也存在缺位，导致数据交易市场准入问题、数据滥用、数据交易纠纷等缺乏有效监管。此外，政府数据开放共享对提高公共服务水平和促进数字化转型具有重要的基础性作用，但"数据孤岛"问题仍然突出。主要原因包括：缺乏统筹协调和实施细则、执行中存在困难，开放标准、数据目录、数据收集加工与开放流程规范、数据质量保障体系、数据开发许可等制度之间缺乏统一规划，隐私法、保密法、信息公开法等信息管理法规与数据开放之间缺乏有效衔接；政府数据管理碎片化，部门之间数据共享较难。

（四）适应性监管能力不足，规制方式有待创新，参与国际规则制定和治理协调的能力亟待提升

以竞争政策为例。快速成长并急剧扩张、迭代的"数字寡头"涉嫌滥用市场优势地位排挤或限制竞争，侵害消费者及厂商的正当利益，并可能限制或压制创新。对于监管机构而言，如何在数字经济中确保良性竞争，更有效地保护消费者并鼓励创新，成为当前以及未来较长一段时期的重要挑战。这背后是一系列的规制难点：相关市场界定难，垄断地位、垄断行为认定难；违法行为存在隐蔽性，监管部门和企业的信息不对称性显著增强；合适的执法时机难以确定，过早干预可能阻碍创新，执法滞后又可能引发部分企业滥用市场支配地位形成垄断，造成竞争障碍；现行执法力量明显不足，人才队伍相对偏弱，执法资源十分有限；一些政府干预行为不尽科学、合理，亟待加以纠正、规范[8]。与此同时，数字化转型面临越来越多的国际规则约束，提升在全球数字治理领域的话语权和影响力十分迫切。以跨境数据流动为例，这直接牵涉到数据治理规则的内外协同问题。我国是全球数字经济大国，随着"一带一路"倡议的推进，企业走出去参与全球化竞争是未来大势，肯定也会在不少国家遭遇数据流动管制壁垒。从参与全球竞争的角度来说，我国希望对方允许跨境流动，但从维护国家安

全的角度考虑，禁止国内的数据跨境流动到国外，这种内外不同是制定政策时需要权衡的要点。加上当前全球跨境数据流动的共识规则缺位，碎片化趋势凸显，背后的政治经济利益博弈复杂，进一步加剧了相关挑战。

三、加快"十四五"时期我国数字化转型的高质量发展

面向"十四五"时期，促进我国数字化转型、提升数字经济发展质量，应坚持包容性、基础性、开放性和平衡性原则，鼓励创新、促进扩散、保护权益、防范风险、维护公平竞争，提升我国数字化转型的质量和效率。

（一）夯实基础能力、突破关键技术，以新思路和新机制推进新型基础设施建设

在坚持开放创新的原则下，加大基础研究和关键共性技术投入，在新一轮技术革命中掌握更多关键核心技术和主动权，形成更多的先发优势和引领型优势。现阶段，我国实现关键核心技术突破的有利条件更多，但突破关键技术不是关起门来搞创新，而是要在开放创新中让全球创新资源为我所用。同时，突破关键核心技术要避免形成新的科技与经济两张皮问题。既要进一步加强对基础软件、核心芯片、核心元器件等基础性和关键共性数字技术的研发投入和产业化，综合运用产学研合作、符合国际惯例的政府采购及财税鼓励政策等手段；也要在人工智能、机器人、物联网、量子计算等新兴和前沿领域提前布局，加强基础研究和前沿技术研究，鼓励更多市场力量参与。同时，充分认识新型基础设施的新定位和新机制，坚持市场为主、政府撬动、适度超前、示范先行的原则，促投资和扩应用双向着力，统筹5G等新技术的增量投资和传统基础设施的数字化改造，创新投融资机制，实现投资、消费和转型升级的联动；还要完善制度和政策保障，结合需求拓展应用场景、降低运行成本，推动新基建投资效益最大化。

（二）深入推进产业和企业数字化转型，推广多种形式的普惠性数字化服务

一方面，我国数字技术扩散空间和数字经济发展潜力很大。一要扎实推进企业信息化建设，夯实数字化转型基础，通过技改贴息、加速折旧、购买第三方服务等多种方式鼓励企业数字化改造。二要发挥行业龙头企业数字化转型示范引领作用，带动产业集群数字化水平提升，特别要加大对中小企业的数字化改造支持力度。三要稳步

推进工业数据标准建设，促进数据互通、互认、共享，完善企业上云上平台的安全体系。四要与再就业培训、社会保障体系等统筹规划，通过技能培训、提供公益性岗位等方式化解就业压力，同时发挥社会保障体系的作用。五要加强国际合作，提高参与度，提升国际影响力。

另一方面，依靠数字化转型全面提升公共服务均等化水平。以"互联网＋教育"为例，应发挥好政府"搭平台、保基本、立规则"的基础性作用，充分释放市场在教学资源和服务模式等方面的创新潜能，以"边远地区'互联网＋教育'试点"为抓手，畅通资源、加强师资、优化硬件，探索符合当地教育需求的远程教育新模式，防止"数字鸿沟"向教育领域蔓延。

（三）合理界定数据产权，激活数据要素和数据市场潜能，促进政府数据共享，保障数据安全

要对个人数据、政府数据及商业数据的权利进行分类界定和保护，建立一个安全、自由的数据流通环境，促进数字经济的发展。例如，赋予非个人商业数据生产者所有权，促进商业数据流通应用；明确自然人的个人数据权利，加强个人数据权利保护等。应在总结各地实践探索的基础上，充分考虑数据交易的独特性，坚持"在实践中规范、在规范中发展"的原则，建立全国适用的数据交易法律法规和监管框架，积极培育数据服务新业态，推动我国数据市场快速发展。同时，以政府数据资源为抓手、以大数据服务平台为支撑，制定政府数据资源分类分级制度标准，加强政府领域数据标准规范编制工作，全面覆盖政务各领域业务，让所有政务业务信息化建设有统一的匹配标准。围绕医疗卫生、便民服务、信用信息等重点应用场景，明确各部门数据共享的范围边界和使用方式，厘清数据管理及共享的义务和权利。推进信息惠民工程，推动中央与地方条块结合、联合试点，实现公共服务的多方数据共享、制度对接和协同配合，完善政府数据开放清单。

（四）加快构建包容审慎、公平公正的新型监管体系，主动参与国际规则制定和全球数字经济治理

一方面，对内而言，主管部门要从多个方面妥善解决数字化转型中的监管挑战。一是深化认识数字化转型背景下竞争政策和产业政策的关键目标和基本原则；二是在把握数字经济、平台经济发展规律的基础上明确面向新经济新业态的监管原则和执法标准；三是持续探索创新监管模式，积极鼓励创新，健全触发式、适应性监管机制，构建各类主体参与的多方协同共治体系。既要坚守安全和风险底线，强化事中事后监

测和风险评估，对违法行为要坚决精准打击；也要及时健全或完善准入条件、行业标准和法律制度，为新业态新模式发展留足空间。

另一方面，对外而言，加强数字经济领域开放合作和国际规则协调，让数字化转型成为引领更高水平全球化的关键力量。支持世界贸易组织（WTO）在解决跨境数据流动问题上的核心地位，同时积极利用各种双边和多边投资贸易协议，为企业开拓海外市场和利用海外资源提供有利条件。充分发挥市场引领作用，在网络安全、数据跨境流动、数字贸易、工业互联网等方面积极寻求国际合作，推动中国标准的国际化水平。

参考文献

[1] 中国信息通信研究院.云计算发展白皮书（2020年）.北京：2020：2-3.

[2] 马名杰，戴建军，熊鸿儒，等.疫情中科技型中小微企业的处境和期盼.国务院发展研究中心调查研究报告择要，2020，47：4-5.

[3] 国家信息中心.中国共享经济发展报告（2020）.北京，2020：9-10.

[4] 清华大学中国经济社会数据研究中心，腾讯社会研究中心.2020码上经济战疫报告.北京，2020：29-30.

[5] 国家工业信息安全发展研究中心.中国两化融合发展数据地图（2017）.北京，2017：7-8.

[6] 国家信息中心.数字中国发展指数.北京，2018：6-7.

[7] 国际数据公司.中国企业数字化发展报告.杭州，2018：10-11.

[8] 熊鸿儒.我国数字经济发展中的平台垄断及其治理策略.改革，2019(7)：52-61.

6.2 High–quality Development: the Major Goal of Digital Transformation under New Situation

Ma Mingjie, Xiong Hongru

(Development Research Center of the State Council)

The CPC Central Committee's Proposals for Formulating the 14th Five-Year Plan (2021-2025) for National Economic and Social Development and the Long-Range Objectives Through the Year 2035 proposed to develop digital economy, advance digital industrialization and digitalization of industries, deepen the integration of digital economy and real economy, and build an internationally competitive digital industrial cluster. China is in a critical transition period from rapid economic growth to high-quality development, and the characteristics of digital economy as innovation and high efficiency accord with the requirement of high-quality development. So it's essential to give full play of digital economy in economic and social development, to accelerate China's entry into a new phase as high-quality development.

6.3 后疫情时代中国产业全面数字化转型发展的思考

陈 劲[1] 王黎萤[2] 楼 源[2]

（1. 清华大学技术创新研究中心；2. 浙江工业大学中国中小企业研究院）

中国信息通信研究院《中国数字经济发展白皮书（2020 年）》显示，2019 年我国产业数字化增加值约为 28.8 万亿元，占 GDP 的比重为 29.0%，其中服务业、工业、农业数字经济渗透率分别为 37.8%、19.5% 和 8.2%，产业数字化加速增长，成为国民经济发展的重要支撑力量[1]。数字化技术与先进制造技术深度融合，在通信、软件等技术综合集成应用的基础上组建全要素、全产业链、全价值链连接的平台枢纽，涌现出工业互联网、数字中台、智能制造等新模式、新业态，正在重建全球工业生产范式和规则。整体来看，中国产业数字化转型发展还处于初级阶段，产业创新与标准化共识还处于形成阶段，能否把握后疫情时代中国产业全面数字化转型契机，守护中国疫情防控工作领跑全球的战果，将成为决定中国工业经济能否持续、快速、稳定、健康发展的关键拐点。

一、中国产业全面数字化转型的时代机遇

（一）新冠肺炎疫情改变经济复苏窗口期

近年来，国际经济形势错综复杂，贸易摩擦持续升级，全球经济复苏势头减弱，

世界经济正处在动能转换的换档期。作为驱动全球经济发展的新动能，世界各国对推进产业全面数字化转型的重视度日渐提升，不断加快数字经济战略部署。面对2020年新冠肺炎疫情"大考"，已经实现两化融合的企业表现出强大的抗冲击能力和韧性，在复工复产、扩大消费、保障就业、稳定市场、提振经济等方面发挥了重要作用，也为中国产业全面数字化转型注入一剂强心针。据商务部统计，2020年1～8月，全国网上零售额达到70 326亿元，创近年来新高，同比去年增长9.5%[2]。今年以来，受新冠肺炎疫情影响，影院、餐饮、旅游等线下商业受到冲击，而线上经济却逆势上扬，直播带货、社团购物、门店到家等新型消费蓬勃发展，成为消费市场一大亮点。据中国互联网络信息中心（CNNIC）发布的《第46次中国互联网络发展状况统计报告》，2020年上半年我国各大平台电商直播超1000万场，活跃主播数超40万，观看人次超500亿，上架商品数超2000万[3]。信息消费成为有效扩大内需、拉动经济增长的新动力。

（二）先进省市狠抓落实产业数字化转型战略

全面推进产业数字化转型已经成为浙江、江苏、山东、广东等先进省市打造标志性产业链的重要战略。2019年浙江省全省数字经济总量达2.7万亿元，占GDP的比重达43.4%，总量居全国第四，电子信息制造业规模居全国第三，软件业规模居全国第四；产业数字化转型领跑全国，新培育创新数字化车间、智能工厂114家，培育数字化示范园区55个、试点园区46个，组织实施智能化技术改造项目5000项，新增应用工业机器人1.8万台，"1+N"工业互联网平台体系初步形成，supET平台入选国家10大跨行业、跨领域工业互联网平台，培育工业互联网平台108个，新增上云企业6万家。截至2020年4月，江苏已累计培育省级智能车间1055个、智能工厂30家、智能制造服务领军机构68家，分布于新能源、装备制造和电子信息等26个行业中，11个智能制造解决方案供应商项目获国家立项，占全国的18%；截至6月底，江苏省5G基站数累计达4.1万座，通过将5G技术引入生产、质检等环节，数字化转型先行企业实现了效率提升和效能释放。截至2019年，山东省企业上云数达6万家，其中有740余家企业领取政府资助，为企业节省投入累计超过10亿。2019年工业和信息化部遴选企业上云典型案例40个，其中山东入选3项，数量仅次于浙江（4项）和湖南（4项）。2018年广东省工业和信息化厅出台工业企业"上云上平台"服务券奖补办法，上云设备可获得每台2000元的政府补贴，企业每年可获得最高50万元的政府补贴，推动6000多家工业企业数字化升级；以智能制造为主攻方向，广东省政府组织实施了《广东省智能制造发展规划（2015—2025年）》，建设10个省智能制造示范基地、36家省级智能制造公共技术服务平台、290个省级智能制造试点示范项目，25

个项目入选国家试点示范，34 个项目获得智能制造新模式与综合标准化项目支持，形成了一批可复制、可推广的智能制造经验和模式。

（三）各类企业投身全面数字化转型浪潮

后疫情时期各类企业全面开始攻坚数字化转型难题，部分企业先试先行取得较好成效。浙江春风动力股份有限公司作为浙江省"两化融合"的示范单位，较早地就确定了"数字化工厂建设"的发展方向，分阶段开展了信息互联改造升级，走出了一条管理自主提升型的发展道路，逐步实现特种车辆规模定制智能制造新模式，企业智能化改造总投资为 313 万元，1 年即收回成本，人均效率提升 30%，设备利用率提升 25%，库存周转率提升 50%，产品生产周期缩短 30%。江苏无锡先导数字化智能车间综合管理系统在国内中小企业中率先实现人与人、人与机器、机器与机器以及服务与服务之间的互联，以数据驱动企业高效运作、快速响应、柔性生产，帮助企业的按期交货率提升至 95%，库存流转率提高 30%，数据处理、统计报表的制作效率和准确率提高 6 倍有余，整体管理水平与生产效率大幅提升。山东青岛红领集团用 11 年的时间打造出一个全数据驱动的服装工厂，实现顾客与厂家之间的连接，以及服装的大规模个性化定制，使得公司销售额连年倍增，其后以自主品牌进入美国、意大利和加拿大市场，吸引欧盟客户纷纷加盟，建立了红领国际品牌旗舰店，开创了民族服装自主品牌境外特许加盟的先河，为中国服装自主品牌赢得国际服装顶级品牌树立了典范，借助大数据驱动的智能化生产工具把传统生产线打造成个性定制的柔性制造生产线，打响个性化服装品牌美誉。

二、中国产业全面数字化转型面临的主要挑战

数字化转型关键共性技术具有应用基础性、关联性、系统性、开放性等特点，是推动我国产业全面数字化转型的根本动因，因其研究难度大、周期长，已经成为制约我国两化融合健康持续发展和提升产业核心竞争力的瓶颈问题。据《2019 中国数字企业白皮书》，2019 年我国企业数字化转型比例约 25%，与欧洲（46%）、美国（54%）有较大差距；而产业中仅 37% 认为数字化战略的重要性不弱于核心业务战略。截至 2019 年，浙江省就有 26% 的企业尚未启动数字化转型，27% 的企业仅在单个业务部门布局数字化，总体比例超过 50%，37.24% 的受访企业认为市场压力不大，产业整体数字化转型建设力度偏弱[4]，集中体现在工业互联网产业生态位待强化、大数据融通与开发运用待升级、民营企业数字化转型待提速、产业数字化转型多场景应用待丰富、平台企业与中小企业数字化转型融通发展待改进、产业链全面数字化转型协同发

展待完善、产业数字化转型亟须的政策支撑和人才培养有待加强等方面。

1. 工业互联网产业生态位待强化

工业互联网标志性产业链培育不足，虽然我国已建有工业互联网标识解析二级节点平台，但针对标志性产业链打造的行业型和综合型工业互联网标识解析二级节点平台严重不足。针对纺织、化纤、成形制造等行业型工业互联网标识解析二级节点平台的扶持力度不够，导致以传统行业成长为标志性产业链的发展动能不足。工业互联网区域生态位优势待强化，缺乏服务区块经济的区域工业互联网公共服务载体建设，缺乏基于智能互联、区块链等新技术打造的多场景工业互联网区域应用服务，平台运转、工业数据流转和工业 App 应用层等服务创新有待加强。工业互联网网络安全管理有待提升、工业互联网网络安全态势感知和应急处置能力有待建设、工业互联网网络安全管理制度机制有待健全，以及工业互联网网络安全监测和处置技术手段有待加强。

2. 大数据融通与开发运用待升级

大数据在全产业链应用中协同管理机制尚不完善，目前产业链整体各环节囿于数据非标准化、割裂化，缺乏各自"小数据"间的有效衔接，工业大脑的数据化效益不明显。企业间数字化协同管理水平落后，跨行业的数据协同互联、资源共享机制有待改善，多场景的大数据应用快速响应机制亟须建立。数据要素市场化进程有待推进，我国在大数据交易流通、大数据资源及衍生品开发方面仍处于起步阶段，大数据流通方式仍以原始数据初加工为主，数据流通转化率低，产业链数据可获得性、通用性和精准应用等亟待提升。对数据权属和数据安全问题有待研究，亟须做好预警机制建设。跨区域数据应用待突破，区域间数据共享依然存在对接部门缺乏、管理水平不一、跨区域协同受到制约等问题，亟须打通分割的区域数据链条，加大对区域数据价值的开发利用，实现区域多元主体间的数据互通与共享。

3. 民营企业数字化转型待提速

企业自身数字化转型意愿和能力不够，目前企业数字化仍处于政府推广阶段，企业自身通过数字化提升产品竞争力的需求不够迫切。企业在营销、物流环节的数字化进程加快，但制造过程的全面数字化升级有待加强，数字化服务供给仍然不足。企业急需的软硬件数字技术支撑不足，缺乏数据智能协同平台、云服务平台和一体化数据生产线的"数据中台"支撑，存在"小部件""小零件"断供问题，从而严重影响企业数字化转型，关键核心技术创新不足进而阻碍企业数字化升级。企业数字化人才难招引，对融合信息技术与制造技术的复合型人才培养投入不足，缺少统筹高端装备制造的管理人才，面向"两业"融合的专业技能人才缺失，高素质数字经济人才总量匮乏，存在结构性短缺，人才成为制约民营企业数字化转型升级的重要阻碍因素。

4. 产业数字化转型多场景应用待丰富

在数据智能和网络协同时代，为实现快速响应业务需求和创新需求目标，产业需要在数字技术的支撑下充分调用模块化、组件化、共享化的服务模式，以快速响应外部环境不断变化带来的产业多场景动态性需求。当前包括工业互联网在内的多种数字技术运用主要体现在单个企业内部的互联互通，或外部合作试点应用，距产业协同互联、智能制造转型、资源有效共享仍有较大差距，关键业务场景敏捷响应机制启动不足。新冠肺炎疫情期间，企业微信、阿里钉钉、华为云 WeLink、飞书等典型数字化产品供应商提供的数字化产品功能同质化严重，主要多呈现为视频会议、公文处理、团队协作等管理协作应用，无法满足制造业产业各个环节的数字化应用需求。制造业产业全面数字化需求具有复杂性和动态性的特点，从企业外部看，全面数字化转型涉及原料、装备、厂商、卖家、物流、运维、营销、客服、公关等在内的各类需求；从企业内部看，全面数字化转型又涉及采购、生产、存储、记账、管理等多类经营活动，现有市场上的数字化产品解决方案仍然无法充分满足各类产业全面数字化转型的多样化需求，大多数企业还未能形成应急、应需、应变、变中求稳的动态预警机制。

5. 平台企业与中小企业数字化转型融通发展待改进

平台企业与中小企业的协同合作有待加强，目前我国各类产业整体数字化水平不高，企业内外部系统信息互通存在障碍，缺乏跨业务部门的协调能力，具备数字化知识的技能人才储备不够，严重阻碍了产品生产、销售、物流等不同场景数字化的实现，产业整体缺乏数据中台服务企业的参与，产业内数据规范标准体系建设还不够完善，各环节企业数据的安全防范能力不够，导致制造业产业各类企业对产业链上下游数据打通的顾虑较多，亟须通过与平台企业合作获取有效的数字化转型技术工具，打通"数据孤岛"，建立"人才飞地"，形成数字化转型通用的"必要专利池"，推动中小企业数字化转型融通共赢。而且平台企业具有整合资源要素的优势，可以有效帮助解决实体企业，尤其是实体中小企业普遍存在的线上获取订单能力弱、应对市场需求响应慢的问题，亟须加强中小企业与平台企业合作的深度和广度，逐步实现各类企业的全面数字化转型。

6. 产业链全面数字化转型协同发展待完善

制造业产业链上下游企业数据融通共享机制有待完善，如何解决产能和供需、成本和效率、产品和质量之间的平衡问题是企业经营始终面对的经典问题，也是难题。如何搭建协同平台，实现协同制造则成为数字时代的重要命题。利用以互联网技术为特征的网络信息技术，实现供应链内跨工业链间的企业产品设计、制造、管理和市场合作，通过改变业务经营模式与方式，达到资源的充分利用。具备敏捷制造、虚拟制造、网络制造、前期化制造的模式特征的智能制造协同平台，打破了时间和空间的约束，通过互联网使整个供应链上的企业、合作伙伴共享客户设计、生产经营信息。从传统的创新式工作方式转变成并行的工作方式，从而最大限度地缩短产品的生产时间，缩短产品的生产周期，快速响应客户需求，提高企业设计、生产的柔性。通过面向工艺的设计、面向生产的设计、面向成本的设计，以及供应商参与设计，大大提高产品的设计水平和可制造性、成本的可控性，逐步实现制造业产业链的全面数字化转型。

7. 产业数字化转型急需的政策支撑和人才培养有待加强

目前我国各级政府虽然出台了诸多政策来推进产业数字化转型，但存在政策与产业实践需求存在脱节、政策连续性不足、政策服务和落地困难等问题，难以保障企业在稳定的政策环境里稳步推进数字化转型。产业数字化转型仍然面临较大的数据管理风险，数据安全的法律体系尚不健全，缺少制度层面的安全保障，企业隐私信息存在滥用和泄露风险。对数字技术研发人才和数字生产管理人才的需求以及高层次人才和复合型人才的结构性短缺，已经成为制约产业数字化转型的重要瓶颈。产业数字化转型过程中人不可能完全被机器替代，技术始终需要人来实践、维护和保养，只有将人与数字技术有机配合，才能达到人技合一的效果。数字化转型对个性产品定制、高级服务需求、智能技术研发等方面的新型人力资源需求巨大，企业在招募和管理数字化转型复合型人才的过程中会陷入新的"用工困局"。这两类人才的缺乏，一方面源于高等教育供给与产业实践需求的脱节；另一方面是由于复合型人才培育需要长时间行业经验积累。产业全面数字化转型亟须加强对数字技术研发人才和数字生产管理人才的培养。

三、加快中国产业全面数字化转型的对策建议

1. 推动"工业互联网"与"标志性产业链"双驱动

一是推动产业全面数字化转型将围绕"工业互联网为主导的数字产业创新区"建

设展开，以工业互联网重点领域及数字创新服务载体布局为目标，打造产业链、创新链、资金链、价值链等四链融合的产业空间、公共空间和创新空间，培育基于工业互联网的标志性产业生态体系，推进依托标志性产业链的工业互联网公共服务载体建设，实现工业互联网与标志性产业链的双驱动。

二是建议围绕京津冀、长三角、粤港澳等经济区块联动打造"工业互联网发展服务示范区"，加快发展工业互联网标志性产业链，加快行业型国家工业互联网标识解析二级节点区域中心建设，充分运用工业互联网赋能产业链上下游企业数字化转型，打造标志性产业链实现强链延链。同时依托标志性产业链推进工业互联网公共服务区域中心建设，大力发展"标识服务产业"，形成标识标签、标识读写器、标识解析软硬件集成、标识解析应用、标识解析体系运营、标识解析公共服务等数字产业新业态，聚焦京津冀、长三角、粤港澳等经济区块面向全国打造工业互联网公共服务新载体。

三是依托"工业互联网发展服务示范区"打造我国数字经济生态位新优势，由产业集聚先行的"园区型"向以数字要素集聚带动新业态繁荣的"社区型"新思路转变，以国家工业互联网示范基地、世界工业互联网重镇、国际一流创新城区为目标开展高起点建设，成为吸引金融资本、人才聚集、科技成果转化、创新文化集聚的新高地，避免区域层面同质竞争，提升我国数字经济生态位优势。

2. 全方位加强数据资源运用，消除数据开放中的"管理短板"与"监管盲点"

一是提升"城市大脑"数据治理能力。基于城市大脑进一步完善城市大数据资源管理体系，尽快实现各系统大数据互联互通，统一数据统计与接入标准，提高各地区各部门在数据信息采集、存储、跨部门整合、共享等方面的效率。积极鼓励企业、机构间打破数据壁垒，通过共建数据行业协会来引导企业之间数据采集、流通的标准化。针对分布在政府部门、医疗、交通和金融等公共领域的数据资源，由政府出台数据格式标准，加快建立政府统一的数据开放发布平台。

二是推进数据交易制度建设。逐步健全我国大数据流通制度，优化大数据流通交易基础设施建设，引导培育区域协同的大数据交易市场，探索成立全国性大数据交易中心。不断创新大数据产权归属动态机制，确保数据交易的透明性，探索数据产权有偿让渡、匿名使用、授权使用等机制。

三是升级数据安全保障机制。完善大数据审批制度，规范大数据开发运用行为，依据大数据来源与用途进行分类分级管理，构筑安全、可信、合规的防御体系。应用场景所涉个人隐私数据要严格落实脱敏操作，商业用途要严格履行商业机密保护协议，涉及国家秘密信息及重要公务信息时要提高保密意识、防范意识，保护国家信息安全。加大对数据泄露、破坏等行为的监管与处罚，建立大数据运用预警和风险防范系统，避免数据破坏导致的系统性瘫痪和社会失控。

四是加快大数据保护立法。建议出台大数据采集、使用及隐私保护方面的法律，完善大数据监管，成立行业数据保护联盟，鼓励联盟与企业之间签署相关行业数据隐私和保护细则。

3. 充分运用"数据红利"和"政策红利"激发民营企业转型升级新动能

一是加快发展工业互联网平台和"智能+"服务模式，推动民营企业向数据驱动型创新转变。深入开展民营企业供需对接，分级分类推进民营企业生产数据"上云上平台"，从业务改造、技术能力、组织结构、人员储备等方面强化"生产数据红利"的支撑作用。鼓励企业运用5G技术，无缝连接生产设备，打通产业链环节，构建智能制造网络，实现智能化生产、个性化定制、网络化协同和服务化延伸。

二是大力发展电子商务和集成供应链创新应用，强化民营企业商业模式创新和融通创新。加快推进电子商务数据中台服务商对接民营企业经营需求，精准服务企业B2B、B2C、C2C等商业模式创新，充分发挥"市场数据红利"的牵引作用。发挥龙头企业带动作用，围绕产业链、供应链打造创新链，实施大中小企业融通发展专项工程，加强两化融合管理体系在优势产业集群的推广，通过数字化转型实现企业全生命周期决策和管理，增强民营企业数字化核心竞争力。

三是增强民营企业"政策红利"的获得感。加强面向民营中小工业企业、生产制造环节以及初级应用阶段数字化转型的财政补贴，发放"数据券"鼓励民营企业采购数据服务。开展数字化转型融资支持专项行动，解决企业数字化转型过程中遇到的融资难题和资金困境，为企业数字化转型升级提供信贷支持。针对数字化转型培育和示范企业在扩能用地、人才引进和产品设备进出口方面提供税收优惠，出台促进民营企业数字化转型的系列惠企政策。

四是制定实施民营企业数字化成长规划与倍增计划。加强产业政策引导，制定民营企业数字化成长规划，实施民营企业数字化成长倍增计划，建立民营企业数字化成长梯度机制，在重点地区和重点产业选择一批种子企业，制定系统培育方案，叠加政策资源，分类深度扶持。

4. 打造"互联网+"世界科创新高地，构筑汇聚全球创新资源的"数字硅谷"

一是构筑全球创新网络体系，系统规划布局世界级科技创新大平台建设。加快"互联网+"世界科技创新高地建设，鼓励多层级培育数字产业实验室，打造智能科学基础研究的核心高地。实施"一带一路"科技合作专项和联合产业研发计划，鼓励园区、企业等牵头建设离岸科技孵化器、国际联合实验室等海外创新中心，支持建设国际科技创新小镇、国际科技合作园、海外创新研发园等一流创新载体，吸引大企业、大学、科研机构、服务机构合作创办分支机构。

二是提升"政产学研用资"合作能级，打造科技成果转化新高地。鼓励构建以企业为主导，"政产学研用资"密切合作的数字技术研发创新网络，加强工业机器人、智能传感、云计算、大数据等共性技术的研发，吸引全球金融资本，打造数字技术高端人才集聚地，提高核心技术有效供给。鼓励高校创新成果转化基地引进第三方科技成果转化团队，探索数字知识产权保护及数字成果转化新模式和新方案，构建集标准、计量、检测、认证、知识产权、反垄断等质量基础设施支撑的"一站式"公共技术服务平台，提升数字产业服务效能。

三是重视空间资源布局，抢占卫星互联网科创战略高地。建议支持加快布局建设低轨卫星商业航天发射基地，抢占低轨卫星发展高地。做好对我国现有火箭发射体系的有力补充，加快我国空间卫星企业培育招引工作，做好低轨卫星产业顶层设计，保护空间轨道战略资源，做好卫星互联网战略布局。引导金融投资机构和产业基金面向卫星企业提供研发资金支持。

四是加快引进培育科技创新龙头企业，培养具有国际影响力的企业家群体。重点培育龙头企业，即将科研创新资源、金融、土地、公共服务等资源向重点龙头企业倾斜，在民营企业上市公司中扶持新兴产业领导者。弘扬企业家精神，依法保护企业家权益，探索建立具有国际影响力的企业家培育工程。在数字经济等规模化发展需求大的产业领域，通过产业引导基金对企业加强引导扶持，推进"数字人才创新创业板"对接科创板，加强海外高层次人才专项基金投入，积极引入数字产业领军企业和高端创新平台。

5. 推进区域一体化，借助区域"数据协同"和"产业融合"打造世界级"数据湾区"

一是推进多元主体共建创新联盟，加快完善"数据协同"体制机制建设。积极推进京津冀、长三角、粤港澳等各地重点高校、科研机构、国家级实验室、数据中心等共建数字经济战略联盟，推动传统创新载体向新型"数字协同"平台转型。坚持以"需求导向、统一标准、安全可控"为理念，探索数据分类分级开放模式，推进多元主体合作交流，营造良好的"数据协同"开放氛围，构造数字经济多元协同治理体系，有序释放公共数据的社会价值和市场价值。

二是抢抓一体化协同发展机遇，深化区域数字经济的"产业融合"。发挥京津冀、长三角、粤港澳等经济区块协同创新作用，积极推进落实区域项目合作对接，面向高端创新载体发挥我国数字经济营商环境和创新扶持优势，助力数字经济关键工程落地。做好各省市数字科技成果要素流动的承接准备，不断优化网上技术市场建设，引进培育第三方高端中介机构，提供数字科技成果转化服务。建设一批企业创新"飞地"和生产制造"飞地"，构建区域资源对接协调，形成数字产业深度合作、互利共享长效机制。

三是共建区域一体化"数据大脑"，发展建设世界级"数据湾区"。加快各经济区块内物联、数联、互联基础设施的相关布局，推进区域数字产业和数字科技共享平台建设，探索打造跨区域"数据大脑"，推动数字创新资源共建共享和"数据券"通用通兑，优化数字资源的配置效率，深化重点领域智慧应用的区域联动。推动"数字湾区"各地市人才要素流通，创办高端创新团队共建平台，促进"人才飞地"模式向"平台飞地"模式转型。设立区域大数据管理分部，统筹管理各地市数据资源，提升区域一体化联动与协同效应。

6. 优化推进城市治理智能化，夯实支撑数字化治理的"城市大脑"和"惠民惠企"建设

一是运用数字技术推动"城市大脑"建设布局，打造数字城市创新地标。完善升级"城市大脑"管理方案和手段，针对政府部门、医疗、交通、社区生活和金融等领域数据资源开展统筹管理，不断优化数字城市在产业空间、居住空间、公共空间和创新空间的服务能级，拓展"城市大脑"对政务、医疗、教育、交通、治安、环保、市场监管、社区管理等公共服务领域的支撑，形成全覆盖、网格化、安全、共享、敏捷的数字化治理系统，助力城市精细化管理和精准服务迈上新台阶。

二是加强政策"惠企"推广力度，不断深化企业码应用服务。加强企业政务服务网上办理引导，提高企业网上办理意愿。通过企业码扩大"惠企"政策普及范围，深化打造"码"上名片、"码"上直办、"码"上诉求、"码"上融资、"码"上合作、"码"上信用等服务体系建设，更快更好对接服务企业需求，打通产业链上下游企业合作通道。加快针对电子发票、电子身份证、电子票务等系列无纸化服务的推广普及，加强"惠企"数据信息安全建设。

三是强化城市公共服务"惠民"力度，打造"智慧化民生工程"新样板。通过新一代信息技术倒逼城市管理手段、管理模式、管理理念的更新，不断优化公共服务布局，遵循整合、共享、协同的建设理念，重点围绕惠民服务、精准治理、生态宜居等领域，加快投入公共性强、带动效应强的核心数字化基建设施，如涉及公共利益的数据中心、智慧医疗、交通旅游等特色应用，全面提升智慧化的城市治理水平和民生服务能力。应更加充分地利用市场的资金、技术、运营、管理、人才优势，有效调动民

间投资积极性，加强政企惠民深度合作。

四是完善多元主体协同治理体系，提升城市智能化治理的韧性和治理效能。以城市智能化建设为抓手，通过新一代信息技术创新，向市场和社会简政放权，提升媒体、公益性组织、社会自组织等多元主体的自治力、协同力。要切实提升治理效率，为基层赋能、减负，为民众提供更便捷、精准和人性化的服务。仍需鼓励基层治理的新时代"枫桥经验""朝阳群众""石景山老街坊"等做法，逐步将群防群治体现在大数据支撑上。通过完善新型智能化城市建设、协同治理机制，更好造就城市"超强大脑"，推动城市治理有韧性和可持续发展。

参考文献

[1] 中国信息通信研究院.中国数字经济发展白皮书（2020）.北京，2020：21-22.

[2] 商务部.2020年8月中国社会消费品零售总额实现正增长.http://www.mofcom.gov.cn/article/i/jyjl/l/202010/20201003009179.shtml [2020-12-01].

[3] 中华人民共和国中央人民政府.第46次中国互联网络发展状况统计报告.http://www.gov.cn/xinwen/2020-09/29/5548176/files/1c6b4a2ae06c4ffc8bccb49da353495e.pdf [2020-12-01].

[4] 周凌.浙江省传统制造企业数字化转型的问题和对策.企业改革与管理，2019（22）：5-6.

6.3　Reflections on the Comprehensive Digital Transformation of China's Industries in Post–epidemic Era

Chen Jing[1], Wang Liying[2], Lou Yuan[2]
(1. Research Center for Technological Innovation, Tsinghua University; 2. China Institute for Small and Medium Enterprises, Zhejiang University of Technology)

On the whole, China's industrial digital transformation is still at an early stage, consensus on industrial innovation and standardization is in the formative stage. Taking the opportunities of China's industrial digital transformation in post-epidemic era, and guarding the victories of epidemic prevention and control in China, will become the key turning point for industrial sustainable, fast-speed, steady and healthy development in China. This paper provides six policy suggestions to accelerate comprehensive digital transformation of China's industries.

6.4 开源芯片发展趋势与建议

包云岗 孙凝晖*

（中国科学院计算技术研究所）

处理器芯片是我国半导体产业的软肋，新一轮处理器生态主导权之争已经开始，智能物联网（AIoT）时代到来，处理器芯片规模将达到千亿颗以上，中国需充分发挥市场大的优势主导构建 AIoT 时代的技术体系，这对我国产业升级至关重要。另外，我国半导体产业面临的"卡脖子"问题背后是更深层次的优秀人才严重短缺难题，中国有大量的工程技术人员，但如何破解人才危机，需要在人才培养方面有新思路。

本文提出基于开源芯片降低芯片设计门槛是应对新一代处理器生态之争的有效方式，也是加速优秀芯片人才培养的有效方案。并进一步建议借鉴互联网产业的开源理念，通过构建开源芯片生态来构建智能物联时代的技术体系，并提出若干政策措施。

一、降低芯片设计门槛的三大驱动力及其意义

1. 学科发展驱动力

应对摩尔定律终结的技术发展需求。摩尔定律逐渐走向终结，但摩尔定律赋予芯片的能力并未充分挖掘出来[1]。2020 年 6 月发表在 *Science* 的一项研究表明，深入理解处理器芯片体系架构的专家编写的程序在性能上优于普通程序员编写的程序 63 000 倍[2]。因此，如能面向某个特定领域将专家知识体现到芯片中，就有可能提升几百甚至几千倍的性能功耗比，从而充分挖掘芯片上晶体管的潜力，这是一种技术发展的新趋势，即领域专用体系结构（Domain Special System Architecture, DSSA）。但是，DSSA 会带来碎片化问题，需要从芯片设计成本与周期两个维度同时降低门槛，才能应对种类繁多的领域专用加速器。

2. 产业驱动力

激发创新活力、繁荣芯片产业的市场需求。长期以来芯片研发成本高、周期长，造成了该领域的高门槛，严重阻碍了创新。即使研制一款中档芯片，也往往需要数百

---

* 中国工程院院士。

人年、数千万甚至上亿的研发投入，导致资本不愿投资，只有少数企业才能承担。相较于互联网初创企业种子轮（平均 50 万美元）/A 轮（平均 300 万美元）/B 轮（平均 2000 万美元）融资额度稳步提升，芯片初创企业 A 轮就需要 2000 万美元，这导致资本市场对芯片投资极其谨慎保守，严重制约了芯片领域的创新活力。

3. 人才培养驱动力

培养高水平芯片设计人才的迫切要求。我国芯片领域面临的"卡脖子"问题根源在于优秀人才储备严重不足——2008 ～ 2017 年，芯片架构研究优秀人才 85% 在美国就业，仅有 4% 在中国，差距巨大[1]。这与当前芯片设计门槛过高，导致我国大学无法开展芯片相关教学与研究密切相关。这种人才短缺美国也曾经历过，1982 年全美上千所大学中只有不到 100 位教授和学生从事与半导体相关的研究。为了应对人才短缺，美国国防部高级研究计划局（DARPA）在 1981 年启动 MOSIS（Metal Oxide Semiconductor Implementation Service）项目，为大学提供流片服务，通过多项目晶圆（Multi Project Wafer，MPW）模式大幅降低芯片设计门槛。30 余年来 MOSIS 流片服务为大学和研究机构提供了 60 000 多款芯片，培养了数万名学生。因此，降低芯片设计门槛亦可大幅提高人才培养效率。

综上，降低芯片设计门槛对技术发展、繁荣产业、人才培养均有重要意义。如何降低芯片设计门槛，本文提出可借鉴降低互联网创新门槛的开源软件模式。

二、构建开源芯片生态是降低芯片设计门槛的有效途径

开源软件生态是一个降低互联网创新门槛的成功例子。事实上，我国互联网产业的成功正得益于开源软件的广泛应用。开源软件为互联网产业带来两大作用：一方面开源软件提供了 90% 的基础功能，允许开发者专注于 10% 的创新功能，这降低了互联网领域的创新门槛，培育了"大众创业、万众创新"的土壤，从而使得 3 ～ 5 位开发人员在几个月时间里便能快速实现滴滴、摩拜单车等互联网新兴业务的原型设计；另一方面开源软件允许开发者自由获取源代码、文档等，提高了互联网企业的安全可控能力，使其在软件关键技术方面不再面临"卡脖子"问题，从而让我国的互联网企业几乎能与硅谷企业在同一起跑线上竞争，甚至在共享经济、移动支付等领域更具竞争力。2020 年 7 月 8 日，Linux 基金会发布了中英文版的《了解开源科技和美国出口管制》白皮书，也明确声明开源技术不受制于《美国出口管制条例》（EAR）。[3]

开源模式被业界广泛接受，有其经济学原理支撑。第一个经济学原理是交易成本（transaction cost）理论。1991 年诺贝尔经济学奖得主科斯发现虽然社会分工可以提升

生产效率，但同时引入"交易成本"。基于"交易成本"理论，若两种技术收益相近，那么企业更倾向选择交易成本更低的技术。开源就是在降低交易成本，因此一旦存在高质量的开源技术，必然会得到企业的关注和应用。第二个经济学原理是杰文斯效应（Jevons effect）。技术成本降低，将提升技术的普及度，从而扩大市场规模。英国经济学家杰文斯在第一次工业革命中发现，蒸汽机效率大幅提升后，虽然每台蒸汽机的用煤量减少，但煤的总需求却大幅增加。这主要是由于蒸汽机效率提升后其使用成本大幅降低，因此蒸汽机被广泛推广。同样原理，开源模式可以大幅度降低开发成本，因此有利于技术推广，促进产业发展。

开源模式已经成为芯片领域的发展新趋势，我国应把握住机会。打破我国芯片领域面临的困境，除了政府大规模投入工艺、设备等，可借鉴开源模式的成功理念，大力支持构建开源芯片生态，实现大幅降低芯片开发门槛的目标——数量级地降低芯片开发费效比，将开发成本从几千万甚至上亿元降低至几十万甚至几万元，并将整个芯片及硬件开发周期从几年降低至几个月[4]。通过数量级地降低芯片开发门槛，可吸引更多开发人员、民间资本参与芯片开发，提高芯片领域的创新活力，同时也能为我国芯片企业提供基于开源的芯片关键技术与优秀人才，从而摆脱"卡脖子"困境。

美国也高度重视开源芯片。2017 年，DARPA 启动"电子复兴计划"（Electronic Resurgence Initiative，ERI），也将开源芯片设计作为核心目标之一。DARPA 每年投入超过 2 亿美元的经费，研究如何降低芯片设计门槛，先后资助了 5 个开源硬件相关的项目（PERFECT、CRAFT、SSITH、POSH、IDEA）。DARPA 认为降低芯片设计门槛将会为 2025 ~ 2030 年的美国赋予在半导体电子领域更强大的创新能力。

三、开源芯片生态建设规划与布局

构建开源芯片生态是一个长期而艰巨的系统工程，目前在全世界仍处于起步阶段，尚未形成一个自包含（self-contained）生态——完全采用开源模式，用开源 EDA 工具链开发开源 IP，进而完成开源 SoC 芯片设计与制造。不过，我国具有市场规模大、工程技术人员多的优势，有望在新一轮面向 AIoT 场景的处理器芯片新生态发展过程中做出更大的贡献。为抓住开元芯片生态建设这一机遇，中国科学院也已在开源芯片生态建设方面进行了规划与布局。

2018 年 11 月 8 日，在国家互联网信息办公室、工业和信息化部等多个国家部委的支持和指导下，中国科学院计算技术研究所联合国内 17 家单位成立中国开放指令生态（RISC-V）联盟，旨在以开放开源指令集 RISC-V 为抓手，联合学术界及产业界共同推动开源芯片生态的构建与发展。截至 2020 年，已有华为、阿里、腾讯、展锐、长虹、兆易创新、芯来、中国科学院微电子研究所、清华大学、北京大学、中国科学技术大学、上海交通大学等 80 余家企业与大学加入联盟。联盟成员在过去两年取得多项实质性技术进展，包括阿里平头哥发布的业界性能最强的 RISC-V 处理器玄铁 910、兆易创新与芯来联合推出的全球首个基于 RISC-V 开源架构内核的 32 位通用 MCU 等。

针对新一轮的 AIoT 技术变革趋势，中国科学院于 2019 年启动相关专项，设置了"开源处理器基础组件"与"开源操作系统关键技术"两个项目，研制 RISC-V 开源处理器核以及开源 RISC-V 原生操作系统的关键技术，并向全世界开源，为开源处理器开发流程以及开源芯片生态做出中国的贡献。

中国科学院大学于 2019 年 8 月启动"一生一芯"计划，目标是通过打造具有贯通性和挑战性的实践课程，来贯通本科阶段计算机系统课程的核心知识点，让本科生设计处理器芯片并完成流片，形成"硅上做教学"的处理器芯片设计人才培养方案。首期"一生一芯"计划取得圆满成功——在国内首次以流片为目标，由五位 2016 级中国科学院大学本科生主导完成一款 64 位 RISC-V 处理器 SoC 芯片设计并实现流片，芯片能成功运行 Linux 操作系统以及学生自己编写的中国科学院大学教学操作系统 UCAS-Core。"一生一芯"计划的教学实践经验可推广到更多高校，提高我国处理器芯片设计人才培养规模（"多"），缩短人才从培养阶段到投入科研与产业一线的周期（"快"）。

四、若干政策建议

我国应大力支持开源芯片生态建设，力争在新一轮处理器生态发展过程中占据主导地位。在具体政策层面上，可从以下几个方面推动我国主导的开源芯片生态。

（1）支持开源芯片平台建设。开源芯片生态包含多种相互依赖的要素，需要打造一些技术公共平台来将这些要素有机集成，从而降低芯片设计所需的设备与工具门槛。这类平台具有公共服务性质，可通过一些民办非企业机构来主导建设。鼓励所辖高校应用开源芯片公共服务平台开展芯片设计教学，支持相关会议与竞赛活动。鼓励中小企业积极参与平台建设与应用，如通过税收、流片优惠券等形式鼓励使用平台上的资源开发芯片、参与开源 IP 设计等。

（2）加强产研融合、科教融合。工业界的技术源头多来自学术界，应鼓励学术界围绕产业需求开展研究，通过开源方式为工业界输出共性技术。在学术评价机制上，鼓励将研究成果应用到原型系统设计中，鼓励把原型系统开源并用起来，而不仅仅停留在发表论文阶段。具体操作上可以在科学技术部、国家自然科学基金委员会等科研项目结题时重视考核开源设计、开源软件或开源工具，而不仅仅是论文与专利。可鼓励高校充分利用开源生态开展前沿技术探索，并充分利用教学场景开展试验，降低新技术试错成本。可以在职称评定时增加对原型系统研制、"科教融合"创新的比重等。

（3）加快我国开源基金会的建立与运行。通过建立独立运行、管理的开源基金会来构建开源芯片生态，为开源社区提供专业服务，包括资金管理、知识产权共享等。

（4）重视知识产权共享机制。开源也面临法律风险，需请专业的法律人士加强知识产权保护，构建战略级专利体系，联合骨干企业建立知识产权共享机制，护航开源项目的平稳发展。

（5）积极鼓励基于开源的商业模式探索。美国已有诸多围绕开源社区运行的商业企业，我国在开源生态的商业模式方面仍有较大差距，开源社区贡献度不高。可通过设立一些开源软件竞赛、通过认证机制为开源社区积极贡献者颁发证书等方式提高开源社区的积极性。同时制定优惠税收、首次公开募股（IPO）快速通道等政策支持基于开源模式的创业公司发展。

（6）针对 AIoT 场景，鼓励开源芯片生态与国产设备、工艺结合，打造稳定、成熟、有国际竞争力的中低端制造工艺。例如，可集中力量以 28nm 为目标，构建整个开源芯片生态：①支持 28nm 的设备与材料，如光刻机、光刻胶、大硅片等；②超高性价比的 28nm 制程技术与工艺设计文件（Process Design Kit，PDK）；③开源电子设计自动化（electronic design automation，EDA）工具链；④开源芯片核、开源 IP（Internet Protocol）与芯粒（Chiplet）技术；⑤支持众包互联网化的芯片敏捷设计工具与平台；⑥加大芯片设计普及教育、加速人才培养规模与速度；⑦打造 DSA 海量场景芯片创新创业环境。

五、总结与展望

我国是世界上最大的芯片用户，国产芯片产业做大做强是中国科技界和产业界的共同努力目标。开源芯片设计是一条值得尝试的道路，利用开源软件在芯片设计方面的优势，我国可以加快布局开源生态建设，促进我国芯片产业的发展，进一步促进互联网产业的发展。

构建开源芯片生态是一个长期而艰巨的系统工程，目前在我国尚未形成定局。我国应抓住开源芯片设计的发展机遇，发挥市场规模大、工程技术人员多的优势，在新一轮面向 AIoT 的处理器芯片新生态竞争中占据主导地位。

参考文献

［1］ 包云岗，张科，孙凝晖. 处理器芯片开源设计与敏捷开发方法思考与实践. http://blog.sciencenet. cn/blog-414166-1203989.html [2020-12-01].

［2］ 包云岗. 面向未来领域专用架构的敏捷开发方法与开源芯片生态. https://www.qlwb.com.cn/ detail/10485735 [2020-12-01].

［3］ The Linux Foundation. Understanding US export controls with open source projects. https://www. linuxfoundation.org/blog/2020/07/understanding-us-export-controls-with-open-source-projects/ [2020-07-08].

［4］ 包云岗. 把芯片设计的门槛降下来. 科技日报，2020-04-21（5 版）.

6.4　Open Source Chip Development Trends and Recommendations

Bao Yungang, Sun Ninghui
(Institute of Computing Technology, Chinese Academy of Sciences)

Processor Chip is the weakness of China's semiconductor industry. With AIOT era coming in the near future, the scale of processor chips will be more than 100 billion, therefore it's vital to build technological system in AIOT era, for China's industrial upgrading. Besides, the neck-jam problem in China's semiconductor industry is the problem of serious shortage of talented people. This paper proposes that lowering the chip design threshold based on open source chip is an effective way to deal with the ecological battle of the new generation of processors, and an effective plan to accelerate the cultivation of excellent chip talents.

6.5 "十四五"时期战略性新兴产业发展思路

张振翼

（国家信息中心）

"十三五"以来，在党中央、国务院战略部署与政策支持下，战略性新兴产业充分发挥了经济高质量发展的引擎作用，取得了一系列辉煌成绩。但也应看到，在"十四五"甚至更长一段时期内，我国战略性新兴产业发展既面临着国内经济迈入高质量发展新阶段的机遇，也面临着世界政治经济格局的动荡冲击，迫切需要从产业发展领域、政策施力方向和体制机制设计三个维度采取针对性举措，来推动战略性新兴产业在新时期壮大发展，再创辉煌。

一、战略性新兴产业发展现状

（一）"质""量"齐升引领发展

"十三五"以来，战略性新兴产业快速增长，成为引领带动经济增长的新引擎。

一是经济增长新动能作用突显。2015～2019年，全国战略性新兴产业规模以上工业增加值年均增速为10.4%，高于同期规模以上全国总体工业增加值4.3个百分点；全国战略性新兴产业规模以上服务业企业营业收入年均增速为15.1%，高于同期全国规模以上服务业企业总体约3.5个百分点。2015～2019年，战略性新兴产业上市公司平均利润率为7.2%，高于上市公司总体（非金融类）近1个百分点[①]。2019年我国战略性新兴产业企业在《财富》世界500强榜单中占有29个席位，数量较2015年增加11个[②]，阿里、华为、腾讯、大疆等一批战略性新兴产业龙头企业已具备全球影响力。

二是新增长点竞相涌现潜力无穷。"十三五"以来，特别是在新冠肺炎疫情背景下，数字经济、人工智能、工业互联网、物联网等领域新业态、新模式不断涌现，战略性新兴产业跨界融合发展态势显著。2019年，我国数字经济继续保持快速增长，增加值达35.8万亿元，占GDP比重达36.2%，对GDP增长贡献率达67.7%，数字经济

---

① 数据来源：国家信息中心战略性新兴产业上市公司数据库。
② 数据来源：国家信息中心根据《财富》世界500强榜单整理。

成为拉动经济增长的新引擎[1]。以"互联网+"为代表的平台经济迅猛发展，激发更广阔的市场活力。2019年共享经济市场交易额为32 828亿元，比上年增长11.6%[2]；2019年，全国电子商务交易额达34.81万亿元，较"十二五"末增长8成[3]。

三是八大细分产业快速发展壮大。"十三五"以来，新一代信息技术产业支柱作用进一步增强，生物产业新动能作用日益增强，高端装备制造业和节能环保产业实现平稳较快增长，新材料产业创新能力稳步提升，新能源产业平稳有序发展，新能源汽车由示范阶段进入快速普及阶段，数字创意产业实现爆发式增长。2016～2019年，多个细分领域保持两位数增长，如医药制造业主营业务收入年均增长达10.8%，节能环保产业主营业务收入年均增长达13.2%①，战略性新兴产业引领带动经济发展的新引擎作用进一步凸显。

（二）政策环境不断优化完善

"十三五"以来，战略性新兴产业基本形成较为完备的政策配套体系，各领域发展环境明显改善，创新发展体系日渐成型，金融支持能级进一步提升。

一是政策体系日益健全。据不完全统计，"十三五"以来，国务院和相关部门先后出台近20个与战略性新兴产业细分领域密切相关的顶层政策文件，共有30个省和全部5个计划单列市发布了"十三五"战略性新兴产业发展相关政策，为战略性新兴产业五大领域八大行业的发展提供了强有力的规划支撑。

二是全社会创新发展体系初步形成。2019年，战略性新兴产业上市公司平均研发支出为2.4亿元，研发强度达7.66%，高于上市公司总体2.08个百分点，企业创新投入持续提升②。创新平台建设加快，截至2019年底，正在运行的国家重点实验室达515个，已累计建设国家工程研究中心133个、国家工程实验室217个、国家企业技术中心1540家，各类孵化器、加速器、众创空间等科技中介组织在全国范围内大量涌现[4]。

三是金融支持不断强化。金融支持战略性新兴产业发展力度加强，如国家发展和改革委员会与中国进出口银行签署《关于支持战略性新兴产业发展的合作协议》，中国进出口银行在"十三五"期间，为企业提供不低于8000亿元人民币融资。国家发展改革委员会与中国建设银行建立战略合作机制，以支持战略性新兴产业发展壮大为目标，共同发起设立国家级战略性新兴产业发展基金，并通过设立子基金等方式进一步吸引社会资金，基金目标规模约3000亿元。科创板为包括战略性新兴产业在内的

---

① 数据来源：国家信息中心战略性新兴产业上市公司数据库。
② 数据来源：国家信息中心战略性新兴产业上市公司数据库。

科技创新型优质企业提供绿色上市通道，截至 2019 年 12 月末，共有 70 家科创板企业上市，共募资 824.3 亿元，其中绝大多数都是战略性新兴产业企业[①]。

（三）集聚格局成效显现

"十三五"以来，战略性新兴产业集群快速发展，构建起集聚发展新格局。

一方面，区域产业格局加速重构。战略性新兴产业在全国四大区域多点开花，特色产业集聚区不断涌现，成为区域经济重要增长极，加速经济转型升级步伐。东部地区、珠三角区域移动互联网、新能源汽车、生物、数字创意等产业蓬勃发展，大量新技术、新业态、新产业快速兴起。东北地区形成了航空装备、智能制造以及生物医药等特色集群，成为拉动经济增长的重要引擎。中西部地区形成了以武汉光谷为代表的信息产业集聚区及以长株潭为代表的高端装备产业集聚区；以成都、重庆为双核的成渝板块正成为全国战略性新兴产业新增长极，有力支撑了中西部地区经济转型升级。

另一方面，重点领域优势集群林立。战略性新兴产业重点领域实现全面发展，集聚和分布特征并存。例如，生物领域以长三角、环渤海地区为主导，珠三角、东北、成渝、长株潭、武汉城市圈等区域分布式发展的空间格局初步成型，重点集聚区内医药成果转化、疫苗生产、制剂研发等细分行业领域发展迅速。再如，新能源汽车领域初步形成以深圳和广州为核心的珠三角集聚区，以江苏、上海、浙江为核心的长三角集聚区，以北京、河北等地为核心的环渤海集聚区，以及以陕西和四川为核心的中西部集聚区。

（四）开放合作发展共赢

通过构建全球创新发展网络，积极引入全球要素资源，打造国际合作新平台，战略性新兴产业实现了开放合作发展的新局面。

一是构建全球创新网。"十三五"以来，在二十国集团（G20）、金砖国家、亚太经济合作组织（APEC）等多边框架下，战略性新兴产业初步建立了合作创新的国际框架。科学技术部、国家发展和改革委员会、外交部、商务部联合印发《推进"一带一路"建设科技创新合作专项规划》，并围绕科技人文交流、共建联合实验室、科技园区合作、技术转移这 4 项行动制定具体实施方案。

二是打造合作新平台。积极落实与发达国家政府间的新兴产业合作协议，并与发展中国家开展创新合作，大力推动战略性新兴产业国际合作园区建设。例如，国家发展和改革委员会通过举办第八届中德经济技术合作论坛，围绕新兴产业领域达成 96

---

① 数据来源：国家信息中心根据科创板上市企业资料整理。

项相关合作。

三是引入全球要素资源。更加注重与跨国公司的创新合作，更加重视以人才开发体制机制改革促进人才引进。积极引导外商投资战略性新兴产业，一批战略性新兴产业外资企业落户中国，如波音公司 737 完工和交付中心落户浙江舟山，特斯拉新工厂落地上海。

二、战略性新兴产业发展变化趋势

（一）国际环境更加复杂多变

在世界经济增长持续放缓的背景下，2020 年新冠肺炎疫情的暴发加剧了全球的动荡与不安，各类风险显著增多，新兴产业面临诸多挑战与巨大压力。

一方面，国际产业分工格局和全球供应链重构趋势加快。2020 年以来，新冠肺炎疫情全面深度地波及世界各国，与波动反复的世界经济复苏进程相叠加，给全球经济增长和投资贸易都带来了前所未有的巨大困难和严峻挑战。后疫情时期，随着逆全球化力量抬头，地缘政治因素将会加剧贸易保护主义，重要生产要素国际流动及配置格局特别是全球产业链供应链大开放格局内敛性收缩也将加快，长期以来全球化为我国带来的技术扩散与要素优化机遇将显著弱化，为战略性新兴产业发展借力国际化路线带来严重干扰。

另一方面，国际经济现有治理体系改革处于艰难推进中。战略性新兴产业国际治理体系尚不完善，未来发展的不确定性因素依然较多。当前战略性新兴产业的发展对全球现存的治理体系提出了诸多挑战，在互联网平台企业的垄断认定、基因编辑等新型生物技术带来的伦理挑战、个人数据的隐私保护强度等方面，目前各国的规制规则大多落后于技术的发展，全球也缺乏统一的认定规则，不同国家的处理方式差异极大。这些规制问题将成为下一步产业发展的重大不确定因素。

（二）科技变革释放发展红利

伴随着新一轮科技变革与产业革命的加速推进，一批颠覆性创新快速渗透扩散，为战略性新兴产业指明前行方向，也在以革命性手段全面冲击传统产业。众多颠覆性创新呈现几何级渗透扩散，引领战略性新兴产业众多领域实现加速发展，并以革命性方式对传统产业产生全面冲击[5]。中国科学院白春礼院士将当前的主要技术进展归纳为信息科技、生命健康、能源、新材料、先进制造、深空深海深地探测六个方面[6]。其中，新一代信息技术表现为以人工智能、量子信息、第五代移动通信、物联网、区块链、虚拟现实等为代表的新一代技术互为支撑，进而实现技术的群体演变、加速突破和广泛应用，在自身带来巨大产业增量的同时，还推动新一代信息技术成为新一代的通用技术，引领数字经济新范式的到来[7]，信息化、网络化、数字化、智能化日益成为所有产业发展的基点。同时，新技术产业化突破性进展也将释放一轮新技术革命红利。当前，我国已经进入数字时代，全面深入地推进数字化、网络化和智能化融合集成，不仅将支撑新型光电显示技术、超导材料、氢燃料等一批关键技术实现突破，更会给新技术的产业化应用路径带来新空间、新机遇，如网络经济、平台经济、企业"上云用数赋智"新业态等。

（三）经济迈入高质量发展期

当前，我国经济已进入高质量发展阶段，正处于转变发展方式、优化经济结构、调整增长动力的重要关键时期。战略性新兴产业在"十四五"时期的发展必须要更加注重发挥好强大国内市场作用，发挥好我国工业体系完整、消费增长迅速、发展纵深巨大的独特优势[8]。

一方面，战略性新兴产业在推动经济实现高质量发展过程中，面对新时期创新阶段、市场结构和产业布局三方面的变化，更需瞄准世界科技前沿，加强前瞻性基础研究、应用基础研究，充分发挥强大国内市场的作用，注重提供高质量、多形式、重体验的产品与服务，对接好粤港澳大湾区、长江经济带、京津冀协同发展等区域战略，在区域经济增长极建设中发挥引领性作用。

另一方面，由于我国社会主要矛盾已经转化为人民日益增长的美好生活需要和不平衡不充分的发展之间的矛盾，美好生活需要产生的新需求为战略性新兴产业带来发展机遇。新时代的美好生活新需求重点体现在教育、医疗健康、养老、托育、家政、文化和旅游、体育等社会服务领域，迫切需要新兴产业加快创新跟上新形势。

三、推动战略性新兴产业发展的政策建议

（一）因势利导，调整产业领域范畴

考虑到新一轮技术创新发力点在"十三五"时期战略性新兴产业发展重点领域基础上有了新的突破与进展，"十四五"时期战略性新兴产业应紧抓技术变革的机遇，在以下三个产业领域着重布局，抢占发展先机。

一是以空天海洋为代表的新发展空间领域。"十三五"空天海洋着重在相关重大装备与设施方面布局，在近五年的发展推动下，技术不断取得突破性进展，各类资源进一步得到有效利用，一批衍生的产业与服务开始打入市场，原有的装备与设施已无法满足新时期空天海洋的发展需求，产业空间和涵盖范围迫切需要进一步拓展延伸。

　　二是以社会服务业为代表的服务业领域。在经济进入高质量发展阶段下，我国经济结构和人民群众需求不断转型升级，体育、旅游、教育、养老等社会服务业与数字技术有机融合，新冠肺炎疫情期间实现快速发展。在此背景下，战略性新兴产业服务业领域应在原有信息服务、文化和设计服务等服务业领域基础上，进一步丰富服务业内涵。

　　三是与融合发展和跨界应用相关的领域。随着以数字技术为代表的新兴科技实现跨越式发展，数字技术推动了多个传统产业实现数字化转型，并日渐成为新兴产业融合发展的重要媒介。新冠肺炎疫情期间，"云旅游""云看展""云购物"等一批新业态新模式火爆问世，数字技术的赋能既打破了原有产业发展的物理空间限制，更带来了跨界融合的全新数字化体验。基于此，"十四五"时期战略性新兴产业更需从融合的维度明确产业发展内涵与外延，从顶层设计的角度进一步突出新兴产业融合发展的常态。

（二）审时度势，调整政策发力方向

　　面对复杂多变的国际形势和国内经济高质量发展的升级需求，"十四五"时期战略性新兴产业的发展机遇与挑战并存。在此背景下，更需要做好新时期战略性新兴产业的顶层设计与政策调整。

　　一是政策重心由产业内部向外部环境转变。考虑到未来相当长的一段时期里，特别是在疫情防控常态化背景下，国外经济社会形势波动起伏，逆全球化趋势愈演愈烈，战略性新兴产业发展的不确定性恐将增加。基于此，政策制定的出发点应从产业内部的关键领域、重点企业、重大项目向打造产业外部发展环境转移。

　　二是政策制定由三五年的短期时效向更加长远的未来转变。战略性新兴产业的发展不是一锤子买卖，"十四五"时期产业发展的政策制定更应秉承可持续发展的长远眼光，更加聚焦创新能力、人才培养、基础研究、基础工艺、基础材料等事关未来发展的领域，进一步加大政策倾斜力度。

　　三是政策目标由培育新增长点向产业整体规模转变。新时期，战略性新兴产业的发展应从聚焦于零散的新增长点转至提升产业整体发展规模，实现由点到面的层级式提升。例如，"十四五"时期战略性新兴产业发展着力点可从具体的产业项目、重大工程向区域性产业集群转变，以顶层设计为指导，统筹推进相关工作的具体实施。

（三）创新驱动，调整体制机制设计

创新是战略性新兴产业发展的第一原动力，提升自主创新能力是从根本上提升战略性新兴产业发展能力的首要条件。"十四五"时期，更应通过落实创新驱动发展战略，进一步激发创新、鼓励创新，不断提升自主创新能力，以更好应对接踵而至的机遇与挑战。

一是打破体制机制束缚，创建产业发展良好生态。进一步深化创新体制改革，破除有碍创新的各类障碍，加快突破新药审批、空域管理、数字产权确权等长期困扰产业发展的体制瓶颈，积极推行敏捷治理、参与式治理，形成包容审慎的适应性监管体系。

二是积极引导调配资源，促进资源高效流动。尽快构建普惠性创新支持政策体系，加大研发费用加计扣除、高新技术企业认定、固定资产加速折旧等重点政策落实力度，利用金融等市场化手段引导社会资源向创新领域集聚。

三是全面提升国际合作水平，推进全球化创新体系建设工作。强化国际交流与合作，鼓励参与产业相关国际标准制定，推动自主知识产权国际布局，大力发展国际化服务机构，通过"引进来"与"走出去"并进，强化国际市场话语权和新兴产业发展引导力，促进我国战略性新兴产业与全球创新体系实现同步发展。

参考文献

［1］中华人民共和国中央人民政府.国务院新闻办就数字中国建设峰会有关情况举行新闻发布会. http://www.gov.cn/xinwen/2020-09/17/content_5544237.htm [2020-12-01].

［2］国家发展和改革委员会.国家信息中心分享经济研究中心发布《中国共享经济发展报告（2020）》. https://www.ndrc.gov.cn/xxgk/jd/wsdwhfz/202003/t20200310_1222769_ext.html[2020-12-01].

［3］商务部电子商务和信息化司.中国电子商务报告（2019）. http://images.mofcom.gov.cn/wzs2/202007/20200703162035768.pdf [2020-12-01].

［4］国家统计局.中华人民共和国2019年国民经济和社会发展统计公报. http://www.stats.gov.cn/tjsj/zxfb/202002/t20200228_1728913.html [2020-12-01].

［5］王志刚.新一轮科技革命和产业变革凸显六大特质.科技日报，2018-05-28，1版.

［6］白春礼.三个重点科学领域的进展和未来趋势.上海企业，2019(12):64-65.

［7］王姝楠，陈江生.数字经济的技术－经济范式.上海经济研究，2019(12):80-94.

［8］何立峰.促进形成强大国内市场大力推动经济高质量发展.宏观经济管理，2019(02):1-4.

6.5 Thoughts on the Development of Strategic Emerging Industries During the 14th Five–year Plan Period

Zhang Zhenyi
(State Information Center)

Strategic emerging industries have played the engine role for high-quality economic development during 13th Five-year plan period, and made a series of brilliant achievements. However, it should be noted that the development of strategic emerging industries is faced with not only the opportunities for domestic economy to enter a new phase of high-quality development, but also the turbulent impact of the world political and economic landscape. This paper hence proposed targeted measures from three dimensions, including industrial development fields, policy application direction, and system and mechanism design.